"十四五"时期国家重点出版物出版专项规划项目

现代数学基础丛书 206

广义函数与函数空间导论

张 平 邵瑞杰 编著

科学出版社

北 京

内 容 简 介

本书第一部分主要介绍了广义函数论的基本内容，包括广义函数的定义、正则化、局部理论、乘子、卷积与张量积以及它的 Fourier 变换等经典内容；作为应用，考虑了常系数线性偏微分方程的基本解. 第二部分主要介绍了经典函数空间的基本内容，包括 Sobolev 空间、Hölder 空间、Lorentz 空间在内的常见函数空间；Sobolev 空间的延拓定理、嵌入定理与迹定理，以及 Littlewood-Paley 理论和 Bony 仿积分解. 为了方便读者学习，我们在第三部分附录中补充了部分相关内容，并在各章节后配置了习题，使得本书基本上形成了一个自洽的体系. 若作为授课教材，一个 80 学时的课程可以涵盖本书的主要内容，120 学时则足以涵盖全部的内容.

本书可作为高等院校数学系高年级本科生或低年级研究生的教材或自学读物，亦可作为数学领域青年教师或研究人员的参考书.

图书在版编目 (CIP) 数据

广义函数与函数空间导论 / 张平，邵瑞杰编著. -- 北京：科学出版社，2025.1. -- (现代数学基础丛书). -- ISBN 978-7-03-080960-5

I. O177

中国国家版本馆 CIP 数据核字第 2024KB0797 号

责任编辑：李静科 李香叶 / 责任校对：彭珍珍
责任印制：赵 博 / 封面设计：陈 敬

科学出版社 出版
北京东黄城根北街 16 号
邮政编码：100717
http://www.sciencep.com

天津市新科印刷有限公司印刷
科学出版社发行 各地新华书店经销

*

2025 年 1 月第 一 版 开本：720×1000 1/16
2025 年 1 月第一次印刷 印张：20 3/4
字数：402 000
定价：128.00 元
(如有印装质量问题，我社负责调换)

"现代数学基础丛书"序

在信息时代, 数学是社会发展的一块基石.

由于互联网, 现在人们获得数学知识和信息的途径之多和便捷性是以前难以想象的. 另一方面人们通过搜索在互联网获得的数学知识和信息很难做到系统深入, 也很难保证在互联网上阅读到的数学知识和信息的质量.

在这样的背景下, 高品质的数学书就变得益发重要.

科学出版社组织出版的"现代数学基础丛书"旨在对重要的数学分支和研究方向或专题作系统的介绍, 注重基础性和时代性. 丛书的目标读者主要是数学专业的高年级本科生、研究生以及数学教师和科研人员, 丛书的部分卷次对其他与数学联系紧密的学科的研究生和学者也是有参考价值的.

本丛书自 1981 年面世以来, 已出版 200 卷, 介绍的主题广泛, 内容精当, 在业内享有很高的声誉, 深受尊重, 对我国的数学人才培养和数学研究发挥了非常重要的作用.

这套丛书已有四十余年的历史, 一直得到数学界各方面的大力支持, 科学出版社也十分重视, 高专业标准编辑丛书的每一卷. 今天, 我国的数学水平不论是广度还是深度都已经远远高于四十年前, 同时, 世界数学的发展也更为迅速, 我们对跟上时代步伐的高品质数学书的需求从而更为迫切. 我们诚挚地希望, 在大家的支持下, 这套丛书能与时俱进, 越办越好, 为我国数学教育和数学研究的继续发展做出不负期望的重要贡献.

席南华

2024 年 1 月

前　　言

　　我从事偏微分方程课程教学和科研多年, 有感于现在学习微分方程的学生在广义函数论方面基础薄弱, 尤其是近年来我在中国科学院大学 (以下简称 "国科大") 担任本科教学工作, 深感我们的分析教学体系中缺少一门从大学基础课程到研究生课程的衔接课程. 故而我分别于 2019 年、2021 年、2022 年、2023 年秋季学期在国科大开设 "广义函数与函数空间" 课程. 我的学生邵瑞杰参加了 2019 年的课程并记录了初次讲解的内容, 将其整理成初步的讲义. 在 2021 年和 2022 年, 他又协助我把初步讲义的内容做了全面的修改并配置了习题, 使得该讲义成为一本真正意义上的教材. 徐侥一直是我在国科大教授这门课程的助教, 他对本书的内容取舍以及习题提出了非常宝贵的建议, 在此表示衷心的感谢. 同时也感谢多年来参加该课程学习的国科大学生们, 正是他们的积极参与和反馈促使我们不断修改完善该讲义, 从而最终成书.

　　本书共 10 章. 第 0 章作为预备知识, 回顾了实分析的相关内容. 由前 4 章组成的第一部分主要介绍广义函数论的经典内容. 具体说来, 在第 1 章我们引入广义函数的定义并介绍了广义函数的支集、极限、广义导数等基本概念; 第 2 章主要研究广义函数的乘子、张量积与卷积; 第 3 章介绍了 Fourier 变换; 第 4 章则在广义函数的框架下研究常系数线性偏微分方程的基本解. 我们首先引入分布解的概念, 在此基础上引入基本解理论, 并计算了一些特殊的常系数偏微分方程的基本解, 最后证明了每一个常系数偏微分方程都存在基本解.

　　后面的 5 章组成本书的第二部分, 主要在广义函数的框架下考察常用的函数空间. 第 5 章与第 6 章介绍了 Sobolev 空间的经典结果, 我们通过 Dirichlet 问题引入 Sobolev 空间, 证明了经典的延拓定理、嵌入定理、紧嵌入定理与迹定理; 第 7 章介绍 Littlewood-Paley 理论, 给出了 Sobolev 空间与 Hölder 空间的 Littlewood-Paley 刻画; 在第 8 章引入了仿积分解来考察两个分布的乘积; 最后在第 9 章我们回到实分析的范畴, 在一般的测度空间中引入了 Lorentz 空间.

　　为了方便读者学习, 我们在附录中补充了部分相关内容. 附录 A 简要介绍了线性算子的插值理论; 附录 B 把部分广义函数的命题推广到了更一般的拓扑线性空间上; 附录 C 与附录 D 介绍了一些其他的广义函数空间并在此基础上研究了缓增广义函数 $\mathscr{S}'(\mathbb{R}^n)$ 的结构; 附录 E 介绍 Lorentz 空间上的卷积与乘积不等式. 这些附录使得本书基本上形成了一个自洽的体系, 对绝大多数的命题与习题,读者可以在本书中找到证明所需的引理与等式.

　　本书的习题统一放在每章的末尾, 分为三类: A 类作为基础题适合当堂或课后练习, 帮助读者熟悉及掌握正文的内容; B 类作为拓展题介绍了部分与正文内容相关的命题和定理, 以方便学有余力或有一定基础的读者开拓视野, 乃至举一反三; C 类是思考题, 没有标准答案. 附录也设置了部分习题供读者练习. 部分较难的习题则给予了提示或计算答案, 读者可以按照自己的阅读习惯与学力酌情回答这些习题. 希望它们对读者能够起到启发性的作用, 或者激发读者对相关数学分支的兴趣.

　　本书各章节之间的联系大体如下图所示 (图中数字为章序号).

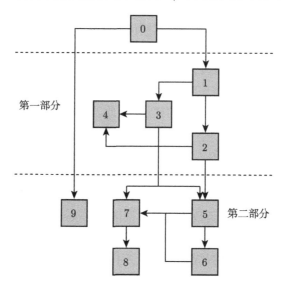

　　根据我近些年的教学经验看, 本书适合作为数学系高年级本科生和低年级研究生的授课教材, 一个 80 学时的课程足以涵盖本书的绝大部分正文内容. 事实上, 大学基础分析课程的教材与习题集汗牛充栋, 研究生的分析教材亦不乏名家的经典之作, 但是这样一本配有充足习题的、衔接性的讲义在国内似乎并不多见. 我衷心希望本书的出版能够弥补我们分析教学体系的不足. 或许正因为如此, 自 2021 年该讲义完成初稿以后, 陆续有很多的学生与数学爱好者向我们索要讲义, 故我们决定将其尽早出版. 但是由于本书成书时间较短, 尽管经过数次检查, 书中的疏漏与不足还是在所难免, 我们恳请读者提出宝贵的批评意见.

2024 年 3 月 20 日于北京

目　　录

第三部分　附　　录

"现代数学基础丛书" 已出版书目

符 号 说 明

集 合 论

$\mathbb{N}$ 自然数集, $\mathbb{N} = \{0, 1, 2, \cdots\}$.

$\mathbb{N}_+$ 正整数集, $\mathbb{N}_+ = \{1, 2, \cdots\}$, 亦作 $\mathbb{Z}_+$.

$\mathbb{N}^n$ n 维自然数 (非负整数) 集.

$\mathbb{Z}$ 整数集.

$\mathbb{R}$ 实数集, $\mathbb{R} =]-\infty, \infty[$.

$[a, b]$ 实轴上以 a, b 为端点的闭区间.

$]a, b[$ 实轴上以 a, b 为端点的开区间.

$\mathbb{R}_+$ 正实数集, $\mathbb{R}_+ =]0, \infty[$.

$\mathbb{R}^n$ n 维实数集, 亦指 n 维 Euclid 空间.

$\mathbb{C}$ 复数集.

$\mathbb{C}^n$ n 维复数集.

$\mathbb{S}^n$ n 维单位球面, $\mathbb{S}^n \stackrel{\text{def}}{=\!=} \{x \in \mathbb{R}^n : |x| = 1\}$.

$\mathbb{T}^n$ n 维环面, $\mathbb{T}^n \stackrel{\text{def}}{=\!=} ([0, 1[)^n$.

$\text{Card } A$ 集合 A 的势.

$\mathring{A}$ 集合 A 的内点组成的集合, 亦称集合 A 的内部.

$\overline{A_\tau}$ 集合 A 在拓扑 τ 意义下的闭包.

∂A 集合 A 的边界点, 即 $\overline{A} \setminus \mathring{A}$.

A^c 集合 A 关于全集的补集.

$A \subset B$ 集合 A 包含于集合 B.

$A \subset\subset B$ 集合 A 紧包含于集合 B, 即 A 的闭包 $\overline{A}$ 是紧集且包含于 B.

$A \not\subset B$ 集合 A 不包含于集合 B.

$A \subsetneqq B$ 集合 A 真包含于集合 B.

$A \sqcup B$ 集合 A 与集合 B 的不交并, 即要求 $A \cap B = \varnothing$.

算子与函数

Id	恒等映射, 恒等算子.
$\mathrm{Re}(\xi)$	复数 ξ 的实部.
$\mathrm{Im}(\xi)$	复数 ξ 的虚部.
$\mathrm{Im}\, \varphi$	映射 $\varphi : X \to Y$ 的像集, $\mathrm{Im}\, \varphi \overset{\text{def}}{=\!=} \{\varphi(x) \in Y : x \in X\}$.
$\mathrm{Ker}\, \varphi$	映射 $\varphi : X \to Y$ 的核, $\mathrm{Ker}\, \varphi \overset{\text{def}}{=\!=} \{x \in X : \varphi(x) = \theta \in Y\}$, 其中 θ 是 Y 的零元.
A^{T}	矩阵 A 的转置.
$\mathscr{F}[f]$	$f \in \mathscr{S}(\mathbb{R}^n)(\mathscr{S}'(\mathbb{R}^n))$ 的 Fourier 变换, 亦作 $\widehat{f}$.
$\mathscr{F}^{-1}[f]$	$f \in \mathscr{S}(\mathbb{R}^n)(\mathscr{S}'(\mathbb{R}^n))$ 的 Fourier 逆变换, 亦作 $\check{f}$.
$M[f]$	函数 f 的 Hardy-Littlewood 极大函数.
$\overline{f}$	函数 f 的复共轭.
D_j	$D_j = \dfrac{1}{i}\partial_j$, 其中 $i = \sqrt{-1}$.
D	$D = (D_1, \cdots, D_n) = \dfrac{1}{i}\nabla$.
τ_h	平移算子, $\tau_h[f](x) = f(x - h)$.
δ	Dirac 泛函, $\langle \delta, \varphi \rangle = \varphi(0)$.
$\mathrm{dist}(A, B)$	度量空间距离函数, $\mathrm{dist}(A, B) = \displaystyle\inf_{a \in A, b \in B} \mathrm{d}(a, b)$.
$\mathrm{diam}(K)$	有界集 K 的直径.
$\mathrm{supp}\, f$	函数 f 的支集.
$\mathrm{esssup} f$	函数 f 的本性上确界.
$[\rho]$	Gauss 取整函数, 对 $\rho \in \mathbb{R}$, $[\rho]$ 是不超过 ρ 的最大整数.
$\Gamma(x)$	Gamma 函数, 对 $x > 0$, $\Gamma(x) = \displaystyle\int_0^{+\infty} t^{x-1} e^{-t}\mathrm{d}t$.
$\exp(x)$	指数函数, 亦作 e^x.
χ_B	集合 B 上的特征函数.
$\overset{\triangledown}{f}(x)$	即 $f(-x)$.
C_n^k	$\mathrm{C}_n^k = \dfrac{n!}{k!(n-k)!}$, 即组合数.
A_n^k	$\mathrm{A}_n^k = \dfrac{n!}{(n-k)!}$, 即排列数.

$\|x\|,\ \|\alpha\|$	若 $x=(x_1,\cdots,x_n)\in\mathbb{R}^n$, $\|x\|=\left(\sum\limits_{j=1}^{n}x_j^2\right)^{\frac{1}{2}}$ 为 Euclid 距离;
	若 $\alpha=(\alpha_1,\cdots,\alpha_n)\in\mathbb{N}^n$, 则 $\|\alpha\|=\sum\limits_{j=1}^{n}\alpha_j$.
$x\cdot y$	即 $\sum\limits_{j=1}^{n}x_jy_j$, 为 n 维 Euclid 空间中的内积.
(f,g)	即 $\displaystyle\int_{\mathbb{R}^n}f\bar{g}\,\mathrm{d}x$, 为函数 f, g 的 L^2 Hermite 内积.

函数空间与范数

$L^p(X,\mu)$	测度空间 (X,μ) 上的 L^p 函数空间, 不引起歧义时亦作 $L^p(X)$.
X^*	拓扑线性空间 X 上的连续线性泛函组成的空间.
$C(\Omega)$	开集 $\Omega\subset\mathbb{R}^n$ 上连续函数空间.
$C_b(\Omega)$	开集 $\Omega\subset\mathbb{R}^n$ 上有界连续函数空间.
$C^k(\Omega)$	开集 $\Omega\subset\mathbb{R}^n$ 上到 k 阶连续可微函数空间, 特别地 $C^0(\Omega)=C(\Omega)$.
$C^\infty(\Omega)$	开集 $\Omega\subset\mathbb{R}^n$ 上光滑函数空间.
$\mathscr{D}(\Omega)$	开集 $\Omega\subset\mathbb{R}^n$ 上紧支光滑函数空间, 亦作 $C_c^\infty(\Omega)$.
$\mathscr{S}(\mathbb{R}^n)$	$\mathbb{R}^n$ 中 Schwartz 函数空间.
$\mathscr{M}(X)$	函数空间 X 的乘子空间.
$\|f\|_{L^p(X)}$	测度空间 (X,μ) 上可测函数 f 的 L^p 范数.
$\|f\|_s$	f 的 H^s 范数.
$\|f\|_\rho$	f 的 C^ρ 范数.
$\|T\|_{\mathscr{L}}$	有界线性算子 T 的算子范数.

其 他 符 号

$B(x,r)$	$\mathbb{R}^n$ 中以 x 为球心, r 为半径的开球, 当 $x=0$ 时简记为 $B(r)$.
$\mathscr{C}(x,r_1,r_2)$	$\mathbb{R}^n$ 中以 x 为中心、r_1 为内径、r_2 为外径的开圆环, 特别地, 当 $x=0$ 时简记为 $\mathscr{C}(r_1,r_2)$.
$\mathrm{GL}_n(\mathbb{R})$	$\mathbb{R}$ 上的 n 次一般线性群, $\mathrm{GL}_n(\mathbb{R})\stackrel{\mathrm{def}}{=\joinrel=}\{A\in M_n(\mathbb{R}):\det|A|\neq 0\}$.
$\|\cdot\|$	$\mathbb{R}^n$ 中的 Lebesgue 测度.
$\langle x\rangle$	$(1+\|x\|^2)^{\frac{1}{2}}$ 的简便记法.
$\dfrac{\partial^m}{\partial x^m}f$	$\dfrac{\partial^{mn}}{\partial x_1^m\cdots\partial x_n^m}f$ 的简便记法.

P.V.   Cauchy 主值积分.

θ 拓扑线性空间 X 上的零元.

$a \sim b$ 存在常数 C 使得 $C^{-1}a \leqslant b \leqslant Ca$.

$\fint_X f\,\mathrm{d}\mu$ 积分平均, $\displaystyle\fint_X f\,\mathrm{d}\mu \overset{\text{def}}{=\!=} \frac{1}{\mu(X)} \int_X f\,\mathrm{d}\mu$.

a.e.   即 "几乎处处".

第 0 章 预备知识

现代的测度与积分理论由 Lebesgue ([28], 亦见 [29]) 奠定. 而在实分析的学习中, 我们已经对 F. Riesz 在 20 世纪初引进 (见 [38]) 的 L^p 空间有了一定的了解, 它将在本书中起到重要作用. 具体体现在以下几点:

(1) 我们将给出紧支集连续函数空间上的连续线性泛函, 其无法表示为 L^p 空间中的函数, 由此引出广义函数的概念;

(2) 紧支集光滑函数空间 $\mathscr{D}(\mathbb{R}^n)$ 在 L^p 空间中稠密;

(3) Fourier 变换的研究最早在 $L^1(\mathbb{R}^n)$ 中定义, 进而发展到 $L^2(\mathbb{R}^n)$ 及其他函数空间中;

(4) L^p 空间是 Sobolev 空间的特殊情况;

(5) L^p 空间是 Lorentz 空间的特殊情况.

为此, 在正式开始本书的叙述之前, 有必要回顾一下 L^p 空间的性质以及与之相关的部分实分析内容.

0.1 Lebesgue L^p 空间

以下所涉及的测度空间 (X, μ), 若无特殊说明, μ 皆为正测度; 特别地, $|\cdot|$ 表示 Lebesgue 测度.

定义 0.1.1 (L^p 空间) 设 (X, μ) 为测度空间, f 为 (X, μ) 上的可测函数, 对 $p \in]0, \infty[$, 定义空间 $L^p(X, \mu)$ 为

$$L^p(X, \mu) \overset{\text{def}}{=\!=} \left\{ f \text{ 可测} : \int_X |f|^p \mathrm{d}\mu < \infty \right\},$$

并且记

$$\|f\|_{L^p(X,\mu)} \overset{\text{def}}{=\!=} \left(\int_X |f|^p \mathrm{d}\mu \right)^{\frac{1}{p}}.$$

而当 $p = \infty$ 时, 定义空间 $L^\infty(X, \mu)$ 为

$$L^\infty(X, \mu) \overset{\text{def}}{=\!=} \{ f \text{ 可测} : \text{存在 } c \in \overline{\mathbb{R}_+} \text{ 使得 } \mu(\{x \in X : |f(x)| > c\}) = 0 \},$$

并且记

$$\|f\|_{L^\infty(X,\mu)} = \text{esssup}|f| \overset{\text{def}}{=\!=} \inf \left\{ c \in \overline{\mathbb{R}_+} : \mu(\{x \in X : |f(x)| > c\}) = 0 \right\}.$$

注 本书中, 在不引起歧义的情况下, 我们简记范数 $\|\cdot\|_{L^p(X,\mu)}$ 为 $\|\cdot\|_{L^p(X)}$. 当 $p \in [1,\infty]$ 时, 我们知道如下的重要不等式.

定理 0.1.1 (Hölder 不等式) 设 (X,μ) 为测度空间, $p \in [1,\infty]$, $p' \in [1,\infty]$ 为 p 的共轭指数, 即满足 $\dfrac{1}{p} + \dfrac{1}{p'} = 1$. 若 $f \in L^p(X,\mu)$, $g \in L^{p'}(X,\mu)$, 则 $fg \in L^1(X,\mu)$, 且成立如下的不等式:

$$\|fg\|_{L^1(X)} \leqslant \|f\|_{L^p(X)} \|g\|_{L^{p'}(X)}.$$

注 对 $p, p' \in [1,\infty]$, 在式 $\dfrac{1}{p} + \dfrac{1}{p'} = 1$ 中, $\dfrac{1}{\infty}$ 理解为 0.

由 Hölder 不等式可推得如下的 Minkowski 不等式.

定理 0.1.2 (Minkowski 不等式) 设 (X,μ) 为测度空间, $p \in [1,\infty]$, 若 f, $g \in L^p(X,\mu)$, 则 $f + g \in L^p(X,\mu)$, 且成立如下的不等式:

$$\|f + g\|_{L^p(X)} \leqslant \|f\|_{L^p(X)} + \|g\|_{L^p(X)}.$$

注 Hölder 不等式与 Minkowski 不等式的证明可以参见 V. A. Zorich [47], 同时 [47] 指出: 当 $p \in\,]0,1[$ 且 f, g 非负时, 上述两个不等式符号反向.

由此可见, 当 $p \in [1,\infty]$ 时, $\|f+g\|_{L^p(X)} \leqslant \|f\|_{L^p(X)} + \|g\|_{L^p(X)}$, 此时 $\|\cdot\|_{L^p(X)}$ 是一个范数; 又可以证明 $\left(L^p(X,\mu), \|\cdot\|_{L^p(X)}\right)$ 中的任意 Cauchy 列均收敛, 故 $L^p(X,\mu)$ 在 $p \in [1,\infty]$ 时是一个 Banach 空间.

注 当 $p \in\,]0,1[$ 时, Minkowski 不等式指出: $\big\||f| + |g|\big\|_{L^p(X)} \geqslant \|f\|_{L^p(X)} + \|g\|_{L^p(X)}$, 此时 $\|\cdot\|_{L^p(X)}$ 不是一个范数. 但当 a, $b > 0$ 时, 成立

$$
\begin{aligned}
(a+b)^\theta &\leqslant 2^{\theta-1}(a^\theta + b^\theta), & \text{若 } \theta \in [1,\infty[; \\
(a+b)^\theta &\leqslant (a^\theta + b^\theta) \leqslant 2^{1-\theta}(a+b)^\theta, & \text{若 } \theta \in\,]0,1[.
\end{aligned}
\tag{0.1.1}
$$

特别地, 取 $\theta = p \in\,]0,1[$ 得到

$$
\begin{aligned}
\|f + g\|_{L^p(X)}^p &\leqslant \int_X |f|^p \mathrm{d}\mu + \int_X |g|^p \mathrm{d}\mu \\
&\leqslant 2^{1-p}\left[\left(\int_X |f|^p \mathrm{d}\mu\right)^{\frac{1}{p}} + \left(\int_X |g|^p \mathrm{d}\mu\right)^{\frac{1}{p}}\right]^p \\
&= 2^{1-p}\left(\|f\|_{L^p(X)} + \|g\|_{L^p(X)}\right)^p,
\end{aligned}
$$

故而对任意 f, $g \in L^p(X)$, 成立

$$\|f + g\|_{L^p(X)} \leqslant 2^{\frac{1-p}{p}}\left(\|f\|_{L^p(X)} + \|g\|_{L^p(X)}\right).$$

从而 $\|\cdot\|_{L^p(X)}$ 是一个拟范数 (quasi-norm).

我们回忆对偶空间的概念.

定义 0.1.2 (对偶空间) 对拓扑线性空间 X, 记 X^* 为其对偶空间, 即 X 上的所有连续线性泛函的集合. 当 X 是一个赋范线性空间时, 对任意 $T \in X^*$, 其范数定义为

$$\|T\|_{X^*} \overset{\text{def}}{=\!=\!=} \sup_{x \in X, \, \|x\|_X = 1} |T(x)|.$$

此时 $(X^*, \|\cdot\|_{X^*})$ 是一个 Banach 空间; 而若 X 是一个拟 Banach 空间 (quasi-Banach space), 则 X^* 也是 Banach 空间.

当 $p \in [1, \infty[$ 时, 成立如下的 Riesz 表示定理.

定理 0.1.3 (Riesz 表示定理) *设 $p \in [1, \infty[$, μ 是 X 上 σ-有限的正测度, 又设 Φ 是 $L^p(X, \mu)$ 上的连续线性泛函, 则存在唯一的 $f \in L^{p'}(X, \mu)$, 使得*

$$\langle \Phi, g \rangle = \int_X f g \, \mathrm{d}x, \quad \forall \, g \in L^p(X, \mu),$$

其中 p' 是定理 0.1.1 中的共轭指数, 满足 $\dfrac{1}{p} + \dfrac{1}{p'} = 1$.

注 (σ-有限测度) 称测度空间 (X, μ) 是 σ-有限的, 若存在可数多个 μ-可测集 $\{\Omega_j\}_{j \in \mathbb{N}_+}$, 使得对任意的 $N \in \mathbb{N}_+$, 成立 $\mu(\Omega_N) < \infty$, 且 $X = \bigcup\limits_{j=1}^{\infty} \Omega_j$.

若测度空间 (X, μ) σ-有限, 可考虑如下可列的简单函数:

$$f = \sum_{j=1}^{\infty} a_j \chi_{E_j}(x), \quad \text{其中 } E_j \subset X \text{ 可测, 且 } E_j \cap E_k = \varnothing, \, j \neq k.$$

注 Riesz 表示定理的证明可以参考 H. Brezis 的工作 ([10] §4 Thm 4.11).

从而知若 $f \in L^p(X, \mu)$, $p \in]1, \infty]$, 则成立

$$\|f\|_{L^p(X)} = \sup_{\|g\|_{L^{p'}(X)} = 1} \left| \int_X f g \, \mathrm{d}\mu \right|. \tag{0.1.2}$$

事实上, 对 $p = 1$, (0.1.2) 式也是成立的.

下面我们指出几个本书中常用的在某些特殊测度空间下的 L^p 空间.

当 $X = \Omega$ 为 $\mathbb{R}^n$ 中的开集, $\mu = |\cdot|$ 为 Lebesgue 测度时, L^p 空间记作 $L^p(\Omega)$. 特别地, 当 $\Omega = \mathbb{R}^n$ 时, 我们得到 $L^p(\mathbb{R}^n)$, 其范数简记为 $\|\cdot\|_{L^p}$.

而当 $X = \mathbb{N}$ 或 $\mathbb{Z}$ 且 μ 为计数测度时, 我们记 L^p 空间为 $\ell^p(\mathbb{N})$ 或 ℓ^p, 对 $f = (f_0, f_1, \cdots, f_k, \cdots) \in \ell^p$, 当 $p < \infty$ 时, 成立

$$\|f\|_{\ell^p} = \left(\sum_{k \in \mathbb{N}} |f_k|^p \right)^{\frac{1}{p}},$$

而当 $p = \infty$ 时, 则成立

$$\|f\|_{\ell^\infty} = \sup_{k \in \mathbb{N}} |f_k|.$$

上述两式亦可作为范数 $\|\cdot\|_{\ell^p}$ 的定义.

最后我们在 $(\mathbb{R}^n, |\cdot|)$ 上定义局部的 L^p 函数空间.

定义 0.1.3 ($L^p_{\mathrm{loc}}(\mathbb{R}^n)$)   对 $p \in]0, \infty[$, 函数 $f \in L^p_{\mathrm{loc}}(\mathbb{R}^n)$, 若对任意的紧集 $K \subset \mathbb{R}^n$, $f|_K \in L^p(K)$. 特别地, 当 $p = 1$ 时, 称 $L^1_{\mathrm{loc}}(\mathbb{R}^n)$ 为局部可积函数空间.

注   对开集 $\Omega \subset \mathbb{R}^n$, 可以类似地定义空间 $L^p_{\mathrm{loc}}(\Omega)$.

显然成立下面的命题.

命题 0.1.4   (1) $L^p(\mathbb{R}^n) \subset L^p_{\mathrm{loc}}(\mathbb{R}^n)$.

(2) 若 $p, q \in [1, \infty]$, $p < q$, 则 $L^q_{\mathrm{loc}}(\mathbb{R}^n) \subset L^p_{\mathrm{loc}}(\mathbb{R}^n)$. 特别地, 当 $p \in [1, \infty]$ 时, $L^p_{\mathrm{loc}}(\mathbb{R}^n) \subset L^1_{\mathrm{loc}}(\mathbb{R}^n)$.

但是若 $p \in]0, 1[$, 则 $L^p_{\mathrm{loc}}(\mathbb{R}^n) \not\subset L^1_{\mathrm{loc}}(\mathbb{R}^n)$, 下面的例子说明了这一点.

例 0.1.1   若 $0 < p < \alpha < 1$, 则成立 $|x|^{-\frac{n}{\alpha}}\big|_{|x| \leqslant 1} \in L^p(\mathbb{R}^n)$, 从而知 $|x|^{-\frac{n}{\alpha}} \in L^p_{\mathrm{loc}}(\mathbb{R}^n)$. 但易知此时

$$|x|^{-\frac{n}{\alpha}}\big|_{|x| \leqslant 1} \notin L^1(\mathbb{R}^n) \implies |x|^{-\frac{n}{\alpha}} \notin L^1_{\mathrm{loc}}(\mathbb{R}^n).$$

0.2 卷积与 Young 不等式

我们对 Lebesgue 空间 $L^p(\mathbb{R}^n)$ 定义两个函数的卷积.

定义 0.2.1 (卷积)   设 u, v 是 $\mathbb{R}^n$ 上的 Lebesgue 可测函数, 若对几乎所有的 $x \in \mathbb{R}^n$ 都满足 $u(x-y)v(y) \in L^1(\mathbb{R}^n_y)$, 则定义 u 与 v 的卷积 $u * v$ 为

$$u * v(x) \overset{\mathrm{def}}{=\!=} \int_{\mathbb{R}^n} u(x-y)v(y)\mathrm{d}y.$$

注   经过简单的变量代换, 我们知道

$$u * v(x) = \int_{\mathbb{R}^n} u(x-y)v(y)\mathrm{d}y = \int_{\mathbb{R}^n} u(y)v(x-y)\mathrm{d}y.$$

例 0.2.1   设 $f(x)$ 为

$$f(x) = \begin{cases} 1, & \text{若 } |x| \leqslant 1, \\ 0, & \text{若 } |x| > 1. \end{cases}$$

则 $f(x) \in \mathrm{BV}(\mathbb{R})$ (**有界变差函数**), 且

$$f * f(x) = \begin{cases} 2 - |x|, & \text{若 } |x| \leqslant 2, \\ 0, & \text{若 } |x| > 2. \end{cases}$$

事实上,

$$f * f(x) = \int_{-1}^{1} f(x - y)\mathrm{d}y = \big|[-1, 1] \cap [x - 1, x + 1]\big|.$$

如下的 Young 不等式给出了卷积的 L^p 范数估计, 其证明仅依赖 Hölder 不等式.

定理 0.2.1 (Young 不等式) 设 p, q, $r \in [1, \infty]$, 若 $f \in L^p(\mathbb{R}^n)$, $g \in L^r(\mathbb{R}^n)$, 则 $f * g \in L^q(\mathbb{R}^n)$, 且满足

$$\|f * g\|_{L^q} \leqslant \|f\|_{L^p}\|g\|_{L^r},$$

其中 p, q, r 满足 $\dfrac{1}{q} + 1 = \dfrac{1}{p} + \dfrac{1}{r}$.

注 事实上, 可以取到更精确的估计 $\|f * g\|_{L^q} \leqslant C_{pqr}\|f\|_{L^p}\|g\|_{L^r}$. 最佳常数 $C_{pqr} = (B_p B_q B_r)^n$, 其中 $B_p^2 = p^{\frac{1}{p}}(p')^{-\frac{1}{p'}}$, 证明可参见 W. Beckner [7].

证明 我们仅证明 p, q, $r < \infty$ 的情况, 若 p, q, r 中有一个或者多个变量等于 ∞, 证明过程是类似的, 留作习题.

不妨令 f, g 是非负的, 又注意到 $1 + \dfrac{1}{q} = \dfrac{1}{p} + \dfrac{1}{r} \Rightarrow \dfrac{1}{r'} + \dfrac{1}{q} = \dfrac{1}{p}$, 从而成立

$$\frac{p}{r'} + \frac{p}{q} = 1, \quad \frac{r}{p'} + \frac{r}{q} = 1, \quad \frac{1}{r'} + \frac{1}{q} + \frac{1}{p'} = 1,$$

其中 r' 满足 $\dfrac{1}{r} + \dfrac{1}{r'} = 1$, 对 p, q 同理. 应用 Hölder 不等式知

$$|f * g|(x) = \int_{\mathbb{R}^n} f(y)g(x - y)\mathrm{d}y = \int_{\mathbb{R}^n} f^{\frac{p}{r'}}(y)f^{\frac{p}{q}}(y)g^{\frac{r}{q}}(x - y)g^{\frac{r}{p'}}(x - y)\mathrm{d}y$$

$$= \int_{\mathbb{R}^n} \big(f^p(y)\big)^{\frac{1}{r'}} \big(f^p(y)g^r(x - y)\big)^{\frac{1}{q}} \big(g^r(x - y)\big)^{\frac{1}{p'}}\mathrm{d}y$$

$$\leqslant \left(\int_{\mathbb{R}^n} f^p(y)\mathrm{d}y\right)^{\frac{1}{r'}} \left(\int_{\mathbb{R}^n} f^p(y)g^r(x - y)\mathrm{d}y\right)^{\frac{1}{q}} \left(\int_{\mathbb{R}^n} g^r(x - y)\mathrm{d}y\right)^{\frac{1}{p'}}.$$

注意到

$$\left(\int_{\mathbb{R}^n} g^r(x - y)\mathrm{d}y\right)^{\frac{1}{p'}} = \|g\|_{L^r}^{\frac{r}{p'}}.$$

故

$$|f * g|(x) \leqslant \|f\|_{L^p}^{\frac{p}{r'}} \|g\|_{L^r}^{\frac{r}{p'}} \left(\int_{\mathbb{R}^n} f^p(y) g^r(x-y) \mathrm{d}y \right)^{\frac{1}{q}}.$$

从而应用 Fubini 定理知

$$\int_{\mathbb{R}^n} |f * g|^q(x) \mathrm{d}x \leqslant \|f\|_{L^p}^{\frac{pq}{r'}} \|g\|_{L^r}^{\frac{rq}{p'}} \int_{\mathbb{R}^n} \int_{\mathbb{R}^n} f^p(y) g(x-y)^r \mathrm{d}y \, \mathrm{d}x$$

$$\leqslant \|f\|_{L^p}^{\frac{pq}{r'}} \|g\|_{L^r}^{\frac{rq}{p'}} \|f\|_{L^p}^p \|g\|_{L^r}^r.$$

再由 $\frac{pq}{r'} + p = q$, $\frac{rq}{p'} + r = q$ 的事实证毕定理. □

给定开集 $\Omega \subset \mathbb{R}^n$, Ω 上所有的连续函数记作 $C(\Omega)$. 而若 $\Omega = \mathbb{R}^n$, 相应地得到 $C(\mathbb{R}^n)$. 对于连续函数, 我们引入支集的概念.

定义 0.2.2 (支集)　对任意 $f \in C(\mathbb{R}^n)$, 定义其支集 $\mathrm{supp}\, f$ 为

$$\mathrm{supp}\, f \overset{\mathrm{def}}{=} \overline{\{x \in \mathbb{R}^n : f(x) \neq 0\}},$$

即 $x \notin \mathrm{supp}\, f$ 当且仅当存在 x 的开邻域 $U(x)$, 满足 $f|_{U(x)} = 0$.

注　如果函数 f 的支集是一个紧集, 则称 f 具有紧支集, 或 f 是紧支函数.

而若 f, g 是紧支的连续函数, 则其卷积 $f * g$ 必定存在. 事实上 $f * g$ 也是紧支的.

命题 0.2.2　对紧支的连续函数 f, g, 成立 $\mathrm{supp}\,(f*g) \subset \mathrm{supp}\, f + \mathrm{supp}\, g \overset{\mathrm{def}}{=} \{x + y : x \in \mathrm{supp}\, f, y \in \mathrm{supp}\, g\}$.

证明　由定义 0.2.1 知

$$f * g(x) = \int_{\mathbb{R}^n} f(x-y) g(y) \mathrm{d}y = \int_{\mathrm{supp}\, g} f(x-y) g(y) \mathrm{d}y.$$

若 $x \notin \mathrm{supp}\, f + \mathrm{supp}\, g$, 则知对任意的 $y \in \mathrm{supp}\, g$, $f(x-y) = 0$, 从而 $f*g(x) = 0$. 由此知 $\{x : f*g(x) \neq 0\} \subset \mathrm{supp}\, f + \mathrm{supp}\, g$, 亦即 $\mathrm{supp}\, f * g \subset \overline{\mathrm{supp}\, f + \mathrm{supp}\, g}$.

而由 $\mathrm{supp}\, f$, $\mathrm{supp}\, g$ 紧致, 易知 $\mathrm{supp}\, f + \mathrm{supp}\, g$ 是闭集, 从而 $\mathrm{supp}\, f * g \subset \overline{\mathrm{supp}\, f + \mathrm{supp}\, g} = \mathrm{supp}\, f + \mathrm{supp}\, g$. 命题证毕. □

我们可以把卷积的定义推广到拓扑群上. 先回顾拓扑群的定义.

定义 0.2.3 (拓扑群)　设 G 为 Hausdorff 空间, 且其上赋予了群结构: $(x, y) \mapsto xy$. 称 G 为一个拓扑群若乘法与求逆

$$f : (x, y) \to xy, \quad g : x \to x^{-1}$$

在拓扑空间 G 中连续.

容易举出一些拓扑群的简单例子.

例 0.2.2 (1) $(\mathbb{R}^n, +)$ 是拓扑群;

(2) $(\mathbb{T}^n, +)$ 是拓扑群, 其中 $\mathbb{T}^n$ 是 n 维环面.

定义 0.2.4 (左不变的 Harr 测度) 设 G 为拓扑群, 其上的左不变 Harr 测度 λ 指:

(1) 对 G 中任意非空开集 A 成立 $\lambda(A) \neq 0$;

(2) 对任意的元素 $a \in G$, $\lambda(aA) = \lambda(A)$.

显而易见, 若 G 是交换群, 则 λ 也是右不变的.

例 0.2.3 记 $\mathbb{R}^* = \mathbb{R} \setminus \{0\}$, 则 $\dfrac{\mathrm{d}x}{|x|}$ 是 $(\mathbb{R}^*, \times)$ 的左不变 Harr 测度.

事实上, 对任意 $t \neq 0$ 成立

$$\int_{\mathbb{R}^*} f(tx) \frac{\mathrm{d}x}{|x|} = \int_{\mathbb{R}^*} f(x) \frac{\mathrm{d}x}{|x|}, \quad \forall\, f \in L^1(\mathbb{R}^*).$$

我们不加证明地给出如下结论.

命题 0.2.3 局部紧的拓扑群存在唯一的左不变 Harr 测度.

注 此处的唯一性指的是在相差正常数倍的条件下唯一. 左不变的 Harr 测度的存在性证明可以参见 [27] (§16.3) 或 [23].

以下我们考虑赋予了左不变 Harr 测度 λ 的紧群 G, 且设 (G, λ) 是一个 σ-有限的测度空间. 由测度 λ 的左不变性知, 对任意 $f \in L^1(G, \lambda)$, $y \in G$, 成立

$$\int_G f(yx) \mathrm{d}\lambda(x) = \int_G f(x) \mathrm{d}\lambda(x).$$

下面我们定义 G 上的卷积.

定义 0.2.5 (拓扑群上的卷积) 对 $f, g \in L^1(G, \lambda)$, 定义卷积 $f * g(x)$ 为

$$f * g(x) \stackrel{\text{def}}{=\!=} \int_G f(y) g(y^{-1}x) \mathrm{d}\lambda(y),$$

或令 $z = x^{-1}y$, 则 $f * g = \displaystyle\int_G f(xz) g(z^{-1}) \mathrm{d}\lambda(z)$.

例 0.2.4 对 $G = (\mathbb{R}^n, +)$ 成立

$$f * g(x) = \int_{\mathbb{R}^n} f(y) g(x - y) \mathrm{d}y.$$

令 $z = x - y$, 则 $f * g = \displaystyle\int_G f(x - z) g(z) \mathrm{d}z$.

注 一般而言, $f * g \neq g * f$, 这是因为 G 未必是交换的.

在这种情况下, Young 不等式仍然成立.

命题 0.2.4 设 (G, λ) 为拓扑群, λ 是左不变的 Harr 测度. 对 $p \in [1, \infty]$, 若 $f \in L^p(G, \lambda)$, $g \in L^1(G, \lambda)$, 则成立

$$\|g * f\|_{L^p(G)} \leqslant \|f\|_{L^p(G)} \|g\|_{L^1(G)}.$$

证明过程留作习题.

注 此式并没有指出 $\|f * g\|_{L^p(G)} \leqslant \|f\|_{L^p(G)} \|g\|_{L^1(G)}$, 但是记 $\tilde{g}(x) = g(x^{-1})$, 若 $\|\tilde{g}\|_{L^1(G)} = \|g\|_{L^1(G)}$, 则成立

$$\|f * g\|_{L^p(G)} \leqslant \|f\|_{L^p(G)} \|g\|_{L^1(G)}.$$

事实上, 此时成立

$$f * g(x) = \int_G f(xy) g(y^{-1}) \mathrm{d}\lambda(y) = \int_G f(xr) \tilde{g}(y) \mathrm{d}\lambda(y).$$

之后的证明是类似的.

完全类似地, 我们可以证明下面的定理.

定理 0.2.5 (Young 不等式) 设 (G, λ) 为拓扑群, λ 是左不变的 Harr 测度. 再设 $p, q, r \in [1, \infty]$, 且满足 $1 + \dfrac{1}{q} = \dfrac{1}{p} + \dfrac{1}{r}$, 若 $f \in L^p(G, \lambda)$, $g \in L^r(G, \lambda)$, 且对 $\tilde{g}(x) = g(x^{-1})$ 成立 $\|\tilde{g}\|_{L^r(G)} = \|g\|_{L^r(G)}$, 则 $f * g \in L^q(G, \lambda)$, 且满足

$$\|f * g\|_{L^q(G)} \leqslant \|g\|_{L^r(G)} \|f\|_{L^p(G)}.$$

这种形式的 Young 不等式的一个应用是著名的 Hardy 不等式.

推论 0.2.6 (Hardy 不等式) 设 $b \in {]0, \infty[}$, $p \in [1, \infty[$, 成立

$$\left(\int_0^\infty \left(\int_0^x |f(t)| \mathrm{d}t \right)^p x^{-b-1} \mathrm{d}x \right)^{\frac{1}{p}} \leqslant \frac{p}{b} \left(\int_0^\infty |f(t)|^p t^{p-b-1} \mathrm{d}t \right)^{\frac{1}{p}},$$

$$\left(\int_0^\infty \left(\int_x^\infty |f(t)| \mathrm{d}t \right)^p x^{b-1} \mathrm{d}x \right)^{\frac{1}{p}} \leqslant \frac{p}{b} \left(\int_0^\infty |f(t)|^p t^{p+b-1} \mathrm{d}t \right)^{\frac{1}{p}}.$$

证明 给定拓扑群 $(\mathbb{R}_+, \times)$ 与左不变 Harr 测度 $\dfrac{\mathrm{d}t}{t}$, 我们考察 $|f(x)| x^{\frac{p-b}{p}} *$ $x^{-\frac{b}{p}} \chi_{[1,\infty[}$, 易见

$$\left\| x^{-\frac{b}{p}} \chi_{[1,\infty[} \right\|_{L^1(\mathbb{R}_+, \frac{\mathrm{d}t}{t})} = \int_1^\infty x^{-\frac{b}{p}} \frac{\mathrm{d}x}{x} = \frac{p}{b},$$

$$\left\| |f(x)| x^{\frac{p-b}{p}} \right\|_{L^p(\mathbb{R}_+, \frac{\mathrm{d}t}{t})} = \left(\int_0^\infty |f(x)|^p x^{p-b-1} \mathrm{d}x \right)^{\frac{1}{p}}.$$

而注意到

$$|f(x)| x^{\frac{p-b}{p}} * x^{-\frac{b}{p}} \chi_{[1,\infty[}(x) = \int_{\mathbb{R}} |f(y)| y^{\frac{p-b}{p}} y^{\frac{b}{p}} x^{-\frac{b}{p}} \chi_{\{y^{-1}x \in [1,\infty[\}} \frac{\mathrm{d}y}{y}$$

$$= x^{-\frac{b}{p}} \int_0^x |f(y)| \mathrm{d}y,$$

易见其 $L^p\left(\mathbb{R}_+, \dfrac{\mathrm{d}t}{t}\right)$ 范数为

$$\left(\int_0^\infty \left(\int_0^x |f(t)| \mathrm{d}t \right)^p x^{-b-1} \mathrm{d}x \right)^{\frac{1}{p}},$$

从而应用定理 0.2.5 证明了第一个不等式. 第二个不等式的证明完全类似,留作习题. $\qquad\square$

0.3 分布函数 $d_f(\alpha)$ 与弱 L^p 空间

0.3.1 分布函数 $d_f(\alpha)$

我们先在测度空间 (X, μ) 上定义分布函数.

定义 0.3.1 (分布函数 $d_f(\alpha)$) 设 f 是 (X, μ) 上的可测函数,其分布函数 d_f 定义于 $[0, \infty[$ 上,满足

$$d_f(\alpha) \overset{\text{def}}{=\!=} \mu(\{x \in X : |f(x)| > \alpha\}). \tag{0.3.1}$$

注 $\{x \in X : |f(x)| > \alpha\}$ 有时简记为 $\{|f(x)| > \alpha\}$.

命题 0.3.1 设 (X, μ) 是 σ-有限的测度空间,$p \in]0, \infty[$,则对任意 $f \in L^p(X, \mu)$ 成立

$$\int_X |f(x)|^p \mathrm{d}\mu = p \int_0^\infty \alpha^{p-1} d_f(\lambda) \mathrm{d}\alpha.$$

证明 注意到

$$p \int_0^\infty \alpha^{p-1} d_f(\alpha) \mathrm{d}\alpha = p \int_0^\infty \alpha^{p-1} \int_X \chi_{\{|f(x)| > \alpha\}} \mathrm{d}\mu \, \mathrm{d}\alpha$$

$$= p \int_X \int_0^{|f(x)|} \alpha^{p-1} \mathrm{d}\alpha \, \mathrm{d}\mu = \int_X |f(x)|^p \mathrm{d}\mu.$$

命题证毕. $\qquad\square$

更一般地, 成立

命题 0.3.2 设函数 ϕ 是 $[0,\infty[$ 上任意的连续可微函数, 且满足 $\phi(0) = 0$, 则当 (X,μ) 是 σ-有限的测度空间时成立

$$\int_X \phi(|f|)\mathrm{d}\mu = \int_0^\infty \phi'(\alpha)d_f(\alpha)\mathrm{d}\alpha.$$

证明 实际上利用 Fubini 定理知

$$\int_0^\infty \phi'(\alpha)d_f(\alpha)\mathrm{d}\alpha = \int_0^\infty \phi'(\alpha)\int_X \chi_{\{|f(x)|>\alpha\}}\mathrm{d}\mu\,\mathrm{d}\alpha$$
$$= \int_X \int_0^{|f(x)|} \phi'(\alpha)\mathrm{d}\alpha\,\mathrm{d}\mu = \int_X \phi(|f|)\mathrm{d}\mu.$$

命题证毕.   □

在下面的例子中, 我们计算简单函数的分布函数.

例 0.3.1 设 $a_1 > a_2 > \cdots > a_N > 0$, E_1, E_2, $\cdots$, E_N 为 X 中的不交可测子集族, 令

$$f(x) = \sum_{j=1}^N a_j \chi_{E_j}(x),$$

下面求其分布函数 d_f.

我们注意到, 当 $\alpha \geqslant a_1$ 时, $\{x \in X : |f(x)| > \alpha\} = \varnothing$, 故 $d_f(\alpha) = 0$;

若 $a_1 > \alpha \geqslant a_2$, 则 $\{x \in X : |f(x)| > \alpha\} = E_1$, $d_f(\alpha) = \mu(E_1)$.

类似地, 若 $a_j > \alpha \geqslant a_{j+1}$, 则 $\{x \in X : |f(x)| > \alpha\} = E_1 \cup E_2 \cup \cdots \cup E_j$, $d_f(\alpha) = \sum_{k=1}^j \mu(E_k)$. 因此令 $B_j = \mu\left(\bigcup_{k=1}^j E_k\right)$, 则知

$$d_f(\alpha) = \sum_{j=0}^N B_j \chi_{[a_{j+1}, a_j[}, \quad \text{其中} \quad B_0 = 0,\ a_0 = +\infty,\ a_{N+1} = 0.$$

作图 0.1 如下所示.

命题 0.3.3 设 (X,μ) 为非负测度空间, f, g, f_ν 为可测函数, $c \in \mathbb{R}_+$, α, $\beta \in [0,\infty[$, 则成立

(1) d_f 是不增函数, 即对任意 $\alpha_1 > \alpha_2$ 成立 $d_f(\alpha_1) \leqslant d_f(\alpha_2)$;

(2) 若对任意 $x \in X$ 成立 $|f(x)| \leqslant |g(x)|$, 则 $d_f(\alpha) \leqslant d_g(\alpha)$;

(3) 若 $c > 0$, 则 $d_{cf}(\alpha) = d_f\left(\dfrac{\alpha}{c}\right)$;

(4) $d_{f+g}(\alpha + \beta) \leqslant d_f(\alpha) + d_g(\beta)$;

(5) $d_{fg}(\alpha\beta) \leqslant d_f(\alpha) + d_g(\beta)$;

(6) d_f 在 $[0, +\infty[$ 上右连续;

(7) 若 $|f| \leqslant \liminf\limits_{\nu\to\infty} |f_\nu|$ a.e. $[\mu]$, 则成立 $d_f(\alpha) \leqslant \liminf\limits_{\nu\to\infty} d_{f_\nu}(\alpha)$;

(8) 若函数列 $\{f_\nu\}_{\nu\in\mathbb{N}}$ 满足 $|f_\nu| \uparrow f$, 即 $|f_\nu|$ 单调上升且收敛于 f, 则 d_{f_ν} $\uparrow d_f$.

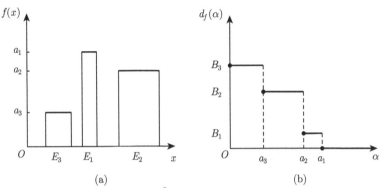

图 0.1　简单函数 $f(x) = \sum\limits_{j=1}^{3} a_j \chi_{E_j}$ 及对应的分布函数 d_f 的图像

证明　(1) 若 $\alpha_1 > \alpha_2$, 则 $\{x \in X : |f(x)| > \alpha_1\} \subset \{x \in X : |f(x)| > \alpha_2\}$, 由 μ 非负知 $d_f(\alpha_1) \leqslant d_f(\alpha_2)$.

(2) 由于 $|f(x)| \leqslant |g(x)|$, 对任意 $\alpha \geqslant 0$ 成立 $\{x \in X : |f(x)| > \alpha\} \subset \{x \in X : |g(x)| > \alpha\}$, 从而 $d_f(\alpha) \leqslant d_g(\alpha)$.

(3) 由 $\{x \in X : |cf(x)| > \alpha\} = \left\{x \in X : |f(x)| > \dfrac{\alpha}{c}\right\}$ 知显然成立.

(4) 仅需注意到 $\{|f + g| > \alpha + \beta\} \subset \{|f| > \alpha\} \cup \{|g| > \beta\}$, 由定义 0.3.1 即知 (4).

(5) 类似地注意到 $\{|fg| > \alpha\beta\} \subset \{|f| > \alpha\} \cup \{|g| > \beta\}$, 我们利用定义 0.3.1 立即推知 (5).

(6) 令 $\{t_\nu\}_{\nu\in\mathbb{N}}$ 为单调递减的正序列, 且当 $\nu \to \infty$ 时, $t_\nu \to 0$. 下证

$$\lim_{\nu\to\infty} d_f(\alpha + t_\nu) = d_f(\alpha). \tag{0.3.2}$$

首先, 由 (1) 知

$$d_f(\alpha + t_1) \leqslant d_f(\alpha + t_2) \leqslant \cdots \leqslant d_f(\alpha),$$

故 $\lim\limits_{\nu\to\infty} d_f(\alpha+t_\nu)$ 存在且

$$\lim_{\nu\to\infty} d_f(\alpha+t_\nu) \leqslant d_f(\alpha). \tag{0.3.3}$$

而 $d_f(\alpha+t_\nu) = \mu(\{x\in X:\ |f(x)|>\alpha+t_\nu\})$, 且 $\{x\in X:\ |f(x)|>\alpha+t_\nu\}$ 为递增集合, 故

$$\lim_{\nu\to\infty} d_f(\alpha+t_\nu) = \mu\left(\bigcup_{\nu=1}^{\infty}\{x\in X:\ |f(x)|>\alpha+t_\nu\}\right).$$

注意到, 对任意的 $x_0\in\{x\in X:\ |f(x)|>\alpha\}$, 存在 $\varepsilon>0$ 使得 $f(x_0)=\alpha+\varepsilon$, 故当 ν 充分大时 $t_\nu\leqslant\dfrac{\varepsilon}{2}$, 从而 $x_0\in\{x\in X:\ |f(x)|>\alpha+t_\nu\}$, 故而

$$\bigcup_{\nu=1}^{\infty}\{x\in X:\ |f(x)|>\alpha+t_\nu\} \supset \{x\in X:\ |f(x)|>\alpha\}.$$

因此 $\lim\limits_{\nu\to\infty} d_f(\alpha+t_\nu) \geqslant d_f(\alpha)$. 由此及 (0.3.3) 式推知 (0.3.2) 式, 证毕.

(7) 令 $E=\{x\in X:\ |f(x)|>\alpha\}$, $E_\nu=\{x\in X:\ |f_\nu(x)|>\alpha\}$, 则知

$$d_f(\alpha)=\mu(E),\quad \liminf_{m\to\infty}\mu(E_m)\geqslant\mu\left(\bigcap_{\nu=m}^{\infty}E_\nu\right),\quad \forall\, m\in\mathbb{N}.$$

从而由题设知

$$E\subset\bigcup_{m=1}^{\infty}\bigcap_{\nu=m}^{\infty}E_\nu,\ \text{a.e.}\ [\mu],$$

即对任意 $x\in E$ 存在 m 使得 $x\in\bigcap\limits_{\nu=m}^{\infty}E_\nu$. 否则存在 $x\in E$, 对任意 $m\in\mathbb{N}$ 成立 $x\in\bigcup\limits_{\nu=m}^{\infty}E_\nu^c$, 从而存在子列 $\{f_{\nu_j}\}_{j\in\mathbb{N}}$ 满足 $|f_{\nu_j}(x)|\leqslant\alpha$, 与 $\liminf\limits_{\nu\to\infty}|f_\nu(x)|>\alpha$ 矛盾. 故

$$\mu(E)\leqslant\mu\left(\bigcup_{m=1}^{\infty}\bigcap_{\nu=m}^{\infty}E_\nu\right)\leqslant\liminf_{\nu\to\infty}\mu(E_\nu).$$

从而 $d_f(\alpha)\leqslant\liminf\limits_{\nu\to\infty}d_{f_\nu}(\alpha)$.

(8) 由 (2) 知 $d_{f_\nu}(\alpha)\leqslant d_f(\alpha)$, 由 (7) 知 $d_f(\alpha)\leqslant\liminf\limits_{\nu\to\infty}d_{f_\nu}(\alpha)$, 故而 $\lim\limits_{\nu\to\infty}d_{f_\nu}(\alpha)=d_f(\alpha)$.

至此命题证毕.　　　　　　　　　　　　　　　　　　　　　　　　　　　　□

0.3.2 弱 L^p 空间

利用分布函数, 我们定义弱 L^p 空间.

定义 0.3.2 (弱 L^p 空间 $L^{p,\infty}(X,\mu)$) 设 (X,μ) 为测度空间, f 为 (X,μ) 上可测函数, 对 $p\in]0,\infty[$ 定义弱 L^p 空间 $L^{p,\infty}(X,\mu)$ 为

$$L^{p,\infty}(X,\mu) \stackrel{\mathrm{def}}{=\!=\!=} \left\{ f \text{ 可测}: \text{ 存在 } C < \infty, \text{ 使得 } d_f(\alpha) \leqslant \frac{C^p}{\alpha^p} \right\}.$$

并且记

$$\|f\|_{L^{p,\infty}(X)} \stackrel{\mathrm{def}}{=\!=\!=} \inf\left\{ C > 0: \ d_f(\alpha) \leqslant \frac{C^p}{\alpha^p} \right\} = \sup_{\gamma>0}\left\{ \gamma d_f^{\frac{1}{p}}(\gamma) \right\}. \tag{0.3.4}$$

注 (1) 特别地, 对 $p = \infty$, 我们定义 $L^{p,\infty}(X,\mu) \stackrel{\mathrm{def}}{=\!=\!=} L^{\infty}(X,\mu)$;

(2) 为方便起见, 我们记 $L^{p,\infty}(\mathbb{R}^n,|\cdot|)$ 为 $L^{p,\infty}(\mathbb{R}^n)$, 此时简记 $\|\cdot\|_{L^{p,\infty}(\mathbb{R}^n)}$ 为 $\|\cdot\|_{L^{p,\infty}}$.

命题 0.3.4 若 $p \in\ ]0,\infty[$, 则成立 $L^p(X,\mu) \subsetneqq L^{p,\infty}(X,\mu)$.

证明 注意到

$$d_f(\alpha) = \mu\{x \in X: \ |f(x)| > \alpha\} \leqslant \int_X \frac{|f(x)|^p}{\alpha^p}\mathrm{d}\mu = \frac{1}{\alpha^p}\|f\|^p_{L^p(X)}.$$

故知 $\|f\|_{L^{p,\infty}(X)} \leqslant \|f\|_{L^p(X)}$. □

下面的例子指出了真包含关系.

例 0.3.2 取 $f(x) = |x|^{-\frac{n}{p}}$, 则明显 $f \notin L^p(\mathbb{R}^n)$, 但 $f \in L^{p,\infty}(\mathbb{R}^n)$. 事实上

$$d_f(\alpha) = \left|\left\{x \in \mathbb{R}^n: \ |x|^{-\frac{n}{p}} > \alpha\right\}\right| = \left|\left\{x \in \mathbb{R}^n: \ |x| < \alpha^{-\frac{p}{n}}\right\}\right|$$

$$= V_n(\alpha^{-\frac{p}{n}})^n = V_n\alpha^{-p}.$$

亦即 $\|f\|_{L^{p,\infty}} = V_n$, 其中 V_n 是 n 维单位球体积.

命题 0.3.5 设 (X,μ) 为测度空间, $p \in\ ]0,\infty[$, 若 $f,\ g \in L^{p,\infty}(X,\mu)$, $k \in \mathbb{C}$, 则成立:

(1) $\|kf\|_{L^{p,\infty}(X)} = |k|\|f\|_{L^{p,\infty}(X)}$;

(2) $\|f+g\|_{L^{p,\infty}(X)} \leqslant C_p\big(\|f\|_{L^{p,\infty}(X)} + \|g\|_{L^{p,\infty}(X)}\big)$, 其中 $C_p = \max\big\{2, 2^{\frac{1}{p}}\big\}$;

(3) $\|f\|_{L^{p,\infty}(X)} = 0 \ \Rightarrow\ f = 0$ a.e. $[\mu]$.

注 由此知当 $p \in\ ]0,\infty[$ 时, $\|\cdot\|_{L^{p,\infty}(X)}$ 是一个拟范数.

证明　(1) 由定义 0.3.2 知 $\|f\|_{L^{p,\infty}(X)} = \sup_{\gamma>0}\{\gamma d_f^{\frac{1}{p}}(\gamma)\}$, 而 $d_{kf}(\gamma) = d_f\left(\dfrac{\gamma}{|k|}\right)$ (命题 0.3.3 (3)). 故

$$\|kf\|_{L^{p,\infty}(X)} = \sup_{\gamma>0}\left\{\gamma d_{kf}^{\frac{1}{p}}(\gamma)\right\} = |k|\sup_{\gamma>0}\left\{\frac{\gamma}{|k|}d_f^{\frac{1}{p}}\left(\frac{\gamma}{|k|}\right)\right\} = |k|\|f\|_{L^{p,\infty}(X)}.$$

(2) 应用 (0.1.1) 式与命题 0.3.3(4) 知

$$(d_{f+g}(\gamma))^{\frac{1}{p}} \leqslant \left[d_f\left(\frac{\gamma}{2}\right)+d_g\left(\frac{\gamma}{2}\right)\right]^{\frac{1}{p}} \leqslant \begin{cases} d_f^{\frac{1}{p}}\left(\dfrac{\gamma}{2}\right) + d_g^{\frac{1}{p}}\left(\dfrac{\gamma}{2}\right), & 若\ \dfrac{1}{p} \in]0,1], \\[2mm] 2^{\frac{1}{p}-1}\left[d_f^{\frac{1}{p}}\left(\dfrac{\gamma}{2}\right) + d_g^{\frac{1}{p}}\left(\dfrac{\gamma}{2}\right)\right], & 若\ \dfrac{1}{p} \in]1,\infty[. \end{cases}$$

由定义知 $\|f+g\|_{L^{p,\infty}(X)} = \sup\left\{\gamma d_{f+g}^{\frac{1}{p}}(\gamma),\ \gamma > 0\right\}$.

因此, 当 $p \in]0,1[$ 时成立

$$\|f+g\|_{L^{p,\infty}(X)} \leqslant 2^{\frac{1}{p}}\left(\|f\|_{L^{p,\infty}(X)} + \|g\|_{L^{p,\infty}(X)}\right);$$

而当 $p \in [1,\infty[$ 时,

$$\|f+g\|_{L^{p,\infty}(X)} \leqslant \sup\left\{\gamma d_f^{\frac{1}{p}}\left(\frac{\gamma}{2}\right)\right\} + \sup\left\{\gamma d_g^{\frac{1}{p}}\left(\frac{\gamma}{2}\right)\right\}$$

$$\leqslant 2\left(\|f\|_{L^{p,\infty}(X)} + \|g\|_{L^{p,\infty}(X)}\right).$$

(3) 由 $\|f\|_{L^{p,\infty}(X)} = 0$ 知对任意 $\alpha > 0$ 成立 $d_f(\alpha) = 0$. 从而知 $f(x) = 0$ a.e. $[\mu]$. □

我们知道, 对 L^p 空间, 成立如下的不等式.

定理 0.3.6　设 $p,\ q \in]0,\infty]$, $p < q$, 若 $f \in L^p(X,\mu) \cap L^q(X,\mu)$, 则对任意的 $r \in]p,q[$, 成立

$$\|f\|_{L^r(X)} \leqslant \|f\|_{L^p(X)}^{\theta}\|f\|_{L^q(X)}^{1-\theta}, \quad 其中 \quad \theta = \frac{\dfrac{1}{r}-\dfrac{1}{q}}{\dfrac{1}{p}-\dfrac{1}{q}} \Leftrightarrow \frac{1}{r} = \frac{\theta}{p} + \frac{1-\theta}{q}.$$

类似地, 对弱 L^p 空间成立如下的内插不等式.

定理 0.3.7 (内插不等式)　设 $p,q \in]0,\infty]$, $p < q$, 若 $f \in L^{p,\infty}(X,\mu) \cap L^{q,\infty}(X,\mu)$, 则对任意的 $r \in]p,q[$, 成立

$$\|f\|_{L^r(X)} \leqslant C(p,q,r)\|f\|_{L^{p,\infty}(X)}^{\theta}\|f\|_{L^{q,\infty}(X)}^{1-\theta}, \quad 其中\ \theta = \frac{\dfrac{1}{r}-\dfrac{1}{q}}{\dfrac{1}{p}-\dfrac{1}{q}} \Leftrightarrow \frac{1}{r} = \frac{\theta}{p} + \frac{1-\theta}{q}.$$

证明 首先由定义知

$$d_f(\alpha) \leqslant \min\left\{ \frac{\|f\|^p_{L^{p,\infty}(X)}}{\alpha^p},\ \frac{\|f\|^q_{L^{q,\infty}(X)}}{\alpha^q} \right\},$$

故对任意的 $r \in]p, q[,\ q < \infty$, 以及常数 $R > 0$, 成立

$$\begin{aligned}
\|f\|^r_{L^r(X)} &= r \int_0^\infty \alpha^{r-1} d_f(\alpha) \mathrm{d}\alpha \\
&\leqslant r \int_0^R \alpha^{r-1} \frac{\|f\|^p_{L^{p,\infty}(X)}}{\alpha^p} \mathrm{d}\alpha + r \int_R^\infty \alpha^{r-1} \frac{\|f\|^q_{L^{q,\infty}(X)}}{\alpha^q} \mathrm{d}\alpha \\
&= r\|f\|^p_{L^{p,\infty}(X)} \int_0^R \alpha^{r-p-1} \mathrm{d}\alpha + r\|f\|^q_{L^{q,\infty}(X)} \int_R^\infty \alpha^{r-q-1} \mathrm{d}\alpha \\
&= \frac{r}{r-p} \|f\|^p_{L^{p,\infty}(X)} R^{r-p} + \frac{r}{q-r} \|f\|^q_{L^{q,\infty}(X)} R^{r-q} \\
&\leqslant \left(\frac{r}{r-p} + \frac{r}{q-r} \right) \left(\|f\|^p_{L^{p,\infty}(X)} R^{r-p} + \|f\|^q_{L^{q,\infty}(X)} R^{r-q} \right).
\end{aligned}$$

取最佳常数 R, 使得

$$\|f\|^p_{L^{p,\infty}(X)} R^{r-p} = \|f\|^q_{L^{q,\infty}(X)} R^{r-q} \ \Leftrightarrow\ R^{q-p} = \frac{\|f\|^q_{L^{q,\infty}(X)}}{\|f\|^p_{L^{p,\infty}(X)}}.$$

因此

$$\|f\|^r_{L^r(X)} \leqslant 2\left(\frac{r}{r-p} + \frac{r}{q-r} \right) \left(\|f\|^p_{L^{p,\infty}(X)} \right)^{\frac{q-r}{q-p}} \left(\|f\|^q_{L^{q,\infty}(X)} \right)^{\frac{r-p}{q-p}}. \qquad (0.3.5)$$

而当 $q = \infty$ 时, 注意到当 $\alpha > \|f\|_{L^\infty(X)}$ 时 $d_f(\alpha) = 0$, 而 $L^{\infty,\infty}(X, \mu) = L^\infty(X, \mu)$.

类似 $q < \infty$ 时的证明, 成立

$$\begin{aligned}
\|f\|^r_{L^r(X)} &= r \int_0^\infty \alpha^{r-1} d_f(\alpha) \mathrm{d}\alpha \leqslant r \int_0^{\|f\|_{L^\infty(X)}} \alpha^{r-1} \frac{\|f\|^p_{L^{p,\infty}(X)}}{\alpha^p} \mathrm{d}\alpha \\
&= r\|f\|^p_{L^{p,\infty}(X)} \int_0^{\|f\|_{L^\infty(X)}} \alpha^{r-p-1} \mathrm{d}\alpha \\
&= \frac{r}{r-p} \|f\|^p_{L^{p,\infty}(X)} \|f\|^{r-p}_{L^\infty(X)}.
\end{aligned}$$

由此及 (0.3.5) 式证毕定理. $\qquad\qquad\qquad\qquad\qquad\qquad\qquad\qquad\qquad\qquad\quad\square$

0.4 习　　题

A 基础题

习题 0.4.1　设 $p \in [1, \infty]$, 证明 $L^p(\mathbb{R}^n)$ 是一个 Banach 空间.

习题 0.4.2　对 $p \in [1, \infty]$ 证明 (0.1.2) 式.

习题 0.4.3　设 (X, μ) 是测度空间, 若存在 $p_0 < \infty$ 使得 $f \in L^{p_0}(X, \mu)$, 证明

$$\lim_{p \to \infty} \|f\|_{L^p(X)} = \|f\|_{L^\infty(X)}.$$

习题 0.4.4　证明 (0.1.1) 式.

习题 0.4.5　设连续函数 φ 有紧支集, 且令 $\sigma(x, y) = \varphi(x + y)$, $x,\ y \in \mathbb{R}^n$. 求证 σ 有紧支集当且仅当 $\varphi = 0$.

习题 0.4.6　设 $f,\ g \in C^\infty(\mathbb{R}^n)$, 且存在自然数 $M,\ N > n$ 满足对任意 $x \in \mathbb{R}^n$, $|f(x)| \leqslant (1 + |x|)^{-M}$, $|g(x)| \leqslant (1 + |x|)^{-N}$. 证明 $f * g$ 有意义, 且满足估计 $|f * g(x)| \leqslant C(M, N)(1 + |x|)^{-L}$, 其中 $L = \min\{M,\ N\}$.

习题 0.4.7　证明两个径向函数的卷积若存在, 则它仍然是径向的.

习题 0.4.8　(1) 当 $p,\ q,\ r$ 有一个或多个变量等于 ∞ 时, 模仿 $p,\ q,\ r < \infty$ 的情况补完定理 0.2.1 的证明过程;

(2) 直接证明 Young 不等式的如下特殊情况:

设 $p \in [1, \infty]$, 若 $f \in L^p(\mathbb{R}^n)$, $g \in L^1(\mathbb{R}^n)$, 则成立 $\|f * g\|_{L^p} \leqslant \|f\|_{L^p}\|g\|_{L^1}$;

(3) 模仿 (2) 证明命题 0.2.4;

(4) 模仿定理 0.2.1 的证明过程, 证明定理 0.2.5.

习题 0.4.9　(1) 证明推论 0.2.6 的第二个不等式;

(2) 设 f 是定义在 $]0, \infty[$ 上的光滑函数, 定义 $]0, \infty[$ 上的函数 g_f 满足

$$g_f(r) \overset{\text{def}}{=\!=} r^{-2} \int_0^r s^2 f(s)\mathrm{d}s + \int_r^\infty f(s)\mathrm{d}s,$$

试证明如下的估计:

$$\left(\int_0^\infty |g_f(r)|^2 r \mathrm{d}r \right)^{\frac{1}{2}} \leqslant C \int_0^\infty s|f(s)|\mathrm{d}s;$$

(3) 设 $b \in]0, \infty[$, $p \in [1, \infty[$, f 是定义在 $]0, \infty[$ 上的光滑函数, 现定义 $]0, \infty[$ 上的函数 g_f 满足

$$g_f(r) \overset{\text{def}}{=\!=} r^{-\frac{2b}{p}} \int_0^r s^{\frac{2b}{p}} f(s)\mathrm{d}s + \int_r^\infty f(s)\mathrm{d}s,$$

试证明如下的估计:

$$\left(\int_0^\infty |g_f(r)|^p r^{b-1}\mathrm{d}r \right)^{\frac{1}{p}} \leqslant C \int_0^\infty s^{\frac{b}{p}}|f(s)|\mathrm{d}s.$$

[提示: 模仿推论 0.2.6 的证明.]

显然 (2) 是 (3) 在 $p = b = 2$ 的特殊情况.

习题 0.4.10 设 f 是 (X, μ) 可测函数且对任意 $\alpha > 0$ 成立 $d_f(\alpha) < \infty$. 给定 $\gamma > 0$, 定义 $f_\gamma \overset{\text{def}}{=\!=} f\chi_{\{|f|>\gamma\}}$ 且 $f^\gamma \overset{\text{def}}{=\!=} f - f_\gamma = f\chi_{\{|f|\leqslant\gamma\}}$.

(1) 证明

$$d_{f_\gamma}(\alpha) = \begin{cases} d_f(\alpha), & \text{若 } \alpha > \gamma, \\ d_f(\gamma), & \text{若 } \alpha \leqslant \gamma, \end{cases} \qquad d_{f^\gamma}(\alpha) = \begin{cases} 0, & \text{若 } \alpha \geqslant \gamma, \\ d_f(\alpha) - d_f(\gamma), & \text{若 } \alpha < \gamma; \end{cases}$$

(2) 若 $f \in L^p(X, \mu)$, 证明

$$\|f_\gamma\|_{L^p(X)}^p = p\int_\gamma^\infty \alpha^{p-1}d_f(\alpha)\mathrm{d}\alpha + \gamma^p d_f(\gamma),$$

$$\|f^\gamma\|_{L^p(X)}^p = p\int_0^\gamma \alpha^{p-1}d_f(\alpha)\mathrm{d}\alpha - \gamma^p d_f(\gamma);$$

(3) 对 $0 < \gamma < \delta$, 试用 (2) 来计算 $\displaystyle\int_{\gamma<|f|\leqslant\delta} |f|^p\mathrm{d}\mu$;

(4) 若 $f \in L^{p,\infty}(X, \mu)$, 证明对任意 $r < p < q$ 成立 $f^\gamma \in L^q(X, \mu)$, $f_\gamma \in L^r(X, \mu)$.

习题 0.4.11 证明 (0.3.4) 的第二个等式.

习题 0.4.12 设 $f_1, \cdots, f_N \in L^{p,\infty}(X, \mu)$, 证明

(1) 对 $p \in [1, \infty[$ 成立 $\displaystyle\left\|\sum_{j=1}^N f_j\right\|_{L^{p,\infty}(X)} \leqslant N\sum_{j=1}^N \|f_j\|_{L^{p,\infty}(X)}$;

(2) 对 $p \in]0, 1[$ 成立 $\displaystyle\left\|\sum_{j=1}^N f_j\right\|_{L^{p,\infty}(X)} \leqslant N^{\frac{1}{p}}\sum_{j=1}^N \|f_j\|_{L^{p,\infty}(X)}$.

习题 0.4.13 ($L^{p,\infty}(X, \mu)$ **的 Hölder 不等式**) 设 (X, μ) 为测度空间, $p_1, p_2 \in]0, \infty[$, $f \in L^{p_1,\infty}(X, \mu)$, $g \in L^{p_2,\infty}(X, \mu)$. 若 p 满足 $\dfrac{1}{p} = \dfrac{1}{p_1} + \dfrac{1}{p_2}$,

(1) 证明 $\|fg\|_{L^{p,\infty}(X)} \leqslant C_{p,p_1,p_2}\|f\|_{L^{p_1,\infty}(X)}\|g\|_{L^{p_2,\infty}(X)}$ 并计算 C_{p,p_1,p_2} 的值;

(2) 试对多元的情况证明命题;

(3) 利用 Hölder 不等式证明如下较简单的内插不等式 (试与定理 0.3.7 比较): 若 $p < q \leqslant \infty$, $f \in L^{p,\infty}(X, \mu) \cap L^{q,\infty}(X, \mu)$, 则对任意 $r \in]p, q[$ 成立

$$\|f\|_{L^{r,\infty}(X)} \leqslant C(p,q)\|f\|_{L^{p,\infty}(X)}^\theta\|f\|_{L^{q,\infty}(X)}^{1-\theta}, \quad \text{其中} \quad \theta = \frac{\dfrac{1}{r} - \dfrac{1}{q}}{\dfrac{1}{p} - \dfrac{1}{q}} \iff \frac{1}{r} = \frac{\theta}{p} + \frac{1-\theta}{q}.$$

习题 0.4.14 设 (X, μ) 为测度空间, $E \subset X$ 为满足 $\mu(E) < \infty$ 的可测集. 对 $p \in]0, \infty[$, $f \in L^{p,\infty}(X, \mu)$,

(1) 证明对 $0 < q < p$ 成立 $\displaystyle\int_E |f(x)|^q\mathrm{d}\mu(x) \leqslant \frac{p}{p-q}\mu(E)^{1-\frac{q}{p}}\|f\|_{L^{p,\infty}(X)}^q$;

(2) 证明若 $\mu(X) < \infty$, $0 < q < p$, 则 $L^p(X, \mu) \subset L^{p,\infty}(X, \mu) \subset L^q(X, \mu)$.

习题 0.4.15 (1) 设 (X, μ) 为测度空间, 证明对任意的 $p \in]0, \infty[$, 简单函数的可数线性组合在 $L^{p,\infty}(X, \mu)$ 中稠密;

(2) 在 $(\mathbb{R}, |\cdot|)$ 中证明, 对任意的 $p \in]0, \infty[$, 简单函数的有限线性组合在 $L^{p,\infty}(\mathbb{R})$ 中不稠密.

B 拓展题

习题 0.4.16 (Minkowski 不等式) 证明如下的 Minkowski 不等式: 设 (X_1, μ_1) 与 (X_2, μ_2) 为两个测度空间, f 为 $X_1 \times X_2$ 上的非负可测函数, 则对任意 $p, q \in [1, \infty]$, $p \leqslant q$ 成立

$$\left\| \|f(\cdot, x_2)\|_{L^p(X_1, \mu_1)} \right\|_{L^q(X_2, \mu_2)} \leqslant \left\| \|f(x_1, \cdot)\|_{L^q(X_2, \mu_2)} \right\|_{L^p(X_1, \mu_1)}.$$

显然定理 0.1.2 是本定理的推论.   [提示: 利用 (0.1.2) 式.]

习题 0.4.17 (Hardy-Littlewood-Sobolev 不等式) 设 $\alpha \in]0, n[$, $p, r \in]1, \infty[$ 满足 $\dfrac{1}{p} + \dfrac{\alpha}{n} = 1 + \dfrac{1}{r}$, 证明对任意 $f \in L^p(\mathbb{R}^n)$, 存在常数 C 满足

$$\left\| |\cdot|^{-\alpha} * f \right\|_{L^r} \leqslant C \|f\|_{L^p}.$$

[提示: 作分解 $|x|^{-\alpha} * f(x) = \displaystyle\int_{B(x,R)} \dfrac{f(y)}{|x-y|^{\alpha}} \mathrm{d}y + \int_{B^c(x,R)} \dfrac{f(y)}{|x-y|^{\alpha}} \mathrm{d}y$, 继而通过取合适的 $R > 0$ 证明 $\left| |x|^{-\alpha} * f(x) \right| \leqslant C \|f\|_{L^p}^{1-\frac{p}{r}} |M[f](x)|^{\frac{p}{r}}$.]

习题 0.4.18 到习题 0.4.20 回顾依测度收敛的概念及性质.

习题 0.4.18 (依测度收敛) 设 $\{f_\nu\}_{\nu \in \mathbb{N}}$ 是 (X, μ) 上的可测函数列, 称 $f_\nu \to f$ 依测度收敛若其满足下面两个条件之一:

A. 对任意 $\varepsilon > 0$ 存在 $\nu_\varepsilon \in \mathbb{N}$, 使得对任意 $\nu > \nu_\varepsilon$, 成立 $\mu(\{x \in X : |f_\nu(x) - f(x)| > \varepsilon\}) < \varepsilon$;

B. 对任意 $\varepsilon > 0$ 成立 $\displaystyle\lim_{\nu \to \infty} \mu(\{x \in X : |f_\nu(x) - f(x)| > \varepsilon\}) = 0$.

证明论断 A 与 B 是等价的.

习题 0.4.19 设 $p \in]0, \infty]$ 且 $f_\nu, f \in L^{p,\infty}(X, \mu)$,

(1) 若 $f_\nu \to f$ $(L^{p,\infty}(X, \mu))$, 则 $f_\nu \to f$ 依测度收敛.

(2) 举例说明依测度收敛比 $L^{p,\infty}$ 收敛严格弱.

[提示: 令 $f_{kj}(x) = k^{\frac{1}{p}} \chi_{[\frac{j-1}{k}, \frac{j}{k}]}(x)$, 其中 $1 \leqslant j \leqslant k$, 并考察函数列 $\{f_{1,1}, f_{2,1}, f_{2,2}, f_{3,1}, \cdots\}$ 的收敛性.]

习题 0.4.20 (1) 设 (X, μ) 为测度空间, 若 $f_\nu \to f$ 依测度收敛, 证明 $\{f_\nu\}_{\nu \in \mathbb{N}}$ 是依测度意义下的 Cauchy 列, 即对任意 $\varepsilon > 0$ 存在 N_ε, 使得对任意 $j, k > N_\varepsilon$ 成立

$$\mu(\{x \in X : |f_k(x) - f_j(x)| > \varepsilon\}) < \varepsilon;$$

(2) 设 (X, μ) 为测度空间, 利用 (1) 证明: 若 $f_\nu \to f$ 依测度收敛, 则存在几乎处处收敛子列, 即存在子列 $\{f_{\nu_k}(x)\}_{k \in \mathbb{N}}$ 使得 $f_{\nu_k}(x) \to f(x)$ a.e. $[\mu]$.

[提示: 取 $\varepsilon = 2^{-k}$, 考虑子列 $\{f_{\nu_k}(x)\}_{k \in \mathbb{N}}$ 使得 $\mu(\{x \in X : |f_{\nu_k}(x) - f_{\nu_{k+1}}(x)| > 2^{-k}\}) < 2^{-k}$.]

习题 0.4.21 (Calderón-Zygmund)　给定 $f \in L^1(\mathbb{R}^n)$ 与 $\alpha > 0$. 利用 a.e. $x \in \mathbb{R}^n$ 都是 f 的 Lebesgue 点, 证明存在对 $\mathbb{R}^n$ 的分解 $\mathbb{R}^n = F \cup \Omega$ 满足

(i) $|f(x)| \leqslant \alpha$ a.e. F;

(ii) Ω 是可数个正方体的不交并: $\Omega \stackrel{\text{def}}{=} \bigcup_{k \in \mathbb{N}} Q_k$, 且对每一个 Q_k 成立

$$\alpha < \frac{1}{|Q_k|} \int_{Q_k} |f(x)| \mathrm{d}x \leqslant 2^n \alpha.$$

注　称 x 为 $f \in L^1(\mathbb{R}^n)$ 的 Lebesgue 点, 若成立 $\lim_{r \to 0} \frac{1}{|B(x,r)|} \int_{B(x,r)} |f(y) - f(x)| \mathrm{d}y = 0$.

[提示: 把 $\mathbb{R}^n$ 分解为等大正方体的不交并 $\{Q_k^{(0)}\}_{k \in \mathbb{N}}$, 其公共边长充分大使得 $\fint_{Q_k^{(0)}} |f| \mathrm{d}x \leqslant \alpha$. 并且不断作二进细分, 从中挑出满足题设的 Q_k.]

习题 0.4.22 (Calderón-Zygmund 分解)　给定 $f \in L^1(\mathbb{R}^n)$ 与 $\alpha > 0$. 证明可以把 f 分解为 "好函数" g 与 "坏函数" b 之和, 满足

(i) $\|g\|_{L^1} \leqslant \|f\|_{L^1}$ 且 $\|g\|_{L^\infty} \leqslant 2^n \alpha$;

(ii) $b = \sum_{j \in \mathbb{N}} b_j$, 其中每个 b_j 支集在正方体 Q_j 中, 且满足 $\int_{Q_j} b_j(x) \mathrm{d}x = 0$ 与 $\|b_j\|_{L^1} \leqslant 2^{n+1} \alpha |Q_j|$;

(iii) 当 $j \neq k$ 时正方体 Q_j 与 Q_k 不交, 且 $\sum_{j \in \mathbb{N}} |Q_j| \leqslant \alpha^{-1} \|f\|_{L^1}$.

[提示: 利用习题 0.4.21, 取 $b_j = \left(f - \fint_{Q_j} f \mathrm{d}x \right) \chi_{Q_j}$.]

习题 0.4.23　本题给出习题 0.4.22 最经典的应用. 设 $p \in]1, \infty]$, 函数 K 在 $\mathbb{R}^n \setminus \{0\}$ 上局部可积, 对 $x \in \mathbb{R}^n \setminus \{0\}$ 满足梯度条件: $|\nabla K(x)| \leqslant A|x|^{-n-1}$, 且对 $f \in L^1(\mathbb{R}^n) \cap L^p(\mathbb{R}^n)$ 满足 $\|K * f\|_{L^p} \leqslant B\|f\|_{L^p}$, 我们希望证明如下的弱 $(1,1)$ 有界性:

$$\|K * f\|_{L^{1,\infty}} \leqslant C_n(A + B)\|f\|_{L^1}.$$

证明步骤如下: 为方便起见, 用 $T[f]$ 表示 $K * f$, 且设 $p < \infty$. 固定某个 $\alpha > 0$ 与 f, 对 f 与 $\gamma \alpha$ 应用 Calderón-Zygmund 分解得到 $f = g + b = g + \sum_{j \in \mathbb{N}} b_j$, 其中 $\gamma > 0$ 为待定系数, 诸正方体 Q_j 见习题 0.4.21. 并设 Q_j^* 为与方体 Q_j 有共同中心 y_j, 但边长为 Q_j 的 $2\sqrt{n}$ 倍, 且各边与 Q_j 的各边平行的正方体.

从而应用命题 0.3.3(4) 易知

$$\left| \{ x \in \mathbb{R}^n : |T[f]| > \alpha \} \right| \leqslant \frac{2^p}{\alpha^p} \|T[g]\|_{L^p}^p + \left| \bigcup_{k \in \mathbb{N}} Q_k^* \right| + \frac{2}{\alpha} \int_{\left(\bigcup_{k \in \mathbb{N}} Q_k^* \right)^c} \sum_{j \in \mathbb{N}} |T[b_j](x)| \mathrm{d}x.$$

(1) 证明梯度条件蕴含 Hörmander 条件: $\int_{|x| \geqslant 2|y|} |K(x-y) - K(x)| \mathrm{d}x \leqslant A$, $y \in \mathbb{R}^n$;

(2) 利用 Hörmander 条件与 $\displaystyle\int_{Q_j} b_j(x)\mathrm{d}x = 0$ 的事实证明

$$\int_{\left(\bigcup\limits_{k\in\mathbb{N}} Q_k^*\right)^c} \sum_{j\in\mathbb{N}} |T[b_j](x)|\mathrm{d}x \leqslant A\sum_{j\in\mathbb{N}} \|b_j\|_{L^1} \leqslant A2^{n+1}\|f\|_{L^1};$$

[提示: 注意到上式左端 $\displaystyle\leqslant \sum_{j\in\mathbb{N}}\int_{(Q_j^*)^c}\int_{Q_j} |b_j(y)||K(x-y)-K(x-y_j)|\mathrm{d}y\,\mathrm{d}x.$]

(3) 由 g 与 Q_k 的性质 (习题 0.4.22 (i), (iii)) 估计 $\dfrac{2^p}{\alpha^p}\|T[g]\|_{L^p}^p + \left|\displaystyle\bigcup_{k\in\mathbb{N}} Q_k^*\right|$ 并证明

$$\left|\{x\in\mathbb{R}^n : |T[f]| > \alpha\}\right| \leqslant \left(\frac{(2^{n+1}B\gamma)^p}{2^n\gamma} + \frac{(2\sqrt{n})^n}{\gamma} + 2^{n+2}A\right)\frac{\|f\|_{L^1}}{\alpha},$$

从而取 $\gamma = 2^{-(n+1)}B^{-1}$ 证明命题, 其中 $C_n \leqslant 2 + 2^{n+1}(2\sqrt{n})^n + 2^{n+2}$;

(4) 总结以上证明步骤并类似证明 $p = \infty$ 的情况, 试写出完整证明过程.

第一部分　广义函数部分

第 1 章　广义函数的基本概念

广义函数的严格数学基础是由 L. Schwartz 等在 20 世纪 40 年代末奠定的, 它使微分学摆脱了由于函数不可微性而带来的某些困难, 从而为在更广的 "函数类" 中研究偏微分方程的解做了奠基性的工作.

定义广义函数有几种直观或初等的办法, 但都不及 L. Schwartz [41] 最先表达为拓扑线性空间的对偶理论那样雅致有力而灵活. 限于篇幅, 我们尽量避免在正文中直接涉及拓扑线性空间相关的内容, 对此感兴趣的读者可以参看附录 B.

1.1　不能用 L^p 函数表示的连续线性泛函

例 1.1.1　设 $f \in L^2([a,b])$, 定义泛函

$$T_f : L^2([a,b]) \to \mathbb{R}, \quad T_f[\varphi] \stackrel{\text{def}}{=\!=} \int_a^b f\varphi \, \mathrm{d}x, \quad \forall \, \varphi \in L^2([a,b]). \tag{1.1.1}$$

Riesz 表示定理与 Hölder 不等式告诉我们, T_f 是一个 $L^2([a,b])$ 上的连续线性泛函, 且 $\left(L^2([a,b])\right)^*$ 同构于 $L^2([a,b])$.

进一步地, 我们知道

例 1.1.2　设 $f \in L^p([a,b])$, $p \in \,]1,\infty[$, 定义泛函

$$T_f : L^{p'}([a,b]) \to \mathbb{R}, \quad T_f[\varphi] \stackrel{\text{def}}{=\!=} \int_a^b f\varphi \, \mathrm{d}x, \quad \forall \, \varphi \in L^{p'}([a,b]),$$

其中 p, p' 满足 $\dfrac{1}{p} + \dfrac{1}{p'} = 1$. 则知 T_f 是一个 $L^{p'}([a,b])$ 上的连续线性泛函, 且 $\left(L^{p'}([a,b])\right)^*$ 同构于 $L^p([a,b])$.

上述例子启示我们, 通常的可积函数是可以看作一个由(1.1.1)式决定的连续线性泛函, 从而可将局部可积函数看成连续线性泛函的特例. 事实上, 在不引起歧义的情况下, 我们不区分 T_f 与 f, 从而对 $p \in \,]1,\infty[$ 可记 $\left(L^{p'}([a,b])\right)^* = L^p([a,b])$. 而在本书的余下部分, 我们常用 $\langle T_f, \varphi \rangle$ 或 $\langle f, \varphi \rangle$ 来表示 $T_f[\varphi]$.

然而, 连续线性泛函的全体往往包含更多的元素, 我们今后把定义在一些特定函数空间上的连续线性泛函称为广义函数. 以下的例子告诉我们, 存在某些函数空间上的连续线性泛函, 它不能用我们熟悉的 $L^p(\mathbb{R}^n)$, $L^p_{\mathrm{loc}}(\mathbb{R}^n)$ 等函数来表示.

这就给出了一种拓广通常的"函数"概念的途径, 同时也说明了引入广义函数的必要性.

例 1.1.3　考虑函数空间 $C([a,b])$, 其对偶为 $\left(C([a,b])\right)^*$, 对任意 $f \in L^1([a,b])$, 可令

$$T_f[\varphi] \stackrel{\text{def}}{=} \int_a^b f\varphi \, dx, \quad \forall \, \varphi \in C([a,b]).$$

则 T_f 是 $C([a,b])$ 上的有界线性泛函, 但是事实上 $L^1([a,b]) \subsetneq \left(C([a,b])\right)^*$.

我们考虑下面的例子. 不失一般性, 我们可以设 $0 \in \,]a,b[$. 对任意 $\varphi \in C([a,b])$ 定义 $F[\varphi] \stackrel{\text{def}}{=} \varphi(0)$, 从而 F 是一个 $C([a,b])$ 上的连续线性泛函. 我们将证明不存在 $f \in L^1([a,b])$, 使得

$$F[\varphi] = \int_a^b f\varphi \, dx, \quad \forall \, \varphi \in C([a,b]).$$

证明　我们采用反证法, 假设存在 $f \in L^1([a,b])$ 使得 $F[\varphi] = \int_a^b f\varphi \, dx$, 下面证明 f 几乎处处等于 0, 从而得出 $F = 0$, 与 F 的定义矛盾.

取区间 $[c,d] \subset \,]0,b[$, 则对任意 $\varphi \in C[c,d]$, 令 $\bar{F}[\varphi] \stackrel{\text{def}}{=} \int_c^d f\varphi \, dx$, 取 ε 使得 $]c-\varepsilon, d+\varepsilon[\subset \,]0,b[$, 如图 1.1 所示, 令 φ_ε 满足

$$\varphi_\varepsilon(x) = \begin{cases} 0, & \text{若 } x \in \,]a, c-\varepsilon[, \\[2mm] \dfrac{x+\varepsilon-c}{\varepsilon}\varphi(c), & \text{若 } x \in \,]c-\varepsilon, c[, \\[2mm] \varphi(x), & \text{若 } x \in [c,d], \\[2mm] \dfrac{d+\varepsilon-x}{\varepsilon}\varphi(d), & \text{若 } x \in \,]d, d+\varepsilon[, \\[2mm] 0, & \text{若 } x \in \,]d+\varepsilon, b[. \end{cases}$$

从而 $F[\varphi_\varepsilon] = 0$, 且当 $\varepsilon \to 0$ 时, 成立

$$|F[\varphi_\varepsilon] - \bar{F}[\varphi]| = \left| \int_{c-\varepsilon}^c f\varphi_\varepsilon \, dx + \int_d^{d+\varepsilon} f\varphi_\varepsilon \, dx \right|$$

$$\leqslant \max\left\{|\varphi(c)|, |\varphi(d)|\right\} \left(\int_{c-\varepsilon}^c |f| \, dx + \int_d^{d+\varepsilon} |f| \, dx \right) \to 0.$$

于是 $\int_c^d f\varphi\,\mathrm{d}x = 0$ 对任意 $\varphi \in C([c,d])$ 成立. 从而 $f = 0$ a.e. $[c,d]$. 由区间选取的任意性知 $f = 0$ a.e. $[a,b]$, 矛盾. $\qquad\square$

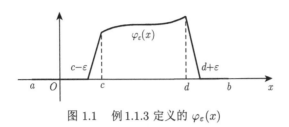

图 1.1　例 1.1.3 定义的 $\varphi_\varepsilon(x)$

注　由 $F[\varphi] = \varphi(0)$ 所定义的泛函通常记作 "δ", 即 $\langle\delta,\varphi\rangle = \varphi(0)$, 亦称为 Dirac 泛函.

1.2　基本函数空间与正则化算子

在 1.1 节中, 我们发现可以用泛函来刻画局部可积函数. 同时也发现这种刻画会引入比常义函数更加多的事物. 为了使得这类泛函更加广泛, 其作用的底空间就要更加苛刻. 本节我们研究一些光滑函数类的性质, 并赋予它们拓扑, 以作为我们后续研究的 "广义函数" (泛函) 的底空间. 这些光滑函数亦称为**试验函数** (test function), 其构成的空间称为**基本函数空间**或**试验函数空间**.

1.2.1　基本函数空间 $\mathscr{D}(\mathbb{R}^n)\big(C_c^\infty(\mathbb{R}^n)\big)$, $C^\infty(\mathbb{R}^n)$

我们首先回忆光滑函数空间 $C^\infty(\mathbb{R}^n)$.

定义 1.2.1 ($C^k(\mathbb{R}^n)$, $C^\infty(\mathbb{R}^n)$)　对 $k \in \mathbb{N}$, 我们定义空间 $C^k(\mathbb{R}^n)$ 为

$$C^k(\mathbb{R}^n) \overset{\text{def}}{=\!=} \big\{ f \in C(\mathbb{R}^n) : f \text{ 在 } \mathbb{R}^n \text{ 上有直到 } k \text{ 阶的连续导数}\big\}.$$

特别地, 当 $k = 0$ 时, $C^0(\mathbb{R}^n) = C(\mathbb{R}^n)$. 而当 $k = \infty$ 时, 记 $C^\infty(\mathbb{R}^n)$ 为

$$C^\infty(\mathbb{R}^n) = \bigcap_{k=1}^{\infty} C^k(\mathbb{R}^n).$$

下面我们探讨 $C^\infty(\mathbb{R}^n)$ 及其相关函数空间的拓扑.

定义 1.2.2 ($C^\infty(\mathbb{R}^n)$ **的拓扑**)　设 $\{\varphi_\nu\}_{\nu\in\mathbb{N}} \subset C^\infty(\mathbb{R}^n)$, 我们称 $\varphi_\nu \to 0$ $(C^\infty(\mathbb{R}^n))$ 若对任意紧集 $K \subset \mathbb{R}^n$, 重指标 $\alpha = (\alpha_1, \alpha_2, \cdots, \alpha_n) \in \mathbb{N}^n$, 成立

$$\sup_{x\in K} \big|\partial^\alpha \varphi_\nu(x)\big| \to 0 \quad (\nu \to \infty).$$

注　设重指标 α, $\beta \in \mathbb{N}^n$, 其中 $\alpha = (\alpha_1, \alpha_2, \cdots, \alpha_n)$, $\beta = (\beta_1, \beta_2, \cdots, \beta_n)$, 定义 α 的模 $|\alpha| \overset{\text{def}}{=\!=} \sum\limits_{j=1}^{n} \alpha_j$, 记 $\alpha \leqslant \beta$ 若对任意的 $1 \leqslant j \leqslant n$ 成立 $\alpha_j \leqslant \beta_j$. 易见此时 " $\leqslant$ " 是一个偏序.

在定义 0.2.2 中, 我们回顾了支集的概念. 此处我们介绍紧支集的光滑函数.

定义 1.2.3 (紧支集的光滑函数 $\mathscr{D}(\mathbb{R}^n)\left(C_c^\infty(\mathbb{R}^n)\right)$)　紧支集的光滑函数空间 $\mathscr{D}(\mathbb{R}^n)$, 或记为 $C_c^\infty(\mathbb{R}^n)$ 定义为

$$\mathscr{D}(\mathbb{R}^n) \overset{\text{def}}{=\!=} \left\{ \varphi \in C^\infty(\mathbb{R}^n) : \operatorname{supp} \varphi \text{ 是紧集} \right\}.$$

定义 1.2.4 ($\mathscr{D}(\mathbb{R}^n)$ 的拓扑)　设 $\{\varphi_\nu\}_{\nu \in \mathbb{N}} \subset \mathscr{D}(\mathbb{R}^n)$, 我们称 $\varphi_\nu \to 0\ (\mathscr{D}(\mathbb{R}^n))$, 若

(1) 存在紧集 $K \subset \mathbb{R}^n$ 使得对任意 ν, $\operatorname{supp} \varphi_\nu \subset K$;

(2) 对任意重指标 $\alpha \in \mathbb{N}^n$, $\sup\limits_{x \in K} |\partial^\alpha \varphi_\nu| \to 0$, $\nu \to \infty$.

自然地, 对 $\mathbb{R}^n$ 中开集 Ω, 我们可类似定义空间 $C^\infty(\Omega)$, $\mathscr{D}(\Omega)$ 及其上的拓扑. 以下给出在下文中将被频繁使用的重要例子.

例 1.2.1　定义

$$\varphi(x) = \begin{cases} e^{\frac{1}{|x|^2 - 1}}, & \text{若 } |x| < 1, \\ 0, & \text{若 } |x| \geqslant 1. \end{cases} \tag{1.2.1}$$

易见 $\varphi(x)$ 在 $\mathbb{R}^n$ 上连续, 同时对任意重指标 α, $\partial^\alpha \varphi(x)$ 也在 $\mathbb{R}^n$ 上连续, 且 $\operatorname{supp} \varphi = \overline{B(0,1)}$, 故 $\varphi(x) \in \mathscr{D}(\mathbb{R}^n)$.

注　设 $x = (x_1, \cdots, x_n) \in \mathbb{R}^n$, 记 $|x| \overset{\text{def}}{=\!=} \left(\sum\limits_{j=1}^{n} x_j^2 \right)^{\frac{1}{2}}$ 为 Euclid 模.

例 1.2.2 (函数 $j(x)$)　定义函数 $j(x)$ 为

$$j(x) \overset{\text{def}}{=\!=} \frac{\varphi(x)}{\displaystyle\int_{\mathbb{R}^n} \varphi(x)\mathrm{d}x}, \quad x \in \mathbb{R}^n,$$

其中 $\varphi(x)$ 由例 1.2.1 定义. 故而 $j(x) \geqslant 0$, 并且成立

$$j(x) \in \mathscr{D}(\mathbb{R}^n), \quad \operatorname{supp} j \subset \{x : |x| \leqslant 1\}, \quad \int_{\mathbb{R}^n} j(x)\mathrm{d}x = 1.$$

例 1.2.3 (函数 $\beta_R(x)$)　先给出球上的特征函数 $g_R(x)$, 即

$$g_R(x) = \chi_{B(0,R)}(x) \overset{\text{def}}{=\!=} \begin{cases} 1, & \text{若 } |x| < R, \\ 0, & \text{若 } |x| \geqslant R. \end{cases}$$

定义函数 $\beta_R(x)$ 为 j 和 g_R 的卷积, 即

$$\beta_R(x) \stackrel{\text{def}}{=\!=} \int_{\mathbb{R}^n} j(x-y) g_R(y) \mathrm{d}y = j * g_R.$$

则易知 $\beta_R(x) \in \mathscr{D}(\mathbb{R}^n)$, 且若 $|x| \leqslant R - 1$, 则 $\beta_R(x) = 1$; 若 $|x| \geqslant R + 1$, 则 $\beta_R(x) = 0$.

定理 1.2.1 $\mathscr{D}(\mathbb{R}^n)$ 在 $C^\infty(\mathbb{R}^n)$ 中稠密.

证明 我们要证明对任意 $\varphi \in C^\infty(\mathbb{R}^n)$, 存在 $\{\varphi_\nu\}_{\nu \in \mathbb{N}} \subset \mathscr{D}(\mathbb{R}^n)$, 使得 $\lim_{\nu \to \infty} \varphi_\nu = \varphi \; (C^\infty(\mathbb{R}^n))$.

实际上, 令 $\varphi_\nu(x) = \beta_\nu(x)\varphi(x)$, 则知当 $|x| \leqslant \nu - 1$ 时, 成立 $\varphi_\nu(x) = \varphi(x)$; 而对任意紧集 $K \subset \mathbb{R}^n$, 存在 R_0 使得 $K \subset B(0, R_0)$. 于是

$$\sup_{x \in K} \left| \partial^\alpha (\varphi_\nu(x) - \varphi(x)) \right| \to 0, \quad \nu \to \infty.$$

定理证毕. $\qquad\qquad\qquad\qquad\qquad\qquad\qquad\qquad\qquad\qquad\qquad\qquad\qquad$ $\square$

注 $C^\infty(\mathbb{R}^n)$ 与 $\mathscr{D}(\mathbb{R}^n)$ 有不同的拓扑, 下面的例子就可以证明.

例 1.2.4 取 $\varphi_\nu(x) = j(x_1 - \nu, \cdots, x_n)$. 则当 $\nu \to \infty$ 时, $\varphi_\nu \to 0 \; (C^\infty(\mathbb{R}^n))$, 但是 $\varphi_\nu \nrightarrow 0 \; (\mathscr{D}(\mathbb{R}^n))$.

1.2.2 正则化算子

接下来我们指出卷积可以对函数进行 "磨光" 或正则化. 回忆定义 0.1.3, 易知连续函数 $C(\mathbb{R}^n)$ 是局部可积的; 对 $p \in [1, \infty]$, $L^p(\mathbb{R}^n)$ 也是局部可积的. 从而我们可以在这些函数上作用如下的正则化算子.

定义 1.2.5 (正则化算子) 对例 1.2.2 中定义的 $j(x)$, 令

$$j_\varepsilon(x) \stackrel{\text{def}}{=\!=} \frac{1}{\varepsilon^n} j\left(\frac{x}{\varepsilon}\right), \quad x \in \mathbb{R}^n, \tag{1.2.2}$$

则 j_ε 满足 $j_\varepsilon \geqslant 0$, supp $j_\varepsilon = \overline{B(0, \varepsilon)}$, 且 $\int_{\mathbb{R}^n} j_\varepsilon(x) \mathrm{d}x = 1$.

对任意 $f \in L^1_{\text{loc}}(\mathbb{R}^n)$, 我们定义正则化算子 (磨光算子) $\mathscr{J}_\varepsilon$ 为

$$\mathscr{J}_\varepsilon[f](x) \stackrel{\text{def}}{=\!=} \int_{\mathbb{R}^n} j_\varepsilon(x-y) f(y) \mathrm{d}y. \tag{1.2.3}$$

有时简记 $\mathscr{J}_\varepsilon[f](x)$ 为 $f_\varepsilon(x)$.

注 (1) $f \in L^1_{\text{loc}}(\mathbb{R}^n)$ 保证对任意 $x \in \mathbb{R}^n$, 积分 $\int_{\mathbb{R}^n} j_\varepsilon(x-y) f(y) \mathrm{d}y$ 存在.

(2) 之后若非特别说明, 凡称正则化序列, 一般指 $\{j_\varepsilon(x)\}_{\varepsilon \downarrow 0}$.

命题 1.2.2 (1) 若 $f \in C(\mathbb{R}^n)$, 则 $\mathscr{J}_\varepsilon[f] \in C^\infty(\mathbb{R}^n)$, 且当 $\varepsilon \to 0^+$ 时对任意紧集 K 成立 $\mathscr{J}_\varepsilon[f] \to f\,(C(K))$;

(2) 对任意 $p \in [1, \infty]$, $f \in L^p(\mathbb{R}^n)$, 成立 $\|\mathscr{J}_\varepsilon[f]\|_{L^p} \leqslant \|f\|_{L^p}$;

(3) 对任意 $p \in [1, \infty[$, $f \in L^p(\mathbb{R}^n)$, 当 $\varepsilon \to 0$ 时成立 $\mathscr{J}_\varepsilon[f] \to f\,(L^p(\mathbb{R}^n))$.

证明 (1) 由 $f \in C(\mathbb{R}^n)$ 推知 $\mathscr{J}_\varepsilon[f] \in C^\infty(\mathbb{R}^n)$. 这是因为可在积分号中求导数. 而

$$\mathscr{J}_\varepsilon[f](x) - f(x) = \int_{\mathbb{R}^n} \jmath_\varepsilon(y)\big[f(x-y) - f(x)\big]\mathrm{d}y,$$

对任意给定的紧集 K, f 在 K 上一致连续, 则对任意 $\delta > 0$, 存在对应的 ε 使得 $|y| < \varepsilon \Rightarrow |f(x-y) - f(x)| < \delta$. 所以当 ε 充分小时, 成立

$$\sup_{x \in K} \big|\mathscr{J}_\varepsilon[f](x) - f(x)\big| < \delta \int_{\mathbb{R}^n} \jmath_\varepsilon(y)\mathrm{d}y = \delta.$$

(2) 应用 Young 不等式得到

$$\|\mathscr{J}_\varepsilon[f]\|_{L^p} = \|f * \jmath_\varepsilon\|_{L^p} \leqslant \|f\|_{L^p}\|\jmath_\varepsilon\|_{L^1} = \|f\|_{L^p}.$$

(3) 我们注意到如下事实: 对 $p \in [1, \infty[$, 紧支连续函数空间 $C_c(\mathbb{R}^n)$ 在 $L^p(\mathbb{R}^n)$ 中稠密. 故对任意给定的 $\delta > 0$, 可取函数 $g \in C_c(\mathbb{R}^n)$ 使得 $\|f - g\|_{L^p} \leqslant \dfrac{\delta}{3}$, 从而由 (2) 知

$$\|\mathscr{J}_\varepsilon[f] - \mathscr{J}_\varepsilon[g]\|_{L^p} \leqslant \|f - g\|_{L^p} \leqslant \frac{\delta}{3}.$$

而由 $g \in C_c(\mathbb{R}^n)$ 知存在紧集 $K \subset \mathbb{R}^n$, 使得对充分小的 ε, 成立 supp $g \subset K$, supp $(\mathscr{J}_\varepsilon[g]) \subset K$. 故应用 (1) 知存在 $\varepsilon_0 > 0$, 使得当 $\varepsilon \leqslant \varepsilon_0$ 时,

$$\|\mathscr{J}_\varepsilon[g] - g\|_{L^p} \leqslant \|\mathscr{J}_\varepsilon[g] - g\|_{L^\infty}|K|^{\frac{1}{p}} \leqslant \frac{\delta}{3}.$$

进而我们得到当 $\varepsilon \leqslant \varepsilon_0$ 时, 成立

$$\|\mathscr{J}_\varepsilon[f] - f\|_{L^p} \leqslant \|\mathscr{J}_\varepsilon[f] - \mathscr{J}_\varepsilon[g]\|_{L^p} + \|\mathscr{J}_\varepsilon[g] - g\|_{L^p} + \|f - g\|_{L^p}$$

$$\leqslant \frac{\delta}{3} + \frac{\delta}{3} + \frac{\delta}{3} = \delta.$$

命题证毕. $\square$

注 (3) 的证明指出对 $p \in [1, \infty[$, $C_c^\infty(\mathbb{R}^n)$ 在 $L^p(\mathbb{R}^n)$ 中是稠密的.

推论 1.2.3 $\mathscr{J}_\varepsilon$ 是 $L^p \to L^p$ 的有界算子. 事实上, 成立

$$\mathscr{J}_\varepsilon : C^\infty(\mathbb{R}^n) \ni f \mapsto \mathscr{J}_\varepsilon[f] \in C^\infty(\mathbb{R}^n), \text{ 且当 } \varepsilon \to 0 \text{ 时}, \mathscr{J}_\varepsilon[f] \to f \ (C^\infty(\mathbb{R}^n));$$

$$\mathscr{J}_\varepsilon : \mathscr{D}(\mathbb{R}^n) \ni f \mapsto \mathscr{J}_\varepsilon[f] \in \mathscr{D}(\mathbb{R}^n), \text{ 且当 } \varepsilon \to 0 \text{ 时}, \mathscr{J}_\varepsilon[f] \to f \ (\mathscr{D}(\mathbb{R}^n)).$$

推论 1.2.4 设 Ω 为 $\mathbb{R}^n$ 中开集, 则对于 Ω 中任意紧集 $K \subset \Omega$, 存在 $\varphi \in \mathscr{D}(\Omega)$ 使得对任意 $x \in K$, $\varphi(x) = 1$.

证明 不妨设 Ω 为有界开集. 记

$$\Omega^h \stackrel{\text{def}}{=\!=} \big\{ x \in \Omega : \operatorname{dist}(x, \partial\Omega) \geqslant h \big\},$$

取 $d = \operatorname{dist}(K, \partial\Omega) > 0$; 记

$$\psi_d(x) = \begin{cases} 1, & \text{若 } x \in \Omega^{\frac{d}{2}}, \\ 0, & \text{若 } x \notin \Omega^{\frac{d}{2}}, \end{cases}$$

$$\varphi(x) \stackrel{\text{def}}{=\!=} \mathscr{J}_{\frac{d}{4}}[\psi_d](x) = \int_{\mathbb{R}^n} \psi_d(x-y) \jmath_{\frac{d}{4}}(y)\mathrm{d}y.$$

则知 $\operatorname{supp} \varphi \subset \Omega^{\frac{d}{4}}$, 且对任意 $x \in \Omega^{\frac{3d}{4}}$ 满足 $\varphi(x) = 1$. 故对任意 $x \in K$ 成立 $\varphi(x) = 1$. $\qquad\square$

1.3 Schwartz 函数空间 $\mathscr{S}(\mathbb{R}^n)$

定义 1.3.1 (Schwartz 函数空间 (速降函数空间) $\mathscr{S}(\mathbb{R}^n)$) 我们定义 Schwartz 函数空间 (速降函数空间) $\mathscr{S}(\mathbb{R}^n)$ 为所有满足如下条件的函数集合: $f \in C^\infty(\mathbb{R}^n)$ 且对任意重指标 $\alpha, \beta \in \mathbb{N}^n$ 成立

$$\lim_{|x| \to \infty} |x^\alpha \partial^\beta f(x)| = 0. \tag{1.3.1}$$

注 对 $x = (x_1, \cdots, x_n) \in \mathbb{R}^n, \alpha = (\alpha_1, \cdots, \alpha_n) \in \mathbb{N}^n, x^\alpha \stackrel{\text{def}}{=\!=} \prod_{j=1}^{n} x_j^{\alpha_j}$.

命题 1.3.1 设 $f \in C^\infty(\mathbb{R}^n)$, 则

$$f \in \mathscr{S}(\mathbb{R}^n) \Leftrightarrow (1)\text{对任意重指标 } \alpha, \beta \in \mathbb{N}^n, \sup_{x \in \mathbb{R}^n} |x^\alpha \partial^\beta f(x)| \leqslant K_{\alpha,\beta}$$

$$\Leftrightarrow (2)\text{对任意 } k \in \mathbb{N}, \beta \in \mathbb{N}^n, |\partial^\beta f(x)| \leqslant C_{k,\beta}(1 + |x|^2)^{-k},$$

其中 $K_{\alpha,\beta}, C_{k,\beta}$ 为仅依赖于下标的常数.

证明 $(1.3.1)$式 $\Rightarrow (1)$ 是显然的. 事实上, 由 $x^\alpha \partial^\beta f(x)$ 的连续性, 以及 $\lim_{|x| \to \infty} |x^\alpha \partial^\beta f(x)| = 0$ 可知 $x^\alpha \partial^\beta f(x)$ 为 $\mathbb{R}^n$ 上的有界函数.

(1) ⇒ (1.3.1)式: 注意到

$$\left|x^\alpha \partial^\beta f(x)\right| = \frac{1}{|x|^2} \sum_{i=1}^n x_i^2 |x^\alpha \partial^\beta f(x)| \leqslant \frac{K_{\alpha+2,\beta}}{|x|^2},$$

其中 $K_{\alpha+2,\beta} = n \sup\limits_{|\bar{\alpha}|=2} |K_{\alpha+\bar{\alpha},\beta}|$, 从而成立 $\lim\limits_{|x|\to\infty} x^\alpha \partial^\beta f(x) = 0$.

(1) ⇔ (2) 可以由比较 $(1 + |x|^2)^k$ 与 $\sum\limits_{|\alpha|\leqslant 2k} |x|^\alpha$ 的展开式得到. □

定义 1.3.2($\mathscr{S}(\mathbb{R}^n)$ 的拓扑)　设 $\{\varphi_\nu\}_{\nu\in\mathbb{N}} \subset \mathscr{S}(\mathbb{R}^n)$, 我们称 $\varphi_\nu \to 0$ $(\mathscr{S}(\mathbb{R}^n))$ 若对任意重指标 α, $\beta \in \mathbb{N}^n$, 成立

$$\sup_{x\in\mathbb{R}^n} |x^\alpha \partial^\beta \varphi_\nu(x)| \to 0, \quad \nu \to \infty.$$

注　与 $C^\infty(\Omega)$, $\mathscr{D}(\Omega)$ 不同, 由定义 1.3.1 知对 $\mathbb{R}^n$ 中开集 Ω, 我们无法定义 $\mathscr{S}(\Omega)$ 以及其上的拓扑.

下面给出几个 $\mathscr{S}(\mathbb{R}^n)$ 中函数的例子.

例 1.3.1　$\mathscr{D}(\mathbb{R}^n) \subset \mathscr{S}(\mathbb{R}^n)$.

例 1.3.2　$f(x) = e^{-|x|^2} \in \mathscr{S}(\mathbb{R}^n)$, 但 $f(x) = e^{-|x|} \notin \mathscr{S}(\mathbb{R}^n)$.

注　例 1.3.2 指出 $\mathscr{D}(\mathbb{R}^n) \subsetneqq \mathscr{S}(\mathbb{R}^n)$.

例 1.3.3　若 f, $g \in \mathscr{S}(\mathbb{R}^n)$, 则 $f * g(x) = \int_{\mathbb{R}^n} f(x-y)g(y)\mathrm{d}y \in \mathscr{S}(\mathbb{R}^n)$.

证明　首先 $f * g \in C^\infty(\mathbb{R}^n)$, 而对任意重指标 α, $\beta \in \mathbb{N}^n$, 成立

$$\left| x^\alpha \partial^\beta \int_{\mathbb{R}^n} f(x-y)g(y)\mathrm{d}y \right|$$

$$\leqslant |x|^{|\alpha|} \left| \int_{\mathbb{R}^n} \partial^\beta f(x-y)g(y)\mathrm{d}y \right|$$

$$\leqslant 2^{|\alpha|} \left(\int_{\mathbb{R}^n} |x-y|^{|\alpha|} |\partial^\beta f(x-y)||g(y)|\mathrm{d}y + \int_{\mathbb{R}^n} |\partial^\beta f(x-y)||y|^{|\alpha|}|g(y)|\mathrm{d}y \right)$$

$$\leqslant C_{\alpha,\beta,f} \int_{\mathbb{R}^n} |g(y)|\mathrm{d}y + C_{\beta,g} \int_{\mathbb{R}^n} |\partial^\beta f(x-y)|\mathrm{d}y \leqslant C_{\alpha,\beta}.$$

应用命题 1.3.1 知 $f * g \in \mathscr{S}(\mathbb{R}^n)$. 证毕. □

例 1.3.4　若 $f \in \mathscr{S}(\mathbb{R}^n)$, 则对任意重指标 $\alpha \in \mathbb{N}^n$, $\partial^\alpha f \in \mathscr{S}(\mathbb{R}^n)$.

命题 1.3.2　$\mathscr{D}(\mathbb{R}^n)$ 在 $\mathscr{S}(\mathbb{R}^n)$ 中稠密.

证明　设 $\beta_\nu(x)$ 由例 1.2.3 给出, 对任意 $f \in \mathscr{S}(\mathbb{R}^n)$, 我们定义

$$f_\nu(x) = \beta_\nu(x)f(x) \in \mathscr{D}(\mathbb{R}^n).$$

下面证明, 对任意的 $\alpha \in \mathbb{N}^n$, $k \in \mathbb{N}$, 当 $\nu \to \infty$ 时成立

$$\sup_{x \in \mathbb{R}^n} \left| \left(1 + |x|^2\right)^k \partial^\alpha \left(f_\nu(x) - f(x)\right) \right| \to 0.$$

实际上, 由于 $f_\nu(x) - f(x) = (\beta_\nu(x) - 1) f(x)$, 则

$$\partial^\alpha \left(f_\nu(x) - f(x)\right) = \sum_{\alpha = \alpha_1 + \alpha_2} \frac{\alpha!}{\alpha_1! \alpha_2!} \partial^{\alpha_1} (\beta_\nu(x) - 1) \partial^{\alpha_2} f(x).$$

注意由 $f \in \mathscr{S}(\mathbb{R}^n)$ 知 $\left| \left(1 + |x|^2\right)^k \partial^\alpha f(x) \right| \leqslant C(1 + |x|^2)^{-1}$, 从而成立

$$(1 + |x|^2)^k \left| \partial^\alpha \left(f_\nu(x) - f(x)\right) \right|$$

$$\leqslant \sum_{\alpha = \alpha_1 + \alpha_2} \frac{\alpha!}{\alpha_1! \alpha_2!} \left| \left(1 + |x|^2\right)^k \partial^{\alpha_1} (\beta_\nu(x) - 1) \partial^{\alpha_2} f(x) \right|$$

$$\leqslant \sum_{\alpha_1 \leqslant \alpha} C_{\alpha_1} \left| \partial^{\alpha_1} (\beta_\nu(x) - 1) \right| \left(1 + |x|^2\right)^{-1}.$$

又因为 $\partial^{\alpha_1}(\beta_\nu(x) - 1)$ 在全空间有界, 所以当 $|x| \leqslant \nu - 1$ 时, $\beta_\nu(x) - 1 = 0$. 故

$$\lim_{\nu \to \infty} \sup_{x \in \mathbb{R}^n} \left| \left(1 + |x|^2\right)^k \partial^\alpha \left(f_\nu(x) - f(x)\right) \right| \leqslant \lim_{\nu \to \infty} \frac{C}{1 + (\nu - 1)^2} = 0.$$

命题证毕. $\qquad\qquad\qquad\qquad\qquad\qquad\qquad\qquad\qquad\qquad\qquad\square$

1.4　广义函数的定义及基本命题

例 1.1.3 指出了引入更加广泛的 "函数" 的必要性, 同时指出可以利用对偶的方法来完成这种延拓. 受此启发, 我们引入广义函数的概念.

定义 1.4.1 ($\mathscr{D}'(\mathbb{R}^n)$ 广义函数)　$\mathscr{D}'(\mathbb{R}^n)$ 广义函数空间是 $\mathscr{D}(\mathbb{R}^n)$ 上的所有连续线性泛函所组成的集合, 亦即对于任意 $T \in \mathscr{D}'(\mathbb{R}^n)$, $T : \mathscr{D}(\mathbb{R}^n) \to \mathbb{C}$ 是 $\mathscr{D}(\mathbb{R}^n)$ 上的线性泛函, 且满足下面的连续性条件:

对任意 $\{\varphi_\nu\}_{\nu \in \mathbb{N}} \subset \mathscr{D}(\mathbb{R}^n)$, $\varphi_\nu \to 0$ ($\mathscr{D}(\mathbb{R}^n)$), 成立 $\lim_{\nu \to \infty} T[\varphi_\nu] = 0$.

例 1.4.1 (正则分布)　设 $f \in L^1_{\text{loc}}(\mathbb{R}^n)$, 对任意的 $\varphi \in \mathscr{D}(\mathbb{R}^n)$, 定义线性泛函 T_f 为 $T_f[\varphi] = \langle f, \varphi \rangle \overset{\text{def}}{=\!=} \int_{\mathbb{R}^n} f \varphi \, \mathrm{d}x$, 则 $T_f \in \mathscr{D}'(\mathbb{R}^n)$ (或称 $f \in \mathscr{D}'(\mathbb{R}^n)$).

证明　若 $\{\varphi_\nu\}_{\nu\in\mathbb{N}} \subset C_c^\infty(\mathbb{R}^n)$, $\varphi_\nu \to 0$ $(\mathscr{D}(\mathbb{R}^n))$, 则存在紧集 $K \subset \mathbb{R}^n$, 使得 $\operatorname{supp}\varphi_\nu \subset K$. 并且对任意重指标 α 满足 $\lim\limits_{\nu\to\infty}\sup\limits_{x\in K}|\partial^\alpha\varphi_\nu(x)| = 0$. 从而当 $\nu\to\infty$ 时成立

$$\left|\langle f,\varphi_\nu\rangle\right| = \left|\int_{\mathbb{R}^n} f(x)\varphi_\nu(x)\mathrm{d}x\right| \leqslant \|f\|_{L^1(K)}\sup\limits_{x\in K}|\varphi_\nu(x)| \to 0.$$

证毕. $\hfill\square$

由此可知, 连续函数空间 $C(\mathbb{R}^n)$ 是 $\mathscr{D}'(\mathbb{R}^n)$ 广义函数的子空间, 对 $p \in [1,\infty]$, $L^p(\mathbb{R}^n)$ 也是 $\mathscr{D}'(\mathbb{R}^n)$ 广义函数空间的子空间. 事实上例 1.1.3 中定义的 "函数" 也是 $\mathscr{D}'(\mathbb{R}^n)$ 广义函数. 由此可见, 广义函数确实比之前接触的经典函数要广泛.

例 1.4.2　对任意的 $\varphi \in \mathscr{D}(\mathbb{R}^n)$, 定义 $\langle\delta,\varphi\rangle \overset{\text{def}}{=\!=} \varphi(0)$, 则 $\delta \in \mathscr{D}'(\mathbb{R}^n)$.

定义 1.4.2 ($\mathscr{S}'(\mathbb{R}^n)$ 广义函数)　$\mathscr{S}'(\mathbb{R}^n)$ 广义函数空间是 $\mathscr{S}(\mathbb{R}^n)$ 上的所有连续线性泛函所组成的集合. 亦即对于任意 $T \in \mathscr{S}'(\mathbb{R}^n)$, $T : \mathscr{S}(\mathbb{R}^n) \to \mathbb{C}$ 是 $\mathscr{S}(\mathbb{R}^n)$ 上的线性泛函, 且满足下面的连续性条件:

对任意 $\{\varphi_\nu\}_{\nu\in\mathbb{N}} \subset \mathscr{S}(\mathbb{R}^n)$, $\varphi_\nu \to 0$ $(\mathscr{S}(\mathbb{R}^n))$, 成立 $\lim\limits_{\nu\to\infty} T[\varphi_\nu] = 0$.

例 1.4.3　对任意的 $\varphi \in \mathscr{S}(\mathbb{R}^n)$, 定义 $\langle\delta,\varphi\rangle \overset{\text{def}}{=\!=} \varphi(0)$, 则 $\delta \in \mathscr{S}'(\mathbb{R}^n)$.

定义 1.4.3 ($\mathscr{E}'(\mathbb{R}^n)$ 广义函数)　$\mathscr{E}'(\mathbb{R}^n)$ 广义函数空间是 $C^\infty(\mathbb{R}^n)$ 上的所有连续线性泛函所组成的集合. 亦即对于任意 $T \in \mathscr{E}'(\mathbb{R}^n)$, $T : C^\infty(\mathbb{R}^n) \to \mathbb{C}$ 是 $C^\infty(\mathbb{R}^n)$ 上的线性泛函, 且满足下面的连续性条件:

对任意 $\{\varphi_\nu\}_{\nu\in\mathbb{N}} \subset C^\infty(\mathbb{R}^n)$, $\varphi_\nu \to 0$ $(C^\infty(\mathbb{R}^n))$, 成立 $\lim\limits_{\nu\to\infty} T[\varphi_\nu] = 0$.

例 1.4.4　对任意的 $\varphi \in C^\infty(\mathbb{R}^n)$, 定义 $\langle\delta,\varphi\rangle \overset{\text{def}}{=\!=} \varphi(0)$, 则 $\delta \in \mathscr{E}'(\mathbb{R}^n)$.

对于 $\mathbb{R}^n$ 中给定的开子集 Ω, 类似地可以定义 $\mathscr{D}(\Omega)$ 与 $C^\infty(\Omega)$ 上的连续线性泛函空间为广义函数空间 $\mathscr{D}'(\Omega)$ 与 $\mathscr{E}'(\Omega)$. 但 $\mathscr{S}'$ 必须在 $\mathbb{R}^n$ 中考察.

注　广义函数亦称**分布** (distribution), 后文中两者时有混用.

命题 1.4.1　$\mathscr{D}'(\mathbb{R}^n) \supset \mathscr{S}'(\mathbb{R}^n) \supset \mathscr{E}'(\mathbb{R}^n)$.

证明　我们仅证明 $\mathscr{D}'(\mathbb{R}^n) \supset \mathscr{S}'(\mathbb{R}^n)$. 事实上对任意 $T \in \mathscr{S}'(\mathbb{R}^n)$, 由于 $\mathscr{D}(\mathbb{R}^n) \subset \mathscr{S}(\mathbb{R}^n)$, 对任意的 $\varphi \in \mathscr{D}(\mathbb{R}^n)$, $\langle T,\varphi\rangle$ 有意义, 同时注意到

对任意 $\{\varphi_\nu\}_{\nu\in\mathbb{N}} \subset \mathscr{D}(\mathbb{R}^n)$, $\varphi_\nu \to 0$ $(\mathscr{D}(\mathbb{R}^n))$, 则 $\varphi_\nu \to 0$ $(\mathscr{S}(\mathbb{R}^n))$.

从而我们得出

$$\lim\limits_{\nu\to\infty}\langle T,\varphi_\nu\rangle = 0.$$

由此知 $T \in \mathscr{D}'(\mathbb{R}^n)$. 完全类似地可证 $\mathscr{S}'(\mathbb{R}^n) \supset \mathscr{E}'(\mathbb{R}^n)$. 命题证毕. □

注 依通常泛函空间中加法与数乘的定义, 广义函数空间 $\mathscr{D}'(\mathbb{R}^n)$, $\mathscr{S}'(\mathbb{R}^n)$, $\mathscr{E}'(\mathbb{R}^n)$ 均为线性空间.

我们知道, 赋范线性空间上的线性算子的有界性等价于连续性, 但事实上 $\mathscr{D}(\Omega)$ 是一个完备的拓扑线性空间, 而非赋范线性空间. 如下的定理推广了前述性质, 不但刻画了 $\mathscr{D}'(\Omega)$ 定义中 "有界" 的概念, 还指出对 $\mathscr{D}(\Omega)$ 上的线性泛函, 连续性和有界性是等价的.

定理 1.4.2 ($\mathscr{D}'(\Omega)$ 广义函数的等价表示) 设 Ω 为 $\mathbb{R}^n$ 中开集, 若 $T \in \mathscr{D}'(\Omega)$, 则对任意给定的紧集 $K \subset \Omega$, 存在 $C(K) > 0$, $m(K) \in \mathbb{N}$ 使得下式成立:

$$|\langle T, \varphi \rangle| \leqslant C(K) \sup_{\substack{x \in K \\ |\alpha| \leqslant m(K)}} |\partial^\alpha \varphi(x)|, \quad \forall \, \varphi \in \mathscr{D}(\Omega), \ \mathrm{supp}\, \varphi \subset K. \tag{1.4.1}$$

反之, 对 $\mathscr{D}(\Omega)$ 上任意给定的线性泛函 T, 若其满足 (1.4.1) 式, 则 $T \in \mathscr{D}'(\Omega)$.

注 若 m 不依赖于紧集 $K \subset \Omega$ 的选取, 亦即存在 $m \in \mathbb{N}$, 对任意的紧集 $K \subset \Omega$, 成立 $m(K) \leqslant m$, 则把满足此条件的最小自然数 m 称为分布 T 的阶数. 如 δ 就是 0 阶分布.

证明 $\Rightarrow$: 采用反证法. 假设 (1.4.1) 式不正确, 则存在紧集 K 以及 $\{\varphi_\nu\}_{\nu \in \mathbb{N}} \subset \mathscr{D}(\Omega)$, 使得 $\mathrm{supp}\, \varphi_\nu \subset K$, 且当 $\nu \to \infty$ 时成立

$$|\langle T, \varphi_\nu \rangle| > C(\nu) \sup_{x \in K, |\alpha| \leqslant \nu} |\partial^\alpha \varphi_\nu(x)|, \quad C(\nu) \to \infty.$$

于是, 令

$$\psi_\nu(x) \stackrel{\text{def}}{=\!=} \varphi_\nu(x) \Big/ \Big(C(\nu) \sup_{x \in K, |\alpha| \leqslant \nu} |\partial^\alpha \varphi_\nu(x)| \Big),$$

从而 $|\langle T, \psi_\nu \rangle| \geqslant 1$. 而另一方面, 由于 $\mathrm{supp}\, \psi_\nu \subset K$, 且对任意 $\alpha \in \mathbb{N}^n$ 成立

$$\lim_{\nu \to \infty} \sup_{x \in K} |\partial^\alpha \psi_\nu(x)| = \lim_{\nu \to \infty} \left[\sup_{x \in K} |\partial^\alpha \varphi_\nu(x)| \Big/ \Big(C(\nu) \sup_{x \in K, |\alpha| \leqslant \nu} |\partial^\alpha \varphi_\nu(x)| \Big) \right]$$

$$\leqslant \lim_{\nu \to \infty} \frac{1}{C(\nu)} = 0.$$

从而当 $\nu \to \infty$ 时, $\langle T, \psi_\nu \rangle \to 0$. 这与 $|\langle T, \psi_\nu \rangle| \geqslant 1$ 矛盾.

$\Leftarrow$: 反之, 若 T 为 $\mathscr{D}(\Omega)$ 上的线性泛函且满足 (1.4.1) 式. 任取序列

$$\{\varphi_\nu\} \subset \mathscr{D}(\Omega), \quad \varphi_\nu \to 0 \ (\mathscr{D}(\Omega)).$$

则存在紧集 K 使得 $\operatorname{supp} \varphi_\nu \subset K$, 且对任意 $\alpha \in \mathbb{N}^n$, $\sup\limits_{x \in K} |\partial^\alpha \varphi_\nu(x)| \to 0$. 从而应用 (1.4.1) 式, 我们得到

$$|\langle T, \varphi_\nu \rangle| \leqslant C(K) \sup_{\substack{x \in K, \\ |\alpha| \leqslant m(K)}} |\partial^\alpha \varphi_\nu(x)| \to 0, \quad \nu \to \infty.$$

亦即 $T \in \mathscr{D}'(\Omega)$.   □

对 $\mathscr{E}'(\Omega)$ 成立类似的定理.

定理 1.4.3 ($\mathscr{E}'(\Omega)$ **广义函数的等价表示**)　设 Ω 为 $\mathbb{R}^n$ 中的开集, 若 $T \in \mathscr{E}'(\Omega)$, 则存在紧集 $K \subset \Omega$ 以及 $C > 0$, $m \in \mathbb{N}$ 使得下式成立:

$$|\langle T, \varphi \rangle| \leqslant C \sup_{x \in K, |\alpha| \leqslant m} |\partial^\alpha \varphi(x)|, \quad \forall\, \varphi \in C^\infty(\Omega). \tag{1.4.2}$$

反之, 对 $C^\infty(\Omega)$ 上任意给定的线性泛函 T, 若其满足(1.4.2), 则 $T \in \mathscr{E}'(\Omega)$.

证明　取一列紧集序列: $K_1 \subset\subset K_2 \subset\subset \cdots \subset\subset \Omega$ 使得 $\bigcup\limits_{\nu=1}^\infty K_\nu = \Omega$.

⇒: 采用反证法, 假设(1.4.2)式不成立, 则存在 $\{\varphi_\nu\}_{\nu \in \mathbb{N}} \subset C^\infty(\Omega)$, 使得对任意 ν 存在 $C(\nu)$, 当 $\nu \to \infty$ 时成立 $C(\nu) \to \infty$, 且满足

$$|\langle T, \varphi_\nu \rangle| \geqslant C(\nu) \sup_{x \in K_\nu, |\alpha| \leqslant \nu} |\partial^\alpha \varphi_\nu(x)|.$$

显然 $\{\varphi_\nu(x)\}_{\nu \in \mathbb{N}}$ 必存在子列满足如下两种情况之一:

(1) 当 ν 充分大时, $C(\nu) \sup\limits_{x \in K_\nu, |\alpha| \leqslant \nu} |\partial^\alpha \varphi_\nu(x)| \neq 0$. 则令

$$\psi_\nu(x) \stackrel{\text{def}}{=\!=} \varphi_\nu(x) \bigg/ \bigg(C(\nu) \sup_{x \in K_\nu, |\alpha| \leqslant \nu} |\partial^\alpha \varphi_\nu(x)| \bigg).$$

从而成立 $|\langle T, \psi_\nu \rangle| \geqslant 1$. 而对任意紧集 K 与指标 α, 当 ν 充分大时, 总成立 $K \subset K_\nu$. 从而成立

$$\lim_{\nu \to \infty} \sup_{x \in K} |\partial^\alpha \psi_\nu(x)| = \lim_{\nu \to \infty} \bigg[\sup_{x \in K} |\partial^\alpha \varphi_\nu(x)| \bigg/ \bigg(C(\nu) \sup_{x \in K_\nu, |\beta| \leqslant \nu} |\partial^\beta \varphi_\nu(x)| \bigg) \bigg]$$

$$\leqslant \lim_{\nu \to \infty} \frac{1}{C(\nu)} = 0.$$

亦即 $\psi_\nu \to 0$ $(C^\infty(\Omega))$, 从而当 $\nu \to \infty$ 时成立 $\langle T, \psi_\nu \rangle \to 0$. 这与 $|\langle T, \psi_\nu \rangle| \geqslant 1$ 矛盾.

(2) 当 ν 充分大时, $C(\nu) \sup\limits_{x \in K_\nu, |\alpha| \leqslant \nu} |\partial^\alpha \varphi_\nu(x)| = 0$.

记 $\lambda_\nu \overset{\text{def}}{=\!=} |\langle T, \varphi_\nu \rangle| > 0$, 令 $\psi_\nu(x) \overset{\text{def}}{=\!=} \varphi_\nu(x)/\lambda_\nu$. 从而 $|\langle T, \psi_\nu \rangle| = 1$. 之后的证明与 (1) 类似.

综上我们得到 (1.4.2) 式.

$\Leftarrow$: 反之, 若 T 为 $C^\infty(\Omega)$ 上的线性泛函, 其满足(1.4.2)式. 任取序列

$$\{\varphi_\nu\} \subset C^\infty(\Omega), \quad \varphi_\nu \to 0 \ (C^\infty(\Omega)).$$

我们应用 (1.4.2) 式得到

$$|\langle T, \varphi_\nu \rangle| \leqslant C \sup_{x \in K, |\alpha| \leqslant m} |\partial^\alpha \varphi_\nu(x)| \to 0, \quad \nu \to \infty.$$

从而 $T \in \mathscr{E}'(\Omega)$. 定理证毕. □

注 注意到 $\mathscr{E}'(\Omega) \subset \mathscr{D}'(\Omega)$, 从而定理 1.4.3 中指出每一个 $\mathscr{E}'(\Omega)$ 广义函数 T 都是有限阶分布, 事实上它就是满足 (1.4.2) 式的最小 m.

以下再给出几个零阶分布的例子.

例 1.4.5 称 $T \in \mathscr{D}'(\Omega)$ 是零阶分布, 若对任意给定的紧集 K, 存在常数 $C(K)$ 使得对任意 $\varphi \in \mathscr{D}(\mathbb{R}^n)$, supp $\varphi \subset K$ 满足

$$|\langle T, \varphi \rangle| \leqslant C(K) \sup_{x \in K} |\varphi(x)|.$$

事实上, 零阶分布所组成的空间是 $C_c(\Omega)$ 的对偶空间 $(C_c(\Omega))^*$, 它是 Ω 上的 Radon 测度空间. 命题的证明参见附录 C.

显然, Ω 中的局部可积函数诱导一个零阶分布.

例 1.4.6 设 $0 \in \Omega$, 则由于 $\delta \in \mathscr{E}'(\Omega)$, 故 δ 一定有对应的阶. 事实上

$$|\langle \delta, \varphi \rangle| = |\varphi(0)| \leqslant \sup_{x \in K} |\varphi(x)|.$$

故而 δ 是一个零阶分布.

1.5 广义函数的支集与单位分解定理

对连续函数 $f(x)$ 而言, 其在给定点 x_0 的取值有着确切的定义. 但由于可测函数允许在一零测度集合上改变其值, 故讨论其在具体某点 x_0 处的取值没有意义; 对广义函数也是如此. 这启示我们需要重新定义广义函数的支集.

定义 1.5.1 ($T|_{\Omega'} = 0$, $T_1|_{\Omega'} = T_2|_{\Omega'}$)　设开集 $\Omega \subset \mathbb{R}^n$, Ω' 为 Ω 开子集, 若 $T \in \mathscr{D}'(\Omega)$, 且对任意 $\varphi \in \mathscr{D}(\Omega')$ 都成立 $\langle T, \varphi \rangle = 0$, 则称 $T|_{\Omega'} = 0$.

类似地, 给定 T_1, $T_2 \in \mathscr{D}'(\Omega)$, 若 $(T_1 - T_2)|_{\Omega'} = 0$, 则称 $T_1|_{\Omega'} = T_2|_{\Omega'}$.

例 1.5.1　设 $f \in L^1_{\text{loc}}(\Omega)$, 则 $f \in \mathscr{D}'(\Omega)$, 对 Ω 中任一开子集 Ω', $T|_{\Omega'} = 0$ 当且仅当对任意的 $\varphi \in \mathscr{D}(\Omega')$, $\langle T, \varphi \rangle = \displaystyle\int_{\Omega'} f(x)\varphi(x)\mathrm{d}x = 0$, 即等价于 $f(x) = 0$, a.e. Ω'.

可见对局部可积函数而言, 定义 1.5.1 与定义 0.2.2 是兼容的.

下面我们考虑广义函数的支集.

定义 1.5.2 (广义函数的支集)　广义函数的支集定义如下: 给定 $T \in \mathscr{D}'(\Omega)$,

$$x_0 \notin \text{supp}\, T \iff \text{存在 } x_0 \text{ 的邻域 } U(x_0), \text{使得 } T|_{U(x_0)} = 0.$$

例 1.5.2　对任意 $\varphi \in \mathscr{D}(\mathbb{R}^n)$ 成立 $\langle \delta, \varphi \rangle = \varphi(0)$, 则 $\text{supp}\, \delta = \{0\}$.

证明　先证明 $\text{supp}\, \delta \subset \{0\}$. 实际上对任意 $x_0 \neq 0$, 存在其邻域 $U(x_0)$ 使得 $0 \notin U(x_0)$, 从而得到 $\delta|_{U(x_0)} = 0$.

另一方面, 很容易知道 $\{0\} \subset \text{supp}\, \delta$. 从而 $\text{supp}\, \delta = \{0\}$.　　　　□

定理 1.5.1 (单位分解)　设 K 为 $\mathbb{R}^n$ 中紧集, O_i 为 $\mathbb{R}^n$ 中有界开集且满足 $K \subset \bigcup\limits_{i=1}^{N} O_i$, 则存在 $\varphi_i(x) \in \mathscr{D}(O_i)$ 使得在 K 上成立 $\sum\limits_{i=1}^{N} \varphi_i(x) = 1$.

证明　集合 $K \setminus \bigcup\limits_{i=2}^{N} O_i \subset O_1$, 且是有界闭集, 故其是紧致的. 记 $K_1 \stackrel{\text{def}}{=\!=} K \setminus \bigcup\limits_{i=2}^{N} O_i$, 又记 $d \stackrel{\text{def}}{=\!=} \text{dist}(K_1, \partial O_1)$, 由此知

$$K_1 \subset O_1' \stackrel{\text{def}}{=\!=} \{x \in O_1 : \text{dist}(x, \partial O_1) > d/2\}.$$

从而 $K \subset \left(\bigcup\limits_{i=2}^{N} O_i \right) \cup O_1'$, 类似地构造 $O_2', O_3', \cdots$, 使得 $O_i' \subset\subset O_i$, $K \subset \bigcup\limits_{i=1}^{N} O_i'$. 另一方面, 由推论 1.2.4 知, 存在 $\psi_i \in \mathscr{D}(O_i)$ 满足对任意的 $x \in \overline{O_i'}$ 成立 $\psi_i(x) = 1$. 令

$$\varphi_1 \stackrel{\text{def}}{=\!=} \psi_1,$$

$$\varphi_2 \stackrel{\text{def}}{=\!=} \psi_2(1 - \psi_1),$$

$$\cdots\cdots$$

$$\varphi_k \stackrel{\text{def}}{=\!=} \psi_k(1 - \psi_1)\cdots(1 - \psi_{k-1}).$$

从而对任意的 $x \in K$, 成立

$$1 - \sum_{i=1}^{N} \varphi_i(x) = \prod_{i=1}^{N}(1 - \psi_i(x)).$$

而由诸 $\psi_i(x)$ 的定义知对任意 $x \in K$, 存在 i 使得 $\psi_i(x) = 1$. 故对任意的 $x \in K$ 成立 $1 - \sum_{i=1}^{N} \varphi_i(x) = 0$. $\qquad\square$

注 应用同样的思路, 单位分解定理可以推广到更一般的拓扑空间里面. 对局部紧的 Hausdorff 空间 (更一般地, T_4 空间) 也存在类似的单位分解定理, 其证明依赖 Urysohn 引理.

对一个连续函数 $f : \Omega \to \mathbb{R}$, 我们知道若对任意 $x_0 \in \Omega$, 存在 x_0 的邻域 $U(x_0)$ 使得 $f|_{U(x_0)} = 0$, 则 $f = 0$. 事实上对广义函数, 类似的命题也是成立的.

定理 1.5.2 设 $T \in \mathscr{D}'(\Omega)$. 若对任意 $x_0 \in \Omega$, 存在 x_0 的邻域 $U(x_0)$ 使得 $T|_{U(x_0)} = 0$, 则 $T|_{\Omega} = 0$.

证明 对任意 $\varphi \in \mathscr{D}(\Omega)$, supp φ 是紧集, 则由 Heine-Borel 定理, 存在开集 $U(x_i)$, $i = 1, 2, \cdots, N$, 使得 supp $\varphi \subset \bigcup_{i=1}^{N} U(x_i)$. 而由单位分解定理知存在 $\varphi_i \in \mathscr{D}(U(x_i))$ 满足 $0 \leqslant \varphi_i(x) \leqslant 1$, 且对任意 $x \in K$, 成立 $\sum_{i=1}^{N} \varphi_i(x) = 1$. 故由假设条件, 知

$$\langle T, \varphi \rangle = \left\langle T, \sum_{i=1}^{N} \varphi_i \varphi \right\rangle = \sum_{i=1}^{N} \langle T, \varphi_i \varphi \rangle = 0.$$

由 φ 选取的任意性知 $T|_{\Omega} = 0$. $\qquad\square$

接下来我们研究广义函数 $\mathscr{D}'(\Omega)$ 与 $\mathscr{E}'(\Omega)$ 之间的联系. 由命题 1.4.1 我们知道 $\mathscr{E}'(\Omega) \subset \mathscr{D}'(\Omega)$, 实际上 $\mathscr{E}'(\Omega)$ 就是紧支集的广义函数集合.

定理 1.5.3 ($\mathscr{E}'(\Omega)$ 与 $\mathscr{D}'(\Omega)$ 之间的联系) 设 $T \in \mathscr{D}'(\Omega)$, 则 $T \in \mathscr{E}'(\Omega)$ 当且仅当 supp T 是 Ω 中紧集.

证明 $\Rightarrow$: 若 $T \in \mathscr{E}'(\Omega)$, 则由定理 1.4.3 知存在 Ω 中紧集 K 以及 C, m 使得

$$|\langle T, \varphi \rangle| \leqslant C \sup_{x \in K, |\alpha| \leqslant m} |\partial^\alpha \varphi(x)|.$$

故若 $x_0 \notin K$, 则存在其邻域 $U(x_0) \cap K = \varnothing$, 从而对任意的 $\varphi \in \mathscr{D}(U(x_0))$ 成立

$$|\langle T, \varphi \rangle| \leqslant C \sup_{x \in K, |\alpha| \leqslant m} |\partial^\alpha \varphi(x)| = 0.$$

故 $\operatorname{supp} T \subset K$, 又因为 $\operatorname{supp} T$ 是闭集, 所以 $\operatorname{supp} T$ 是 Ω 中紧集.

$\Leftarrow$: 对 $T \in \mathscr{D}'(\Omega)$, $\operatorname{supp} T$ 是 Ω 中的紧集. 记 $K \stackrel{\text{def}}{=} \operatorname{supp} T$, 则存在 Ω 的开子集 Ω_0 使得 $K \subset\subset \Omega_0 \subset\subset \Omega$. 于是存在 $\chi \in \mathscr{D}(\Omega_0)$ 使得对任意 $x \in K$ 成立 $\chi(x) = 1$. 因此对任意的 $\varphi \in C^\infty(\Omega)$,

$$\langle T, \varphi \rangle = \langle T, \chi\varphi \rangle + \langle T, (1-\chi)\varphi \rangle = \langle T, \chi\varphi \rangle. \tag{1.5.1}$$

另一方面, 由定理 1.4.2 知对给定的紧集 $K \subset \Omega$, 存在 $c(K)$, $m(K)$ 使得 (1.4.1) 式成立, 因此我们得到

$$\left| \langle T, \varphi \rangle \right| = \left| \langle T, \chi\varphi \rangle \right| \leqslant c(\overline{\Omega}_0) \sup_{x \in \overline{\Omega}_0, |\alpha| \leqslant m} \left| \partial^\alpha (\chi\varphi(x)) \right|$$

$$\leqslant c(\overline{\Omega}_0) \sup_{x \in \overline{\Omega}_0, |\alpha| \leqslant m} \left| \partial^\alpha \varphi(x) \right|.$$

从而由定理 1.4.3 知 $T \in \mathscr{E}'(\Omega)$. 定理证毕. □

注　注意到 (1.5.1) 式中的 $\langle T, (1-\chi)\varphi \rangle$ 实际上并未良好定义, 因为 $T \in \mathscr{D}'(\mathbb{R}^n)$, 但 $(1-\chi)\varphi$ 未必是 $\mathscr{D}(\mathbb{R}^n)$ 中的元素. 这启示我们广义函数 $\mathscr{D}'(\mathbb{R}^n)$ 可以在更广泛的函数类上定义, 见习题 1.9.16.

1.6　广义函数的极限与正则化

定义 1.6.1(广义函数的极限)　设 $\{T_\nu\}_{\nu \in \mathbb{N}} \subset \mathscr{D}'(\mathbb{R}^n)$ (相应地 $\mathscr{S}'(\mathbb{R}^n)$, $\mathscr{E}'(\mathbb{R}^n)$), 我们称 $\{T_\nu\}_{\nu \in \mathbb{N}}$ 弱收敛于 T, 记作 $T_\nu \rightharpoonup T$ $(\mathscr{D}'(\mathbb{R}^n))$ (相应地 $\mathscr{S}'(\mathbb{R}^n)$, $\mathscr{E}'(\mathbb{R}^n)$) 若对任意的 $\varphi \in \mathscr{D}(\mathbb{R}^n)$ (相应地 $\mathscr{S}(\mathbb{R}^n)$, $C^\infty(\mathbb{R}^n)$) 都成立

$$\lim_{\nu \to +\infty} \langle T_\nu, \varphi \rangle = \langle T, \varphi \rangle.$$

例 1.6.1　令

$$\delta_h(x) = \begin{cases} \dfrac{1}{h}, & \text{若 } |x| < \dfrac{h}{2}, \\ 0, & \text{其他.} \end{cases}$$

则 $\delta_h \in \mathscr{E}'(\mathbb{R})$, $\delta \in \mathscr{E}'(\mathbb{R})$, 且当 $h \to 0$ 时, $\delta_h \rightharpoonup \delta$ $(\mathscr{E}'(\mathbb{R}))$.

证明　对任意 $\varphi \in C^\infty(\mathbb{R})$, 利用中值定理知存在 $\xi_h \in \left] -\dfrac{h}{2}, \dfrac{h}{2} \right[$, 使得

$$\langle \delta_h, \varphi \rangle = \int_{\mathbb{R}} \delta_h(x)\varphi(x)\,\mathrm{d}x = \frac{1}{h} \int_{-\frac{h}{2}}^{\frac{h}{2}} \varphi(x)\mathrm{d}x = \varphi(\xi_h).$$

所以由 φ 的连续性知当 $h \to 0$ 时, $\langle \delta_h, \varphi \rangle \to \varphi(0) = \langle \delta, \varphi \rangle$. □

例 1.6.2 当 $\nu \to \infty$ 时, 成立

$$f_\nu(x) = \frac{1}{\pi} \frac{\sin \nu x}{x} \rightharpoonup \delta \ (\mathscr{D}'(\mathbb{R})).$$

证明 对任意 $\varphi \in \mathscr{D}(\mathbb{R})$, 不妨设 $\operatorname{supp} \varphi \subset [-K, K]$, 则成立

$$\langle f_\nu, \varphi \rangle = \frac{1}{\pi} \int_{\mathbb{R}} \frac{\sin \nu x}{x} \varphi(x) \mathrm{d}x$$

$$= \frac{1}{\pi} \int_{-K}^{K} \sin \nu x \frac{\varphi(x) - \varphi(0)}{x} \mathrm{d}x + \frac{\varphi(0)}{\pi} \int_{-K}^{K} \frac{\sin \nu x}{x} \mathrm{d}x.$$

由 Riemann-Lebesgue 引理知

$$\lim_{\nu \to \infty} \frac{1}{\pi} \int_{-K}^{K} \sin \nu x \frac{\varphi(x) - \varphi(0)}{x} \mathrm{d}x = 0.$$

而当 $\nu \to \infty$ 时

$$\frac{1}{\pi} \int_{-K}^{K} \frac{\sin \nu x}{x} \mathrm{d}x = \frac{1}{\pi} \int_{-\nu K}^{\nu K} \frac{\sin x}{x} \mathrm{d}x \to 1,$$

从而成立 $\displaystyle\lim_{\nu \to \infty} \langle f_\nu, \varphi \rangle = \varphi(0) = \langle \delta, \varphi \rangle.$ □

下面我们把定义 1.2.5 对局部可积函数的正则化推广为广义函数的正则化.

定理 1.6.1 (广义函数的正则化) 设 $T \in \mathscr{D}'(\mathbb{R}_y^n)$, $j_\varepsilon(x)$ 由 (1.2.2) 式给出, 我们定义

$$T_\varepsilon(x) \stackrel{\mathrm{def}}{=\!=} \langle T_y, j_\varepsilon(x - y) \rangle.$$

则 $T_\varepsilon(x) \in C^\infty(\mathbb{R}^n)$, $T_\varepsilon(x)$ 称为广义函数 T 的正则化函数.

证明 我们首先证明连续性, 即对任意的 $x_0 \in \mathbb{R}^n$, 当 $x \to x_0$ 时成立 $T_\varepsilon(x) \to T_\varepsilon(x_0)$. 实际上当 $|x - x_0| \leqslant \frac{1}{2}$, $\varepsilon < \frac{1}{2}$ 时, 成立

$$\operatorname{supp} j_\varepsilon(x - \cdot) \subset B(x_0, 1). \tag{1.6.1}$$

从而当 $x \to x_0$ 时, 成立

$$j_\varepsilon(x - y) \to j_\varepsilon(x_0 - y) \ (\mathscr{D}(\mathbb{R}_y^n)).$$

由于 T_y 为 $\mathscr{D}(\mathbb{R}^n)$ 上的连续线性泛函, 故

$$\lim_{x \to x_0} \langle T_y, j_\varepsilon(x - y) \rangle = \langle T_y, j_\varepsilon(x_0 - y) \rangle.$$

从而 $T_\varepsilon(x)$ 在 x_0 点连续.

下面考虑 T_ε 的导数: 令 $\vec{\Delta}_k = (0, \cdots, \underset{\text{第}k\text{项}}{\Delta_k}, \cdots, 0)$ 为第 k 个方向上的增量, 则由导数的定义知若下式左端的极限存在, 则成立

$$\lim_{\Delta_k \to 0} \frac{T_\varepsilon(x + \vec{\Delta}_k) - T_\varepsilon(x)}{\Delta_k} = \frac{\partial T_\varepsilon(x)}{\partial x_k}.$$

事实上我们注意到

$$\frac{T_\varepsilon(x + \vec{\Delta}_k) - T_\varepsilon(x)}{\Delta_k} = \frac{1}{\Delta_k}\Big(\langle T_y, j_\varepsilon(x + \vec{\Delta}_k - y)\rangle - \langle T_y, j_\varepsilon(x - y)\rangle\Big)$$

$$= \Big\langle T_y, \frac{j_\varepsilon(x + \vec{\Delta}_k - y) - j_\varepsilon(x - y)}{\Delta_k}\Big\rangle.$$

由(1.6.1)式知

$$\lim_{\Delta_k \to 0} \frac{j_\varepsilon(x + \vec{\Delta}_k - y) - j_\varepsilon(x - y)}{\Delta_k} = \frac{\partial j_\varepsilon}{\partial x_k}(x - y) \ (\mathscr{D}(\mathbb{R}_y^n)).$$

故成立

$$\lim_{\Delta_k \to 0} \frac{T_\varepsilon(x + \vec{\Delta}_k) - T_\varepsilon(x)}{\Delta_k} = \Big\langle T, \frac{\partial j_\varepsilon}{\partial x_k}(x - y)\Big\rangle.$$

由此知 $\dfrac{\partial T_\varepsilon(x)}{\partial x_k}$ 存在. 对一般的指标 $\beta \in \mathbb{N}^n$, 由数学归纳法可知 $\partial^\beta T_\varepsilon(x)$ 也存在. 于是 $T_\varepsilon \in C^\infty(\mathbb{R}_x^n)$.   □

下面考虑正则化的逼近问题.

定理 1.6.2 (正则化逼近) 设 $T \in \mathscr{D}'(\mathbb{R}^n)$, 则当 $\varepsilon \to 0$ 时, 成立 $T_\varepsilon \rightharpoonup T \ (\mathscr{D}'(\mathbb{R}^n))$, 即对任意 $\varphi \in \mathscr{D}(\mathbb{R}^n)$ 成立

$$\lim_{\varepsilon \to 0}\langle T_\varepsilon, \varphi\rangle = \langle T, \varphi\rangle.$$

证明 我们首先注意到

$$\langle T_\varepsilon, \varphi\rangle = \int_{\mathbb{R}^n} T_\varepsilon(x)\varphi(x)\mathrm{d}x = \int_{\text{supp }\varphi} \langle T_y, j_\varepsilon(x - y)\rangle\varphi(x)\mathrm{d}x,$$

不失一般性, 设 $\text{supp }\varphi \subset R$, 此处 R 是一个矩形. 对 R 作分划, 使之成为一些小方体 Δ_i 的不交并, 即 $R = \bigcup_{i=1}^{N} \Delta_i$. 设 $d(\Delta_i)$ 为小方体 Δ_i 的直径, 取 $d = \max_{1 \leqslant i \leqslant N} d(\Delta_i)$,

并在每一个 Δ_i 中取标志点 x_i. 由积分的定义, 把上式写为如下 Riemann 和的形式:

$$\langle T_\varepsilon, \varphi \rangle = \lim_{d \to 0} \sum_{i=1}^N \langle T_y, j_\varepsilon(x_i - y) \rangle \varphi(x_i) |\Delta_i|.$$

注意到 $\varphi(x_i)|\Delta_i|$ 是常数且 T 是线性泛函, 从而得到

$$\langle T_\varepsilon, \varphi \rangle = \lim_{d \to 0} \left\langle T_y, \sum_{i=1}^N j_\varepsilon(x_i - y) \varphi(x_i) |\Delta_i| \right\rangle.$$

令 $G_\varepsilon(y) \overset{\text{def}}{=\!=} \sum_{i=1}^N j_\varepsilon(x_i - y) \varphi(x_i) |\Delta_i|$, 则 $\operatorname{supp} G_\varepsilon \subset \operatorname{supp} \varphi + B(0, \varepsilon)$. 故易知

$$\lim_{d \to 0} \sum_{i=1}^N j_\varepsilon(x_i - y) \varphi(x_i) |\Delta_i| = \int_{\mathbb{R}^n} j_\varepsilon(x - y) \varphi(x) \mathrm{d}x \ (\mathscr{D}(\mathbb{R}^n)).$$

从而我们得到

$$\lim_{d \to 0} \left\langle T_y, \sum_{i=1}^N j_\varepsilon(x_i - y) \varphi(x_i) |\Delta_i| \right\rangle = \left\langle T_y, \int_{\mathbb{R}^n} j_\varepsilon(x - y) \varphi(x) \mathrm{d}x \right\rangle = \langle T, \varphi_\varepsilon \rangle.$$

故 $\langle T_\varepsilon, \varphi \rangle = \langle T, \varphi_\varepsilon \rangle$. 而当 $\varepsilon \to 0$ 时, $\varphi_\varepsilon \to \varphi \ (\mathscr{D}(\mathbb{R}^n))$, 从而对任意的 $\varphi \in \mathscr{D}(\mathbb{R}^n)$ 成立

$$\lim_{\varepsilon \to 0} \langle T_\varepsilon, \varphi \rangle = \langle T, \varphi \rangle,$$

亦即 $T_\varepsilon \rightharpoonup T \ (\mathscr{D}'(\mathbb{R}^n))$. $\qquad\square$

推论 1.6.3 上面两个命题的证明蕴含了如下值得单独叙述的结果.

(1) 由定理 1.6.1 的证明知对任意 $T \in \mathscr{D}'(\mathbb{R}^n)$, $\varphi \in \mathscr{D}(\mathbb{R}^n)$, $\langle T_y, \varphi(x \pm y) \rangle \in C^\infty(\mathbb{R}_x^n)$.

(2) 由定理 1.6.2 的证明知对任意 $T \in \mathscr{D}'(\mathbb{R}^n)$, $\varphi \in \mathscr{D}(\mathbb{R}^n)$, 成立 $\langle T_\varepsilon, \varphi \rangle = \langle T, \varphi_\varepsilon \rangle$.

定理 1.6.4 (正则化逼近) 设 $T \in \mathscr{E}'(\mathbb{R}^n)$, 则当 $\varepsilon \to 0$ 时, 成立 $T_\varepsilon \rightharpoonup T \ (\mathscr{E}'(\mathbb{R}^n))$, 即对任意的 $\varphi \in C^\infty(\mathbb{R}^n)$, 成立

$$\langle T_\varepsilon, \varphi \rangle \to \langle T, \varphi \rangle.$$

证明 由定理 1.5.3 知 $K \overset{\text{def}}{=\!=} \operatorname{supp} T$ 是紧集. 故当 $x \notin K + B(0, \varepsilon)$ 时,

$$T_\varepsilon(x) = \langle T_y, j_\varepsilon(x - y) \rangle = 0,$$

亦即 T_ε 也有紧支集.

作截断函数 $\chi \in \mathscr{D}(\mathbb{R}^n)$ 满足

$$\chi(x) = \begin{cases} 1, & \text{若 } x \in K + B\left(0, \dfrac{1}{2}\right), \\ 0, & \text{若 } x \notin K + B(0,1), \end{cases}$$

则对任意的 $\varphi \in C^\infty(\mathbb{R}^n)$ 成立

$$\langle T, \varphi \rangle = \langle T, \chi\varphi \rangle + \langle T, (1-\chi)\varphi \rangle = \langle T, \chi\varphi \rangle.$$

由命题 0.2.2 知对任意 $\varepsilon < \dfrac{1}{2}$, $\mathrm{supp}\ \mathscr{J}_\varepsilon[(1-\chi)\varphi] \cap K = \varnothing$. 从而 $\langle T, \mathscr{J}_\varepsilon[(1-\chi)\varphi] \rangle = 0$. 又注意到 $\mathscr{E}'(\mathbb{R}^n) \subset \mathscr{D}'(\mathbb{R}^n)$, $\chi\varphi \in \mathscr{D}(\mathbb{R}^n)$, 利用推论 1.6.3 知

$$\langle T_\varepsilon, \varphi \rangle = \langle T_\varepsilon, \chi\varphi \rangle = \langle T, \mathscr{J}_\varepsilon[\chi\varphi] \rangle = \langle T, \mathscr{J}_\varepsilon[\chi\varphi] \rangle + \langle T, \mathscr{J}_\varepsilon[(1-\chi)\varphi] \rangle$$

$$= \langle T, \mathscr{J}_\varepsilon[\varphi] \rangle.$$

从而对任意 $\varphi \in C^\infty(\mathbb{R}^n)$, 仍然成立 $\langle T_\varepsilon, \varphi \rangle = \langle T, \varphi_\varepsilon \rangle$. 令 $\varepsilon \to 0$ 得到对任意的 $\varphi \in C^\infty(\mathbb{R}^n)$, 成立

$$\lim_{\varepsilon \to 0} \langle T_\varepsilon, \varphi \rangle = \langle T, \varphi \rangle.$$

定理证毕. $\square$

1.7　分布意义下的导数

定义 1.7.1 (广义函数的导数)　对 $T \in \mathscr{D}'(\mathbb{R}^n)$, 分布导数 $\dfrac{\partial T}{\partial x_k} \in \mathscr{D}'(\mathbb{R}^n)$ 定义为

$$\left\langle \frac{\partial T}{\partial x_k}, \varphi \right\rangle \overset{\text{def}}{=\!=} -\left\langle T, \frac{\partial \varphi}{\partial x_k} \right\rangle, \quad \forall\ \varphi \in \mathscr{D}(\mathbb{R}^n). \tag{1.7.1}$$

我们说明上式是良定义的. 首先任取 $\{\varphi_\nu\}_{\nu \in \mathbb{N}} \subset \mathscr{D}(\mathbb{R}^n)$, $\varphi_\nu \to 0\ (\mathscr{D}(\mathbb{R}^n))$, 则 $\dfrac{\partial \varphi_\nu}{\partial x_k} \to 0\ (\mathscr{D}(\mathbb{R}^n))$. 故 $\displaystyle\lim_{\nu \to \infty} \left\langle T, \frac{\partial \varphi_\nu}{\partial x_k} \right\rangle = 0$. 由此可知 $\dfrac{\partial T}{\partial x_k} \in \mathscr{D}'(\mathbb{R}^n)$.

另一方面, 如果 T 为 C^1 可微函数, 则对任意 $\varphi \in \mathscr{D}(\mathbb{R}^n)$, 应用分部积分公式得到

$$\left\langle T, \frac{\partial \varphi}{\partial x_k} \right\rangle = \int_{\mathbb{R}^n} T(x) \frac{\partial \varphi(x)}{\partial x_k} \mathrm{d}x = -\int_{\mathbb{R}^n} \varphi(x) \frac{\partial T(x)}{\partial x_k} \mathrm{d}x = -\left\langle \frac{\partial T}{\partial x_k}, \varphi \right\rangle.$$

亦即对可微函数而言, 由定义 1.7.1 所定义的广义偏导数即是 C^1 函数的偏导数.

注 由于 $\mathscr{E}'(\mathbb{R}^n) \subset \mathscr{S}'(\mathbb{R}^n) \subset \mathscr{D}'(\mathbb{R}^n)$, 故 $\mathscr{E}'(\mathbb{R}^n)$ 与 $\mathscr{S}'(\mathbb{R}^n)$ 中的元素也有分布导数. 而且对基本函数空间 $C^\infty(\mathbb{R}^n)$, $\mathscr{S}(\mathbb{R}^n)$, 求导运算都是自封闭的连续线性映射, 故而 $\mathscr{E}'(\mathbb{R}^n)$ 与 $\mathscr{S}'(\mathbb{R}^n)$ 广义函数的分布导数分别落在 $\mathscr{E}'(\mathbb{R}^n)$ 与 $\mathscr{S}'(\mathbb{R}^n)$ 中.

以下我们给出广义导数的一些基本命题.

命题 1.7.1 (1) 设 $T \in \mathscr{D}'(\mathbb{R}^n)$, 则 T 有任意阶的广义导数, 而且对任意指标 $\alpha \in \mathbb{N}^n$ 成立

$$\langle \partial^\alpha T, \varphi \rangle = (-1)^{|\alpha|} \langle T, \partial^\alpha \varphi \rangle, \quad \forall \varphi \in \mathscr{D}(\mathbb{R}^n). \tag{1.7.2}$$

(2) 广义函数的求导可以交换次序, 即

$$\frac{\partial^2 T}{\partial x_k \partial x_j} = \frac{\partial^2 T}{\partial x_j \partial x_k}. \tag{1.7.3}$$

证明 (1) (1.7.2)式是定义 1.7.1 的直接推论.

(2) 注意到光滑函数的求导可以交换次序, 故对任意 $\varphi \in \mathscr{D}(\mathbb{R}^n)$ 成立

$$\left\langle \frac{\partial^2 T}{\partial x_k \partial x_j}, \varphi \right\rangle = -\left\langle \frac{\partial T}{\partial x_j}, \frac{\partial \varphi}{\partial x_k} \right\rangle = \left\langle T, \frac{\partial^2 \varphi}{\partial x_j \partial x_k} \right\rangle = \left\langle T, \frac{\partial^2 \varphi}{\partial x_k \partial x_j} \right\rangle$$

$$= -\left\langle \frac{\partial T}{\partial x_k}, \frac{\partial \varphi}{\partial x_j} \right\rangle = \left\langle \frac{\partial^2 T}{\partial x_j \partial x_k}, \varphi \right\rangle.$$

命题证毕. □

以下给出几个具体的例子并作计算.

例 1.7.1 考虑 Heaviside 函数

$$H(x) = \begin{cases} 1, & \text{若 } x \geqslant 0, \\ 0, & \text{若 } x < 0. \end{cases}$$

则 $\dfrac{\mathrm{d}H(x)}{\mathrm{d}x} = \delta$.

证明 对任意 $\varphi \in \mathscr{D}(\mathbb{R})$, 成立

$$\left\langle \frac{\mathrm{d}H}{\mathrm{d}x}, \varphi \right\rangle = -\left\langle H, \frac{\mathrm{d}\varphi}{\mathrm{d}x} \right\rangle = -\int_0^\infty \frac{\mathrm{d}\varphi(x)}{\mathrm{d}x} = \varphi(0) = \langle \delta, \varphi \rangle.$$

证毕. □

例 1.7.2 $\mathrm{P.V.}\left(\dfrac{1}{x}\right) = \dfrac{\mathrm{d}}{\mathrm{d}x} \log |x|$.

注　P.V. 表示 Cauchy 主值积分, $\mathrm{P.V.}\left(\dfrac{1}{x}\right) \in \mathscr{D}'(\mathbb{R})$ 的事实留作习题.

证明　对任意 $\varphi \in \mathscr{D}(\mathbb{R})$, 成立

$$\left\langle \mathrm{P.V.}\left(\frac{1}{x}\right), \varphi \right\rangle = \mathrm{P.V.} \int_{\mathbb{R}} \frac{\varphi(x)}{x}\mathrm{d}x = \lim_{\varepsilon \to 0} \int_{|x|>\varepsilon} \frac{\varphi(x)}{x}\mathrm{d}x.$$

而另一方面, 利用分部积分公式得到

$$\int_{\varepsilon}^{\infty} \frac{\varphi(x)}{x}\mathrm{d}x = \int_{\varepsilon}^{\infty} \varphi(x)\mathrm{d}\log{}^{①}x = \varphi(x)\log x\Big|_{\varepsilon}^{\infty} - \int_{\varepsilon}^{\infty} \varphi'(x)\log x\,\mathrm{d}x$$

$$= -\varphi(\varepsilon)\log\varepsilon - \int_{\varepsilon}^{\infty} \varphi'(x)\log x\,\mathrm{d}x.$$

类似地, 我们得到

$$\int_{\infty}^{-\varepsilon} \frac{\varphi(x)}{x}\mathrm{d}x = \int_{\infty}^{-\varepsilon} \varphi(x)\mathrm{d}\log|x| = \varphi(-\varepsilon)\log\varepsilon - \int_{\infty}^{-\varepsilon} \varphi'(x)\log|x|\mathrm{d}x.$$

两式相加并令 $\varepsilon \to 0$, 注意由中值定理,

$$\big|\varphi(-\varepsilon)\log\varepsilon - \varphi(\varepsilon)\log\varepsilon\big| \leqslant C\varepsilon\log\varepsilon \to 0.$$

从而我们得到

$$\left\langle \mathrm{P.V.}\left(\frac{1}{x}\right), \varphi \right\rangle = -\int_{\mathbb{R}} \varphi'(x)\log|x|\mathrm{d}x,$$

亦即 $\mathrm{P.V.}\left(\dfrac{1}{x}\right) = \dfrac{\mathrm{d}}{\mathrm{d}x}\log|x|$. 　　　　　　　　　　　　　　　□

定理 1.7.2　给定 $T \in \mathscr{D}'(\mathbb{R}^n)$, Ω 为 $\mathbb{R}^n$ 中的连通开区域, 则对每一个 $1 \leqslant j \leqslant n$ 都成立 $\dfrac{\partial T}{\partial x_j}\Big|_{\Omega} = 0$ (即 $\nabla_x T\big|_{\Omega} = 0$) 当且仅当 T 在 Ω 上恒等于某个常数 c.

注　这个定理是经典的 C^1 函数相关结论的推广.

证明　回忆 $T_\varepsilon(x) = \langle T_y, \jmath_\varepsilon(x-y)\rangle$ 为分布 T 的正则化函数, 其中 $\jmath_\varepsilon$ 由 (1.2.2) 式给出. 实际上对任意的 $T \in \mathscr{D}'(\mathbb{R}^n)$, 当 $\varepsilon \to 0$ 时成立 $T_\varepsilon \rightharpoonup T$ $(\mathscr{D}'(\mathbb{R}^n))$, 且由推论 1.6.3 知 $\langle T_\varepsilon, \varphi\rangle = \langle T, \varphi_\varepsilon\rangle$. 下面我们证明 $\partial_k T_\varepsilon = (\partial_k T)_\varepsilon$,

$$\langle \partial_k T_\varepsilon, \varphi\rangle = -\langle T_\varepsilon, \partial_k\varphi\rangle = -\langle T, (\partial_k\varphi)_\varepsilon\rangle = -\langle T, \jmath_\varepsilon * (\partial_k\varphi)\rangle$$

$$= -\langle T, \partial_k(\jmath_\varepsilon * \varphi)\rangle = \langle \partial_k T, \varphi_\varepsilon\rangle = \langle (\partial_k T)_\varepsilon, \varphi\rangle. \tag{1.7.4}$$

---

① 不加底数情况下, $\log$ 指自然对数.

现取 $\varphi \in \mathscr{D}(\Omega)$ 使得 $\operatorname{supp} \varphi \subset \Omega_\varepsilon = \{x \in \Omega : \operatorname{dist}(x, \partial\Omega) > \varepsilon\}$, 则 $\operatorname{supp}(\varphi * \dot{\jmath}_\varepsilon) \subset \Omega$, 从而由 (1.7.4) 式知 $\partial_k T\big|_\Omega = 0 \Rightarrow \partial_k T_\varepsilon\big|_{\Omega_\varepsilon} = 0$. 由于 T_ε 为光滑函数, 则由数学分析的知识知 $T_\varepsilon\big|_{\Omega_\varepsilon} = c_\varepsilon$.

另一方面, 而由定理 1.6.2 知对任意 $\Omega' \subset \Omega$, 当 $\varepsilon \to 0$ 时成立 $T_\varepsilon \rightharpoonup T(\mathscr{D}(\Omega'))$, 故知 $T\big|_{\Omega'} = c$, 由 Ω' 的任意性知在 Ω 上 $T = c$. $\qquad\square$

定理 1.7.3 (支集在一点处的广义函数) 若 $T \in \mathscr{E}'(\mathbb{R}^n)$ 且 $\operatorname{supp} T \subset \{0\}$, 则 T 存在唯一的表示 $T = \sum\limits_{|\alpha| \leqslant m} a_\alpha \partial^\alpha \delta$, 其中 $m \in \mathbb{N}$, a_α 为常数.

证明 由定理 1.4.3 知存在紧集 K, 以及 m, C, 使得

$$|\langle T, \varphi \rangle| \leqslant C \sup_{|\alpha| \leqslant m, x \in K} |\partial^\alpha \varphi(x)|.$$

我们证明如下的断言: 若 $\varphi \in C^\infty(\mathbb{R}^n)$, 其本身以及直到 m 阶导数在原点都取零值, 则 $\langle T, \varphi \rangle = 0$.

事实上, 取 $\zeta(x) \in \mathscr{D}(B(0,1))$ 满足

$$\zeta(x) = \begin{cases} 1, & |x| \leqslant \dfrac{1}{2}, \\ 0, & |x| \geqslant 1. \end{cases}$$

令 $\zeta_\varepsilon(x) \overset{\text{def}}{=\!=} \zeta\left(\dfrac{x}{\varepsilon}\right)$, 从而 $\operatorname{supp} \zeta_\varepsilon \subset B(0, \varepsilon)$. 由 Taylor 公式知, 对任意的 $\varphi \in C^\infty(\mathbb{R}^n)$ 满足直到 m 阶导数在原点取零值, 在 $\operatorname{supp} \zeta_\varepsilon$ 上成立

$$|\varphi(x)| \leqslant C\varepsilon^{m+1}; \quad |\partial^\alpha \varphi(x)| \leqslant C\varepsilon^{m+1-r}, \ \forall\, \alpha \in \mathbb{N}^n \text{ 满足 } |\alpha| = r \leqslant m.$$

又由于 $\operatorname{supp}(1 - \zeta_\varepsilon)\varphi \cap \{0\} = \varnothing$, 从而成立 $\langle T, (1 - \zeta_\varepsilon)\varphi \rangle = 0$, 故而

$$|\langle T, \varphi \rangle| \leqslant |\langle T, \zeta_\varepsilon \varphi \rangle| + |\langle T, (1 - \zeta_\varepsilon)\varphi \rangle| \leqslant C \sup_{|\alpha| \leqslant m, x \in K} |\partial^\alpha (\zeta_\varepsilon \varphi(x))|$$

$$\leqslant C \sup_{|\alpha| \leqslant m, x \in K} \sum_{\alpha_1 + \alpha_2 = \alpha} \frac{\alpha!}{\alpha_1! \alpha_2!} \left| \partial^{\alpha_1} \zeta_\varepsilon(x) \varphi^{\alpha_2}(x) \right|$$

$$\leqslant C \sup_{|\alpha| \leqslant m, x \in K} \sum_{\alpha_1 + \alpha_2 = \alpha} \varepsilon^{-|\alpha_1|} \varepsilon^{m - |\alpha_2| + 1} = O(\varepsilon).$$

故 $|\langle T, \varphi \rangle| \leqslant C\varepsilon$, 而不等式左边与 ε 无关, 故当 $\varepsilon \to 0$ 时, 我们得到 $\langle T, \varphi \rangle = 0$, 断言证毕.

而对任意的 $\varphi(x) \in C^\infty(\mathbb{R}^n)$, 利用 Taylor 公式, 我们得到 $\varphi(x) = \sum_{|\alpha| \leqslant m} \frac{1}{\alpha!} \varphi^{(\alpha)}(0) x^\alpha + R_m(x)$, 其中余项 $R_m(x)$ 满足对任意的指标 $|\alpha| \leqslant m$, 成立 $R_m^{(\alpha)}(0) = 0$. 故而由断言知

$$\langle T, \varphi \rangle = \left\langle T, \sum_{|\alpha| \leqslant m} \frac{1}{\alpha!} \varphi^{(\alpha)}(0) x^\alpha \right\rangle = \sum_{|\alpha| \leqslant m} \frac{\varphi^{(\alpha)}(0)}{\alpha!} \langle T, x^\alpha \rangle = \sum_{|\alpha| \leqslant m} c_\alpha \varphi^{(\alpha)}(0),$$

其中 $c_\alpha \stackrel{\text{def}}{=\!=} \frac{1}{\alpha!} \langle T, x^\alpha \rangle$. 由于

$$\varphi^{(\alpha)}(0) = \langle \delta, \varphi^{(\alpha)}(x) \rangle = (-1)^{|\alpha|} \langle \partial^\alpha \delta, \varphi \rangle.$$

由 φ 任意性知 $T = \sum_{|\alpha| \leqslant m} (-1)^{|\alpha|} c_\alpha \partial^\alpha \delta$.

T 表示的唯一性是显然的. □

1.8　分布的局部理论

本节我们将证明每个广义函数可局部地表示为一个有界函数的分布导数.

定理 1.8.1 ($\mathscr{D}'(\mathbb{R}^n)$ 的局部表示)　设 Ω 为 $\mathbb{R}^n$ 中的有界开集, 则对任意 $T \in \mathscr{D}'(\mathbb{R}^n)$, 存在函数 $g \in L^\infty(\overline{\Omega})$, $m \in \mathbb{N}$, 使得

$$T\big|_\Omega = \frac{\partial^{mn}}{\partial_{x_1}^m \cdots \partial_{x_n}^m} g. \tag{1.8.1}$$

证明　注意到 $\overline{\Omega}$ 为紧集, 不妨记为 K. $T \in \mathscr{D}'(\mathbb{R}^n)$, 则对给定的紧集 $K \subset \mathbb{R}^n$, 存在 C, m' 使得对任意的 $\varphi \in \mathscr{D}(K)$, 成立

$$|\langle T, \varphi \rangle| \leqslant C \sup_{x \in K, |\alpha| \leqslant m'} |\partial^\alpha \varphi(x)|.$$

设

$$V_\delta \stackrel{\text{def}}{=\!=} \left\{ \varphi \in \mathscr{D}(K) : \sup_{x \in K, |\alpha| \leqslant m'} |\partial^\alpha \varphi(x)| \leqslant \delta \right\},$$

故对任意 $\varepsilon > 0$, 存在 $\delta > 0$ 使得对任意 $\varphi \in V_\delta$ 成立 $|\langle T, \varphi \rangle| \leqslant \varepsilon$.

下面我们记

$$E \stackrel{\text{def}}{=\!=} \left\{ \frac{\partial^{m'+1}}{\partial x^{m'+1}} \varphi, \text{其中 } \varphi \in \mathscr{D}(K) \right\},$$

此处采用记号 $\dfrac{\partial^m}{\partial x^m} f$ 表示

$$\frac{\partial^m}{\partial x^m} f \overset{\text{def}}{=\!=} \frac{\partial^{mn}}{\partial_{x_1}^m \cdots \partial_{x_n}^m} f. \tag{1.8.2}$$

因此 E 是 $\mathscr{D}(K)$ 的子空间, 同时由映射

$$\mathscr{D}(K) \ni \varphi \mapsto \psi = \frac{\partial^{m'+1}}{\partial x^{m'+1}} \varphi \in E$$

是一一映射, 我们断言: 若 $\{\psi_\nu\}_{\nu \in \mathbb{N}} \subset E$, $\psi_\nu \to 0$ $(L^1(K))$, 则当 $\nu \to \infty$ 时成立 $\langle T, \varphi_\nu \rangle \to 0$.

事实上, 取边长为 ℓ 的方体 Q 满足 $K \subset \{x \in \mathbb{R}^n, |x_i| \leqslant \ell/2\} \overset{\text{def}}{=\!=} Q$, 则对任意 $\delta > 0$, 存在 ν_0 使得对任意 $\nu > \nu_0$ 成立

$$\|\psi_\nu\|_{L^1(K)} = \left\| \frac{\partial^{m'+1}}{\partial x^{m'+1}} \varphi_\nu \right\|_{L^1(K)} \leqslant \frac{\delta}{\ell^{m'n}}.$$

从而知

$$\left| \frac{\partial^{m'}}{\partial x^{m'}} \varphi_\nu \right| = \left| \int_{-\infty}^{x_1} \int_{-\infty}^{x_2} \cdots \int_{-\infty}^{x_n} \frac{\partial^{m'+1}}{\partial x^{m+1}} \varphi_\nu \, \mathrm{d}x_1 \, \mathrm{d}x_2 \cdots \mathrm{d}x_n \right|$$
$$\leqslant \left\| \frac{\partial^{m'+1}}{\partial x^{m'+1}} \varphi_\nu \right\|_{L^1(K)} \leqslant \frac{\delta}{\ell^{m'n}}.$$

进一步地, 成立

$$\left| \frac{\partial^{m'-1}}{\partial x^{m'-1}} \varphi_\nu \right| = \left| \int_{-\infty}^{x_1} \int_{-\infty}^{x_2} \cdots \int_{-\infty}^{x_n} \frac{\partial^{m'}}{\partial x^{m'}} \varphi_\nu \, \mathrm{d}x_1 \, \mathrm{d}x_2 \cdots \mathrm{d}x_n \right|$$
$$\leqslant \ell^n \sup_{x \in K} \left| \frac{\partial^{m'}}{\partial x^{m'}} \varphi_\nu \right| \leqslant \frac{\delta}{\ell^{(m'-1)n}}.$$

故由递推得到当 $\nu \geqslant \nu_0$ 时, 对任意 $x \in K$, $|\alpha| \leqslant m'$, 成立 $|\partial^\alpha \varphi_\nu(x)| \leqslant \delta$. 亦即当 $\nu \geqslant \nu_0$ 时, $|\langle T, \varphi_\nu \rangle| < \varepsilon$, 由此断言证毕.

现令

$$L: E \to C, \ \langle L, \psi \rangle \overset{\text{def}}{=\!=} \langle T, \varphi \rangle, \quad \forall \, \psi \in E,$$

则由断言知 L 为空间 $(E, \|\cdot\|_{L^1})$ 上的连续线性泛函, Hahn-Banach 定理把 L 扩张到整个 $L^1(K)$ 上, 我们得到

$$\widetilde{L}: L^1(K) \to C, \quad \widetilde{L}(\psi) = L(\psi), \quad \forall \, \psi \in E.$$

由 Riesz 表示定理知存在 $g \in L^\infty(K)$, 使得 $\widetilde{L}[\psi] = \int_K \psi(x)g(x)\mathrm{d}x$, 且当 $\psi \in E$ 时, $L[\psi] = \int_K \psi(x)g(x)\mathrm{d}x$. 由此知对任意 $\varphi \in \mathscr{D}(K)$ 成立

$$\langle T, \varphi \rangle = \int_K \psi(x)g(x)\mathrm{d}x = \int_K \frac{\partial^{m'+1}}{\partial x^{m'+1}}\varphi(x)g(x)\mathrm{d}x$$

$$= (-1)^{(m'+1)n}\left\langle \frac{\partial^{m'+1}}{\partial x^{m'+1}}g(x), \varphi \right\rangle.$$

则取 $m = m' + 1$, 从而 $T\big|_\Omega = (-1)^{mn}\dfrac{\partial^{mn}}{\partial x_1^m \cdots \partial x_n^m}g$, 定理证毕. $\qquad\square$

注 函数 g 不一定是唯一的, 事实上 g 加上任意满足 $\dfrac{\partial^m}{\partial x^m}h = 0$ 的函数仍然满足条件.

推论 1.8.2 在上述证明中, 若令

$$\widetilde{g}(x) = \begin{cases} g(x), & 若\ x \in K, \\ 0, & 若\ x \notin K. \end{cases} \tag{1.8.3}$$

取

$$G(x) = \int_{-\infty}^{x_1}\int_{-\infty}^{x_2}\cdots\int_{-\infty}^{x_n}\widetilde{g}(x)\mathrm{d}x_1\,\mathrm{d}x_2\cdots\mathrm{d}x_n,$$

则 $G(x) \in C(\mathbb{R}^n)$ 且在 Ω 中 $g(x) = \dfrac{\partial^n G(x)}{\partial x_1 \partial x_2 \cdots \partial x_n}$, 从而

$$T\big|_\Omega = \frac{\partial^{(m+1)n}}{\partial x_1^{m+1}\cdots\partial x_n^{m+1}}G.$$

注 (1) 推论指出广义函数 T 可局部地表示为一连续函数的导数.

(2) 设 U 是 $K = \overline{\Omega}$ 的一个开邻域且 $K \subset U$. 设 $\gamma \in \mathscr{D}(U)$ 使得在 K 上 $\gamma(x) = 1$. 令 $F(x) \overset{\mathrm{def}}{=\!=} \gamma(x)G(x)$, 则在 Ω 上

$$T\big|_\Omega = \frac{\partial^{(m+1)n}}{\partial x_1^{m+1}\cdots\partial x_n^{m+1}}F.$$

此处 F 是一个有紧支集的连续函数, 其支集含在 K 的某一个开邻域中 (事实上这个开邻域可以是任意的).

例 1.8.1 回忆例 1.7.1 知 $\delta = \dfrac{\mathrm{d}H}{\mathrm{d}x}$, 从而广义函数 δ 被表示为有界函数 $H(x)$ 的广义导数.

定理 1.8.3 ($\mathscr{E}'(\mathbb{R}^n)$ 的结构) $T \in \mathscr{E}'(\Omega)$, 则存在整数 m 以及具有紧支集的连续函数 f_α, 它们的支集含在 $\operatorname{supp} T$ 的任意邻域内, 使得

$$T = \sum_{|\alpha| \leqslant m} \partial^\alpha f_\alpha. \tag{1.8.4}$$

证明 设 Ω' 是一个相对紧的开集, 使得 $\operatorname{supp} T = K \subset \Omega' \subset\subset U \subset \Omega$. 则由推论 1.8.2 的注知存在支集在 U 内的连续函数 f, 以及 $\ell \in \mathbb{N}^n$, 使得在 Ω' 上成立 $T = \dfrac{\partial^\ell f}{\partial x^\ell}$. 取 $\gamma(x) \in \mathscr{D}(\Omega')$, 使得当 x 在 K 的某一邻域内满足 $\gamma(x) = 1$. 从而利用 Leibniz 公式, 对任意 $\varphi \in \mathscr{D}(\Omega)$ 成立

$$\begin{aligned}
\langle T, \varphi \rangle &= \left\langle \frac{\partial^\ell}{\partial x^\ell} f, \gamma\varphi \right\rangle = (-1)^{|\ell|} \left\langle f, \frac{\partial^\ell}{\partial x^\ell}(\gamma\varphi) \right\rangle \\
&= (-1)^{|\ell|} \left\langle f, \sum_{\beta_1 + \beta_2 = \ell} C_{\beta_1, \beta_2} \partial^{\beta_1}\gamma \partial^{\beta_2}\varphi \right\rangle \\
&= (-1)^{|\ell|} \sum_{\beta_1 + \beta_2 = \ell} C_{\beta_1, \beta_2} \langle \partial^{\beta_1}\gamma f, \partial^{\beta_2}\varphi \rangle \\
&= (-1)^{|\ell|} \sum_{\beta_1 + \beta_2 = \ell} (-1)^{|\beta_2|} C_{\beta_1, \beta_2} \langle \partial^{\beta_2}(\partial^{\beta_1}\gamma f), \varphi \rangle.
\end{aligned}$$

取 $m = |\ell|$, $f_{\beta_2}(x) = (-1)^{n|\ell| + |\beta_2|} C_{\beta_1, \beta_2} \partial^{\beta_1}\gamma(x) f(x)$, 则 $\operatorname{supp} f_{\beta_2} \subset U$ 且

$$T = \sum_{|\beta_2| \leqslant m} \partial^{\beta_2} f_{\beta_2},$$

从而定理证毕. $\qquad\square$

例 1.8.2 设 K 是 $\mathbb{R}$ 中的紧集, 则 K 上的特征函数 $\chi_K(x) \in \mathscr{E}'(\mathbb{R})$, 而 $f(x) \overset{\text{def}}{=\!=} \displaystyle\int_{-\infty}^{x} \chi_K(t)\mathrm{d}t$ 是绝对连续的, 且对任意 $\varphi \in \mathscr{D}(\mathbb{R})$ 成立

$$\begin{aligned}
\langle f', \varphi \rangle &= -\langle f, \varphi' \rangle = -\int_{\mathbb{R}} \int_{-\infty}^{x} \chi_K(t)\mathrm{d}t\, \varphi'(x)\mathrm{d}x \\
&= -\int_{\mathbb{R}} \chi_K(t) \int_{t}^{+\infty} \varphi'(x)\mathrm{d}x\, \mathrm{d}t \\
&= \int_{\mathbb{R}} \chi_K(t)\varphi(t)\mathrm{d}t = \langle \chi_K, \varphi \rangle.
\end{aligned}$$

从而 $\chi_K = f'$.

最后我们给出 $\mathscr{S}'(\mathbb{R}^n)$ 的结构, 证明放在附录 D 中.

定理 1.8.4 ($\mathscr{S}'(\mathbb{R}^n)$ 的结构)　广义函数 $T \in \mathscr{S}'(\mathbb{R}^n)$ 当且仅当存在有界连续函数 f 以及整数 k 使得

$$T = \partial^\alpha \big((1 + |x|^2)^k f(x) \big).$$

1.9　习　　题

A 基础题

习题 1.9.1　若 $\{\varphi_\nu\}_{\nu\in\mathbb{N}} \subset C^\infty(\mathbb{R}^n)$ 是在定义 1.2.2 意义下的收敛序列, 求证这个序列的极限是唯一的.

习题 1.9.2　求证 (1.2.1) 式定义的函数 φ 是光滑的.

习题 1.9.3　试验证例 1.2.4 的断言, 从而证明了定理 1.2.1 下的注.

习题 1.9.4　证明空间 $\mathscr{D}(\mathbb{R}^n)$ 是完备的: 若 $\{\varphi_\nu\}_{\nu\in\mathbb{N}}$ 是 $\mathscr{D}(\mathbb{R}^n)$ 中的 Cauchy 列, 即它们有一致有界的支集, 且对任意的重指标 α 满足

$$\sup_{x\in\mathbb{R}^n} \big| \partial^\alpha \varphi_m - \partial^\alpha \varphi_k \big| \to 0, \quad m,\, k \to \infty,$$

则存在 $\varphi \in \mathscr{D}(\mathbb{R}^n)$, 使得 $\varphi_\nu \to \varphi$ $(\mathscr{D}(\mathbb{R}^n))$.

习题 1.9.5　利用 Lusin 定理证明对 $p \in [1, \infty[$, $C_c(\mathbb{R}^n)$ 在 $L^p(\mathbb{R}^n)$ 中稠密, 从而补全了命题 1.2.2(3) 的证明.

习题 1.9.6　对 $p \in [1, \infty[$, 利用正则化和截断函数直接证明 $\mathscr{D}(\mathbb{R}^n)$ 在 $L^p(\mathbb{R}^n)$ 中是稠密的.

习题 1.9.7　证明对给定的指标 α, $\beta \in \mathbb{N}^n$, 下面的函数是一个半范:

$$F : \varphi \to \sup_{x\in\mathbb{R}^n} |x^\alpha \partial^\beta \varphi(x)|.$$

从而 $\mathscr{S}(\mathbb{R}^n)$ 的拓扑由一族可数多的半范给出.

习题 1.9.8　试证明

(1) 空间 $C^\infty(\mathbb{R}^n)$ 在自身拓扑的意义下是完备的;

(2) 空间 $\mathscr{S}(\mathbb{R}^n)$ 在自身拓扑的意义下是完备的.

习题 1.9.9　本题指出广义函数也没有那么 "广义", 一些看上去不错的函数并不是广义函数.

证明 $f(x) = \begin{cases} \dfrac{1}{x^2}, & \text{若 } x \neq 0, \\ 0, & \text{若 } x = 0 \end{cases}$ 不在 $\mathscr{D}'(\mathbb{R})$ 中.

习题 1.9.10　证明 $e^x \notin \mathscr{S}'(\mathbb{R})$, 但 $e^x \exp(ie^x) \in \mathscr{S}'(\mathbb{R})$.

习题 1.9.11   判断下面的广义函数在哪个空间中.

(1) $f(x) = e^x \cos x$, $\Omega = \mathbb{R}$;

(3) $\nabla\left(\dfrac{\sin|x|}{|x|^3}\right)$, $\Omega = \mathbb{R}^3$;

(2) $f(x) = \begin{cases} 1, & \text{若 } |x| < 1, \\ 0, & \text{若 } |x| \geqslant 1, \end{cases}$ $\Omega = \mathbb{R}$;

(4) $\displaystyle\sum_{k \in \mathbb{Z}} \delta'(x - k)$, $\Omega = \mathbb{R}$.

习题 1.9.12   判断以下命题是否正确, 并说明理由.

(1) $\dfrac{1}{|x|} \in \mathscr{D}'(\mathbb{R})$;

(3) P.V. $\left(\dfrac{1}{x^3}\right) \in \mathscr{D}'(\mathbb{R})$;

(2) $\dfrac{1}{|x|} \in \mathscr{D}'(\mathbb{R}^2)$;

(4) $x^2 \in \mathscr{S}'(\mathbb{R})$.

习题 1.9.13   回顾定理 1.4.3 的证明, 补全正文省略的 $C(\nu) \displaystyle\sup_{x \in K_\nu, |\alpha| \leqslant \nu} |\partial^\alpha \varphi_\nu(x)| = 0$ 时的情况.

习题 1.9.14   试对 $\mathscr{S}'(\mathbb{R}^n)$ 应用与定理 1.4.2 和定理 1.4.3 相同的方法, 叙述并证明类似的结论. (更一般的结论参见附录 B.)

习题 1.9.15   回顾定理 1.5.1 (单位分解定理) 的证明, 补全正文省略的对 O_2', O_3' 的构造.

习题 1.9.16   本题解决 (1.5.1) 式中 $\langle T, (1 - \chi)\varphi \rangle$ 的良定义问题. 我们指出: $\mathscr{D}'(\Omega)$ 广义函数不仅可定义在 $\mathscr{D}(\Omega)$ 上. 事实上, 若 $F \in \mathscr{D}'(\Omega)$ 具有支集 K, 则 F 存在唯一的延拓 $\widetilde{F}$, 使其成为 $E \overset{\text{def}}{=\!=} \{\varphi \in C^\infty(\Omega) : \text{supp } \varphi \cap K \text{为紧集}\}$ 上的线性泛函, 使当 $\text{supp } \varphi \cap K = \varnothing$ 时成立 $\langle \widetilde{F}, \varphi \rangle = 0$. 证明分为如下步骤:

(1) 证明这样的延拓若存在必然是唯一的;

(2) 利用单位分解定理构造 $\widetilde{F}$, 继而证明 $\widetilde{F}$ 满足题设条件;

[提示: 取 $\text{supp } \varphi \cap K$ 在 Ω 中的开邻域 U, 由单位分解定理构造 $\psi \in \mathscr{D}(\Omega)$ 使得 ψ 在 $\text{supp } \varphi \cap K$ 上取值为 1, 定义 $\langle \widetilde{F}, \varphi \rangle = \langle F, \psi\varphi \rangle$.]

(3) 证明 (2) 构建的 $\widetilde{F}$ 良好定义, 即对任意 $\varphi \in E$, $\langle \widetilde{F}, \varphi \rangle$ 不依赖单位分解的选取.

习题 1.9.17   (1) 设 $T, S \in \mathscr{D}'(\mathbb{R}^n)$, 若对任意 $\varphi \in \mathscr{D}(\mathbb{R}^n)$, $\langle S, \varphi \rangle = 0$ 当且仅当 $\langle T, \varphi \rangle = 0$, 证明存在非零常数 c 使得 $S = cT$, 即对任意 $\varphi \in \mathscr{D}(\mathbb{R}^n)$ 成立 $\langle S, \varphi \rangle = c\langle T, \varphi \rangle$.

[提示: 利用反证法.]

(2) 设 $T, S_1, S_2 \in \mathscr{D}'(\Omega)$, 记 $\text{Ker } T \overset{\text{def}}{=\!=} \{\varphi \in \mathscr{D}(\Omega) : \langle T, \varphi \rangle = 0\}$. 证明: $\text{Ker } S_1 \cap \text{Ker } S_2 \subset \text{Ker } T$ 当且仅当存在 $c_1, c_2 \in \mathbb{R}$ 使得 $T = c_1 S_1 + c_2 S_2$.

习题 1.9.18   设 $\{f_\nu(x)\}_{\nu \in \mathbb{N}}$ 是一族非负连续函数, 且对任意 $\delta > 0$, $R > 0$, f_ν 在区间 $[-R, -\delta]$, $[\delta, R]$ 上一致趋于 0; 同时 $\displaystyle\int_{-\delta}^{\delta} f_\nu(x)\mathrm{d}x \to 1$. 证明当 $\nu \to \infty$ 时成立 $f_\nu(x) \to \delta(x)$ $(\mathscr{D}'(\mathbb{R}))$.

习题 1.9.19   证明存在一族广义函数 $\{u_\nu\}_{\nu \in \mathbb{N}} \subset \mathscr{E}'(\mathbb{R}^n)$, 使得当 $\nu \to \infty$ 时 $u_\nu \to 0$ $(\mathscr{D}'(\mathbb{R}^n))$, 但 $u_\nu \nrightarrow 0$ $(\mathscr{E}'(\mathbb{R}^n))$.

习题 1.9.20   证明在 $\mathscr{D}'(\mathbb{R})$ 意义下成立如下的极限.

(1) $\displaystyle\lim_{\varepsilon \to 0} \frac{\varepsilon}{\varepsilon^2 + x^2} = \pi\delta(x)$;

(2) $\displaystyle\lim_{\varepsilon \to 0} \frac{1}{\sqrt{\pi\varepsilon}} e^{-\frac{x^2}{\varepsilon}} = \delta(x)$.

习题 1.9.21   考虑 $C(\mathbb{R}^n)$ 函数 $f(x)$ 与 $\{f_\nu(x)\}_{\nu \in \mathbb{N}}$, 试问在下列各问的条件下能否得到

$f_\nu \rightharpoonup f\ (\mathscr{D}'(\mathbb{R}^n))$?

(1) $f_\nu(x) \to f(x)\ (L^2(\mathbb{R}^n))$;　　　　　　(2) $f_\nu(x)$ 逐点收敛到 $f(x)$;

(3) $f_\nu(x)$ 一致收敛到 $f(x)$.

习题 1.9.22　(1) 设 $f(x,y): \mathbb{R}^n \times \mathbb{R}^n \to \mathbb{R}^n$ 是一个光滑函数, 请尝试给出并且证明一个比推论 1.6.3(1) 更加广泛的命题;

(2) 设 $T \in \mathscr{E}'(\mathbb{R}^n)$, $\varphi \in C^\infty(\mathbb{R}^n)$, 证明与推论 1.6.3 类似的结论, 对 $\mathscr{S}(\mathbb{R}^n)$ 与 $\mathscr{S}'(\mathbb{R}^n)$ 是否有类似的结论?

习题 1.9.23　证明 $\mathrm{P.V.}\left(\dfrac{1}{x}\right) \in \mathscr{D}'(\mathbb{R})$; $\mathrm{P.V.}\left(\dfrac{1}{x}\right)$ 的广义导数是 $-\dfrac{1}{x^2}$ 吗?

习题 1.9.24　若 $f(x) = H(x)\cos x$, $g(x) = H(x)\sin x$, 其中 $H(x)$ 是 Heaviside 函数.

(1) 计算 $f,\ g$ 的导数;

(2) 证明 $f,\ g$ 满足微分方程: $f''(x) + f(x) = \delta'$, $g''(x) + g(x) = \delta$.

习题 1.9.25　考察如下的函数 f :

$$f(x) = \begin{cases} xy\dfrac{x^2-y^2}{x^2+y^2}, & \text{若 } x^2+y^2 \ne 0, \\[2mm] 0, & \text{若 } x^2+y^2 = 0. \end{cases}$$

(1) 证明 f 是一个 $\mathscr{D}'(\mathbb{R}^2)$ 广义函数;

(2) 计算 f 的二阶混合偏导并且证明在原点处 f 的混合偏导不相等;

(3) 问 (1) 和 (2) 是否矛盾, 为什么? 若不矛盾, 试求 f 的二阶广义导数 $\dfrac{\partial^2 f}{\partial x \partial y}$.

习题 1.9.26　对 $x \in \mathbb{R}$, 试计算下列函数在分布意义下的各阶导数.

(1) $|x|$;　　　　　　　　　　(2) $|x|^\alpha$, $\alpha \in\ ]-1, \infty[$ (求到二阶导即可).

习题 1.9.27　(1) 设 $K \subset \mathbb{R}$ 是紧集, 试把特征函数 $\chi_K \in \mathscr{E}'(\mathbb{R})$ 表示为一个连续函数的导数.

(2) 给出一个例子, 使得 $\delta \in \mathscr{E}'(\mathbb{R})$ 是某个连续函数的导数 (可以是高阶导), 给出这个函数的显式表达式. 若是对 $\delta \in \mathscr{E}'(\mathbb{R}^n)$, 又当如何?

习题 1.9.28　设 $x \in \mathbb{R}^2$, 利用 Green 公式与例 1.7.2 计算 $\log |x|$ 的二阶偏导.

[提示: $\mathrm{P.V.}\left(\dfrac{x_1^2 - x_2^2}{(x_1^2+x_2^2)^2} + \pi\delta\right)$, $\mathrm{P.V.}\left(\dfrac{x_2^2 - x_1^2}{(x_1^2+x_2^2)^2} + \pi\delta\right)$, $-\mathrm{P.V.}\left(\dfrac{2x_1 x_2}{(x_1^2+x_2^2)^2}\right)$.]

B 拓展题

习题 1.9.29　(1) 设 $a < b \in \mathbb{R}$, $f \in \mathscr{D}(\mathbb{R})$, 且 $\operatorname{supp} f \subset\ ]a, b[$. 证明对任意 $j,\ k \in \mathbb{N}$, $j \leqslant k$ 成立如下的高阶导估计:

$$\big\| f^{(k)}(x) \big\|_{L^\infty} \geqslant \mathrm{C}_k^j \frac{(k+1)!}{(b-a)^{k+1}} \int_a^b f(x)\mathrm{d}x.$$

[提示: 在公式 $\displaystyle\int_a^b f^{(k)} g\,\mathrm{d}x = (-1)^k \int_a^b f g^{(k)}\mathrm{d}x$ 中取 $g = (x-a)^j (b-x)^{k-j}$.]

(2) 对 (1) 中的 f 定义算子 T: $T[f](x) = \int_a^x f(t)\mathrm{d}t$, 证明若对任意 $k \in \mathbb{N}$ 成立 $\int_a^b T^k[f]\mathrm{d}x = 0$, 则 $f = 0$.

[提示: 证明 $\int_a^b T^k[f]\mathrm{d}x = 0$ 保证对任意 $\deg g \leqslant k$ 的多项式 g 成立 $\int_a^b fg\,\mathrm{d}x = 0$.]

(3) 设 $f \in \mathscr{D}(\mathbb{R}^n)$, 若存在常数 $C > 0$ 使得对任意 $\alpha \in \mathbb{N}^n$ 使得 $\|\partial^\alpha f\|_{L^\infty} \leqslant C$, 证明 $f = 0$.　　[提示: 利用 (1), (2) 中估计 f 的高阶导.]

习题 1.9.30　(1) 设 $f \in \mathscr{S}(\mathbb{R})$, 证明对 $p \in [1, \infty]$ 成立 $\|f\|_{L^\infty}^2 \leqslant 2\|f\|_{L^p}\|f'\|_{L^{p'}}$;

[提示: $f^2(x) = \int_{-\infty}^x \dfrac{\mathrm{d}}{\mathrm{d}t} f^2(t)\mathrm{d}t$.]

(2) 设 $f \in \mathscr{S}(\mathbb{R}^n)$, 证明对 $p \in [1, \infty]$ 成立 $\|f\|_{L^\infty}^2 \leqslant \sum\limits_{|\alpha+\beta|=n} \|\partial^\alpha f\|_{L^p}\|\partial^\beta f\|_{L^{p'}}$.

习题 1.9.31　设 $\Omega =]0, 1[\subset \mathbb{R}$, 对 $\varphi \in \mathscr{D}(\Omega)$ 定义 $\mathscr{D}(\Omega)$ 上的线性泛函 T 为

$$\langle T, \varphi \rangle = \sum_{j=2}^\infty \varphi^{(j)}\left(\frac{1}{j}\right),$$

其中 $\varphi^{(j)}(a) \overset{\text{def}}{=\!=} \dfrac{\mathrm{d}^j \varphi(x)}{\mathrm{d}x_j}\bigg|_{x=a}$.

(1) 证明 $T \in \mathscr{D}'(\Omega)$;

(2) 证明 T 没有有限的阶数;

(3) 对 $\widetilde{\Omega} = (]0, 1[)^n \subset \mathbb{R}^n$, 是否可以构造 $T \in \mathscr{D}(\widetilde{\Omega})$ 使得 T 没有有限的阶数?

习题 1.9.32　定义 $\mathbb{R}^n$ 中的算子 $\mathbf{R} \overset{\text{def}}{=\!=} \sum\limits_{j=1}^n x_j \partial_j$. 令 T 为 $\mathbb{R}^n$ 中支集在 $\{0\}$ 的广义函数, 且存在 $s \in \mathbb{R}$, 使得 $\mathbf{R}T = sT$. 证明

(1) 若 s 不是小于等于 $-n$ 的整数, 则 $T = 0$;

否则,

(2) 存在 $a_\alpha \in \mathbb{R}$, 使得 $T = \sum\limits_{|\alpha| = -s-n} a_\alpha \partial^\alpha \delta_0$.　　[提示: 利用定理 1.7.3.]

习题 1.9.33　判断下面的命题是否正确并说明理由.

(1) 若当 $\nu \to \infty$ 时成立 $T_\nu \to T$ $(\mathscr{D}'(\mathbb{R}^n))$, 则对任意 $\alpha \in \mathbb{N}^n$ 成立 $\partial^\alpha T_\nu \to \partial^\alpha T$ $(\mathscr{D}'(\mathbb{R}^n))$;

(2) 若当 $\nu \to \infty$ 时成立 $T_\nu \to T$ $(\mathscr{D}'(\mathbb{R}^n))$, 且 $\varphi_\nu \to \varphi$ $(\mathscr{D}(\mathbb{R}^n))$, 则 $\langle T_\nu, \varphi_\nu \rangle \to \langle T, \varphi \rangle$;

[提示: 利用 Banach-Steinhaus 定理 (定理 B.3).]

(3) 对任意的 $T \in \mathscr{D}'(\mathbb{R}^n)$, $\varphi \in \mathscr{D}(\mathbb{R}^n)$, 当 $\varepsilon \to 0$ 时成立 $\langle T_\varepsilon, \varphi_\varepsilon \rangle \to \langle T, \varphi \rangle$, 其中 T_ε 为 T 的正则化函数.

习题 1.9.34　设 $T \in \mathscr{E}'(\mathbb{R}^n)$, 且 $T = \partial^\alpha g$ 是一个有界可测函数 g 的导数, 证明 T 的阶数不超过 $|\alpha|$ (阶的定义回顾定理 1.4.2 的注).

习题 1.9.35　设 $T \in \mathscr{D}'(\mathbb{R}^n)$ 且 T 的阶数为 1, 证明存在 0 阶分布 $T_0, T_1 \in \mathscr{D}'(\mathbb{R})$ 使得 $T = T_0 + \nabla T_1$.　　[提示: 参考附录 C.]

习题 1.9.36　设区间 $I =]a, b[$, $f \in L^1_{\text{loc}}(I)$ 几乎处处可导且其导数属于 $L^1(I)$, 证明 f 的广义导数与经典导数一致当且仅当 f 是绝对连续的.

习题 1.9.37 我们采用下面的方法来证明: 若 $T \in \mathscr{D}'(\mathbb{R}^n)$, $k \in \mathbb{N}$, 且对任意 $\alpha \in \mathbb{N}^n$, $|\alpha| \leqslant k$ 都满足 $\partial^\alpha T = 0$ $(\mathscr{D}'(\mathbb{R}^n))$, 则 T 必为多项式.

(1) 设 $\{T_1, \cdots, T_m\} \subset \mathscr{D}'(\mathbb{R}^n)$ 线性无关, 即对任意向量 $(a_1, \cdots, a_m) \neq 0$, 成立

$$a_1 T_1 + \cdots + a_m T_m \neq 0 \quad (\mathscr{D}'(\mathbb{R}^n)),$$

证明存在 $\varphi \in \mathscr{D}(\mathbb{R}^n)$ 使得 $\langle T_j, \varphi \rangle = \delta_{jm}$;   [提示: 归纳法.]

(2) 设 $T \in \mathscr{D}'(\mathbb{R}^n)$, $k \in \mathbb{N}$, 且对任意 $\alpha \in \mathbb{N}^n$, $|\alpha| \leqslant k$ 都满足 $\partial^\alpha T = 0$ $(\mathscr{D}'(\mathbb{R}^n))$, 记为 $\nabla^k T = 0$ $(\mathscr{D}'(\mathbb{R}^n))$. 利用正则化序列证明 T 是至多 $k-1$ 阶多项式.

C 思考题

思考题 1.9.38 形如习题1.9.9中的函数 $f(x)$ 并不是 $\mathscr{D}'(\mathbb{R}^n)$ 广义函数, 但是 $f(x)$ 在 $\mathbb{R}^n \setminus \{0\}$ 上是光滑的, 且易见 $f(x) \in \mathscr{D}'(\mathbb{R}^n \setminus \{0\})$. 对这种存在一个瑕点的函数, 能否在瑕点附近重新定义, 使得其能够延拓成一个 $\mathscr{D}'(\mathbb{R}^n)$ 广义函数, 这种延拓是不是唯一的? 对更加一般的情况应当如何处理?

特别地, 是否可以构造这样的函数, 其在 $\mathbb{R}$ 的某个子集 $\Omega \subset \mathbb{R}$ 上是光滑的, 但是无法延拓为 $\mathbb{R}$ 上的广义函数? 为什么无法延拓?   [可以参考习题2.6.27.]

思考题 1.9.39 (1) 试谈谈广义函数是怎么解决微分未必存在的问题, 代价又是什么? δ 函数的引入是如何处理形如习题1.9.9与习题1.9.25中函数的瑕点的?

(2) $\mathscr{D}'(\mathbb{R}^n)$ 广义函数是由经典函数与 δ 函数的导数组成的吗? 是否每一个 $\mathscr{D}'(\mathbb{R}^n)$ 广义函数都可以分解为一个连续函数 (或局部可积函数) 以及支集在至多可数个点上的广义函数? [提示: 考虑测度的分解问题与 Radon-Nikodym 定理.]

(3) 尝试不采用对偶的方法来描述 δ 函数, 进而利用对偶以外的思路定义一类包括 δ 与经典函数的 "广义函数". 你的定义和本书中采用对偶方法定义的广义函数空间有什么关系吗, 它保持了哪些经典函数的公有性质, 又舍弃了哪些性质?

思考题 1.9.40 思考: 什么函数的经典导数和广义导数是相同的, 函数的间断点在其中起到了怎样的作用, 怎样的间断点会导致经典导数与广义导数的不同?

回顾 $\mathbb{R}$ 上的绝对连续函数 (absolutely continuous function) 与有界变差函数 $\mathrm{BV}(\mathbb{R})$, 这两类函数的经典导数与广义导数有什么关系 (参考习题1.9.36), 对高维的欧氏空间有什么推广吗?

思考题 1.9.41 本书中采用零点附近的极限性质刻画 $\mathscr{D}(\mathbb{R}^n)$, $C^\infty(\mathbb{R}^n)$, $\mathscr{S}(\mathbb{R}^n)$ 等函数空间的拓扑. 思考: 满足这种极限性质的拓扑存在吗? 是唯一的吗?

特别地, 我们已经注意到 $\mathscr{S}(\mathbb{R}^n)$ 的拓扑可以由一族可数多的半范刻画 (习题1.9.7), 其他的空间是否具有类似的性质, 若没有, 应当如何等价地刻画它们的拓扑结构?

思考题 1.9.42 除了本章所引入的三类广义函数空间, 我们是否还可以利用对偶构造出其他的广义函数空间? 它们与本章引入的广义函数空间有着怎样的包含关系 (如果包含关系存在), 这样的广义函数空间有着怎样的独特性质, 有怎样的实际应用价值?

[提示: 可以参考附录 C 与附录 D.]

第 2 章 广义函数的性质

在第 1 章, 我们引入了广义函数的概念并介绍了其基本性质, 本章我们将进一步研究广义函数的性质. 特别地, 我们将把函数的变量代换、张量积、卷积等运算推广到广义函数中去.

2.1 广义函数间的映射

2.1.1 乘子

我们已经知道, 一个连续函数和一个连续函数的乘积仍然是连续函数. 一个自然的问题是什么函数可以和广义函数作乘积, 而且保持这个乘积仍然是广义函数. 为此我们引入乘子的概念.

定义 2.1.1 (乘子) 设 X 为某种映射组成的空间, 函数 a 称为 X 的乘子, 若对任意的 $f \in X$ 仍然成立 $af \in X$. 这样的 a 组成的空间称为 X 的乘子空间, 记作 $\mathscr{M}(X)$.

下面我们研究广义函数空间的乘子.

命题 2.1.1 ($\mathscr{D}'(\mathbb{R}^n)$ 的乘子) 设 $T \in \mathscr{D}'(\mathbb{R}^n)$, 对任意的 $a \in C^\infty(\mathbb{R}^n)$, 定义 aT 为

$$\langle aT, \varphi \rangle \stackrel{\text{def}}{=\!=} \langle T, a\varphi \rangle, \quad \forall \, \varphi \in \mathscr{D}(\mathbb{R}^n). \tag{2.1.1}$$

则成立 $aT \in \mathscr{D}'(\mathbb{R}^n)$, 从而 a 为 $\mathscr{D}'(\mathbb{R}^n)$ 的乘子.

注 由此知 $C^\infty(\mathbb{R}^n) \subset \mathscr{M}(\mathscr{D}'(\mathbb{R}^n))$.

证明 任取 $\{\varphi_\nu\}_{\nu \in \mathbb{N}} \subset \mathscr{D}(\mathbb{R}^n)$, 使得 $\varphi_\nu \to 0 \ (\mathscr{D}(\mathbb{R}^n))$, 则存在紧集 K, 满足对任意的重指标 $\alpha \in \mathbb{N}^n$, 成立

$$\operatorname{supp} \varphi_\nu \subset K, \quad \sup_{x \in K} |\partial^\alpha \varphi_\nu(x)| \to 0, \quad \nu \to \infty. \tag{2.1.2}$$

则由 Leibniz 公式以及 $a \in C^\infty(\mathbb{R}^n)$ 知

$$\operatorname{supp}(a\varphi_\nu) \subset K, \quad \sup_{x \in K} \left|\partial^\alpha(a(x)\varphi_\nu(x))\right| \to 0, \quad \nu \to \infty.$$

由此知当 $\nu \to \infty$ 时, 成立 $\langle T, a\varphi_\nu \rangle \to 0$. 故 $\langle S, \varphi \rangle \stackrel{\text{def}}{=\!=} \langle T, a\varphi \rangle$ 定义了 $\mathscr{D}(\mathbb{R}^n)$ 上的连续线性泛函, 我们记 $S \stackrel{\text{def}}{=\!=} aT$. 从而 $aT \in \mathscr{D}'(\mathbb{R}^n)$. $\qquad\square$

注　(1) 类似命题 2.1.1 的证明知若 $T \in \mathscr{E}'(\mathbb{R}^n)$, 则对任意的 $a \in C^\infty(\mathbb{R}^n)$, 仍然成立 $aT \in \mathscr{E}'(\mathbb{R}^n)$.

(2) 设 $u \in \mathscr{D}'(\mathbb{R}^n)$, $P(x, \partial) \overset{\text{def}}{=\!=} \sum\limits_{|\alpha| \leqslant p} a_\alpha(x) \partial_x^\alpha$, 其中 $a_\alpha \in C^\infty(\mathbb{R}^n)$, 我们可类似定义 $P(x, \partial) u \in \mathscr{D}'(\mathbb{R}^n)$.

(3) 设 $T \in \mathscr{S}'(\mathbb{R}^n)$, 对任意的 $a \in \mathscr{S}(\mathbb{R}^n)$, 仍然有 $aT \in \mathscr{S}'(\mathbb{R}^n)$. 但是 $C^\infty(\mathbb{R}^n)$ 函数一般不是 $\mathscr{S}'(\mathbb{R}^n)$ 的乘子, 例 2.1.1 就是一个例子.

例 2.1.1　设

$$a(x) = \exp(2|x|^2) \in C^\infty(\mathbb{R}^n), \quad \varphi(x) = \exp(-|x|^2) \in \mathscr{S}(\mathbb{R}^n),$$

由于 $a(x)\varphi(x) = \exp(|x|^2) \notin \mathscr{S}(\mathbb{R}^n)$, 从而当 $T \in \mathscr{S}'(\mathbb{R}^n)$ 时无法定义 $\langle T, a\varphi \rangle$, 故无法定义 aT.

命题 2.1.2 (乘子的微分)　设 $T \in \mathscr{D}'(\mathbb{R}^n)$, $a \in C^\infty(\mathbb{R}^n)$, 则当 $1 \leqslant k \leqslant n$ 时成立

$$\partial_k(aT) = (\partial_k a)T + a\partial_k T. \tag{2.1.3}$$

证明　对任意的 $\varphi \in \mathscr{D}(\mathbb{R}^n)$, 成立

$$\langle \partial_k(aT), \varphi \rangle = -\langle aT, \partial_k\varphi \rangle = -\langle T, a\partial_k\varphi \rangle = -\langle T, \partial_k(a\varphi) - (\partial_k a)\varphi \rangle$$

$$= \langle \partial_k T, a\varphi \rangle + \langle T, (\partial_k a)\varphi \rangle = \langle a\partial_k T + (\partial_k a)T, \varphi \rangle.$$

从而证毕 (2.1.3) 式.　　　　　　　　　　　　　　　　　　　　　　　　　　□

更一般地, 利用数学归纳法知

定理 2.1.3 (Leibniz 公式)　设 $T \in \mathscr{D}'(\Omega)$, $a \in C^\infty(\mathbb{R}^n)$, 则对任意的重指标 $\alpha \in \mathbb{N}^n$ 成立

$$\partial^\alpha(aT) = \sum_{\beta \leqslant \alpha} \frac{\alpha!}{\beta!(\alpha - \beta)!} \partial^\beta a \partial^{\alpha-\beta} T.$$

这显然是对可微函数的 Leibniz 公式的推广.

证明　此处我们采用一个不依赖数学归纳法的证明, 依赖数学归纳法的证明留给读者.

我们先证明如下断言: 给定重指标 $\alpha \in \mathbb{N}^n$, 若 $|\alpha| > 0$, 则成立

$$\sum_{\beta \leqslant \alpha} \frac{\alpha!}{\beta!(\alpha - \beta)!}(-1)^{|\beta|} = 0. \tag{2.1.4}$$

事实上, 若 $\alpha = (\alpha_1, \alpha_2, \cdots, \alpha_n)$ 满足 $|\alpha| > 0$, $\beta = (\beta_1, \beta_2, \cdots, \beta_n)$, 则至少存在 α 的一个分量 $\alpha_j \neq 0$. 从而利用二项式定理知

$$\sum_{\beta \leqslant \alpha} \frac{\alpha!}{\beta!(\alpha - \beta)!}(-1)^{|\beta|} = \prod_{i=1}^{n}\sum_{\beta_i \leqslant \alpha_i} \frac{\alpha_i!}{\beta_i!(\alpha_i - \beta_i)!}(-1)^{\beta_i} = \prod_{i=1}^{n}(1-1)^{\alpha_i} = 0.$$

断言 (2.1.4) 式得证.

另一方面, 对任意的 $\varphi \in \mathscr{D}(\mathbb{R}^n)$, 成立

$$\left\langle \sum_{\beta \leqslant \alpha} \frac{\alpha!}{\beta!(\alpha - \beta)!}(\partial^\beta a \partial^{\alpha - \beta}T), \varphi \right\rangle$$

$$= \sum_{\beta \leqslant \alpha} \frac{\alpha!}{\beta!(\alpha - \beta)!}(-1)^{|\alpha - \beta|}\langle T, \partial^{\alpha - \beta}(\partial^\beta a \varphi)\rangle$$

$$= \sum_{\beta \leqslant \alpha} \frac{\alpha!}{\beta!(\alpha - \beta)!}(-1)^{|\alpha - \beta|}\left\langle T, \sum_{\gamma \leqslant \alpha - \beta} \frac{(\alpha - \beta)!}{\gamma!(\alpha - \beta - \gamma)!}\partial^{\beta + \gamma}a \partial^{\alpha - \beta - \gamma}\varphi \right\rangle$$

$$= \sum_{\beta + \gamma \leqslant \alpha} \frac{\alpha!}{\beta!\gamma!(\alpha - (\beta + \gamma))!}(-1)^{|\alpha|}(-1)^{|\beta|}\langle T, \partial^{\beta + \gamma}a \partial^{\alpha - (\beta + \gamma)}\varphi \rangle.$$

设 $\beta + \gamma = \alpha' \leqslant \alpha$, 由此知

$$\left\langle \sum_{\beta \leqslant \alpha} \frac{\alpha!}{\beta!(\alpha - \beta)!}(\partial^\beta a \partial^{\alpha - \beta}T), \varphi \right\rangle$$

$$= \sum_{\alpha' \leqslant \alpha} \frac{\alpha!}{\alpha'!(\alpha - \alpha')!}(-1)^{|\alpha|}\langle T, \partial^{\alpha'}a \partial^{\alpha - \alpha'}\varphi \rangle \sum_{\beta \leqslant \alpha'} \frac{\alpha'!}{\beta!(\alpha' - \beta)!}(-1)^{|\beta|}.$$

应用 (2.1.4) 式知当 $|\alpha'| \neq 0$ 时, $\sum_{\beta \leqslant \alpha'} \frac{\alpha'!}{\beta!(\alpha' - \beta)!}(-1)^{|\beta|} = 0$. 故而

$$\left\langle \sum_{\beta \leqslant \alpha} \frac{\alpha!}{\beta!(\alpha - \beta)!}(\partial^\beta a \partial^{\alpha - \beta}T), \varphi \right\rangle = (-1)^{|\alpha|}\langle T, a\partial^\alpha \varphi \rangle = \langle \partial^\alpha(aT), \varphi \rangle.$$

从而证毕定理. $\qquad\square$

2.1.2 坐标变换, 复合运算

下面我们考虑广义函数的自变量代换.

设 Ω_x, Ω_y 为 $\mathbb{R}^n$ 中的开集, $x = \psi_1(y)$ 是 $\Omega_y \to \Omega_x$ 的微分同胚, 其存在逆函数 $y = \psi(x)$. 对 $f \in C(\Omega_x)$, $g \in \mathscr{D}(\Omega_x)$, 则

$$\int_{\Omega_x} f(x)g(x)\mathrm{d}x = \int_{\Omega_y} f(\psi_1(y))g(\psi_1(y))\left|\det\left(\frac{\partial \psi_1}{\partial y}\right)\right|\mathrm{d}y.$$

而对 $h \in C(\Omega_y)$, $\varphi \in \mathscr{D}(\Omega_y)$, 成立

$$\int_{\Omega_y} h(y)\varphi(y)\mathrm{d}y = \int_{\Omega_x} h(\psi(x))\varphi(\psi(x)) \left| \det\left(\frac{\partial\psi}{\partial x}\right) \right| \mathrm{d}x.$$

特别地, 当 $T \in C(\Omega_x)$ 时成立

$$\int_{\Omega_y} T(\psi_1(y))\varphi(y)\mathrm{d}y = \int_{\Omega_x} T(x)\varphi(\psi(x)) \left| \det\left(\frac{\partial\psi}{\partial x}\right) \right| \mathrm{d}x.$$

对广义函数, 我们有以下的命题.

命题 2.1.4 (变量代换)　若 $T \in \mathscr{D}'(\Omega_x)$, 则由 $\Omega_x \to \Omega_y$ 的 C^∞ 微分同胚 $y = \psi(x)$ 诱导如下的 $S \in \mathscr{D}'(\Omega_y)$ 使得对任意 $\varphi \in \mathscr{D}(\Omega_y)$ 成立

$$\langle S, \varphi \rangle \stackrel{\text{def}}{=\!=\!=} \left\langle T, \varphi(\psi(x)) \left| \det\left(\frac{\partial\psi}{\partial x}\right) \right| \right\rangle. \tag{2.1.5}$$

证明　首先 S 明显是一个线性泛函, 我们只需要证明连续性.

对任意的 $\{\varphi_\nu\}_{\nu \in \mathbb{N}} \subset \mathscr{D}(\Omega_y)$ 使得 $\varphi_\nu \to 0 \ (\mathscr{D}(\Omega_y))$, 则存在紧集 K 满足对任意的 ν 成立 $\operatorname{supp} \varphi_\nu \subset K$, 且对任意的重指标 α 满足

$$\sup_{y \in K} |\partial^\alpha \varphi_\nu(y)| \to 0, \quad \nu \to \infty.$$

从而对任意的 ν 成立 $\operatorname{supp}\left((\varphi_\nu \circ \psi) \left| \det\left(\frac{\partial\psi}{\partial x}\right) \right| \right) \subset K_x \subset \Omega_x$, 其中 $K_x = \psi^{-1}(K)$, 由微分同胚保紧致性知 K_x 是紧集. 又由 $\left| \det\left(\frac{\partial\psi}{\partial x}\right) \right|$ 的连续可微性知对任意的重指标 α, 当 $\nu \to \infty$ 时满足

$$\sup_{x \in K_x} \left| \partial^\alpha\left(\varphi_\nu(\psi(x)) \det\left(\frac{\partial\psi}{\partial x}\right) \right) \right| \leqslant C \sup_{\substack{x \in K_x \\ \beta \leqslant \alpha}} \left| \partial^\beta \det\left(\frac{\partial\psi}{\partial x}\right) \right| \sup_{\substack{y \in K \\ \beta \leqslant \alpha}} |\partial^\beta \varphi_\nu(y)| \to 0.$$

由此知当 $\nu \to \infty$ 时成立

$$\varphi_\nu(\psi(x)) \left| \det\left(\frac{\partial\psi(x)}{\partial x}\right) \right| \to 0 \ (\mathscr{D}(\Omega_x)).$$

从而

$$\lim_{\nu \to \infty} \langle S, \varphi_\nu \rangle = \lim_{\nu \to \infty} \left\langle T, \varphi_\nu(\psi(x)) \left| \det\left(\frac{\partial\psi(x)}{\partial x}\right) \right| \right\rangle = 0.$$

所以 $S \in \mathscr{D}'(\Omega_y)$.　　　　　　　　　　　　　　　　　　　　　　　□

我们指出这个命题实际上给出了广义函数与光滑函数的复合运算.

定义 2.1.2 (广义函数与 $C^\infty(\mathbb{R}^n)$ 的复合) 设 $x = f(y)$ 是 $\mathbb{R}^n \to \mathbb{R}^n$ 的光滑函数, 并且有处处非退化的 Jacobi 矩阵 $\dfrac{\partial x}{\partial y}$, 则对 $T \in \mathscr{D}'(\mathbb{R}^n)$, T 与 f 的复合记作 $T \circ f$, 定义为

$$\langle T \circ f, \varphi \rangle \overset{\text{def}}{=\!=} \left\langle T, \varphi\big(f^{-1}(x)\big) \left| \det\left(\frac{\partial y}{\partial x}\right) \right| \right\rangle, \quad \forall\, \varphi \in \mathscr{D}(\mathbb{R}^n). \tag{2.1.6}$$

从而 $T \circ f \in \mathscr{D}'(\mathbb{R}^n)$.

不难发现, 这种复合关系给出了广义函数之间的一一映射:

$$\mathscr{D}'(\mathbb{R}^n) \ni T \mapsto T \circ f \in \mathscr{D}'(\mathbb{R}^n).$$

下面我们考察一些常见的复合运算 (坐标变换).

定义 2.1.3 (不变性) 设 $T \in \mathscr{D}'(\mathbb{R}^n)$, $f \in C^\infty(\mathbb{R}^n)$, 称 T 在 f 的作用下不变, 若 $T \circ f = T$.

设 f 是 $\mathbb{R}^n$ 中的仿射变换, 即

$$f(y) = Ay + \eta, \quad A \in \mathrm{GL}_n(\mathbb{R}), \quad \eta \in \mathbb{R}^n,$$

则由(2.1.6)式知对任意的 $\varphi \in \mathscr{D}(\mathbb{R}^n)$,

$$\langle T \circ f, \varphi \rangle = \frac{1}{|\det A|} \langle T, \varphi \circ f^{-1} \rangle.$$

回忆平移算子 τ_η: 对 $\eta \in \mathbb{R}^n$ 与定义在 $\mathbb{R}^n$ 上的函数 g, $\tau_\eta g(x) = g(x - \eta)$. 从而成立

例 2.1.2 设 $T \in \mathscr{D}'(\mathbb{R}^n)$, 则平移算子 τ_η 作用在 T 上满足

$$\langle \tau_\eta T, \varphi \rangle = \langle T, \tau_{-\eta} \varphi \rangle.$$

例 2.1.3 设 $T \in \mathscr{D}'(\mathbb{R}^n)$, 取 $f = Ay$, $\det A \neq 0$. 则
(1) 若 $A = I$, 则 $T \circ f = T$;
(2) (**旋转变换**) 若 A 是正交矩阵, 即 $A^{-1} = A^{\mathrm{T}}$, 则 $\langle T \circ f, \varphi \rangle = \langle T, \varphi(A^{\mathrm{T}} x) \rangle$;
(3) (**伸缩变换**) 若 $A = rI$, 则 $\langle T \circ f, \varphi \rangle = \dfrac{1}{r^n} \left\langle T, \varphi\left(\dfrac{x}{r}\right) \right\rangle$.

定义 2.1.4 (齐次性) 设 $T \in \mathscr{D}'(\mathbb{R}^n)$, 取 $f(y) = ry$, $r > 0$. 称 T 是 m 阶齐次性的, 若 $T \circ f = r^m T$.

例 2.1.4 $\delta \in \mathscr{D}'(\mathbb{R}^n)$ 是 $-n$ 阶齐次性的, 设重指标 $\alpha \in \mathbb{N}^n$, 则 $\partial^\alpha \delta$ 是 $-n-|\alpha|$ 阶齐次性的. δ 是旋转不变的.

这些例子的验证留作习题.

2.2 广义函数的张量积

在上节中, 由于两个广义函数无法直接相乘, 我们引入了乘子的概念, 但是两个广义函数的张量积总是有意义的. 我们先回顾函数的张量积.

定义 2.2.1 (函数张量积) 设 $\Omega_1 \subset \mathbb{R}^m$, $\Omega_2 \subset \mathbb{R}^n$ 为开集, f, g 分别为 Ω_1 和 Ω_2 上的复值函数, 则 f 和 g 的张量积为函数

$$h : \Omega_1 \times \Omega_2 \ni (x, y) \mapsto f(x)g(y) \in \mathbb{C},$$

记作 $h \stackrel{\text{def}}{=\joinrel=} f \otimes g$.

对于一般的关于 x, y 的紧支集函数, 成立如下的稠密性定理.

定理 2.2.1 设 $\Omega_1 \in \mathbb{R}^n$, $\Omega_2 \in \mathbb{R}^m$ 为开集, 则任意的 $\varphi \in \mathscr{D}(\Omega_1 \times \Omega_2) \subset \mathscr{D}(\mathbb{R}^{m+n})$ 都可以被一系列如下形式的 $\{\varphi_\nu\}_{\nu \in \mathbb{N}}$ 在 $\mathscr{D}(\mathbb{R}^{m+n})$ 中逼近, 其中

$$\varphi_\nu(x, y) = \sum_{j=1}^{N_\nu} \gamma_j(x)\psi_j(y), \quad \gamma_j \in \mathscr{D}(\Omega_1), \ \psi_j \in \mathscr{D}(\Omega_2).$$

简单观察发现, 若 $f \in L^1_{\text{loc}}(\mathbb{R}^m)$, $g \in L^1_{\text{loc}}(\mathbb{R}^n)$, 则 $f \otimes g \in L^1_{\text{loc}}(\mathbb{R}^m \times \mathbb{R}^n)$. 这个事实提示我们如何把函数张量积的定义推广到广义函数上去.

现在设 $S \in \mathscr{D}'(\mathbb{R}^m)$, $T \in \mathscr{D}'(\mathbb{R}^n)$, x, y 分别表示 $\mathbb{R}^m$ 和 $\mathbb{R}^n$ 中的变量, 我们的目标是定义 $R = S \otimes T$ 使得 $R \in \mathscr{D}'(\mathbb{R}^m \times \mathbb{R}^n)$.

注意到当 $f \in L^1_{\text{loc}}(\mathbb{R}^m)$, $g \in L^1_{\text{loc}}(\mathbb{R}^n)$ 时, 对任意的 $\varphi(x, y) \in \mathscr{D}(\mathbb{R}^m \times \mathbb{R}^n)$ 成立

$$\langle f \otimes g, \varphi \rangle = \int f(x)g(y)\varphi(x, y)\mathrm{d}x\,\mathrm{d}y.$$

记 $h \stackrel{\text{def}}{=\joinrel=} f \otimes g$, 由 Fubini 定理知对任意的 $\varphi(x, y) \in \mathscr{D}(\mathbb{R}^{m+n})$ 成立

$$\langle h, \varphi \rangle = \int f(x)g(y)\varphi(x, y)\mathrm{d}x\,\mathrm{d}y = \int g(y)\langle f_x, \varphi(x, y)\rangle \mathrm{d}y$$

$$= \langle g_y, \langle f_x, \varphi(x, y)\rangle \rangle = \langle f_x, \langle g_y, \varphi(x, y)\rangle \rangle.$$

故一般地, 可以考虑以下的广义函数:

$$\langle R, \varphi \rangle = \langle T_y, \langle S_x, \varphi(x, y)\rangle \rangle, \quad \forall\, \varphi \in \mathscr{D}(\mathbb{R}^{m+n}) \tag{2.2.1}$$

或

$$\langle \widetilde{R}, \varphi \rangle = \langle S_x, \langle T_y, \varphi(x, y)\rangle \rangle, \quad \forall\, \varphi \in \mathscr{D}(\mathbb{R}^{m+n}). \tag{2.2.2}$$

事实上, $R = \widetilde{R}$, 从而可以如下定义两个分布的张量积.

定义 2.2.2 (广义函数的张量积) 设 $S \in \mathscr{D}'(\mathbb{R}^m)$, $T \in \mathscr{D}'(\mathbb{R}^n)$, x, y 分别表示 $\mathbb{R}^m$ 和 $\mathbb{R}^n$ 中的变量, 则 $S \otimes T \in \mathscr{D}'(\mathbb{R}^{m+n})$ 由(2.2.1)式或(2.2.2)式定义, 称为广义函数 S 和 T 的张量积.

如下的定理保证定义 2.2.2 是良定义的.

定理 2.2.2 (分布张量积存在唯一性) 设 $S \in \mathscr{D}'(\mathbb{R}^m)$, $T \in \mathscr{D}'(\mathbb{R}^n)$, x, y 分别表示 $\mathbb{R}^m$ 和 $\mathbb{R}^n$ 中的变量, 则(2.2.1)式与(2.2.2)式定义了 $\mathscr{D}'(\mathbb{R}^{m+n})$ 中的同一广义函数, 记为 $S \otimes T$ 或 $T \otimes S$ ($T_y \otimes S_x$), 从而对任意的 $\varphi \in \mathscr{D}(\mathbb{R}^{m+n})$, 成立

$$\langle S \otimes T, \varphi(x,y) \rangle = \langle T_y, \langle S_x, \varphi(x,y) \rangle \rangle = \langle S_x, \langle T_y, \varphi(x,y) \rangle \rangle.$$

事实上, 对任意的 $\phi \in \mathscr{D}(\mathbb{R}^m)$, $\psi \in \mathscr{D}(\mathbb{R}^n)$, $R = S \otimes T$ 是唯一满足如下条件的 $\mathscr{D}'(\mathbb{R}^{m+n})$ 广义函数:

$$\langle R, \phi \otimes \psi \rangle = \langle S, \phi \rangle \langle T, \psi \rangle. \tag{2.2.3}$$

特别地, 若 $f \in L^1_{\text{loc}}(\mathbb{R}^m)$, $g \in L^1_{\text{loc}}(\mathbb{R}^n)$, 则 $h = f \otimes g$ 满足

$$\langle h, \varphi \rangle = \int_{\mathbb{R}^{m+n}} f(x)g(y)\varphi(x,y)\mathrm{d}x\,\mathrm{d}y.$$

证明 我们首先证明(2.2.1)式定义了一个 $\mathscr{D}'(\mathbb{R}^{m+n})$ 中的广义函数. 对给定的 $\varphi \in \mathscr{D}(\mathbb{R}^{m+n})$, 取 $K_1 \subset \mathbb{R}^m$, $K_2 \subset \mathbb{R}^n$ 为紧集, 使得 $\text{supp}\,\varphi \subset K_1 \times K_2$. 则知

$$\sigma(y) \stackrel{\text{def}}{=\!=} \langle S_x, \varphi(x,y) \rangle, \quad y \in \mathbb{R}^n$$

定义了一个 $\mathscr{D}(\mathbb{R}^n)$ 函数 σ, 明显 $\text{supp}\,\sigma \subset K_2$ 且对 $y \in \mathbb{R}^n$, $\beta \in \mathbb{N}^n$, 成立 $\partial^\beta \sigma(y) = \langle S_x, \partial_y^\beta \varphi(x,y) \rangle$. 从而由 $T \in \mathscr{D}'(\mathbb{R}^n)$ 以及 φ 的任意性, (2.2.1) 式有意义且定义了 $\mathscr{D}(\mathbb{R}^m \times \mathbb{R}^n)$ 上的线性泛函 R, 下面证明 R 是连续的.

取序列 $\{\varphi_\nu\}_{\nu \in \mathbb{N}} \subset \mathscr{D}(\mathbb{R}^{m+n})$ 且满足 $\lim\limits_{\nu \to \infty} \varphi_\nu = 0$ ($\mathscr{D}(\mathbb{R}^{m+n})$), 从而存在 $K_1 \subset \mathbb{R}^m$, $K_2 \subset \mathbb{R}^n$ 为紧集, 使得对任意的 ν 满足 $\text{supp}\,\varphi_\nu \subset K_1 \times K_2$, 且对任意的重指标 $\gamma = (\alpha_1, \cdots, \alpha_m, \beta_1, \cdots, \beta_n) \in \mathbb{N}^{m+n}$, 成立

$$\lim_{\nu \to \infty} \sup_{(x,y) \in \mathbb{R}^m \times \mathbb{R}^n} \left| \partial^\gamma \varphi_\nu(x,y) \right| = 0.$$

对任意 ν 定义 $\sigma_\nu(y) \stackrel{\text{def}}{=\!=} \langle S_x, \varphi_\nu(x,y) \rangle$, 则 $\text{supp}\,\sigma_\nu \subset K_2$ 且对 $y \in \mathbb{R}^n$, $\beta \in \mathbb{N}^n$, 成立 $\partial^\beta \sigma_\nu(y) = \langle S_x, \partial_y^\beta \varphi_\nu(x,y) \rangle$. 且由定理 1.4.2 知存在 $m(K_1)$, 使得

$$\left| \partial_y^\beta \sigma_\nu(y) \right| = \left| \langle S_x, \partial_y^\beta \varphi_\nu(x,y) \rangle \right| \leqslant C_{K_1} \sup_{\substack{x \in K_1 \\ |\alpha| \leqslant m(K_1)}} \left| \partial_y^\beta \partial_x^\alpha \varphi_\nu(x,y) \right|. \tag{2.2.4}$$

从而由 $\lim\limits_{\nu \to \infty} \varphi_\nu = 0 \; (\mathscr{D}(\mathbb{R}^{m+n}))$ 知当 $\nu \to \infty$ 时, $\sigma_\nu \to 0 \; (\mathscr{D}(\mathbb{R}^n))$. 故而 $\lim\limits_{\nu \to \infty} \langle T, \sigma_\nu \rangle = 0$, R 的连续性得证, 且(2.2.3)式是取 $\varphi = \phi \otimes \psi$ 的特殊情况.

完全类似地可证 $\widetilde{R} \in \mathscr{D}'(\mathbb{R}^{m+n})$, 注意到 R 与 $\widetilde{R}$ 都满足(2.2.3)式, 则利用定理 2.2.1 指出的稠密性可知 $R = \widetilde{R}$, 由此定理证毕. □

定理 2.2.3　设 $S \in \mathscr{D}'(\mathbb{R}^m)$, $T \in \mathscr{D}'(\mathbb{R}^n)$. 若 supp $S = A$, supp $T = B$, 则

$$\text{supp} \; (S_x \otimes T_y) = A \times B.$$

证明　记 $R = S_x \otimes T_y$, 我们首先证明 $A \times B \subset \text{supp} \; R$.

取 $z' = (x', y') \in A \times B$, 若 $z' \notin \text{supp} \; R$, 则存在 z' 的邻域 V 使得 $R|_V = 0$. 设 V_1, V_2 为 x' 与 y' 的邻域, 满足 $V_1 \times V_2 \subset V$. 由 $x' \in \text{supp} \; S$ 知存在 $\phi \in \mathscr{D}(V_1)$ 满足 $\langle S, \phi \rangle \neq 0$. 类似地存在 $\psi \in \mathscr{D}(V_2)$ 满足 $\langle T, \psi \rangle \neq 0$. 取 $\varphi(x, y) = \phi(x)\psi(y) \in \mathscr{D}(V)$, 则由 V 的定义知 $\langle R, \varphi \rangle = 0$, 但 $\langle R, \varphi \rangle = \langle S, \phi \rangle \langle T, \psi \rangle \neq 0$, 矛盾. 从而 $A \times B \subset \text{supp} \; R$.

另一方面我们证明 $(A \times B)^c \subset (\text{supp} \; R)^c$. 由支集的定义, 我们仅需证明对任意的 $\varphi \in \mathscr{D}((A \times B)^c)$, $\langle R, \varphi \rangle = 0$.

设 $\varphi \in \mathscr{D}((A \times B)^c)$, supp $\varphi = K$. 由于 K 为开集 $(A \times B)^c$ 的紧子集, 故存在 $\varepsilon > 0$ 使得

$$\text{supp} \; \varphi = K \subset (A \times B_\varepsilon)^c,$$

其中 $B_\varepsilon = B + B(0, \varepsilon)$. 记 $\psi(y) \stackrel{\text{def}}{=} \langle S_x, \varphi(x, y) \rangle$, 则对任意 $\widetilde{y} \in B_\varepsilon$, supp $\varphi(x, \widetilde{y}) \subset A^c$, 故 $\psi(\widetilde{y}) = 0$, 且 supp $\psi \subset \overline{B_\varepsilon^c} \subset B^c$, 从而 $\langle T, \psi \rangle = 0$. 由 ψ 定义知 $\langle R, \varphi \rangle = 0$, 从而 $(A \times B)^c \subset (\text{supp} \; R)^c$. 综上定理证毕. □

命题 2.2.4 (张量积的结合律)　设 $S \in \mathscr{D}'(\mathbb{R}^m)$, $T \in \mathscr{D}'(\mathbb{R}^n)$, $R \in \mathscr{D}'(\mathbb{R}^d)$, 则成立

$$S \otimes (T \otimes R) = (S \otimes T) \otimes R.$$

证明　给定 $\varphi \in \mathscr{D}(\mathbb{R}^m \times \mathbb{R}^n \times \mathbb{R}^d)$ 且令 x, y, z 分别为 $\mathbb{R}^m$, $\mathbb{R}^n$, $\mathbb{R}^d$ 的变量, 则由张量积的定义知

$$\langle S \otimes (T \otimes R), \varphi \rangle = \Big\langle S_x, \langle (T \otimes R)_{yz}, \varphi(x, y, z) \rangle \Big\rangle = \Big\langle S_x, \langle T_y, \langle R_z, \varphi(x, y, z) \rangle \rangle \Big\rangle.$$

类似地知

$$\langle (S \otimes T) \otimes R, \varphi \rangle = \Big\langle S_x, \langle T_y, \langle R_z, \varphi(x, y, z) \rangle \rangle \Big\rangle.$$

从而证毕命题. □

注 由结合律知可以记 $S \otimes T \otimes R \stackrel{\text{def}}{=\!=} S \otimes (T \otimes R) = (S \otimes T) \otimes R$. 事实上, $S \otimes T \otimes R$ 是唯一满足如下条件的 $\mathscr{D}'(\mathbb{R}^m \times \mathbb{R}^n \times \mathbb{R}^d)$ 分布 $\mathfrak{T}$: 对任意的 $\phi \in \mathscr{D}(\mathbb{R}^m)$, $\varphi \in \mathscr{D}(\mathbb{R}^n)$, $\psi \in \mathscr{D}(\mathbb{R}^d)$,

$$\langle \mathfrak{T}, \phi \otimes \varphi \otimes \psi \rangle = \langle S, \phi \rangle \langle T, \varphi \rangle \langle R, \psi \rangle.$$

命题 2.2.5 (张量积的微分) 设 $S \in \mathscr{D}'(\mathbb{R}^m)$, $T \in \mathscr{D}'(\mathbb{R}^n)$, x, y 分别表示 $\mathbb{R}^m$ 和 $\mathbb{R}^n$ 中的变量, $\alpha \in \mathbb{N}^m$, $\beta \in \mathbb{N}^n$, 则

$$\partial_x^\alpha \partial_y^\beta (S_x \otimes T_y) = (\partial^\alpha S)_x \otimes (\partial^\beta T)_y.$$

证明 给定 $\varphi \in \mathscr{D}(\mathbb{R}^m \times \mathbb{R}^n)$, 则由广义函数导数的定义知

$$\langle \partial_x^\alpha \partial_y^\beta (S_x \otimes T_y), \varphi \rangle = (-1)^{|\alpha|+|\beta|} \langle S_x \otimes T_y, \partial_x^\alpha \partial_y^\beta \varphi \rangle$$

$$= (-1)^{|\alpha|+|\beta|} \langle S_x, \langle T_y, \partial_x^\alpha \partial_y^\beta \varphi \rangle \rangle = (-1)^{|\alpha|} \langle S_x, \langle \partial_y^\beta T_y, \partial_x^\alpha \varphi \rangle \rangle$$

$$= (-1)^{|\alpha|} \langle \partial_y^\beta T_y, \langle S_x, \partial_x^\alpha \varphi \rangle \rangle = \langle \partial_y^\beta T_y, \langle \partial_x^\alpha S_x, \varphi \rangle \rangle$$

$$= \langle (\partial^\alpha S)_x \otimes (\partial^\beta T)_y, \varphi \rangle.$$

由此命题证毕. $\qquad\qquad\qquad\qquad\qquad\qquad\qquad\qquad\qquad\qquad\qquad\qquad \square$

2.3 广义函数的卷积

对 f, $g \in \mathscr{D}(\mathbb{R}^n)$, 我们首先回顾 f 与 g 的卷积的定义 (定义 0.2.1):

$$f * g(x) \stackrel{\text{def}}{=\!=} \int_{\mathbb{R}^n} f(x-y)g(y)\mathrm{d}y = \int_{\mathbb{R}^n} f(y)g(x-y)\mathrm{d}y.$$

从而对任意 $\varphi \in \mathscr{D}(\mathbb{R}^n)$ 成立

$$\langle f * g, \varphi \rangle = \int_{\mathbb{R}^n} (f * g)(x)\varphi(x)\mathrm{d}x = \int_{\mathbb{R}^n} \int_{\mathbb{R}^n} f(y)g(x-y)\varphi(x)\mathrm{d}x\,\mathrm{d}y$$

$$= \int_{\mathbb{R}^n} \int_{\mathbb{R}^n} f(y)g(z)\varphi(y+z)\mathrm{d}y\,\mathrm{d}z$$

$$= \int_{\mathbb{R}^n} f(y)\left(\int_{\mathbb{R}^n} g(z)\varphi(y+z)\mathrm{d}z \right)\mathrm{d}y = \langle f_y, \langle g_z, \varphi(y+z) \rangle \rangle.$$

受到上述启发, 我们可以定义广义函数的卷积如下.

定义 2.3.1 (广义函数的卷积)　设 T, $S \in \mathscr{D}'(\mathbb{R}^n)$, 其卷积 $T * S$ 定义为

$$\langle T * S, \varphi \rangle \stackrel{\text{def}}{=\!=} \langle T_x, \langle S_y, \varphi(x+y) \rangle \rangle, \quad \forall \, \varphi \in \mathscr{D}(\mathbb{R}^n),$$

若上式有意义.

注　回忆命题 1.4.1 知 $\mathscr{D}'(\mathbb{R}^n) \supset \mathscr{S}'(\mathbb{R}^n) \supset \mathscr{E}'(\mathbb{R}^n)$. 事实上, 任取 T, $S \in \mathscr{D}'(\mathbb{R}^n)$, $T * S$ 可能不在 $\mathscr{D}'(\mathbb{R}^n)$ 中.

我们先从比较简单的情况着手.

命题 2.3.1　若 $T \in \mathscr{D}'(\mathbb{R}^n)$, $\varphi \in \mathscr{D}(\mathbb{R}^n)$, 则 $T * \varphi(x) = \langle T_y, \varphi(x-y) \rangle$.

证明　首先回忆推论 1.6.3 知 $\langle T_y, \varphi(x-y) \rangle \in C^\infty(\mathbb{R}^n)$, 下面证明对任意的 $\psi \in \mathscr{D}(\mathbb{R}^n)$ 成立

$$\langle T * \varphi, \, \psi \rangle = \langle \langle T_y, \varphi(x-y) \rangle, \psi \rangle. \tag{2.3.1}$$

事实上, 按照定义 2.3.1, 我们得到

$$\langle T * \varphi, \psi \rangle = \langle T_x, \langle \varphi_y, \psi(x+y) \rangle \rangle = \left\langle T_x, \int_{\mathbb{R}^n} \varphi(z-x)\psi(z)\mathrm{d}z \right\rangle$$

$$= \int_{\mathbb{R}^n} \langle T_x, \varphi(z-x)\psi(z) \rangle \mathrm{d}z = \int_{\mathbb{R}^n} \langle T_x, \varphi(z-x) \rangle \psi(z)\mathrm{d}z$$

$$= \langle \langle T_x, \varphi(z-x) \rangle, \psi \rangle.$$

命题证毕. □

注　我们可以把定义 1.6.1 所确定的 $T \in \mathscr{D}'(\mathbb{R}^n)$ 的正则化函数记为 $T_\varepsilon \stackrel{\text{def}}{=\!=} T * \jmath_\varepsilon$. 相应地定理 1.6.2 可表达为: 当 $\varepsilon \to 0$ 时成立

$$T_\varepsilon = T * \jmath_\varepsilon \rightharpoonup T \ (\mathscr{D}'(\mathbb{R}^n)).$$

定理 2.3.2 (卷积的唯一性)　设 S, $T \in \mathscr{D}'(\mathbb{R}^n)$, 若对任意的 $\varphi \in \mathscr{D}(\mathbb{R}^n)$, 成立 $S * \varphi = T * \varphi$, 则 $S = T$.

证明　我们引入如下的记号 $\stackrel{\triangledown}{\varphi}$: $\stackrel{\triangledown}{\varphi}(x) \stackrel{\text{def}}{=\!=} \varphi(-x)$, 则 $\stackrel{\triangledown\triangledown}{\varphi} = \varphi$, 且若 $\varphi \in \mathscr{D}(\mathbb{R}^n)$, $\stackrel{\triangledown}{\varphi} \in \mathscr{D}(\mathbb{R}^n)$. 由此知对任意 $T \in \mathscr{D}'(\mathbb{R}^n)$ 成立

$$\langle T, \varphi \rangle = \langle T, \stackrel{\triangledown}{\varphi}(0 - \cdot) \rangle = T * \stackrel{\triangledown}{\varphi}(0). \tag{2.3.2}$$

而由命题 2.3.1 知 $S * \varphi$, $T * \varphi \in C^\infty(\mathbb{R}^n)$, 故

$$S * \varphi = T * \varphi \ \Rightarrow \ S * \varphi(0) = T * \varphi(0).$$

由此及 (2.3.2) 式, 我们推出对任意的 $\varphi \in \mathscr{D}(\mathbb{R}^n)$ 成立 $\langle S, \varphi \rangle = \langle T, \varphi \rangle$, 亦即 $S = T$. □

定理 2.3.3 (1) 若 $T \in \mathscr{D}'(\mathbb{R}^n)$, $S \in \mathscr{E}'(\mathbb{R}^n)$, 则 $T * S \in \mathscr{D}'(\mathbb{R}^n)$;

(2) 若 $T \in \mathscr{E}'(\mathbb{R}^n)$, $S \in \mathscr{D}'(\mathbb{R}^n)$, 则 $T * S \in \mathscr{D}'(\mathbb{R}^n)$.

证明 (1) $S \in \mathscr{E}'(\mathbb{R}^n)$, 则由定理1.5.3推出 supp $S = K$ 紧致. 故存在 $\zeta(y) \in \mathscr{D}(\mathbb{R}^n)$, 使得 $\zeta(y)$ 在 K 的某个邻域上取值为 1, 从而

$$\langle S_y, \varphi(x+y) \rangle = \langle S_y, \zeta(y)\varphi(x+y) \rangle, \quad \forall\, \varphi \in \mathscr{D}(\mathbb{R}^n).$$

记 ψ 为

$$\psi(x) \stackrel{\text{def}}{=\!=} \langle S_y, \zeta(y)\varphi(x+y) \rangle. \tag{2.3.3}$$

注意到当 x 充分大时, $\varphi(x+y)$ 作为 y 的函数, 其支集与 supp ζ 不相交, 故当 x 充分大时, $\varphi(x) = 0$. 由此知 supp ψ 为紧集, 亦即 $\psi \in \mathscr{D}(\mathbb{R}^n)$, 从而 $\langle T, \psi \rangle$ 有意义.

下面证明 $T * S$ 的连续性, 设 $\{\varphi_\nu\}_{\nu \in \mathbb{N}} \in \mathscr{D}(\mathbb{R}^n)$, $\varphi_\nu \to 0\ (\mathscr{D}(\mathbb{R}^n))$, 则知 $\{\varphi_\nu\}_{\nu \in \mathbb{N}}$ 满足(2.1.2)式, 我们记

$$\psi_\nu(x) \stackrel{\text{def}}{=\!=} \langle S_y, \zeta(y)\varphi_\nu(x+y) \rangle.$$

由于 supp φ_ν 包含在紧集 $\widetilde{K}$ 中, 易知 supp ψ_ν 也包含在某个紧集 $\overline{K}$ 中.

另一方面, 由于 $S \in \mathscr{E}'(\mathbb{R}^n)$ 知存在 $m \in \mathbb{N}$, 满足

$$\left| \langle S_y, \zeta(y)\varphi_\nu(x+y) \rangle \right| \leqslant c \sup_{y \in K, |\alpha| \leqslant m} \left| \partial_y^\alpha\big(\zeta(y)\varphi_\nu(x+y)\big) \right|.$$

而由 Leibniz 公式以及(2.1.2)式知, 当 $\nu \to \infty$ 时,

$$\sup_{\substack{x \in \widetilde{K} \\ y \in K}} \left| \partial_y^\alpha(\zeta(y)\varphi_\nu(x+y)) \right| \to 0.$$

亦即 $\lim\limits_{\nu \to \infty} \sup\limits_{x \in \overline{K}} |\psi_\nu(x)| = 0$.

类似可证对任意的指标 β, 亦成立 $\lim\limits_{\nu \to \infty} \sup\limits_{x \in \overline{K}} |\partial^\beta \psi_\nu(x)| = 0$. 从而当 $\nu \to \infty$ 时, $\psi_\nu \to 0\ (\mathscr{D}(\mathbb{R}^n))$, 故

$$\langle T_x, \langle S_y, \varphi_\nu(x+y) \rangle \rangle = \langle T, \psi_\nu \rangle \to 0, \quad \nu \to \infty.$$

亦即 $T * S \in \mathscr{D}'(\mathbb{R}^n)$.

(2) 对任意 $\varphi \in \mathscr{D}(\mathbb{R}^n)$ 成立 $\langle T * S, \varphi \rangle = \langle T_x, \langle S_y, \varphi(x+y) \rangle \rangle$, 我们记

$$\psi(x) \stackrel{\text{def}}{=\!=} \langle S_y, \varphi(x+y) \rangle. \tag{2.3.4}$$

由 $T \in \mathscr{E}'(\mathbb{R}^n)$ 知存在紧集 K 使得 $\operatorname{supp} T \subset K$, 且对 (1) 引入的截断函数 $\zeta \in \mathscr{D}(\mathbb{R}^n)$ 成立

$$\langle T * S, \varphi \rangle = \langle T_x, \zeta(x)\langle S_y, \varphi(x+y)\rangle \rangle.$$

对给定的 x, 推论 1.6.3 指出 $\langle S_y, \varphi(x+y)\rangle$ 为 C^∞ 函数, 从而 $\langle T, \psi \rangle$ 有意义.

下面证明连续性, 设 $\{\varphi_\nu\}_{\nu \in \mathbb{N}} \in \mathscr{D}(\mathbb{R}^n)$, $\varphi_\nu \to 0$ $(\mathscr{D}(\mathbb{R}^n))$, 则知 $\{\varphi_\nu\}_{\nu \in \mathbb{N}}$ 满足(2.1.2)式, 我们记

$$\psi_\nu(x) \stackrel{\text{def}}{=\!=} \zeta(x)\langle S_y, \varphi_\nu(x+y)\rangle.$$

则 $\operatorname{supp} \psi_\nu \subset \operatorname{supp} \zeta$, 且由 (2.1.2) 式知当 $x \in \operatorname{supp} \zeta, x+y \in \operatorname{supp} \varphi_\nu$ 时, 存在紧集 K', 使得对任意 ν 都成立 $\operatorname{supp} \varphi_\nu(x+\cdot) \subset K'$. 故由定理1.4.2知存在 $m(K')$, 使得

$$\left| \zeta(x)\langle S_y, \varphi(x+y)\rangle \right| \leqslant c_{K'} \sup_{\substack{y \in K' \\ |\alpha| \leqslant m(K')}} |\zeta(x)\partial_y^\alpha \varphi(x+y)|.$$

而由(2.1.2)式及 Leibniz 公式知

$$\sup_{\substack{x \in K, y \in K' \\ |\alpha| \leqslant m(K')}} |\zeta(x)\partial_y^\alpha \varphi_\nu(x+y)| \to 0, \quad \nu \to \infty.$$

亦即 $\lim\limits_{\nu \to \infty} \sup\limits_{x \in K} |\psi_\nu(x)| = 0$.

类似可证对任意重指标 β, 当 $\nu \to \infty$ 时, $\sup\limits_{x \in K} |\partial^\beta \psi_\nu(x)| \to 0$ 成立. 从而 $\psi_\nu(x) \to 0$ $(\mathscr{D}(\mathbb{R}^n))$, 故

$$\langle T_x, \langle S_y, \varphi_\nu(x+y)\rangle \rangle = \langle T, \psi_\nu \rangle \to 0, \quad \nu \to \infty.$$

亦即 $T * S \in \mathscr{D}'(\mathbb{R}^n)$. □

命题 2.3.4 (1) 设 $T \in \mathscr{E}'(\mathbb{R}^n)$, $S \in \mathscr{D}'(\mathbb{R}^n)$, 则 $\operatorname{supp}(T*S) \subset \operatorname{supp} T + \operatorname{supp} S$.

(2) 设 $T, S \in \mathscr{E}'(\mathbb{R}^n)$, $R \in \mathscr{D}'(\mathbb{R}^n)$, 则结合律成立, 亦即 $(T*S)*R = T*(S*R)$.

(3) 设 $T \in \mathscr{D}'(\mathbb{R}^n)$, $S \in \mathscr{E}'(\mathbb{R}^n)$, 则交换律成立, 即 $T*S = S*T$.

(4) $T*\delta = \delta*T = T$, 其中 $T \in \mathscr{D}'(\mathbb{R}^n)$.

(5) $\partial^\alpha(T*S) = \partial^{\alpha_1}T * \partial^{\alpha_2}S$, 其中 $\alpha = \alpha_1 + \alpha_2$.

证明 (1) 我们首先断言: $\operatorname{supp} T + \operatorname{supp} S$ 是闭集.

设 $\{z_\nu\}_{\nu\in\mathbb{N}} \in \operatorname{supp} T + \operatorname{supp} S$, $\{x_\nu\}_{\nu\in\mathbb{N}} \in \operatorname{supp} T$, $\{y_\nu\}_{\nu\in\mathbb{N}} \in \operatorname{supp} S$, 满足 $z_\nu = x_\nu + y_\nu \to z$. 则由 $\operatorname{supp} T$ 紧致, 存在一列 $\{x_\nu\}_{\nu\in\mathbb{N}}$ 的子列, 不妨仍记为 $\{x_\nu\}_{\nu\in\mathbb{N}}$, 满足 $x_\nu \to x \in \operatorname{supp} T$, 由 $\operatorname{supp} S$ 闭, $y_\nu \to y \stackrel{\text{def}}{=\!=} z - x \in \operatorname{supp} S$, 故

$$z = x + y \in \operatorname{supp} T + \operatorname{supp} S.$$

所以 $\operatorname{supp} T + \operatorname{supp} S$ 是闭集, 断言证毕.

下面我们证明对任意 $\varphi \in \mathscr{D}(\mathbb{R}^n)$, 如果 $\operatorname{supp} \varphi \cap (\operatorname{supp} T + \operatorname{supp} S) = \varnothing$, 则 $\langle T * S, \varphi \rangle = 0$.

由 $\operatorname{supp} \varphi \cap (\operatorname{supp} T + \operatorname{supp} S) = \varnothing$ 知存在开集 U_x, U_y, 满足

$$\operatorname{supp} T \subset U_x, \quad \operatorname{supp} S \subset U_y, \quad \operatorname{supp} \varphi \cap (U_x + U_y) = \varnothing.$$

从而对任意的 $x \in U_x$, $y \in U_y, x+y \notin \operatorname{supp} \varphi$. 故当 $x \in U_x$ 时, $\langle S_y, \varphi(x+y) \rangle = 0$, $\langle T_x, \langle S_y, \varphi(x+y) \rangle \rangle = 0$; 而若 $x \notin U_x$, 由于 $\operatorname{supp} T \subset U_x$ 知 $\langle T_x, \langle S_y, \varphi(x+y) \rangle \rangle = 0$. 从而得 $\langle T * S, \varphi \rangle = 0$, 亦即 $\operatorname{supp}(T * S) \subset \operatorname{supp} T + \operatorname{supp} S$.

(2) 由于 $T \in \mathscr{E}'(\mathbb{R}^n)$, 由定理 2.3.3 知 $T * S \in \mathscr{D}'(\mathbb{R}^n)$, 实际上由 (1) 知 $T * S \in \mathscr{E}'(\mathbb{R}^n)$, 故 $(T * S) * R \in \mathscr{D}'(\mathbb{R}^n)$. 类似地有 $T * (S * R) \in \mathscr{D}'(\mathbb{R}^n)$.

另一方面, 由定义 2.3.1 知, 对任意的 $\varphi \in \mathscr{D}(\mathbb{R}^n)$ 成立

$$\langle (T * S) * R, \varphi \rangle = \langle (T * S)_y, \langle R_z, \varphi(y+z) \rangle \rangle.$$

由推论 1.6.3 知, $\langle R_z, \varphi(y+z) \rangle \in C^\infty(\mathbb{R}^n)$, 从而由定义 2.3.1 知

$$\langle (T * S) * R, \varphi \rangle = \langle T_x, \langle S_y, \langle R_z, \varphi(x+y+z) \rangle \rangle \rangle.$$

同样可证

$$T * (S * R) = \langle T_x, \langle S_y, \langle R_z, \varphi(x+y+z) \rangle \rangle \rangle.$$

从而 $(T * S) * R = T * (S * R)$.

(3) 任取 φ, $\psi \in \mathscr{D}(\mathbb{R}^n)$, 由 (2) 知, 对 $T \in \mathscr{D}'(\mathbb{R}^n)$, $S \in \mathscr{E}'(\mathbb{R}^n)$, 结合律成立. 从而可得

$$\begin{aligned}
((T * S) * \varphi) * \psi &= (T * S) * (\varphi * \psi) = (T * S) * (\psi * \varphi) \\
&= T * (S * \psi) * \varphi = (T * \varphi) * (S * \psi) \\
&= (S * \psi) * (T * \varphi) = S * (\psi * (T * \varphi)) \\
&= S * ((T * \varphi) * \psi) = ((S * T) * \varphi) * \psi.
\end{aligned}$$

注意到 C^∞ 函数卷积是可以交换的, 而 φ, ψ, $S * \psi$, $T * \varphi$ 都是光滑函数 (推论 1.6.3), 这就解释了上式使用交换律的情况.

从而由定理 2.3.2 知 $(T * S) * \varphi = (S * T) * \varphi$, 亦即 $T * S = S * T$.

(4) 对任意的 $\varphi \in \mathscr{D}(\mathbb{R}^n)$, 成立

$$\langle T * \delta, \varphi \rangle = \langle T_x, \langle \delta_y, \varphi(x+y) \rangle \rangle = \langle T_x, \varphi(x) \rangle.$$

亦即 $T * \delta = T$, 另一个等式可以类似证明或直接利用 (2) 的交换性.

注   由此知 $\mathscr{E}'(\mathbb{R}^n)$ 以加法 "$+$", 卷积 "$*$" 为乘法构成一个交换的代数, 其 幺元为 δ, 称为**卷积代数**.

(5) 对任意 $\varphi \in \mathscr{D}(\mathbb{R}^n)$, 由分布函数和卷积的定义, 我们得到

$$\langle \partial^\alpha(T * S), \varphi \rangle = (-1)^{|\alpha|} \langle (T * S), \partial^\alpha \varphi \rangle = (-1)^{|\alpha|} \left\langle T_x, \langle S_y, \partial^\alpha \varphi(x+y) \rangle \right\rangle$$

$$= (-1)^{|\alpha|} \left\langle T_x, \langle S_y, \partial_x^{\alpha_1} \partial_y^{\alpha_2} \varphi(x+y) \rangle \right\rangle$$

$$= (-1)^{|\alpha|} \left\langle T_x, (-1)^{|\alpha_2|} \langle \partial_y^{\alpha_2} S_y, \partial_x^{\alpha_1} \varphi(x+y) \rangle \right\rangle.$$

而推论 1.6.3 已经指出微分与对偶括号可以交换, 故

$$\langle \partial^\alpha(T * S), \varphi \rangle = (-1)^{|\alpha|} \left\langle T_x, (-1)^{|\alpha_2|} \partial_x^{\alpha_1} \langle \partial_y^{\alpha_2} S_y, \varphi(x+y) \rangle \right\rangle$$

$$= \left\langle \partial_x^{\alpha_1} T_x, \langle \partial_y^{\alpha_2} S_y, \varphi(x+y) \rangle \right\rangle$$

$$= \left\langle \partial^{\alpha_1} T * \partial^{\alpha_2} S, \varphi \right\rangle.$$

由此推出 $\partial^\alpha(T * S) = \partial^{\alpha_1} T * \partial^{\alpha_2} S$.

至此命题证毕. $\square$

2.4   在无穷远处缓增的光滑函数与 $\mathscr{S}'(\mathbb{R}^n)$ 的乘子

我们回忆推论 1.6.3 和命题 2.3.1. 在 2.1 节我们已经讨论过 $\mathscr{D}'(\mathbb{R}^n)$ 的乘子空 间. 我们还给出了 $C^\infty(\mathbb{R}^n)$ 中的函数不是 $\mathscr{S}'(\mathbb{R}^n)$ 的乘子的例子 (例 2.1.1). 问题 是, 给定 $T \in \mathscr{S}'(\mathbb{R}^n)$, 对 C^∞ 函数 a, 要加何种条件才能保证 $aT \in \mathscr{S}'(\mathbb{R}^n)$?

定义 2.4.1 (在无穷远处缓增的光滑函数)   设 $O_M(\mathbb{R}^n)$ 为所有满足下述条件 的 C^∞ 函数 $\varphi(x)$ 所组成的空间: 函数 φ 称为在无穷远处缓增的光滑函数, 若对 任意的指标 $\alpha \in \mathbb{N}^n$, 存在多项式 $P_\alpha(x)$, 满足

$$|\partial^\alpha \varphi(x)| \leqslant P_\alpha(x). \tag{2.4.1}$$

称 $O_M(\mathbb{R}^n)$ 为在无穷远处缓增的 C^∞ 函数空间.

命题 2.4.1 设 $\varphi \in C^\infty(\mathbb{R}^n)$, 下述条件等价:

(1) $\varphi \in O_M(\mathbb{R}^n)$;

(2) 对任意的 $f \in \mathscr{S}(\mathbb{R}^n)$, $\varphi f \in \mathscr{S}(\mathbb{R}^n)$;

(3) 对任意的指标 α, 以及任意的 $f \in \mathscr{S}(\mathbb{R}^n)$, $(\partial^\alpha \varphi) f \in \mathscr{S}(\mathbb{R}^n)$.

证明 $(1) \Rightarrow (2)$: 由 Leibniz 公式知

$$\partial_x^\alpha(\varphi f)(x) = \sum_{\beta \leqslant \alpha} C_\alpha^\beta \partial_x^\beta \varphi(x) \partial_x^{\alpha-\beta} f(x).$$

从而对任意的 $k \in \mathbb{N}$ 成立

$$(1+|x|^2)^k |\partial^\alpha(\varphi f)(x)| \leqslant \sum_{\beta \leqslant \alpha} C_\alpha^\beta |\partial_x^\beta \varphi(x)| (1+|x|^2)^k |\partial_x^{\alpha-\beta} f(x)|. \tag{2.4.2}$$

另一方面, 由定义 2.4.1 知存在多项式 $P_\alpha(x)$, 使得对任意的 $\beta \leqslant \alpha$, $|\partial_x^\beta \varphi(x)| \leqslant P_\alpha(x)$. 又 $f \in \mathscr{S}(\mathbb{R}^n)$, 故成立

$$(1+|x|^2)^k |\partial^\alpha(\varphi f)(x)| \leqslant \sum_{\beta \leqslant \alpha} C_\alpha^\beta P_\alpha(x)(1+|x|^2)^k |\partial_x^{\alpha-\beta} f(x)| \leqslant M_{k,\alpha}.$$

亦即 $\varphi f \in \mathscr{S}(\mathbb{R}^n)$.

$(2) \Rightarrow (3)$: 一阶偏导的情况是 $(\partial_j \varphi) f = \partial_j(\varphi f) - \varphi \partial_j f \in \mathscr{S}(\mathbb{R}^n)$. 对一般的情况, 可由 Leibniz 公式和归纳法证得 $(\partial^\alpha \varphi) f \in \mathscr{S}(\mathbb{R}^n)$.

$(3) \Rightarrow (1)$: 此时我们需要如下的引理.

引理 2.4.2 设 $\{x_j\}_{j \in \mathbb{N}}$ 为满足 $|x_{j+1}| \geqslant |x_j| + 2$ 的数列, 若 $\jmath(x) \in \mathscr{D}(\mathbb{R}^n)$ 如例 1.2.2 定义, 则

$$r(x) \overset{\text{def}}{=\!=} \sum_{j=1}^\infty \frac{\jmath(x-x_j)}{(1+|x_j|^2)^j} \in \mathscr{S}(\mathbb{R}^n).$$

该引理证明留作习题.

我们用反证法. 若 φ 满足 (3) 但不满足 (1), 即存在指标 $\beta \in \mathbb{N}^n$, 使得任意的多项式 P 都不是 $|\partial^\beta \varphi(x)|$ 的上界, 则由归纳法知存在数列 $\{x_j\}_{j \in \mathbb{N}}$ 使得 $|x_{j+1}| \geqslant |x_j| + 2$, 且 $|\partial^\beta \varphi(x_j)| \geqslant j(1+|x_j|^2)^j$.

设 $r(x)$ 是引理 2.4.2 构造的函数, 则

$$|\partial^\beta \varphi(x_j) r(x_j)| \geqslant j(1+|x_j|^2)^j \frac{\jmath(0)}{(1+|x_j|)^j} = j, \quad \forall \, j \in \mathbb{N}_+.$$

故 $\partial^\beta \varphi(x) r(x)$ 是无界的, 与条件 (3) 矛盾.

从而 $(3) \Rightarrow (1)$. $\qquad \square$

定义 2.4.2 ($O_M(\mathbb{R}^n)$ 上的拓扑) 对 $\{\varphi_\nu\}_{\nu\in\mathbb{N}} \subset O_M(\mathbb{R}^n)$, 我们称 $\varphi_\nu \to 0$ $(O_M(\mathbb{R}^n))$ 若

$$\varphi_\nu f \to 0 \ (\mathscr{S}(\mathbb{R}^n)), \quad \forall f \in \mathscr{S}(\mathbb{R}^n). \tag{2.4.3}$$

命题 2.4.3 对映射 $O_M(\mathbb{R}^n) \times \mathscr{S}(\mathbb{R}^n) \ni (\varphi, f) \mapsto \varphi f \in \mathscr{S}(\mathbb{R}^n)$,

(1) 固定 $\varphi \in O_M(\mathbb{R}^n)$, 映射关于 $f \in \mathscr{S}(\mathbb{R}^n)$ 是连续的;

(2) 固定 $f \in \mathscr{S}(\mathbb{R}^n)$, 映射关于 $\varphi \in O_M(\mathbb{R}^n)$ 是连续的.

证明 (1) 给定 $\varphi \in O_M(\mathbb{R}^n)$, 任给 $\{f_\nu\}_{\nu\in\mathbb{N}} \in \mathscr{S}(\mathbb{R}^n)$, $f_\nu \to 0 \ (\mathscr{S}(\mathbb{R}^n))$, 即对任意 $m, k \in \mathbb{N}$, 成立

$$\sup_{|\alpha|\leqslant m, \ x\in\mathbb{R}^n} \left| (1+|x|^2)^k \partial^\alpha f_\nu(x) \right| \to 0.$$

由于 $\varphi \in O_M(\mathbb{R}^n)$, 对任意 $\ell \in \mathbb{N}$ 存在多项式 $P_\ell(x)$, 使得对重指标 $|\beta| \leqslant \ell$ 都成立 $|\partial^\beta \varphi(x)| \leqslant P_\ell(x)$, 故由(2.4.2)式, 当 $\nu \to \infty$ 时知

$$(1+|x|^2)^k \left| \partial^\alpha(\varphi f_\nu)(x) \right| \leqslant c \sup_{\substack{|\alpha|\leqslant m \\ x\in\mathbb{R}^n}} \left\{ (1+|x|^2)^k P_m(x) \left| \partial_x^\alpha f_\nu(x) \right| \right\} \to 0.$$

从而对给定的 $\varphi \in O_M(\mathbb{R}^n)$, $\varphi \times f \to \varphi f$ 关于 f 连续.

(2) 给定 $f \in \mathscr{S}(\mathbb{R}^n)$, 任取 $\{\varphi_\nu\}_{\nu\in\mathbb{N}} \in O_M(\mathbb{R}^n)$, $\varphi_\nu \to 0 \ (O_M(\mathbb{R}^n))$, 由定义2.4.2立知对给定的 f, $\varphi \times f \to \varphi f$ 关于 φ 连续. □

我们已经知道 $O_M(\mathbb{R}^n) \subset C^\infty(\mathbb{R}^n)$, $\mathscr{S}(\mathbb{R}^n) \subset C^\infty(\mathbb{R}^n)$, $\mathscr{S}(\mathbb{R}^n) \subset \mathscr{S}'(\mathbb{R}^n)$, 下面考虑进一步的包含关系.

定理 2.4.4 $\mathscr{S}(\mathbb{R}^n) \subset O_M(\mathbb{R}^n) \subset \mathscr{S}'(\mathbb{R}^n)$.

证明 由定义知 $\mathscr{S}(\mathbb{R}^n) \subset O_M(\mathbb{R}^n)$ 是显然的.

而对任意 $\varphi \in O_M(\mathbb{R}^n)$, $f \in \mathscr{S}(\mathbb{R}^n)$, 定义

$$T_\varphi[f] \overset{\text{def}}{=\!=} \int_{\mathbb{R}^n} \varphi(x) f(x) \, \mathrm{d}x.$$

由于 $\varphi f \in \mathscr{S}(\mathbb{R}^n)$, 我们得到

$$T_\varphi[f] \leqslant \int_{\mathbb{R}^n} \left(\frac{1}{1+|x|^2} \right)^{n+1} \mathrm{d}x \sup_{\mathbb{R}^n} \left[(1+|x|^2)^{n+1} |\varphi(x) f(x)| \right]$$

$$\leqslant C \sup_{\mathbb{R}^n} \left[(1+|x|^2)^{n+1} |\varphi(x) f(x)| \right].$$

故 $T_\varphi[f]$ 定义了 $\mathscr{S}(\mathbb{R}^n)$ 上连续线性泛函. 从而 $O_M(\mathbb{R}^n) \subset \mathscr{S}'(\mathbb{R}^n)$. □

定理 2.4.5 $\mathscr{S}(\mathbb{R}^n)$ 在 $O_M(\mathbb{R}^n)$ 中稠密.

证明 取一列 $\mathbb{R}^n$ 中的紧集 $\{K_j\}_{j\in\mathbb{N}}$, 满足

$$K_1 \subset K_2 \subset \cdots \subset K_j \subset K_{j+1} \subset \cdots, \quad \bigcup_{j=1}^{\infty} K_j = \mathbb{R}^n.$$

取 $\{\beta_j\}_{j\in\mathbb{N}} \subset \mathscr{D}(\mathbb{R}^n)$, 使得 $\beta_j(x) = 1$, $x \in K_j$. 下面我们断言: 对任意给定的 $\varphi \in O_M(\mathbb{R}^n)$, 成立 $(\beta_j - 1)\varphi \to 0$ $(O_M(\mathbb{R}^n))$.

实际上, 给定 $\varphi \in O_M(\mathbb{R}^n)$ 与指标 $m \in \mathbb{N}$, 存在常数 N_m 满足对任意重指标 α, $|\alpha| \leqslant m$, 成立

$$\sup_{|\alpha|\leqslant m} |\partial^\alpha \varphi(x)| \leqslant C(1 + |x|^2)^{N_m}.$$

从而对任意 $f \in \mathscr{S}(\mathbb{R}^n)$ 和重指标 $\alpha \in \mathbb{N}^n$, $k \in \mathbb{N}$, 记 $|\alpha| = m$, 则当 $j \to \infty$ 时成立

$$\sup_{x\in\mathbb{R}^n}(1+|x|^2)^k \big|\partial^\alpha\big(\varphi(\beta_j-1)f\big)\big|$$

$$\leqslant C \sum_{\alpha_1+\alpha_2=\alpha} \sup_{x\in\mathbb{R}^n}(1+|x|^2)^k\big|\partial^{\alpha_1}\varphi\partial^{\alpha_2}\big((\beta_j-1)f\big)\big|$$

$$\leqslant C \sup_{\substack{x\in\mathbb{R}^n \\ \alpha_2\leqslant\alpha}}(1+|x|^2)^{k+N_m}\big|\partial^{\alpha_2}\big((\beta_j-1)f\big)\big| \to 0.$$

由此证毕定理. $\qquad\qquad\qquad\qquad\qquad\qquad\qquad\qquad\qquad\qquad\qquad$ $\square$

下面我们定义 $\mathscr{S}'(\mathbb{R}^n)$ 的乘子空间.

定义 2.4.3 ($\mathscr{S}'(\mathbb{R}^n)$ 的乘子) 对任意的 $T \in \mathscr{S}'(\mathbb{R}^n)$, $\varphi \in O_M(\mathbb{R}^n)$, 我们定义 $\varphi T \in \mathscr{S}'(\mathbb{R}^n)$ 如下:

$$\langle \varphi T, f \rangle \stackrel{\text{def}}{=\!=} \langle T, \varphi f \rangle, \quad \forall\, f \in \mathscr{S}(\mathbb{R}^n). \tag{2.4.4}$$

注 由命题 2.4.3 知 $O_M(\mathbb{R}^n) \times \mathscr{S}'(\mathbb{R}^n) \ni (\varphi, T) \mapsto \varphi T \in \mathscr{S}'(\mathbb{R}^n)$ 关于每个变量连续.

2.5 Schwartz 分布卷积的相关结果

定义 2.5.1 对 $T \in \mathscr{S}'(\mathbb{R}^n)$, $\varphi \in \mathscr{S}(\mathbb{R}^n)$, 定义它们的卷积为

$$T * \varphi(x) \stackrel{\text{def}}{=\!=} \langle T_y, \varphi(x - y) \rangle \in C^\infty(\mathbb{R}^n). \tag{2.5.1}$$

注 (1) 一般来说 $T*\varphi \notin \mathscr{S}(\mathbb{R}^n)$, 如设 $T = 1$, 则 $(T*\varphi)(x) = \displaystyle\int_{\mathbb{R}^n} \varphi(y)\mathrm{d}y = C.$

(2) 参考推论 1.6.3 以及命题 2.3.1, 我们完全类似地可以证明:

$$\left\langle \left\langle T_y, \varphi(x - y) \right\rangle, \psi(x) \right\rangle = \left\langle T_x, \left\langle \varphi_y, \psi(x + y) \right\rangle \right\rangle, \quad \forall\, \psi \in \mathscr{D}(\mathbb{R}^n).$$

从而定义 2.5.1 与定义 2.3.1 是兼容的.

(3) 特别地, 若 $T \in \mathscr{E}'(\mathbb{R}^n)$, $\varphi \in \mathscr{D}(\mathbb{R}^n)$, 则 $\left\langle T_y, \varphi(x - y) \right\rangle \in \mathscr{D}(\mathbb{R}^n)$.

引理 2.5.1 (Peetre 不等式)　对任意 $s \in \mathbb{R}$, ξ, $\eta \in \mathbb{R}^n$, 成立

$$\left(\frac{1 + |\xi|^2}{1 + |\eta|^2} \right)^s \leqslant 2^{|s|}(1 + |\xi - \eta|^2)^{|s|}. \tag{2.5.2}$$

证明　注意对任意 ζ, $\xi \in \mathbb{R}^n$ 成立

$$1 + |\xi - \zeta|^2 = 1 + |\xi|^2 + |\zeta|^2 - 2\xi \cdot \zeta \leqslant 1 + |\xi|^2 + |\zeta|^2 + 2|\xi \cdot \zeta| \leqslant 2(1 + |\zeta|^2)(1 + |\xi|^2).$$

令 $\eta = \zeta - \xi$, 则成立

$$1 + |\eta|^2 \leqslant 2(1 + |\xi|^2)(1 + |\xi - \eta|^2).$$

当 $s < 0$ 时, 利用 $f(x) = x^s$ 的单调性知

$$(1 + |\eta|^2)^{-s} \leqslant 2^{-s}(1 + |\xi|^2)^{-s}(1 + |\xi - \eta|^2)^{-s},$$

由此导出

$$\left(\frac{1 + |\xi|^2}{1 + |\eta|^2} \right)^s \leqslant 2^{|s|}(1 + |\xi - \eta|^2)^{|s|}.$$

另一方面, 由 (2.5.2) 式关于 ξ 与 η 的对称性知, 当 $s > 0$ 时成立

$$\left(\frac{1 + |\xi|^2}{1 + |\eta|^2} \right)^s \leqslant 2^s(1 + |\xi - \eta|^2)^s.$$

引理证毕. □

定理 2.5.2　设 $T \in \mathscr{S}'(\mathbb{R}^n)$, $\varphi \in \mathscr{S}(\mathbb{R}^n)$, 则 $T * \varphi \in O_M(\mathbb{R}^n)$.

证明　对任意的 $T \in \mathscr{S}'(\mathbb{R}^n)$, 则由定理 1.8.4 知存在有界连续函数 f 使得

$$T = \partial^\alpha \big((1 + |x|^2)^k f(x) \big).$$

从而由定义 2.5.1 知

$$\begin{aligned}
\left\langle T_y, \varphi(x - y) \right\rangle &= \left\langle \partial^\alpha \big((1 + |y|^2)^k f(y) \big), \varphi(x - y) \right\rangle \\
&= (-1)^{|\alpha|} \left\langle (1 + |y|^2)^k f(y), \partial_y^\alpha \varphi(x - y) \right\rangle \\
&= \int_{\mathbb{R}^n} (1 + |y|^2)^k f(y) \partial^\alpha \varphi(x - y) \mathrm{d}y.
\end{aligned}$$

故由 Peetre 不等式 以及 f 的有界性 (不妨令 $|f(y)| \leqslant M$), 我们导出

$$
\begin{aligned}
\left| \langle T_y, \varphi(x-y) \rangle \right| &\leqslant 2^k \int_{\mathbb{R}^n} (1+|x|^2)^k (1+|x-y|^2)^k |f(y) \partial^\alpha \varphi(x-y)| \mathrm{d}y \\
&\leqslant 2^k M (1+|x|^2)^k \int_{\mathbb{R}^n} \left(1+|x-y|^2\right)^k |\partial^\alpha \varphi(x-y)| \mathrm{d}y \\
&\leqslant C(1+|x|^2)^k.
\end{aligned}
$$

类似地, 对任意重指标 $\beta \in \mathbb{N}^n$, $\partial_x^\beta \langle T_y, \varphi(x-y) \rangle$ 也可以被某个多项式控制. 从而定理证毕. $\qquad\square$

下面考虑 $T \in \mathscr{E}'(\mathbb{R}^n)$, $S \in \mathscr{S}'(\mathbb{R}^n)$ 时二者的卷积. 为此先证明如下的引理.

引理 2.5.3 $T \in \mathscr{E}'(\mathbb{R}^n)$, $\varphi \in \mathscr{S}(\mathbb{R}^n)$, 则 $\psi(x) \overset{\text{def}}{=\!=} \langle T_y, \varphi(x+y) \rangle \in \mathscr{S}(\mathbb{R}^n)$, 且若 $\mathscr{S}(\mathbb{R}^n)$ 中函数序列 $\{\varphi_\nu\}_{\nu \in \mathbb{N}}$ 满足 $\varphi_\nu \to 0$ ($\mathscr{S}(\mathbb{R}^n)$), 则成立 $\psi_\nu \overset{\text{def}}{=\!=} \langle T_y, \varphi_\nu(x+y) \rangle \to 0$ ($\mathscr{S}(\mathbb{R}^n)$).

注 显然, 由定理 2.5.2 知, $\langle T_y, \varphi(x+y) \rangle \in O_M(\mathbb{R}^n)$.

证明 由于 $T \in \mathscr{E}'(\mathbb{R}^n)$, 利用定理 1.8.3 知

$$
T = \sum_{|\alpha| \leqslant m} \partial^\alpha f_\alpha, \tag{2.5.3}
$$

其中 f_α 是连续函数, 满足 supp f_α 在 supp T 附近, 亦即存在 supp T 的邻域 Ω, 使得 supp $f_\alpha \subset \Omega$.

不失一般性, 我们设 $T = \partial^\alpha G$, 其中连续函数 G 满足 supp G 在 supp T 附近. 故

$$
\langle T_y, \varphi(x+y) \rangle = \langle \partial^\alpha G_y, \varphi(x+y) \rangle = (-1)^{|\alpha|} \langle G_y, \partial^\alpha \varphi(x+y) \rangle.
$$

下面证明: 对任意的 k, m, 成立

$$
\sup_{\substack{|\beta| \leqslant m \\ x \in \mathbb{R}^n}} \left| (1+|x|^2)^k \partial_x^\beta \langle G_y, \partial^\alpha \varphi(x+y) \rangle \right| \leqslant C_{k,m}.
$$

从而得出 $\langle T_y, \varphi(x+y) \rangle \in \mathscr{S}(\mathbb{R}^n)$.

事实上, 由 $G(y)$ 连续且有紧支集知 $(1+|y|^2)^k G(y)$ 有界. 从而应用 Peetre 不等式知

$$
(1+|x|^2)^k \left| \partial_x^\beta \langle G_y, \partial^\alpha \varphi(x+y) \rangle \right|
$$

$$
\leqslant (1+|x|^2)^k \int_{\mathbb{R}^n} |G(y)| |\partial^{\alpha+\beta} \varphi(x+y)| \mathrm{d}y
$$

$$\leqslant 2^k \int_{\mathbb{R}^n} \left(1 + |y|^2\right)^k |G(y)| \left(1 + |x+y|^2\right)^k \left|\partial^{\alpha+\beta}\varphi(x+y)\right| \mathrm{d}y$$

$$\leqslant M \int_{\mathbb{R}^n} \left(1 + |x+y|^2\right)^k \left|\partial^{\alpha+\beta}\varphi(x+y)\right| \mathrm{d}y \leqslant C_{k,m}.$$

上式也证明了 ψ 在 $\mathscr{S}(\mathbb{R}^n)$ 上连续依赖于 φ. $\qquad\qquad\qquad\square$

定理 2.5.4 $T \in \mathscr{E}'(\mathbb{R}^n)$, $S \in \mathscr{S}'(\mathbb{R}^n)$, 则 $S * T = T * S \in \mathscr{S}'(\mathbb{R}^n)$, 且双线性映射

$$\mathscr{E}'(\mathbb{R}^n) \times \mathscr{S}'(\mathbb{R}^n) \ni (T, S) \mapsto T * S \in \mathscr{S}'(\mathbb{R}^n)$$

关于每个变量连续.

证明 设 $T \in \mathscr{E}'(\mathbb{R}^n)$, $S \in \mathscr{S}'(\mathbb{R}^n)$ 以及 $\varphi \in \mathscr{S}(\mathbb{R}^n)$, 则 $\langle S_y, \varphi(x+y) \rangle$ 是关于 x 无穷可微函数且连续依赖于 $\varphi \in \mathscr{S}(\mathbb{R}^n)$. 故 $\langle T_x, \langle S_y, \varphi(x+y) \rangle \rangle$ 有意义且连续依赖于 $\varphi \in \mathscr{S}(\mathbb{R}^n)$.

另一方面由引理 2.5.3 知 $\langle T_x, \varphi(x+y) \rangle \in \mathscr{S}(\mathbb{R}^n)$ 且连续依赖于 $\varphi \in \mathscr{S}(\mathbb{R}^n)$. 故 $\langle S_y, \langle T_x, \varphi(x+y) \rangle \rangle$ 有意义且连续依赖于 $\varphi \in \mathscr{S}(\mathbb{R}^n)$.

又注意到由命题 2.3.4 知, 对任意 $\varphi \in \mathscr{D}(\mathbb{R}^n)$ 成立

$$\langle T * S, \varphi \rangle = \langle S * T, \varphi \rangle = \langle S_y, \langle T_x, \varphi(x+y) \rangle \rangle = \langle T_x, \langle S_y, \varphi(x+y) \rangle \rangle. \quad (2.5.4)$$

从而由 $\mathscr{D}(\mathbb{R}^n)$ 在 $\mathscr{S}(\mathbb{R}^n)$ 中稠密 (命题 1.3.2) 知 (2.5.4) 式对任意 $\varphi \in \mathscr{S}(\mathbb{R}^n)$ 也成立. 从而 $T * S \in \mathscr{S}'(\mathbb{R}^n)$.

下面考虑连续性. 固定 $T \in \mathscr{E}'(\mathbb{R}^n)$, 设 $\{S_\nu\}_{\nu \in \mathbb{N}} \to 0$ $(\mathscr{S}'(\mathbb{R}^n))$, 则对任意 $\varphi \in \mathscr{S}(\mathbb{R}^n)$ 成立

$$\langle S_\nu * T, \varphi \rangle = (S_\nu * T) * \overset{\triangledown}{\varphi}(0) = T * (S_\nu * \overset{\triangledown}{\varphi})(0) = \left\langle T, \overbrace{(S_\nu * \overset{\triangledown}{\varphi})} \right\rangle.$$

我们已知 $\mathscr{S}(\mathbb{R}^n)$ 中函数与 $\mathscr{S}'(\mathbb{R}^n)$ 中元素的卷积关于每个变量连续 (见习题 2.6.15), 故 $S_\nu * \overset{\triangledown}{\varphi} \to 0$ $(C^\infty(\mathbb{R}^n))$. 从而 $\left\langle T, \overbrace{(S_\nu * \overset{\triangledown}{\varphi})} \right\rangle \to 0$. 亦即 $(S, T) \mapsto T * S \in \mathscr{S}'(\mathbb{R}^n)$ 关于 S 连续.

关于 T 的连续性是类似的, 留给读者证明. $\qquad\qquad\qquad\square$

2.6 习　　题

A 基础题

习题 2.6.1 设 $T \in \mathscr{E}'(\mathbb{R}^n)$, 证明任意 $a(x) \in C^\infty(\mathbb{R}^n)$ 都是 $\mathscr{E}'(\mathbb{R}^n) \to \mathscr{E}'(\mathbb{R}^n)$ 的乘子.

习题 2.6.2　对 $u \in \mathscr{D}'(\mathbb{R}^n)$, 令 $P(x,\partial) \overset{\text{def}}{=\!=} \sum_{|\alpha| \leqslant m} a_\alpha(x)\partial_x^\alpha$, 其中 $a_\alpha \in C^\infty(\mathbb{R}^n)$. 尝试定义 $P(x,\partial)u$ 并且证明 $P(x,\partial)u \in \mathscr{D}'(\mathbb{R}^n)$. 从而知 $\mathscr{D}'(\mathbb{R}^n)$ 的乘子可以有更加复杂的形式.

习题 2.6.3　设 $T \in \mathscr{S}'(\mathbb{R}^n)$, 证明对任意 $a \in \mathscr{S}(\mathbb{R}^n)$ 成立 $aT \in \mathscr{S}'(\mathbb{R}^n)$.

习题 2.6.4　设 $a \in C(\mathbb{R})$, 证明 $a\delta = a(0)\delta$ 并对任意 $\alpha \in \mathbb{N}$ 计算 $x\partial^\alpha \delta$.

习题 2.6.5　验证如下例子的正确性, 请写出详细过程.

(1) 例 2.1.2;　　　　　(2) 例 2.1.3;　　　　　(3) 例 2.1.4.

习题 2.6.6 (齐次分布)　我们给出分布齐次性的一个等价定义: 对 $\gamma \in \mathbb{C}$, 分布 $T \in \mathscr{S}'(\mathbb{R}^n)$ (相应地 $\mathscr{D}'(\mathbb{R}^n)$, $\mathscr{E}'(\mathbb{R}^n)$) 被称为 γ 阶齐次的, 若对任意 $\varphi \in \mathscr{S}(\mathbb{R}^n)$ (相应地 $\mathscr{D}(\mathbb{R}^n)$, $\mathscr{E}(\mathbb{R}^n)$), $\lambda > 0$ 成立

$$\langle T, \varphi(\lambda \cdot) \rangle = \lambda^{-n-\gamma}\langle T, \varphi \rangle.$$

(1) 证明若函数 u 是 γ 阶齐次的, 即对任意 $\lambda > 0$ 满足 $u(\lambda x) = \lambda^\gamma u(x)$, 则 u 作为广义函数是 γ 阶齐次的, 从而分布的齐次性与函数的齐次性及定义 2.1.4 相容;

(2) 证明对 $\alpha \in \mathbb{N}^n$, γ 阶齐次分布 T 的导数 $\partial^\alpha T$ 是 $\gamma - |\alpha|$ 阶齐次的.

习题 2.6.7　试在 $\mathscr{D}'(\mathbb{R})$ 中计算 $x \, \text{P.V.}\left(\dfrac{1}{x}\right)$.

习题 2.6.8　运用数学归纳法证明定理 2.1.3 (Leibniz 公式).

习题 2.6.9 (链式法则)　设 $f: y \mapsto x = f(y)$ 为 $\mathbb{R}^n$ 上的自同构, 且 Jacobi 矩阵 $\dfrac{\partial x}{\partial y}$ 处处非退化, $v \in \mathscr{D}'(\mathbb{R}^n)$, 复合映射 $v \circ f \in \mathscr{D}'(\mathbb{R}^n)$ 由 (2.1.6) 式定义, 证明如下的链式法则成立:

$$\partial_j(v \circ f) = \sum_{k=1}^n \left(\frac{\partial v}{\partial x_k} \circ f\right)\frac{\partial x_k}{\partial y_j}, \quad \forall\, 1 \leqslant j \leqslant n.$$

[提示: 利用 v 的正则化是 C^∞ 函数.]

习题 2.6.10　证明若 $f \in L^1_{\text{loc}}(\mathbb{R}^m)$, $g \in L^1_{\text{loc}}(\mathbb{R}^n)$, 则 $f \otimes g \in L^1_{\text{loc}}(\mathbb{R}^m \times \mathbb{R}^n)$.

习题 2.6.11　本题的目的是证明定理 2.2.1.

(1) 设 δ, ε, μ 为给定的正实数且满足 $\varepsilon < \mu$, 设 $\mathscr{C}(0, \varepsilon, \mu)$ 是以 0 为中心, ε 为内径, μ 为外径的圆环. 证明存在 n 个变元的多项式 $P(\xi)$ 使得

$$\int_{B(0,\varepsilon)} P(\xi)\mathrm{d}\xi = 1, \quad \int_{C(0,\varepsilon,\mu)} P(\xi)\mathrm{d}\xi \leqslant \delta, \quad P(\xi) \geqslant 0, \, \forall\, |\xi| \leqslant \mu;$$

[提示: 取 $P(\xi) = C(\mu^2 - |\xi|^2)^k$, C, k 为待定的常数.]

(2) 对任意 $\varphi \in \mathscr{D}(\mathbb{R}^n)$, $\rho > 0$, 证明存在一族多项式 $\{\varphi_\nu\}_{\nu \in \mathbb{N}}$ 使得对任意重指标 $\alpha \in \mathbb{N}^n$,

$$\lim_{\nu \to \infty} D^\alpha \varphi_\nu(\xi) = D^\alpha \varphi(\xi)$$

在球 $\overline{B(0,\rho)}$ 上一致收敛;

[提示: 利用 (1) 构造的多项式 P, 同时注意到多项式与 $\mathscr{D}(\mathbb{R}^n)$ 函数的卷积仍然是多项式.]

(3) 对 $x \in \mathbb{R}^n$, $y \in \mathbb{R}^m$, 设 $P(x, y)$ 是 $\mathbb{R}^{m+n}$ 中的多项式, 证明存在 $p_j \in C^\infty(\mathbb{R}^n)$, $q_j \in C^\infty(\mathbb{R}^m)$ 满足 $P(x, y) = \sum\limits_{j=1}^{k} p_j(x) q_j(y)$;

(4) 设 $\Omega_1 \in \mathbb{R}^n$, $\Omega_2 \in \mathbb{R}^m$ 为开集, 证明任意 $\varphi \in \mathscr{D}(\Omega_1 \times \Omega_2) \subset \mathscr{D}(\mathbb{R}^{m+n})$ 都可以被一系列如下形式的 $\{\varphi_\nu\}_{\nu \in \mathbb{N}}$ 在 $\mathscr{D}(\mathbb{R}^{m+n})$ 中逼近, 其中

$$\varphi_\nu(x, y) = \sum_{j=1}^{N_\nu} \gamma_j(x) \psi_j(y), \quad \gamma_j \in \mathscr{D}(\Omega_1), \ \psi_j \in \mathscr{D}(\Omega_2).$$

[提示: 利用 (3) 并且引入恰当的截断函数.]

习题 2.6.12 设 x, y 分别表示 $\mathbb{R}^m$ 和 $\mathbb{R}^n$ 中的变量, $\delta_x \in \mathscr{D}'(\mathbb{R}^m)$, $\delta_y \in \mathscr{D}'(\mathbb{R}^n)$, $\delta \in \mathscr{D}'(\mathbb{R}^{m+n})$, 证明 $\delta = \delta_x \otimes \delta_y$.

习题 2.6.13 设 x, y 分别表示 $\mathbb{R}^m$ 和 $\mathbb{R}^n$ 中的变量, S, $T \in \mathscr{D}'(\mathbb{R}^m)$, 证明 $S = T$ 当且仅当 $S_x \otimes 1_y = T_x \otimes 1_y$.

习题 2.6.14 我们希望用广义函数的张量积来定义卷积, 设 T, $S \in \mathscr{D}'(\mathbb{R}^n)$, $\varphi(x) \in \mathscr{D}(\mathbb{R}^n)$, 令 $A = \operatorname{supp} T$, $B = \operatorname{supp} S$, $H = \operatorname{supp} v$.

(1) 证明形式上卷积 $T * S$ 可以视为 $\langle T * S, \varphi \rangle = \langle T \otimes S, \varphi(x+y) \rangle$, 并说明为何两个广义函数一定有张量积而未必有卷积; [提示: 考虑习题 0.4.5.]

(2) 若连续函数 $\varphi(x+y) \notin \mathscr{D}(\mathbb{R}^{2n})$, 如何刻画 $\langle T \otimes S, \varphi(x+y) \rangle$;

(3) 记 $H' \overset{\text{def}}{=} \{(x, y) \in \mathbb{R}^{2n} : x + y \in H\}$, 证明若对任意紧集 $H \in \mathscr{D}(\mathbb{R}^n)$, $A \times B \cap H'$ 都是有界集, 则卷积 $T * S$ 存在且 $T * S = S * T$;

(4) 证明 T 与 S 中只要有一个是紧支的, 卷积 $T * S$ 就存在.

习题 2.6.15 (1) 若 $T \in \mathscr{D}'(\mathbb{R}^n)$, $\varphi \in \mathscr{D}(\mathbb{R}^n)$, 证明双线性映射 $\mathscr{D}'(\mathbb{R}^n) \times \mathscr{D}(\mathbb{R}^n) \ni (T, \varphi) \mapsto T * \varphi(x) \in C^\infty(\mathbb{R}^n)$ 关于每个变量都连续;

(2) 对 $T \in \mathscr{E}'(\mathbb{R}^n)$, $\varphi \in C^\infty(\mathbb{R}^n)$, 证明双线性映射 $\mathscr{E}'(\mathbb{R}^n) \times C^\infty(\mathbb{R}^n) \ni (T, \varphi) \mapsto T * \varphi(x) \in C^\infty(\mathbb{R}^n)$ 是良定义的卷积映射, 且关于每个变量都连续;

(3) 对 $T \in \mathscr{S}'(\mathbb{R}^n)$, $\varphi \in \mathscr{S}(\mathbb{R}^n)$ 证明类似的结论.

[提示: 证明关于 T 的连续性时, 可利用 Banach-Steinhaus 定理 (定理 B.3) 和 Arzelà-Ascoli 定理.]

习题 2.6.16 证明下面的等式, 其中 $H(t)$ 是 Heaviside 函数.

(1) $tH(t) * e^t H(t) = (e^t - t - 1) H(t)$;

(2) $(H(t) \sin t) * (H(t) \cos t) = \dfrac{t}{2} H(t) \sin t$;

(3) $(H(t) f(t)) * H(t) = H(t) \displaystyle\int_0^t f(\tau) \mathrm{d}\tau$, 其中 $f \in \mathscr{D}(\mathbb{R}^n)$.

习题 2.6.17 下面的计算指出若三个广义函数仅有一个是紧支集的, 结合律可能不真. 验证这些等式, 其中 $H(t)$ 是 Heaviside 函数.

(1) $1 * (\delta' * H) = 1$; \qquad\qquad\qquad (2) $(1 * \delta') * H = 0$.

习题 2.6.18 对映射 $\mathscr{E}'(\mathbb{R}^n) \times \mathscr{D}'(\mathbb{R}^n) \ni (S, T) \mapsto S * T \in \mathscr{D}'(\mathbb{R}^n)$, 证明这个映射关于变量 $S \in \mathscr{E}'(\mathbb{R}^n)$ 与变量 $T \in \mathscr{D}'(\mathbb{R}^n)$ 都连续.

习题 2.6.19　不利用 $O_M(\mathbb{R}^n)$ 的任何相关知识直接证明, 对给定的 $T \in \mathscr{S}'(\mathbb{R}^n)$, 任意非零多项式 $P_m = \sum\limits_{j=0}^{m} a_j x^j$ 都不是 $\mathscr{D}(\mathbb{R}^n)$ 函数, 但仍成立 $P_m T \in \mathscr{S}'(\mathbb{R}^n)$.

习题 2.6.20　(1) 若 $\varphi \in O_M(\mathbb{R}^n)$, 证明对任意的重指标 α, $\partial^\alpha \varphi \in O_M(\mathbb{R}^n)$;

(2) 证明 $O_M(\mathbb{R}^n)$ 是由满足下面条件的光滑函数 φ 组成的空间: 对任意重指标 $\alpha \in \mathbb{N}^n$ 存在 $k \in \mathbb{Z}$, 使得 $\left|(1 + |x|^2)^k \partial^\alpha \varphi\right|$ 在 $\mathbb{R}^n$ 中有界.

习题 2.6.21　验证引理 2.4.2 的断言: 若数列 $\{x_j\}_{j \in \mathbb{N}}$ 满足 $|x_{j+1}| \geqslant |x_j| + 2$, $\jmath(x) \in \mathscr{D}(\mathbb{R}^n)$ 如例 1.2.2 定义, 则

$$r(x) = \sum_{j \in \mathbb{N}} \frac{\jmath(x - x_j)}{(1 + |x_j|)^j} \in \mathscr{S}(\mathbb{R}^n).$$

习题 2.6.22　本题给出定义 2.4.2 的一个等价表述. 证明对任意 $f \in \mathscr{S}(\mathbb{R}^n)$ 以及 $\alpha \in \mathbb{N}^n$, $(\partial^\alpha \varphi_\nu(x)) f(x)$ 在 $\mathbb{R}^n$ 上一致收敛于 0 当且仅当对任意 $f \in \mathscr{S}(\mathbb{R}^n)$, $\varphi_\nu f \to 0$ ($\mathscr{S}(\mathbb{R}^n)$). 从而知 $O_M(\mathbb{R}^n)$ 上的拓扑亦可由如下的一族半范给出

$$q_{f,\alpha}(\varphi) \stackrel{\text{def}}{=\!=} \sup_{x \in \mathbb{R}^n} \left|f(x) \partial^\alpha(\varphi(x))\right|, \quad \forall \varphi \in O_M(\mathbb{R}^n),$$

其中 $f \in \mathscr{S}(\mathbb{R}^n)$, $\alpha \in \mathbb{N}^n$.

习题 2.6.23　在定理 2.4.5 的条件下证明 $\lim\limits_{j \to \infty} (\beta_j - 1) f = 0$ ($\mathscr{S}(\mathbb{R}^n)$).

习题 2.6.24　证明定理 2.5.4 剩下的部分, 即双线性映射

$$\mathscr{E}'(\mathbb{R}^n) \times \mathscr{S}'(\mathbb{R}^n) \ni (T, S) \mapsto T * S \in \mathscr{S}'(\mathbb{R}^n)$$

关于变量 T 连续.

B 拓展题

习题 2.6.25　给定 $\varphi \in \mathscr{D}(\mathbb{R}^{m+n})$, $S \in \mathscr{D}'(\mathbb{R}^m)$.

(1) 设 $K_1 \subset \mathbb{R}^m$, $K_2 \subset \mathbb{R}^n$ 为紧集, 使得 $\text{supp}\,\varphi \subset K_1 \times K_2$. 证明

$$\psi(y) \stackrel{\text{def}}{=\!=} \langle S_x, \varphi(x, y) \rangle, \quad y \in \mathbb{R}^n$$

定义的函数 ψ 满足 $\text{supp}\,\psi \subset K_2$.

(2) 模仿定理 1.6.1 证明 $\psi \in \mathscr{D}(\mathbb{R}^n)$, 且对 $y \in \mathbb{R}^n$, $\beta \in \mathbb{N}^n$ 成立 $\partial^\beta \psi(y) = \langle S_x, \partial_y^\beta \varphi(x, y) \rangle$.

习题 2.6.26　判断以下的命题是否成立并叙述理由.

若 $T \in \mathscr{D}'(\mathbb{R}^n)$, $S \in \mathscr{E}'(\mathbb{R}^n)$, 则当 $\varepsilon \to 0$ 时其正则化函数 $T_\varepsilon, S_\varepsilon$ 满足 $T_\varepsilon * S_\varepsilon \to T * S$ ($\mathscr{D}'(\mathbb{R}^n)$).

习题 2.6.27　我们指出, 存在定义在 $\mathbb{R}$ 中某个开集 Ω 上的光滑函数 f, 它不能延拓为 $\mathbb{R}$ 上的广义函数, 即不存在 $T \in \mathscr{D}(\mathbb{R})$ 满足 $T|_\Omega = f$.

考虑分布 $T \in \mathscr{D}'(]0, \infty[)$, 其满足对任意 $\varphi \in \mathscr{D}(]0, \infty[)$ 成立

$$\langle T, \varphi \rangle \stackrel{\text{def}}{=\!=} \int_0^\infty \exp\left(\frac{1}{t}\right) \varphi(t) \mathrm{d}t,$$

证明 T 无法延拓到 $\mathbb{R}$ 上. 　[提示: 取合适的 φ_0 并考虑 $\varphi_j(t) = \varphi_0\left(t - \dfrac{1}{j}\right)$.]

习题 2.6.28 到习题 2.6.30 研究取值为广义函数的映射.

习题 2.6.28 (分布值的函数 (d.-v. 函数))　设 $s \in \mathbb{R}^m$, 考虑在 $\mathscr{D}'(\mathbb{R}^n)$ 中取值的如下映射:

$$\mathbb{R}^m \ni s \mapsto u^s \in \mathscr{D}'(\mathbb{R}^n), \tag{2.6.1}$$

这样的映射称为分布值的函数或 d.-v. 函数.

(2.6.1)式定义的 d.-v. 函数是连续的当且仅当对任意的 $\varphi \in \mathscr{D}(\mathbb{R}^n)$, 函数

$$\mathbb{R}^m \ni s \mapsto \langle u^s, \varphi \rangle$$

是连续的.

在此基础上证明如下的命题.

(1) 设 $\mathbb{R}^m \ni s \mapsto T^s \in \mathscr{D}'(\mathbb{R}^n)$ 定义了连续 d.-v. 函数 T^s, 而 $a \in C^\infty(\mathbb{R}^n)$, 证明 aT^s 也是一个连续 d.-v. 函数.

(2) 设 $t \in \mathbb{R}$, $s \in \mathbb{R}^n$, $\gamma(s, t) = \gamma^s(t)$ 是一个关于 $(s, t) \in \mathbb{R}^{n+1}$ 的连续函数. 若 $T \in \mathscr{D}'(\mathbb{R})$, 证明映射

$$\mathbb{R}^n \ni s \mapsto \gamma^s T \in \mathscr{D}'(\mathbb{R})$$

是连续映射, 从而也是连续 d.-v. 函数.

[提示: 用光滑函数 $f(s)g(t)$, $f \in C^\infty(\mathbb{R}^n)$, $g \in C^\infty(\mathbb{R})$ 逼近 γ.]

(3) 设 $\mathbb{R}^m \ni s \mapsto T^s \in \mathscr{D}'(\mathbb{R}^n)$ 定义了连续 d.-v. 函数 T^s, $S \in \mathscr{E}'(\mathbb{R}^n)$, 证明对任意 $s \in \mathbb{R}^m$, $R^s \overset{\text{def}}{=\!=} T^s * S$ 都存在且 $R^s \in \mathscr{D}'(\mathbb{R}^n)$; 并证明 R^s 是连续 d.-v. 函数, 亦即 $\mathbb{R}^m \ni s \mapsto R^s \in \mathscr{D}'(\mathbb{R}^n)$ 是一个连续映射.

习题 2.6.29 (d.-v. 函数诱导的分布)　广义函数 $u \in \mathscr{D}'(\mathbb{R}^{m+n})$ 称为是由 (2.6.1)式定义的连续 d.-v. 函数诱导的分布, 若对任意的 $\varphi \in \mathscr{D}(\mathbb{R}^{m+n})$,

$$\langle u, \varphi \rangle \overset{\text{def}}{=\!=} \int_{\mathbb{R}^m} \langle u^s, \varphi(s, \cdot) \rangle \mathrm{d}s, \tag{2.6.2}$$

右端的积分存在.

(1) 设 $u \in C(\mathbb{R}^m \times \mathbb{R}^n)$, 证明 u 作为分布由以下的连续 d.-v. 函数诱导:

$$\mathbb{R}^m \ni s \mapsto u^s = u(s, \cdot) \in \mathscr{D}'(\mathbb{R}^n).$$

(2) 设 $u \in \mathscr{D}'(\mathbb{R}^{m+n})$ 是由连续 d.-v. 函数(2.6.1)所诱导的分布, 证明该连续 d.-v. 函数由 u 唯一决定.

习题 2.6.30　我们希望证明如下的命题以保证习题 2.6.29 定义的合理性: 设 u^s 是由(2.6.1)式定义的连续 d.-v. 函数, 则映射

$$\mathscr{D}(\mathbb{R}^{m+n}) \ni \varphi \mapsto \langle u, \varphi \rangle \overset{\text{def}}{=\!=} \int_{\mathbb{R}^m} \langle u^s, \varphi(s, \cdot) \rangle \mathrm{d}s$$

定义了一个 $\mathscr{D}'(\mathbb{R}^{m+n})$ 广义函数 u.

(1) 设 u^s 为习题 2.6.28 定义的连续 d.-v. 函数, 则对任意给定的紧集 $A \subset \mathbb{R}^m$, $B \subset \mathbb{R}^n$, 证明存在常数 $M > 0$ 以及依赖 A, B 选取的 $k \in \mathbb{N}$, 使得对任意 $s \in A$, $\varphi \in \mathscr{D}(B)$ 成立

$$|\langle u^s, \varphi \rangle| \leqslant M \sum_{|\alpha| \leqslant k} \sup_{x \in \mathbb{R}^n} |\partial^\alpha \varphi(x)|;$$

[提示: 利用定理 1.4.2 与 $\mathscr{D}'(K)$ 的完备性, 其中 $K \subset \mathbb{R}^n$ 为紧集.]

(2) 利用 (1) 的结论, 证明(2.6.2)式诱导了 $\mathscr{D}(\mathbb{R}^{m+n})$ 的一个线性泛函, 即(2.6.2)式右端的积分对任意 $\varphi \in \mathscr{D}(\mathbb{R}^{m+n})$ 都有意义;

(3) 利用 (1), (2) 的结论证明命题.

C 思考题

思考题 2.6.31　(1) 考虑 n 维环面 $\mathbb{T}^n$, 我们知道 $\mathbb{T}^n$ 上的连续函数可以视为 $\mathbb{R}^n$ 上的周期函数, 可以通过这个方法把广义函数的定义推广到 $\mathbb{T}^n$ 上吗?

(2) 思考: 广义函数的坐标变换是否可以让我们把广义函数的定义推广到 $\mathbb{T}^n$ 上? 更一般的流形可以吗?

思考题 2.6.32　我们已知 $\mathscr{D}(\mathbb{R}^n) \subset \mathscr{S}(\mathbb{R}^n) \subset O_M(\mathbb{R}^n) \subset C^\infty(\mathbb{R}^n)$, $\mathscr{E}'(\mathbb{R}^n) \subset \mathscr{S}'(\mathbb{R}^n) \subset \mathscr{D}'(\mathbb{R}^n)$.

(1) 试探讨当 S, T 分属以上各种 (广义) 函数空间时, 卷积 $S * T$ 是否可以定义 (正文已经证明的无需再证明)?

(2) 卷积的交换律、结合律等是否可以推广到更大的函数空间中? 如 $\mathscr{S}'(\mathbb{R}^n)$ 是否卷积代数? $\mathscr{S}'(\mathbb{R}^n)$ 广义函数满足卷积的交换律和结合律吗?

思考题 2.6.33　习题 2.6.17 给出了结合律失效的例子, 试谈谈结合律失效的原因, 交换律呢?　　[提示: 考虑 Fubini 定理成立的条件.]

第 3 章　Fourier 变换

Fourier 变换源于 1822 年 J. Fourier 为解决一维热传导方程的初边值问题而提出的分离变量法 (见 J. Fourier [19]), 之后经过多年的发展成为调和分析和诸多数学分支的重要研究工具. 在此基础上逐步形成了拟微分算子, Fourier 积分算子理论等分支. 在本章中, 我们首先介绍 $\mathscr{S}(\mathbb{R}^n)$ 中函数的 Fourier 变换, 之后通过对偶理论引入 $\mathscr{S}'(\mathbb{R}^n)$ 中元素的 Fourier 变换.

3.1　$\mathscr{S}(\mathbb{R}^n)$ 上的 Fourier 变换

定义 3.1.1 ($\mathscr{S}(\mathbb{R}^n)$ 上的 Fourier 变换)　设 $f \in \mathscr{S}(\mathbb{R}^n)$, 定义 f 的 Fourier 变换为

$$\mathscr{F}[f](\xi) = \widehat{f}(\xi) \stackrel{\text{def}}{=\!=} \frac{1}{(2\pi)^{\frac{n}{2}}} \int_{\mathbb{R}^n} e^{-ix\cdot\xi} f(x)\mathrm{d}x, \tag{3.1.1}$$

其中 $x \cdot \xi = \sum\limits_{j=1}^{n} x_j \xi_j$ 为 $\mathbb{R}^n$ 中的 (Euclid) 内积, $i = \sqrt{-1}$ 是虚数单位.

定义 3.1.2 ($\mathscr{S}(\mathbb{R}^n)$ 上的 Fourier 逆变换)　设 $f \in \mathscr{S}(\mathbb{R}^n)$, 定义 f 的 Fourier 逆变换为

$$\mathscr{F}^{-1}[f](x) = \check{f}(x) \stackrel{\text{def}}{=\!=} \frac{1}{(2\pi)^{\frac{n}{2}}} \int_{\mathbb{R}^n} e^{ix\cdot\xi} f(\xi)\mathrm{d}\xi. \tag{3.1.2}$$

例 3.1.1　设 $f(x) = e^{-\frac{|x|^2}{2}} \in \mathscr{S}(\mathbb{R}^n)$, 计算它的 Fourier 变换.

事实上,

$$\widehat{f}(\xi) = (2\pi)^{-\frac{n}{2}} \int_{\mathbb{R}^n} e^{-ix\cdot\xi} e^{-\frac{|x|^2}{2}} \mathrm{d}x = (2\pi)^{-\frac{n}{2}} e^{-\frac{|\xi|^2}{2}} \int_{\mathbb{R}^n} e^{-\frac{1}{2}|x-i\xi|^2} \mathrm{d}x,$$

由留数定理知

$$\widehat{f}(\xi) = (2\pi)^{-\frac{n}{2}} e^{-\frac{|\xi|^2}{2}} \int_{\mathbb{R}^n} e^{-\frac{1}{2}|x|^2} \mathrm{d}x = e^{-\frac{|\xi|^2}{2}}.$$

故 $\widehat{f}(\xi) = e^{-\frac{|\xi|^2}{2}}$.

注 作为惯例, 我们在以后的章节里将一直沿用如下记号:

$$D_j \overset{\text{def}}{=\!=} \frac{1}{i}\partial_{x_j}, \quad D = (D_1, \cdots, D_n).$$

命题 3.1.1 设 $f, g \in \mathscr{S}(\mathbb{R}^n)$,

(1) 设 $\overline{f}$ 表示 f 的共轭, 则成立

$$\overline{\mathscr{F}[f](\xi)} = \mathscr{F}^{-1}[\overline{f}], \quad \mathscr{F}[\overline{f}](\xi) = \overline{\mathscr{F}^{-1}[f]}.$$

(2) $\mathscr{F}[D_j f](\xi) = \xi_j \widehat{f}(\xi)$, 一般地, 对任意 $\alpha \in \mathbb{N}^n$ 成立

$$\mathscr{F}[D^\alpha f](\xi) = \xi^\alpha \widehat{f}(\xi).$$

(3) $\mathscr{F}[x_j f](\xi) = -D_j \widehat{f}(\xi)$, 一般地, 对任意 $\alpha \in \mathbb{N}^n$ 成立

$$\mathscr{F}[x^\alpha f](\xi) = (-1)^{|\alpha|} D^\alpha \widehat{f}(\xi).$$

证明 (1) 由定义 3.1.1 知

$$\overline{\mathscr{F}[f](\xi)} = (2\pi)^{-\frac{n}{2}} \int_{\mathbb{R}^n} \overline{f(x)} e^{ix\cdot\xi} \mathrm{d}x = \mathscr{F}^{-1}[\overline{f}],$$

$$\mathscr{F}[\overline{f}](\xi) = (2\pi)^{-\frac{n}{2}} \int_{\mathbb{R}^n} \overline{f(x)} e^{-ix\cdot\xi} \mathrm{d}x = (2\pi)^{-\frac{n}{2}} \overline{\int_{\mathbb{R}^n} f(x) e^{ix\cdot\xi} \mathrm{d}\xi} = \overline{\mathscr{F}^{-1}[f]}.$$

(2) 利用分部积分公式, 我们得到

$$\begin{aligned}
\mathscr{F}[D_j f](\xi) &= (2\pi)^{-\frac{n}{2}} \int_{\mathbb{R}^n} e^{-ix\cdot\xi} \frac{1}{i}\partial_{x_j} f(x) \mathrm{d}x \\
&= -(2\pi)^{-\frac{n}{2}} \int_{\mathbb{R}^n} f(x) \frac{1}{i}\partial_{x_j} (e^{-ix\cdot\xi}) \mathrm{d}x \\
&= (2\pi)^{-\frac{n}{2}} \int_{\mathbb{R}^n} f(x) \xi_j e^{-ix\cdot\xi} \mathrm{d}x \\
&= \xi_j \widehat{f}(\xi).
\end{aligned}$$

(3) 注意到 $D_{\xi_j} e^{-ix\cdot\xi} = -x_j e^{-ix\cdot\xi}$, 从而成立

$$\begin{aligned}
\mathscr{F}[x_j f](\xi) &= (2\pi)^{-\frac{n}{2}} \int_{\mathbb{R}^n} e^{-ix\cdot\xi} x_j f(x) \mathrm{d}x \\
&= -(2\pi)^{-\frac{n}{2}} \int_{\mathbb{R}^n} f(x) D_{\xi_j} (e^{-ix\cdot\xi}) \mathrm{d}x \\
&= -D_{\xi_j} (2\pi)^{-\frac{n}{2}} \int_{\mathbb{R}^n} f(x) e^{-ix\cdot\xi} \mathrm{d}x \\
&= -D_j \widehat{f}(\xi).
\end{aligned}$$

命题证毕.　　　　　　　　　　　　　　　　　　　　　　　　　　　　　□

定理 3.1.2　Fourier 变换建立了从 $\mathscr{S}(\mathbb{R}^n)$ 到 $\mathscr{S}(\mathbb{R}^n)$ 的连续映射.

证明　对任意 $f \in \mathscr{S}(\mathbb{R}^n)$, 先证明 $\widehat{f} \in \mathscr{S}(\mathbb{R}^n)$.

显然 $\widehat{f} \in C^{\infty}(\mathbb{R}^n)$, 对任意的 α, $\beta \in \mathbb{N}^n$, 由 $f \in \mathscr{S}(\mathbb{R}^n)$ 知 $D^{\alpha}(x^{\beta}f) \in \mathscr{S}(\mathbb{R}^n)$, 从而得到 $\displaystyle\int_{\mathbb{R}^n} D^{\alpha}(x^{\beta}f)e^{-ix\cdot\xi}\mathrm{d}x$ 绝对一致收敛.

而 $(-1)^{\beta}\xi^{\alpha}D^{\beta}\widehat{f} = \displaystyle\int_{\mathbb{R}^n} D^{\alpha}(x^{\beta}f)e^{-ix\cdot\xi}\mathrm{d}x$, 且对任意 $k \in \mathbb{N}$,

$$(1 + |x|^2)^k |D^{\alpha}(x^{\beta}f)|$$

在 $\mathbb{R}^n$ 上一致有界, 从而对充分大的 k 成立

$$
\begin{aligned}
|\xi^{\alpha}D^{\beta}\widehat{f}| &\leqslant (2\pi)^{-\frac{n}{2}} \int_{\mathbb{R}^n} \left| D^{\alpha}(x^{\beta}f) \right| \mathrm{d}x \\
&\leqslant (2\pi)^{-\frac{n}{2}} \int_{\mathbb{R}^n} \frac{1}{(1 + |x|^2)^k}(1 + |x|^2)^k \left| D^{\alpha}(x^{\beta}f) \right| \mathrm{d}x \\
&\leqslant C \sup_{x\in\mathbb{R}^n} (1 + |x|^2)^k |D^{\alpha}(x^{\beta}f)|.
\end{aligned}
\tag{3.1.3}
$$

故 $\widehat{f} \in \mathscr{S}(\mathbb{R}^n)$.

下面证明 Fourier 变换是从 $\mathscr{S}(\mathbb{R}^n)$ 到 $\mathscr{S}(\mathbb{R}^n)$ 的连续映射.

若 $\{f_{\nu}\}_{\nu\in\mathbb{N}} \subset \mathscr{S}(\mathbb{R}^n)$, 当 $\nu \to \infty$ 时 $f_{\nu} \to 0$ $(\mathscr{S}(\mathbb{R}^n))$, 则对任意 α, $\beta \in \mathbb{N}^n$, 取充分大的 k, 由(3.1.3)式知

$$\left| \xi^{\alpha}D^{\beta}\widehat{f_{\nu}} \right| \leqslant C \sup_{x\in\mathbb{R}^n} \left[(1 + |x|^2)^k |D^{\alpha}(x^{\beta}f_{\nu})| \right] \to 0.$$

从而 $\widehat{f_{\nu}} \to 0$ $(\mathscr{S}(\mathbb{R}^n))$.

故 $\mathscr{F} : f \to \widehat{f}$ 为从 $\mathscr{S}(\mathbb{R}^n)$ 到 $\mathscr{S}(\mathbb{R}^n)$ 的连续线性算子.　　　□

注　完全类似地, $\mathscr{F}^{-1} : f \to \mathscr{F}^{-1}[f]$ 也为从 $\mathscr{S}(\mathbb{R}^n)$ 到 $\mathscr{S}(\mathbb{R}^n)$ 的连续线性算子.

注意到对 $f \in \mathscr{S}(\mathbb{R}^n)$, $\widehat{f} \in \mathscr{S}(\mathbb{R}^n)$. 从而对 $\widehat{f}$ 仍然可以应用 Fourier 变换或逆变换. 回顾例 3.1.1, 我们证明下面的反演公式. 它指出算子 $\mathscr{F}$ 与 $\mathscr{F}^{-1}$ 是互逆的.

定理 3.1.3 (反演公式)　对任意 $f \in \mathscr{S}(\mathbb{R}^n)$ 成立

$$\mathscr{F}^{-1}[\mathscr{F}[f]] = f. \tag{3.1.4}$$

证明 对任意 $f,\, g \in \mathscr{S}(\mathbb{R}^n)$, 知

$$\int_{\mathbb{R}^n} e^{ix\cdot\xi} \widehat{f}(\xi) g(\xi) \mathrm{d}\xi = (2\pi)^{-\frac{n}{2}} \int_{\mathbb{R}^n} e^{ix\cdot\xi} g(\xi) \int_{\mathbb{R}^n} e^{-iy\cdot\xi} f(y) \mathrm{d}y \, \mathrm{d}\xi$$

$$= \int_{\mathbb{R}^n} f(y) (2\pi)^{-\frac{n}{2}} \int_{\mathbb{R}^n} e^{-i(y-x)\cdot\xi} g(\xi) \mathrm{d}\xi \, \mathrm{d}y$$

$$= \int_{\mathbb{R}^n} f(y) \widehat{g}(y-x) \mathrm{d}y = \int_{\mathbb{R}^n} f(x+z) \widehat{g}(z) \mathrm{d}z. \qquad (3.1.5)$$

易知 $\widehat{g(\varepsilon\xi)}(z) = \dfrac{1}{\varepsilon^n} \widehat{g}\left(\dfrac{z}{\varepsilon}\right)$, 实际上由变量代换, 我们得到

$$\widehat{g(\varepsilon\xi)}(z) = (2\pi)^{-\frac{n}{2}} \int_{\mathbb{R}^n} e^{-i\xi\cdot z} g(\varepsilon\xi) \mathrm{d}\xi$$

$$= \frac{1}{\varepsilon^n} (2\pi)^{-\frac{n}{2}} \int_{\mathbb{R}^n} e^{-i\eta\cdot\frac{z}{\varepsilon}} g(\eta) \mathrm{d}\eta = \frac{1}{\varepsilon^n} \widehat{g}\left(\frac{z}{\varepsilon}\right).$$

从而由(3.1.5)式知

$$\int_{\mathbb{R}^n} \widehat{f}(\xi) g(\varepsilon\xi) e^{ix\cdot\xi} \mathrm{d}\xi = \int_{\mathbb{R}^n} f(x+z) \frac{1}{\varepsilon^n} \widehat{g}\left(\frac{z}{\varepsilon}\right) \mathrm{d}z = \int_{\mathbb{R}^n} f(x+\varepsilon y) \widehat{g}(y) \mathrm{d}y.$$

于是令 $\varepsilon \to 0$ 知

$$g(0) \int_{\mathbb{R}^n} \widehat{f}(\xi) e^{ix\cdot\xi} \, \mathrm{d}\xi = \int_{\mathbb{R}^n} f(x) \widehat{g}(y) \mathrm{d}y = f(x) \int_{\mathbb{R}^n} \widehat{g}(y) \mathrm{d}y.$$

取 $g(x) = e^{-\frac{|x|^2}{2}}$, 从而 $g(0) = 1$, $\widehat{g}(\xi) = e^{-\frac{|\xi|^2}{2}}$, 而由例 3.1.1 知 $\displaystyle\int_{\mathbb{R}^n} \widehat{g}(y) \mathrm{d}y = (2\pi)^{\frac{n}{2}}$, 故

$$\int_{\mathbb{R}^n} \widehat{f}(\xi) e^{ix\cdot\xi} \mathrm{d}\xi = (2\pi)^{\frac{n}{2}} f(x),$$

亦即 $\mathscr{F}^{-1}[\widehat{f}] = f$. $\qquad\square$

注 显然亦成立 $\mathscr{F}[\widehat{f}] \in \mathscr{S}(\mathbb{R}^n)$, 习题 3.6.5 给出了它的计算.

由反演公式与定理 3.1.2 可知

推论 3.1.4 (同构对应) Fourier 变换与 Fourier 逆变换建立了从 $\mathscr{S}(\mathbb{R}^n)$ 到 $\mathscr{S}(\mathbb{R}^n)$ 的同构对应.

命题 3.1.5 下设 $f,\, g \in \mathscr{S}(\mathbb{R}^n)$, 则成立

(1) $\mathscr{F}[f * g](\xi) = (2\pi)^{\frac{n}{2}} \widehat{f}(\xi) \widehat{g}(\xi)$;

(2) $\mathscr{F}[fg](\xi) = (2\pi)^{-\frac{n}{2}} \widehat{f} * \widehat{g}(\xi)$.

证明 (1) 注意若 $f, g \in \mathscr{S}(\mathbb{R}^n)$, 则 $f * g \in \mathscr{S}(\mathbb{R}^n)$ (例 1.3.3).

$$\mathscr{F}[f * g](\xi) = (2\pi)^{-\frac{n}{2}} \int_{\mathbb{R}^n} e^{-ix\cdot\xi} f * g(x)\mathrm{d}x$$

$$= (2\pi)^{-\frac{n}{2}} \int_{\mathbb{R}^n} e^{-ix\cdot\xi} \int_{\mathbb{R}^n} f(y)g(x-y)\mathrm{d}y\,\mathrm{d}x$$

$$= \int_{\mathbb{R}^n} f(y)e^{-iy\cdot\xi}(2\pi)^{-\frac{n}{2}} \int_{\mathbb{R}^n} e^{-i(x-y)\cdot\xi} g(x-y)\mathrm{d}x\,\mathrm{d}y$$

$$= (2\pi)^{\frac{n}{2}} \widehat{f}(\xi)\widehat{g}(\xi).$$

(2) 由定理 3.1.3 知 $g(x) = \mathscr{F}^{-1}[\widehat{g}](x)$, 故而

$$\mathscr{F}[fg](\xi) = (2\pi)^{-\frac{n}{2}} \int_{\mathbb{R}^n} e^{-ix\cdot\xi} f(x)\mathscr{F}^{-1}[\widehat{g}](x)\mathrm{d}x$$

$$= (2\pi)^{-n} \int_{\mathbb{R}^n} e^{-ix\cdot\xi} f(x) \int_{\mathbb{R}^n} e^{ix\cdot\zeta}\widehat{g}(\zeta)\mathrm{d}\zeta\,\mathrm{d}x$$

$$= (2\pi)^{-\frac{n}{2}} \int_{\mathbb{R}^n} \widehat{g}(\zeta)(2\pi)^{-\frac{n}{2}} \int_{\mathbb{R}^n} e^{-ix\cdot(\xi-\zeta)} f(x)\mathrm{d}x\,\mathrm{d}\zeta$$

$$= (2\pi)^{-\frac{n}{2}} \int_{\mathbb{R}^n} \widehat{g}(\zeta)\widehat{f}(\xi-\zeta)\mathrm{d}\zeta = (2\pi)^{-\frac{n}{2}} \widehat{f} * \widehat{g}(\xi).$$

命题证毕. $\square$

在本节最后我们证明重要的 Parseval 等式.

定理 3.1.6 (Parseval 等式) 对任意 $f, g \in \mathscr{S}(\mathbb{R}^n)$ 成立

$$\int_{\mathbb{R}^n} f(x)\overline{g}(x)\mathrm{d}x = \int_{\mathbb{R}^n} \widehat{f}(x)\overline{\widehat{g}(x)}\mathrm{d}x. \tag{3.1.6}$$

证明 我们先证明 $\int_{\mathbb{R}^n} \widehat{f}g\,\mathrm{d}\xi = \int_{\mathbb{R}^n} f\widehat{g}\,\mathrm{d}\xi$.

$$\int_{\mathbb{R}^n} \widehat{f}g\,\mathrm{d}\xi = (2\pi)^{-\frac{n}{2}} \int_{\mathbb{R}^n_\xi} \int_{\mathbb{R}^n_x} e^{-ix\cdot\xi} f(x)\mathrm{d}x\,g(\xi)\mathrm{d}\xi$$

$$= \int_{\mathbb{R}^n_x} f(x)(2\pi)^{-\frac{n}{2}} \int_{\mathbb{R}^n_\xi} e^{-ix\cdot\xi} g(\xi)\mathrm{d}\xi\,\mathrm{d}x$$

$$= \int_{\mathbb{R}^n} f(x)\widehat{g}(x)\mathrm{d}x.$$

而由 $g = \mathscr{F}^{-1}[\widehat{g}]$ 与命题 3.1.1(1) 知 $\overline{g(x)} = \overline{\mathscr{F}^{-1}[\widehat{g}]} = \mathscr{F}[\overline{\widehat{g}}]$, 从而成立

$$\int_{\mathbb{R}^n} f(x)\overline{g}(x)\mathrm{d}x = \int_{\mathbb{R}^n} f(x)\mathscr{F}[\overline{\widehat{g}}]\mathrm{d}x = \int_{\mathbb{R}^n} \widehat{f}(x)\overline{\widehat{g}(x)}\mathrm{d}x.$$

定理证毕. $\square$

3.2 $\mathscr{S}'(\mathbb{R}^n)$ 上的 Fourier 变换

定义 3.2.1($\mathscr{S}'(\mathbb{R}^n)$ 上的 Fourier 变换) 设 $T \in \mathscr{S}'(\mathbb{R}^n)$, 定义 T 的 Fourier 变换 $\mathscr{F}[T] = \widehat{T}$ 为

$$\langle \widehat{T}, \varphi \rangle \overset{\text{def}}{=\!=} \langle T, \widehat{\varphi} \rangle, \quad \forall\, \varphi \in \mathscr{S}(\mathbb{R}^n). \tag{3.2.1}$$

定义 3.2.2($\mathscr{S}'(\mathbb{R}^n)$ 上的 Fourier 逆变换) 设 $T \in \mathscr{S}'(\mathbb{R}^n)$, 定义 T 的 Fourier 逆变换 $\mathscr{F}^{-1}[T]$ 为

$$\langle \mathscr{F}^{-1}[T], \varphi \rangle \overset{\text{def}}{=\!=} \langle T, \mathscr{F}^{-1}[\varphi] \rangle, \quad \forall\, \varphi \in \mathscr{S}(\mathbb{R}^n). \tag{3.2.2}$$

我们注意到, 若 $\varphi_\nu \to 0\ (\mathscr{S}(\mathbb{R}^n))$, 则成立 $\widehat{\varphi_\nu} \to 0\ (\mathscr{S}(\mathbb{R}^n))$. 从而由定义 3.2.1 知 $\widehat{T} \in \mathscr{S}'(\mathbb{R}^n)$, 同样 $\mathscr{F}^{-1}[T] \in \mathscr{S}'(\mathbb{R}^n)$. 特别地, 若 $T \in \mathscr{S}(\mathbb{R}^n)$, $\langle \widehat{T}, \varphi \rangle = \langle T, \widehat{\varphi} \rangle$ 亦成立.

命题 3.2.1 设 $T \in \mathscr{S}'(\mathbb{R}^n)$, 则成立
(1) (反演公式) $\mathscr{F}^{-1}[\widehat{T}] = T$, $\widehat{\mathscr{F}^{-1}[T]} = T$;
(2) $\mathscr{F}[D_j T] = \xi_j \mathscr{F}[T]$, 一般地, 对任意 $\alpha \in \mathbb{N}^n$ 成立 $\widehat{D^\alpha T} = \xi^\alpha \widehat{T}$;
(3) $\mathscr{F}[x_j T] = -D_j \mathscr{F}[T]$, 一般地, 对任意 $\alpha \in \mathbb{N}^n$ 成立 $\widehat{x^\alpha T} = (-1)^{|\alpha|} D^\alpha \widehat{T}$.

证明 (1) 对任意 $\varphi \in \mathscr{S}(\mathbb{R}^n)$, 由定义 3.2.1 与定义 3.2.2 推出

$$\langle \mathscr{F}^{-1}[\widehat{T}], \varphi \rangle = \langle \widehat{T}, \mathscr{F}^{-1}[\varphi] \rangle = \langle T, \widehat{\mathscr{F}^{-1}[\varphi]} \rangle = \langle T, \varphi \rangle.$$

(2) 对任意的 $\varphi \in \mathscr{S}(\mathbb{R}^n)$, 成立

$$\langle \mathscr{F}[D_j T], \varphi \rangle = \langle D_j T, \widehat{\varphi} \rangle = -\langle T, D_j \widehat{\varphi} \rangle = -\langle T, \widehat{-\xi_j \varphi} \rangle$$
$$= \langle \widehat{T}, \xi_j \varphi \rangle = \langle \xi_j \widehat{T}, \varphi \rangle.$$

显然 $\xi_j \in O_M(\mathbb{R}^n)$, 从而上面的演算是良定义的.
(3) 的证明与 (2) 完全类似, 故从略. $\square$

同样, Fourier 变换同样也诱导了 $\mathscr{S}'(\mathbb{R}^n)$ 的自同构.

定理 3.2.2 $\mathscr{F}$, $\mathscr{F}^{-1}$ 是 $\mathscr{S}'(\mathbb{R}^n) \to \mathscr{S}'(\mathbb{R}^n)$ 的同构.

证明   我们已知若 $T \in \mathscr{S}'(\mathbb{R}^n)$, 则 $\widehat{T} \in \mathscr{S}'(\mathbb{R}^n)$, $\mathscr{F}^{-1}[T] \in \mathscr{S}'(\mathbb{R}^n)$. 类似定理 3.1.2 的证明, 我们仅需证明映射的连续性.

若 $T_\nu \to 0$ $(\mathscr{S}'(\mathbb{R}^n))$, 则对任意 $\varphi \in \mathscr{S}(\mathbb{R}^n)$ 成立

$$\langle \mathscr{F}[T_\nu], \varphi \rangle = \langle T_\nu, \widehat{\varphi} \rangle \to 0.$$

从而 $\mathscr{F}[T_\nu] \to 0$ $(\mathscr{S}'(\mathbb{R}^n))$, 定理证毕. $\square$

广义函数的 Fourier 变换将卷积 (乘积) 运算化为乘积 (卷积) 运算, 但是有附加条件, 如

命题 3.2.3   若 $T \in \mathscr{S}'(\mathbb{R}^n)$, $\varphi \in \mathscr{S}(\mathbb{R}^n)$, 则 $\widehat{T * \varphi} = (2\pi)^{\frac{n}{2}} \widehat{T} \widehat{\varphi}$.

证明   由定理 2.4.4 和定理 2.5.2 知 $T * \varphi(x) = \langle T_y, \varphi(x - y) \rangle$, $T * \varphi \in O_M(\mathbb{R}^n) \subset \mathscr{S}'(\mathbb{R}^n)$, 故定理中出现的记号都是良定义的.

对任意 $\phi \in \mathscr{S}(\mathbb{R}^n)$, 由定义 3.2.1 知

$$\langle \widehat{T * \varphi}, \phi \rangle = \langle T * \varphi, \widehat{\phi} \rangle = \int_{\mathbb{R}^n} \langle T_y, \varphi(x - y) \rangle \widehat{\phi}(x) \mathrm{d}x$$

$$= \left\langle T_y, \int_{\mathbb{R}^n} \varphi(x - y) \widehat{\phi}(x) \mathrm{d}x \right\rangle = \langle T, \overset{\triangledown}{\varphi} * \widehat{\phi} \rangle.$$

而 $\overset{\triangledown}{\varphi} = \mathscr{F}\big[\mathscr{F}^{-1}[\varphi]\big] = \mathscr{F}[\mathscr{F}[\varphi]]$, 故应用命题 3.1.1 以及 $\widehat{\varphi} \in \mathscr{S}(\mathbb{R}^n) \subset O_M(\mathbb{R}^n)$ 知成立

$$\langle \widehat{T * \varphi}, \phi \rangle = \langle T, \mathscr{F}[\mathscr{F}[\varphi]] * \widehat{\phi} \rangle = (2\pi)^{\frac{n}{2}} \langle T, \mathscr{F}[\widehat{\varphi}\phi] \rangle$$

$$= (2\pi)^{\frac{n}{2}} \langle \widehat{T}, \widehat{\varphi}\phi \rangle = (2\pi)^{\frac{n}{2}} \langle \widehat{\varphi}\widehat{T}, \phi \rangle.$$

从而命题证毕. $\square$

以下我们给出一些例子, 具体计算某些分布的 Fourier 变换.

例 3.2.1 δ 满足 $\widehat{\delta(x - a)} = (2\pi)^{-\frac{n}{2}} e^{-ia\cdot\xi}$.

证明   实际上, 对任意 $\varphi \in \mathscr{S}(\mathbb{R}^n)$ 成立

$$\langle \widehat{\delta(x - a)}, \varphi \rangle = \langle \delta(x - a), \widehat{\varphi} \rangle = \widehat{\varphi}(a) = \frac{1}{(2\pi)^{\frac{n}{2}}} \int_{\mathbb{R}^n} e^{-ia\cdot\xi} \varphi(\xi) \mathrm{d}\xi$$

$$= \frac{1}{(2\pi)^{\frac{n}{2}}} \langle e^{-ia\cdot\xi}, \varphi \rangle.$$ $\square$

例 3.2.2 $\widehat{1} = (2\pi)^{\frac{n}{2}} \delta$.

证明 事实上, 对任意 $\varphi \in \mathscr{S}(\mathbb{R}^n)$ 成立

$$\langle \widehat{1}, \varphi \rangle = \langle 1, \widehat{\varphi} \rangle = \int_{\mathbb{R}^n} \widehat{\varphi}(x)\mathrm{d}x = (2\pi)^{\frac{n}{2}} \frac{1}{(2\pi)^{\frac{n}{2}}} \int_{\mathbb{R}^n} e^{i0 \cdot x} \widehat{\varphi} \, \mathrm{d}x$$

$$= (2\pi)^{\frac{n}{2}} \varphi(0) = \langle (2\pi)^{\frac{n}{2}} \delta, \varphi \rangle. \qquad \square$$

例 3.2.3 计算 $\sin(ax)$ 的 Fourier 变换, 其中 $a > 0$, $x \in \mathbb{R}$.

证明 注意到 $\sin(ax) = \dfrac{1}{2i}(e^{iax} - e^{-iax})$, 故下面仅计算 $\widehat{e^{iax}}$.

对任意 $\varphi \in \mathscr{S}(\mathbb{R})$ 成立

$$\langle \widehat{e^{iax}}, \varphi \rangle = \langle e^{iax}, \widehat{\varphi} \rangle = \int_{\mathbb{R}} e^{iax} \widehat{\varphi}(x)\mathrm{d}x = (2\pi)^{\frac{1}{2}}\varphi(a) = \langle (2\pi)^{\frac{1}{2}}\delta(x-a), \varphi \rangle.$$

故 $\widehat{e^{iax}} = (2\pi)^{\frac{1}{2}}\delta(x-a)$.

由此推知 $\mathscr{F}[\sin(ax)](\xi) = -i\sqrt{\dfrac{\pi}{2}}\big(\delta(\xi - a) - \delta(\xi + a)\big).$ $\qquad \square$

例 3.2.4 求 $\mathrm{P.V.}\left(\dfrac{1}{x}\right)$ 的 Fourier 变换.

证明 首先我们注意到

$$\left\langle \mathrm{P.V.}\left(\frac{1}{x}\right), \varphi \right\rangle = \lim_{\varepsilon \to 0} \int_{|x| \geqslant \varepsilon} \frac{\varphi(x)}{x}\mathrm{d}x.$$

如下我们记 $f(\xi) \stackrel{\text{def}}{=\!=} \mathscr{F}\left[\mathrm{P.V.}\left(\dfrac{1}{x}\right)\right]$, 则 $D_\xi f(\xi) = -\mathscr{F}\left[x \cdot \mathrm{P.V.}\left(\dfrac{1}{x}\right)\right]$. 由于对任意的 $\varphi \in \mathscr{S}(\mathbb{R}^n)$,

$$\left\langle x \cdot \mathrm{P.V.}\left(\frac{1}{x}\right), \varphi \right\rangle = \lim_{\varepsilon \to 0} \int_{|x| > \varepsilon} \frac{x\varphi(x)}{x}\mathrm{d}x = \int_{\mathbb{R}} \varphi(x)\mathrm{d}x = \langle 1, \varphi \rangle.$$

故由例 3.2.2 知

$$D_\xi f = \mathscr{F}[-1] = -(2\pi)^{\frac{1}{2}}\delta = -(2\pi)^{\frac{1}{2}}H'(\xi) = -\frac{1}{2}(2\pi)^{\frac{1}{2}}(\mathrm{sgn}(\xi) + C)',$$

其中

$$\mathrm{sgn}(\xi) = \begin{cases} 1, & \text{若 } \xi > 0, \\ -1, & \text{若 } \xi < 0. \end{cases}$$

从而 $f(\xi) = -i\sqrt{\dfrac{\pi}{2}}(\mathrm{sgn}(\xi) + C).$

另一方面, 由 Parseval 等式知

$$\left\langle f(\xi), e^{-\frac{\xi^2}{2}} \right\rangle = \left\langle \mathrm{P.V.}\left(\frac{1}{x}\right), e^{-\frac{x^2}{2}} \right\rangle = 0,$$

故 $C = 0$, 即 $\mathscr{F}\left[\mathrm{P.V.}\left(\frac{1}{x}\right)\right] = -i\sqrt{\frac{\pi}{2}}\mathrm{sgn}\xi.$ □

3.3   部分 Fourier 变换

对 $x \in \mathbb{R}^{m+n}$, 我们可以把 x 分裂为 $x = (x', x'')$, 其中 $x' \in \mathbb{R}^m$, $x'' \in \mathbb{R}^n$. 一个自然的想法是, 对 $f \in \mathscr{S}(\mathbb{R}^{m+n})$ 或 $\mathscr{S}'(\mathbb{R}^{m+n})$, 我们能不能仅对前 m 个分量 x' 作 Fourier 变换呢? 如果这样是可行的, 我们得到的分布与前两节定义的 $\mathscr{F}[f]$ 又有什么联系?

3.3.1   速降函数 $\mathscr{S}(\mathbb{R}^n)$ 的部分 Fourier 变换

我们先考虑 f 是 Schwartz 函数的情况. 以下假设 x 是 $\mathbb{R}^m$ 中的变量, 而 y 是 $\mathbb{R}^n$ 中的变量. 考虑映射 $f : (x, y) \mapsto f(x, y)$ 且 $f \in \mathscr{S}(\mathbb{R}^{m+n})$. 易知对任意给定的 $y \in \mathbb{R}^n$, $f(x, y) \in \mathscr{S}(\mathbb{R}^m)$. 从而我们可以定义 $f(x, y)$ 关于 x 分量的部分 Fourier 变换如下:

定义 3.3.1(关于 x 变量的部分 Fourier 变换)   对任意 $f(x, y) \in \mathscr{S}(\mathbb{R}^{m+n})$, 定义 f 关于 x 的部分 Fourier 变换为

$$\mathscr{F}_x[f(x, y)](\xi, y) \overset{\text{def}}{=\!=} \frac{1}{(2\pi)^{\frac{m}{2}}} \int_{\mathbb{R}^m} e^{-ix\cdot\xi} f(x, y)\mathrm{d}x. \tag{3.3.1}$$

类似地定义部分 Fourier 逆变换.

定义 3.3.2(关于 ξ 变量的部分 Fourier 逆变换)   对任意 $f(\xi, y) \in \mathscr{S}(\mathbb{R}^{m+n})$, 定义 f 关于 ξ 的部分 Fourier 逆变换为

$$\mathscr{F}_\xi^{-1}[f(\xi, y)](x, y) \overset{\text{def}}{=\!=} \frac{1}{(2\pi)^{\frac{m}{2}}} \int_{\mathbb{R}^m} e^{ix\cdot\xi} f(\xi, y)\mathrm{d}\xi. \tag{3.3.2}$$

容易证明如下等式.

定理 3.3.1   对任意的 $f(x, y) \in \mathscr{S}(\mathbb{R}^{m+n})$, 下面的等式均成立:
(1) $f(x, y) = \mathscr{F}_\xi^{-1}\big[\mathscr{F}_x[f(x, y)](\xi, y)\big](x, y) = \mathscr{F}_\xi\big[\mathscr{F}_x^{-1}[f(x, y)](\xi, y)\big](x, y);$
(2) $\mathscr{F}[f](x, y) = \mathscr{F}_y\mathscr{F}_x[f](x, y) = \mathscr{F}_x\mathscr{F}_y[f](x, y).$
我们证明部分 Fourier 变换的另一个性质.

命题 3.3.2 设 $\{f_\nu\}_{\nu\in\mathbb{N}} \subset \mathscr{S}(\mathbb{R}^{m+n})$ 且 $\lim\limits_{\nu\to\infty} f_\nu = 0 \ (\mathscr{S}(\mathbb{R}^{m+n}))$, 则

$$\lim_{\nu\to\infty} \mathscr{F}_x[f_\nu] = \lim_{\nu\to\infty} \mathscr{F}_x^{-1}[f_\nu] = 0 \ (\mathscr{S}(\mathbb{R}^{m+n})). \tag{3.3.3}$$

证明 我们仅证明(3.3.3)式的第一个等式, 第二个等式的证明完全类似.

记 $\sigma_\nu(\xi, y) \overset{\text{def}}{=\!=} \mathscr{F}_x[f_\nu(x, y)](\xi, y)$ 且令 β, $\gamma \in \mathbb{N}^m$, λ, $\mu \in \mathbb{N}^n$ 为重指标, 则对任意固定的 y 成立如下估计:

$$\left| \xi^\gamma y^\lambda D_y^\mu D_\xi^\beta \sigma_\nu(\xi, y) \right| = \frac{1}{(2\pi)^{\frac{m}{2}}} \left| \xi^\gamma y^\lambda D_y^\mu D_\xi^\beta \int_{\mathbb{R}^m} e^{-ix\cdot\xi} f_\nu(x, y)\mathrm{d}x \right|$$

$$\leqslant C \sup \left| y^\lambda (1 + |x|)^{m+1} D_x^\gamma \left((-x)^\beta D_y^\mu f_\nu(x, y) \right) \right|, \tag{3.3.4}$$

其中 $C = (2\pi)^{-\frac{m}{2}} \int_{\mathbb{R}^m} (1+|x|)^{-(m+1)}\mathrm{d}x$. 从而由 $\{f_\nu\}_{\nu\in\mathbb{N}}$ 的收敛性证明了(3.3.3)式的第一个等式. $\qquad\qquad\qquad\qquad\qquad\qquad\qquad\qquad\qquad\qquad\qquad\Box$

注 由(3.3.4)式可知, 若 $f \in \mathscr{S}(\mathbb{R}^{m+n})$, 则 $\mathscr{F}_x[f]$, $\mathscr{F}_x^{-1}[f] \in \mathscr{S}(\mathbb{R}^{m+n})$.

3.3.2 Schwartz 分布 $\mathscr{S}'(\mathbb{R}^n)$ 的部分 Fourier 变换

定义 3.3.3(Schwartz 分布的部分 Fourier 变换) 设 x, y 分别表示 $\mathbb{R}^m$, $\mathbb{R}^n$ 中的变量, 且设 $T \in \mathscr{S}'(\mathbb{R}^{m+n})$, 定义 T 关于 x 的部分 Fourier 变换 $\mathscr{F}_x[T]$ 为: 对任意 $\varphi(x, y) \in \mathscr{S}(\mathbb{R}^{m+n})$ 成立

$$\langle \mathscr{F}_x[T], \varphi(x, y) \rangle = \langle T, \mathscr{F}_x[\varphi(x, y)] \rangle, \tag{3.3.5}$$

其中 $\mathscr{F}_x[\varphi(x, y)]$ 由(3.3.1)式定义.

类似地, T 关于 ξ 的部分 Fourier 逆变换 $\mathscr{F}_\xi^{-1}[T]$ 为: 对任意 $\varphi(\xi, y) \in \mathscr{S}(\mathbb{R}^{m+n})$ 成立

$$\langle \mathscr{F}_\xi^{-1}[T], \varphi(\xi, y) \rangle = \langle T, \mathscr{F}_\xi^{-1}[\varphi(\xi, y)] \rangle, \tag{3.3.6}$$

其中 $\mathscr{F}_\xi^{-1}[\varphi(\xi, y)]$ 由(3.3.2)式定义.

由 $\mathscr{S}(\mathbb{R}^n)$ 上的部分 Fourier 变换知成立下面的命题.

命题 3.3.3 设 x, y 分别表示 $\mathbb{R}^m$, $\mathbb{R}^n$ 中的变量, 且设 $T \in \mathscr{S}'(\mathbb{R}^{m+n})$, 则

(1) $\mathscr{F}_x[T]$, $\mathscr{F}_x^{-1}[T] \in \mathscr{S}'(\mathbb{R}^{m+n})$;

(2) $\mathscr{F}[T] = \mathscr{F}_x[\mathscr{F}_y[T]] = \mathscr{F}_y[\mathscr{F}_x[T]]$, 类似地 $\mathscr{F}^{-1}[T] = \mathscr{F}_x^{-1}[\mathscr{F}_y^{-1}[T]]$ $= \mathscr{F}_y^{-1}[\mathscr{F}_x^{-1}[T]]$.

下面我们处理广义函数张量积的 Fourier 变换.

定理 3.3.4　设 $S \in \mathscr{S}'(\mathbb{R}^m)$, $T \in \mathscr{S}'(\mathbb{R}^n)$, x, y 分别表示 $\mathbb{R}^m$, $\mathbb{R}^n$ 中的变量, 则成立

$$\mathscr{F}_{(x,y)}[S \otimes T] = (\mathscr{F}_x[S]) \otimes (\mathscr{F}_y[T]),$$

亦即 $\mathscr{F}[S \otimes T] = (\mathscr{F}_x[S]) \otimes (\mathscr{F}_y[T])$.

证明　显然 $\mathscr{F}[S \otimes T]$ 与 $(\mathscr{F}_x[S]) \otimes (\mathscr{F}_y[T])$ 都良定义, 且是 $\mathscr{S}'(\mathbb{R}^{m+n})$ 广义函数, 利用 $\mathscr{D}(\mathbb{R}^{m+n})$ 在 $\mathscr{S}(\mathbb{R}^{m+n})$ 中的稠密性知, 仅需对任意的 $\varphi \in \mathscr{D}(\mathbb{R}^{m+n})$, 成立

$$\langle \mathscr{F}[S \otimes T], \varphi \rangle = \langle (\mathscr{F}_x[S]) \otimes (\mathscr{F}_y[T]), \varphi \rangle.$$

事实上, 由定义 2.2.2 与定理 3.3.1 知

$$\begin{aligned}
\langle \mathscr{F}[S \otimes T], \varphi \rangle &= \langle S \otimes T, \mathscr{F}[\varphi] \rangle = \left\langle T_y, \langle S_x, \mathscr{F}_x[\mathscr{F}_y[\varphi]] \rangle \right\rangle \\
&= \left\langle T_y, \langle \mathscr{F}_x[S_x], \mathscr{F}_y[\varphi] \rangle \right\rangle = \left\langle \mathscr{F}_x[S_x], \langle T_y, \mathscr{F}_y[\varphi] \rangle \right\rangle \\
&= \left\langle \mathscr{F}_x[S_x], \langle \mathscr{F}_y[T_y], \varphi \rangle \right\rangle = \langle (\mathscr{F}_x[S]) \otimes (\mathscr{F}_y[T]), \varphi \rangle.
\end{aligned}$$

从而定理证毕.   □

3.4　紧支集广义函数的 Fourier 变换

我们首先推广全纯函数的概念 (全纯函数的定义见附录 A 定义 A.5).

定义 3.4.1 (全纯映射、全纯复变量函数)　设开集 $U \subset \mathbb{C}^n$, E 是拓扑线性空间, 若 $f : U \to E$ 满足对任意的 $\zeta_0 \in U$, 存在 $\gamma > 0$, 使得对任意 ζ 满足 $|\zeta - \zeta_0| < \gamma$, 成立

$$f(\zeta) = \sum_{\alpha \in \mathbb{N}^n} a_\alpha (\zeta - \zeta_0)^\alpha,$$

其中 $a_\alpha \in E$ 且上述级数在 E 中收敛, 则称 f 在 U 中全纯 (解析). 一个在拓扑线性空间内取值的全纯函数常被称为向量值全纯函数, 当 $U = \mathbb{C}^n$ 时称 f 为向量值整函数.

记 E^* 为 E 的对偶空间, 则对任意的 $T \in E^*$, $f(\zeta) \in E$, 令

$$F_T(\zeta) \stackrel{\text{def}}{=\!=} \langle T, f(\zeta) \rangle \in \mathbb{C},$$

若 f 全纯, 则 $F_T(\zeta)$ 为全纯复变量函数. 实际上 $\dfrac{\partial}{\partial \bar{\zeta}} F_T(\zeta) = \left\langle T, \dfrac{\partial}{\partial \bar{\zeta}} f(\zeta) \right\rangle = 0$.

下面给出一个重要的例子.

例 3.4.1 $x \in \mathbb{R}$, $\zeta = \xi + i\eta$, 则考虑函数 $\mathbb{C} \ni \zeta \mapsto e^{-ix\zeta} \in C^{\infty}(\mathbb{R})$. $e^{-ix\zeta}$ 对给定的 ζ 是关于 x 的全纯函数. 这是因为

$$e^{-ix\zeta} = 1 + \frac{-ix\zeta}{1!} + \cdots + \frac{(-ix\zeta)^n}{n!} + \cdots$$

且上述级数连同它关于 x 的所有导数在 $\mathbb{R}$ 的每个紧集上一致收敛.

一般地, 若 $x = (x_1, \cdots, x_n) \in \mathbb{R}^n$, $\zeta = (\zeta_1, \cdots, \zeta_n) \in \mathbb{C}^n$, $x \cdot \zeta = x_1\zeta_1 + \cdots + x_n\zeta_n$, $\mathbb{C}^n \ni \zeta \mapsto e^{-ix\cdot\zeta} \in C^{\infty}(\mathbb{R}^n)$ 是一个向量值整函数. 从而知道对任意的 $T \in \mathscr{E}'(\mathbb{R}^n)$, $F(\zeta) = \langle T, e^{-ix\cdot\zeta} \rangle$ 为一个全纯函数.

定义 3.4.2(Fourier-Laplace 变换) 设 $T \in \mathscr{E}'(\mathbb{R}^n)$, 我们定义它的 Fourier-Laplace 变换如下:

$$\widehat{T}(\zeta) \stackrel{\text{def}}{=\!=} (2\pi)^{-\frac{n}{2}} \langle T, e^{-ix\cdot\zeta} \rangle, \quad \forall \zeta \in \mathbb{C}^n.$$

定理 3.4.1 若 $T \in \mathscr{E}'(\mathbb{R}^n)$, 则 $\widehat{T}(\xi) = (2\pi)^{-\frac{n}{2}} \langle T_x, e^{-ix\cdot\xi} \rangle$, $\xi \in \mathbb{R}^n$, 且 $\widehat{T}(\xi)$ 可以扩张为 $\mathbb{C}^n$ 上的一个全纯函数 $\widehat{T}(\zeta) = (2\pi)^{-\frac{n}{2}} \langle T_x, e^{-ix\cdot\zeta} \rangle$.

证明 我们取正则化序列 $j_\varepsilon(x)$. 回忆记号 $\overset{\triangledown}{j}(x) \stackrel{\text{def}}{=\!=} j(-x)$, 则当 $\varepsilon \to 0$ 时

$$\overset{\triangledown}{j}_\varepsilon * e^{-ix\cdot\xi} \to e^{-ix\cdot\xi} \ (C^{\infty}(\mathbb{R}^n)).$$

故当 $\varepsilon \to 0$ 时, $\langle T_x, \overset{\triangledown}{j}_\varepsilon * e^{-ix\cdot\xi} \rangle \to \langle T_x, e^{-ix\cdot\xi} \rangle$.

我们断言

$$\widehat{T * j_\varepsilon}(\xi) = (2\pi)^{-\frac{n}{2}} \int_{\mathbb{R}^n} e^{-ix\cdot\xi} T * j_\varepsilon(x) \mathrm{d}x = (2\pi)^{-\frac{n}{2}} \left\langle T_x, \overset{\triangledown}{j}_\varepsilon * e^{-ix\cdot\xi} \right\rangle. \quad (3.4.1)$$

实际上, 由于 $T * j_\varepsilon(x) = \langle T_y, j_\varepsilon(x-y) \rangle$, 故成立

$$\langle T * j_\varepsilon(x), e^{-ix\cdot\xi} \rangle = \int_{\mathbb{R}^n} e^{-ix\cdot\xi} \langle T_y, j_\varepsilon(x-y) \rangle \mathrm{d}x$$

$$= \left\langle T_y, \int_{\mathbb{R}^n} e^{-ix\cdot\xi} j_\varepsilon(x-y) \mathrm{d}x \right\rangle$$

$$= \langle T_y, \langle j_\varepsilon(x-y), e^{-ix\cdot\xi} \rangle \rangle = \left\langle T_x, \overset{\triangledown}{j}_\varepsilon * e^{-ix\cdot\xi} \right\rangle.$$

由此证毕(3.4.1)式. 从而令 $\varepsilon \to 0$ 可知 $\widehat{T}(\xi) = (2\pi)^{-\frac{n}{2}} \langle T_x, e^{-ix\cdot\xi} \rangle$.

另一方面, 由于 $\mathbb{C}^n \ni \zeta \mapsto e^{-ix\cdot\zeta} \in C^{\infty}(\mathbb{R}^n)$ 是一个向量值全纯函数, 而 T 是 $C^{\infty}(\mathbb{R}^n)$ 的对偶空间中的元素, 从而 $\mathbb{C}^n \ni \zeta \mapsto \widehat{T}(\zeta) = (2\pi)^{-\frac{n}{2}} \langle T_x, e^{-ix\cdot\zeta} \rangle \in \mathbb{C}$ 是一个全纯函数. $\qquad\square$

定理 3.4.2 (Paley-Wiener 定理) 给定 $\varphi \in \mathscr{D}(\mathbb{R}^n)$, 则 $\widehat{\varphi}(\zeta)$ 为整函数, 其中 $\zeta \in \mathbb{C}^n$, 且存在 $A > 0$, 使得对任意的 $m \in \mathbb{N}$, 都存在 C_m, 成立

$$|\widehat{\varphi}(\zeta)| \leqslant C_m (1 + |\zeta|)^{-m} \exp(A|\mathrm{Im}\zeta|). \tag{3.4.2}$$

反之, 若对整函数 $f(\zeta)$, 存在 $A > 0$, 使得对任意的 $m \in \mathbb{N}$, 都存在 C_m, 满足

$$|f(\zeta)| \leqslant C_m (1 + |\zeta|)^{-m} \exp(A|\mathrm{Im}\zeta|), \tag{3.4.3}$$

则 $\mathscr{F}^{-1}[f] \in \mathscr{D}(\mathbb{R}^n)$.

证明 $\Rightarrow$: 事实上, 由于 $\mathscr{D}(\mathbb{R}^n) \subset \mathscr{E}'(\mathbb{R}^n)$, 则由定义 3.4.1、定义 3.4.2、例 3.4.1 知 $\widehat{\varphi}(\zeta)$ 是一个整函数.

设 $\mathrm{supp}\, \varphi \subset \{x \in \mathbb{R}^n : |x| \leqslant A\}$, 则

$$\zeta^{\alpha} \widehat{\varphi}(\zeta) = (2\pi)^{-\frac{n}{2}} \int_{\mathbb{R}^n} e^{-ix\cdot\zeta} D_x^{\alpha} \varphi(x) \mathrm{d}x.$$

注意到 $\zeta = (\zeta_1, \cdots, \zeta_n)$, $\zeta_j = \xi_j + i\eta_j$, $|e^{-ix\cdot\zeta}| = \exp\left(\sum\limits_{j=1}^n x_j \eta_j\right)$, 故若 $|x| \leqslant A$, 成立

$$\left| \sum_{j=1}^n x_j \eta_j \right| \leqslant \left(\sum_{j=1}^n x_j^2 \right)^{\frac{1}{2}} \left(\sum_{j=1}^n \eta_j^2 \right)^{\frac{1}{2}} \leqslant A|\mathrm{Im}\zeta|.$$

故对任意 $x \in \mathrm{supp}\, \varphi$, $\left| \sum\limits_{j=1}^n x_j \eta_j \right| \leqslant A|\mathrm{Im}\zeta|$,

$$|\zeta^{\alpha} \widehat{\varphi}(\zeta)| \leqslant (2\pi)^{-\frac{n}{2}} \exp(A|\mathrm{Im}\zeta|) \int_{|x| \leqslant A} \left| D_x^{\alpha} \varphi(x) \right| \mathrm{d}x \leqslant C_{\alpha} \exp(A|\mathrm{Im}\zeta|).$$

从而成立

$$|(1 + |\zeta|)^m \widehat{\varphi}(\zeta)| \leqslant C_m \exp(A|\mathrm{Im}\zeta|).$$

$\Leftarrow$: 令 $\varphi(x) = \mathscr{F}^{-1}[f] = (2\pi)^{-\frac{n}{2}} \int_{\mathbb{R}^n} e^{ix\cdot\xi} f(\xi) \mathrm{d}\xi$, $\xi \in \mathbb{R}^n$. 则由(3.4.3)式知对任意的重指标 α 成立 $D_x^{\alpha} \varphi(x) = (2\pi)^{-\frac{n}{2}} \int_{\mathbb{R}^n} e^{ix\cdot\xi} \xi^{\alpha} f(\xi) \mathrm{d}\xi$, 故 $\varphi \in C^{\infty}(\mathbb{R}^n)$.

下面证明 $\mathrm{supp}\, \varphi \subset \{x \in \mathbb{R}^n : |x| \leqslant A\}$. 由于 $f(\zeta)$ 是整函数且满足 (3.4.3)式, 利用留数定理得

$$\varphi(x) = (2\pi)^{-\frac{n}{2}} \int_{\mathbb{R}^n} e^{ix\cdot(\xi + i\eta)} f(\xi + i\eta) \mathrm{d}\xi.$$

从而成立

$$|\varphi(x)| \leqslant C_m \int_{\mathbb{R}^n} e^{-x \cdot \eta} |1 + |\xi + i\eta|^2|^{-m} \exp(|A\eta|) \mathrm{d}\xi$$

$$\leqslant C_m \exp\left(-x \cdot \eta + A|\eta|\right).$$

取 $\eta = tx$, $t > 0$, 则知

$$|\varphi(x)| \leqslant C_m \exp\left(-t|x|^2 + At|x|\right) = c_m \exp\left(-t|x|(|x| - A)\right).$$

从而 $\operatorname{supp} \varphi \subset \{x \in \mathbb{R}^n : |x| \leqslant A\}$. 不然对 $|x| > A$, 由于 φ 的取值与 η 的取值无关, 即与 t 无关, 令 $t \to \infty$ 知 $|\varphi(x)| = 0$. □

推论 3.4.3 *设 $\varphi \in \mathscr{D}(\mathbb{R}^n)$, 则 $\widehat{\varphi}(\zeta)$ 为整函数, 且 $\operatorname{supp} \varphi \subset \{x \in \mathbb{R}^n : |x_j| \leqslant A_j, j = 1, \cdots, n\}$ 当且仅当对任意的 $\varepsilon > 0$, $m \in \mathbb{N}$, 存在常数 C_m 使得*

$$\left|\widehat{\varphi}(\zeta)\right| \leqslant C_m \left(1 + |\zeta|\right)^{-m} \exp\left(\sum_{j=1}^{n} (A_j + \varepsilon)|\operatorname{Im}\zeta_j|\right).$$

Schwartz 把定理 3.4.2 推广到了广义函数上.

定理 3.4.4 (Schwartz 定理) *设 $T \in \mathscr{E}'(\mathbb{R}^n)$, 则 $\widehat{T}(\zeta)$ 为整函数, 其中 $\zeta \in \mathbb{C}^n$, 且存在 A, $N > 0$, 使得*

$$|\widehat{T}(\zeta)| \leqslant C(1 + |\zeta|)^N \exp(A|\operatorname{Im}\zeta|). \tag{3.4.4}$$

反之, 若对整函数 $F(\zeta)$, 存在 A, $N > 0$, 成立

$$|F(\zeta)| \leqslant C(1 + |\zeta|)^N \exp(A|\operatorname{Im}\zeta|), \tag{3.4.5}$$

则存在 $T \in \mathscr{E}'(\mathbb{R}^n)$, 使得 $\widehat{T}(\zeta) = F(\zeta)$.

证明 $\Rightarrow$: $T \in \mathscr{E}'(\mathbb{R}^n)$, 则对任意 $\varphi \in C^\infty(\mathbb{R}^n)$, 存在 $m \in \mathbb{N}$, 以及紧集 $K \subset \{x \in \mathbb{R}^n : |x| \leqslant A\}$, 使得

$$|\langle T, \varphi \rangle| \leqslant \sup_{x \in K, |\alpha| \leqslant m} \left|\partial^\alpha \varphi(x)\right|.$$

故

$$\left|\widehat{T}(\zeta)\right| = (2\pi)^{-\frac{n}{2}} \left|\langle T_x, e^{-ix \cdot \zeta} \rangle\right| \leqslant \sup_{x \in K, |\alpha| \leqslant m} \left|\partial_x^\alpha e^{-ix \cdot \zeta}\right| \leqslant c(1 + |\zeta|)^m \sup_{x \in K} |e^{-ix \cdot \zeta}|.$$

又因 $\sup_{x \in K} |e^{-ix \cdot \zeta}| \leqslant \exp\left(A|\operatorname{Im}\zeta|\right)$, 故

$$\left|\widehat{T}(\zeta)\right| \leqslant C(1 + |\zeta|)^m \exp\left(A|\operatorname{Im}\zeta|\right).$$

⇐: 反之, 由(3.4.5)式知对任意 $\xi \in \mathbb{R}^n$ 成立 $|F(\xi)| \leqslant C(1+|\xi|)^N$, 故 $F \in \mathscr{S}'(\mathbb{R}^n)$, 从而 $\mathscr{F}^{-1}[F] = T \in \mathscr{S}'(\mathbb{R}^n)$. 而由命题 3.2.3 知

$$\widehat{T * \jmath_\varepsilon}(\zeta) = (2\pi)^{\frac{n}{2}} \widehat{T}(\zeta) \widehat{\jmath_\varepsilon}(\zeta). \tag{3.4.6}$$

又因 supp $\jmath_\varepsilon \subset \{x \in \mathbb{R}^n : |x| \leqslant \varepsilon\}$, 由 Paley-Wiener 定理知对任意 $m \in \mathbb{N}$ 成立

$$|\widehat{\jmath_\varepsilon}(\zeta)| \leqslant C_m (1+|\zeta|)^{-m} \exp\left(\varepsilon|\mathrm{Im}\zeta|\right),$$

故由(3.4.5)式以及(3.4.6)式导出

$$\left|\widehat{T * \jmath_\varepsilon}(\zeta)\right| \leqslant C_m (1+|\zeta|)^{N-m} \exp\left((A+\varepsilon)|\mathrm{Im}\zeta|\right).$$

从而由 Paley-Wiener 定理知 supp $(T * \jmath_\varepsilon) \subset \{x, |x| \leqslant A+\varepsilon\}$. 故 supp T 为紧集, 亦即 $T \in \mathscr{E}'(\mathbb{R}^n)$. □

3.5　$L^p(\mathbb{R}^n)$ 函数的 Fourier 变换

注意到 $L^p(\mathbb{R}^n) \subset \mathscr{S}'(\mathbb{R}^n)$, 故 $L^p(\mathbb{R}^n)$ 函数作为 $\mathscr{S}'(\mathbb{R}^n)$ 中的元素也可作 Fourier 变换. 事实上从 Fourier 分析的历史看, Fourier 变换首先在 $L^1(\mathbb{R}^n)$ 定义, 之后再推广到 $L^2(\mathbb{R}^n)$ 以及其他 $L^p(\mathbb{R}^n)$ 空间.

3.5.1　$L^1(\mathbb{R}^n)$ 中的 Fourier 变换

设 $f \in L^1(\mathbb{R}^n) \subset \mathscr{S}'(\mathbb{R}^n)$, 则 $\widehat{f}(\xi) \in \mathscr{S}'(\mathbb{R}^n)$. 从而对任意 $\varphi \in \mathscr{S}(\mathbb{R}^n)$ 成立

$$\begin{aligned}
\langle \widehat{f}, \varphi \rangle = \langle f, \widehat{\varphi} \rangle &= \int_{\mathbb{R}^n} f(x)(2\pi)^{-\frac{n}{2}} \int_{\mathbb{R}^n} e^{-ix\cdot\xi} \varphi(\xi) \mathrm{d}\xi\, \mathrm{d}x \\
&= \int_{\mathbb{R}^n} \varphi(\xi)(2\pi)^{-\frac{n}{2}} \int_{\mathbb{R}^n} e^{-ix\cdot\xi} f(x)\mathrm{d}x\, \mathrm{d}\xi \\
&= \left\langle (2\pi)^{-\frac{n}{2}} \int_{\mathbb{R}^n} e^{-ix\cdot\xi} f(x)\mathrm{d}x, \varphi \right\rangle.
\end{aligned}$$

从而 $\widehat{f}(\xi) = (2\pi)^{-\frac{n}{2}} \int_{\mathbb{R}^n} e^{-ix\cdot\xi} f(x)\mathrm{d}x$.

我们已知 $\mathscr{F} : \mathscr{S}(\mathbb{R}^n) \to \mathscr{S}(\mathbb{R}^n)$ 以及 $\mathscr{F} : \mathscr{S}'(\mathbb{R}^n) \to \mathscr{S}'(\mathbb{R}^n)$ 是拓扑同构, 但 $f \in L^1(\mathbb{R}^n)$ 未必成立 $\widehat{f} \in L^1(\mathbb{R}^n)$.

定义 3.5.1 (函数空间 $C_0(\mathbb{R}^n)$)　我们定义函数空间 $C_0(\mathbb{R}^n)$ 为

$$C_0(\mathbb{R}^n) \overset{\text{def}}{=\!=} \left\{ f \in C(\mathbb{R}^n) : \lim_{|x|\to\infty} f(x) = 0 \right\}.$$

注 请读者注意记号的区别, 不要与连续紧支函数空间 $C_c(\mathbb{R}^n)$ 混淆.

定理 3.5.1 若 $f \in L^1(\mathbb{R}^n)$, 则 $\widehat{f} \in C_0(\mathbb{R}^n)$.

证明 先证明连续性. 对任意 $h \in \mathbb{R}^n$, 以及正数 M 成立

$$\left| \widehat{f}(\xi+h) - \widehat{f}(\xi) \right| = (2\pi)^{-\frac{n}{2}} \left| \int \left(e^{-i(\xi+h)\cdot x} - e^{-i\xi\cdot x} \right) f(x) \mathrm{d}x \right|$$

$$\leqslant 2(2\pi)^{-\frac{n}{2}} \int_{|x| \geqslant M} |f(x)| \mathrm{d}x$$

$$+ (2\pi)^{-\frac{n}{2}} \int_{|x| < M} \left| e^{-i(\xi+h)\cdot x} - e^{-i\xi\cdot x} \right| |f(x)| \mathrm{d}x.$$

一方面, 对任意的 ε, 存在充分大的 M, 使得

$$(2\pi)^{-\frac{n}{2}} \int_{|x| \geqslant M} |f(x)| \mathrm{d}x \leqslant \frac{\varepsilon}{4}.$$

另一方面, 注意到 $|e^{-ix\cdot(\xi+h)} - e^{-ix\cdot\xi}| \leqslant |x \cdot h|$, 故取 $|h| \leqslant \delta$ 使得

$$(2\pi)^{-\frac{n}{2}} \int_{|x| < M} \left| e^{-ix\cdot(\xi+h)} - e^{-ix\cdot\xi} \right| f(x) \mathrm{d}x \leqslant (2\pi)^{-\frac{n}{2}} M \|f\|_{L^1} |h| \leqslant \frac{\varepsilon}{2}.$$

由此得当 $|h| \leqslant \delta$ 时, $|\widehat{f}(\xi+h) - \widehat{f}(\xi)| < \varepsilon$, 从而连续性得证.

下面证明 $\xi \to \infty$ 时成立 $|\widehat{f}(\xi)| \to 0$. 为简单起见, 记立方体 $I_M \stackrel{\text{def}}{=\!=} \{x \in \mathbb{R}^n : |x_i| \leqslant M, \ i = 1, \cdots, n\}$. 而对给定的 $f \in L^1(\mathbb{R}^n)$ 以及 $\varepsilon > 0$, 先取 M 充分大使得

$$(2\pi)^{-\frac{n}{2}} \int_{I_M^c} |f(x)| \mathrm{d}x \leqslant \frac{\varepsilon}{4}.$$

对 $f|_{I_M}$, 存在简单函数 $f_\varepsilon = \sum_{j=1}^{N} a_j \chi_{E_j}(x)$, 使得

$$(2\pi)^{-\frac{n}{2}} \|f - f_\varepsilon\|_{L^1(I_M)} \leqslant \frac{\varepsilon}{4}.$$

从而成立

$$|\widehat{f}(\xi)| \leqslant (2\pi)^{-\frac{n}{2}} \left| \int_{I_M^c} f(x) e^{-ix\cdot\xi} \mathrm{d}x + \int_{I_M} f(x) e^{-ix\cdot\xi} \mathrm{d}x \right|$$

$$\leqslant \frac{\varepsilon}{4} + (2\pi)^{-\frac{n}{2}} \left(\int_{I_M} |f(x) - f_\varepsilon(x)| \mathrm{d}x + \left| \int_{I_M} f_\varepsilon(x) e^{-ix\cdot\xi} \mathrm{d}x \right| \right)$$

$$\leqslant \frac{\varepsilon}{2} + (2\pi)^{-\frac{n}{2}} \sum_{j=1}^{N} |a_j| \left| \int_{E_j} e^{-ix\cdot\xi} \mathrm{d}x \right|.$$

不失一般性, 令诸 $E_j = \{x \in \mathbb{R}^n : \alpha_k \leqslant x_k \leqslant \beta_k,\ 1 \leqslant k \leqslant n\}$, 则

$$\int_{E_j} e^{-ix\cdot\xi} \mathrm{d}x = \prod_{k=1}^{n} \int_{\alpha_k}^{\beta_k} e^{-ix_k\xi_k} \mathrm{d}x_k \leqslant \prod_{k=1}^{n} \frac{1}{|\xi_k|} \left| e^{-i\beta_k\xi_k} - e^{-i\alpha_k\xi_k} \right|.$$

注意到 $\dfrac{1}{|\xi_k|} \left| e^{-i\beta_k\xi_k} - e^{-i\alpha_k\xi_k} \right| \leqslant \min\left\{ \dfrac{2}{|\xi_k|},\ \beta_k - \alpha_k \right\}$. 而当 $|\xi| \to \infty$ 时, 存在 k 满足 $|\xi_k| \to \infty$. 故存在 L, 使得当 $|\xi| > L$ 时成立

$$(2\pi)^{-\frac{n}{2}} \sum_{j=1}^{N} |a_j| \left| \int_{E_j} e^{-ix\cdot\xi} \mathrm{d}x \right| \leqslant \frac{\varepsilon}{2}.$$

故而成立

$$|\widehat{f}(\xi)| \leqslant \frac{\varepsilon}{2} + (2\pi)^{-\frac{n}{2}} \sum_{j=1}^{N} |a_j| \left| \int_{E_j} e^{-ix\cdot\xi} \mathrm{d}x \right| \leqslant \varepsilon. \tag{3.5.1}$$

定理证毕.   □

定理 3.5.2 若 $f,\ \widehat{f} \in L^1(\mathbb{R}^n)$, 则 $f = \mathscr{F}^{-1}[\widehat{f}] = (2\pi)^{-\frac{n}{2}} \int e^{ix\cdot\xi} \widehat{f}(\xi) \mathrm{d}\xi$.

证明 对任意的 $\varphi \in \mathscr{S}(\mathbb{R}^n)$, $g \in L^1(\mathbb{R}^n)$, 由 Fubini 定理易知

$$\langle \mathscr{F}^{-1}[g], \varphi \rangle = \langle g, \check{\varphi} \rangle = \left\langle (2\pi)^{-\frac{n}{2}} \int_{\mathbb{R}^n} e^{ix\cdot\xi} g(x) \mathrm{d}x, \varphi \right\rangle.$$

亦即 $F^{-1}[g] = (2\pi)^{-\frac{n}{2}} \int_{\mathbb{R}^n} e^{ix\cdot\xi} g(x) \mathrm{d}x$, 由题设令 $\widehat{f} = g$, 结合命题 3.2.1 知

$$f = \mathscr{F}^{-1}[\widehat{f}] = \frac{1}{(2\pi)^{\frac{n}{2}}} \int e^{ix\cdot\xi} \widehat{f}(\xi) \mathrm{d}\xi.$$

定理证毕.   □

定理 3.5.3 设 $f, g \in L^1(\mathbb{R}^n)$, 则 $f * g \in L^1(\mathbb{R}^n)$, 且 $\widehat{f * g}(\xi) = (2\pi)^{\frac{n}{2}} \widehat{f}(\xi) \widehat{g}(\xi)$.

证明 由 Fubini 定理易知 $\|f * g\|_{L^1} \leqslant \|f\|_{L^1} \|g\|_{L^1}$. 故

$$\widehat{f * g}(\xi) = (2\pi)^{-\frac{n}{2}} \int_{\mathbb{R}^n} e^{-ix\cdot\xi} (f * g)(x) \mathrm{d}x$$

$$= (2\pi)^{-\frac{n}{2}} \int_{\mathbb{R}^n} \int_{\mathbb{R}^n} e^{-ix\cdot\xi} f(y) g(x - y) \mathrm{d}x\, \mathrm{d}y$$

$$= (2\pi)^{-\frac{n}{2}} \int_{\mathbb{R}^n} e^{-iy\cdot\xi} f(y) \int_{\mathbb{R}^n} e^{-i(x-y)\cdot\xi} g(x - y) \mathrm{d}x\, \mathrm{d}y$$

$$= (2\pi)^{\frac{n}{2}} \widehat{f}(\xi) \widehat{g}(\xi),$$

从而定理证毕. □

3.5.2 $L^2(\mathbb{R}^n)$ 中的 Fourier 变换

我们知道 $L^2(\mathbb{R}^n)$ 是一个 Hilbert 空间, 赋予内积

$$(f, g) \stackrel{\text{def}}{=\!=} \int_{\mathbb{R}^n} f\overline{g}\,\mathrm{d}x.$$

命题 3.5.4 设 $f \in L^2(\mathbb{R}^n)$, 则 $\widehat{f} \in L^2(\mathbb{R}^n)$, 且成立

$$\big\|\widehat{f}\big\|_{L^2} = \|f\|_{L^2}.$$

进一步地, 成立 $\widehat{f}(\xi) = \underset{N\to\infty}{\mathrm{l.i.m}}\, (2\pi)^{-\frac{n}{2}} \int_{|x|\leqslant N} e^{-ix\cdot\xi} f(x)\mathrm{d}x$, 其中 l.i.m 指按照 L^2 范数收敛.

注 $\mathscr{F}: L^2 \to L^2$ 是一个酉变换, 即一一的等距变换.

证明 对任意的 $\varphi \in \mathscr{S}(\mathbb{R}^n)$, 由 Parseval 等式 (定理 3.1.6) 知

$$\|\varphi\|_{L^2} = \|\widehat{\varphi}\|_{L^2}.$$

从而对任意 $\varphi \in \mathscr{S}(\mathbb{R}^n)$ 成立

$$|\langle \widehat{f}, \varphi\rangle| = |\langle f, \widehat{\varphi}\rangle| \leqslant \|f\|_{L^2}\|\widehat{\varphi}\|_{L^2} = \|f\|_{L^2}\|\varphi\|_{L^2}.$$

故由 $\mathscr{S}(\mathbb{R}^n)$ 在 $L^2(\mathbb{R}^n)$ 的稠密性知

$$\|\widehat{f}\|_{L^2} = \sup_{\substack{\|\varphi\|_{L^2}=1 \\ \varphi\in\mathscr{S}(\mathbb{R}^n)}} |\langle \widehat{f}, \varphi\rangle| \leqslant \|f\|_{L^2},$$

完全类似地, 我们可以由 $\langle f, \varphi\rangle = \big\langle \widehat{f}, \mathscr{F}^{-1}[\varphi]\big\rangle$ 导出 $\|f\|_{L^2} \leqslant \|\widehat{f}\|_{L^2}$. 故

$$\|\widehat{f}\|_{L^2} = \|f\|_{L^2}.$$

为证明收敛性, 我们引入截断函数 χ_N:

$$\chi_N(x) = \begin{cases} 1, & \text{若 } |x| \leqslant N, \\ 0, & \text{若 } |x| > N. \end{cases}$$

对任意 $f \in L^2(\mathbb{R}^n)$, 令 $f_N(x) = \chi_N(x)f(x)$, 则 $f_N \in L^1(\mathbb{R}^n) \cap L^2(\mathbb{R}^n)$, 且

$$\widehat{f_N}(\xi) = (2\pi)^{-\frac{n}{2}} \int_{|x|\leqslant N} e^{-ix\cdot\xi} f(x)\mathrm{d}x.$$

而当 $N \to \infty$ 时, 成立

$$\|\widehat{f} - \widehat{f_N}\|_{L^2} = \|f - f_N\|_{L^2} \to 0.$$

由此推知

$$\widehat{f}(\xi) = \mathop{\mathrm{l.i.m}}_{N \to \infty} (2\pi)^{-\frac{n}{2}} \int_{|x| \leqslant N} e^{-ix \cdot \xi} f(x) \mathrm{d}x.$$

命题证毕.   □

定理 3.5.5 (Parseval 等式)   设 $f, g \in L^2(\mathbb{R}^n)$, 则成立

$$(\widehat{f}, \widehat{g}) = (f, g).$$

证明   注意到

$$\|f - g\|_{L^2}^2 = \|f\|_{L^2}^2 + \|g\|_{L^2}^2 - (f, g) - (g, f),$$

$$\|f + g\|_{L^2}^2 = \|f\|_{L^2}^2 + \|g\|_{L^2}^2 + (f, g) + (g, f),$$

故 $\|f+g\|_{L^2}^2 - \|f-g\|_{L^2}^2 = 2(f,g) + 2(g,f)$. 类似可知 $i(\|f-ig\|_{L^2}^2 - \|f+ig\|_{L^2}^2) = 2(g,f) - 2(f,g)$. 从而知

$$(f, g) = \frac{1}{4}\left(\|f+g\|_{L^2}^2 - \|f-g\|_{L^2}^2 + i\|f+ig\|_{L^2}^2 - i\|f-ig\|_{L^2}^2\right). \tag{3.5.2}$$

由命题 3.5.4 知 $\|\widehat{f}\|_{L^2} = \|f\|_{L^2}$, 故命题立即证毕.   □

注   (3.5.2)式亦称**平行四边形等式**, 对一般的内积空间也成立.

下面证明 Heisenberg 测不准原理.

定理 3.5.6 (Heisenberg 不等式)   若 $f \in L^2(\mathbb{R}^n)$, 则成立

$$\|f\|_{L^2}^2 \leqslant \frac{2}{n} \inf_{z \in \mathbb{R}^n} \left(\int_{\mathbb{R}^n} |x-z|^2 |f(x)|^2 \mathrm{d}x \right)^{\frac{1}{2}} \inf_{y \in \mathbb{R}^n} \left(\int_{\mathbb{R}^n} |\xi-y|^2 |\widehat{f}(\xi)|^2 \mathrm{d}\xi \right)^{\frac{1}{2}}.$$

特别地, 取 $y = z = 0$, 我们得到

$$\|f\|_{L^2}^2 \leqslant \frac{2}{n} \left(\int_{\mathbb{R}^n} |x|^2 |f(x)|^2 \mathrm{d}x \right)^{\frac{1}{2}} \left(\int_{\mathbb{R}^n} |\xi|^2 |\widehat{f}(\xi)|^2 \mathrm{d}\xi \right)^{\frac{1}{2}}.$$

注   测不准原理的相关文献可参考 Fefferman [17] 与 Folland [18].

证明 对任意 $f \in L^2(\mathbb{R}^n)$, 令 $g_y(x) = e^{-ix \cdot y} f(x)$. 则对任意 y, $z \in \mathbb{R}^n$ 成立

$$\|f\|_{L^2}^2 = \|g_y\|_{L^2}^2 = \frac{1}{n} \int_{\mathbb{R}^n} g_y(x) \overline{g_y}(x) \sum_{j=1}^n \partial_{x_j}(x_j - z_j) \mathrm{d}x$$

$$= -\frac{1}{n} \sum_{j=1}^n \left(\int_{\mathbb{R}^n} \partial_{x_j}(g_y(x)) \overline{g_y}(x)(x_j - z_j) \mathrm{d}x \right.$$

$$\left. + \int_{\mathbb{R}^n} g_y(x) \partial_{x_j}(\overline{g_y}(x))(x_j - z_j) \mathrm{d}x \right)$$

$$\leqslant \frac{2}{n} \sum_{j=1}^n \|\partial_{x_j} g_y\|_{L^2} \|(x_j - z_j) g_y(x)\|_{L^2}$$

$$\leqslant \frac{2}{n} \left(\sum_{j=1}^n \|\partial_{x_j} g_y\|_{L^2}^2 \right)^{\frac{1}{2}} \left(\sum_{j=1}^n \|(x_j - z_j) g_y(x)\|_{L^2}^2 \right)^{\frac{1}{2}}.$$

同时应用命题 3.5.4, 我们得到

$$\sum_{j=1}^n \|\partial_{x_j} g_y\|_{L^2}^2 = \sum_{j=1}^n \|\widehat{\partial_{x_j} g_y}\|_{L^2}^2 = \sum_{j=1}^n \int_{\mathbb{R}^n} |\xi_j|^2 |\widehat{g_y}(\xi)|^2 \mathrm{d}\xi$$

$$= \int_{\mathbb{R}^n} |\xi|^2 |\widehat{f}(\xi + y)|^2 \mathrm{d}\xi = \int_{\mathbb{R}^n} |\xi - y|^2 |\widehat{f}(\xi)|^2 \mathrm{d}\xi.$$

注意到

$$\sum_{j=1}^n \|(x_j - z_j) g_y(x)\|_{L^2}^2 = \int_{\mathbb{R}^n} |x - z|^2 |f(x)|^2 \mathrm{d}x,$$

综上可知, 对任意 y, $z \in \mathbb{R}^n$ 成立

$$\|f\|_{L^2}^2 \leqslant \frac{2}{n} \left(\int_{\mathbb{R}^n} |x - z|^2 |f(x)|^2 \mathrm{d}x \right)^{\frac{1}{2}} \left(\int_{\mathbb{R}^n} |\xi - y|^2 |\widehat{f}(\xi)|^2 \mathrm{d}\xi \right)^{\frac{1}{2}}.$$

取下确界即证毕定理. $\qquad\square$

3.5.3 $L^p(\mathbb{R}^n)$ 中的 Fourier 变换

为了得到类似命题 3.5.4 的估计, 我们采用复插值的方法, 应用 Riesz-Thorin 插值定理 (附录 A 定理 A.5) 来估计 $\widehat{f}$ 的 L^p 范数.

命题 3.5.7 (Hausdorff-Young) 设 $f \in L^1(\mathbb{R}^n) \cap L^2(\mathbb{R}^n)$, 则对 $p \in [1, 2]$, p' 满足 $\dfrac{1}{p} + \dfrac{1}{p'} = 1$, 成立

$$\|\widehat{f}\|_{L^{p'}} \leqslant (2\pi)^{\frac{n}{2p'} - \frac{n}{2p}} \|f\|_{L^p}.$$

注　不等式估计的最佳常数为 $B_p^2 = \left(p^{\frac{1}{p}}(p')^{-\frac{1}{p'}}\right)^n$，证明可参见 W. Beckner [7].

证明　当 $f \in L^1(\mathbb{R}^n)$ 时，$\widehat{f}(\xi) = (2\pi)^{-\frac{n}{2}} \int_{\mathbb{R}^n} e^{-ix\cdot\xi} f(x)\mathrm{d}x$，由此和命题 3.5.4 推出

$$\|\widehat{f}\|_{L^\infty} \leqslant (2\pi)^{-\frac{n}{2}}\|f\|_{L^1}, \quad \|\widehat{f}\|_{L^2} = \|f\|_{L^2}.$$

故令

$$T: f \to \widehat{f} \quad \left(L^1 \cap L^2 \to L^2 \cap L^\infty\right),$$

对任意的 $\theta \in]0, 1[$，取 $\dfrac{1}{p'} = \dfrac{1-\theta}{\infty} + \dfrac{\theta}{2}$，$\dfrac{1}{p} = \dfrac{1-\theta}{1} + \dfrac{\theta}{2}$，从而 $\dfrac{1}{p} + \dfrac{1}{p'} = 1$. 我们应用 Riesz-Thorin 插值定理得到

$$\|\widehat{f}\|_{L^{p'}} \leqslant (2\pi)^{\frac{n}{2p'} - \frac{n}{2p}}\|f\|_{L^p}.$$

命题证毕.　　　　　　　　　　　　　　　　　　　　　　　　　　　　　　□

3.6　习　　题

A 基础题

习题 3.6.1　(1) 设 **L** 是 $\mathbb{R}^n$ 上的自同构, 证明对 $f \in \mathscr{D}(\mathbb{R}^n)$ 成立

$$\mathscr{F}[f \circ \mathbf{L}] = \frac{1}{|\det(\mathbf{L})|} \widehat{f} \circ (\mathbf{L}^{-1})^{\mathrm{T}}.$$

(2) 求当 **L** 为仿射变换时的情况; 特别地, 计算 **L** 为平移、旋转、反射、伸缩的情况.

(3) 证明对于径向函数 $f \in \mathscr{S}(\mathbb{R}^n)$, 其 Fourier 变换也是径向的.

习题 3.6.2　设 $f \in \mathscr{S}(\mathbb{R}^n)$ 证明 $\mathscr{F}[\check{f}] = f$.

习题 3.6.3　证明若 $f \in L^1(\mathbb{R}^n)$, 则由 (3.1.1) 式定义的 Fourier 变换 $\widehat{f}$ 有意义, 并且成立 $\|\widehat{f}\|_{L^\infty} \leqslant (2\pi)^{-\frac{n}{2}}\|f\|_{L^1}$. 从而 Fourier 变换的定义可以延拓到 $L^1(\mathbb{R}^n)$ 上.

习题 3.6.4　下面给出另一个计算例 3.1.1 的方法. 对 $\mathbb{R}$ 证明

$$\frac{\mathrm{d}}{\mathrm{d}\xi}\left(\mathscr{F}[e^{-|x|^2}]\right)(\xi) = -\frac{\xi}{2}\left(\mathscr{F}[e^{-|x|^2}]\right)(\xi),$$

并且由此解出 $\left(\mathscr{F}[e^{-|x|^2}]\right)(\xi)$.

习题 3.6.5　(1) 证明 $\overset{\triangledown}{\phi} = \mathscr{F}\left[\mathscr{F}^{-1}[\phi]\right] = \mathscr{F}\left[\mathscr{F}[\phi]\right]$, 从而作为 $\mathscr{S}(\mathbb{R}^n)$ 上的线性算子 $\mathscr{F}^4 = \mathrm{Id}$.

(2) 至少写出 3 个线性无关的 $\mathscr{S}(\mathbb{R}^n)$ 函数 f 满足 $\mathscr{F}[f] = f$.

习题 3.6.6　证明 Fourier 变换 $\mathscr{F}: \mathscr{S}(\mathbb{R}^n) \to \mathscr{S}(\mathbb{R}^n)$ 可以唯一地延拓为 $L^2(\mathbb{R}^n)$ 上的线性同构.

习题 3.6.7　计算下列函数的 Fourier 变换 (定义域皆是 $\mathbb{R}$):

(1) $e^{-a|x|}$ $(a > 0)$;　　　　(2) $\dfrac{1}{a^2 + x^2}$;　　　　(3) $x + 1$;

(4) 非零多项式 P;　　　　(5) $\dfrac{1}{(1+x^2)^2}$;　　　　(6) Heaviside 函数 $H(x)$.

习题 3.6.8 计算下列二元广义函数的 Fourier 变换:

(1) $\delta_x \otimes (e^{-\frac{|\cdot|^2}{2}})_y$;

(2) $H(x)H(y)$, 其中 $H(t)$ 是 Heaviside 函数;

(3) $f(x)g(y)$, 其中 $f,\ g \in \mathscr{D}(\mathbb{R})$.

习题 3.6.9 试把习题 3.6.1 的相关结论推广到 $\mathscr{S}'(\mathbb{R}^n)$ 的 Fourier 变换上, (1)–(3) 对应的命题都正确吗?

习题 3.6.10 (1) 回顾定义 2.1.4 与习题 2.6.6 关于齐次分布的定义, 设 $T \in \mathscr{S}'(\mathbb{R}^n)$, 证明 T 是 γ 阶齐次当且仅当 $\widehat{T}$ 是 $-n-\gamma$ 阶齐次的.

(2) 若 $u \in C^\infty(\mathbb{R}^n \setminus \{0\})$ 是 $-n+i\tau$ 阶齐次的, 其中 $\tau \in \mathbb{R}$. 对 $f \in L^2(\mathbb{R}^n)$, 证明与 u 作卷积诱导了一个 $L^2(\mathbb{R}^n)$ 上的连续线性算子.

习题 3.6.11 设 P 为 $\mathbb{R}^n$ 中的常系数多项式, 我们用下面的方法来证明 $\mathbb{R}^n$ 中的常系数多项式在 $C^\infty(\mathbb{R}^n)$ 中的稠密性: 证明若 $T \in \mathscr{E}'(\mathbb{R}^n)$, 且对 $\mathbb{R}^n$ 中任意的常系数多项式 P 成立 $\langle T, P \rangle = 0$, 则 $T = 0$.　　　　[提示: 利用 Paley-Wiener-Schwartz 定理.]

习题 3.6.12 证明定理 3.3.1.

习题 3.6.13 证明命题 3.3.3.

习题 3.6.14 证明 (3.3.3) 式的第二个等式.

习题 3.6.15 (1) 证明每一个 $f \in \mathscr{S}(\mathbb{R}^{m+n})$ 可以被一系列如下形式的 $\{f_\nu\}_{\nu \in \mathbb{N}}$ 在 $\mathscr{S}(\mathbb{R}^{m+n})$ 中逼近, 其中

$$f_\nu(x,y) = \sum_{j=1}^{N_\nu} \gamma_j(x)\psi_j(y), \quad \gamma_j \in \mathscr{S}(\mathbb{R}^m),\ \psi_j \in \mathscr{S}(\mathbb{R}^n);$$

[提示: 利用定理 2.2.1 以及 $\mathscr{D}(\mathbb{R}^n)$ 在 $\mathscr{S}(\mathbb{R}^n)$ 中的稠密性.]

(2) 在定理 3.3.4 的条件下利用 (1) 证明 $\mathscr{F}_x[S_x \otimes T_y] = T_y \otimes (\mathscr{F}[S])_x$;

(3) 利用 (1) 证明部分 Fourier 变换是 $L^2(\mathbb{R}^{m+n})$ 上的有界线性算子.

习题 3.6.16 证明推论 3.4.3 并说明是否可以在广义函数上建立类似的结论.

习题 3.6.17 设 $f \in L^1(\mathbb{R}^n)$, 证明

(1) 若对 $|\alpha| \leqslant m$, $x^\alpha f(x)$ 均在 $L^1(\mathbb{R}^n)$ 中, 则 $D^\alpha \widehat{f}(\xi)$ 存在且 $\widehat{x^\alpha f(x)} = (-D)^\alpha \widehat{f}(\xi)$;

(2) 若对 $|\alpha| \leqslant m$, $D^\alpha f(x)$ 均在 $L^1(\mathbb{R}^n)$ 中, 则 $\widehat{D^\alpha f}(\xi) = \xi^\alpha \widehat{f}(\xi)$.

习题 3.6.18 设 $f \in L^1(\mathbb{R}^n) \cap L^\infty(\mathbb{R}^n)$ 且 f 在 0 处连续, 证明

(1) $\displaystyle \lim_{\varepsilon \to 0} \int_{\mathbb{R}^n} \widehat{f}(\xi) e^{-\frac{|\varepsilon \xi|^2}{2}} \mathrm{d}\xi = (2\pi)^{\frac{n}{2}} f(0)$;

(2) 若 $\mathscr{F}[f] \geqslant 0$, 证明 $\mathscr{F}[f] \in L^1(\mathbb{R}^n)$ 且 $\|\mathscr{F}[f]\|_{L^1} = f(0)$.

习题 3.6.19 本题构造有界连续函数 g, 使得 $\widehat{g}$ 不是 $L^1(\mathbb{R})$ 函数.

(1) 证明对任意 $0 < t < \infty$ 成立 $\left| \int_0^t \frac{\sin(\xi)}{\xi} \mathrm{d}\xi \right| \leqslant 4$;

(2) 设 f 是 $\mathbb{R}$ 上的奇函数, 证明对任意 $0 < \varepsilon < t < \infty$ 成立 $\left| \int_\varepsilon^t \frac{\widehat{f}(\xi)}{\xi} \mathrm{d}\xi \right| \leqslant 4\|f\|_{L^1}$;

(3) 设 g 是 $\mathbb{R}$ 上的连续奇函数, 且当 $\xi \geqslant 2$ 时 $g(\xi) = \log^{-1}(\xi)$, 证明不存在 Fourier 变换是 g 的 $L^1(\mathbb{R})$ 函数.

习题 3.6.20　对 $m \in L^\infty(\mathbb{R}^n)$, 定义算子 T_m 为 $T_m[f](x) \xlongequal{\text{def}} \mathscr{F}^{-1}[m(\xi)\widehat{f}]$. 证明:

(1) T_m 是 $L^2(\mathbb{R}^n)$ 上的连续映射, 并计算算子范数;

(2) T_m 可逆当且仅当 $m^{-1}(\xi) \in L^\infty(\mathbb{R}^n)$.

习题 3.6.21　设 $p \in [1, \infty[$, $f \in L^p(\mathbb{R}^n)$, 证明如下的函数列

$$g_N(\xi) = \int_{B(0,N)} e^{-ix \cdot \xi} \widehat{f}\, \mathrm{d}x$$

在 $\mathscr{S}'(\mathbb{R}^n)$ 中收敛到 $(2\pi)^{\frac{n}{2}} \widehat{f}$, 并与命题 3.5.4 的第二个结论比较.

习题 3.6.22　利用 Fourier 变换证明下面的等式:

(1) 给定 $s > 0$, 成立 $e^{-s} = \dfrac{2}{\pi} \displaystyle\int_0^\infty \dfrac{\cos(sx)}{1 + x^2} \mathrm{d}x$;

[提示: 计算 $e^{-|x|} \in L^1(\mathbb{R})$ 的 Fourier 变换.]

(2) 利用 (1) 证明 $e^{-s} = \pi^{-\frac{1}{2}} \displaystyle\int_0^\infty t^{-\frac{1}{2}} e^{-t} e^{-\frac{s^2}{4t}} \mathrm{d}t$;

(3) 对 $f = e^{-|x|} \in L^1(\mathbb{R}^n)$, 计算 f 的 Fourier 变换.

[提示: $2^{\frac{n}{2}} \pi^{-\frac{1}{2}} \Gamma\left(\dfrac{n+1}{2}\right) (1 + |x|^2)^{-\frac{n+1}{2}}$.]

习题 3.6.23　设 $s > 0$, 我们希望估计 $\mathscr{F}^{-1}[(1 + |\xi|^2)^{-\frac{s}{2}}]$, 记 $G_s = \mathscr{F}^{-1}[(1 + |\xi|^2)^{-\frac{s}{2}}]$.

(1) 证明 $G_s(x) = \dfrac{1}{2^{\frac{n}{2}} \Gamma\left(\frac{s}{2}\right)} \displaystyle\int_0^\infty e^{-t} e^{-\frac{|x|^2}{4t}} t^{\frac{s-n}{2}} \dfrac{\mathrm{d}t}{t}$;

[提示: 利用关于 Γ 函数的恒等式 $A^{-\frac{s}{2}} = \dfrac{1}{\Gamma\left(\frac{s}{2}\right)} \displaystyle\int_0^\infty e^{-tA} t^{\frac{s}{2}} \dfrac{\mathrm{d}t}{t}$.]

(2) 证明对任意 $x \in \mathbb{R}^n$ 成立 $G_s(x) > 0$, 且 $\displaystyle\int_{\mathbb{R}^n} G_s(x) \mathrm{d}x = (2\pi)^{\frac{n}{2}}$, 从而 $G_s \in L^1(\mathbb{R}^n)$;

(3) 证明当 $|x| > 2$ 时存在常数 $C(s,n)$ 满足估计 $G_s(x) \leqslant C(s,n) e^{-\frac{|x|}{2}}$;

(4) 当 $|x| \leqslant 2$ 时, 把 $G_s(x)$ 的积分表示分成 $]0, |x|^2[$, $]|x|^2, 4[$, $]4, \infty[$ 三段并分别估计, 从而证明存在常数 $C(s,n)$ 满足 $(C(s,n))^{-1} \leqslant \dfrac{G_s(x)}{H_s(x)} \leqslant C(s,n)$, 其中当 $x \to 0$ 时, 函数 H_s 为

$$H_s(x) \xlongequal{\text{def}} \begin{cases} |x|^{s-n} + 1 + O(|x|^{s-n+2}), & 0 < s < n, \\ \log \dfrac{2}{|x|} + 1 + O(|x|^2), & s = n, \\ 1 + O(|x|^{s-n}), & s > n. \end{cases}$$

习题 3.6.24　考虑 $K_j = \mathscr{F}^{-1}\left[\dfrac{\xi_j}{(1 + |\xi|^2)^{\frac{1}{2}}}\right]$. 按照习题 3.6.23 的记号, 记 $K_j = D_j G_1$, 类似习题 3.6.23 估计 ∇K_j, 证明 K_j 满足如下梯度条件: 存在常数 C, 使得

$$|\nabla K_j(x)| \leqslant \dfrac{C}{|x|^{n+1}}, \quad \forall\, x \neq 0.$$

习题 3.6.25　我们希望证明: 若 $\sigma \in]0, n[$, 则 $\mathbb{R}^n$ 上的函数 $f(x) = \dfrac{1}{|x|^\sigma} \in \mathscr{S}'(\mathbb{R}^n)$, 且存在仅依赖 n 与 σ 的常数 C 使得

$$\mathscr{F}\left[\frac{1}{|x|^\sigma}\right] = C\frac{1}{|x|^{n-\sigma}}.$$

(1) 证明若 $\sigma \in]0, n[$, 则对任意 $n \in \mathbb{N}_+$ 成立 $f \in \mathscr{S}'(\mathbb{R}^n)$;

(2) 对 $n = 1$ 证明命题;

(3) 定义 $\mathbb{R}^n$ 中的算子 $\mathbf{R}$ 与 $\mathbf{Z}_{j,k}$ 为

$$\mathbf{R} \overset{\text{def}}{=\!=} \sum_{j=1}^n x_j \partial_j, \quad \mathbf{Z}_{j,k} \overset{\text{def}}{=\!=} x_j \partial_k - x_k \partial_j,$$

证明 $\mathbf{R}\big(|\sigma|^{n-\sigma}\mathscr{F}[|x|^{-\sigma}]\big) = \mathbf{Z}_{j,k}\big(|\sigma|^{n-\sigma}\mathscr{F}[|x|^{-\sigma}]\big) = 0 \ (\mathscr{D}'(\mathbb{R}^n \setminus \{0\}))$;

(4) 证明存在常数 C 使得 $\mathscr{F}[|x|^{-\sigma}] - C|x|^{\sigma-n}$ 支集在 $\{0\}$ 上, 进而完成证明;

(5) 利用所得结论, 在 $n \geqslant 2$, $1 \leqslant j \leqslant n$ 时计算 $\mathscr{F}^{-1}\left[\dfrac{\xi_j}{|\xi|}\right]$.　　[提示: $C\dfrac{x_j}{|x|^{n+1}}$.]

习题 3.6.26　(1) 对 $f(x) = \chi_{[0,1]} \in L^1(\mathbb{R})$, 求 $\mathscr{F}[f]$ 并证明它不是紧支的;

(2) 设 $f \in \mathscr{D}(\mathbb{R}^n) \subset \mathscr{S}(\mathbb{R}^n)$, 问 $\hat{f}$ 是否可以是紧支的?

[提示: 利用 Paley-Wiener-Schwartz 定理.]

(3) 说明为什么 Fourier 变换不可以推广到 $\mathscr{D}'(\mathbb{R}^n)$ 上, 尽管对每一个函数 $f \in \mathscr{D}(\mathbb{R}^n)$, 其 Fourier 变换都存在.

习题 3.6.27 和习题 3.6.28 计算特定维数下 $\dfrac{\sin(c|x|)}{|x|}$ 的 Fourier 逆变换, 第 4 章用到了这两题的计算结果.

习题 3.6.27　(1) 设 $c \in \mathbb{R}_+$, $f(x) = \dfrac{\sin(c|x|)}{|x|}$, 证明任意 $n \in \mathbb{N}_+$ 成立 $f(x) \in \mathscr{S}'(\mathbb{R}^n)$, 从而 $\mathscr{F}^{-1}[f]$ 存在;

(2) 对 $n = 1$ 的情况计算 $f(x)$ 的 Fourier 逆变换.

习题 3.6.28　我们希望采用如下的方法来计算 $n = 3$ 的情况.

(1) 对任意 $\varphi \in \mathscr{S}(\mathbb{R}^3)$, 证明

$$\big\langle \mathscr{F}^{-1}[f], \varphi \big\rangle = \sqrt{\frac{2}{\pi}} \lim_{R \to \infty} \int_0^R \sin(cr)\left(\int \frac{\varphi(\xi)\sin(r|\xi|)}{|\xi|}\mathrm{d}\xi\right)\mathrm{d}r;$$

(2) 对 $\rho \in \mathbb{R}$, 记 $g_\rho(\varphi) = \displaystyle\int_{|y|=1} \varphi(\rho y)\mathrm{d}y$, 证明

$$\big\langle \mathscr{F}^{-1}[f], \varphi \big\rangle = \frac{1}{\sqrt{2\pi}} \lim_{R \to \infty} \int_{-\infty}^{\infty} (c-s)g_{c-s}(\varphi)\frac{\sin(sR)}{s}\mathrm{d}s;$$

(3) 记 $h(t) = (c+t)g_{c+t}(\varphi)$, 证明

$$\lim_{R \to \infty} \int_{-\infty}^{\infty} h(0-s)(\varphi)\frac{\sin(sR)}{s}\mathrm{d}s = \pi h(0) = \pi c g_c(\varphi),$$

并且给出 $\mathscr{F}^{-1}[f]$ 的表示;　　[提示: $\big\langle \mathscr{F}^{-1}[f], \varphi \big\rangle = \dfrac{1}{\sqrt{2\pi}}c\displaystyle\int_{|y|=1} \varphi(cy)\mathrm{d}y$.]

(4) 证明此时 $\mathscr{F}^{-1}[f]$ 不再是局部可积函数了, 除非 $c = 0$.

[提示: $\operatorname{supp}\mathscr{F}^{-1}[f] = \{x \in \mathbb{R}^3 : |x| = c\}$ 是 $\mathbb{R}^3$ 中的零测集.]

B 拓展题

习题 3.6.29 记 τ_z 为 $\mathbb{R}^n$ 中的平移算子, 即 $\tau_z g(x) = g(x - z)$, 定义 $\mathscr{D}'(\mathbb{R}^n)$ 的子集

$$\mathscr{D}'(\mathbb{R}^n)_{\mathrm{per}} \overset{\text{def}}{=\!=} \{ T \in \mathscr{D}'(\mathbb{R}^n) : \tau_z T = T, \ \forall \ z \in 2\pi\mathbb{Z}^n \}.$$

设 $T \in \mathscr{D}'(\mathbb{R}^n)_{\mathrm{per}}$, 证明:

(1) $\mathscr{D}'(\mathbb{R}^n)_{\mathrm{per}} \subset \mathscr{S}'(\mathbb{R}^n)$;　　　[提示: 利用周期的单位分解.]

(2) 对任意 $z \in 2\pi\mathbb{Z}^n$, $(1 - e^{iz \cdot \xi})\widehat{T} = 0$ $(\mathscr{S}'(\mathbb{R}^n))$. 从而 $\operatorname{supp}\widehat{T} \subset \mathbb{Z}^n$;

(3) $\widehat{T}(x) = \sum\limits_{\omega \in \mathbb{Z}^n} a_\omega \delta(x - \omega) \in \mathscr{S}'(\mathbb{R}^n)$, 其中 a_ω 是常数;　　[提示: 局部考虑每一个点.]

(4) 在 (3) 的基础上进一步给出 T 的表达式;

(5) 试给出 a_ω 关于 T 的表达式 (任何合理严格的表达式均可).

习题 3.6.30 (Hardy-Littlewood-Paley) 设 w 是 $\mathbb{R}^n$ 上的权函数, 使得 $(\mathbb{R}^n, w\,\mathrm{d}x)$ 形成一个测度空间, 其中 $\mathrm{d}x$ 是 Lebesgue 测度. 利用 Marcinkiewicz 插值定理 (附录 A 定理 A.1) 证明当 $p \in]1, 2]$ 时, 存在常数 C_p 使得对任意 $f \in L^p(\mathbb{R}^n)$ 成立

$$\|\mathscr{F}[f]\|_{L^p(\mathbb{R}^n, |\xi|^{-n(2-p)}\mathrm{d}\xi)} \leqslant C_p \|f\|_{L^p}.$$

习题 3.6.31 到习题 3.6.34 研究 Fourier 乘子.

习题 3.6.31 (Fourier 乘子) 设 $p \in [1, \infty]$, $m \in \mathscr{S}'(\mathbb{R}^n)$, 定义算子 T_m 为 $T_m[f](x) \overset{\text{def}}{=\!=} \mathscr{F}^{-1}[m\widehat{f}](x)$. 若 T_m 是 $L^p(\mathbb{R}^n)$ 上的有界线性算子, 则称 m 是 L^p 上的 Fourier 乘子. 所有 L^p 上的 Fourier 乘子的集合记作 $\mathscr{M}_p(\mathbb{R}^n)$, 赋予范数 $\|m\|_{\mathscr{M}_p} \overset{\text{def}}{=\!=} \|T_m\|_{\mathscr{L}(L^p)}$. 试证明如下事实:

(1) $\mathscr{M}_p(\mathbb{R}^n) = \mathscr{M}_{p'}(\mathbb{R}^n)$, 且两者范数相同;

(2) 设 $1 \leqslant p_0, p_1 \leqslant \infty$, $\theta \in [0, 1]$, 且 $\dfrac{1}{p} = \dfrac{1 - \theta}{p_0} + \dfrac{\theta}{p_1}$, 则对任意 $m \in \mathscr{M}_{p_0}(\mathbb{R}^n) \cap \mathscr{M}_{p_1}(\mathbb{R}^n)$ 成立 $\|m\|_{\mathscr{M}_p} \leqslant \|m\|_{\mathscr{M}_{p_0}}^{1-\theta} \|m\|_{\mathscr{M}_{p_1}}^{\theta}$;

[提示: 利用 Riesz-Thorin 插值定理 (附录 A 定理 A.5).]

(3) 对 $p \in [1, 2]$, 范数 $\|\cdot\|_{\mathscr{M}^p}$ 随着 p 的增长而衰减, 且对 $1 \leqslant p \leqslant q \leqslant 2$ 成立

$$\{ m \in \mathscr{S}'(\mathbb{R}^n) : \mathscr{F}^{-1}[m] \in L^1(\mathbb{R}^n) \} \subset \mathscr{M}_1 \hookrightarrow \mathscr{M}_p \hookrightarrow \mathscr{M}_q \hookrightarrow \mathscr{M}_2 = L^\infty(\mathbb{R}^n).$$

习题 3.6.32 设 $p \in [1, \infty]$, 证明 $\mathscr{M}_p(\mathbb{R}^n)$ 是一个 Banach 代数.

习题 3.6.33 取 $m(\xi) = -i\operatorname{sgn}\xi$, 我们用如下方法证明对任意 $p \in]1, \infty[$ 都成立 $m \in \mathscr{M}_p(\mathbb{R})$: 设 T_m 为 m 如习题 3.6.31 诱导的线性算子, 若 $m \in \mathscr{M}_p(\mathbb{R})$, 简记 $\|m\|_{\mathscr{M}_p} = c_p$.

(1) 证明恒等式 $(T_m[f])^2 = f^2 + 2T_m[fT_m[f]]$;

(2) 证明若 $m \in \mathscr{M}_p(\mathbb{R})$, 则 $m \in \mathscr{M}_{2p}(\mathbb{R})$, 且 $c_{2p} \leqslant c_p + \sqrt{c_p^2 + 1}$;

(3) 用插值定理完成证明.

习题 3.6.34 考虑 $m_j(\xi) \overset{\text{def}}{=\!=} \dfrac{\xi_j}{(1 + |\xi|^2)^{\frac{1}{2}}}, 1 \leqslant j \leqslant n$, 我们希望证明如下事实: 对 $p \in]1, \infty[$, $m_j(\xi) \in \mathscr{M}_p(\mathbb{R}^n)$.

(1) 证明 $m_j(\xi) \in \mathscr{M}_2(\mathbb{R}^n)$;

(2) 记 $K_j \overset{\text{def}}{=\!=} \mathscr{F}^{-1}[m_j]$, 证明存在常数 C_n, 使得对任意 $f \in \mathscr{S}(\mathbb{R}^n)$ 成立

$$\|K * f\|_{L^{1,\infty}} \leqslant C_n \|f\|_{L^1}.$$

[提示: 利用习题 3.6.24 的梯度条件和习题 0.4.23.]

(3) 利用 Marcinkiewicz 插值定理 (附录 A 定理 A.1) 完成证明.

依照以上的思路, 可以得到如下的定理.

(Calderón-Zygmund 定理) 设 $K \in \mathscr{S}'(\mathbb{R}^n)$ 在 $\mathbb{R}^n \setminus \{0\}$ 上局部可积, 且满足 $\hat{K}(\xi) \in L^\infty(\mathbb{R}^n)$ 以及如下的 Hörmander 条件:

$$\int_{|x| \geqslant 2|y|} |K(x - y) - K(x)| \mathrm{d}x \leqslant C, \quad y \in \mathbb{R}^n.$$

则 K 作为卷积算子, 对 $p \in]1, \infty[$ 成立 $\|K * f\|_{L^p} \leqslant C_p \|f\|_{L^p}$, 对 $p = 1$ 则成立弱估计 $d_{K*f}(\alpha) \leqslant \dfrac{C}{\alpha} \|f\|_{L^1}$.

注 Hörmander 条件可由以下的梯度条件推出 $|\nabla K(x)| \leqslant C|x|^{-(n+1)}, \forall x \neq 0$. 见习题 0.4.23(1).

(4) 利用 (1)–(3) 的思路证明 Calderón-Zygmund 定理, 请给出详细过程.

习题 3.6.35 到习题 3.6.40 利用 Fourier 变换导出拟微分算子的定义以及相关结论, 但我们的目的仅是展示 Fourier 变换的运用技巧.

习题 3.6.35 (1) 设 $x \in \mathbb{R}$, 证明对 $\mu > 0$, 成立

$$\mathscr{F}^{-1}\left[e^{\pm i \frac{\mu x^2}{2}}\right] = \sqrt{\frac{1}{\mu}} e^{\pm i \frac{\pi}{4}} e^{\pm \frac{\xi^2}{2i\mu}};$$

(2) 对 n 维对角矩阵 $Q = \mathrm{diag}\{\mu_1, \cdots, \mu_n\}$ 与 $x \in \mathbb{R}^n$, 求 $e^{ix \cdot Qx}$ 的 Fourier 逆变换;

(3) 设 Q 是 $n \times n$ 的非退化实对称矩阵, $h > 0$, 证明

$$\mathscr{F}^{-1}\left[e^{i \frac{x \cdot Qx}{2h}}\right] = h^{\frac{n}{2}} e^{i \frac{\pi}{4} \mathrm{sgn}Q} |\det(Q)|^{-\frac{1}{2}} e^{-ih \frac{\xi \cdot Q^{-1} \xi}{2}},$$

其中 $\mathrm{sgn}Q$ 是 Q 正负特征值的数量之差;

[提示: 注意到存在正交矩阵把 Q 对角化, 且 Q 的特征值都是实数.]

(4) 利用 e^x 的 Taylor 展开式, 证明

$$e^{-ih \frac{\xi \cdot Q^{-1} \xi}{2}} = \sum_{k=0}^{N-1} \frac{1}{k!} \left(\frac{h}{2i} (\xi \cdot Q^{-1} \xi)\right)^k + R_N(\xi, h),$$

且余项满足估计

$$|R_N(\xi, h)| \leqslant \frac{h^N}{2^N N!} \left|(\xi \cdot Q^{-1} \xi)\right|^N.$$

习题 3.6.36 (静位相公式 (Stationary Phase)) 利用习题 3.6.35 的结论证明下面的公式: 对 $n \in \mathbb{N}$, 设 Q 是 $n \times n$ 的非退化实对称矩阵, $h > 0$, 则对任意 $u \in \mathscr{D}(\mathbb{R}^n)$, $N \geqslant 1$ 成立

$$\int e^{i \frac{x \cdot Qx}{2h}} u(x) \mathrm{d}x = \sum_{k=0}^{N-1} \frac{(2\pi)^{\frac{n}{2}} h^{k+\frac{n}{2}} e^{i \frac{\pi}{4} \mathrm{sgn}Q}}{(2i)^k |\det(Q)|^{\frac{1}{2}} k!} \left((D_x \cdot Q^{-1} D_x)^k u\right) + S_N(u, h),$$

且余项满足估计

$$|S_N(u,h)| \leqslant \frac{Ch^{N+\frac{n}{2}}}{2^N N! |\det Q|^{\frac{1}{2}}} \left\| \mathscr{F}\left[(D_x \cdot Q^{-1} D_x)^N u \right] \right\|_{L^1}.$$

特别地, 对 $u \in \mathscr{D}(\mathbb{R}^{2n})$, $N \geqslant 1$, 成立

$$\frac{1}{(2\pi h)^n} \int e^{-i\frac{x \cdot y}{h}} u(x,y) \mathrm{d}x\,\mathrm{d}y = \sum_{|\alpha| \leqslant N-1} \frac{h^{|\alpha|}}{i^{|\alpha|}\alpha!} \partial_x^\alpha \partial_y^\alpha u(0,0) + S_N(u,h),$$

且余项满足估计

$$|S_N| \leqslant \frac{Ch^N}{N!} \left\| \mathscr{F}\left[\left(\sum_{j=1}^n \partial_{x_j} \partial_{y_j} \right)^N u \right] \right\|_{L^1}.$$

习题 3.6.37 (空间 S^m 与象征)   本题给出象征的定义.

(1) 在 $\mathbb{R}^n$ 中给定一个具有 C^∞ 系数的线性微分算子 $\mathbf{L} \stackrel{\mathrm{def}}{=\!=} \sum_{|\alpha| \leqslant M} a_\alpha(x) D^\alpha$, 对 $u \in \mathscr{S}(\mathbb{R}^n)$

验证 $\mathbf{L}u(x) = (2\pi)^{-\frac{n}{2}} \int_{\mathbb{R}^n} e^{ix \cdot \xi} p(x,\xi) \widehat{u}(\xi) \mathrm{d}\xi$, 其中 $p(x,\xi) = \sum_{|\alpha| \leqslant M} a_\alpha(x) \xi^\alpha$;

(2) 设 $a(x,\xi) \in C^\infty(\mathbb{R}^{2n})$, 且存在 $m \in \mathbb{R}$, 使得对任意的重指标 $\alpha, \beta \in \mathbb{N}^n$, 都存在对应的常数 $C_{\alpha,\beta}$ 使得 $|\partial_x^\alpha \partial_\xi^\beta a(x,\xi)| \leqslant C_{\alpha,\beta}(1+|\xi|)^{m-|\beta|}$, 证明对任意 $f \in \mathscr{S}(\mathbb{R}^n)$, 积分

$$\frac{1}{(2\pi)^{\frac{n}{2}}} \int_{\mathbb{R}^n} e^{ix \cdot \xi} a(x,\xi) \widehat{f}(\xi) \mathrm{d}\xi$$

存在, 且作为 x 的函数是 $\mathscr{S}(\mathbb{R}^n)$ 的. 事实上, 所有满足这样性质的 a 组成空间 S^m, 它的一个元素称为一个 m 阶象征 (symbol).

习题 3.6.38 (拟微分算子)   对 $a \in S^m$, $u \in \mathscr{S}(\mathbb{R}^n)$, 定义算子如下:

$$\mathrm{Op}[a]u(x) \stackrel{\mathrm{def}}{=\!=} \frac{1}{(2\pi)^n} \int e^{i(x-y) \cdot \xi} a(x,\xi) u(y) \mathrm{d}y\,\mathrm{d}\xi. \tag{3.6.1}$$

则 $\mathrm{Op}[a]$ 是 $\mathscr{S}(\mathbb{R}^n)$ 上的映射, 称为以 $a(x,\xi)$ 为象征的拟微分算子.

(1) 对 n 维的 Laplace 算子 $\Delta_n \stackrel{\mathrm{def}}{=\!=} \sum_{j=1}^n \frac{\partial^2}{\partial x_j^2}$, 指出这是一个拟微分算子, 并且给出 Δ_n 的象征, 它落在哪个 S^m 中, 习题 3.6.37 (1) 给出的 $\mathbf{L}$ 呢?

(2) 证明 $\mathrm{Op}[a]$ 是 $\mathscr{S}(\mathbb{R}^n) \to \mathscr{S}(\mathbb{R}^n)$ 的连续映射.

(3) 试把拟微分算子的概念推广到 $\mathscr{S}'(\mathbb{R}^n)$ 上.

(4) 证明 (2) 把拟微分算子 $\mathrm{Op}[a]$ 唯一扩张为 $\mathscr{S}'(\mathbb{R}^n) \to \mathscr{S}'(\mathbb{R}^n)$ 的连续映射.

习题 3.6.39 (Calderón-Vaillancourt 定理)   我们希望证明, 若象征 $a(x,\xi) \in S^0$ (定义见习题 3.6.37(2)), 则 $\mathrm{Op}[a]$ 是 $L^2(\mathbb{R}^n)$ 到 $L^2(\mathbb{R}^n)$ 的有界线性算子.

事实上, 我们证明一个广泛得多的结果, 称为 Calderón-Vaillancourt 定理: 设 $a(x,\xi) \in C^{2n}(\mathbb{R}^n \times \mathbb{R}^n)$, 且对 $\alpha, \beta \in \{0,1\}^n \subset \mathbb{N}^n$ 满足 $|\partial_x^\alpha \partial_\xi^\beta a| \leqslant C$, 则 $\mathrm{Op}[a]$ 是 $L^2(\mathbb{R}^n)$ 上的有界线性算子. 为方便起见, 我们记

$$\|a\| \stackrel{\mathrm{def}}{=\!=} \sum_{\alpha,\beta \in \{0,1\}^n} \sup_{(x,\xi) \in \mathbb{R}^{2n}} |\partial_x^\alpha \partial_\xi^\beta a|.$$

(1) 设 $\varphi \in L^2(\mathbb{R}^n)$, 对 $u, v \in L^2(\mathbb{R}^n)$, 证明

$$\widetilde{u}(x,\xi) = \int_{\mathbb{R}} e^{-iy\cdot\xi}\varphi(x-y)u(y)\mathrm{d}y, \quad \widetilde{v}(x,\xi) = \int_{\mathbb{R}} e^{-ix\cdot\eta}\varphi(\xi-\eta)\widehat{v}(\eta)\mathrm{d}\eta$$

定义了两个 $L^2(\mathbb{R}^n) \to L^2(\mathbb{R}^{2n})$ 的有界线性算子.

(2) 设 $u, v \in \mathscr{S}(\mathbb{R}^n)$, $a \in \mathscr{D}(\mathbb{R}^{2n})$, $\varphi(x) = \prod_{j=1}^{n}(1+ix_j)^{-1} \in L^2(\mathbb{R}^n)$, 如 (1) 问定义 $\widetilde{u}(x,\xi)$ 与 $\widetilde{v}(x,\xi)$; 对 $(\mathrm{Op}[a]u,v)$ 关于 ξ 作分部积分, 证明存在函数 $b \in \mathscr{D}(\mathbb{R}^{2n})$ 满足 $\sum_{\alpha\in\{0,1\}^n} \sup_{(x,\xi)\in\mathbb{R}^{2n}} |\partial_x^\alpha b| \leqslant \|a\|$, 使得

$$(\mathrm{Op}[a]u,v) = \int_{\mathbb{R}^n}\int_{\mathbb{R}^n} e^{ix\cdot\xi}b(x,\xi)\widetilde{u}(x,\xi)\overline{v(x)}\mathrm{d}x\,\mathrm{d}\xi.$$

(3) 关于 x 分部积分, 证明存在函数 $c_\alpha \in \mathscr{D}(\mathbb{R}^{2n})$ 满足 $\sup_{(x,\xi)\in\mathbb{R}^{2n}} |c_\alpha| \leqslant \|a\|$, 使得

$$(\mathrm{Op}[a]u,v) = \sum_{\alpha\in\{0,1\}^n} \int_{\mathbb{R}^n}\int_{\mathbb{R}^n} e^{ix\cdot\xi}c_\alpha(x,\xi)\partial_x^\alpha\widetilde{u}(x,\xi)\overline{\widetilde{v}(x,\xi)}\mathrm{d}x\,\mathrm{d}\xi.$$

[提示: 代入关于 $v(x)$ 的 Fourier 逆变换公式.]

(4) 总结并证明命题.

习题 3.6.40 (象征演算定理)　设 $a(x,\xi) \in S^m$, $b(x,\xi) \in S^{m'}$ (定义见习题 3.6.37), 本题从形式上导出象征演算定理, 不作详细证明.

(1) 计算 $\mathrm{Op}[a] \circ \mathrm{Op}[b]$;

(2) 设 $c \in C^\infty(\mathbb{R}^n)$ 满足 $\mathrm{Op}[c] = \mathrm{Op}[a] \circ \mathrm{Op}[b]$, 记为 $c = a\#b$, 给出 c 的表达式并且判断是否成立 $c \in S^{m+m'}$ (仅需判断);

(3) 利用习题 3.6.36 的结论, 形式上把 c 展开成幂级数 (事实上这个式子在相差一个光滑算子的意义下成立, 我们忽略这些细节).

[提示: $c(x,\xi) \sim \sum_{|\alpha|\geqslant 0} \dfrac{1}{i^{|\alpha|}\alpha!}\partial_x^\alpha a(x,\xi)\partial_\xi^\alpha b(x,\xi)$.]

C 思考题

思考题 3.6.41　思考: 是否可以在比 $\mathscr{S}'(\mathbb{R}^n)$ 更大的空间上定义 Fourier 变换? 是否可以找到不在 $\mathscr{S}'(\mathbb{R}^n)$ 中的有显式表达式的函数, 其 (形式上的) Fourier 变换亦有显式表达式?

思考题 3.6.42　思考: 如何在 n 维环面 $\mathbb{T}^n$ 上定义 Fourier 变换理论, 相应的定理表述会有什么变化吗?　[提示: 利用周期函数.]

思考题 3.6.43　(1) 你认为 Fourier 变换理论最核心的特征是什么? 即若要求你在某个给定的函数空间中建立 Fourier 变换理论, 你认为哪些性质是应当保持的, 哪些则需要适当地修改?

(2) 思考: 可以对定义在 $\mathbb{R}^n$, $\mathbb{T}^n$ 以外的函数定义 Fourier 变换吗? Fourier 变换理论对函数定义域有什么要求? 某些特殊的拓扑群, 如 $(\mathbb{R}^n \setminus \{0\}, \times)$, 可以吗?

第 4 章　常系数线性偏微分方程的基本解

本章介绍常系数线性偏微分方程的基本解理论, 以展现广义函数论在偏微分方程理论中的应用. 事实上, 对偏微分方程的进一步研究需引入更加复杂的函数空间, 这是本书第二部分的内容.

本章涉及的微分方程的解, 若无特殊说明, 皆指 $\mathscr{D}'(\mathbb{R}^n)$ 中的分布解. 但凡是应用 Fourier 变换求解的方程, 我们仅考虑在 $\mathscr{S}'(\mathbb{R}^n)$ 中的解.

4.1　分布意义下的解

设

$$\mathbf{L} = \sum_{|\alpha| \leqslant m} a_\alpha(x) D^\alpha \tag{4.1.1}$$

为 m 阶微分算子, 其系数 $a_\alpha \in C^\infty(\mathbb{R}^n)$. 给定 $f \in \mathscr{D}'(\mathbb{R}^n)$, 设 $u \in \mathscr{D}'(\mathbb{R}^n)$ 在分布意义下满足微分方程 $\mathbf{L}u = f$, 即对任意 $\varphi \in \mathscr{D}(\mathbb{R}^n)$ 成立

$$\langle \mathbf{L}u, \varphi \rangle = \langle f, \varphi \rangle,$$

则由 $\mathbf{L}$ 的定义以及分布导数的性质知

$$\langle \mathbf{L}u, \varphi \rangle = \sum_{|\alpha| \leqslant m} \langle a_\alpha(x) D^\alpha u, \varphi \rangle = \sum_{|\alpha| \leqslant m} \langle D^\alpha u, a_\alpha(x)\varphi \rangle$$

$$= \sum_{|\alpha| \leqslant m} (-1)^{|\alpha|} \langle u, D^\alpha(a_\alpha\varphi) \rangle$$

$$= \Big\langle u, \sum_{|\alpha| \leqslant m} (-1)^{|\alpha|} D^\alpha(a_\alpha\varphi) \Big\rangle.$$

Leibniz 公式指出

$$\sum_{|\alpha| \leqslant m} (-1)^{|\alpha|} D^\alpha(a_\alpha\varphi) = \sum_{|\beta| \leqslant m} b_\beta(x) D^\beta\varphi(x),$$

其中对 $|\beta| \leqslant m$, $b_\beta(x) = \sum_{\substack{\alpha \geqslant \beta \\ |\alpha| \leqslant m}} (-1)^{|\alpha|} C_\alpha^\beta D^{\alpha-\beta} a_\alpha(x)$ 是 $C^\infty(\mathbb{R}^n)$ 函数.

定义 4.1.1(伴随算子) 对(4.1.1)式给出的 m 阶微分算子 $\mathbf{L}$, 算子

$$\mathbf{L}^{\mathrm{T}} \stackrel{\text{def}}{=\!=} \sum_{|\beta| \leqslant m} b_\beta(x) D^\beta$$

称为 $\mathbf{L}$ 的伴随算子.

我们已经证明对任意 $\varphi \in \mathscr{D}(\mathbb{R}^n)$, $\langle \mathbf{L}u, \varphi \rangle = \langle u, \mathbf{L}^{\mathrm{T}}\varphi \rangle$. 从而可得

定义 4.1.2 设 $f \in \mathscr{D}'(\mathbb{R}^n)$ (相应地 $\mathscr{S}'(\mathbb{R}^n)$), $\mathbf{L}$ 由 (4.1.1) 式给出, 且其中 $a_\alpha \in C^\infty(\mathbb{R}^n)$ (相应地 $O_M(\mathbb{R}^n)$), 广义函数 $u \in \mathscr{D}'(\mathbb{R}^n)$ (相应地 $\mathscr{S}'(\mathbb{R}^n)$) 被称为方程 $\mathbf{L}u = f$ 的分布解, 若对任意 $\varphi \in \mathscr{D}(\mathbb{R}^n)$ (相应地 $\mathscr{S}(\mathbb{R}^n)$) 成立:

$$\langle u, \mathbf{L}^{\mathrm{T}}\varphi \rangle = \langle f, \varphi \rangle.$$

注 若

$$\mathbf{L} = \mathbf{P}(D) = \sum_{|\alpha| \leqslant m} a_\alpha D^\alpha \tag{4.1.2}$$

是由 m 阶多项式 $P(\xi) = \sum\limits_{|\alpha| \leqslant m} a_\alpha \xi^\alpha$ 诱导的 m 阶常系数微分算子, 则其伴随算子为

$$\mathbf{L}^{\mathrm{T}} = \sum_{|\alpha| \leqslant m} (-1)^\alpha a_\alpha D^\alpha.$$

定理 4.1.1 设 $\mathbf{L}$ 是由(4.1.1)式给出的微分算子, 其中 $a_\alpha \in O_M(\mathbb{R}^n)$, 假设其伴随算子 $\mathbf{L}^{\mathrm{T}}$ 满足 $\mathbf{L}^{\mathrm{T}}\mathscr{S}(\mathbb{R}^n)$ 在 $\mathscr{S}(\mathbb{R}^n)$ 中稠密, 则方程 $\mathbf{L}u = 0$ 在 $\mathscr{S}'(\mathbb{R}^n)$ 中没有非平凡的解.

证明 我们采用反证法. 若存在 $u \in \mathscr{S}'(\mathbb{R}^n)$ 以及 $\varphi \in \mathscr{S}(\mathbb{R}^n)$ 使得 $\mathbf{L}u = 0$ 且 $\langle u, \varphi \rangle \neq 0$, 则由 $\mathbf{L}^{\mathrm{T}}\mathscr{S}(\mathbb{R}^n)$ 在 $\mathscr{S}(\mathbb{R}^n)$ 的稠密性, 存在 $\mathscr{S}(\mathbb{R}^n)$ 中的序列 $\{\psi_\nu\}_{\nu \in \mathbb{N}}$ 使得

$$\lim_{\nu \to \infty} \mathbf{L}^{\mathrm{T}}\psi_\nu = \varphi \ (\mathscr{S}(\mathbb{R}^n)).$$

而由 $\mathbf{L}u = 0$ 以及定义4.1.2 知 $\langle u, \mathbf{L}^{\mathrm{T}}\psi_\nu \rangle = 0$ 对任意的 ν 成立. 从而 $\langle u, \varphi \rangle = \lim\limits_{\nu \to \infty} \langle u, \mathbf{L}^{\mathrm{T}}\psi_\nu \rangle = 0$, 矛盾. 从而定理证毕. $\square$

注 对 $\mathscr{D}(\mathbb{R}^n)$ 以及 $\mathscr{D}'(\mathbb{R}^n)$ 成立完全类似的结果, 此时 a_α 仅需满足 $a_\alpha \in C^\infty(\mathbb{R}^n)$.

例 4.1.1 注意到对任意的 $\psi \in \mathscr{S}(\mathbb{R})$, 方程 $\dfrac{\mathrm{d}^2\varphi}{\mathrm{d}x^2} - \varphi = \psi$ 在 $\mathscr{S}(\mathbb{R})$ 中存在唯一的解

$$\varphi(x) = -\frac{1}{2}\int_{-\infty}^\infty \psi(\xi)e^{-|\xi-x|}\mathrm{d}\xi,$$

从而方程 $\dfrac{\mathrm{d}^2 u}{\mathrm{d}x^2} - u = 0$ 在 $\mathscr{S}'(\mathbb{R})$ 中仅有平凡解.

为比较分布意义的解与经典解的关系, 我们回顾经典解的定义.

定义 4.1.3 (微分方程的经典解 (古典解))　称 u 是某个微分方程在区域 $\Omega \subset \mathbb{R}^n$ 中的经典解若 u 在该微分方程中出现的所有导数皆在经典意义下存在并连续, 而且在 Ω 中满足微分方程.

命题 4.1.2　设 $\mathbf{L}$ 是由 (4.1.1) 式给出的微分算子, f 为连续函数, 若 u 是微分方程 $\mathbf{L}u = f$ 在分布意义下的解且 $u \in C^m(\mathbb{R}^n)$, 则 u 是该微分方程的经典解.

命题证明留作习题.

显然每一个微分方程的经典解也是该方程在分布意义下的解. 由此自然产生一个问题: 给定充分光滑的函数 f, 方程 $\mathbf{L}u = f$ 是否有不同于经典解的分布解? 事实上问题的答案依赖于算子 $\mathbf{L}$ 的选取.

首先考虑一维常微分方程的情况.

定理 4.1.3　设 $m \in \mathbb{N}$, α, $\beta \in [-\infty, \infty]$, 记区间 $I =]\alpha, \beta[$. 若对每一个 j, $a_j \in C^\infty(I)$ 且 $f \in C^0(I)$, 则方程

$$\frac{\mathrm{d}^m u}{\mathrm{d}x^m} = \sum_{j=0}^{m-1} a_j \frac{\mathrm{d}^j u}{\mathrm{d}x^j} + f \tag{4.1.3}$$

的分布解 $u \in \mathscr{D}'(I)$ 是 C^m 函数, 即 u 是一个经典解.

事实上, 若 $f \in C^n(I)$, 则 $u \in C^{m+n}(I)$; 若 $f \in C^\infty(I)$, 则 $u \in C^\infty(I)$.

证明　设 $u \in \mathscr{D}'(I)$ 满足方程 (4.1.3) 并取任意的区间 $I' =]a, b[\subset I$. 我们证明 u 在 I' 上是 C^m 函数.

由推论 1.8.2 知存在 $k \in \mathbb{N}$, I' 在 I 中的邻域 $\tilde{I}$ 以及 $\tilde{I}$ 上的连续函数 g, 满足 $u|_{I'} = \dfrac{\mathrm{d}^k g}{\mathrm{d}x^k}$.

为方便起见, 引入下面的记号: 分布 $w \in \mathscr{D}'(I)$ 被称为在类 $C^{-r}(I)$ 当且仅当存在连续函数 h 使得在 I 上 $w = \dfrac{\mathrm{d}^r h}{\mathrm{d}x^r}$, 其中 $r \in \mathbb{N}$. 显而易见, 当 $r = 0$ 时, 这就是连续函数空间 $C^0(I)$, 且对 r, $r' \in \mathbb{Z}$, $r \leqslant r'$, 则 $C^{r'}(I) \subset C^r(I)$.

从而 $u \in C^{-k}(I')$, 易知 (4.1.3) 式的右端在 $C^{-k-m+1}(I')$ 中, 从而 $D_x^m u \in C^{-k-m+1}(I')$, 故 $u \in C^{-k+1}(I')$. 由 $f \in C^0(I')$, 重复上述操作 $k + m$ 次可知 $u \in C^m(I')$.

若 f 有更高的正则性, 这个操作仍然可以继续下去, 则由归纳法易知, 若 $f \in C^n(I')$, 则 $u \in C^{m+n}(I')$. 而若 $f \in C^\infty(I')$, 则 $u \in C^\infty(I')$. 由区间 I' 选取任意性知定理证毕.　　　　　　　　　　　　　　　　　　　　　　　　　　□

下面的例子指出存在拥有非经典解的常微分方程.

例 4.1.2 在 $\mathbb{R}$ 上考虑常微分方程 $xu' = 1$, 此时 $u(x)$ 存在分布解 $u(x) = \log|x| + H(x)$, 其中 $H(x)$ 为 Heaviside 函数, 但显然 u 不再是经典解.

对偏微分方程, 问题会更加复杂.

例 4.1.3 考虑 $\mathbb{R}^2$ 中的微分方程 $\partial_{x_2}\partial_{x_1}u = 0$, 可以证明该方程的解为

$$\langle u, \varphi \rangle = \Big\langle w, \int_{\mathbb{R}} \varphi(t, x_2)\mathrm{d}t \Big\rangle + \Big\langle v, \int_{\mathbb{R}} \varphi(x_1, t)\mathrm{d}t \Big\rangle, \quad \forall\, \varphi \in \mathscr{D}(\mathbb{R}^2),$$

其中 $w,\, v \in \mathscr{D}'(\mathbb{R})$. 此时 u 甚至未必是 $L^1_{\mathrm{loc}}(\mathbb{R}^2)$ 的元素.

注 事实上, u 可以写为 $u = 1_{x_1} \otimes w_{x_2} + v_{x_1} \otimes 1_{x_2}$.

不过也存在偏微分算子 $\mathbf{L}$ 满足 $\mathbf{L}u = 0$ 的分布解都是经典解, 比如 4.2 节将提及的 Laplace 算子 $\Delta = \sum\limits_{i=1}^{n} \partial_{x_i}^2$.

4.2 基本解的概念

4.2.1 调和方程的基本解

我们回忆著名的调和方程.

定义 4.2.1(调和方程 (Laplace 方程)) 设 $x \in \mathbb{R}^n$, $n \geqslant 2$, 定义 n 维 Laplace 算子 Δ_n 为

$$\Delta_n \overset{\text{def}}{=\!=} \sum_{j=1}^{n} \frac{\partial^2}{\partial x_j^2},$$

方程

$$\Delta_n u = 0 \tag{4.2.1}$$

被称为调和方程或者 Laplace 方程. 方程的解被称为调和函数.

我们想要解决下面的问题.

问题 4.2.1 (Poisson 方程) 设 $f \in \mathscr{D}'(\mathbb{R}^n)$, 寻找 $u \in \mathscr{D}'(\mathbb{R}^n)$ 满足 Poisson 方程: $\Delta_n u = f$.

我们首先考虑 $f \in \mathscr{D}(\mathbb{R}^n)$ 的简单情况. 事实上, 在解决这个问题时, 调和方程的一类特殊解起到了特殊的作用. 以 $n = 2$ 为例, 考虑二维调和方程的径向解 $F(|x|)$, 其中 $|x| = (x_1^2 + x_2^2)^{\frac{1}{2}}$, 易知 $F(|x|) = c_1 + c_2\log|x|$, 其中 $c_1,\, c_2 \in \mathbb{R}$. 应当注意到, 此时 F 在 $\mathbb{R}^n \setminus \{0\}$ 上满足调和方程.

我们取 $F_2(x) \overset{\text{def}}{=\!=} (2\pi)^{-1}\log|x|$, 其满足 $F_2 \in L^1_{\mathrm{loc}}(\mathbb{R}^2)$, 则对任意的 $\varphi(x) \in$

$\mathscr{D}(\mathbb{R}^2)$, 利用 Green 公式知成立

$$\begin{aligned}
\langle \Delta_2 F_2, \varphi \rangle &= \frac{1}{2\pi} \int_{\mathbb{R}^2} \log |x| \Delta_2 \varphi(x) \mathrm{d}x \\
&= \frac{1}{2\pi} \lim_{\varepsilon \to 0} \int_{|x| \geqslant \varepsilon} \log |x| \Delta_2 \varphi(x) \mathrm{d}x = \varphi(0).
\end{aligned}$$

换言之, F_2 满足如下的 Poisson 方程:

$$\Delta_2 F_2 = \delta.$$

从而对任意的 $f \in \mathscr{D}(\mathbb{R}^2)$,

$$\widetilde{u}(x) \stackrel{\text{def}}{=\!=} \frac{1}{2\pi} \int_{\mathbb{R}^2} f(y) \log |x - y| \mathrm{d}y$$

对每一个 $x \in \mathbb{R}^n$ 良好定义, 且满足 $\Delta_2 \widetilde{u}(x) = f(x)$, 故而 $\widetilde{u}$ 就是问题 4.2.1 的一个解. 由此可见, F_2 在构造 Poisson 方程解时起到了核心的作用, F_2 被称为调和方程(4.2.1)的基本解.

事实上我们将会证明, 波动方程和热方程也存在起着类似作用的基本解. Hadamard 总结了这些例子, 对于具有解析系数的二阶线性方程首先提出了系统的基本解理论.

现在我们把基本解的意义推广到一般的线性微分算子上面.

定义 4.2.2 (基本解) 设 $\mathbf{L}$ 是由(4.1.1)式给出的微分算子, 分布 $F \in \mathscr{D}'(\mathbb{R}^n)$ 称为算子 $\mathbf{L}$ 的基本解当且仅当 F 满足方程

$$\mathbf{L}F = \delta.$$

若 F 是 $\mathbf{L}$ 的基本解, 则如果 $\mathbf{L}$ 有其他不同的基本解, 那么它们的差 u 满足 $u \in \mathscr{D}'(\mathbb{R}^n)$, $\mathbf{L}u = 0$, 从而由定理 4.1.1 易知

推论 4.2.1 如果算子 $\mathbf{L}$ 满足 $\overline{\mathbf{L}^{\mathrm{T}}(\mathscr{D}(\mathbb{R}^n))} = \mathscr{D}(\mathbb{R}^n)$, 则 $\mathbf{L}$ 在 $\mathscr{D}'(\mathbb{R}^n)$ 中至多存在一个基本解.

注 对 $\mathscr{S}'(\mathbb{R}^n)$ 亦可类似地定义基本解的概念. 由于在处理基本解的问题时, Fourier 变换是一个重要的工具, 为了应用 Fourier 变换, 我们时常把求解的范围限制在 $\mathscr{S}'(\mathbb{R}^n)$ 中.

下面的定理指出常系数微分算子的基本解的重要作用.

定理 4.2.2 设 $\mathbf{L}$ 是由(4.1.2)式给出的微分算子, 分布 $F \in \mathscr{D}'(\mathbb{R}^n)$ 为算子 $\mathbf{L}$ 的基本解, 若 f 是使得 $\widetilde{u} \stackrel{\text{def}}{=\!=} F * f$ 良定义的分布, 则 $\widetilde{u}$ 是方程 $\mathbf{L}u = f$ 的分布解.

证明　由命题 2.3.4 易知

$$\mathbf{L}\tilde{u} = \mathbf{P}(D)\tilde{u} = \mathbf{P}(D)(F*f) = (\mathbf{P}(D)F)*f = \delta*f = f.$$

从而证毕定理.　　　　　　　　　　　　　　　　　　　　　　　□

如下定理保证了这种卷积型的分布解的唯一性.

定理 4.2.3　设 $\mathbf{L}$ 是由 (4.1.2) 式给出的微分算子, 分布 $F \in \mathscr{D}'(\mathbb{R}^n)$ 为算子 $\mathbf{L}$ 的基本解, 则方程 $\mathbf{L}u = f$ 至多存在一个分布解, 其是 f 与 F 的卷积 (若 $f*F$ 良定义).

证明　我们仅需证明, 若 $F, u \in \mathscr{D}'(\mathbb{R}^n)$, $\mathbf{L}F = \delta$, $\mathbf{L}u = 0$, $u*F$ 存在, 则 $u = 0$.

事实上, 由命题 2.3.4 易知 $\mathbf{L}(u*F) = \mathbf{L}u*F = u*\mathbf{L}F$, 从而

$$u = u*\delta = u*\mathbf{L}F = \mathbf{L}u*F = 0.$$

定理证毕.　　　　　　　　　　　　　　　　　　　　　　　　　□

由此可知下面的推论.

推论 4.2.4　设 P 是多项式, 若方程 $P(\xi)T = (2\pi)^{-\frac{n}{2}}$ 有解 $T \in \mathscr{S}'(\mathbb{R}^n)$, 则 $F = \mathscr{F}^{-1}[T]$ 是常系数微分算子 $\mathbf{P}(D)$ 的基本解.

我们已经知道调和方程在 $n = 2$ 时的基本解, 下面计算 $n \geqslant 3$ 时调和方程的基本解.

例 4.2.1 (Laplace 算子 Δ_n ($n \geqslant 3$) 的基本解)　我们利用推论 4.2.4 得到

$$-|\xi|^2 T = (2\pi)^{-\frac{n}{2}}. \tag{4.2.2}$$

记 $h_n(\xi) = -(2\pi)^{-\frac{n}{2}}|\xi|^{-2}$, 由于当 $n \geqslant 3$ 时, $h_n(\xi)$ 为 $L^1_{\text{loc}}(\mathbb{R}^n)$ 函数, 从而易知 $h_n \in \mathscr{S}'(\mathbb{R}^n)$. 故知 $T_n = h_n \in \mathscr{S}'(\mathbb{R}^n)$ 为方程 (4.2.2) 的解, 从而

$$F_n = \mathscr{F}^{-1}[T_n] = -(2\pi)^{-\frac{n}{2}}\mathscr{F}^{-1}[|\xi|^{-2}] \tag{4.2.3}$$

为 Laplace 算子 Δ_n ($n \geqslant 3$) 的基本解. 而当 $n \geqslant 3$ 时, 易知存在常数 C_n 使得 $F_n = C_n|x|^{2-n}$ (习题 3.6.25), 即对任意 $\varphi \in \mathscr{S}(\mathbb{R}^n)$ 成立

$$\langle F_n, \varphi \rangle = C_n \int_{\mathbb{R}^n} \frac{\varphi(x)}{|x|^{2-n}} \mathrm{d}x.$$

下面计算 C_n, 由 (4.2.3) 式知

$$\langle F_n, \varphi \rangle = -(2\pi)^{-\frac{n}{2}} \int_{\mathbb{R}^n} |\xi|^{-2} \mathscr{F}^{-1}[\varphi](\xi) \mathrm{d}\xi. \tag{4.2.4}$$

取 $\varphi(x) = \exp\left(-\dfrac{|x|^2}{2}\right)$, 记 $\omega_n = 2\pi^{\frac{n}{2}}\Gamma^{-1}\left(\dfrac{n}{2}\right)$ 为 n 维单位球面 $\mathbb{S}^n$ 的表面积, 其中 $\Gamma(x)$ 为 Gamma 函数. 从而由 (4.2.4) 式与例 3.1.1 知

$$\langle F_n, \varphi \rangle = -(2\pi)^{-\frac{n}{2}} \int_{\mathbb{R}^n} |\xi|^{-2} \exp\left(-\frac{|\xi|^2}{2}\right) \mathrm{d}\xi = -(2\pi)^{-\frac{n}{2}} \omega_n \int_0^\infty r^{n-3} e^{-\frac{r^2}{2}} \mathrm{d}r.$$

而另一方面,

$$\langle F_n, \varphi \rangle = C_n \int_{\mathbb{R}^n} |\xi|^{2-n} \exp\left(-\frac{|\xi|^2}{2}\right) \mathrm{d}\xi = C_n \omega_n \int_0^\infty r \exp\left(-\frac{r^2}{2}\right) \mathrm{d}r = C_n \omega_n,$$

故 $C_n = -(2\pi)^{-\frac{n}{2}} \displaystyle\int_0^\infty r^{n-3} e^{-\frac{r^2}{2}} \mathrm{d}r$, 利用分部积分与归纳法易知 $C_n = -\dfrac{1}{(n-2)\omega_n}$. 由此知当 $n \geqslant 3$ 时, $F_n = -\left((n-2)\omega_n\right)^{-1}|x|^{2-n}$ 是 Laplace 算子 Δ_n $(n \geqslant 3)$ 的基本解.

故而我们得到如下的定理.

定理 4.2.5 (Laplace 算子 Δ_n 的基本解) Laplace 算子 Δ_n $(n \geqslant 2)$ 的基本解 F_n 是径向的 $L^1_{\mathrm{loc}}(\mathbb{R}^n)$ 函数, 当 $n \geqslant 3$ 时,

$$F_n = -\frac{|x|^{2-n}}{(n-2)\omega_n},$$

其中 $\omega_n = 2\pi^{\frac{n}{2}}\Gamma^{-1}\left(\dfrac{n}{2}\right)$ 为 n 维单位球的表面积. 而当 $n = 2$ 时,

$$F_2 = -\frac{1}{2\pi} \log \frac{1}{|x|}.$$

4.2.2 常系数常微分方程基本解

例 4.2.2 考虑如下的一阶常微分方程:

$$\frac{\mathrm{d}}{\mathrm{d}t}u + au = \delta, \quad a \in \mathbb{C}. \tag{4.2.5}$$

当 $a = 0$ 时, 方程显然有通解

$$u(t) = H(t) + C,$$

其中 $H(t)$ 为 Heaviside 函数. 若取 $C = -1$, 即得到支集在 $\mathbb{R}_-$ 上的唯一基本解; 取 $C = 0$ 则得到支集在 $\mathbb{R}_+$ 上的唯一基本解.

对一般的 $a \in \mathbb{C}$, 令 $u = e^{-at}v$ 即可把方程(4.2.5)化为

$$\frac{\mathrm{d}}{\mathrm{d}t}v = \delta.$$

从而得到方程(4.2.5)的通解为

$$u(t) = e^{-at}[H(t) + C].$$

若 $\operatorname{Re}a > 0$, 仅当 $C = 0$ 时成立 $u \in \mathscr{S}'(\mathbb{R})$; 若 $\operatorname{Re}a < 0$, 仅当 $C = -1$ 时成立 $u \in \mathscr{S}'(\mathbb{R})$; 而当 $\operatorname{Re}a = 0$ 时, C 取任意的值都成立 $u \in \mathscr{S}'(\mathbb{R})$.

接下来考虑 m 阶常系数微分方程的基本解. 由于 m 阶常系数微分方程总是可以化成一个关于 t 的常系数线性方程组, 我们完全可以把例 4.2.2 推广到一般的常系数线性方程组去, 从而得到相应的基本解 $F \in \mathscr{D}'(\mathbb{R})$. 但是以下的例子给出了更加直接的办法.

例 4.2.3 (m **阶常系数微分方程的基本解**) 考虑如下的 m 阶常系数微分方程

$$\sum_{j=0}^{m} a_j \frac{\mathrm{d}^j}{\mathrm{d}t^j}u = g, \quad a_m = 1, \ g \in \mathscr{D}'(\mathbb{R}), \tag{4.2.6}$$

以下求 $\mathbf{L} \stackrel{\text{def}}{=} \sum_{j=0}^{m} a_j \frac{\mathrm{d}^j}{\mathrm{d}t^j}$ 的基本解, 设 $\gamma(t)$ 为齐次方程 $\mathbf{L}u = 0$ 满足初值

$$u(0) = u'(0) = \cdots = u^{(m-2)}(0) = 0, \quad u^{(m-1)}(0) = 1 \tag{4.2.7}$$

的解. 取 $F(t) = \gamma(t)H(t)$, 其中 $H(t)$ 为 Heaviside 函数, 则

$$\frac{\mathrm{d}^j}{\mathrm{d}t^j}F = \left(\frac{\mathrm{d}^j}{\mathrm{d}t^j}\gamma\right)H, \quad 1 \leqslant j \leqslant m-1, \quad \frac{\mathrm{d}^m}{\mathrm{d}t^m}F = \left(\frac{\mathrm{d}^m}{\mathrm{d}t^m}\gamma\right)H + \delta,$$

从而 $\mathbf{L}F = \mathbf{L}\gamma \cdot H + a_m\delta = \delta$, 因此 $F(t) = \gamma(t)H(t)$ 是算子 $\mathbf{L}$ 的基本解.

从而若 $g \in \mathscr{D}'(\mathbb{R})$, 且存在 $a \in \mathbb{R}$ 使得 $\operatorname{supp} g \subset \,]a, \infty[$, 则 $F * g$ 存在且是方程(4.2.6)的分布解.

4.3 经典常系数线性偏微分算子的基本解

4.3.1 Cauchy-Riemann 算子的基本解

定义 4.3.1 (Cauchy-Riemann 算子) 设 $z = x + iy \in \mathbb{C}$, 其中 $x, y \in \mathbb{R}$, 定义 Cauchy-Riemann 算子 $\dfrac{\partial}{\partial z}$ 为

$$\frac{\partial}{\partial z} \stackrel{\text{def}}{=} \frac{1}{2}\left(\frac{\partial}{\partial x} + i\frac{\partial}{\partial y}\right),$$

从而复值函数 $f(z)$ 是全纯的当且仅当 $\dfrac{\partial}{\partial \bar{z}} f = 0$.

下面来求 Cauchy-Riemann 算子的基本解.

例 4.3.1　为方便起见, 我们先求

$$\left(\frac{\partial}{\partial x} + i \frac{\partial}{\partial y} \right) u = \delta$$

的解. 关于 y 作 Fourier 变换 $u \mapsto v = \mathscr{F}_y[u]$ 得到等价的方程

$$\frac{\partial}{\partial x} v(x,\eta) - \eta v = (2\pi)^{-\frac{1}{2}} \delta_x \otimes 1_\eta.$$

利用例 4.2.2 知 $v(x,\eta) = (2\pi)^{-\frac{1}{2}} [H(x) + C(\eta)] e^{\eta x}$. 为应用 Fourier 变换, $v(x,\eta)$ 应为缓增广义函数, 故而若 $\eta > 0$, 则 $C(\eta) = -1$; 若 $\eta < 0$, 则 $C(\eta) = 0$. 从而得到

$$v(x,\eta) = \begin{cases} -(2\pi)^{-\frac{1}{2}} H(-x) e^{\eta x}, & \text{若 } \eta > 0, \\ (2\pi)^{-\frac{1}{2}} H(x) e^{\eta x}, & \text{若 } \eta < 0. \end{cases}$$

注意到, 此时 $v \in L^1(\mathbb{R}^2)$, 关于 η 作 Fourier 逆变换知

$$2\pi u(x,y) = H(x) \int_{-\infty}^{0} e^{i\eta \cdot y} e^{\eta \cdot x} \mathrm{d}\eta - H(-x) \int_{0}^{\infty} e^{i\eta \cdot y} e^{\eta \cdot x} \mathrm{d}\eta$$

$$= \frac{1}{x + iy} = \frac{1}{z}.$$

故而 Cauchy-Riemann 算子的基本解为 $F = (4\pi z)^{-1}$.

4.3.2　热传导方程与 Schrödinger 方程的基本解

设 $t \in \mathbb{R}$, $x = (x_1, \cdots, x_n) \in \mathbb{R}^n$, Δ_n 为 n 维 Laplace 算子, n 维热算子 $\mathbf{H}_n$ 定义为

$$\mathbf{H}_n \overset{\text{def}}{=\!=} \frac{\partial}{\partial t} - \Delta_n.$$

定义 4.3.2 (热方程)　设 $f \in \mathscr{D}'(\mathbb{R}^{n+1})$, 方程

$$\mathbf{H}_n u = \frac{\partial}{\partial t} u - \Delta_n u = f$$

被称为热方程.

例 4.3.2 (热方程的基本解)　热算子 $\mathbf{H}_n = \dfrac{\partial}{\partial t} - \Delta_n$ 的基本解 F_n 满足方程

$$\frac{\partial}{\partial t}u - \Delta_n u = \delta.$$

以下我们在 $\mathscr{S}'(\mathbb{R}^{n+1})$ 中求解热方程的基本解.

关于 x 作 Fourier 变换 $u \mapsto v = \mathscr{F}_x[u]$ 得到

$$\frac{\partial}{\partial t}v + |\xi|^2 v = (2\pi)^{-\frac{n}{2}}\delta_t \otimes 1_\xi, \tag{4.3.1}$$

对给定的 $\xi \in \mathbb{R}^n$, 方程

$$\frac{\mathrm{d}v}{\mathrm{d}t} + |\xi|^2 v = 0, \quad v(0) = 1$$

有解 $\gamma^\xi(t) = e^{-t|\xi|^2}$, 从而 $v(t, \xi) = (2\pi)^{-\frac{n}{2}}H(t)e^{-t|\xi|^2}$ 为方程 (4.3.1) 的解. 注意到只有当 $t > 0$ 时, $v \in \mathscr{S}'(\mathbb{R}^{n+1})$, 此时成立

$$\mathscr{F}_\xi^{-1}[v](t, x) = (2\pi)^{-n}\int_{\mathbb{R}^n} e^{ix\cdot\xi}H(t)e^{-t|\xi|^2}\mathrm{d}\xi = (4\pi t)^{-\frac{n}{2}}H(t)e^{-\frac{|x|^2}{4t}}.$$

由此知函数

$$F_n(t, x) = (4\pi t)^{-\frac{n}{2}}H(t)e^{-\frac{|x|^2}{4t}}$$

是热算子 $\mathbf{H}_n$ 在 $t > 0$ 时的基本解.

定义 4.3.3 (Schrödinger 方程)　n 维齐次的 Schrödinger 方程为

$$\frac{\partial}{\partial t}u - i\Delta_n u = 0.$$

完全类似地, 我们可以得到该方程的一个缓增基本解

$$F_n(t, x) = H(t)\left(\frac{1-i}{2\sqrt{2\pi t}}\right)^n e^{i\frac{|x|^2}{4t}}, \quad (t, x) \in \mathbb{R}^{n+1}.$$

4.3.3　波动方程的基本解

设 $t \in \mathbb{R}$, $x = (x_1, \cdots, x_n) \in \mathbb{R}^n$, Δ_n 为 n 维 Laplace 算子, n 维波动算子 $\Box_n$ 定义为

$$\Box_n \xlongequal{\mathrm{def}} \frac{\partial^2}{\partial t^2} - \Delta_n.$$

定义 4.3.4 (波动方程)　设 $f \in \mathscr{D}'(\mathbb{R}^{n+1})$, 方程

$$\Box_n u = \frac{\partial^2}{\partial t^2} u - \Delta_n u = f \tag{4.3.2}$$

被称为波动方程.

例 4.3.3 (波动方程的基本解)　波动算子 $\Box_n = \dfrac{\partial^2}{\partial t^2} - \Delta_n$ 的基本解 F_n 满足方程

$$\frac{\partial^2}{\partial t^2} u - \Delta_n u = \delta.$$

关于 x 作 Fourier 变换 $u \mapsto v = \mathscr{F}_x[u]$ 得到

$$\frac{\partial^2}{\partial t^2} v - |\xi|^2 v = (2\pi)^{-\frac{n}{2}} \delta_t \otimes 1_\xi, \tag{4.3.3}$$

对给定的 $\xi \in \mathbb{R}^n$, 方程

$$\frac{\mathrm{d}^2 v}{\mathrm{d}t^2} + |\xi|^2 v = 0, \quad v(0) = 0, \quad v'(0) = 1$$

有解

$$\gamma^\xi(t) = \frac{\sin t|\xi|}{|\xi|},$$

从而 $v(t,\xi) = (2\pi)^{-\frac{n}{2}} H(t) \dfrac{\sin t|\xi|}{|\xi|}$ 为方程(4.3.3)的解. 记 $w^t(\xi) = (2\pi)^{-\frac{n}{2}} \dfrac{\sin t|\xi|}{|\xi|}$, $\xi \in \mathbb{R}^n$, $t > 0$, 从而对任意给定的 t, $w^t \in \mathscr{S}'(\mathbb{R}^n)$. 对任意的 $\varphi \in \mathscr{D}(\mathbb{R}^{n+1})$, 成立

$$\langle \mathscr{F}_\xi^{-1}[v], \varphi \rangle = \langle v, \mathscr{F}_\xi^{-1}[\varphi] \rangle = \int_0^\infty \langle w^t, \mathscr{F}_\xi^{-1}[\varphi] \rangle \mathrm{d}t$$

$$= \int_0^\infty \langle \mathscr{F}_\xi^{-1}[w^t], \varphi \rangle \mathrm{d}t.$$

当 $n = 3$ 时可知 (习题 3.6.28), 对任意的 $\psi \in \mathscr{D}(\mathbb{R}^3)$ 成立

$$\langle \mathscr{F}_\xi^{-1} w^t, \psi \rangle = \frac{t}{4\pi} \int_{|y|=1} \psi(ty) \mathrm{d}y.$$

由此知波动算子 $\Box_3$ 的基本解 F_3 满足对任意的 $\varphi(x) \in \mathscr{D}(\mathbb{R}^4)$, 成立

$$\langle F_3, \varphi \rangle = \langle \mathscr{F}_\xi^{-1}[v], \varphi \rangle = \frac{1}{4\pi} \int_0^\infty t \Big(\int_{|y|=1} \varphi(t, ty) \mathrm{d}y \Big) \mathrm{d}t.$$

注 $n = 1$ 的情况参见习题 4.5.16.

但与热算子不同, 这里把空间变量 x 与时间变量 t 分开的方法是不自然的. 我们考虑如下的 Lorentz 变换: 取 $\beta \in \,]0, 1[$, 令

$$
\begin{aligned}
t' &\stackrel{\text{def}}{=\!=} \frac{t + \beta x_1}{\sqrt{1 - \beta^2}}, \\
x_1' &\stackrel{\text{def}}{=\!=} \frac{\beta t + x_1}{\sqrt{1 - \beta^2}}, \\
x_j' &\stackrel{\text{def}}{=\!=} x_j, \quad j = 2, \cdots, n.
\end{aligned}
\tag{4.3.4}
$$

则易见波动方程在该 Lorentz 变换下不变. 因此, 在求波动方程的基本解时, 我们应当对 (t, x) 整体来作 Fourier 变换; 把时间 t 限制在 $t > 0$ 上也是完全不必要的. 故而上面所求的支集在 $t > 0$ 处的基本解 F_n 应当满足

$$
\mathscr{F}[F_n](\tau, \xi) = \frac{1}{(2\pi)^{\frac{n+1}{2}}} \int_0^\infty e^{-it\tau} \sin(t|\xi|) \frac{\mathrm{d}t}{|\xi|}.
$$

注意到上述积分是发散的, 因此应将其理解为

$$
\mathscr{F}[F_n^\varepsilon](\tau, \xi) = \frac{1}{(2\pi)^{\frac{n+1}{2}}} \int_0^\infty e^{-it\tau - \varepsilon t} \sin(t|\xi|) \frac{\mathrm{d}t}{|\xi|}
$$

在 $\varepsilon \to 0_+$ 时的极限. 事实上, 利用留数定理知

$$
\begin{aligned}
\mathscr{F}[F_n^\varepsilon](\tau, \xi) &= \frac{1}{(2\pi)^{\frac{n+1}{2}}} \frac{1}{2i|\xi|} \int_0^\infty \left(e^{-it(\tau - i\varepsilon - |\xi|)} - e^{-it(\tau - i\varepsilon + |\xi|)} \right) \mathrm{d}t \\
&= -\frac{1}{(2\pi)^{\frac{n+1}{2}}} \frac{1}{2|\xi|} \left(\frac{1}{\tau - i\varepsilon - |\xi|} - \frac{1}{\tau - i\varepsilon + |\xi|} \right) \\
&= -\frac{1}{(2\pi)^{\frac{n+1}{2}}} \frac{1}{(\tau - i\varepsilon)^2 - |\xi|^2}.
\end{aligned}
$$

由此可见, $\mathscr{F}[F_n](\tau, \xi)$ 应当是在 $\mathscr{S}'(\mathbb{R}^n)$ 拓扑下的如下极限:

$$
\mathscr{F}[F_n](\tau, \xi) = -\frac{1}{(2\pi)^{\frac{n+1}{2}}} \lim_{\varepsilon \to 0} \frac{1}{(\tau - i\varepsilon)^2 - |\xi|^2}.
$$

如果把这个极限形式上地写作 $-\big((2\pi)^{\frac{n+1}{2}}(\tau^2 - |\xi|^2)\big)^{-1}$, 则在波动方程的特征锥面 $\tau^2 - |\xi|^2 = 0$ 上它有很强的奇性. 事实上, 特征锥面在物理上有丰富的内涵, 我们称其为 "光锥", 其中 $\tau > 0$ 的一叶称为前向光锥, 而另一叶称为后向光锥.

从而对 $\varphi(t,x) \in \mathscr{D}(\mathbb{R}^{n+1})$ 成立

$$\langle F_n, \mathscr{F}^{-1}[\varphi]\rangle = -(2\pi)^{-n-1} \lim_{\varepsilon \to 0_+} \iint_{\mathbb{R}^{n+1}} \frac{\mathscr{F}^{-1}[\varphi]\mathrm{d}\tau\,\mathrm{d}\xi}{(\tau - i\varepsilon)^2 - |\xi|^2}.$$

回顾 Fourier-Laplace 变换, 将 τ, ξ 视为复变量, 改变积分路径到 $\mathrm{Im}\tau = -a$, $\mathrm{Im}\xi_j = -b_j$ 上, 并且记 $b = (b_1, \cdots, b_n)$, 则成立

$$\begin{aligned}
\langle F_n, \mathscr{F}^{-1}[\varphi]\rangle &= -(2\pi)^{-n-1} \lim_{\varepsilon \to 0_+} \iint_{\mathbb{R}^{n+1}} \frac{\mathscr{F}^{-1}[\varphi](\tau - ia, \xi - ib)\mathrm{d}\tau\,\mathrm{d}\xi}{(\tau - ia - i\varepsilon)^2 - |\xi - ib|^2} \\
&= -(2\pi)^{-n-1} \iint_{\mathbb{R}^{n+1}} \frac{\mathscr{F}^{-1}[\varphi](\tau - ia, \xi - ib)\mathrm{d}\tau\,\mathrm{d}\xi}{(\tau - ia)^2 - |\xi - ib|^2}.
\end{aligned}$$

为使上式中的极限存在, 仅需分母不为 0, 而

$$(\tau - ia)^2 - |\xi - ib|^2 = \tau^2 - |\xi|^2 - (a^2 - |b|^2) - 2i(a\tau + b \cdot \xi).$$

故分母取 0 当且仅当需满足 $\tau^2 = |\xi|^2 + (a^2 - |b|^2)$, 且 $a\tau + b \cdot \xi = 0$. 亦即矢量 (τ, ξ), (a, b) 正交, 且落在 Lorentz 二次型 $\tau^2 - |\xi|^2$ 的等值面上, 故而当 $a^2 - |b|^2 > 0$ 时, $(\tau - ia)^2 - |\xi - ib|^2$ 在前向光锥内不为 0. 由此知

命题 4.3.1　取 $(a, b) \in \mathbb{R}^{n+1}$ 且 $a - |b|^2 > 0$, 则波动算子 $\square_n$ 在 $t > 0$ 处的基本解 F_n 满足对任意的 $\varphi \in \mathscr{D}(\mathbb{R}^{n+1})$ 成立

$$\langle F_n, \mathscr{F}^{-1}[\varphi]\rangle = -(2\pi)^{-n-1} \iint_{\mathbb{R}^{n+1}} \frac{\mathscr{F}^{-1}[\varphi](\tau - ia, \xi - ib)\mathrm{d}\tau\,\mathrm{d}\xi}{(\tau - ia)^2 - |\xi - ib|^2}.$$

注　类似地, 可知波动算子在 $t < 0$ 上亦存在一基本解 F_n^-, 且存在与命题 4.3.1 类似的表述.

关于 Lorentz 变换与光锥的进一步内容, 可以参见齐民友 [51], F. Trèves [45] 等.

4.4　一般常系数线性偏微分算子的基本解

之前所举的经典的微分算子, 如 Laplace 算子、热算子、波动算子, 以及 Cauchy-Riemann 算子, 它们的基本解在很久以前就被人所知, 我们也在以上诸节中分别进行了计算. 这样的许多例子给人们一个信心, 即对常系数偏微分算子 $\mathbf{P}(D)$ 必存在基本解.

形式上构造偏微分算子 $\mathbf{P}(D)$ 的基本解是容易的. 设成立 $\mathbf{P}(D)F = \delta$, P 是诱导 $\mathbf{P}(D)$ 的多项式, 作 Fourier 变换知

$$P(\xi)\mathscr{F}[F] = (2\pi)^{-\frac{n}{2}}, \quad F = \mathscr{F}^{-1}\left[\frac{1}{(2\pi)^{\frac{n}{2}}P(\xi)}\right]. \tag{4.4.1}$$

但是这样导致了如下两个问题:

(1) 在怎样的分布空间中求这个基本解?

(2) 如何处理多项式 P 的零点?

尽管如此, 这个关于常系数偏微分算子都存在基本解的猜测, 在 1954 年已经由 Malgrange [35] 和 Ehrenpreis [16] 独立地证明了, 而 Hörmander [24] 则证明了每一个常系数偏微分算子都有 $\mathscr{S}'(\mathbb{R}^n)$ 中的基本解.

以下我们重复 Malgrange 的证明. 事实上, Malgrange 是在 $\mathscr{D}'^{(n+1)}(\mathbb{R}^n) \subset \mathscr{D}'(\mathbb{R}^n)$ 中求出基本解的, 其中 $\mathscr{D}'^{(n+1)}(\mathbb{R}^n)$ 是 $\mathbb{R}^n$ 中的 $n+1$ 阶广义函数空间, 即 $C_c^{(n+1)}(\mathbb{R}^n)$ 的对偶空间.

$C_c^{(n+1)}(\mathbb{R}^n)$ 上的拓扑定义如下: 若函数列 $\{\varphi_\nu\}_{\nu\in\mathbb{N}} \subset C_c^{(n+1)}(\mathbb{R}^n)$, 我们称 $\varphi_\nu \to 0$ $(C_c^{(n+1)}(\mathbb{R}^n))$; 若

(1) 存在紧集 $K \subset \mathbb{R}^n$ 使得任意 ν, supp $\varphi_\nu \subset K$;

(2) 对任意指标 $\alpha \in \mathbb{N}^n, |\alpha| \leqslant n+1$, $\sup\limits_{x\in K} |\partial^\alpha \varphi_\nu| \to 0$, $\nu \to \infty$.

易知 $\mathscr{D}'^{(n+1)}(\mathbb{R}^n) \hookrightarrow \mathscr{D}'(\mathbb{R}^n)$. 关于空间 $\mathscr{D}'^k(\mathbb{R}^n)$, $C_c^k(\mathbb{R}^n)$, $k \in \mathbb{N}$ 的进一步内容参见附录 C.

定理 4.4.1 (Malgrange) $\mathbb{R}^n$ 上的每一个常系数偏微分算子

$$\mathbf{P}(D) = \sum_{|\alpha|\leqslant m} a_\alpha D^\alpha$$

在 $\mathscr{D}'^{(n+1)}(\mathbb{R}^n)$ 中存在基本解 F.

定理的证明基于下面的两个引理.

引理 4.4.2 设 $f(z)$ 是单位圆 $\{z \in \mathbb{C} : |z| \leqslant 1\}$ 上的全纯函数, $P(z)$ 为首项系数为 a 的多项式, 则成立如下的不等式:

$$|af(0)| \leqslant \frac{1}{2\pi} \int_0^{2\pi} |f(e^{i\theta})P(e^{i\theta})|\mathrm{d}\theta. \tag{4.4.2}$$

证明 设 m 是 $P(z)$ 的阶, 记

$$P(z) = az^m + bz^{m-1} + \cdots, \quad \overline{P}(z) = \bar{a}z^m + \bar{b}z^{m-1} + \cdots,$$

令

$$q(z) \xlongequal{\text{def}} z^m \overline{P}\left(\frac{1}{z}\right),$$

从而 q 是多项式, 且 $q(0) = \bar{a}$, $|P(e^{i\theta})| = |q(e^{i\theta})|$, 利用 **Cauchy** 积分公式知

$$|af(0)| = |q(0)f(0)| = \frac{1}{2\pi}\left|\int_{|z|=1} f(z)q(z)\frac{\mathrm{d}z}{z}\right|$$

$$\leqslant \frac{1}{2\pi}\int_0^{2\pi} |f(e^{i\theta})P(e^{i\theta})|\mathrm{d}\theta.$$

从而证毕(4.4.2)式.   □

引理 4.4.3   设 $f(z)$ 是整函数, $P(z)$ 为首项系数为 a 的多项式, 则对任意 $z_0 \in \mathbb{C}$ 成立如下的不等式:

$$|af(z_0)| \leqslant \sup_{|z-z_0|\leqslant 1} |f(z)P(z)|. \tag{4.4.3}$$

证明   留作习题.   □

定理 4.4.1 的证明   证明分成如下 4 个步骤:

(1) 定义与基本解有关的线性泛函.

设

$$\mathbf{P}(D) = \sum_{|\alpha|\leqslant m} a_\alpha D^\alpha, \quad \mathbf{P}^{\mathrm{T}} = \sum_{|\alpha|\leqslant m} (-1)^\alpha a_\alpha D^\alpha$$

为 $\mathbb{R}^n$ 上的常系数偏微分算子及其伴随算子. F 为算子 $\mathbf{P}$ 的基本解, 即对任意的 $\varphi \in \mathscr{D}(\mathbb{R}^n)$, 成立

$$\langle F, \mathbf{P}^{\mathrm{T}}\varphi \rangle = \varphi(0). \tag{4.4.4}$$

设 $\mathbf{P}^{\mathrm{T}}\mathscr{D}$ 为 $\mathscr{D}(\mathbb{R}^n)$ 在 $\mathbf{P}^{\mathrm{T}}$ 作用下的像, 显然 $\mathbf{P}^{\mathrm{T}}\mathscr{D} \subset \mathscr{D}(\mathbb{R}^n)$; 而另一方面, 若 $\psi \in \mathbf{P}^{\mathrm{T}}\mathscr{D}$, 则 ψ 的原像是唯一的. 这是因为若 $\varphi \in \mathscr{D}(\mathbb{R}^n)$ 满足 $\mathbf{P}^{\mathrm{T}}\varphi = 0$, 则由 Fourier 变换可知

$$P^{\mathrm{T}}(\xi)\widehat{\varphi}(\xi) = 0, \quad \forall\, \xi \in \mathbb{R}^n,$$

其中 $P^{\mathrm{T}}(\xi)$ 是诱导算子 $\mathbf{P}^{\mathrm{T}}$ 的多项式, 见 (4.1.2) 式, 且 $P^{\mathrm{T}}(\xi)$ 是非零多项式, 故 $\varphi \equiv 0$.

因此若 F 是基本解, 线性泛函

$$F: \mathbf{P}^{\mathrm{T}}\mathscr{D} \ni \psi \mapsto \langle F, \psi \rangle = \varphi(0) \in \mathbb{C}, \quad \text{其中} \quad \mathbf{P}^{\mathrm{T}}\varphi = \psi \tag{4.4.5}$$

在 $\mathbf{P}^{\mathrm{T}}\mathscr{D}$ 中有定义且是连续的, 其中 $\mathbf{P}^{\mathrm{T}}\mathscr{D}$ 上的拓扑由 $\mathscr{D}(\mathbb{R}^n)$ 的拓扑导出.

反之, 若能够证明(4.4.5)式定义的线性泛函在 $\mathbf{P}^{\mathrm{T}}\mathscr{D}$ 上连续, 而 $\mathbf{P}^{\mathrm{T}}\mathscr{D}$ 上拥有由 $C_c^k(\mathbb{R}^n)(k \in \mathbb{N})$ 导出的拓扑, 则由 Hahn-Banach 定理, 可将其延拓为 $C_c^k(\mathbb{R}^n)$ 上的连续线性泛函, 从而 $F \in \mathscr{D}'^k(\mathbb{R}^n)$ 且由(4.4.4)式知 $\mathbf{P}F = \delta$, 即 F 是 $\mathbf{P}$ 的基本解.

(2) 对 $|\varphi(0)|$ 的估计.

由 (1) 知欲证明定理, 仅需证明存在充分大的整数 k, 使得 (4.4.5) 式定义的线性泛函 F 关于 $C_c^k(\mathbb{R}^n)$ 的拓扑是连续的.

不失一般性, 假设算子 $\mathbf{P}^{\mathrm{T}}$ 可以写作

$$\mathbf{P}^{\mathrm{T}}(D) = D_n^m + \sum_{k=1}^m \mathbf{P}_k(D_1, \cdots, D_{n-1}) D_n^{m-k},$$

其中 $\mathbf{P}_k$ 为 $D_1, \cdots, D_{n-1}$ 上的常系数偏微分算子. 为了简单起见, 我们采用如下的记号:

空间 $\mathbb{R}^n$ 中的元素记为 $x = (x', t)$, $x' = (x_1, \cdots, x_{n-1})$, $t = x_n$; 空间 $\mathbb{C}^n$ 中的元素记为 $\zeta = (\zeta', \tau)$, $\zeta' = (\zeta_1, \cdots, \zeta_{n-1})$, $\tau = \zeta_n$, $\zeta_j = \xi_j + i\eta_j$, $1 \leqslant j \leqslant n-1$, $\tau = \mu + i\sigma$; 并且记 $\xi = (\xi_1, \cdots, \xi_{n-1}, \mu) = (\xi', \mu)$. 从而 $\mathbf{P}$ 可写作

$$\mathbf{P}^{\mathrm{T}}(D) = D_t^m + \sum_{k=1}^m \mathbf{P}_k(D_{x'}) D_t^{m-k}.$$

若 $\varphi \in \mathscr{D}(\mathbb{R}^n)$, 设 $\widehat{\varphi}(\zeta)$ 是 φ 的 Fourier-Laplace 变换, 由 Paley-Wiener 定理知, $\widehat{\varphi}(\zeta)$ 是 $\mathbb{C}^n$ 上的整函数, 且 $\widehat{\varphi}(\xi) \in \mathscr{S}(\mathbb{R}^n)$, 则作 Fourier 逆变换知

$$|\varphi(0)| \leqslant \frac{1}{(2\pi)^{\frac{n}{2}}} \int_{\mathbb{R}^n} |\widehat{\varphi}(\xi', \mu)| \mathrm{d}\xi' \mathrm{d}\mu.$$

记

$$A \stackrel{\mathrm{def}}{=\!=} \sup_{\xi \in \mathbb{R}^n} \left| \left(1 + |\xi_1|^{n+1} + \cdots + |\xi_{n-1}|^{n+1} + |\mu|^{n+1}\right) \widehat{\varphi}(\xi) \right|,$$

$$M \stackrel{\mathrm{def}}{=\!=} \frac{1}{(2\pi)^{\frac{n}{2}}} \int_{\mathbb{R}^n} \frac{\mathrm{d}\xi' \mathrm{d}\mu}{1 + |\xi_1|^{n+1} + \cdots + |\xi_{n-1}|^{n+1} + |\mu|^{n+1}},$$

从而

$$|\varphi(0)| \leqslant A \cdot M.$$

(3) 对 A 作估计.

固定 $\zeta' \in \mathbb{R}^{n-1}$, 在点 μ 对多项式 $P^{\mathrm{T}}(\xi', \mu)$ 和以下关于 $\tau = \mu + i\sigma$ 的整函数

$$\widehat{\varphi}(\zeta', \tau), \quad \xi_j^{n+1} \widehat{\varphi}(\zeta', \tau), \quad 1 \leqslant j \leqslant n-1, \quad \tau^{n+1} \widehat{\varphi}(\zeta', \tau).$$

应用引理 4.4.3, 得到以下不等式:

$$\left| \widehat{\varphi}(\zeta', \mu) \right| \leqslant \sup_{|\tau - \mu| \leqslant 1} \left| P^{\mathrm{T}}(\xi', \tau) \widehat{\varphi}(\zeta', \tau) \right|, \tag{4.4.6}$$

$$\left|\xi_j^{n+1}\widehat{\varphi}(\zeta',\mu)\right| \leqslant \sup_{|\tau-\mu|\leqslant 1}\left|\xi_j^{n+1}P^{\mathrm{T}}(\xi',\tau)\widehat{\varphi}(\zeta',\tau)\right|, \quad 1\leqslant j\leqslant n-1,$$

$$\left|\mu^{n+1}\widehat{\varphi}(\zeta',\mu)\right| \leqslant \sup_{|\tau-\mu|\leqslant 1}\left|\tau^{n+1}P^{\mathrm{T}}(\xi',\tau)\widehat{\varphi}(\zeta',\tau)\right|.$$

另一方面, 成立

$$P^{\mathrm{T}}(\xi',\tau)\widehat{\varphi}(\zeta',\tau) = \frac{1}{(2\pi)^{\frac{n}{2}}}\int_{\mathbb{R}^n}e^{-i(x'\cdot\xi'+t\tau)}\big(\mathbf{P}^{\mathrm{T}}(D)\varphi\big)(x',t)\mathrm{d}x'\mathrm{d}t,$$

从而得到

$$\sup_{|\tau-\mu|\leqslant 1}\left|P^{\mathrm{T}}(\xi',\tau)\widehat{\varphi}(\zeta',\tau)\right| \leqslant \sup_{|\sigma|\leqslant 1}\int_{\mathbb{R}^n}e^{|t\sigma|}\big(\mathbf{P}^{\mathrm{T}}(D)\varphi\big)(x',t)\mathrm{d}x'\mathrm{d}t.$$

类似地可知

$$\xi_j^{n+1}P^{\mathrm{T}}(\xi',\tau)\widehat{\varphi}(\zeta',\tau)$$

$$= \frac{1}{(2\pi)^{\frac{n}{2}}}\int_{\mathbb{R}^n}e^{-i(x'\cdot\xi'+t\tau)}\big(D_j^{n+1}\mathbf{P}^{\mathrm{T}}(D)\varphi\big)(x',t)\mathrm{d}x'\mathrm{d}t, \quad 1\leqslant j\leqslant n-1;$$

$$\tau_j^{n+1}P^{\mathrm{T}}(\xi',\tau)\widehat{\varphi}(\zeta',\tau)$$

$$= \frac{1}{(2\pi)^{\frac{n}{2}}}\int_{\mathbb{R}^n}e^{-i(x'\cdot\xi'+t\tau)}\big(D_t^{n+1}\mathbf{P}^{\mathrm{T}}(D)\varphi\big)(x',t)\mathrm{d}x'\mathrm{d}t,$$

从而得到

$$\sup_{|\tau-\mu|\leqslant 1}\left|\xi_j^{n+1}P^{\mathrm{T}}(\xi',\tau)\widehat{\varphi}(\zeta',\tau)\right|$$

$$\leqslant \sup_{|\sigma|\leqslant 1}\int_{\mathbb{R}^n}e^{|t\sigma|}\big(D_j^{n+1}\mathbf{P}^{\mathrm{T}}(D)\varphi\big)(x',t)\mathrm{d}x'\mathrm{d}t, \quad 1\leqslant j\leqslant n-1, \tag{4.4.7}$$

以及

$$\sup_{|\tau-\mu|\leqslant 1}\left|\tau^{n+1}P^{\mathrm{T}}(\xi',\tau)\widehat{\varphi}(\zeta',\tau)\right| \leqslant \sup_{|\sigma|\leqslant 1}\int_{\mathbb{R}^n}e^{|t\sigma|}\big(D_t^{n+1}\mathbf{P}^{\mathrm{T}}(D)\varphi\big)(x',t)\mathrm{d}x'\mathrm{d}t. \tag{4.4.8}$$

综合不等式(4.4.6)至(4.4.8)知

$$A \leqslant \sup_{|\sigma|\leqslant 1}\int_{\mathbb{R}^n}e^{|t\sigma|}\Bigg(\left|P^{\mathrm{T}}(\xi',\tau)\widehat{\varphi}\right| + \sum_{j=1}^{n-1}\left|\xi_j^{n+1}P^{\mathrm{T}}(\xi',\tau)\widehat{\varphi}\right|$$

$$+ \left|D_t^{n+1}\mathbf{P}^{\mathrm{T}}(D)\varphi\right|\Bigg)\mathrm{d}x'\mathrm{d}t,$$

从而

$$|\varphi(0)| \leqslant M \sup_{|\sigma| \leqslant 1} \int_{\mathbb{R}^n} e^{|t\sigma|} \left(\left| P^{\mathrm{T}}(\xi', \tau)\widehat{\varphi} \right| + \sum_{j=1}^{n-1} \left| \xi_j^{n+1} P^{\mathrm{T}}(\xi', \tau)\widehat{\varphi} \right| \right.$$

$$\left. + \left| D_t^{n+1} \mathbf{P}^{\mathrm{T}}(D)\varphi \right| \right) \mathrm{d}x' \mathrm{d}t. \tag{4.4.9}$$

(4) 证明线性泛函连续性.

在 $\mathbf{P}^{\mathrm{T}}\mathscr{D}$ 上继承 $\mathscr{D}^{n+1}(\mathbb{R}^n)$ 的拓扑, 若在 $\mathscr{D}^{n+1}(\mathbb{R}^n)$ 中 $\mathbf{P}^{\mathrm{T}}\varphi_\nu \to 0$, 即

(1) 存在紧集 $K \in \mathbb{R}^n$, 对任意的 $\nu \in \mathbb{N}$, $\operatorname{supp} \mathbf{P}^{\mathrm{T}}\varphi_\nu \in K$.

(2) $\mathbf{P}^{\mathrm{T}}\varphi_\nu$ 直到 $n+1$ 阶的所有导数都一致收敛到 0.

从而 (4.4.9) 式的右端收敛于 0, 亦即 $\lim\limits_{\nu \to \infty} \varphi_\nu(0) = 0$, 故线性泛函

$$\mathbf{P}^{\mathrm{T}}\mathscr{D} \ni \psi \mapsto \langle F, \psi \rangle = \varphi(0) \in \mathbb{C}, \quad \text{其中} \quad \mathbf{P}^{\mathrm{T}}\varphi = \psi$$

在 $\mathbf{P}^{\mathrm{T}}\mathscr{D}$ 上连续, 定理证毕. $\square$

4.5 习 题

A 基础题

习题 4.5.1 证明每个常系数的微分算子与平移算子 τ_h 交换.

习题 4.5.2 考虑定义 4.1.2 中 $f \in \mathscr{S}'(\mathbb{R}^n)$, $a_\alpha \in O_M(\mathbb{R}^n)$ 的情况, 证明此时的定义是合理的, 并且指出 $a_\alpha \in O_M(\mathbb{R}^n)$ 的意义.

习题 4.5.3 对 $\mathscr{D}(\mathbb{R}^n)$ 以及 $\mathscr{D}'(\mathbb{R}^n)$ 证明与定理 4.1.1 类似的结果, 此时 a_α 仅需满足 $a_\alpha \in C^\infty(\mathbb{R}^n)$.

习题 4.5.4 (1) 证明命题 4.1.2;

(2) 证明每个微分方程的经典解也是它在分布意义下的解.

习题 4.5.5 尝试在分布的意义下解下面的微分方程.

(1) 在 $\mathbb{R}$ 上解 $u' = 0$;

(2) 在 $\mathbb{R}$ 上解 $xu' = 1$;

(3) 在 $\mathbb{R}^2$ 上解 $\partial_{x_1} u = 0$. [提示: 对任意 $w \in \mathscr{D}'(\mathbb{R})$, $\langle u, \varphi \rangle = \left\langle w, \int_{\mathbb{R}} \varphi(t, x_2)\mathrm{d}t \right\rangle$.]

习题 4.5.6 设 $b \in C^0(\mathbb{R})$, $a \in C^\infty(\mathbb{R})$, 不利用定理 4.1.3 证明方程 $\partial_x u = au + b$ 在 $\mathscr{D}'(\mathbb{R})$ 中的解都是经典解.

[提示: 先处理方程 $\partial_x u = b$, 再取恰当的函数 f 并考察 $f(u)$ 满足的方程.]

习题 4.5.7 设 $q \in \mathbb{Z}$, $I =]a, b[$, $a < b$. 设 $w \in C^q(I)$, $\varphi \in C^\infty(I)$ ($q < 0$ 的情况在定理 4.1.3 的证明中定义), 证明

(1) $\varphi w \in C^q(I)$;

(2) $w \in C^{q-1}(I)$, $\partial_x w \in C^{q-1}(I)$;

(3) 若 $v \in \mathscr{D}'(I)$ 满足 $\partial_x v = w$, 则 $v \in C^{q+1}(I)$.

习题 4.5.8 (d'Alembert 方法 (行波法))　考虑 $\mathbb{R}^2$ 上的微分方程

$$\frac{\partial^2 u}{\partial x^2} - \frac{\partial^2 u}{\partial y^2} = 0.$$

设 $f : \mathbb{R}^2 \ni (x, y) \mapsto (\xi, \eta) \in \mathbb{R}^2$ 为线性映射, 其中 $\xi = x + y$, $\eta = -x + y$. 设 $u = v \circ f$,

(1) 求 v 满足的方程.

(2) 证明 u 满足 $u = v \circ f = \left(w_\eta \otimes 1_\xi + \widetilde{w}_\xi \otimes 1_\eta \right) \circ f$, 其中 $w, \widetilde{w} \in \mathscr{D}'(\mathbb{R})$. 亦即对任意 $\varphi \in \mathscr{D}(\mathbb{R}^2)$ 成立

$$\langle u, \varphi \rangle = \frac{1}{2} \left(\int \left\langle w_\eta, \varphi\left(\frac{\xi - \eta}{2}, \frac{\xi + \eta}{2} \right) \right\rangle \mathrm{d}\xi + \int \left\langle \widetilde{w}_\xi, \varphi\left(\frac{\xi - \eta}{2}, \frac{\xi + \eta}{2} \right) \right\rangle \mathrm{d}\eta \right).$$

特别地, 若 $w, \widetilde{w} \in L^1_{\mathrm{loc}}(\mathbb{R})$, 则 $u(x, y) = w(y - x) + \widetilde{w}(x + y)$; 而当 $w, \widetilde{w} \in C^2(\mathbb{R})$ 时, 我们得到由 d'Alembert 找到的方程经典解.

习题 4.5.9　证明 $\mathscr{S}'(\mathbb{R}^n)$ 上的调和函数只有可能是多项式.

习题 4.5.10　设 $r = |x|$, $u(x_1, \cdots, x_2) = f(r)$ 是 $\mathbb{R}^n \setminus \{0\}$ 上的调和函数, 证明当 $n \neq 2$ 时, $f(r) = c_1 + \dfrac{c_2}{r^{n-2}}$; 当 $n = 2$ 时, $f(r) = c_1 + c_2 \log r$.

习题 4.5.11　在定理 4.2.2 的假设下, 类似证明 $F * \mathbf{L} f = f$.

习题 4.5.12　寻找下列 $\mathbb{R}$ 上微分算子的基本解:

(1) $\dfrac{\mathrm{d}}{\mathrm{d}x}$; 　　　　　　　　　　　　　　　(2) $\dfrac{\mathrm{d}^2}{\mathrm{d}x^2} - a$, $a > 0$.

习题 4.5.13　在 $\mathbb{R}$ 上解下列常微分方程:

(1) $g'' + g = \delta$; 　　　　　　　　　　　　(2) $f'' + f = \delta'$.

习题 4.5.14　本题把例 4.2.2 推广到常系数常微分方程组中并得到高阶的常微分方程的基本解.

(1) 设 I 表示单位矩阵, 考虑常系数微分算子 $\mathbf{L}u \overset{\text{def}}{=\!=} \dfrac{\mathrm{d}}{\mathrm{d}t} u + Au$, 其中 A 是 m 阶常系数矩阵, $u = (u_1, \cdots, u_m)$, 且对 $1 \leqslant j \leqslant m$, $u_j(t) \in \mathscr{D}'(\mathbb{R})$. 试求这个微分算子的左基本解 F_L 与右基本解 F_R, 即求解如下方程:

$$\frac{\mathrm{d}}{\mathrm{d}t} F_L + F_L A = \delta(t) I, \quad \frac{\mathrm{d}}{\mathrm{d}t} F_R + A F_R = \delta(t) I.$$

(2) 考虑如下的 m 阶常系数微分方程

$$\sum_{j=0}^{m} a_j \frac{\mathrm{d}^j}{\mathrm{d}t^j} u = g, \quad a_m = 1, \ g \in \mathscr{D}'(\mathbb{R}),$$

试将其化为关于 t 的常系数线性微分方程组, 指出对应的系数矩阵 A.

(3) 结合以上两问, 求 (2) 给出的常系数微分算子基本解. 注意此时处理的方程组是

$$\mathbf{L}u \overset{\text{def}}{=\!=} \frac{\mathrm{d}}{\mathrm{d}t} u + Au = \delta \vec{e}_n, \quad \vec{e}_n = (0, \cdots, 0, 1)^{\mathrm{T}}.$$

[提示: $F(t) = H(t) \exp(-At) \vec{e}_n + \exp(-At) \vec{c}$.]

习题 4.5.15　模仿热方程基本解的计算, 计算 n 维 Schrödinger 方程

$$\frac{\partial}{\partial t}u - i\Delta_n u = 0$$

在 $t > 0$ 时的基本解, 给出详细的过程.

习题 4.5.16　计算 1 维波动算子 $\Box_1$ 的基本解并尝试解 1 维波动方程:

$$\frac{\partial^2 u}{\partial t^2} - \frac{\partial^2 u}{\partial x^2} = 0, \quad t,\ x \in \mathbb{R}.$$

习题 4.5.17　证明 3 维波动方程基本解的支集是零测集, 结合实际思考此时基本解支集对应的物理现象.

习题 4.5.18　验证波动方程在 Lorentz 变换(4.3.4)式下不变.

习题 4.5.19　证明引理 4.4.3.　　[提示: 对 $f(z_0 + z)$ 与 $P(z_0 + z)$ 运用引理 4.4.2.]

习题 4.5.20　设 $\mathbf{P}(D) = \sum\limits_{|\alpha| \leqslant m} a_\alpha D^\alpha$ 为 $\mathbb{R}^n$ 上的常系数偏微分算子, 若 $T \in \mathscr{E}'(\mathbb{R}^n)$ 满足方程 $\mathbf{P}(D)T = 0$, 证明 $T = 0$.　　[提示: 利用 Paley-Wiener-Schwartz 定理.]

B 拓展题

习题 4.5.21 到习题 4.5.22 研究涡度的性质.

习题 4.5.21 (涡度)　设 $n = 2$ 或 3, v 是 $\mathbb{R}^n$ 上的 n 维光滑向量场, 对 $n = 3$ 定义向量 v 的涡度为 $\omega \stackrel{\text{def}}{=} \text{curl}\, v = \nabla \times v$; 而若 $n = 2$, 定义涡度 $w \stackrel{\text{def}}{=} \partial_1 v_2 - \partial_2 v_1$. 讨论 ∇v 的斜对称部分与涡度 ω 的关系, 并对 n 维情形定义涡度 Ω.　　[提示: $\Omega \stackrel{\text{def}}{=} \nabla v - (\nabla v)^{\mathrm{T}}$.]

习题 4.5.22　设 v 是 $\mathbb{R}^n$ 中的向量场, 且对任意 $x \in \mathbb{R}^n$ 满足 $\text{div}\, v(x) = 0$.

(1) 设 $\omega = \text{curl}\, v$ 为向量 v 的涡度, 在 $n = 2$ 时计算 $\nabla \omega$, 在 $n = 3$ 时计算 $\text{curl}\, \omega$;

(2) (**Biot-Savart 定律**) 对 $n = 2$ 或 3, 试用 ω 表示 v; 对一般的 $n \geqslant 2$, 尝试用习题 4.5.21定义的 n 维涡度 Ω 表示 v;　　[提示: 利用 Laplace 方程的基本解.]

(3) 用 (2) 给出的公式证明, 若 $1 < a < n < b < \infty$, 则成立 $\|v\|_{L^\infty} \leqslant C\|\Omega\|_{L^a \cap L^b}$.

[提示: 把 $\mathbb{R}^n$ 分解为 $\{y \in \mathbb{R}^n : |x - y| \leqslant 1\} \cup \{y \in \mathbb{R}^n : |x - y| > 1\}$.]

注　事实上成立如下的 Biot-Savart 定律: 存在仅依赖于维数 n 的常数 C, 使得当 $p \in]1, \infty[$ 时成立

$$\|\nabla v\|_{L^p} \leqslant C\frac{p^2}{p-1}\|\Omega\|_{L^p}$$

且当 $p = 1$ 或 ∞ 时不等式不成立. 参见 [5] §7.1.1.

可以利用习题 3.6.34 介绍的 Calderón-Zygmund 定理来证明该定律. 有兴趣的读者可以尝试一下.

习题 4.5.23 与习题 4.5.24 利用习题 2.6.28 到习题 2.6.30 的结论研究含参数常微分方程的基本解. 我们考虑一族依赖于参数 $s \in \mathbb{R}^n$ 中的方程

$$\sum_{j=0}^{m} a_j(s)\frac{\mathrm{d}^j}{\mathrm{d}t^j}u = g. \tag{4.5.1}$$

不妨设 a_j 作为 s 的函数是连续的, $a_m(s) = 1$, $g \in \mathscr{E}'(\mathbb{R})$. 我们希望推广例 4.2.3, 并利用基本解理论给出该方程的分布解.

习题 4.5.23　(1) 任取 $s \in \mathbb{R}^n$, 设 $\gamma^s(t)$ 为方程

$$\sum_{j=0}^{m} a_j(s) \frac{\mathrm{d}^j}{\mathrm{d}t^j} u = 0$$

满足初值条件(4.2.7)的解, 记 $\gamma(t,s) = \gamma^s(t)$, $t \in \mathbb{R}$, $s \in \mathbb{R}^n$, 证明 γ 作为 (t,s) 的函数是连续的, 从而 $\mathbb{R}^n \ni s \mapsto \gamma^s(t)H(t) \in \mathscr{D}'(\mathbb{R})$ 是一个连续映射, 故由 $g \in \mathscr{E}'(\mathbb{R})$ 知对给定的 $s \in \mathbb{R}^n$, 卷积 $u^s = (\gamma^s H) * g$ 存在并满足方程 (4.5.1), 且映射 $\mathbb{R}^n \ni s \mapsto u^s \in \mathscr{D}'(\mathbb{R})$ 也是连续的.

(2) 对任意 $\varphi \in \mathscr{D}(\mathbb{R}^{n+1})$, 定义 $\langle v, \varphi \rangle \overset{\text{def}}{=\!=} \displaystyle\int_{\mathbb{R}^n} \langle u^s, \varphi(\cdot, s)\rangle \mathrm{d}s$, 证明 v 作为 $\mathscr{D}(\mathbb{R}^{n+1})$ 上的线性泛函是连续的, 从而 $v \in \mathscr{D}'(\mathbb{R}^{n+1})$.

(3) 证明 v 满足方程

$$\sum_{j=0}^{m} a_j(s) \frac{\partial^j}{\partial t^j} v = 1_s \otimes g_t.$$

习题 4.5.24　证明如下的命题: 设对 $1 \leqslant j \leqslant m$, 诸系数 $a_j(s)$ 作为参数 s 的函数满足 $a_j(s) \in C(\mathbb{R}^n)$, $a_m = 1$. 又设 γ 由习题 4.5.23 (1) 定义, 则分布

$$v(t,s) = \gamma(t,s)H(t), \quad s \in \mathbb{R}^n, \ t \in \mathbb{R}$$

是方程

$$\sum_{j=0}^{m} a_j(s) \frac{\partial^j}{\partial t^j} v = 1_s \otimes \delta_t$$

的解.

易见 4.3 节的诸多例子即是本命题的应用. 事实上, 许多常系数的偏微分方程可以视作带参数 $x \in \mathbb{R}^n$ 的关于 $t \in \mathbb{R}$ 的常微分方程, 从而本命题提供了处理常系数偏微分算子基本解的一个算法.

C 思考题

思考题 4.5.25　结合例 4.1.3 等, 试谈谈广义函数的引入对解微分方程的影响.

思考题 4.5.26　(4.4.1)式解得的形式解若有意义, 它是该方程的基本解吗? 若对开集 $\Omega \subset \mathbb{R}^n$, 当 $x \in \Omega$ 时这个形式上的解是良定义的, 甚至光滑的, 它是否可以延拓成 $\mathbb{R}^n$ 中的广义函数 T, 使得 T 成为方程的基本解? 尝试构造一些例子.

思考题 4.5.27　对某些微分算子, 是否存在在 $\mathscr{D}'(\mathbb{R}^n)$ 中而不在 $\mathscr{S}'(\mathbb{R}^n)$ 中的基本解?

思考题 4.5.28　试谈谈为何在研究 (具有一定物理背景的) 偏微分方程时, 我们往往仅讨论特定的一些 "具有物理意义" 的解, 即讨论带有某些附加条件的解?

第二部分　函数空间部分

第 5 章 Sobolev 空间 (I) —— 基本性质

在接下来的两章, 我们将研究一类由弱可微函数组成的 Banach 空间, 即 Sobolev 空间. 它们与偏微分方程、逼近理论和许多其他纯数学与应用数学领域中的问题有着紧密的联系.

5.1 Dirichlet 原理

在 19 世纪中叶, 如下问题成为分析数学中的重大问题.

问题 5.1.1 (Dirichlet 问题) 设 $\Omega \in \mathbb{R}^2$ 为一个平面区域, 寻找 $u(x, y) \in C^2(\Omega) \cap C(\overline{\Omega})$ 满足方程

$$
\begin{cases}
-\Delta u = 0, & u \in \Omega, \\
u|_{\partial\Omega} = f \in C(\partial\Omega), & u \in \partial\Omega.
\end{cases}
\tag{5.1.1}
$$

Gauss 在研究静电场的平衡问题时即提出此问题. 而 Riemann 在研究此问题时提出了 Dirichlet 原理, 他指出方程(5.1.1)是 Dirichlet 积分

$$
I(u) = \iint_\Omega \left((\partial_x u)^2 + (\partial_y u)^2 \right) \mathrm{d}x\,\mathrm{d}y
$$

的 Euler-Lagrange 方程, 若在可容许函数类

$$
A \stackrel{\text{def}}{=\!=} \left\{ u \in C^1(\Omega) : \partial_x u,\ \partial_y u \in L^2,\ u|_{\partial\Omega} = f \right\}
$$

中存在 u_0 使得 $I(u)$ 达到最小值, 则 u_0 应为 Dirichlet 问题之解. 由于对任意 $u \in A$ 成立 $I(u) \geqslant 0$, 因此 $\inf\limits_{u \in A} I(u)$ 存在. Riemann 认为一定存在 $u_0 \in A$ 使得 $I(u_0) = \inf\limits_{u \in A} I(u)$.

但 1870 年, Weierstrass 对 Riemann 的思路提出了本质的批评: Weierstrass 指出, $I(u)$ 在 A 上存在下确界并不意味着它在 A 中有最小值. 实际上即使存在 $u_0 \in A$ 使得 $I(u)$ 在 u_0 处达到最小值, 也不能确保其光滑性. 但由于 Riemann 的论证具有坚实的物理基础, 不少数学家仍然力图证明 Dirichlet 原理. 终于在 1900 年, Hilbert 解决了此问题. 同年 Hilbert 在国际数学家大会上提出了 23 个公开问

题, 其中第 19, 20 和 23 问题均与此问题直接相关. 本章要介绍的 Sobolev 空间由此产生, 并且成为研究偏微分方程的重要工具.

以下我们将从 Dirichlet 原理出发, 引出 Sobolev 空间的定义与基本性质.

定理 5.1.1 (Dirichlet 原理)　设 $\lambda > 0$, $\Omega \subset \mathbb{R}^n$ 为开集, 边界 $\partial\Omega$ 光滑, 而且 Ω 的内部在 $\partial\Omega$ 的一侧, 给定 $f \in L^2(\Omega)$, 考虑如下 Dirichlet 问题:

$$
\begin{cases}
-\Delta u + \lambda u = f, & \Omega, \\
u|_{\partial\Omega} = g, & \partial\Omega.
\end{cases}
\tag{5.1.2}
$$

令 Dirichlet 积分

$$
I(u) \stackrel{\text{def}}{=\!=} \int_\Omega \left(\frac{1}{2}(|\nabla u|^2 + \lambda u^2) - fu \right) \mathrm{d}x,
$$

其中 $u \in A \stackrel{\text{def}}{=\!=} \{u \in \mathscr{D}'(\Omega) : \partial^\alpha u \in L^2(\Omega),\ |\alpha| \leqslant 1,\ u|_{\partial\Omega} = g\}$. 若 $I(\cdot)$ 在 u 取最小值, 则 u 为方程 (5.1.2) 的解.

在 (5.1.2) 式中 g 仅仅定义在 $\partial\Omega$ 上, 以下为讨论方便, 设 g 可以从 $\partial\Omega$ 延拓为 $\overline{\Omega}$ 上的函数 $\widetilde{g}$. 记 $U \stackrel{\text{def}}{=\!=} u - \widetilde{g}$, 则 U 满足

$$
\begin{cases}
-\Delta U + \lambda U = F \stackrel{\text{def}}{=\!=} f + \Delta \widetilde{g} - \lambda \widetilde{g}, & \Omega, \\
U|_{\partial\Omega} = 0, & \partial\Omega,
\end{cases}
\tag{5.1.3}
$$

其对应的 Dirichlet 积分为

$$
I(U) = \int_\Omega \left(\sum_{j=1}^n \left(\frac{\partial U}{\partial x_j} \right)^2 + \lambda U^2 \right) \mathrm{d}x - \int_\Omega FU \mathrm{d}x,
$$

定义可容许函数类 $A \stackrel{\text{def}}{=\!=} \{U \in \mathscr{D}(\Omega) : \partial^\alpha U \in L^2(\Omega),\ |\alpha| \leqslant 1,\ U|_{\partial\Omega} = 0\}$. 设 $F \in L^2(\Omega)$, 则成立

$$
\left| \int_\Omega FU \mathrm{d}x \right| \leqslant \|F\|_{L^2(\Omega)} \|U\|_{L^2(\Omega)} \leqslant \varepsilon \|U\|_{L^2(\Omega)}^2 + \frac{1}{4\varepsilon} \|F\|_{L^2(\Omega)}^2,
$$

故若 $\lambda > \varepsilon$, 我们得到

$$
I(U) \geqslant \int_\Omega (|\nabla U|^2 + \lambda U^2) \mathrm{d}x - \varepsilon \|U\|_{L^2(\Omega)}^2 - \frac{1}{4\varepsilon} \|F\|_{L^2(\Omega)}^2
$$

$$
= \|\nabla U\|_{L^2(\Omega)}^2 + (\lambda - \varepsilon) \|U\|_{L^2(\Omega)}^2 - \frac{1}{4\varepsilon} \|F\|_{L^2(\Omega)}^2 \geqslant -\frac{1}{4\varepsilon} \|F\|_{L^2(\Omega)}^2,
$$

从而 $\inf\limits_{U \in A} I(U) = d$ 是一有限数, 取 $\{U_\nu\}_{\nu \in \mathbb{N}} \subset A$ 使得 $I(U_\nu) \to d$, 若 U_ν 在某种范数下有极限 U_0, 可以认为 U_0 为方程 (5.1.3) 的广义解. 回顾 $I(U)$ 的结构, 引入如下的定义是合理的.

定义 5.1.1 (Sobolev 空间 $H^1(\Omega)$) 我们定义 Sobolev 空间 $H^1(\Omega)$ 为

$$H^1(\Omega) \stackrel{\text{def}}{=} \{f \in \mathscr{D}'(\Omega) : f \in L^2(\Omega), \nabla f \in L^2(\Omega)\}. \qquad (5.1.4)$$

定理 5.1.2 $H^1(\Omega)$ 是 Hilbert 空间.

证明 在 $H^1(\Omega)$ 中赋予内积:

$$(f, g)_{H^1(\Omega)} \stackrel{\text{def}}{=} \int_\Omega f(x)\overline{g}(x)\mathrm{d}x + \int_\Omega \nabla f(x) \cdot \nabla \overline{g}(x)\mathrm{d}x. \qquad (5.1.5)$$

从而诱导了范数:

$$\|f\|_{H^1(\Omega)} \stackrel{\text{def}}{=} \left(\|f\|_{L^2(\Omega)}^2 + \|\nabla f\|_{L^2(\Omega)}^2\right)^{\frac{1}{2}}. \qquad (5.1.6)$$

下面我们证明该空间的完备性.

设 $\{f_\nu\}_{\nu \in \mathbb{N}} \subset H^1(\Omega)$ 为 Cauchy 列, 即对任意 $\varepsilon > 0$, 存在 $N \in \mathbb{N}$, 使得当 $m, k > N$ 时成立 $\|f_k - f_m\|_{H^1(\Omega)} \leqslant \varepsilon$.

注意到

$$\|f_k - f_m\|_{H^1(\Omega)} = \left(\|f_k - f_m\|_{L^2(\Omega)}^2 + \|\nabla f_k - \nabla f_m\|_{L^2(\Omega)}^2\right)^{\frac{1}{2}}.$$

故 $\{f_\nu\}_{\nu \in \mathbb{N}}$, $\{\nabla f_\nu\}_{\nu \in \mathbb{N}}$ 是 $L^2(\Omega)$ 中的 Cauchy 列, 则由 $L^2(\Omega)$ 的完备性知存在 $f, F = (F_1, F_2, \cdots, F_n)$, 使得当 $\nu \to \infty$ 时成立

$$\|f_\nu - f\|_{L^2(\Omega)} \to 0, \quad \|\nabla f_\nu - F\|_{L^2(\Omega)} \to 0.$$

但是当 $\nu \to \infty$ 时, 若分布 $f_\nu \to f(\mathscr{D}'(\Omega))$, 则 $\nabla f_\nu \to \nabla f$ $(\mathscr{D}'(\Omega))$, 故 $\nabla f = F$. 从而我们证明了 $H^1(\Omega)$ 的完备性, 由此定理证毕. $\qquad\square$

为了考虑边值条件 $U|_{\partial\Omega} = 0$, 我们引入如下的函数空间.

定义 5.1.2 ($H_0^1(\Omega)$) 我们定义 $H_0^1(\Omega)$ 为 $\mathscr{D}(\Omega)$ 在 $H^1(\Omega)$ 中的完备化, 亦即

$$H_0^1(\Omega) = \overline{\mathscr{D}(\Omega)}^{H^1(\Omega)}.$$

故原先的变分问题化为: 在 $H_0^1(\Omega)$ 中求一元素 U_0 使得 $I(\cdot)$ 在 U_0 达到最小值. 对任意的 $\varphi \in C_0^\infty(\Omega)$, 由于 $F = f + \Delta\tilde{g} - \lambda\tilde{g}$,

$$\langle F, \varphi \rangle = \int_\Omega (f - \lambda\tilde{g}) \cdot \varphi \,\mathrm{d}x - \int_\Omega \nabla\tilde{g} \cdot \nabla\varphi \,\mathrm{d}x,$$

由此推出 $|\langle F, \varphi \rangle| \leqslant C_F \|\varphi\|_{H^1(\Omega)}$. 将 $\langle F, \varphi \rangle$ 拓展到 $H_0^1(\Omega)$ 上, 亦即 $F \in (H_0^1(\Omega))^*$ $\hookrightarrow \mathscr{D}'(\Omega)$.

定义 5.1.3 ($H^{-1}(\Omega)$)   我们定义 $H^{-1}(\Omega)$ 为 $H_0^1(\Omega)$ 的对偶空间, 即

$$H^{-1}(\Omega) = (H_0^1(\Omega))^*.$$

事实上, 函数空间 $H^{-1}(\Omega)$ 有如下的显式表示.

定理 5.1.3 ($H^{-1}(\Omega)$ 的显式表示)   设开集 $\Omega \subset \mathbb{R}^n$, 则成立

$$H^{-1}(\Omega) = \left\{ f_0 + \sum_{j=1}^{n} \partial_{x_j} f_j : \ 其中 \ f_0, \ f_j \in L^2(\Omega) \right\}.$$

证明   令 $\mathscr{A} \stackrel{\text{def}}{=\!=} \left\{ f_0 + \sum_{j=1}^{n} \partial_{x_j} f_j : 其中 \ f_0, \ f_j \in L^2(\Omega) \right\}$, 下面证明 $H^{-1}(\Omega)$ $= \mathscr{A}$.

一方面, 若 $F = f_0 + \sum_{j=1}^{n} \partial_{x_j} f_j \in \mathscr{A}$, 则 $F \in H^{-1}(\Omega)$. 事实上对任意 $\varphi \in \mathscr{D}(\Omega)$, 成立

$$|\langle F, \varphi \rangle| = \left| \left\langle f_0 + \sum_{j=1}^{n} \partial_{x_j} f_j, \varphi \right\rangle \right| = \left| \langle f_0, \varphi \rangle - \sum_{j=1}^{n} \langle f_j, \partial_{x_j} \varphi \rangle \right|$$

$$\leqslant \|f_0\|_{L^2(\Omega)} \|\varphi\|_{L^2(\Omega)} + \sum_{j=1}^{n} \|f_j\|_{L^2(\Omega)} \|\partial_j \varphi\|_{L^2(\Omega)}$$

$$\leqslant \left(\sum_{j=0}^{n} \|f_i\|_{L^2(\Omega)} \right) \|\varphi\|_{H^1(\Omega)},$$

从而由 $\mathscr{D}(\Omega)$ 在 $H_0^1(\Omega)$ 的稠密性知 $F \in (H_0^1(\Omega))^*$, 即成立 $\mathscr{A} \subset H^{-1}(\Omega)$.

另一方面, 注意到 $H_0^1(\Omega)$ 为一个 Hilbert 空间, 应用 Riesz 表示定理知对任意 $T \in (H_0^1(\Omega))^*$, 存在唯一的 $u \in H_0^1(\Omega)$, 使得

$$\langle T, \varphi \rangle = (\varphi, u)_{H^1(\Omega)}, \quad \forall \ \varphi \in \mathscr{D}(\Omega).$$

从而成立

$$\langle T, \varphi \rangle = (\varphi, u)_{H^1(\Omega)} = (\varphi, u)_{L^2(\Omega)} + (\nabla \varphi, \nabla u)_{L^2(\Omega)}$$

$$= \langle \varphi, \overline{u} \rangle + \langle \nabla \varphi, \nabla \overline{u} \rangle = \langle \varphi, \overline{u - \Delta u} \rangle.$$

记 $f_0 = \overline{u}, \ f_j = -\overline{\partial_j u}$, 从而成立

$$T = \overline{u - \Delta u} = f_0 + \sum_{j=1}^{n} \partial_{x_j} f_j,$$

由于 $u \in H_0^1(\Omega)$, 故 f_0, $f_j \in L^2(\Omega)$ $(1 \leqslant j \leqslant n)$. 由此导出 $H^{-1}(\Omega) \subset \mathscr{A}$, 定理证毕. $\qquad\square$

在定义 4.1.3 中我们提及了微分方程的经典解, 但经典解对初值与边界会有比较高的要求. 在引入 Sobolev 空间 $H^1(\Omega)$, $H_0^1(\Omega)$, $H^{-1}(\Omega)$ 以后, 我们可以提出 Dirichlet 问题的弱形式.

问题 5.1.2 (Dirichlet 问题) 求 $U \in H_0^1(\Omega)$, 使得 $(-\Delta + \lambda)U = F \in H^{-1}(\Omega)$, 亦即对任意的 $\varphi \in C_c^\infty(\Omega)$, 使得如下等式成立:

$$\langle U, (-\Delta + \lambda)\varphi \rangle = \langle F, \varphi \rangle. \tag{5.1.7}$$

容易证明, 存在唯一的 $U \in H_0^1(\Omega)$ 满足(5.1.7)式, 从而问题 5.1.2 得以解决.

5.2 整数阶的 Sobolev 空间

有了 5.1 节的铺垫, 本节我们考虑整数阶的 Sobolev 空间 $W^{m,p}(\Omega)$.

5.2.1 非负整数阶的 Sobolev 空间

定义 5.2.1 (Sobolev 空间 $W^{m,p}(\Omega)$, $H^m(\Omega)$) 令 $m \in \mathbb{N}$, $p \in [1, \infty[$, Ω 为有光滑边界的开区域, 定义 Sobolev 空间为

$$W^{m,p}(\Omega) \stackrel{\text{def}}{=} \{ f \in L^p(\Omega) : D^\alpha f \in L^p(\Omega), \ \forall \, |\alpha| \leqslant m \}, \quad D_j = \frac{1}{i}\partial_j,$$

并且对 $p \in [1, \infty[$ 赋予范数

$$\|f\|_{W^{m,p}(\Omega)} \stackrel{\text{def}}{=} \left(\sum_{|\alpha| \leqslant m} \|D^\alpha f\|_{L^p}^p \right)^{\frac{1}{p}}. \tag{5.2.1}$$

而当 $p = \infty$ 时, 则赋予范数

$$\|f\|_{W^{m,\infty}(\Omega)} \stackrel{\text{def}}{=} \sum_{|\alpha| \leqslant m} \|D^\alpha f\|_{L^\infty}. \tag{5.2.2}$$

特别地, 当 $p = 2$ 时, 我们记 $H^m(\Omega) \stackrel{\text{def}}{=} W^{m,2}(\Omega)$, 实际上这是一个 Hilbert 空间, 赋予如下内积

$$(f, g)_{H^m(\Omega)} \stackrel{\text{def}}{=} \sum_{|\alpha| \leqslant m} \int_\Omega D^\alpha f \cdot D^\alpha \overline{g} \, dx. \tag{5.2.3}$$

后续命题 5.3.1 将指出这个记号的合理性.

当 $m = 0$ 时, Sobolev 空间 $W^{0,p}(\Omega)$ 即为 $L^p(\Omega)$. 而当 $p = \infty$, $m = 1$ 时, $W^{1,\infty}(\Omega)$ 为 $\mathrm{Lip}(\Omega)$ (Lipschitz 空间).

注　当 $\Omega = \mathbb{R}^n$ 时, 我们有时简记 $\|\cdot\|_{W^{m,p}(\mathbb{R}^n)}$ 为 $\|\cdot\|_{W^{m,p}}$, $\|\cdot\|_{H^m(\mathbb{R}^n)}$ 为 $\|\cdot\|_{H^m}$.

与 $H^1(\Omega)$ 类似, 成立下面的定理.

定理 5.2.1　当 $p \in [1,\infty]$ 时, Sobolev 空间 $W^{m,p}(\Omega)$ 是一个 Banach 空间, 而当 $p \in]1,\infty[$ 时, $W^{m,p}(\Omega)$ 是自反的.

证明　我们参考定理 5.1.2, 则完全类似 $H^1(\Omega)$ 为 Banach 空间的证明, 我们知道 $W^{m,p}(\Omega)$ 为 Banach 空间.

实际上, 设满足 $|\alpha| \leqslant m$ 的重指标个数为 N, 我们考虑映射

$$\mathscr{I}: W^{m,p}(\Omega) \ni u \mapsto \{D^\alpha u\}_{|\alpha| \leqslant m} \in (L^p(\Omega))^N. \tag{5.2.4}$$

由 $(L^p(\Omega))^N$ 的完备性即可证明 $W^{m,p}(\Omega)$ 的完备性, 且 $W^{m,p}(\Omega)$ 可以视为 $(L^p(\Omega))^N$ 的闭子空间. 而自反的 Banach 空间的闭子空间仍然是自反的, 从而由 $p \in]1,\infty[$ 时 $L^p(\Omega)$ 的自反性知 $W^{m,p}(\Omega)$ 是自反的. 　　　　$\square$

定理 5.2.2　若 $p \in [1,\infty[$, $m \in \mathbb{N}$, Ω 是一个具有 C^∞ 边界的有界开区域, 则对任意的 $u \in W^{m,p}(\Omega)$, 存在 $u^\varepsilon \in C^\infty(\overline{\Omega})$, 使得

$$\lim_{\varepsilon \to 0} \|u^\varepsilon - u\|_{W^{m,p}(\Omega)} = 0.$$

注　称区域 Ω 的边界 $\partial\Omega$ C^∞ 光滑, 若对任意的 $x \in \partial\Omega$, 存在 x 的邻域 U_x 使得 $U_x \cap \partial\Omega$ 可用 $x_j = \varphi_j(x_1, \cdots, x_{j-1}, x_{j+1}, \cdots, x_n)$ 表示, 其中 $1 \leqslant j \leqslant n$ 且 φ_j 是 C^∞ 函数.

证明　我们设开集 U_i, $1 \leqslant i \leqslant N$ 为一个 $\partial\Omega$ 的开覆盖, 又取开集 U_0 使得 $\Omega \setminus \bigcup_{i=1}^{N} U_i \subset U_0$, 且 $\overline{U_0} \subset \Omega$, 故 $\Omega \subset \bigcup_{i=0}^{N} U_i$, 于是由单位分解定理知存在 $\eta_i(x) \in \mathscr{D}(U_i)$, $0 \leqslant i \leqslant N$, 使得

$$\sum_{i=0}^{N} \eta_i(x) = 1, \quad 0 \leqslant \eta_i(x) \leqslant 1, \quad \forall\, x \in \Omega.$$

故任意 $u \in W^{m,p}(\Omega)$ 存在表示 $u(x) = \sum_{i=0}^{N} \eta_i(x)u(x)$, 为方便起见, 我们记 $u_i(x) \stackrel{\text{def}}{=\!=} \eta_i(x)u(x)$.

下面我们仅需证明对任意 $0 \leqslant i \leqslant N$, 存在 $u_i^\varepsilon(x) \in C^\infty(\overline{\Omega})$ 使得

$$\lim_{\varepsilon \to 0} \|u_i - u_i^\varepsilon\|_{W^{m,p}(\Omega)} = 0.$$

从而取 $u^\varepsilon \stackrel{\text{def}}{=\!=} \sum_{i=0}^{N} u_i^\varepsilon(x)$, 则当 $\varepsilon \to 0$ 时成立

$$\|u^\varepsilon - u\|_{W^{m,p}(\Omega)} \leqslant \sum_{i=0}^{N} \|u_i - u_i^\varepsilon\|_{W^{m,p}(\Omega)} \to 0.$$

下面分两种情况考虑.

(1) 当 $i = 0$ 时, U_0 对应于 Ω 的内部区域.

注意到 $\mathrm{supp}\, u_0 \subset U_0$, 且 $\overline{U_0} \subset \Omega$, 记 $\lambda \stackrel{\text{def}}{=\!=} \mathrm{dist}(U_0, \partial\Omega)$, 取 $\varepsilon < \dfrac{\lambda}{2}$. 令

$$u_0^\varepsilon(x) = \frac{1}{\varepsilon^n} \int_{\mathbb{R}^n} \jmath\left(\frac{x-y}{\varepsilon}\right) u_0(y)\mathrm{d}y,$$

其中 $\jmath$ 由例 1.2.2 定义. 则知 $\mathrm{supp}\, u_0^\varepsilon \subset \left\{x \in \Omega,\ \mathrm{dist}(x, \partial\Omega) > \dfrac{\lambda}{2}\right\}$, 而且 $D^\alpha u_0^\varepsilon(x)$ $= \jmath_\varepsilon * (D^\alpha u_0)$, 从而对任意重指标 α, $|\alpha| \leqslant m$, 当 $\varepsilon \to 0$ 时, $\|D_x^\alpha u_0^\varepsilon - D^\alpha u_0\|_{L^p} \to 0$. 故当 $\varepsilon \to 0$ 时

$$\|u_0^\varepsilon - u_0\|_{W^{m,p}} \to 0.$$

(2) 当 $i > 0$ 时, 即在边界的情况.

我们把 Ω 位于 U_i 中的边界展平, 可设 $j = n$. 从而得到微分同胚 $\tau: U_i \ni x \mapsto y \in \mathbb{R}_+^n$:

$$\begin{cases} y_j = x_j, & 1 \leqslant j \leqslant n-1, \\ y_n = x_n - \varphi(x_1, \cdots, x_{n-1}). & \end{cases}$$

至多再加一个伸缩变换, 可把 $U_i \cap \Omega$ 变为 y 空间中上半单位球 $B_+ \stackrel{\text{def}}{=\!=} \left\{y: y_n > 0,\ \sum_{j=1}^{n} y_j^2 < 1\right\}$. 记

$$v(y) \stackrel{\text{def}}{=\!=} u(\tau^{-1}y) \in W^{m,p}(B_+), \tag{5.2.5}$$

且 $\mathrm{supp}\, v$ 与球面 $\sum_{j=1}^{n} y_j^2 = 1$ 不相交, 故可将 $v(y)$ 延拓到上半平面 $\mathbb{R}_+^n \stackrel{\text{def}}{=\!=} \mathbb{R}^n \times \mathbb{R}_+$ 中, 即 $v \in W^{m,p}(\mathbb{R}_+^n)$. 取

$$v^\varepsilon(y) \stackrel{\text{def}}{=\!=} \frac{1}{\varepsilon^n} \int_{\mathbb{R}_+^n} \jmath\left(\frac{y_1 - y_1'}{\varepsilon}\right) \cdots \jmath\left(\frac{y_{n-1} - y_{n-1}'}{\varepsilon}\right) \jmath\left(\frac{y_n - y_n' + 2\varepsilon}{\varepsilon}\right) v(y')\mathrm{d}y'.$$

由函数 $\jmath$ (见例 1.2.2) 的支集性质, 对固定的点 $(y_1, \cdots, y_n)$, v 的积分区域为

$$\begin{cases} |y_j - y_j'| \leqslant \varepsilon, & 1 \leqslant j \leqslant n-1, \\ y_n + \varepsilon \leqslant y_n' \leqslant y_n + 3\varepsilon, & j = n. \end{cases}$$

故由 $y_n \geqslant 0$ 知 $y_n' > 0$, 从而当 $\varepsilon \to 0$ 时, 对 $v_\varepsilon(y) \in C^\infty(\overline{\mathbb{R}_+^n})$ 成立 $\|v - v_\varepsilon\|_{W^{m,p}} \to 0$. 令 $u_i^\varepsilon(x) \stackrel{\mathrm{def}}{=\!=} v_\varepsilon(y(x)) \in C^\infty(\overline{U_i \cap \Omega})$, 则知

$$\|u_i - u_i^\varepsilon\|_{W^{m,p}} \to 0, \quad \varepsilon \to 0.$$

综上定理证毕. □

对于边界未必光滑的区域, 我们只能得到较弱的结论.

定理 5.2.3 设 $p \in [1, \infty[$, $m \in \mathbb{N}$, Ω 为 $\mathbb{R}^n$ 中的有界开区域, 对任意的 $u \in W^{m,p}(\Omega)$, 则存在 $u_j \in C^\infty(\Omega)$, 满足

$$\lim_{j \to \infty} \|u - u_j\|_{W^{m,p}(\Omega)} = 0.$$

证明 我们取 Ω 中的相对紧开子集列

$$\Omega_0 \subset\subset \Omega_1 \subset\subset \cdots \subset\subset \Omega_j \subset\subset \cdots \subset\subset \Omega, \quad \bigcup_{j=1}^\infty \Omega_j = \Omega,$$

且令

$$\Omega_1' \stackrel{\mathrm{def}}{=\!=} \Omega_1, \Omega_2' \stackrel{\mathrm{def}}{=\!=} \Omega_2 \setminus \overline{\Omega_0}, \cdots, \Omega_j' \stackrel{\mathrm{def}}{=\!=} \Omega_j \setminus \overline{\Omega_{j-2}}.$$

易见 $\{\Omega_j'\}_{j \in \mathbb{N}}$ 是 Ω 的一个局部有限的开覆盖, 而且对任意的 $x \in \Omega$, 至多存在两个 Ω_j' 使得 $x \in \Omega_j'$. 令 $\{\varphi_j(x)\}_{j \in \mathbb{N}}$ 为从属于 $\{\Omega_j'\}_{j \in \mathbb{N}}$ 的单位分解, 使得

$$\sum_{j=1}^\infty \varphi_j(x) = 1, \quad \forall\, x \in \Omega, \ \text{且 supp } \varphi_j \in \Omega_j',$$

且对任意充分小的 ε_j, $(\text{supp } \varphi_j)_{\varepsilon_j} \subset \Omega_j'$, 其中 $(\text{supp } \varphi_j)_{\varepsilon_j} \stackrel{\mathrm{def}}{=\!=} \{x + y, \ x \in \text{supp } \varphi_j, |y| \leqslant \varepsilon_j\}$ $\left(\text{事实上, 令 } d_j = \text{dist}(\text{supp } \varphi_j, \partial\Omega_j'), \text{取 } \varepsilon_j \leqslant \dfrac{d_j}{2} \text{ 即可}\right)$. 故对任意的 $u \in W^{m,p}(\Omega)$, $u(x) = \sum\limits_{j=1}^\infty u_j(x)$, 其中 $u_j(x) = u\varphi_j(x)$.

对任意 $\epsilon > 0$, 由正则化定理知, 对每一个 j, 可取充分小的 ε_j, 使得

$$v_j(x) \stackrel{\mathrm{def}}{=\!=} j_{\varepsilon_j} * u_j(x)$$

满足 $\text{supp } v_j \subset \Omega_j'$, 且 $\|v_j - u_j\|_{W^{m,p}(\Omega)} = \|v_j - u_j\|_{W^{m,p}(\Omega_j')} \leqslant 2^{-j}\epsilon$. 令 $v(x) \stackrel{\mathrm{def}}{=\!=} \sum\limits_{i=1}^\infty v_j(x)$, 则任意给定的 $x \in \Omega$ 至多落在两个 Ω_j' 中, 故 $v \in C^\infty(\Omega)$.

对任意紧集 $K \subset \Omega$, 存在有限个 Ω'_j, 使得 $K \subset \bigcup\limits_{j=1}^{N} \Omega'_j$, 且成立

$$\|v - u\|_{W^{m,p}(K)} = \left\|\sum_{j=1}^{N} v_j - \sum_{j=1}^{N} u_j\right\|_{W^{m,p}(K)} \leqslant \sum_{j=1}^{N} \|v_j - u_j\|_{W^{m,p}(\Omega)} \leqslant \epsilon.$$

由 Fatou 引理知 $\|v - u\|_{W^{m,p}(\Omega)} \leqslant \epsilon$, 且 $v \in W^{m,p}(\Omega)$. 从而对给定的 $\epsilon > 0$, 存在 $v \in C^{\infty}(\Omega) \cap W^{m,p}(\Omega)$, 使得 $\|v - u\|_{W^{m,p}(\Omega)} \leqslant \epsilon$, 由此命题证毕. $\qquad\square$

注 当 $p = \infty$ 时, 上述定理不成立. 例如当 $m = 0$ 时, $W^{0,\infty}(\Omega) = L^{\infty}(\Omega)$, 但 $C^{\infty}(\Omega) \cap W^{0,\infty}(\Omega)$ 在 $L^{\infty}(\Omega)$ 范数下的稠密化包含在 $C(\Omega)$ 中.

5.2.2 负整数阶的 Sobolev 空间

定义 5.2.2 ($W_0^{m,p}(\Omega)$ $(m \in \mathbb{N})$) 设开集 $\Omega \subset \mathbb{R}^n$, 对 $p \in [1, \infty[$, $m \in \mathbb{N}$, 我们定义 $W_0^{m,p}(\Omega)$ 为 $\mathscr{D}(\Omega)$ 在 $W^{m,p}$ 范数下的闭包, 即

$$W_0^{m,p}(\Omega) \overset{\text{def}}{=\!=} \overline{\mathscr{D}(\Omega)}_{W^{m,p}(\Omega)}.$$

特别地, 我们记 $H_0^m(\Omega) = W_0^{m,2}(\Omega)$.

同样, 我们知道

命题 5.2.4 $W_0^{m,p}(\Omega)$ 为 Banach 空间, $H_0^m(\Omega)$ 为 Hilbert 空间.

证明 注意到 Banach 空间的闭子空间仍然是 Banach 空间, Hilbert 空间的闭子空间仍然是 Hilbert 空间即可. $\qquad\square$

定义 5.2.3 (空间 $W^{-m,p}(\Omega)$) 设开集 $\Omega \subset \mathbb{R}^n$, 对 $m \in \mathbb{N}_+$, $p \in]1, \infty]$, 我们定义 $W^{-m,p}(\Omega)$ 为 $W_0^{m,p'}(\Omega)$ 的对偶空间, 即

$$W^{-m,p}(\Omega) \overset{\text{def}}{=\!=} (W_0^{m,p'}(\Omega))^*, \tag{5.2.6}$$

其中 $\dfrac{1}{p} + \dfrac{1}{p'} = 1$.

特别地, 当 $p = 2$ 时, 又记 $H^{-m}(\Omega) = W^{-m,2}(\Omega)$, 这也是一个 Hilbert 空间.

明显地, 我们知道

命题 5.2.5 (自反性与完备性) 对 $p \in]1, \infty]$, $m \in \mathbb{N}_+$, $W^{-m,p}(\Omega)$ 为 Banach 空间. 进一步地, 若 $p \in]1, \infty[$, 则 $W^{-m,p}(\Omega)$ 是自反的.

证明 事实上, 由对偶空间的命题, 完备性是显然的. 而由自反空间的对偶空间仍然是自反的事实及定理 5.2.1 知自反性. $\qquad\square$

同样地, 对函数空间 $W^{-m,p}(\Omega)$ 中元素, 我们有如下显式表示.

定理 5.2.6 ($W^{-m,p}(\Omega)$ 的显式表示)　对 $m \in \mathbb{N}_+$, $p \in]1, \infty]$, 成立

$$W^{-m,p}(\Omega) = \left\{ \sum_{|\alpha| \leqslant m} D^\alpha f_\alpha : \text{其中 } f_\alpha \in L^p(\Omega) \right\}. \tag{5.2.7}$$

证明　一方面, 设 $T = \sum\limits_{|\alpha| \leqslant m} D^\alpha f_\alpha$, $f_\alpha \in L^p(\Omega)$, 则对任意的 $\varphi \in \mathscr{D}(\Omega)$ 成立

$$\langle T, \varphi \rangle = \left\langle \sum_{|\alpha| \leqslant m} D^\alpha f_\alpha, \varphi \right\rangle = \sum_{|\alpha| \leqslant m} (-1)^{|\alpha|} \langle f_\alpha, D^\alpha \varphi \rangle.$$

由此导出

$$|\langle T, \varphi \rangle| \leqslant \sum_{|\alpha| \leqslant m} |\langle f_\alpha, D^\alpha \varphi \rangle| \leqslant \sum_{|\alpha| \leqslant m} \|f_\alpha\|_{L^p(\Omega)} \|D^\alpha \varphi\|_{L^{p'}(\Omega)}$$

$$\leqslant \left(\sum_{|\alpha| \leqslant m} \|f_\alpha\|_{L^p(\Omega)}^p \right)^{\frac{1}{p}} \left(\sum_{|\alpha| \leqslant m} \|D^\alpha \varphi\|_{L^{p'}(\Omega)}^{p'} \right)^{\frac{1}{p'}}.$$

从而知

$$|\langle T, \varphi \rangle| \leqslant \left(\sum_{|\alpha| \leqslant m} \|f_\alpha\|_{L^p(\Omega)}^p \right)^{\frac{1}{p}} \|\varphi\|_{W^{m,p'}(\Omega)}.$$

故 $T \in W^{-m,p}(\Omega)$, 即

$$\left\{ T \in \mathscr{D}'(\Omega) : T = \sum_{|\alpha| \leqslant m} D_x^\alpha f_\alpha, \ f_\alpha \in L^p(\Omega) \right\} \subset W^{-m,p}(\Omega).$$

另一方面, 给定 $T \in (W_0^{m,p'}(\Omega))^*$, 设满足 $|\alpha| \leqslant m$ 的重指标个数为 N, 考虑自然的嵌入 $\mathscr{I}$:

$$\mathscr{I} : W_0^{m,p'}(\Omega) \to (L^{p'}(\Omega))^N, \quad u \mapsto (D_x^\alpha u)_{|\alpha| \leqslant m},$$

这是一个连续嵌入, 而且对任意 $p' \in [1, \infty[$ 是一个闭映射, 从而 $W_0^{m,p'}(\Omega)$ 为 $(L^{p'}(\Omega))^N$ 的闭子空间. 注意到 T 为 $W_0^{m,p'}(\Omega)$ 上的连续线性泛函, 则由 Hahn-Banach 定理知可将 T 延拓到 $(L^{p'}(\Omega)^N)^* = (L^p(\Omega))^N$ 上, 记其为 $\widetilde{T}$, 亦即存在 $g_1, \cdots, g_N \in L^p(\Omega)$ 使得

$$\widetilde{T}(f_1, \cdots, f_N) = \langle f_1, g_1 \rangle + \cdots + \langle f_N, g_N \rangle.$$

特别地, 对任意 $u \in \mathscr{D}(\Omega)$ 成立

$$T(u) = \sum_{|\alpha| \leqslant m} \langle D^\alpha u, g_\alpha \rangle = \sum_{|\alpha| \leqslant m} \langle u, (-1)^{|\alpha|} D^\alpha g_\alpha \rangle$$

$$= \left\langle u, \sum_{|\alpha| \leqslant m} (-1)^{|\alpha|} D^\alpha g_\alpha \right\rangle.$$

由 u 的任意性知 $T = \sum\limits_{|\alpha| \leqslant m} (-1)^{|\alpha|} D^\alpha g_\alpha$, $g_\alpha \in L^p(\Omega)$, 即

$$W^{-m,p}(\Omega) \subset \left\{ T \in \mathscr{D}'(\Omega): \ T = \sum_{|\alpha| \leqslant m} D_x^\alpha f_\alpha, \ f_\alpha \in L^p(\Omega) \right\}.$$

定理证毕. □

注 对任意的 $T \in W^{-m,p}(\Omega)$, 符合条件(5.2.7)的 f_α 显然不是唯一的, 因此我们可以在 $W^{-m,p}(\Omega)$ 中赋予以下的商范数:

$$\|T\|_{W^{-m,p}(\Omega)} = \inf_{T = \sum\limits_{|\alpha| \leqslant m} D_x^\alpha f_\alpha} \left(\sum_{|\alpha| \leqslant m} \|f_\alpha\|_{L^p}^p \right)^{\frac{1}{p}}.$$

5.2.3 $W^{m,p}(\mathbb{R}^n)$ 的稠密性定理

命题 5.2.7 (稠密性) 设 $m \in \mathbb{N}$, $p \in [1, \infty[$, 成立 $W_0^{m,p}(\mathbb{R}^n) = W^{m,p}(\mathbb{R}^n)$, 即 $\mathscr{D}(\mathbb{R}^n)$ 在 $W^{m,p}(\mathbb{R}^n)$ 中稠密.

证明 取 $\Omega_j \overset{\text{def}}{=} B(0, j)$, 以及截断函数 $\chi_j \in \mathscr{D}(\mathbb{R}^n)$, 使得 $\operatorname{supp} \chi_j \subset \Omega_j$, 且当 $x \in \Omega_{j-1}$ 时 $\chi_j(x) = 1$. 对 $u \in W^{m,p}(\mathbb{R}^n)$, 令 $u_j(x) = \jmath_{\frac{1}{j}} * (\chi_j u)(x)$, 其中 $\jmath_{\frac{1}{j}}(x) = j^n \jmath(jx)$ 为正则化算子 (见例 1.2.2), 明显 $u_j(x) \in \mathscr{D}(\mathbb{R}^n)$.

对任意给定的 $\varepsilon > 0$, 存在 $N \in \mathbb{N}$, 使得对任意 $j > N$, 成立

$$\|u\|_{W^{m,p}(B(0,\,j)^c)} \leqslant \frac{\varepsilon}{2},$$

故由定理 5.2.3 的证明过程, 易知当 $j \to \infty$ 时成立

$$\|u_j - u\|_{W^{m,p}} \leqslant \|u\|_{W^{m,p}(B(0,\,j)^c)} + \|u_j - u\|_{W^{m,p}(B(0,\,j+1))}$$

$$\leqslant \frac{\varepsilon}{2} + \frac{\varepsilon}{2} = \varepsilon \to 0.$$

从而知 $u_j \to u \ (W^{m,p}(\mathbb{R}^n))$. □

事实上, 当 $m < 0$ 时, 命题也成立.

命题 5.2.8 (稠密性) 设 $-m \in \mathbb{N}_+$, $p \in]1, \infty[$, 则 $\mathscr{D}(\mathbb{R}^n)$ 在 $W^{m,p}(\mathbb{R}^n)$ 中稠密.

证明 由定理 5.2.6 知, 对任意的 $u \in W^{m,p}(\mathbb{R}^n)$, 存在 $\{f_\alpha\}_{|\alpha| \leqslant -m} \subset L^p(\mathbb{R}^n)$ 使得

$$u = \sum_{|\alpha| \leqslant -m} D^\alpha f_\alpha,$$

取 χ_j 为截断函数, 与命题 5.2.7 的证明类似地取

$$u_j \overset{\text{def}}{=\!=} \sum_{|\alpha| \leqslant -m} D^\alpha (f_\alpha \chi_j) * \jmath_{\frac{1}{j}},$$

明显 $u_j(x) \in \mathscr{D}(\mathbb{R}^n)$, 且当 $j \to \infty$ 时成立 $\|u_j - u\|_{W^{m,p}} \to 0$. □

综合以上两个命题, 我们得到

定理 5.2.9 ($\mathscr{D}(\mathbb{R}^n)$ 在 $W^{m,p}(\mathbb{R}^n)$ 的稠密性) 设 $m \in \mathbb{Z}$, $p \in]1, \infty[$, 成立 $W_0^{m,p}(\mathbb{R}^n) = W^{m,p}(\mathbb{R}^n)$, 即 $\mathscr{D}(\mathbb{R}^n)$ 在 $W^{m,p}(\mathbb{R}^n)$ 中稠密.

事实上, 对有界区域 Ω, 上述稠密性的结论一般是不成立的, 我们可以给出下面的例子.

例 5.2.1 取 $\Omega = B(0,1)$, $u = \chi_{B(0,1)}$, 则对 $m \in \mathbb{N}_+$, $u \in H^m(\Omega)$. 但是 $u \notin H_0^m(\Omega)$.

证明 我们采用反证法. 假设命题不成立, $u \in H_0^m(\Omega)$, 对其作如下延拓:

$$\widetilde{u}(x) = \begin{cases} u(x), & \text{若 } x \in \Omega, \\ 0, & \text{若 } x \notin \Omega. \end{cases}$$

由定义知存在 $\{\varphi_\nu\}_{\nu \in \mathbb{N}} \subset \mathscr{D}(\Omega) \subset \mathscr{D}(\mathbb{R}^n)$, 使得

$$\lim_{\nu \to \infty} \|\varphi_\nu - u\|_{H^m(\Omega)} = 0,$$

故

$$\lim_{\nu \to \infty} \|\varphi_\nu - \widetilde{u}\|_{H^m} = \lim_{\nu \to \infty} \|\varphi_\nu - u\|_{H^m(\Omega)} = 0.$$

从而 $\widetilde{u}(x) \in H^m(\mathbb{R}^n)$.

取 $m = 1$, $\Omega = B(0,1)$, $u = \chi_{B(0,1)}$, 则知 $\nabla \widetilde{u} \cdot \boldsymbol{n}\big|_{|x|=1} = \delta$, 其中 $\boldsymbol{n}$ 为 $\partial B(0,1) \overset{\text{def}}{=\!=} \{x \in \mathbb{R}^n : |x| = 1\}$ 的外法向, 故 $\nabla \widetilde{u} \notin L^2(\mathbb{R}^n)$. 这与 $\widetilde{u} \in H^1(\mathbb{R}^n)$ 矛盾. □

5.3 实数阶 Sobolev 空间 $H^s(\mathbb{R}^n)$

在本节中, 我们将在 $\mathbb{R}^n$ 上把 Sobolev 空间的指标从整数推广到一般的实数上.

定义 5.3.1 (Sobolev 空间 $H^s(\mathbb{R}^n)$) 对任意 $s \in \mathbb{R}$, 定义 Sobolev 空间 $H^s(\mathbb{R}^n)$ 为

$$H^s(\mathbb{R}^n) \stackrel{\text{def}}{=\!=} \left\{ f \in \mathscr{S}'(\mathbb{R}^n) : \left(\int_{\mathbb{R}^n} |\widehat{f}(\xi)|^2 (1 + |\xi|^2)^s \mathrm{d}\xi \right)^{\frac{1}{2}} < \infty \right\}.$$

并且赋予范数

$$|f|_s \stackrel{\text{def}}{=\!=} \left(\int_{\mathbb{R}^n} |\widehat{f}(\xi)|^2 (1 + |\xi|^2)^s \mathrm{d}\xi \right)^{\frac{1}{2}}.$$

我们首先要对 $s \in \mathbb{Z}$ 考虑该定义与之前定义的 Sobolev 空间的相容性问题. 回忆定义 5.2.1 知对任意的 $k \in \mathbb{N}$, 成立

$$W^{k,2}(\mathbb{R}^n) = \left\{ f \in \mathscr{D}'(\mathbb{R}^n) : D^\alpha f \in L^2(\mathbb{R}^n), \ \forall \ \alpha, \ |\alpha| \leqslant k \right\}.$$

命题 5.3.1 对任意的 $k \in \mathbb{N}$, 成立

$$W^{k,2}(\mathbb{R}^n) = H^k(\mathbb{R}^n),$$

即定义 5.3.1 与之前整数阶 Sobolev 空间的定义是相容的.

证明 对任意的 $f \in W^{k,2}(\mathbb{R}^n)$, $Df = \dfrac{1}{i}\nabla f$, 由 Parseval 等式知

$$\|D^\alpha f\|_{L^2} = \left\|\xi^\alpha \widehat{f}\right\|_{L^2}.$$

故而由二项式定理推出

$$|f|_k^2 = \int_{\mathbb{R}^n} (1 + |\xi|^2)^k |\widehat{f}(\xi)|^2 \mathrm{d}\xi \leqslant C \sum_{|\alpha| \leqslant k} \left\|\partial^\alpha f\right\|_{L^2}^2 \leqslant C\|f\|_{W^{k,2}}^2.$$

反之对任意的 $f \in H^s(\mathbb{R}^n)$, 则对任意的重指标 $|\alpha| \leqslant k$ 成立 $\|\xi^\alpha \widehat{f}\|_{L^2}^2 \leqslant \|(1 + |\xi|^2)^{\frac{k}{2}} \widehat{f}\|_{L^2}$, 故而

$$\|D^\alpha f\|_{L^2}^2 \leqslant \left\|\xi^\alpha \widehat{f}\right\|_{L^2}^2 < \infty.$$

亦即 $f \in W^{k,2}(\mathbb{R}^n)$.

综上, 命题证毕. $\qquad\qquad\qquad\qquad\qquad\qquad\qquad\qquad\qquad\qquad\qquad\square$

注　由命题 5.3.1 知, 对 $k \in \mathbb{N}^*$, $W^{-k,2}(\mathbb{R}^n) = (W^{k,2}(\mathbb{R}^n))^* = (H^k(\mathbb{R}^n))^*$. 故应用定理 5.2.6 知

$$(H^k(\mathbb{R}^n))^* = \left\{ u \in \mathscr{S}'(\mathbb{R}^n) : u = \sum_{|\alpha| \leqslant m} D^\alpha f_\alpha, \text{ 其中 } f_\alpha \in L^2(\Omega) \right\}. \tag{5.3.1}$$

定义 5.3.2 ($H^s(\mathbb{R}^n)$ 的内积)　$H^s(\mathbb{R}^n)$ 中赋予了如下内积:

$$(f, g)_s \xlongequal{\text{def}} \int_{\mathbb{R}^n} (1 + |\xi|^2)^s \widehat{f}(\xi) \overline{\widehat{g}}(\xi) \mathrm{d}\xi. \tag{5.3.2}$$

注　(1) 显然, 由此内积诱导的范数即为 $|\cdot|_s$.

(2) 与命题 5.3.1 类似地, 这个内积与 (5.2.3) 式中整数阶 Sobolev 空间的内积也是等价的.

定义 5.3.3 ($H^\infty(\mathbb{R}^n)$ 与 $H^{-\infty}(\mathbb{R}^n)$)　定义 $H^\infty(\mathbb{R}^n)$ 为

$$H^\infty(\mathbb{R}^n) \xlongequal{\text{def}} \bigcap_{s \geqslant 0} H^s(\mathbb{R}^n).$$

定义 $H^{-\infty}(\mathbb{R}^n)$ 为

$$H^{-\infty}(\mathbb{R}^n) \xlongequal{\text{def}} \bigcup_{s \in \mathbb{R}} H^s(\mathbb{R}^n).$$

例 5.3.1　显然成立 $\mathscr{D}(\mathbb{R}^n) \subset \mathscr{S}(\mathbb{R}^n) \subset H^\infty(\mathbb{R}^n)$.

例 5.3.2　我们指出 $\mathscr{E}'(\mathbb{R}^n) \subset H^{-\infty}(\mathbb{R}^n)$.

证明　事实上, 对任意 $T \in \mathscr{E}'(\mathbb{R}^n)$, 则由定理 1.8.3 知存在 $k \in \mathbb{N}_+$, 使得 $T = \sum_{|\alpha| \leqslant k} D^\alpha f_\alpha$, 其中 f_α 为连续函数, 且 $\operatorname{supp} f_\alpha$ 在 $\operatorname{supp} T$ 的附近 (附近的含义见定理 1.8.3 与定理 2.5.2 的证明). 取 $s \in \mathbb{R}$ 使得 $s + k \leqslant 0$, 从而成立

$$\int_{\mathbb{R}^n} (1 + |\xi|^2)^s |\widehat{T}(\xi)|^2 \mathrm{d}\xi \leqslant \sum_{|\alpha| \leqslant k} \int_{\mathbb{R}^n} (1 + |\xi|^2)^s |\xi|^{2|\alpha|} |\widehat{f_\alpha}(\xi)|^2 \mathrm{d}\xi$$

$$\leqslant \sum_{|\alpha| \leqslant k} \int_{\mathbb{R}^n} |\widehat{f_\alpha}(\xi)|^2 \mathrm{d}\xi$$

$$\leqslant \sum_{|\alpha| \leqslant k} \int_{\mathbb{R}^n} |f_\alpha(x)|^2 \mathrm{d}x < \infty,$$

故知 $T \in H^{-\infty}(\mathbb{R}^n)$.　　　　　　　　　　　　　　　　　　　　□

定义 5.3.4 (Fourier 乘子 $\Lambda(D)$) 记函数 $\Lambda(\xi) \overset{\text{def}}{=\!=} (1 + |\xi|^2)^{\frac{1}{2}}$, 定义 $\mathscr{S}'(\mathbb{R}^n) \to \mathscr{S}'(\mathbb{R}^n)$ 的 Fourier 乘子 $\Lambda^s(D)$ 如下:

$$\mathscr{F}[\Lambda^s(D)f](\xi) = \Lambda^s(\xi)\widehat{f}(\xi), \quad \forall\, f \in \mathscr{S}'(\mathbb{R}^n).$$

例 5.3.3 $\Lambda^s(D)$ 是 $H^s(\mathbb{R}^n) \to L^2$ 的连续映射, 即对任意的 $f \in H^s(\mathbb{R}^n)$, $\Lambda^s(D)f \in L^2(\mathbb{R}^n)$.

证明 对任意 $f \in H^s(\mathbb{R}^n)$ 成立

$$\|\Lambda^s(D)f\|_{L^2} = \left(\int \left(1 + |\xi|^2\right)^s |\widehat{f}(\xi)|^2 \mathrm{d}\xi \right)^{\frac{1}{2}} = |f|_s.$$

故 $\Lambda^s(D)f \in L^2(\mathbb{R}^n)$. □

例 5.3.4 $\Lambda^s(D)$ 是 $H^{s_0}(\mathbb{R}^n) \to H^{s_0-s}(\mathbb{R}^n)$ 的连续映射, 即对任意的 $f \in H^{s_0}(\mathbb{R}^n)$, $\Lambda^s(D)f \in H^{s_0-s}(\mathbb{R}^n)$.

证明 对任意 $f \in H^{s_0}(\mathbb{R}^n)$ 成立

$$|\Lambda^s(D)f|_{s_0-s} = \left(\int (1 + |\xi|^2)^{s_0-s} \left|\widehat{\Lambda^s f}(\xi)\right|^2 \mathrm{d}\xi \right)^{\frac{1}{2}}$$

$$= \left(\int (1 + |\xi|^2)^{s_0-s} \left|(1 + |\xi|^2)^{\frac{s}{2}} \widehat{f}(\xi)\right|^2 \mathrm{d}\xi \right)^{\frac{1}{2}}$$

$$= |f|_{s_0}.$$

故 $\Lambda^s(D)f \in H^{s_0-s}(\mathbb{R}^n)$. □

定理 5.3.2 (1) 嵌入映射 $\mathscr{S}(\mathbb{R}^n) \hookrightarrow H^s(\mathbb{R}^n)$ 是连续单射, 且 $\mathscr{S}(\mathbb{R}^n)$ 在 $H^s(\mathbb{R}^n)$ 中稠密;

(2) 嵌入映射 $H^s(\mathbb{R}^n) \hookrightarrow \mathscr{S}'(\mathbb{R}^n)$ 也是连续单射;

(3) 记 τ_h 是平移算子, $\tau_h f(x) = f(x - h)$, 则对 $f \in H^s(\mathbb{R}^n)$, $|\tau_h f|_s = |f|_s$, 且

$$\lim_{\vec{h}_j \to 0} \left| \frac{\tau_{-\vec{h}_j} f - f}{h_j} - \partial_j f \right|_{s-1} = 0, \tag{5.3.3}$$

其中 $\vec{h}_j = (0, \cdots, 0, h_j, 0, \cdots, 0)$.

证明 (1) 首先我们指出嵌入映射 $\mathscr{S}(\mathbb{R}^n) \hookrightarrow L^2(\mathbb{R}^n)$ 是连续单射, 因为对任意的 $f \in \mathscr{S}(\mathbb{R}^n)$, 成立

$$\int_{\mathbb{R}^n} |f|^2 \mathrm{d}x \leqslant \int_{\mathbb{R}^n} \frac{1}{(1 + |x|^2)^n} \left(1 + |x|^2\right)^n |f|^2 \mathrm{d}x$$

$$\leqslant \int_{\mathbb{R}^n} \frac{1}{(1 + |x|^2)^n} \mathrm{d}x \sup_{x \in \mathbb{R}^n} \left\{ (1 + |x|^2)^n |f(x)|^2 \right\} < \infty.$$

事实上, $\mathscr{S}(\mathbb{R}^n)$ 在 $L^2(\mathbb{R}^n)$ 中稠密 (证明留作习题).

结合例 5.3.3 与例 5.3.4, 考虑下面的交换图:

$$
\begin{array}{ccc}
\mathscr{S}(\mathbb{R}^n) & \overset{?}{\lhook\joinrel\longrightarrow} & H^s(\mathbb{R}^n) \\
\Big\downarrow{\scriptstyle\Lambda^s} & & \Big\uparrow{\scriptstyle\Lambda^{-s}} \\
\mathscr{S}(\mathbb{R}^n) & \lhook\joinrel\longrightarrow & L^2(\mathbb{R}^n)
\end{array}
$$

由此知 $\mathscr{S}(\mathbb{R}^n) \hookrightarrow H^s(\mathbb{R}^n)$ 是连续单射, 且对任意给定的 $f \in H^s(\mathbb{R}^n)$, 对任意 $\varepsilon > 0$, 存在 $g_1 \in \mathscr{S}(\mathbb{R}^n)$ 使得 $\|\Lambda^s f - g_1\|_{L^2} \leqslant \varepsilon$. 于是取 $g = \Lambda^{-s} g_1 \in \mathscr{S}(\mathbb{R}^n)$, 成立

$$
|f - g|_s = \|\Lambda^s(f - g)\|_{L^2} = \|\Lambda^s f - g_1\|_{L^2} < \varepsilon.
$$

由此证毕 $\mathscr{S}(\mathbb{R}^n)$ 在 $H^s(\mathbb{R}^n)$ 中的稠密性.

(2) 类似 (1) 的证明, 我们考虑下面的交换图:

$$
\begin{array}{ccc}
H^s(\mathbb{R}^n) & \overset{?}{\lhook\joinrel\longrightarrow} & \mathscr{S}'(\mathbb{R}^n) \\
\Big\downarrow{\scriptstyle\Lambda^s} & & \Big\uparrow{\scriptstyle\Lambda^{-s}} \\
L^2(\mathbb{R}^n) & \lhook\joinrel\longrightarrow & \mathscr{S}'(\mathbb{R}^n)
\end{array}
$$

交换图的纵向部分由例 5.3.3 与定义 5.3.4 保证.

故我们仅需要证明 $L^2(\mathbb{R}^n) \hookrightarrow \mathscr{S}'(\mathbb{R}^n)$, 事实上, 对任意 $\phi \in \mathscr{S}(\mathbb{R}^n)$, 成立

$$
|\langle u, \phi \rangle| \leqslant \|u\|_{L^2} \|\varphi\|_{L^2} \leqslant C \|u\|_{L^2} \sup_{x \in \mathbb{R}^n} |(1 + |x|^2)^{\frac{n}{2}} \varphi|,
$$

由此证明了嵌入映射 $L^2(\mathbb{R}^n) \hookrightarrow \mathscr{S}'(\mathbb{R}^n)$ 中的连续性, 从而命题证毕.

(3) 由于 $\widehat{\tau_h[f]}(\xi) = e^{-ih\cdot\xi} \widehat{u}(\xi)$, 故 $|\tau_h[f]|_s = |f|_s$.

又注意到

$$
\left| \frac{\tau_{-\vec{h}_j} f - f}{h_j} - \partial_j f \right|_{s-1}^2 = \int_{\mathbb{R}^n} \left| \frac{e^{ih_j \xi_j} - 1}{h_j} - i\xi_j \right|^2 |\widehat{f}(\xi)|^2 (1 + |\xi|^2)^{s-1} \mathrm{d}\xi.
$$

一方面, 当 $h_j \to 0$ 时, 对任意的 $\xi \in \mathbb{R}^n$ 成立

$$
\frac{e^{ih_j \xi_j} - 1}{h_j} - i\xi_j \to 0.
$$

另一方面, 由用中值定理知

$$
\left| \frac{e^{ih\xi_j} - 1}{h_j} - i\xi_j \right| \leqslant 2|\xi|,
$$

因此, 应用 Lebesgue 控制收敛定理知当 $h_j \to 0$ 时成立 (5.3.3) 式, 由此定理证毕. $\qquad\qquad\square$

推论 5.3.3 (稠密性) $\mathscr{D}(\mathbb{R}^n)$ 在 $H^s(\mathbb{R}^n)$ 中稠密.

注 由于 $\mathscr{D}(\mathbb{R}^n)$ 在 $\mathscr{S}(\mathbb{R}^n)$ 中稠密, 应用定理 5.3.2 (1) 知 $\mathscr{D}(\mathbb{R}^n)$ 在 $H^s(\mathbb{R}^n)$ 中稠密. 特别地, 对 $m \in \mathbb{N}$, $H_0^m(\mathbb{R}^n) = H^m(\mathbb{R}^n)$.

我们回忆定义 5.2.3 知当 $p \in [1,\infty[$ 时, $W^{-m,p'}(\Omega)$ 是 $W_0^{m,p}(\Omega)$ 的对偶空间, 其中 $\dfrac{1}{p} + \dfrac{1}{p'} = 1$. 类似地, 我们考虑 $H^s(\mathbb{R}^n)$, $H^{-s}(\mathbb{R}^n)$ 的对偶关系.

定理 5.3.4 $H^s(\mathbb{R}^n)$ 及其 Hermite 共轭空间的配对 $H^s(\mathbb{R}^n) \times H^{-s}(\mathbb{R}^n) \to \mathbb{C}$

$$T_{s,-s} : H^s(\mathbb{R}^n) \times H^{-s}(\mathbb{R}^n) \ni (u,v) \mapsto \int_{\mathbb{R}^n} \widehat{u}(\xi)\overline{\widehat{v}(\xi)}\mathrm{d}\xi \in \mathbb{C}$$

满足 $|T_{s,-s}[u,v]| \leqslant |u|_s|v|_{-s}$. 从而 $H^{-s}(\mathbb{R}^n) = (H^s(\mathbb{R}^n))^*$.

证明 一方面, 对任意 $u \in H^s(\mathbb{R}^n)$, $v \in H^{-s}(\mathbb{R}^n)$, $(1+|\xi|^2)^{\frac{s}{2}}\widehat{u} \in L^2(\mathbb{R}^n)$, $(1+|\xi|^2)^{-\frac{s}{2}}\widehat{v} \in L^2(\mathbb{R}^n)$. 从而

$$|T_{s,-s}[u,v]| = \left| \int_{\mathbb{R}^n} \left(|1+|\xi|^2|^{\frac{s}{2}}|\widehat{u}(\xi)|(1+|\xi|^2)^{\frac{-s}{2}}\overline{\widehat{v}(\xi)}\mathrm{d}\xi \right| \leqslant |u|_s|v|_{-s}. \right.$$

则由 u 的任意性知 v 为 $H^s(\mathbb{R}^n)$ 上有界线性泛函, 故知 $H^{-s}(\mathbb{R}^n) \subset (H^s(\mathbb{R}^n))^*$.

另一方面, 若 L 为 $H^s(\mathbb{R}^n)$ 上的连续线性泛函, 注意到 H^s 为 Hilbert 空间, 由 Riesz 表示定理知对任意 $u \in H^s(\mathbb{R}^n)$, 存在 $w \in H^s(\mathbb{R}^n)$, 使得成立

$$L[u] = (u,w)_s = \int_{\mathbb{R}^n} (1+|\xi|^2)^s\widehat{u}(\xi)\overline{\widehat{w}(\xi)}\mathrm{d}\xi.$$

由于 $\widehat{w} \in \mathscr{S}'(\mathbb{R}^n)$, $(1+|\xi|^2)^s\overline{\widehat{w}}(\xi) \in \mathscr{S}'(\mathbb{R}^n)$, 令 $v \overset{\mathrm{def}}{=\!=} \mathscr{F}^{-1}\left((1+|\xi|^2)^s\widehat{w}(\xi)\right)$, 则 $v \in H^{-s}(\mathbb{R}^n)$, 且成立

$$L[u] = \int_{\mathbb{R}^n} \widehat{u}(\xi)\overline{\widehat{v}(\xi)}\mathrm{d}\xi,$$

由 Riesz 表示定理知

$$\|L\|_{\mathscr{L}} = |w|_s = \left(\int_{\mathbb{R}^n} |\widehat{w}(\xi)|^2(1+|\xi|^2)^s\mathrm{d}\xi \right)^{\frac{1}{2}} = \left(\int_{\mathbb{R}^n} |\widehat{v}(\xi)|^2(1+|\xi|^2)^{-s}\mathrm{d}\xi \right)^{\frac{1}{2}}.$$

由此知 $(H^s(\mathbb{R}^n))^* \subset H^{-s}(\mathbb{R}^n)$. 综上知

$$H^{-s}(\mathbb{R}^n) = (H^s(\mathbb{R}^n))^*.$$

定理证毕. $\qquad\qquad\square$

由 (5.3.1) 式与定理 5.3.4 推知

推论 5.3.5 ($H^{-m}(\mathbb{R}^n)$ ($m \in \mathbb{N}$) 的显式表示) 对任意的 $m \in \mathbb{N}$ 成立

$$H^{-m}(\mathbb{R}^n) = \left\{ u \in \mathscr{S}'(\mathbb{R}^n) : u = \sum_{|\alpha| \leqslant m} \partial^\alpha f_\alpha, \ 其中 \ f_\alpha \in L^2(\mathbb{R}^n) \right\},$$

且赋予等价的范数

$$|u|_{-m} = \inf_{u = \sum\limits_{|\alpha| \leqslant m} \partial^\alpha f_\alpha} \left(\sum_{|\alpha| \leqslant m} \|f_\alpha\|_{L^2}^2 \right)^{\frac{1}{2}}.$$

下面我们研究 $H^s(\mathbb{R}^n)$ 的一类乘子.

定理 5.3.6 ($H^s(\mathbb{R}^n)$ 的乘子) 双线性映射 $\mathscr{S}(\mathbb{R}^n) \times H^s(\mathbb{R}^n) \ni (\varphi, u) \mapsto \varphi u \in H^s(\mathbb{R}^n)$ 是连续映射. 从而 $\mathscr{S}(\mathbb{R}^n)$ 是 $H^s(\mathbb{R}^n)$ 的一类乘子空间.

证明 注意到

$$|\varphi u|_s^2 = \int_{\mathbb{R}^n} (1 + |\xi|^2)^s |\widehat{\varphi u}|^2 \mathrm{d}\xi$$

$$= \frac{1}{(2\pi)^{\frac{n}{2}}} \int_{\mathbb{R}^n} (1 + |\xi|^2)^s \left| \int_{\mathbb{R}^n} \widehat{\varphi}(\xi - \eta) \widehat{u}(\eta) \mathrm{d}\eta \right|^2 \mathrm{d}\xi,$$

应用 Peetre 不等式与 Young 不等式知

$$|\varphi u|_s^2 = \frac{1}{(2\pi)^{\frac{n}{2}}} \int_{\mathbb{R}^n} \left| \int_{\mathbb{R}^n} (1 + |\xi|^2)^{\frac{s}{2}} \widehat{\varphi}(\xi - \eta) \widehat{u}(\eta) \mathrm{d}\eta \right|^2 \mathrm{d}\xi$$

$$\leqslant \frac{2^{|s|}}{(2\pi)^{\frac{n}{2}}} \int_{\mathbb{R}^n} \left| \int_{\mathbb{R}^n} (1 + |\xi - \eta|^2)^{\frac{s}{2}} \widehat{\varphi}(\xi - \eta)(1 + |\eta|^2)^{\frac{s}{2}} \widehat{u}(\eta) \mathrm{d}\eta \right|^2 \mathrm{d}\xi$$

$$\leqslant C \left(\left\| (1 + |\xi|^2)^{\frac{s}{2}} \widehat{\varphi}(\xi) \right\|_{L^1} |u|_s \right)^2 < \infty. \tag{5.3.4}$$

定理证毕. $\qquad\qquad\qquad\qquad\qquad\qquad\qquad\qquad\qquad\qquad\qquad\qquad\qquad\qquad\qquad\qquad$ □

下面我们取 $\chi(x) \in \mathscr{D}(\mathbb{R}^n)$, 其满足

$$\chi(x) \overset{\text{def}}{=\!=} \begin{cases} 1, & 若 \ |x| \leqslant 1, \\ 0, & 若 \ |x| \geqslant 2. \end{cases}$$

并令 $\chi_\varepsilon(x) \overset{\text{def}}{=\!=} \chi(\varepsilon x)$.

定理 5.3.7 (逼近定理) 对任意的 $u \in H^s(\mathbb{R}^n)$, 成立

(1) $|j_\varepsilon * u - u|_s \to 0, \varepsilon \to 0$;

(2) $|\chi_\varepsilon u - u|_s \to 0, \varepsilon \to 0$,

其中 j 由例 1.2.2 定义.

证明 (1) 注意到

$$\left| \dot{\jmath}_\varepsilon * u - u \right|_s^2 = \int_{\mathbb{R}^n} \left(1 + |\xi|^2 \right)^s \left| (2\pi)^{\frac{n}{2}} \widehat{\dot{\jmath}_\varepsilon} \widehat{u} - \widehat{u} \right|^2 \mathrm{d}\xi$$

$$= \int_{\mathbb{R}^n} \left(1 + |\xi|^2 \right)^s \left| (2\pi)^{\frac{n}{2}} \widehat{\dot{\jmath}}(\varepsilon\xi) - 1 \right|^2 \left| \widehat{u}(\xi) \right|^2 \mathrm{d}\xi.$$

对于固定的 ξ, 令 $\varepsilon \to 0$ 时成立 $\widehat{\dot{\jmath}}(\varepsilon\xi) \to \widehat{\dot{\jmath}}(0)$. 而

$$\widehat{\dot{\jmath}}(0) = \frac{1}{(2\pi)^{\frac{n}{2}}} \int_{\mathbb{R}^n} \dot{\jmath}(x) \mathrm{d}x = \frac{1}{(2\pi)^{\frac{n}{2}}},$$

知对每一个固定的 ξ, 成立

$$\lim_{\varepsilon \to 0} \left(1 + |\xi|^2 \right)^s \left| (2\pi)^{\frac{n}{2}} \widehat{\dot{\jmath}}(\varepsilon x) - 1 \right|^2 |\widehat{u}|^2 = 0.$$

故由 Lebesgue 控制收敛定理知 $\lim_{\varepsilon \to 0} \left| \dot{\jmath}_\varepsilon * u - u \right|_s \to 0$.

(2) 首先由 (5.3.4) 式知

$$|\chi_\varepsilon u|_s \leqslant C \left\| \left(1 + |\xi|^2 \right)^{\frac{s}{2}} \widehat{\chi_\varepsilon}(\xi) \right\|_{L^1} |u|_s = C \left\| \left(1 + |\varepsilon\xi|^2 \right)^{\frac{s}{2}} \widehat{\chi}(\xi) \right\|_{L^1} |u|_s$$

$$\leqslant C \left\| \left(1 + |\xi|^2 \right)^{\frac{s}{2}} \widehat{\chi}(\xi) \right\|_{L^1} |u|_s \leqslant C |u|_s. \tag{5.3.5}$$

由推论 5.3.3 知对任意 $u \in H^s(\mathbb{R}^n)$, $\eta > 0$, 存在 $\varphi \in \mathscr{D}(\mathbb{R}^n)$ 满足 $|\varphi - u|_s < \eta$. 而当 ε 充分小时成立 $\chi_\varepsilon \varphi = \varphi$, 故而由 (5.3.5) 式知当 ε 充分小时, 成立

$$|\chi_\varepsilon u - u|_s = \left| \chi_\varepsilon u - u - (\chi_\varepsilon - 1)\varphi \right|_s \leqslant |\chi_\varepsilon(u - \varphi)|_s + |u - \varphi|_s \leqslant (1 + C)\eta \to 0.$$

定理证毕. $\qquad\qquad\qquad\qquad\qquad\qquad\qquad\qquad\qquad\qquad\qquad\qquad\qquad\qquad\quad \square$

5.4 内蕴范数, 流形上的 Sobolev 空间与局部化

5.4.1 齐次范数与内蕴范数

我们先考虑 $H^s(\mathbb{R}^n)$ 的齐次范数.

定义 5.4.1 ($H^s(\mathbb{R}^n)$ 的齐次范数) 对 $s \in]0, 1[$, $H^s(\mathbb{R}^n)$ 的齐次范数定义为

$$|u|_{\dot{H}^s} \overset{\mathrm{def}}{=\!=\!=} \left(\iint_{\mathbb{R}^n \times \mathbb{R}^n} \frac{|u(x) - u(y)|^2}{|x - y|^{n+2s}} \mathrm{d}x\,\mathrm{d}y \right)^{\frac{1}{2}}. \tag{5.4.1}$$

作变量代换可得

$$|u|_{\dot{H}^s} = \left(\iint_{\mathbb{R}^n \times \mathbb{R}^n} \frac{|u(y + z) - u(y)|^2}{|z|^{n+2s}} \mathrm{d}z\,\mathrm{d}y \right)^{\frac{1}{2}}.$$

从而我们对 $s \in]0, 1[$ 定义 $|u|'_s$ 为

$$|u|'_s \overset{\text{def}}{=\!=} \left(\|u\|^2_{L^2} + \iint_{\mathbb{R}^n \times \mathbb{R}^n} \frac{|u(x) - u(y)|^2}{|x - y|^{n+2s}} \mathrm{d}x \, \mathrm{d}y \right)^{\frac{1}{2}}. \tag{5.4.2}$$

注   齐次 Sobolev 空间 $\dot{H}^s(\mathbb{R}^n)$ $(s \in \mathbb{R})$ 由 Fourier 变换定义, 参见习题 5.6.35. 其相关性质作为练习在习题中体现. 特别地, 此处的定义给出了一个等价的范数, 而对 $f \in H^s(\mathbb{R}^n)$, (5.4.1) 式是有意义的.

定理 5.4.1 ($|u|'_s$ 与 $|u|_s$ 的等价性)   设 $s \in]0, 1[$, 存在常数 C 使得

$$C^{-1} |u|'_s \leqslant |u|_s \leqslant C |u|'_s,$$

即这两个范数是等价的.

证明   由 Parseval 等式知

$$\int_{\mathbb{R}^n} |u(z+y) - u(y)|^2 \mathrm{d}y = \int_{\mathbb{R}^n} |e^{i\xi \cdot z} - 1|^2 |\hat{u}(\xi)|^2 \mathrm{d}\xi.$$

因此

$$|u|^2_{\dot{H}^s} = \int_{\mathbb{R}^n} |\hat{u}(\xi)|^2 \int_{\mathbb{R}^n} |e^{i\xi z} - 1|^2 |z|^{-(n+2s)} \mathrm{d}z \, \mathrm{d}\xi.$$

下面计算 $\int_{\mathbb{R}^n} |e^{i\xi z} - 1|^2 |z|^{-(n+2s)} \mathrm{d}z$, 令 $z = Ax$, 其中 $\det A = 1$, 故而 $|z| = |Ax| = |x|$, 特别地, 取 A 使得 $A^{\mathrm{T}} \xi = (|\xi|, 0, \cdots, 0)$, 继而作变量代换 $w = |\xi| x$ 得

$$\int_{\mathbb{R}^n} |e^{i\xi \cdot z} - 1|^2 |z|^{-(n+2s)} \mathrm{d}z = \int_{\mathbb{R}^n} |e^{i\xi \cdot Ax} - 1|^2 |x|^{-(n+2s)} \mathrm{d}x$$

$$= \int_{\mathbb{R}^n} |e^{ix \cdot A^{\mathrm{T}} \xi} - 1|^2 |x|^{-(n+2s)} \mathrm{d}x$$

$$= \int_{\mathbb{R}^n} |e^{ix_1 |\xi|} - 1|^2 |x|^{-(n+2s)} \mathrm{d}x$$

$$= \frac{1}{|\xi|^n} \int_{\mathbb{R}^n} |e^{iw_1} - 1|^2 |\xi|^{n+2s} |w|^{-n-2s} \mathrm{d}w.$$

因此

$$\int_{\mathbb{R}^n} |\hat{u}(\xi)|^2 \int_{\mathbb{R}^n} |e^{i\xi \cdot z} - 1|^2 |z|^{-(n+2s)} \mathrm{d}z \, \mathrm{d}\xi$$

$$= \int_{\mathbb{R}^n} |\hat{u}(\xi)|^2 |\xi|^{2s} \int_{\mathbb{R}^n} |e^{iw_1} - 1|^2 |w|^{-n-2s} \mathrm{d}w \, \mathrm{d}\xi.$$

记 J 为

$$J \stackrel{\text{def}}{=\!=\!=} \int_{\mathbb{R}^n} \left| e^{iw_1} - 1 \right|^2 |w|^{-(n+2s)} \mathrm{d}w,$$

注意到

$$J \leqslant \int_{|w| \leqslant 1} |w|^{-n+2-2s} \mathrm{d}w + 2 \int_{|w| > 1} |w|^{-n-2s} \mathrm{d}w < \infty,$$

亦即

$$|u|_{\dot{H}^s}^2 = J \int_{\mathbb{R}^n} |\widehat{u}(\xi)|^2 |\xi|^{2s} \mathrm{d}\xi.$$

而对任意的 $s \in {]}0, 1{[}$, $|u|_s > \|u\|_{L^2} = |u|_0$. 因此成立

$$(|u|_s')^2 \leqslant (1 + J)|u|_s^2.$$

反之

$$(|u|_s')^2 \geqslant \min\{1, J\} \int_{\mathbb{R}^n} (1 + |\xi|^{2s}) |\widehat{u}(\xi)|^2 \mathrm{d}\xi$$

$$\geqslant C \int_{\mathbb{R}^n} (1 + |\xi|^2)^s |\widehat{u}|^2 \mathrm{d}\xi = C|u|_s^2,$$

其中 C 为常数, 与 u 无关. 从而定理证毕. $\qquad\square$

定义 5.4.1 保证了如下内蕴范数的合理性.

定义 5.4.2 (内蕴范数) 设 $s \in \mathbb{R}_+$, $s = k + \alpha$, $\alpha \in [0, 1{[}$,

$$H^s(\mathbb{R}^n) = \left\{ u \in \mathscr{D}'(\mathbb{R}^n) : \forall \beta \in \mathbb{N}^n, \ |\beta| \leqslant k, \ D^\beta u \in L^2(\mathbb{R}^n), \ \text{且} \ |u|_s' < +\infty \right\},$$

其中

$$|u|_s' \stackrel{\text{def}}{=\!=\!=} \left(\sum_{|\beta| \leqslant k} \|D^\beta u\|_{L^2}^2 + \sum_{|\gamma| = k} \iint_{\mathbb{R}^n \times \mathbb{R}^n} \frac{|D^\gamma u(x) - D^\gamma u(y)|^2}{|x - y|^{n+2\alpha}} \mathrm{d}x \, \mathrm{d}y \right)^{\frac{1}{2}}.$$

而当 $s < 0$ 时, 利用 $H^{-s}(\mathbb{R}^n) = (H^s(\mathbb{R}^n))^*$ $(s > 0)$, 记 $u \in H^{-s}$ $(s > 0)$ 的内蕴范数为

$$|u|_{-s}' \stackrel{\text{def}}{=\!=\!=} \sup_{|v|_s' \leqslant 1} \frac{|\langle u, v \rangle|}{|v|_s'}.$$

从而对 $s \in \mathbb{R}$, 我们定义了 H^s 的内蕴范数.

5.4.2　变量代换与局部化

我们使用内蕴范数旨在考虑流形上的 Sobolev 空间. 我们首先回忆广义函数的变量代换 (命题 2.1.4), 设 Ω, $\widetilde{\Omega} \subset \mathbb{R}^n$, 考虑其上的微分同胚 $\phi : \Omega \to \widetilde{\Omega}$. 其诱导了广义函数之间的变换 $\phi^* : \mathscr{D}'(\widetilde{\Omega}) \to \mathscr{D}'(\Omega)$. 满足对任意的 $u \in \mathscr{D}'(\widetilde{\Omega})$ 以及 $\varphi \in \mathscr{D}(\Omega)$, 成立

$$\langle \phi^* u, \varphi \rangle = \langle u, J^{-1}(\phi) \varphi \circ \phi^{-1} \rangle,$$

其中 $J = \left| \dfrac{\partial \phi}{\partial x} \right|$ 为微分同胚 ϕ 的 Jacobi 矩阵. 特别地, 若 $u \in \mathscr{D}(\widetilde{\Omega})$, 则 $\phi^* u = u \circ \phi$, 即

$$\int_\Omega \phi^* u \varphi \, \mathrm{d}x = \int_{\widetilde{\Omega}} u \varphi \circ \phi^{-1} \left| \dfrac{\partial \phi}{\partial x} \right|^{-1} \mathrm{d}y = \int_\Omega u(\phi(x)) \varphi(x) \mathrm{d}x.$$

定义 5.4.3 $(H_K^s(\mathbb{R}^n))$　给定 K 为 $\mathbb{R}^n$ 中的紧集, 我们定义 $H_K^s(\mathbb{R}^n)$ 为

$$H_K^s(\mathbb{R}^n) \stackrel{\text{def}}{=} \{ u \in H^s(\mathbb{R}^n) : \operatorname{supp} u \subset K \}.$$

注　对开集 $\Omega \subset \mathbb{R}^n$ 与紧集 $K \subset \Omega$, 我们可以类似定义 $H_K^s(\Omega)$.

定理 5.4.2　若 $K' \subset\subset \widetilde{\Omega}$, $K' = \phi(K)$, 则存在 $C(s, K')$, 使得对任意 $u \in H_{K'}^s(\widetilde{\Omega})$ 成立

$$\phi^* u \in H_K^s(\Omega), \quad \text{且} \quad |\phi^* u|_s' \leqslant C(s, K') |u|_s'. \tag{5.4.3}$$

证明　首先作 $\chi(x) \in \mathscr{D}(\mathbb{R}^n)$ 使得当 $x \in K$ 时 $\chi(x) = 1$. 则对 $\forall u \in H_K^s(\mathbb{R}^n)$ 成立 $\chi u \in H^s(\mathbb{R}^n)$, 且 $\operatorname{supp} \chi u \subset K$. 由于 $\mathscr{D}(\mathbb{R}^n)$ 在 $H^s(\mathbb{R}^n)$ 中稠密, 我们仅需对 $u = \chi u \in \mathscr{D}(\mathbb{R}^n)$ 证明 (5.4.3) 式.

$s = 0$ 的情况是显然的, 由 J 的连续性知 $J = \left| \dfrac{\partial \phi}{\partial x} \right|$ 在 K 中有界, 从而定理成立.

下面分四步讨论.

(1) $0 < s < 1$, 则

$$(|\phi^* u|_s')^2 = \|\phi^* u\|_{L^2}^2 + \iint_{\mathbb{R}^{2n}} \frac{|u \circ \phi(x) - u \circ \phi(y)|^2}{|x - y|^{n+2s}} \mathrm{d}x \, \mathrm{d}y.$$

记 $\phi(x) = X$, $\phi(y) = Y$, 从而

$$(|\phi^* u|_s')^2 = \|\phi^* u\|_{L^2}^2 + \iint_{K' \times K'} \frac{|u(X) - u(Y)|^2}{|X - Y|^{n+2s}} \left(\frac{|X - Y|}{|x - y|} \right)^{n+2s}$$

$$\cdot \left| \det \frac{\partial \phi(x)}{\partial x} \right|^{-1} \left| \det \frac{\partial \phi(y)}{\partial y} \right|^{-1} \mathrm{d}X \, \mathrm{d}Y.$$

注意到在 $K' \times K'$ 上 $\left(\dfrac{|X-Y|}{|x-y|} \right)^{n+2s}$, $\left| \det \dfrac{\partial \phi(x)}{\partial x} \right|^{-1}$ $\left| \det \dfrac{\partial \phi(y)}{\partial y} \right|^{-1}$ 都是连续的, 故而有界,

$$(|\phi^* u|'_s)^2 \leqslant C \left(\|u\|_{L^2}^2 + \iint_{\mathbb{R}^{2n}} \frac{|u(X)-u(Y)|^2}{|X-Y|^{n+2s}} \mathrm{d}X \, \mathrm{d}Y \right)$$
$$= C|u|_s,$$

其中常数 C 仅与 K, ϕ 有关.

(2) 当 $s \in \mathbb{N}$ 时证明与 $s=0$ 是类似的, 都是求导后应用变量代换, 以及 K 紧致与 ϕ 的光滑性.

(3) 当 $s \in \mathbb{R}_+$ 时, 结合 (1) 与 (2) 的证明, 类似地可以得到 (具体过程请读者完成).

(4) $s < 0$ 的情况, 注意到当 $s > 0$ 时, 定义 5.4.2 告诉我们

$$|\phi^* u|'_{-s} = \sup_{|v|'_s > 0} \frac{|\langle \phi^* u, v \rangle|}{|v|'_s}.$$

而由 $\mathscr{D}(K)$ 在 H_K^s 中的稠密性知对 $s > 0$ 成立

$$|\phi^* u|'_{-s} = \sup_{|v|'_s > 0, \, v \in \mathscr{D}(\Omega)} \frac{|\langle u, J^{-1}(\phi)(\phi^*)^{-1} v \rangle|}{|v|'_s}$$
$$\leqslant \sup_{|v|'_s > 0, \, v \in \mathscr{D}(\Omega)} \frac{|u|'_{-s} \left| J^{-1}(\phi)(\phi^*)^{-1} v \right|'_s}{|v|'_s}.$$

由于 $s > 0$, 成立

$$\left| J^{-1}(\phi)(\phi^*)^{-1} v \right|'_s \leqslant C |(\phi^*)^{-1} v|'_s \leqslant C|v|'_s.$$

由此我们导出 $|\phi^* u|'_{-s} \leqslant C|u|'_{-s}$, 定理证毕. $\qquad\square$

定义 5.4.4 ($H_{\mathrm{loc}}^s(\Omega)$)　设 $\Omega \subset \mathbb{R}^n$ 为开集, 定义 $H_{\mathrm{loc}}^s(\Omega)$ 为

$$H_{\mathrm{loc}}^s(\Omega) \stackrel{\text{def}}{=\!=} \left\{ u \in \mathscr{D}'(\Omega) : \forall \, \varphi \in \mathscr{D}(\Omega), \, \varphi u \in H^s(\mathbb{R}^n) \right\}.$$

从而对任意的 $\varphi \in \mathscr{D}(\Omega)$, 在 $H_{\mathrm{loc}}^s(\Omega)$ 上可以赋予一半范 $|\varphi u|_s$, 这样得到的一族半范给出了空间 $H_{\mathrm{loc}}^s(\Omega)$ 的拓扑.

定理 5.4.3　令 $\phi: \Omega \to \widetilde{\Omega}$ 为一微分同胚, 则

$$\phi^*: \ H_{\mathrm{loc}}^s(\widetilde{\Omega}) \ \to \ H_{\mathrm{loc}}^s(\Omega)$$

为一个拓扑同构, 其逆为 $u \mapsto (\phi^{-1})^* u$.

证明 对任意 $\varphi \in \mathscr{D}(\Omega)$, 设 $\psi = (\phi^{-1})^* \varphi$, 则 $\psi \in \mathscr{D}(\widetilde{\Omega})$. 若 $u \in H^s_{\text{loc}}(\widetilde{\Omega})$, 则成立

$$\phi^*(\psi u)(x) = \psi(\phi(x))\phi^* u(x) = \varphi(x)\phi^* u(x) \in H^s(\Omega),$$

而由定理 5.4.2 知

$$|\varphi \phi^* u|'_s = |\phi^*(\psi u)|'_s \leqslant C|\psi u|'_s,$$

从而 $\phi^* u \in H^s_{\text{loc}}(\Omega)$, 且 $u \mapsto \phi^* u$ 是 $H^s_{\text{loc}}(\widetilde{\Omega}) \to H^s_{\text{loc}}(\Omega)$ 中的连续映射, 对 ϕ^{-1} 同样可应用上述证明过程. $\qquad\square$

现在, 我们可以把 Sobolev 空间的定义推广到闭流形上, 所谓闭流形就是紧致的无边流形.

定义 5.4.5 (闭流形 M^n 上的 Sobolev 空间 $H^s(M^n)$) 设 M^n 为 n 维闭 C^∞ 微分流形, 则存在流形 M^n 的一个有限图册 $\{(U_\alpha, h_\alpha)\}_{\alpha \in A}$ 以及从属于它的 C^∞ 单位分解 $\{g_\alpha\}_{\alpha \in A}$, 即

$$g_\alpha \in \mathscr{D}(U_\alpha), \quad \text{且} \quad \sum_{\alpha \in A} g_\alpha(x) = 1.$$

我们定义

$$H^s(M^n) \overset{\text{def}}{=\!=} \left\{ u = \sum_{\alpha \in A} g_\alpha u : \forall\, \alpha \in A,\ (h_\alpha^{-1})^*(g_\alpha u) \in H^s(\mathbb{R}^n) \right\},$$

其中 $h_\alpha : U_\alpha \to \mathbb{R}^n$ 为坐标图.

注 习题 4.5.21 指出这是良定义的.

5.5 Sobolev 空间的延拓

本节我们主要讨论如下的问题:

(1) 设 $u \in H^m(\Omega)$, $m \in \mathbb{N}_+$, 是否总存在延拓 $\widetilde{u} \in H^m(\mathbb{R}^n)$ 使得 $\widetilde{u}\big|_\Omega = u$?

(2) 若要 $H^m(\Omega)$ 中的元素总能扩展为 $H^m(\mathbb{R}^n)$ 中的元素, 应该对 $\partial\Omega$ 的光滑性作何种限制?

(3) 对延拓存在的情况下, 如何给出构造?

我们首先指出, 对一般的开集, 这种延拓是未必存在的.

例 5.5.1 定义 $u(x, y)$ 为

$$u(x, y) = \begin{cases} x^{-\varepsilon}, & 0 \leqslant x \leqslant 1,\ 0 \leqslant y \leqslant x^4, \\ 0, & \text{其他情况}, \end{cases}$$

其中 $\varepsilon \in \left]0, \dfrac{1}{2}\right[$. 取 $\Omega = \left\{(x, y) \in \mathbb{R}^2 : 0 \leqslant x \leqslant 1, \ 0 \leqslant y \leqslant x^4\right\}$. 我们指出 $u \in H^2(\Omega)$, 但是不可能存在 $\tilde{u} \in H^2(\mathbb{R}^2)$ 使得 $\tilde{u}\big|_{\Omega} = u$.

函数 u 与区域 Ω 的图像见图 5.1.

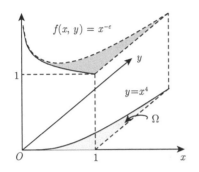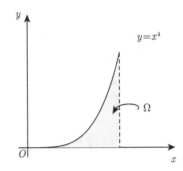

图 5.1   例 5.5.1 的函数 u 及区域 Ω 的图像

证明   首先 $u \in H^2(\Omega)$, 我们注意到

$$\|u\|_{L^2(\Omega)}^2 = \int_0^1 \int_0^{x^4} x^{-2\varepsilon} \mathrm{d}y\,\mathrm{d}x = \int_0^1 x^{4-2\varepsilon}\mathrm{d}x = \frac{1}{5-2\varepsilon},$$

$$\|\partial_x u\|_{L^2(\Omega)}^2 = \varepsilon^2 \int_0^1 \int_0^{x^4} x^{-2-2\varepsilon}\mathrm{d}y\,\mathrm{d}x = \varepsilon^2 \int_0^1 x^{2-2\varepsilon}\mathrm{d}x = \frac{\varepsilon^2}{3-2\varepsilon},$$

$$\|\partial_x^2 u\|_{L^2(\Omega)}^2 = \varepsilon^2(1+\varepsilon)^2 \int_0^1 \int_0^{x^4} x^{-4-2\varepsilon}\mathrm{d}y\,\mathrm{d}x = \frac{\varepsilon^2(1+\varepsilon)^2}{1-2\varepsilon}.$$

由此知 $u \in H^2(\Omega)$.

但是当 $s > 1$ 时, 我们将会证明 (定理 6.2.1 的注)

$$H^s(\mathbb{R}^2) \hookrightarrow L^\infty(\mathbb{R}^2).$$

故若存在 u 的延拓 $\tilde{u} \in H^2(\mathbb{R}^2)$, 则 $\tilde{u} \in L^\infty(\mathbb{R}^2)$, 由此知 $u \in L^\infty(\Omega)$, 这显然是矛盾的. $\square$

注意到, 这个例子中 Ω 的边界并不是光滑的, 在 $(0,0)$ 附近有一个尖角, 这提示我们应当对区域的边界进行限制.

为了解决 (2), 我们引入一种光滑边界的开集, 即正则开集的概念.

定义 5.5.1 (正则开集)   对 $\Omega \subset \mathbb{R}^n$ 为开集, 我们称 Ω 为正则的若

(1) $\partial\Omega$ 为 C^∞ 超曲面, 且在 $\partial\Omega$ 的任意一点附近, Ω 位于 $\partial\Omega$ 的一侧.

(2) 对任意一点 $x_0 \in \partial\Omega$, 存在 x_0 的邻域 U_{x_0} 使得在 U_{x_0} 中 $\partial\Omega$ 可以用 $\varphi(x) = 0$ 表示, 而在 $\Omega \cap U_{x_0}$ 内, $\varphi(x) > 0$. 从而作坐标变换 $x \mapsto y$:

$$\begin{cases} y_j = x_j, & 1 \leqslant j \leqslant n-1, \\ y_n = \varphi(x) \end{cases}$$

知 $\Omega \cap U_{x_0}$ 将微分同胚于上半平面 $\{y \in \mathbb{R}^n : y_n > 0\}$ 的一个开集, 而 $\partial\Omega \cap U_{x_0}$ 将微分同胚于 $\{y \in \mathbb{R}^n : y_n = 0\}$ 的一部分.

例 5.5.2　定理 5.2.2 下的注指出 C^∞ 边界的有界开集是正则开集.

现设 $\Omega \subset \mathbb{R}^n$ 是正则开集, 则存在 $\mathbb{R}^n$ 中局部有限的开覆盖 $\{\Omega_\alpha\}_{\alpha \in A}$, 相应的微分同胚 $\theta_\alpha : \Omega_\alpha \to B_\alpha$, 以及从属于 $\{\Omega_\alpha\}_{\alpha \in A}$ 的一个 C^∞ 单位分解 $\{g_\alpha\}_{\alpha \in A}$. 我们还要求: $\Omega_0 \subset \Omega$ 而其余的 Ω_α 均与 $\partial\Omega$ 相交, 且使得

$$\theta_\alpha(\Omega_\alpha \cap \Omega) = \{y \in B_\alpha : y_n > 0\},$$

$$\theta_\alpha(\Omega_\alpha \cap \partial\Omega) = \{y \in B_\alpha : y_n = 0\},$$

其中 B_α 是与超平面 $\{y \in \mathbb{R}^n : y_n = 0\}$ 相交的球.

若 Ω 是有界的正则开集, 则 $\{\Omega_\alpha\}_{\alpha \in A}$ 是有限集, 记作 $\{\Omega_i\}_{0 \leqslant i \leqslant N}$, 相应的 θ_α 记作 θ_i, 如图 5.2 所示.

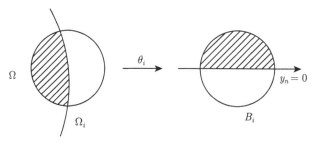

图 5.2　正则开集的局部化

对任意的 $u \in H^m(\Omega)$, $u = \sum\limits_{i=0}^{N} g_i u$. 则 $g_i u \in H^m(\Omega_i \cap \Omega)$. 由于 $\{\Omega_i\}$ 是局部有限的, 故 $\sum\limits_{i=0}^{N} g_i u$ 在每一点附近都是有限和. $(\theta_i^{-1})^*$ 把 $g_i u$ 拉回并在 B_i 外补充定义其值为 0, 记

$$\begin{aligned} v_0 &= (\theta_0^{-1})^*(g_0 u) \in H^m(\mathbb{R}^n), \\ v_i &= (\theta_i^{-1})^*(g_i u) \in H^m(B_i), \quad i > 0. \end{aligned} \tag{5.5.1}$$

则

$$u \in H^m(\Omega) \Leftrightarrow v_0 \in H^m(\mathbb{R}^n), \quad v_i \in H^m(\mathbb{R}^n_+),$$

其中 $\mathbb{R}^n_+ = \{y \in \mathbb{R}^n : y_n > 0\}$. 故我们考虑 $H^m(\Omega)$ 的延拓时, 可以仅考虑 $H^m(\mathbb{R}^n_+)$ 的延拓. 这就是所谓局部化与平坦化.

定理 5.5.1 $\mathscr{D}(\overline{\mathbb{R}^n_+})$ 在 $H^m(\mathbb{R}^n_+)$ 中稠密.

注 (1) 请读者比较与定理 5.2.2、定理 5.2.3 的叙述和证明的区别.

(2) 相应地注意 $\overline{\mathscr{D}(\mathbb{R}^n_+)} = H^m_0(\mathbb{R}^n_+) \neq H^m(\mathbb{R}^n_+)$.

证明 对任意的 $u \in H^m(\mathbb{R}^n_+)$, 我们可以假设 u 在 $\mathbb{R}^n_+$ 紧支, 必要时可以乘以截断函数. 令

$$\widetilde{u}(x) \stackrel{\text{def}}{=\!=} \begin{cases} u(x), & \text{若 } x_n > 0, \\ 0, & \text{若 } x_n \leqslant 0. \end{cases}$$

并定义

$$v_\varepsilon(x) \stackrel{\text{def}}{=\!=} \widetilde{u} * j_\varepsilon(x) \big|_{\mathbb{R}^n_+} \in \mathscr{D}(\overline{\mathbb{R}^n_+}), \tag{5.5.2}$$

其中光滑子 j_ε 为

$$j_\varepsilon(x) \stackrel{\text{def}}{=\!=} \frac{1}{\varepsilon^n} \left[\prod_{j=1}^{n-1} j\left(\frac{x_j}{\varepsilon}\right) \right] j\left(\frac{x_n + 2\varepsilon}{\varepsilon}\right) \quad (j \text{ 定义见例 } 1.2.2).$$

则对任意的重指标 $\beta \in \mathbb{N}^n$ 满足 $|\beta| \leqslant m$, 成立

$$D^\beta v_\varepsilon - D^\beta u = (D^\beta \widetilde{u} * j_\varepsilon) \big|_{\mathbb{R}^n_+} - D^\beta u,$$

且

$$D^\beta \widetilde{u} * j_\varepsilon - \widetilde{D^\beta u} = \widetilde{D^\beta u} * j_\varepsilon - \widetilde{D^\beta u} + (D^\beta \widetilde{u} - \widetilde{D^\beta u}) * j_\varepsilon.$$

但 $D^\beta \widetilde{u} - \widetilde{D^\beta u}$ 是支集在 $\{x \in \mathbb{R}^n : x_n = 0\}$ 上的广义函数, 而 j_ε 支集在 $\mathbb{R}^n_- = \{x \in \mathbb{R}^n : x_n < 0\}$ 中, 故由命题 2.3.4 (1) 知 $(D^\beta \widetilde{u} - \widetilde{D^\beta u}) * j_\varepsilon \big|_{\mathbb{R}^n_+} = 0$.

由于 $\widetilde{D^\beta u} \in L^2(\mathbb{R}^n)$, 故 $\lim\limits_{\varepsilon \to 0} \|\widetilde{D^\beta u} * j_\varepsilon - \widetilde{D^\beta u}\|_{L^2} = 0$. 从而对任意的重指标 $\beta, |\beta| \leqslant m$, 成立

$$\lim_{\varepsilon \to 0} \|D^\beta v_\varepsilon - D^\beta u\|_{L^2(\mathbb{R}^n_+)} = 0.$$

亦即

$$\lim_{\varepsilon \to 0} \|v_\varepsilon - u\|_{H^m(\mathbb{R}^n_+)} = 0,$$

定理证毕. $\qquad\qquad\qquad\qquad\qquad\qquad\qquad\qquad\qquad\qquad\qquad\qquad\square$

注　这个定理对整数阶 Sobolev 空间 $W^{m,p}(\mathbb{R}^n_+)$, $p \in [1, \infty[$ 也成立.

推论 5.5.2　对正则开集 $\Omega \subset \mathbb{R}^n$, $\mathscr{D}(\overline{\Omega})$ 在 $H^m(\Omega)$ 中稠密.

注　$\mathscr{D}(\Omega)$ 在 $W^{m,p}(\Omega)$ 中的完备化为 $W_0^{m,p}(\Omega)$, 而 $C^\infty(\overline{\Omega})$ 在 $W^{m,p}(\Omega)$ 中的完备化为 $W^{m,p}(\Omega)$.

下面的命题指出, 若 Ω 是有界集, 则 $W_0^{m,p}(\Omega)$ 是 $W^{m,p}(\Omega)$ 的真子空间, 显然这是例 5.2.1 的推广.

命题 5.5.3　设 $\Omega \subset \mathbb{R}^n$ 为有界开集, $m \in \mathbb{N}_+$, 记 $u = \chi_\Omega \in W^{m,p}(\Omega)$, 但 $u \notin W_0^{m,p}(\Omega)$. 从而

$$W_0^{m,p}(\Omega) \subsetneqq W^{m,p}(\Omega).$$

证明　我们证明 $\varphi \in \mathscr{D}(\Omega)$ 不能与 u 在 $W^{m,p}(\Omega)$ 的意义下任意接近. 事实上, $W^{1,1}(\Omega)$ 是 $W^{m,p}(\Omega)$ 在 $m \geqslant 1$ 时最大的函数空间, 若 $\|\varphi - 1\|_{W^{m,p}(\Omega)}$ 可以任意小, 则 $\|\varphi - 1\|_{W^{1,1}(\Omega)}$ 也可以任意小. 但是 $\|\varphi - 1\|_{W^{1,1}(\Omega)} = \int_\Omega |\varphi - 1| \mathrm{d}x + \int_\Omega |\nabla\varphi| \mathrm{d}x$, 由 Sobolev 不等式 (将在第 6 章证明, 见定理 6.1.1) 知存在常数 $C > 1$ 使得

$$\int_\Omega |\varphi| \mathrm{d}x \leqslant |\Omega| \|\varphi\| L^{\frac{n}{n-1}}(\Omega) \leqslant C \int_\Omega |\nabla\varphi| \mathrm{d}x.$$

故

$$\|\varphi - 1\|_{W^{1,1}(\Omega)} \geqslant |\Omega| - (C-1) \int_\Omega |\nabla\varphi| \mathrm{d}x$$

$$\geqslant |\Omega| - (C-1)\|\varphi - 1\|_{W^{1,1}(\Omega)}.$$

从而 $\|\varphi - 1\|_{W^{1,1}(\Omega)} \geqslant \dfrac{1}{C}|\Omega|$, 由 φ 选取的任意性知 $W_0^{m,p}(\Omega)$ 是 $W^{m,p}(\Omega)$ 的真子空间. □

下面我们着手处理问题 (2) 和 (3), 将在半空间上构造 Sobolev 空间中函数的延拓.

定理 5.5.4 (Seely)　设 $m \in \mathbb{N}$, 则 $H^m(\mathbb{R}^n_+)$ 中的函数可以延拓到 $H^m(\mathbb{R}^n)$ 中, 记此延拓算子为 $\mathbf{P}$, 则

$$\mathbf{P} : H^m(\mathbb{R}^n_+) \to H^m(\mathbb{R}^n)$$

是连续算子.

证明　由定理 5.5.1 的稠密性, 我们仅需对 $u \in \mathscr{D}(\overline{\mathbb{R}^n_+})$ 证明定理. 定义

$$\mathbf{P}u(x) = \begin{cases} u(x), & x_n \geqslant 0, \\ \displaystyle\sum_{j=0}^{m-1} \lambda_j u(x', -jx_n), & x_n < 0, \quad x' = (x_1, \cdots, x_{n-1}). \end{cases} \tag{5.5.3}$$

此处我们选取 $\{\lambda_j\}_{0\leqslant j\leqslant m-1}$ 满足对任意的 $0\leqslant\ell\leqslant m-1$, 成立 $\sum\limits_{j=0}^{m-1}(-j)^\ell\lambda_j=1$.

由于这个线性方程组的系数矩阵行列式恰为 Vandermond 行列式, 故存在唯一的数组 $\{\lambda_j\}_{0\leqslant j\leqslant m-1}$ 满足条件. 从而 $\mathbf{P}u\in C^{m-1}(\mathbb{R}^n)$, 对任意 $\alpha\in\mathbb{N}^n$, $|\alpha|=m,\partial^\alpha u$ 存在, 分段连续, 且

$$\|\mathbf{P}u\|_{H^m(\mathbb{R}^n_-)}\leqslant C\|u\|_{H^m(\mathbb{R}^n_+)}.$$

从而

$$\|\mathbf{P}u\|_{H^m}\leqslant C\|\mathbf{P}u\|_{H^m(\mathbb{R}^n_+)}.$$

由 $\mathscr{D}(\overline{\mathbb{R}^n_+})$ 在 $H^m(\mathbb{R}^n_+)$ 中的稠密性知 $\mathbf{P}$ 可以推广到 $H^m(\mathbb{R}^n_+)$ 中. □

注　这是 $m\in\mathbb{N}_+$ 的情况, 对 $m=0$, 即 $H^0=L^2$, 只需要作零延拓就可以.

推论 5.5.5　设 $m\in\mathbb{N}$, $\Omega\subset\mathbb{R}^n$ 为正则开集, 则存在延拓算子 $\mathbf{P}:H^m(\Omega)\to H^m(\mathbb{R}^n)$.

推论 5.5.6　设 $m\in\mathbb{N}$, Ω_0 为 $\mathbb{R}^n$ 中的开集, Ω 为 $\mathbb{R}^n$ 中正则开集, 使得 $\Omega\subset\subset\Omega_0$, 则存在延拓算子 $\mathbf{P}_{\Omega\Omega_0}:H^m(\Omega)\to H^m_0(\Omega_0)$.

证明　设 Ω_1 满足 $\Omega\subset\subset\Omega_1\subset\subset\Omega_0$, 取 $\varphi\in\mathscr{D}(\Omega_1)$ 且满足在 $\overline{\Omega}$ 上 $\varphi(x)=1$. 记 $H^m(\Omega)\to H^m(\mathbb{R}^n)$ 的延拓算子为 $\mathbf{P}'$, 取关于 φ 的乘子运算

$$\Phi:H^m(\mathbb{R}^n)\to H^m_0(\Omega_1).$$

故对任意 $u\in H^m(\Omega)$, 成立 $\mathbf{P}_{\Omega\Omega_0}u\overset{\text{def}}{=}\Phi\mathbf{P}'u\in H^m_0(\Omega_1)\subset H^m_0(\Omega_0)$, 从而命题证毕. □

注　上述结果对 $W^{m,p}(\Omega)$, $m\in\mathbb{N}$, $p\in[1,\infty[$ 也成立.

5.6　习　　题

A 基础题

习题 5.6.1　证明 (5.1.5) 式定义了一个内积, 且 (5.1.6) 式是该内积诱导的范数.

习题 5.6.2　利用 Lax-Milgram 定理证明问题 5.1.2.

习题 5.6.3　试讨论 $|x|^\alpha$ 属于 $W^{1,p}(B(0,1))$ 的条件.

习题 5.6.4　证明若 $m\geqslant\ell$, 则成立连续嵌入 $W^{m,p}(\Omega)\hookrightarrow W^{\ell,p}(\Omega)$.

习题 5.6.5　证明若 $m\geqslant|\alpha|$, D^α 确立了 $W^{m,p}(\Omega)$ 到 $W^{m-|\alpha|,p}(\Omega)$ 的连续线性映射.

习题 5.6.6　证明在 $W^{m,p}(\Omega)$ 上使得映射

$$D^\alpha:W^{m,p}(\Omega)\to L^p(\Omega),\quad|\alpha|\leqslant m$$

都连续的最弱的拓扑即是由 $W^{m,p}(\Omega)$ 的范数给出的拓扑.

习题 5.6.7　设 $\mathscr{I}$ 是 (5.2.4) 式给出的线性映射, 证明 $\mathscr{I}$ 是 $W^{m,p}(\Omega)$ 到 $(L^p(\Omega))^N$ 的闭映射, 等距映射.

习题 5.6.8　设 $\Omega \subset \mathbb{R}^n$ 是开集, $K \in \Omega$ 为紧集, 且对 $d > 0$ 成立 $K + d \overset{\text{def}}{=\!=} \{x + y : x \in K, |y| \leqslant d\} \subset \Omega$. 若 $p \in [1, \infty[$, $f \in W^{m,p}(\Omega)$, $\operatorname{supp} f \subset K$, 求证当 $\varepsilon < d$ 时, f 的正则化 $\mathscr{J}_\varepsilon f \in W^{m,p}(\Omega) \cap \mathscr{D}(\Omega)$, 且成立

$$\lim_{\varepsilon \to 0} \|\mathscr{J}_\varepsilon f - f\|_{W^{m,p}(\Omega)} = 0.$$

习题 5.6.9　本题指出定理 5.2.2 中抬升的作用. 设 v 由 (5.2.5) 式定义, 在定理 5.2.2 假设下
(1) 计算

$$\partial_{y_n} \left(\int_{\mathbb{R}_+} \mathscr{I}\left(\frac{y_n - y_n'}{\varepsilon} \right) v(y_n') \mathrm{d}y_n' \right)$$

并且指出此时光滑性无法保证;　　[提示: $\mathscr{I}\left(\dfrac{y_n}{\varepsilon} \right) v(0) + \displaystyle\int_0^\infty \mathscr{I}\left(\dfrac{y_n - y_n'}{\varepsilon} \right) \partial_{y_n'} v(y_n') \mathrm{d}y_n'$.]

(2) 计算

$$\partial_{y_n} \left(\int_{\mathbb{R}_+} \mathscr{I}\left(\frac{y_n - y_n' + 2\varepsilon}{\varepsilon} \right) v(y_n') \mathrm{d}y_n' \right),$$

并且指出此时光滑性为何可以保证;　　[提示: $\displaystyle\int_0^\infty \mathscr{I}\left(\dfrac{y_n - y_n'}{\varepsilon} \right) \partial_{y_n'} v(y_n') \mathrm{d}y_n'$.]

(3) 比较前两问的算式, 谈谈 $v^\varepsilon(y)$ 定义的理由.

习题 5.6.10　设 $\varphi \in \mathscr{D}(\mathbb{R})$ 且 $\varphi \neq 0$, 令 $u_\nu(x) = \varphi(x + \nu)$, $p \in [1, \infty]$. 证明:
(1) $\{u_\nu\}_{\nu \in \mathbb{N}}$ 在 $W^{1,p}(\mathbb{R})$ 中是有界的;
(2) $\{u_\nu\}_{\nu \in \mathbb{N}}$ 在 $L^p(\mathbb{R})$ 中没有强收敛子列.

习题 5.6.11　(1) 设 $p \in [1, \infty]$, 若 $u \in W^{1,p}(]0,1[)$, 且 $\dfrac{u(x)}{x} \in L^p(]0,1[)$, 求证 $u(0) = 0$;

(2) 设 $u(x) = (1 + |\log x|)^{-1}$, 证明 $u \in W^{1,1}(]0,1[)$, $u(0) = 0$, 但 $\dfrac{u(x)}{x} \notin L^1(]0,1[)$;

(3) 设 $p \in]1, \infty[$, 若 $u \in W^{1,p}(]0,1[)$, $u(0) = 0$, 求证 $\dfrac{u(x)}{x} \in L^p(]0,1[)$.

习题 5.6.12　设 Ω 是 $\mathbb{R}^n$ 中的光滑有界开集, $m \in \mathbb{N}$, $q \in]1, \infty[$, 证明 $W^{m,q}(\Omega)$ 中的集合 $\{f_\lambda\}_{\lambda \in \Lambda}$ 是紧集当且仅当对任意的重指标 α, $|\alpha| \leqslant m$, 集合 $\{\partial^\alpha f_\lambda\}_{\lambda \in \Lambda}$ 是 $L^q(\Omega)$ 中的紧集.

习题 5.6.13　(1) 证明 (5.3.2) 式定义了 $H^s(\mathbb{R}^n)$ 的内积, 诱导了 $H^s(\mathbb{R}^n)$ 上的完备范数, 从而 $H^s(\mathbb{R}^n)$ 是 Hilbert 空间;

(2) 证明当 $s \in \mathbb{Z}$ 时, (5.3.2) 式定义的内积 $(\cdot, \cdot)_s$ 与 (5.2.3) 式定义的内积 $(\cdot, \cdot)_{H^s}$ 是等价的.

习题 5.6.14 (内插不等式)　证明若 $s_0 \leqslant s \leqslant s_1$, 则 $H^{s_0}(\mathbb{R}^n) \cap H^{s_1}(\mathbb{R}^n) \subset H^s(\mathbb{R}^n)$, 且成立下面的内插不等式:

$$|u|_s \leqslant |u|_{s_0}^{1-\theta} |u|_{s_1}^\theta, \quad \text{其中} \quad s = (1-\theta)s_0 + \theta s_1.$$

习题 5.6.15　证明定义 5.3.4 定义的 Fourier 乘子是良定义的.

[提示: 回忆 $O_M(\mathbb{R}^n)$ 是 $\mathscr{S}'(\mathbb{R}^n)$ 的乘子空间.]

习题 5.6.16　设算子 $\mathbf{L} \overset{\text{def}}{=} \mathrm{Id} - \Delta$, 其中 Δ 为 Laplace 算子. 若 $f \in H^{-\infty}(\mathbb{R}^n)$, 且 $\mathbf{L}^m f \in H^t(\mathbb{R}^n)$, 试证明 $f \in H^{2m+t}(\mathbb{R}^n)$, 其中 $m \in \mathbb{N}$, $t \in \mathbb{R}$.

习题 5.6.17　设开集 $\Omega \subset \mathbb{R}^2$ 且 $\Omega = B\left(0, \dfrac{1}{2}\right)$, 问当 $\alpha \in \mathbb{R}$ 取什么值时成立 $\log^\alpha(x^2 + y^2) \in H^1(\Omega)$?

习题 5.6.18　证明 (5.4.1) 式定义了一个半范.

习题 5.6.19　在定理 5.4.2 的条件下, 证明

(1) $s \in \mathbb{N}$ 时, (5.4.3)式成立;　　　　　　　(2) $s > 0$ 时, (5.4.3)式成立.

从而补全了正文中略去的证明.

习题 5.6.20　设 $\Omega \subset \mathbb{R}^n$ 为开集, $m \in \mathbb{N}$, $H^m(\Omega)$ 与 $H_{loc}^m(\Omega)$ 有什么关系?

习题 5.6.21　给定开集 $\Omega \in \mathbb{R}^n$, 设 $\{K_j\}_{j \in \mathbb{N}}$ 为 Ω 中一族递增的紧集且 $\bigcup\limits_{j \in \mathbb{N}} K_j = \Omega$; 取 $\{\varphi_j\}_{j \in \mathbb{N}} \subset \mathscr{D}(\Omega)$ 满足对任意 $j \in \mathbb{N}$, 成立 $\mathrm{supp}\,\varphi \subset K_{j+1}$, 且对任意的 $x \in K_j$, $\varphi_j(x) = 1$. 若 $u \in \mathscr{D}'(\Omega)$ 满足对任意的 $j \in \mathbb{N}$, 成立 $\varphi_j u \in H^s(\mathbb{R}^n)$, 问是否成立 $u \in H_{loc}^s(\Omega)$.

习题 5.6.22　本题证明定义 5.4.5 良定义. 设 M^n 为 n 维闭 C^∞ 微分流形, $\{(U_\alpha, h_\alpha)\}_{\alpha \in A}$ 是 M^n 的一个有限图册.

(1) 设 (U_α, h_α), (U_β, h_β) 是 M^n 的两张图卡, 且 $U_\alpha \cap U_\beta \neq \varnothing$. 设 $\varphi \in \mathscr{D}(U_\alpha \cap U_\beta), u \in \mathscr{D}'(\Omega)$, 证明 $(h_\alpha^{-1})^*(\varphi u) \in H^s(\mathbb{R}^n)$ 当且仅当 $(h_\beta^{-1})^*(\varphi u) \in H^s(\mathbb{R}^n)$.

(2) 证明定义 5.4.5 不依赖单位分解的选取, 即设 $\{f_\alpha\}_{\alpha \in A}$ 与 $\{g_\alpha\}_{\alpha \in A}$ 都是从属于图册 $\{(U_\alpha, h_\alpha)\}_{\alpha \in A}$ 的单位分解, 则对任意的 $\alpha \in A$, $(h_\alpha^{-1})^*(f_\alpha u) \in H^s(\mathbb{R}^n)$ 当且仅当 $(h_\alpha^{-1})^*(g_\alpha u) \in H^s(\mathbb{R}^n)$.

(3) 证明定义 5.4.5 不依赖图册的选取, 即设 $\{(U_\beta, \widetilde{h}_\beta)\}_{\beta \in B}$ 是 M^n 的另一个有限图册, $\{g_\beta\}_{\beta \in B}$ 是从属于这个图册的单位分解, 证明 $u \in H_{loc}^s(M^n)$ 当且仅当对任意的 $\beta \in B$, $(\widetilde{h}_\beta^{-1})^*(g_\beta u) \in H^s(\mathbb{R}^n)$.

习题 5.6.23　我们考虑定义流形上 Sobolev 空间的范数. 设 M^n 为 n 维闭 C^∞ 微分流形, $\{(U_\alpha, h_\alpha)\}_{\alpha \in A}$ 是 M^n 的一个有限图册. $\{f_\alpha\}_{\alpha \in A}$ 是从属于这个图册的单位分解. 对 $u \in H^s(M^n)$, 定义范数 $H^s(M^n)$ 为

$$\|u\|_{H^s(M^n)} \overset{\text{def}}{=} \sum_{\alpha \in A} \left|(h_\alpha^{-1})^*(f_\alpha u)\right|_s.$$

(1) 证明若 $u \in H^s(M^n)$ 当且仅当 $\|u\|_{H^s(M^n)} < \infty$;

(2) 证明不同的图册和单位分解选取得到的范数是互相等价的.

习题 5.6.24　试说明例 5.5.1 中条件 $\varepsilon \in \left]0, \dfrac{1}{2}\right[$ 的用处.

习题 5.6.25　设 Ω 是一个正则开集, 诸 v_i 如 (5.5.1) 式定义. 证明在这样的分解下, $u \in H^m(\Omega)$ 当且仅当 $v_0 \in H^m(\mathbb{R}^n)$, 且对其余指标成立 $v_i \in H^m(\mathbb{R}_+^n)$.

习题 5.6.26　回顾定理 5.2.2, 证明光滑边界的有界开集是正则开集.

习题 5.6.27　本题考察定理 5.5.1 证明中的一些细节.

(1) 对任意的 $u \in H^m(\mathbb{R}_+^n)$, 计算证明我们可以假设 u 在 $\mathbb{R}_+^n$ 紧支;

[提示: 取截断函数 $\chi_R(x) \in \mathscr{D}(\mathbb{R}^n)$ 满足 $\chi_R(x) = \begin{cases} 1, & \text{若 } |x| \leqslant R, \\ 0, & \text{若 } |x| \geqslant R+1, \end{cases}$ 证明当 $R \to \infty$ 时成立 $\big|(1-\chi_R)u\big|_{H^m(\mathbb{R}_+^n)} \leqslant \big|(1-\chi_R)u\big|_m \to 0.$]

(2) 证明(5.5.2)式定义的 v_ε 对充分小的 ε 成立 $v_\varepsilon(x) \in \mathscr{D}(\overline{\mathbb{R}_+^n})$.

[提示: 注意定理 5.5.1 的证明假设了 u 是紧支集.]

习题 5.6.28　对整数阶 Sobolev 空间 $W^{m,p}(\mathbb{R}_+^n)$, $p \in [1,\infty[$ 证明定理 5.5.1.

习题 5.6.29　若 $\Omega \subset \mathbb{R}^n$ 是无界集, $W_0^{m,p}(\Omega)$ 是 $W^{m,p}(\Omega)$ 的真子空间吗? 试举例说明.

习题 5.6.30　(1) 证明当 $u \in \mathscr{D}(\overline{\mathbb{R}_+^n})$ 时, 由(5.5.3)式定义的 $\mathbf{P}u(x)$ 有至少 $m-1$ 阶的连续导数, 且其 m 阶导数仅在 $x_n = 0$ 处才可能有第一类间断点, 从而成立 $\|\mathbf{P}u\|_{H^m} = \|\mathbf{P}u\|_{H^m(\mathbb{R}_+^n)} + \|\mathbf{P}u\|_{H^m(\mathbb{R}_-^n)}$;

(2) 通过计算证明(5.5.3)式定义的 $\mathbf{P}u(x)$ 满足 $\|\mathbf{P}u\|_{H^m(\mathbb{R}^n)} \leqslant C\|\mathbf{P}u\|_{H^m(\mathbb{R}_+^n)}$.

习题 5.6.31　试对整数阶 Sobolev 空间 $W^{m,p}(\Omega)$, $p \in [1,\infty[$, 证明定理 5.5.4 与推论 5.5.6.

B 拓展题

习题 5.6.32 到习题 5.6.34 讨论实数阶 Sobolev 空间 $W^{s,p}(\mathbb{R}^n)$ 及其相应的性质.

习题 5.6.32 (实数阶的 Sobolev 空间 $W^{s,p}(\mathbb{R}^n)$)　我们希望类似定义 5.3.1 地定义实数阶的 Sobolev 空间.

设 $s \in \mathbb{R}$, $p \in]1,\infty[$, 定义 Sobolev 空间 $W^{s,p}(\mathbb{R}^n)$ 为

$$W^{s,p}(\mathbb{R}^n) \overset{\text{def}}{=\!=\!=} \left\{ f \in \mathscr{S}'(\mathbb{R}^n) : \mathscr{F}^{-1}\big[(1+|\xi|^2)^{\frac{s}{2}}\widehat{f}\big] \in L^p(\mathbb{R}^n) \right\}.$$

并且赋予范数

$$\|f\|_{W^{s,p}} \overset{\text{def}}{=\!=\!=} \left\| \mathscr{F}^{-1}\big[(1+|\xi|^2)^{\frac{s}{2}}\widehat{f}\big] \right\|_{L^p}.$$

试证明如下的问题:

(1) 对 $f \in \mathscr{S}'(\mathbb{R}^n)$, $\mathscr{F}^{-1}\big[(1+|\xi|^2)^{\frac{s}{2}}\widehat{f}\big]$ 良好定义;

(2) $\|\cdot\|_{W^{s,p}}$ 是一个范数, 从而 $W^{s,p}(\mathbb{R}^n)$ 是一个赋范空间;

(3) $W^{s,p}(\mathbb{R}^n)$ 是一个 Banach 空间.

习题 5.6.33　我们证明习题 5.6.32 定义的 Sobolev 空间 $W^{s,p}(\mathbb{R}^n)$ 在 $s \in \mathbb{N}$ 时是与定义 5.2.1 相容的. 回顾习题 3.6.34 可知: 对 $p \in]1,\infty[$, $1 \leqslant j \leqslant n$, $\dfrac{\xi_j}{(1+|\xi|^2)^{\frac{1}{2}}} \in \mathscr{M}_p(\mathbb{R}^n)$ (定义见习题 3.6.31).

(1) 证明当 $s \in \mathbb{N}$ 时, $W^{s,p}(\mathbb{R}^n) \subset L^p(\mathbb{R}^n)$;

(2) 证明当 $s \in \mathbb{N}$ 时, $W^{s,p}(\mathbb{R}^n)$ 与定义 5.2.1 相同, 即习题 5.6.32 与定义 5.2.1 此时给出了相同的空间, 且两者的范数等价;

(3) 证明对 $s \in \mathbb{R}$, $f \in W^{s,p}(\mathbb{R}^n)$ 当且仅当对任意 $1 \leqslant j \leqslant n$ 都成立 $\partial_{x_j} f \in W^{s-1,p}(\mathbb{R}^n)$.

习题 5.6.34　证明习题 5.6.32 定义的 Sobolev 空间 $W^{s,p}(\mathbb{R}^n)$ 是自反的, 其对偶空间是 $W^{-s,p'}(\mathbb{R}^n)$. 从而知当 $s \in \mathbb{N}$ 时, $W^{-s,p'}(\mathbb{R}^n)$ 与定义 5.2.3 相容.

习题 5.6.35 到习题 5.6.45 讨论齐次的 Sobolev 空间 $\dot{H}^s(\mathbb{R}^n)$ 以及其相应的性质.

习题 5.6.35 (齐次 Sobolev 空间 $\dot{H}^s(\mathbb{R}^n)$)　　(1) 设 $u \in \mathscr{S}(\mathbb{R}^n)$, 对 $s \in \mathbb{R}$, 记 $\|u\|_{\dot{H}^s}$ 为

$$\|u\|_{\dot{H}^s} \stackrel{\text{def}}{=} \left(\int_{\mathbb{R}^n} |\xi|^{2s} |\hat{u}(\xi)|^2 \mathrm{d}\xi \right)^{\frac{1}{2}},$$

证明 $\|\cdot\|_{\dot{H}^s}$ 是一个半范;

(2) 若要求 $\hat{u}(\xi) \in L^1_{\mathrm{loc}}(\mathbb{R}^n)$, 求证此时 $\|u\|_{\dot{H}^s} = 0$ 当且仅当 $u = 0$;

(3) 证明 $\mathscr{S}'(\mathbb{R}^n)$ 中所有满足 $\hat{u}(\xi) \in L^1_{\mathrm{loc}}(\mathbb{R}^n)$, $\|u\|_{\dot{H}^s} < \infty$ 的缓增广义函数 u 组成一个以 $\|\cdot\|_{\dot{H}^s}$ 为范数的赋范空间. 记作 $\dot{H}^s(\mathbb{R}^n)$, 称为齐次 Sobolev 空间 $H^s(\mathbb{R}^n)$.

习题 5.6.36　我们证明: 习题 5.6.35 中的定义与定义 5.4.1 是等价的.

(1) 对 $s \in\ ]0, 1[$, 记 $F(\xi) \stackrel{\text{def}}{=} \int_{\mathbb{R}^n} \frac{|e^{i(y \cdot \xi)} - 1|^2}{|y|^{2s}} \frac{\mathrm{d}y}{|y|^n}$, 证明 F 对几乎所有的 $\xi \in \mathbb{R}^n$ 有意义, 且 F 是一个径向的 $2s$ 阶齐次函数. 从而存在常数 C_s 使得 $F(\xi) = C_s |\xi|^{2s}$.

(2) 证明

$$\int_{\mathbb{R}^n} \frac{|u(x+y) - u(x)|^2}{|y|^{n+2s}} \mathrm{d}x = \int_{\mathbb{R}^n} \frac{|e^{i(x \cdot \xi)} - 1|^2}{|y|^{2s+n}} |\hat{u}(\xi)|^2 \mathrm{d}\xi.$$

(3) 证明对 $s \in\ ]0, 1[$, 存在常数 C_s 使得习题 5.6.35 定义的范数 $\|\cdot\|_{\dot{H}^s}$ 满足 $\|u\|_{\dot{H}^s} = C_s |u|_{\dot{H}^s}$.

习题 5.6.37　证明当 $s \geqslant 0$ 时 $H^s(\mathbb{R}^n)$ 连续嵌入 $\dot{H}^s(\mathbb{R}^n)$, 当 $s \leqslant 0$ 时又当如何?

[提示: 首先对 $f \in H^s(\mathbb{R}^n)$, 证明 $\mathscr{F}[f] \in L^1_{\mathrm{loc}}(\mathbb{R}^n)$.]

习题 5.6.38　举例说明, 与非齐次的情况不同, 对 s, $s' \in \mathbb{R}$, $\dot{H}^s(\mathbb{R}^n)$ 与 $\dot{H}^{s'}(\mathbb{R}^n)$ 之间没有嵌入关系.

习题 5.6.39 (内插不等式)　证明若 $s_0 \leqslant s \leqslant s_1$, 则 $\dot{H}^{s_0}(\mathbb{R}^n) \cap \dot{H}^{s_1}(\mathbb{R}^n) \subset \dot{H}^s(\mathbb{R}^n)$, 且成立下面的内插不等式:

$$\|u\|_{\dot{H}^s} \leqslant \|u\|_{\dot{H}^{s_0}}^{1-\theta} \|u\|_{\dot{H}^{s_1}}^\theta, \quad s = (1-\theta)s_0 + \theta s_1.$$

习题 5.6.40 ($\dot{H}^{-m}(\mathbb{R}^n)$ 的显式表示)　证明当 $s = -m$ 是一个负整数时, $u \in \dot{H}^s(\mathbb{R}^n)$ 可以表示为一些 $L^2(\mathbb{R}^n)$ 函数的 m 阶导之和.

习题 5.6.41　证明当 $s < \dfrac{n}{2}$ 时, $\dot{H}^s(\mathbb{R}^n)$ 中的 Cauchy 列收敛, 从而 $\dot{H}^s(\mathbb{R}^n)$ 是一个 Hilbert 空间.

习题 5.6.42　我们证明当 $s \geqslant \dfrac{n}{2}$ 时, $\dot{H}^s(\mathbb{R}^n)$ 不再是完备的.

(1) 设 $\mathscr{N}(u) = \|\hat{u}\|_{L^1(\mathbb{R}^n)} + \|u\|_{\dot{H}^s(\mathbb{R}^n)}$, 证明这是 $\dot{H}^s(\mathbb{R}^n)$ 中的范数;

(2) 构造一个圆环 $\mathscr{C}$, 使得 $\mathscr{C} \subset B(0, 1)$, 且 $\mathscr{C} \cap 2\mathscr{C} = \varnothing$;

(3) 取 $\Sigma_j \stackrel{\text{def}}{=} \mathscr{F}^{-1} \left[\sum_{q=1}^{j} \frac{2^{q(s+\frac{n}{2})}}{q} \chi_{2^{-q}\mathscr{C}} \right]$, 计算 $\|\Sigma_n\|_{\dot{H}^s}$ 并估计 $\|\widehat{\Sigma_j}\|_{L^1(B(0,1))}$ 的上界;

(4) 证明 $\dot{H}^s(\mathbb{R}^n)$ 不再是完备的.　　　　[提示: 应用 Banach 空间的开映射定理.]

习题 5.6.43　记 $\mathscr{S}_0(\mathbb{R}^n)$ 是 Fourier 变换在 0 附近取 0 值的 Schwartz 函数组成的空间, 即 $f \in \mathscr{S}_0(\mathbb{R}^n)$ 当且仅当 $f \in \mathscr{S}(\mathbb{R}^n)$, 且存在 $\varepsilon > 0$ 使得对任意 $|\xi| \leqslant \varepsilon$ 成立 $\hat{f}(\xi) = 0$. 设 $s < \dfrac{n}{2}$, 利用此时 $\dot{H}^s(\mathbb{R}^n)$ 是 Hilbert 空间, 证明 $\mathscr{S}_0(\mathbb{R}^n)$ 在 $\dot{H}^s(\mathbb{R}^n)$ 中稠密.

习题 5.6.44　若 $|s| < \dfrac{n}{2}$, 证明存在一个诱导了 $\dot{H}^s(\mathbb{R}^n) \times \dot{H}^{-s}(\mathbb{R}^n) \to \mathbb{C}$ 的双线性连续映射, 且当 $s > 0$ 时成立 $\dot{H}^{-s}(\mathbb{R}^n) = (\dot{H}^s(\mathbb{R}^n))^*$.

[提示: 仿照定理 5.3.4 并且利用习题 5.6.43 证明的稠密性.]

习题 5.6.45　(1) 设 s 为非负实数, K 是 $\mathbb{R}^n$ 中的紧集, $H^s_K(\mathbb{R}^n)$ 表示支集在 K 中的 $H^s(\mathbb{R}^n)$ 中的元素组成的集合 (定义 5.4.3). 求证存在常数 C 使得对任意的 $u \in H^s_K(\mathbb{R}^n)$ 成立

$$C^{-1}\|u\|_{H^s} \leqslant \|u\|_{\dot{H}^s} \leqslant C\|u\|_{H^s};$$

(2) 设 $0 \leqslant t \leqslant s$, 则对 $u \in H^s(\mathbb{R}^n)$, $\operatorname{supp} u \in B(0,R)$, 证明存在常数 C 使得

$$\|u\|_{\dot{H}^t} \leqslant CR^{s-t}\|u\|_{\dot{H}^s}; \quad \|u\|_{H^t} \leqslant CR^{s-t}\|u\|_{H^s}.$$

[提示: 利用 (1) 知仅需证明其中一个不等式.]

习题 5.6.46　对以下的闭 C^∞ 流形 M^n, 定义其上的 Sobolev 空间 $H^s(M^n)$ 及范数.

(1) n 维球面 $\mathbb{S}^n$; 　　　　　　　　　　(3) n 维环面 $\mathbb{T}^n$;

(2) n 维实射影空间 $\mathbb{RP}^n$; 　　　　　　(4) 某个有界正则开集 $\Omega \subset \mathbb{R}^n$ 的边界 $\partial\Omega$.

C 思考题

思考题 5.6.47　思考: 对 n 维环面 $\mathbb{T}^n$, 应当如何定义 Sobolev 空间. 一个思路自然是利用图卡和图册, 但是由于 Fourier 变换可以在 $\mathbb{T}^n$ 上定义, 故而也可以用 Fourier 变换来定义实指数的 Sobolev 空间 $H^s(\mathbb{T}^n)$. 这两种定义是相容的吗?

思考题 5.6.48　思考: 对一个未必闭的 C^∞ 光滑流形 M, 能不能定义实指数的 Sobolev 空间 $H^s(M)$? 对更加一般的情况呢, 能不能给出一些想法来进一步延拓定义.

我们还可以考虑如下的思路:

(1) 把 $B(0,1)$ 视为 $\mathbb{R}^n$ 的光滑子流形, 试在其上定义 Sobolev 空间 $H^s(B(0,1))$, 其中 $s \in \mathbb{R}$. 问题的关键在于, 此时单位分解需要用到无穷多的图卡, 习题 5.6.22 指出的相容性是否仍然成立? 我们能够良好地定义这个空间上面的范数吗?

(2) 如果我们可以良好地定义范数 $\|\cdot\|_{B(0,1)}$, 对 $f \in \mathscr{D}(\mathbb{R}^n)$, $\operatorname{supp} f \in B(0,1)$, 则 f 的 $H^s(\mathbb{R}^n)$ 与 $H^s(B(0,1))$ 范数有关系吗? 如果不能的话, 能否给出一些定义范数的思路? 对一般的正则开集 Ω 又如何?

(3) 设正则开集 $\Omega \subset \mathbb{R}^n$, 若把 Ω 视为流形, 且可以按如上方法定义 Sobolev 空间 $H^s(\Omega)$, 它与 $H^s_{\mathrm{loc}}(\Omega)$ 之间可能有什么关系?

思考题 5.6.49　谈谈正则开集在 Seely 延拓定理的作用, 并且结合如下定义谈谈是否可以把正则开集条件进一步放宽到某些带有 "尖角" 状边界的区域.

点 x_0 给定方向 ξ_0 上的 Sobolev 空间 $H^s_{x_0,\xi_0}$: 给定点 x_0 与非零向量 ξ_0, 称 $u \in \mathscr{D}'(\mathbb{R}^n)$ 在点 x_0 给定方向 ξ_0 上属于 Sobolev 空间 $H^s_{x_0,\xi_0}$. 若有在 ξ_0 的一个锥邻域上非零的光滑函数 $\psi(\xi)$, 以及在 x_0 处非零的 $\varphi \in \mathscr{D}(\Omega)$ 满足

$$\psi(D)(\varphi u) \in H^s(\mathbb{R}^n) \iff \int_{\mathbb{R}^n} \left|\psi(\xi)\mathscr{C}[\varphi u](\xi)\right|^2 (1+|\xi|^2)^s \mathrm{d}\xi < \infty.$$

思考题 5.6.50　注意到 $\|\cdot\|_{\dot{H}^s}$ 是一个半范, 所以亦可用等价类的方式定义 Sobolev 空间 $\dot{H}^s(\mathbb{R}^n)$, 这样的定义与习题 5.6.35 是否等价? 若不然, 此时空间是否完备, 习题 5.6.35 —习题 5.6.45 的结论会有所改变吗?

关于 Sobolev 空间的进一步内容可以参阅 R. A. Adams 的专著 [2].

第 6 章 Sobolev 空间 (II) —— 嵌入定理与迹定理

本章我们进一步探讨 Sobolev 空间的性质.

6.1 Sobolev 空间的嵌入定理

本节我们将介绍 Sobolev 不等式以及各种条件下的嵌入及紧嵌入定理.

6.1.1 Sobolev 不等式与 $\dfrac{1}{p} - \dfrac{k}{n} > 0$ 时的 Sobolev 嵌入

我们将要在 $W^{m,p}(\mathbb{R}^n)$ 与 $W_0^{m,p}(\Omega)$ 中证明著名的 Sobolev 不等式, 其中 Ω 是 $\mathbb{R}^n$ 中的开集. 事实上, 我们可以把它们统一归结为 $W^{m,p}(\mathbb{R}^n)$ 中的情形, 因为对 $u \in W_0^{m,p}(\Omega)$, 存在 $u_\nu \in \mathscr{D}(\Omega)$ 使得当 $\nu \to \infty$ 时成立 $\|u_\nu - u\|_{W^{m,p}(\Omega)} \to 0$. 令

$$
\widetilde{u}(x) = \begin{cases} u(x), & \text{若 } x \in \Omega, \\ 0, & \text{若 } x \notin \Omega. \end{cases}
$$

则当 $\nu \to \infty$ 时成立

$$
\|u_\nu - \widetilde{u}\|_{W^{m,p}(\mathbb{R}^n)} = \|u_\nu - u\|_{W^{m,p}(\Omega)} \to 0.
$$

定理 6.1.1 (Sobolev 不等式) 设 $p \in [1, n[$, $\dfrac{1}{p^*} \overset{\text{def}}{=\!=} \dfrac{1}{p} - \dfrac{1}{n}$, 令 $\gamma \overset{\text{def}}{=\!=} \dfrac{n-1}{n} p^*$, 则对任意的 $u \in \mathscr{D}(\mathbb{R}^n)$ 成立

$$
\|u\|_{L^{p^*}} \leqslant \frac{\gamma}{n} \left(\sum_{j=1}^n \|D_j u\|_{L^p} \right). \tag{6.1.1}
$$

证明 我们首先证明 $p = 1$ 的情况, 而后再证明一般情形.

(1) 当 $p = 1$ 时, 对任意的 $u \in \mathscr{D}(\mathbb{R}^n)$ 成立

$$
|u(x)| = \left| \int_{-\infty}^{x_j} \frac{\partial u}{\partial x_j} \, \mathrm{d}x_j \right| \leqslant \int_{-\infty}^{\infty} \left| \frac{\partial u}{\partial x_j} \right| \mathrm{d}x_j.
$$

令

$$F_j(x) \xlongequal{\text{def}} \int_{-\infty}^{\infty} \left| \frac{\partial u}{\partial x_j} \right| \mathrm{d}x_j.$$

则 $F_j(x)$ 不依赖 x_j. 从而成立

$$|u(x)|^{\frac{n}{n-1}} \leqslant \left(\prod_{j=1}^{n} F_j(x) \right)^{\frac{1}{n-1}}.$$

上式关于 x_1 积分得到

$$\int_{-\infty}^{\infty} |u(x)|^{\frac{n}{n-1}} \mathrm{d}x_1 \leqslant F_1^{\frac{1}{n-1}}(x) \int_{-\infty}^{\infty} \left(\prod_{j=2}^{n} F_j(x) \right)^{\frac{1}{n-1}} \mathrm{d}x_1.$$

利用 Hölder 不等式知

$$\int_{-\infty}^{\infty} |u(x)|^{\frac{n}{n-1}} \mathrm{d}x_1 \leqslant F_1^{\frac{1}{n-1}}(x) \prod_{j=2}^{n} \left(\int_{-\infty}^{\infty} F_j(x) \mathrm{d}x_1 \right)^{\frac{1}{n-1}}.$$

上式对 x_2 积分得到

$$\int_{-\infty}^{\infty} \int_{-\infty}^{\infty} |u(x)|^{\frac{n}{n-1}} \mathrm{d}x_1 \mathrm{d}x_2$$

$$\leqslant \int_{-\infty}^{\infty} F_1(x)^{\frac{1}{n-1}} \prod_{j=2}^{n} \left(\int_{-\infty}^{\infty} F_j(x) \mathrm{d}x_1 \right)^{\frac{1}{n-1}} \mathrm{d}x_2$$

$$= \left(\int_{-\infty}^{\infty} F_2(x) \mathrm{d}x_1 \right)^{\frac{1}{n-1}} \int_{-\infty}^{\infty} F_1(x)^{\frac{1}{n-1}} \prod_{j=3}^{n} \left(\int_{-\infty}^{\infty} F_j(x) \mathrm{d}x_1 \right)^{\frac{1}{n-1}} \mathrm{d}x_2$$

$$\leqslant \left(\int_{-\infty}^{\infty} F_2(x) \mathrm{d}x_1 \right)^{\frac{1}{n-1}} \left(\int_{-\infty}^{\infty} F_1(x) \mathrm{d}x_2 \right)^{\frac{1}{n-1}} \prod_{j=3}^{n} \left(\int_{\mathbb{R}^2} F_j(x) \mathrm{d}x_1 \mathrm{d}x_2 \right)^{\frac{1}{n-1}}.$$

重复如上步骤, 对 $x_3, \cdots, x_n$ 积分, 即得

$$\int_{\mathbb{R}^n} |u(x)|^{\frac{n}{n-1}} \mathrm{d}x \leqslant \prod_{j=1}^{n} \left(\int_{\mathbb{R}^{n-1}} F_j(x) \mathrm{d}x_1 \cdots \widehat{\mathrm{d}x_j} \cdots \mathrm{d}x_n \right)^{\frac{1}{n-1}},$$

其中 $\widehat{\mathrm{d}x_j}$ 表示这一项不出现. 从而成立

$$\|u\|_{L^{\frac{n}{n-1}}} \leqslant \prod_{j=1}^{n} \left(\int_{\mathbb{R}^{n-1}} F_j(x) \mathrm{d}x_1 \cdots \widehat{\mathrm{d}x_j} \cdots \mathrm{d}x_n \right)^{\frac{1}{n}}$$

$$\leqslant \frac{1}{n} \sum_{j=1}^{n} \left(\int_{\mathbb{R}^{n-1}} F_j(x) \mathrm{d}x_1 \cdots \widehat{\mathrm{d}x_j} \cdots \mathrm{d}x_n \right)$$

$$= \frac{1}{n} \sum_{j=1}^{n} \left(\int_{\mathbb{R}^n} \left| \frac{\partial u}{\partial x_j} \right| \mathrm{d}x_1 \cdots \mathrm{d}x_n \right) = \frac{1}{n} \sum_{j=1}^{n} \|\partial_j u\|_{L^1}.$$

(2) 若 $p \in]1, n[$，则 $\gamma = \frac{n-1}{n} p^* = \frac{(n-1)p}{n-p} > 1$，从而 $|u|^\gamma \in C_c^1(\mathbb{R}^n)$ 且

$$\frac{\partial}{\partial x_j} |u|^\gamma = \frac{\partial}{\partial x_j} (u \cdot \overline{u})^{\frac{\gamma}{2}} = \frac{\gamma}{2} (u \cdot \overline{u})^{\frac{\gamma}{2}-1} \left((\partial_j u)\overline{u} + u \partial_j \overline{u} \right).$$

因此 $|\partial_j |u|^\gamma| \leqslant \gamma |u|^{\gamma-1} |\partial_j u|$. 故由 (1) 知

$$\||u|^\gamma\|_{L^{\frac{n}{n-1}}} \leqslant \frac{1}{n} \left(\sum_{j=1}^{n} \|D_j |u|^\gamma\|_{L^1} \right). \tag{6.1.2}$$

注意到

$$\||u|^\gamma\|_{L^{\frac{n}{n-1}}} = \left(\int_{\mathbb{R}^n} |u|^{\frac{\gamma n}{n-1}} \mathrm{d}x \right)^{\frac{n-1}{n}} = \left(\int_{\mathbb{R}^n} |u|^{p^*} \mathrm{d}x \right)^{\frac{n-1}{n}},$$

$$\|\partial_j |u|^\gamma\|_{L^1} \leqslant \gamma \||u|^{\gamma-1}|\partial_j u|\|_{L^1} \leqslant \gamma \||u|^{\gamma-1}\|_{L^{p'}} \|\partial_j u\|_{L^p}.$$

由于 $p' = \frac{p}{p-1}$，$\gamma - 1 = \frac{np-n}{n-p}$，则 $p'(\gamma-1) = \frac{np}{n-p} = p^*$. 故

$$\|u^{\gamma-1}\|_{L^{p'}} = \left(\int_{\mathbb{R}^n} |u|^{p'(\gamma-1)} \mathrm{d}x \right)^{\frac{1}{p'}} = \left(\int_{\mathbb{R}^n} |u|^{p^*} \mathrm{d}x \right)^{\frac{1}{p'}}.$$

将上述不等式代入 (6.1.2) 式得到

$$\left(\int_{\mathbb{R}^n} |u|^{p^*} \mathrm{d}x \right)^{\frac{n-1}{n}} \leqslant \frac{\gamma}{n} \left(\sum_{j=1}^{n} \left(\int_{\mathbb{R}^n} |u|^{p^*} \mathrm{d}x \right)^{\frac{1}{p'}} \|\partial_j u\|_{L^p} \right).$$

而 $\frac{n-1}{n} - \frac{1}{p'} = \frac{n-1}{n} - \left(1 - \frac{1}{p} \right) = \frac{1}{p} - \frac{1}{n} = \frac{1}{p^*}$，故

$$\|u\|_{L^{p^*}} \leqslant \frac{\gamma}{n} \left(\sum_{j=1}^{n} \|D_j u\|_{L^p} \right).$$

由此定理证毕. □

这个不等式诱导如下 Solobev 嵌入定理的一个特殊情况.

推论 6.1.2 (Solobev 嵌入定理) 若 $p \in [1, n[$, 则 $W^{1,p}(\mathbb{R}^n) \hookrightarrow L^{p^*}(\mathbb{R}^n)$, 且对任意 $u \in W^{1,p}(\mathbb{R}^n)$ 成立 (6.1.1) 式.

更一般地, 成立

定理 6.1.3 (Solobev 嵌入定理) 对 $k \in \mathbb{N}_+$, 且 $\dfrac{1}{p_k^*} = \dfrac{1}{p} - \dfrac{k}{n} > 0$, 则

$$W^{m,p}(\mathbb{R}^n) \hookrightarrow W^{m-k,p_k^*}(\mathbb{R}^n),$$

且存在仅依赖于 p, n 和 k 的常数使得

$$\|u\|_{W^{m-k,p_k^*}} \leqslant C \|u\|_{W^{m,p}}.$$

证明 显然, 当 $m = 1$, $k = 1$ 时, 定理 6.1.3 即为推论 6.1.2.

若 $m > 1$, 当 $k = 1$ 时, 对任意的 $u \in W^{m,p}(\mathbb{R}^n)$, 若 $|\alpha| \leqslant m - 1$, 则 $D^\alpha u \in W^{1,p}(\mathbb{R}^n)$, 从而知对任意的 $|\alpha| \leqslant m - 1$, $D^\alpha u \in L^{p^*}(\mathbb{R}^n)$, 因此由定理 6.1.1 成立

$$W^{m,p}(\mathbb{R}^n) \hookrightarrow W^{m-1,p_1^*}(\mathbb{R}^n). \tag{6.1.3}$$

而当 $k = 2$ 时, $\dfrac{1}{p_2^*} = \dfrac{1}{p} - \dfrac{2}{n} = \dfrac{1}{p_1^*} - \dfrac{1}{n}$, 故由 (6.1.3) 式知

$$W^{m,p}(\mathbb{R}^n) \hookrightarrow W^{m-1,p_1^*}(\mathbb{R}^n) \hookrightarrow W^{m-2,p_2^*}(\mathbb{R}^n).$$

对一般的 $k \in \mathbb{N}$, 当 $\dfrac{1}{p_k^*} = \dfrac{1}{p} - \dfrac{k}{n} > 0$ 时, 类似可用数学归纳法证明

$$W^{m,p}(\mathbb{R}^n) \hookrightarrow W^{m-k,p_k^*}(\mathbb{R}^n).$$

证明的具体过程留作习题. □

注意到正则开集上的 Sobolev 空间可以连续延拓到全空间上, 从而对正则开集亦成立类似的嵌入定理.

定理 6.1.4 (正则开集的 Sobolev 嵌入定理) 设 Ω 为 $\mathbb{R}^n$ 的正则开集. 若对 $k \in \mathbb{N}_+$, 且 $\dfrac{1}{p_k^*} = \dfrac{1}{p} - \dfrac{k}{n} > 0$, 则

$$W^{m,p}(\Omega) \hookrightarrow W^{m-k,p_k^*}(\Omega).$$

证明 由推论 5.5.6 及其注, 可设 $\mathbf{P}$ 为 $W^{m,p}(\Omega) \to W_0^{m,p}(\mathbb{R}^n)$ 的延拓算子, 对任意 $u \in W^{m,p}(\Omega)$, $\mathbf{P}u \in W_0^{m,p}(\mathbb{R}^n)$, 且

$$\|u\|_{W^{m,p}(\Omega)} \leqslant \|\mathbf{P}u\|_{W^{m,p}(\mathbb{R}^n)} \leqslant C \|u\|_{W^{m,p}(\Omega)}.$$

再利用定理 6.1.3 即可知

$$\|u\|_{W^{m-k,p_k^*}(\Omega)} \leqslant \|\mathbf{P}u\|_{W^{m-k,p_k^*}(\mathbb{R}^n)} \leqslant C\|\mathbf{P}u\|_{W^{m,p}(\mathbb{R}^n)} \leqslant C\|u\|_{W^{m,p}(\Omega)}.$$

从而定理证毕.　　　　　　　　　　　　　　　　　　　　　　　　　　　　□

6.1.2　Hölder 空间与 $\dfrac{1}{p} - \dfrac{k}{n} < 0$ 时的 Sobolev 嵌入

在 6.1.1 小节中我们讨论了 $\dfrac{1}{p} - \dfrac{k}{n} > 0$ 的 Sobolev 嵌入, 下面考虑 $\dfrac{1}{p} - \dfrac{k}{n} < 0$ 的情形. 我们首先引入 Hölder 空间.

定义 6.1.1 (Hölder 空间 $C^\gamma(\Omega)$)　对 $\gamma \in\,]0, 1[$, 定义 Hölder 空间 $C^\gamma(\Omega)$ 为

$$C^\gamma(\Omega) \stackrel{\text{def}}{=\!=} \left\{ f \in L^\infty(\Omega):\ \|f\|_{\dot{C}^\gamma(\Omega)} \stackrel{\text{def}}{=\!=} \sup_{\substack{x,y\in\Omega \\ x\neq y}} \frac{|f(x) - f(y)|}{|x-y|^\gamma} < \infty \right\}.$$

并且赋予如下范数

$$\|f\|_{C^\gamma(\Omega)} \stackrel{\text{def}}{=\!=} \|f\|_{L^\infty(\Omega)} + \|f\|_{\dot{C}^\gamma(\Omega)}.$$

进一步地, 若对 $\gamma \in\,]0, 1[$, $k \in \mathbb{N}$, 我们定义 $C^{k,\gamma}(\Omega)$ 为

$$C^{k,\gamma}(\Omega) \stackrel{\text{def}}{=\!=} \Bigg\{ f \in \mathscr{D}'(\Omega):\ D^\beta f \in L^\infty(\Omega),\ \forall\, |\beta| \leqslant k;$$

$$\sup_{\substack{x,y\in\Omega \\ x\neq y}} \frac{|D^\beta f(x) - D^\beta f(y)|}{|x-y|^\gamma} < \infty,\ |\beta| = k \Bigg\}.$$

并且赋予如下的范数:

$$\|f\|_{C^{k,\gamma}(\Omega)} \stackrel{\text{def}}{=\!=} \sum_{|\beta|\leqslant k-1} \|D^\beta f\|_{L^\infty} + \sum_{|\beta|=k} \|D^\beta f\|_{C^\gamma}.$$

注　Hölder 空间 $C^{k,\gamma}(\Omega)$ 是 Banach 空间.

我们先证明如下的不等式.

定理 6.1.5 (Morrey)　若 $\dfrac{1}{p} - \dfrac{m}{n} < 0$, $\gamma = m - \dfrac{n}{p} \in\,]0, 1[$, 则存在常数 C 使得对任意的 $u \in W^{m,p}(\mathbb{R}^n)$ 以及几乎所有 $(x,y) \in \mathbb{R}^n \times \mathbb{R}^n$ 成立

$$|u(x) - u(y)| \leqslant C\|u\|_{W^{m,p}}|x-y|^\gamma. \tag{6.1.4}$$

证明 记 $\dfrac{1}{r} \overset{\text{def}}{=\!=} \dfrac{1}{p} - \dfrac{m-1}{n} = \dfrac{1-\gamma}{n} > 0$. 故由定理 6.1.3 知对任意 $u \in$ $W^{m,p}(\mathbb{R}^n)$ 成立 $u \in W^{1,r}(\mathbb{R}^n)$, 且 $\|\nabla u\|_{L^r} \leqslant C\|u\|_{W^{m,p}}$, 考虑到 $\mathscr{D}(\mathbb{R}^n)$ 在 $W^{m,p}(\mathbb{R}^n)$ 中的稠密性 (定理 5.2.9), 我们仅仅需要对 $u \in \mathscr{D}(\mathbb{R}^n)$ 证明 (6.1.4) 式 (习题 6.4.9).

考虑一个以 0 为中心, 边长为 ρ 的正方体 Q_ρ, 则对任意 $x \in Q_\rho$, 成立

$$u(x) - u(0) = \int_0^1 \frac{\mathrm{d}u(tx)}{\mathrm{d}t}\mathrm{d}t = \int_0^1 x \cdot \nabla u(tx)\mathrm{d}t,$$

由此导出

$$|u(x) - u(0)| \leqslant \rho \int_0^1 |\nabla u(tx)|\mathrm{d}t.$$

对上式在 Q_ρ 上计算积分平均并应用 Hölder 不等式, 我们得到

$$\left| \frac{1}{\rho^n} \int_{Q_\rho} u(x)\mathrm{d}x - u(0) \right| \leqslant \frac{1}{\rho^{n-1}} \int_{Q_\rho} \int_0^1 |\nabla u(tx)|\mathrm{d}t\,\mathrm{d}x$$

$$\leqslant \frac{1}{\rho^{n-1}} \int_0^1 \frac{1}{t^n} \int_{Q_{t\rho}} |\nabla u(y)|\mathrm{d}y\,\mathrm{d}t$$

$$\leqslant \frac{1}{\rho^{n-1}} \int_0^1 \frac{1}{t^n} \left(\int_{Q_{t\rho}} 1\,\mathrm{d}y \right)^{\frac{1}{r'}} \left(\int_{Q_{t\rho}} |\nabla u(y)|^r\mathrm{d}y \right)^{\frac{1}{r}} \mathrm{d}t$$

$$\leqslant \frac{C}{\rho^{n-1}} \int_0^1 \frac{1}{t^{n(1-\frac{1}{r'})}} \rho^{\frac{n}{r'}}\mathrm{d}t \cdot \|u\|_{W^{m,p}}.$$

因为 $\dfrac{n}{r} = 1 - \gamma$, 我们得到

$$\left| \frac{1}{\rho^n} \int_{Q_\rho} u(x)\mathrm{d}x - u(0) \right| \leqslant \frac{C}{\rho^{n-1}} \int_0^1 \frac{1}{t^{1-\gamma}} \rho^{\frac{n}{r'}}\mathrm{d}t \cdot \|u\|_{W^{m,p}}$$

$$\leqslant \frac{C}{\gamma} \rho^\gamma \|u\|_{W^{m,p}}. \tag{6.1.5}$$

完全类似地, 成立

$$\left| \frac{1}{\rho^n} \int_{Q_\rho} u(x)\mathrm{d}x - u(y) \right| \leqslant C\rho^\gamma \|u\|_{W^{m,p}}, \quad \forall\, y \in Q_\rho.$$

因此由 (6.1.5) 式知对任意 $y,\, z \in Q_\rho$ 成立

$$|u(y) - u(z)| \leqslant \left| \frac{1}{\rho^n} \int_{Q_\rho} u(x)\mathrm{d}x - u(y) \right|$$

$$+\left|\frac{1}{\rho^n}\int_{Q_\rho} u(x)\mathrm{d}x - u(z)\right| \leqslant C\rho^\gamma \|u\|_{W^{m,p}}. \tag{6.1.6}$$

从而对任意的 x, y, 记 $\mathrm{dist}(x,y) \overset{\text{def}}{=\!=} \dfrac{\rho}{2}$, 取边长为 ρ 的正方体包含 x, y 点, 则由(6.1.6)式推知

$$|u(x) - u(y)| \leqslant C\|u\|_{W^{m,p}}\rho^\gamma \leqslant C\|u\|_{W^{m,p}}|x - y|^\gamma.$$

由此定理证毕. □

定理 6.1.6　若 $n \in \mathbb{N}_+$, $p \in]n,\infty[$, 则 $u \in W^{1,p}(\mathbb{R}^n)$ 几乎处处等于一个有界连续函数,

$$W^{1,p}(\mathbb{R}^n) \hookrightarrow C_b(\mathbb{R}^n).$$

证明　由定理 6.1.5 知, 若 $u \in W^{1,p}(\mathbb{R}^n)$, $p \in]n,\infty[$, 则 u 几乎处处等于一个连续函数. 以下仅需证明 $u \in L^\infty(\mathbb{R}^n)$.

对任意紧集 $K \subset \mathbb{R}^n$, 取 $x_0 \notin K$, 作 $\xi(x) \in \mathscr{D}(\mathbb{R}^n)$, 使得 $\xi(x_0) = 0$, 且对任意的 $x \in K$ 成立 $\xi(x) \equiv 1$. 从而 $\xi u \in W^{1,p}(\mathbb{R}^n)$. 对 ξu 利用定理 6.1.5 知对任意 $y \in K$ 成立

$$|u(y)| \leqslant C\|\xi u\|_{W^{1,p}}|x_0 - y|^\alpha.$$

不妨设 $\mathrm{diam}K \leqslant 1$, 则可取 x_0 满足 $\mathrm{dist}(x_0, K) = 1$, 且对任意 $y \in K$ 成立 $|x_0 - y| \leqslant 2$. 从而对任意 $y \in K$, 存在常数 C 使得

$$|u(y)| \leqslant C\|u\|_{W^{1,p}}.$$

取一族紧集 $\{K_j\}_{j\in\mathbb{N}}$, 使得对任意的 j, $\mathrm{diam}K_j \leqslant 1$, $\bigcup\limits_{j=1}^{\infty} K_j = \mathbb{R}^n$, 从而由上面的推导知, 对任意 $y \in K_j$ 成立

$$|u(y)| \leqslant C\|u\|_{W^{1,p}}.$$

由于 C 的取值与紧集 K_j 无关, 以及 $\bigcup\limits_{j=1}^{\infty} K_j = \mathbb{R}^n$, 故

$$\|u\|_{L^\infty} \leqslant C\|u\|_{W^{1,p}}.$$

由此定理证毕. □

由定理 6.1.5 与定理 6.1.6 可知, 若 $\dfrac{1}{p} - \dfrac{m}{n} < 0$, $\gamma = m - \dfrac{n}{p}$, $\gamma \in]0,1[$, 则 $u \in W^{m,p}(\mathbb{R}^n)$ 几乎处处等于一个有界连续函数. 从而利用定理 6.1.5, 我们得到如下的嵌入定理.

定理 6.1.7 (嵌入定理) 若 $\dfrac{1}{p} - \dfrac{m}{n} < 0$, $\gamma \overset{\text{def}}{=\!=} m - \dfrac{n}{p} \in]0,1[$, 则成立

$$W^{m,p}(\mathbb{R}^n) \hookrightarrow C^{\gamma}(\mathbb{R}^n).$$

更一般地, 我们得到

定理 6.1.8 (嵌入定理) 若 p, m, n 满足 $m \in \mathbb{N}$, $\dfrac{1}{p} - \dfrac{m-k}{n} < 0$, 且 $k + \gamma = m - \dfrac{n}{p}$, 其中 $\gamma \in]0,1[$, $k \in \mathbb{N}$, 则成立

$$W^{m,p}(\mathbb{R}^n) \hookrightarrow C^{k,\gamma}(\mathbb{R}^n).$$

证明 定理 6.1.7 是 $k = 0$ 的情况, 对 $k \in \mathbb{N}_+$, 应用定理 6.1.3 知对任意的重指标 β 满足 $|\beta| = k$, 成立

$$u \in W^{m,p}(\mathbb{R}^n) \ \Rightarrow \ D^{\beta}u \in W^{m-k,p}(\mathbb{R}^n).$$

由于 $\dfrac{1}{p} - \dfrac{m-k}{n} = -\dfrac{\gamma}{n} < 0$, 应用定理 6.1.7 知

$$D^{\beta}u \in W^{m-k,p}(\mathbb{R}^n) \hookrightarrow C^{\gamma}(\mathbb{R}^n).$$

显然, 若重指标 β 满足 $|\beta| < k$, 则 $D^{\beta}u \in L^{\infty}(\mathbb{R}^n)$, 由此知 $W^{m,p}(\mathbb{R}^n) \hookrightarrow C^{k,\gamma}(\mathbb{R}^n)$, 定理证毕. □

事实上, 若 Ω 为 $\mathbb{R}^n$ 中的正则开集, 由推论 5.5.5 知类似的嵌入结果也在 Ω 上成立.

定理 6.1.9 (正则开集的嵌入定理) 设 Ω 为 $\mathbb{R}^n$ 中的正则开集. 若 $m \in \mathbb{N}$, $k \in \mathbb{N}$, $\gamma \in]0,1[$, 满足 $k + \gamma = m - \dfrac{n}{p}$, 则成立

$$W^{m,p}(\Omega) \ \hookrightarrow \ C^{k,\gamma}(\Omega).$$

6.1.3 Rellich 紧嵌入定理

我们首先注意到如下的事实: 对开区域 $\Omega \subset \mathbb{R}^n$, $p \in [1,\infty]$ 成立

$$W^{m,p}(\Omega) \hookrightarrow W^{m-1,p}(\Omega) \hookrightarrow \cdots \hookrightarrow L^p(\Omega).$$

引理 6.1.10 设 $p \in [1,\infty[$, $f \in W^{m,p}(\mathbb{R}^n)$, $\mathscr{J}_{\varepsilon}f \overset{\text{def}}{=\!=} j_{\varepsilon} * f$, 其中 $j_{\varepsilon}(x) = \dfrac{1}{\varepsilon^n} j\left(\dfrac{x}{\varepsilon}\right)$ (定义 1.2.5), 则

$$\|\mathscr{J}_{\varepsilon}f - f\|_{W^{m-1,p}} \leqslant C\varepsilon \|f\|_{W^{m,p}}. \tag{6.1.7}$$

证明　由于稠密性, 我们仅对 $f \in \mathscr{D}(\mathbb{R}^n)$ 证明 (6.1.7) 式. 事实上, 对 $f \in \mathscr{D}(\mathbb{R}^n)$, 成立

$$f(x+y) - f(x) = \int_0^1 \frac{\mathrm{d}}{\mathrm{d}t} f(x+ty)\mathrm{d}t = \int_0^1 y \cdot \nabla f(x+ty)\mathrm{d}t,$$

由此得到

$$\int_{\mathbb{R}^n} \big| f(x+y) - f(x) \big|^p \mathrm{d}x \leqslant \int_{\mathbb{R}^n} \Big| \int_0^1 y \cdot \nabla f(x+ty)\mathrm{d}t \Big|^p \mathrm{d}x. \tag{6.1.8}$$

另一方面, 应用 Hölder 不等式得到

$$\Big| \int_0^1 y \cdot \nabla f(x+ty)\mathrm{d}t \Big|^p \leqslant \left(\left(\int_0^1 1\, \mathrm{d}t \right)^{\frac{1}{p'}} \left(\int_0^1 \big| y \cdot \nabla f(x+ty) \big|^p \mathrm{d}t \right)^{\frac{1}{p}} \right)^p$$

$$= \int_0^1 \big| y \cdot \nabla f(x+ty) \big|^p \mathrm{d}t$$

$$\leqslant |y|^p \int_0^1 \big| \nabla f(x+ty) \big|^p \mathrm{d}t.$$

将上式代入(6.1.8)式得到

$$\int_{\mathbb{R}^n} \big| f(x+y) - f(x) \big|^p \mathrm{d}x \leqslant |y|^p \int_{\mathbb{R}^n} \int_0^1 \big| \nabla f(x+ty) \big|^p \mathrm{d}t\, \mathrm{d}x$$

$$\leqslant |y|^p \int_{\mathbb{R}^n} \big| \nabla f(x) \big|^p \mathrm{d}x.$$

因此, 若 $|y| \leqslant \varepsilon$, 则成立

$$\| f(\cdot + y) - f(\cdot) \|_{L^p} \leqslant \varepsilon \| \nabla f \|_{L^p}. \tag{6.1.9}$$

另一方面, 注意到

$$\| \mathscr{J}_\varepsilon[f] - f \|_{L^p} = \left\| \int_{\mathbb{R}^n} \jmath_\varepsilon(y)(f(x-y) - f(x))\mathrm{d}y \right\|_{L^p}$$

$$\leqslant \left\| \left(\int_{\mathbb{R}^n} \jmath_\varepsilon^{p'}(y)\mathrm{d}y \right)^{\frac{1}{p'}} \left(\int_{|y| \leqslant \varepsilon} |f(x-y) - f(x)|^p \mathrm{d}y \right)^{\frac{1}{p}} \right\|_{L^p}.$$

如记 $C \stackrel{\text{def}}{=\!=} \int_{\mathbb{R}^n} \jmath^{p'}(x)\mathrm{d}x < \infty$, 则成立

$$\int_{\mathbb{R}^n} \jmath_\varepsilon^{p'}(y)\mathrm{d}y = \int_{\mathbb{R}^n} \jmath^{p'}\left(\frac{y}{\varepsilon} \right) \mathrm{d}y \cdot \frac{1}{\varepsilon^{np'}} = c\varepsilon^{n(1-p')}.$$

从而推知

$$\|\mathscr{J}_\varepsilon[f] - f\|_{L^p}^p \leqslant C\varepsilon^{-n} \int_{\mathbb{R}^n} \int_{|y| \leqslant \varepsilon} \big|f(x-y) - f(x)\big|^p \mathrm{d}y\,\mathrm{d}x$$

$$\leqslant C\varepsilon^{-n} \int_{|y| \leqslant \varepsilon} \int_{\mathbb{R}^n} \big|f(x-y) - f(x)\big|^p \mathrm{d}x\,\mathrm{d}y$$

$$\leqslant C\varepsilon^{-n} \int_{|y| \leqslant \varepsilon} \varepsilon^p \big\|\nabla f\big\|_{L^p}^p \mathrm{d}y = C\varepsilon^p \big\|\nabla f\big\|_{L^p}^p.$$

亦即

$$\|\mathscr{J}_\varepsilon[f] - f\|_{L^p} \leqslant C\varepsilon \|\nabla f\|_{L^p}. \tag{6.1.10}$$

对 $D^\beta f$ ($|\beta| \leqslant m - 1$), 应用(6.1.10)式, 我们得到

$$\|\mathscr{J}_\varepsilon[f] - f\|_{W^{m-1,p}} \leqslant C\varepsilon \|\nabla f\|_{W^{m-1,p}} \leqslant C\varepsilon \|f\|_{W^{m,p}}.$$

由此引理证毕. $\qquad\qquad\qquad\qquad\qquad\qquad\qquad\qquad\qquad\qquad\qquad\square$

下面我们指出一个在 L^p 紧嵌入定理证明中非常重要的引理.

引理 6.1.11 设 $q \in [1, \infty[$, Ω 为 $\mathbb{R}^n$ 中的有界开区域, 若 B 是 $L^q(\Omega)$ 中的有界集, 且对任意 $\varepsilon > 0$, 存在 $\delta > 0$ 以及 Ω 中的紧子集 K 满足

(1)

$$\sup_{f \in B} \left(\int_{\Omega \setminus K} |f|^q \mathrm{d}x \right)^{\frac{1}{q}} < \varepsilon.$$

(2) 取

$$\widetilde{f}(x) = \begin{cases} f(x), & \text{若 } x \in \Omega, \\ 0, & \text{若 } x \notin \Omega. \end{cases}$$

令 $\tau_h[\widetilde{f}](x) \overset{\text{def}}{=\!=} \widetilde{f}(x - h)$, 若 $|h| < \delta$, 则

$$\sup_{f \in B} \big\|\tau_h[\widetilde{f}] - \widetilde{f}\big\|_{L^q} < \varepsilon.$$

则 B 为 $L^q(\Omega)$ 中预紧集.

证明 对任意的 $f \in B$, 回顾 $\mathscr{J}_\eta[\widetilde{f}] = \jmath_\eta * \widetilde{f}$. 应用 Hölder 不等式得到

$$\big|\mathscr{J}_\eta[\widetilde{f}](x) - \widetilde{f}(x)\big| = \left| \int_{\mathbb{R}^n} \jmath_\eta(y)\big(\widetilde{f}(x-y) - \widetilde{f}(x)\big)\mathrm{d}y \right|$$

$$\leqslant \left(\int_{\mathbb{R}^n} 1 \cdot \jmath_\eta(y)\mathrm{d}y \right)^{\frac{1}{q'}} \left(\int_{\mathbb{R}^n} \big|\widetilde{f}(x-y) - \widetilde{f}(x)\big|^q \jmath_\eta(y)\mathrm{d}y \right)^{\frac{1}{q}}$$

$$= \left(\int_{\mathbb{R}^n} \big|\widetilde{f}(x-y) - \widetilde{f}(x)\big|^q \jmath_\eta(y)\mathrm{d}y \right)^{\frac{1}{q}},$$

则由条件 (2) 知当 $\eta \leqslant \delta$ 时, 成立

$$\int_{\mathbb{R}^n} \left| \mathscr{I}_\eta[\widetilde{f}](x) - \widetilde{f}(x) \right|^q \mathrm{d}x \leqslant \int_{\mathbb{R}^n} \int_{\mathbb{R}^n} \left(|\widetilde{f}(x-y) - \widetilde{f}(x)|^q \, \jmath_\eta(y) \mathrm{d}y \right) \mathrm{d}x$$

$$\leqslant \int_{\mathbb{R}^n} \jmath_\eta(y) \sup_{|y| \leqslant \eta} \int_{\mathbb{R}^n} \left(|\widetilde{f}(x-y) - \widetilde{f}(x)| \right)^q \mathrm{d}x \, \mathrm{d}y$$

$$\leqslant \varepsilon^q \int_{\mathbb{R}^n} \jmath_\eta(y) \mathrm{d}y = \varepsilon^q.$$

现固定 $\eta > 0$ 充分小, 使得对任意 $f \in B$ 成立

$$\left\| \mathscr{I}_\eta[\widetilde{f}] - \widetilde{f} \right\|_{L^q} < \varepsilon. \tag{6.1.11}$$

下证 $\{ \mathscr{I}_\eta[\widetilde{f}] : f \in B \}$ 在紧集 K 上一致有界且等度连续.

事实上, B 为 $L^q(\Omega)$ 中的有界集, 故 $\|\widetilde{f}\|_{L^q} \leqslant M$, 从而成立

$$\sup_{x \in \Omega} \left| \mathscr{I}_\eta[\widetilde{f}](x) \right| = \left| \int_{\mathbb{R}^n} \jmath_\eta(y) \widetilde{f}(x-y) \mathrm{d}y \right| \leqslant \| \jmath_\eta \|_{L^{q'}} \| \widetilde{f} \|_{L^q}$$

$$\leqslant M \eta^{\frac{-n(1-q')}{q'}} = M \eta^{\frac{-n}{q}}, \tag{6.1.12}$$

从而 $\{ \mathscr{I}_\eta[\widetilde{f}] : f \in B \}$ 是 $C(K)$ 上的有界集.

类似由(6.1.12)式的证明并利用条件 (2) 知

$$\left| \mathscr{I}_\eta[\widetilde{f}](x+h) - \mathscr{I}_\eta[\widetilde{f}](x) \right| \leqslant \eta^{\frac{-n}{q}} \left\| \tau_{-h}[\widetilde{f}] - \widetilde{f} \right\|_{L^q} \leqslant \eta^{\frac{-n}{q}} \varepsilon.$$

亦即 $\{ \mathscr{I}_\eta[\widetilde{f}] : f \in B \}$ 等度连续.

从而应用 Arzelà-Ascoli 定理知 $\{ \mathscr{I}_\eta[\widetilde{f}] : f \in B \}$ 为 $C(K)$ 上的预紧集. 故而 $C(K)$ 中存在有限集 $\{\varphi_1, \cdots, \varphi_N\}$, 使得对任意的 $f \in B$, 存在 $j \leqslant N$ 满足

$$\sup_{x \in K} \left| \varphi_j(x) - \mathscr{I}_\eta[\widetilde{f}](x) \right| < \frac{\varepsilon}{|K|^{\frac{1}{q}}}.$$

将 φ_j 作零延拓为 $\widetilde{\varphi_j}$, 则

$$\|f - \widetilde{\varphi_j}\|_{L^q(\Omega)} \leqslant \|f\|_{L^q(\Omega \setminus K)} + \|f - \widetilde{\varphi_j}\|_{L^q(K)}$$

$$\leqslant \varepsilon + \|f - \mathscr{I}_\eta[\widetilde{f}]\|_{L^q(K)} + \|\mathscr{I}_\eta[\widetilde{f}] - \widetilde{\varphi_j}\|_{L^q(K)}$$

$$\leqslant 3\varepsilon.$$

因此 $\{\widetilde{\varphi_1}, \cdots, \widetilde{\varphi_N}\}$ 在 $L^q(\Omega)$ 中构成 B 的有限 3ε 网, 引理证毕. $\qquad \square$

下面我们证明重要的 Rellich 紧嵌入定理.

定理 6.1.12 (Rellich 紧嵌入定理) 设 Ω 为 $\mathbb{R}^n$ 的有界正则开集, 设 q_0 满足 $\dfrac{1}{q_0} = \dfrac{1}{p} - \dfrac{1}{n} > 0$, 则对任意 $q \in [1, q_0[$ 成立

$$W^{1,p}(\Omega) \hookrightarrow\hookrightarrow L^q(\Omega),$$

即 $W^{1,p}(\Omega)$ 中的有界集被映射为 $L^q(\Omega)$ 中的预紧集. 当 $n \leqslant p$ 时, 则对任意的 $q \in [1, \infty[$, $W^{1,p}(\Omega) \hookrightarrow L^q(\Omega)$ 为紧嵌入.

证明 设 B 为 $W^{1,p}(\Omega)$ 中的有界集, 不妨令其在 $W^{1,p}(\Omega)$ 的单位球中, 即对任意 $f \in B$, 成立 $\|f\|_{W^{1,p}(\Omega)} \leqslant 1$. 对任意的 $\varepsilon > 0$, 存在紧集 $K \subset \Omega$, 使得 $|\Omega \setminus K| < \delta$. 注意到 $W^{1,p}(\Omega) \hookrightarrow L^{q_0}(\Omega)$ (推论 6.1.2), 取 $\rho \overset{\text{def}}{=\!=} \dfrac{q_0}{q} > 1$, ρ' 满足 $\dfrac{1}{\rho} + \dfrac{1}{\rho'} = 1$, 则当 δ 充分小时成立

$$
\begin{aligned}
\left(\int_{\Omega \setminus K} |f|^q \mathrm{d}x \right)^{\frac{1}{q}}
&\leqslant \left(\int_{\Omega \setminus K} 1^{\rho'} \mathrm{d}x \right)^{\frac{1}{q\rho'}}
\left(\int_{\Omega \setminus K} |f|^{q\rho} \mathrm{d}x \right)^{\frac{1}{q\rho}} \\
&\leqslant C |\Omega \setminus K|^{\frac{1}{q\rho'}} \|f\|_{W^{1,p}(\Omega)} \\
&\leqslant C |\Omega \setminus K|^{\frac{1}{q\rho'}} \leqslant \frac{\varepsilon}{3}.
\end{aligned}
$$

取 Ω 中另一紧集 K_1 满足 $K \subset \overset{\circ}{K}_1 \subset \Omega$, 又取 $|h| \ll 1$, 使得对任意 $x \in \Omega \setminus K_1$ 成立 $x - h \in \Omega \setminus K$. 故而对任意 $f \in B$ 成立

$$\big\| \tau_h[\widetilde{f}] \big\|_{L^q(\Omega \setminus K_1)} \leqslant \frac{\varepsilon}{3},$$

取光滑截断函数 $\chi(x) \in \mathscr{D}(\Omega)$, 使得当 $x \in K_1$ 时成立 $\chi(x) = 1$, 因此得到

$$\big\| \tau_h[\widetilde{f}] - \widetilde{f} \big\|_{L^q(\Omega)} \leqslant \big\| \tau_h[\chi f] - \chi f \big\|_{L^q(\Omega)} + \big\| \tau_h\big[(1-\chi)\widetilde{f}\big] \big\|_{L^q(\Omega)} + \big\| (1-\chi)\widetilde{f} \big\|_{L^q(\Omega)}.$$

注意到

$$\big\| (1-\chi)\widetilde{f} \big\|_{L^q(\Omega)} \leqslant \|f\|_{L^q(\Omega \setminus K_1)} \leqslant \|f\|_{L^q(\Omega \setminus K)} \leqslant \frac{\varepsilon}{3},$$

$$\big\| \tau_h\big[(1-\chi)\widetilde{f}\big] \big\|_{L^q(\Omega)} \leqslant \|f\|_{L^q(\Omega \setminus K)} \leqslant \frac{\varepsilon}{3}.$$

下面处理 $\big\| \tau_h[\chi f] - \chi f \big\|_{L^q(\Omega)}$. 实际上, 由 (6.1.9) 式知对任意 $f \in W^{1,p}(\mathbb{R}^n)$ 成立 $\|f(x+h) - f(x)\|_{L^p(\Omega)} \leqslant C|h| \|\nabla f\|_{L^p(\Omega)}$. 故而

$$\big\| \tau_h[\chi f] - \chi f \big\|_{L^p(\Omega)} \leqslant C|h| \|\nabla(\chi f)\|_{L^p(\Omega)} \leqslant C|h| \|f\|_{W^{1,p}(\Omega)}. \tag{6.1.13}$$

故取 $\theta \in]0,1[$ 使 $\dfrac{1}{q} = \dfrac{\theta}{1} + \dfrac{1-\theta}{q_0}$，则当 $|h|$ 充分小时成立

$$\left\| \tau_h[\chi f] - \chi f \right\|_{L^q(\Omega)} \leqslant C \left\| \tau_h[\chi f] - \chi f \right\|_{L^1}^{\theta} \left\| \tau_h[\chi f] - \chi f \right\|_{L^{q_0}(\Omega)}^{1-\theta}$$

$$\leqslant C \left\| \tau_h[\chi f] - \chi f \right\|_{L^p(\Omega)}^{\theta} \left\| \tau_h[\chi f] - \chi f \right\|_{L^{q_0}(\Omega)}^{1-\theta}$$

$$\leqslant C |h|^{\theta} \leqslant \frac{\varepsilon}{3}. \tag{6.1.14}$$

因此成立

$$\left\| \tau_h[\widetilde{f}] - \widetilde{f} \right\|_{L^q(\Omega)} \leqslant \frac{\varepsilon}{3} + \frac{\varepsilon}{3} + \frac{\varepsilon}{3} = \varepsilon.$$

由引理 6.1.11 知定理成立. $\qquad\qquad\qquad\qquad\qquad\qquad\qquad\qquad\qquad\qquad\square$

自然我们可以推广定理 6.1.12 如下.

定理 6.1.13 (Rellich 紧嵌入定理) 设 Ω 为 $\mathbb{R}^n$ 中有界正则开集, 若 $\dfrac{1}{q_0} = \dfrac{1}{p} - \dfrac{k}{n} > 0$, 则对任意的 $q \in [1, q_0[$ 成立如下的紧嵌入

$$W^{m,p}(\Omega) \hookrightarrow\hookrightarrow W^{m-k,q}(\Omega).$$

证明 令 $\dfrac{1}{q_1} = \dfrac{1}{p} - \dfrac{k-1}{n} > 0$, 则由定理 6.1.3 知 $W^{m,p}(\Omega) \hookrightarrow W^{m-k+1,q_1}(\Omega)$, 另一方面由定理 6.1.12 知对任意 $q \in]1, q_0[$ 成立

$$W^{m-k+1,q_1}(\Omega) \hookrightarrow\hookrightarrow W^{m-k,q}(\Omega).$$

由于紧算子与连续算子的复合仍然是紧致的, 由此定理证毕. $\qquad\qquad\qquad\square$

注 在紧嵌入定理的证明中, 区域 Ω 的有界性非常重要. 而 Seely 延拓定理 (定理 5.5.4) 保证 $\mathbb{R}^n$ 中的 Sobolev 不等式可以在正则开集上使用.

6.2 H^s 上的嵌入定理

类似在 $W^{m,p}(\Omega)$ 的情况, 本节我们考虑实指数 Sobolev 空间 $H^s(\Omega)$ 的嵌入问题.

6.2.1 嵌入定理

定义 6.2.1 ($\mathscr{B}^k(\mathbb{R}^n)$) 设 $k \in \mathbb{N}$, 我们定义函数空间 $\mathscr{B}^k(\mathbb{R}^n)$ 为

$$\mathscr{B}^k(\mathbb{R}^n) \stackrel{\text{def}}{=\!=} \left\{ f \in C^k(\mathbb{R}^n) : \sum_{|\alpha| \leqslant k} \|\partial^\alpha f\|_{L^\infty} < \infty \right\},$$

而定义函数空间 $\mathscr{B}(\mathbb{R}^n) \overset{\text{def}}{=\!=} \bigcap\limits_{k=1}^{\infty} \mathscr{B}^k(\mathbb{R}^n)$. 我们定义函数空间 $\dot{\mathscr{B}}^k(\mathbb{R}^n)$ 为

$$\dot{\mathscr{B}}^k(\mathbb{R}^n) \overset{\text{def}}{=\!=} \Big\{ f \in C^k(\mathbb{R}^n) : \lim_{|x| \to \infty} |\partial^\alpha f(x)| = 0, \ \forall \, |\alpha| \leqslant k \Big\},$$

而定义函数空间 $\dot{\mathscr{B}}(\mathbb{R}^n) \overset{\text{def}}{=\!=} \bigcap\limits_{k=1}^{\infty} \dot{\mathscr{B}}^k(\mathbb{R}^n)$.

注 (1) $\mathscr{B}^k(\mathbb{R}^n)$ 为 $C^k(\mathbb{R}^n)$ 的真子空间, 如 $f(x) = x^k$, 则 $f \in C^k(\mathbb{R})$, 但 $f \notin \mathscr{B}^k(\mathbb{R})$;

(2) 显然, $\dot{\mathscr{B}}^k(\mathbb{R}^n) \subset \mathscr{B}^k(\mathbb{R}^n)$;

(3) 特别地, 当 $k = 0$ 时, $\dot{\mathscr{B}}^0(\mathbb{R}^n) = C_0(\mathbb{R}^n)$.

例 6.2.1 若 $f \in L^1(\mathbb{R}^n)$, 则 $\widehat{f}, \check{f} \in \dot{\mathscr{B}}^0(\mathbb{R}^n)$.

定理 6.2.1 若 $s > k + \dfrac{n}{2}$, 且 $u \in H^s(\mathbb{R}^n)$, 则 $u \in \dot{\mathscr{B}}^k(\mathbb{R}^n)$, 即

$$H^s(\mathbb{R}^n) \hookrightarrow \dot{\mathscr{B}}^k(\mathbb{R}^n).$$

注 定理 6.1.7 与习题 6.4.9 指出这个定理可以推广到整数阶 Sobolev 空间 $W^{k,p}(\mathbb{R}^n)$ 上, 习题 6.4.30 则指出更一般的推广.

证明 由定义 6.2.1 可知

$$u \in \dot{\mathscr{B}}^k(\mathbb{R}^n) \iff \forall \, \beta \leqslant k, \ D^\beta u \in \dot{\mathscr{B}}^0(\mathbb{R}^n).$$

注意到

$$\int_{\mathbb{R}^n} |\xi^\beta \widehat{u}(\xi)| = \int_{\mathbb{R}^n} \frac{|\xi|^{|\beta|}}{(1 + |\xi|^2)^{\frac{s}{2}}} (1 + |\xi|^2)^{\frac{s}{2}} |\widehat{u}(\xi)| \mathrm{d}\xi.$$

由于 $|\beta| \leqslant k \implies |\beta| - s < -\dfrac{n}{2}$, 故而成立

$$\frac{|\xi|^{|\beta|}}{(1 + |\xi|^2)^{\frac{s}{2}}} \in L^2(\mathbb{R}^n).$$

又由于 $u \in H^s(\mathbb{R}^n)$, 我们推知

$$\int_{\mathbb{R}^n} \frac{|\xi|^{|\beta|}}{(1 + |\xi|^2)^{\frac{s}{2}}} (1 + |\xi|^2)^{\frac{s}{2}} |\widehat{u}(\xi)| \mathrm{d}\xi \leqslant \left\| \frac{|\xi|^{|\beta|}}{(1 + |\xi|^2)^{\frac{s}{2}}} \right\|_{L^2} |u|_s < \infty.$$

从而 $\widehat{D_x^\beta u}(\xi) \in L^1(\mathbb{R}^n)$. 考虑例 6.2.1 知对任意 $\beta \, (|\beta| \leqslant k)$ 成立

$$D^\beta u(\xi) \in \dot{\mathscr{B}}^0(\mathbb{R}^n).$$

定理证毕. □

当 $s = k + \dfrac{n}{2}$ 时, 上面的命题不再成立.

例 6.2.2　考虑 $\mathbb{R}^2$ 上的函数 $u(x, y)$

$$u(x, y) = \varphi(x, y) \log^\alpha(x^2 + y^2),$$

其中 $\varphi \in \mathscr{D}(\mathbb{R}^2)$, $\mathrm{supp}\, \varphi \subset B\left(0, \dfrac{3}{4}\right)$, 且对 $z = (x, y) \in \mathbb{R}^2$, 当 $|z| \leqslant \dfrac{1}{2}$ 时成立 $\varphi(z) = 1$, 而 $\alpha \in \left]0, \dfrac{1}{2}\right[$. 则 $u \in H^1(\mathbb{R}^2)$, 但 $u \notin L^\infty(\mathbb{R}^2)$.

证明　显然 $u \in L^2(\mathbb{R}^2)$. 下面仅证明 $\partial_x u,\ \partial_y u \in L^2(\mathbb{R}^2)$. 事实上,

$$\partial_x u(x, y) = A + B,$$

其中 $A \overset{\text{def}}{=\!=} \partial_x \varphi \log^\alpha(x^2 + y^2)$, $B \overset{\text{def}}{=\!=} \alpha\varphi \big[\log(x^2 + y^2)\big]^{\alpha-1} \dfrac{2x}{x^2 + y^2}$.

注意到

$$\iint_{\mathbb{R}^2} |A|^2 \mathrm{d}x\, \mathrm{d}y = \iint_{\mathbb{R}^2} |\partial_x \varphi|^2 \big|\log(x^2 + y^2)\big|^{2\alpha} \mathrm{d}x\, \mathrm{d}y$$

$$\leqslant M \int_{0 \leqslant r \leqslant \frac{3}{4}} |\log r|^{2\alpha} r\, \mathrm{d}r < \infty,$$

以及

$$\iint_{\mathbb{R}^2} |B|^2 \mathrm{d}x\, \mathrm{d}y \leqslant C \int_0^{\frac{3}{4}} |\log r|^{2(\alpha-1)} \frac{1}{r^2} r\, \mathrm{d}r \leqslant C \int_{-\infty}^{\log \frac{3}{4}} |\log r|^{2(\alpha-1)} \mathrm{d}\log r$$

$$= \frac{C}{1 - 2\alpha} |t|^{2\alpha-1} \Big|_{-\infty}^{\log \frac{3}{4}} < \infty.$$

故 $A,\ B \in L^2(\mathbb{R}^2)$, 从而 $\partial_x u \in L^2(\mathbb{R}^2)$, 类似地 $\partial_y u \in L^2(\mathbb{R}^2)$. 由此推出 $u \in H^1(\mathbb{R}^2)$.　　　　　　　　　　　□

最后我们再给出几个明显的事实.

例 6.2.3　由定理 5.3.2 与定理 6.2.1 知

$$\mathscr{S}(\mathbb{R}^n) \hookrightarrow H^\infty(\mathbb{R}^n) \hookrightarrow \dot{\mathscr{B}}(\mathbb{R}^n).$$

而且上述的包含关系都是真包含, 可见如下具体例子:

$$\frac{1}{(1 + x^2)^{\frac{1}{4}}} \in \dot{\mathscr{B}}(\mathbb{R}),\quad \text{但}\quad \frac{1}{(1 + x^2)^{\frac{1}{4}}} \notin H^\infty(\mathbb{R}).$$

$$\frac{1}{(1 + x^2)^{\frac{1}{2}}} \in H^\infty(\mathbb{R}),\quad \text{但}\quad \frac{1}{(1 + x^2)^{\frac{1}{2}}} \notin \mathscr{S}(\mathbb{R}).$$

6.2.2 紧嵌入定理

回忆 Rellich 紧嵌入定理: 设 Ω 为 $\mathbb{R}^n$ 中的有界正则开集, 设 s_1, $s_2 \in \mathbb{N}$, $s_2 > s_1$, $p \in [1,\infty[$, 则成立

$$W^{s_2,p}(\Omega) \hookrightarrow\hookrightarrow W^{s_1,p}(\Omega).$$

回顾定义 5.4.3 给出的 $H_K^s(\mathbb{R}^n)$. 现在我们给出 $H_K^s(\mathbb{R}^n)$ 上的紧嵌入定理.

定理 6.2.2 (紧嵌入定理)   若 $s_2 > s_1$, K 为 $\mathbb{R}^n$ 中的紧集, 则成立

$$H_K^{s_2}(\mathbb{R}^n) \hookrightarrow\hookrightarrow H_K^{s_1}(\mathbb{R}^n). \tag{6.2.1}$$

证明   取 $\varphi \in \mathscr{D}(\mathbb{R}^n)$ 使得对任意的 $x \in K$ 成立 $\varphi(x) = 1$, 则对任意的 $u \in H_K^s(\mathbb{R}^n)$, $u = u\varphi$, $\widehat{u} = (2\pi)^{-\frac{n}{2}} \widehat{u} * \widehat{\varphi}$. 设 $\{u_\nu\}_{\nu\in\mathbb{N}} \subset H_K^{s_2}(\mathbb{R}^n)$, 满足 $|u_\nu|_{s_2} \leqslant 1$, 下面我们证明存在 $\{u_\nu\}_{\nu\in\mathbb{N}}$ 子列 $\{u_{\nu_j}\}_{j\in\mathbb{N}}$ 使得其在 $H_K^{s_1}(\mathbb{R}^n)$ 中收敛.

注意到 $D^\alpha \widehat{u}_\nu = (2\pi)^{-\frac{n}{2}} \widehat{u}_\nu * D^\alpha \widehat{\varphi}$, 故由 Peetre 不等式知

$$(1+|\xi|^2)^{\frac{s_2}{2}} \left| D^\alpha \widehat{u}_\nu \right| \leqslant (2\pi)^{-\frac{n}{2}} 2^{\frac{|s_2|}{2}} \left((1+|\xi|^2)^{\frac{s_2}{2}} \left| D^\alpha \widehat{\varphi}(\xi) \right| \right) * \left((1+|\xi|^2)^{\frac{s_2}{2}} \left| \widehat{u}_\nu(\xi) \right| \right). \tag{6.2.2}$$

注意到 $\widehat{\varphi} \in \mathscr{S}(\mathbb{R}^n)$, 则成立

$$2^{\frac{|s_2|}{2}} (1+|\xi|^2)^{\frac{s_2}{2}} D^\alpha \widehat{\varphi}(\xi), \quad (1+|\xi|^2)^{\frac{s_2}{2}} \widehat{u}_\nu(\xi) \in L^2(\mathbb{R}^n).$$

故应用 Young 不等式得到

$$\left\| (1+|\xi|^2)^{\frac{s_2}{2}} D^\alpha \widehat{u}_\nu \right\|_{L^\infty} \leqslant C_{\varphi,\alpha} \left\| (1+|\xi|^2)^{\frac{s_2}{2}} \widehat{u}_\nu(\xi) \right\|_{L^2} \leqslant C_{\varphi,\alpha} |u_\nu|_{s_2} \leqslant C_{\varphi,\alpha},$$

其中 $C_{\varphi,\alpha} = (2\pi)^{-\frac{n}{2}} \left\| 2^{\frac{|s_2|}{2}} (1+|\xi|^2)^{\frac{s_2}{2}} D^\alpha \widehat{\varphi}(\xi) \right\|_{L^2} < \infty$.

从而对任意给定的重指标 α, 以及任意紧集 $\widetilde{K}$, 成立

$$\sup_{\xi\in\widetilde{K}} \left| D^\alpha \widehat{u}_\nu(\xi) \right| \leqslant C_{\varphi,\alpha}.$$

特别地, 取 $|\alpha| = 0$ 知 $\{\widehat{u}_\nu\}_{\nu\in\mathbb{N}}$ 在任意紧集 $\widetilde{K}$ 上有界, 取 $|\alpha| = 1$ 知 $\{\widehat{u}_\nu\}_{\nu\in\mathbb{N}}$ 在任意紧集 $\widetilde{K}$ 上等度连续.

因此应用 Arzelà-Ascoli 定理知对任意给定的紧集 $\widetilde{K}$, 存在 $\{\widehat{u}_\nu\}_{\nu\in\mathbb{N}}$ 的子列, 其在 $\widetilde{K}$ 上一致收敛, 进而采用 Cantor 对角线方法, 可以找到 $\{\widehat{u}_\nu\}_{\nu\in\mathbb{N}}$ 的一个子列, 不妨仍记为 $\{\widehat{u}_\nu\}_{\nu\in\mathbb{N}}$, 使得其在 $\mathbb{R}^n$ 中的任何一个紧集上一致收敛. 下证 $\{u_\nu\}_{\nu\in\mathbb{N}}$ 在 $H^{s_1}(\mathbb{R}^n)$ 中收敛.

事实上, 给定 $\varepsilon > 0$, 对任意 j, $k \in \mathbb{N}$, 成立

$$|u_j - u_k|_{s_1}^2 = \int_{|\xi| \leqslant M} (1 + |\xi|^2)^{s_1} |\widehat{u}_j - \widehat{u}_k|^2 \mathrm{d}\xi + \int_{|\xi| > M} (1 + |\xi|^2)^{s_1} |\widehat{u}_j - \widehat{u}_k|^2 \mathrm{d}\xi$$

$$\stackrel{\text{def}}{=\!=} I_1 + I_2.$$

由于 $s_1 < s_2$, 知取 M 充分大时, 成立

$$I_2 \leqslant \int_{|\xi| > M} (1 + |\xi|^2)^{s_2} (1 + |\xi|^2)^{s_1 - s_2} |\widehat{u}_j - \widehat{u}_k|^2 \mathrm{d}\xi$$

$$\leqslant (1 + M)^{s_1 - s_2} |u_j - u_k|_{s_2}^2$$

$$\leqslant 4(1 + M)^{s_1 - s_2} < \frac{\varepsilon^2}{2}.$$

而对任意给定的 M, 由于 $\{\widehat{u}_\nu\}_{\nu \in \mathbb{N}}$ 在 $\{\xi \in \mathbb{R}^n : |\xi| \leqslant M\}$ 上一致收敛, 知存在 $N \in \mathbb{N}$ 使得当 j, $k \geqslant N$ 时成立 $I_1 \leqslant \dfrac{\varepsilon^2}{2}$, 从而当 j, $k \geqslant N$ 时成立

$$|u_j - u_k|_{s_1} < \varepsilon.$$

综上知 $\{u_\nu\}_{\nu \in \mathbb{N}}$ 为 $H^{s_1}(\mathbb{R}^n)$ 上的 Cauchy 列. 故由 $H^{s_1}(\mathbb{R}^n)$ 为 Banach 空间知 $\{u_\nu\}_{\nu \in \mathbb{N}}$ 在 $H^{s_1}(\mathbb{R}^n)$ 中收敛. 从而定理证毕. □

命题 6.2.3 设 $s_1 < s < s_2$, 则对任意的 $u \in H^{s_2}(\mathbb{R}^n)$ 以及 $\varepsilon > 0$, 存在 C_ε, 使得

$$|u|_s \leqslant \varepsilon |u|_{s_2} + C_\varepsilon |u|_{s_1}. \tag{6.2.3}$$

注 事实上成立更一般的 Aubin-Lions 引理: 设 E_1, E, E_2 为 Banach 空间, 且成立 $E_1 \hookrightarrow\hookrightarrow E \hookrightarrow E_2$, 则对任意 $\varepsilon > 0$, 存在 $C_\varepsilon > 0$, 使得对任意 $u \in E_1$ 成立

$$\|u\|_E \leqslant \varepsilon \|u\|_{E_1} + C_\varepsilon \|u\|_{E_2}.$$

证明 取 κ 满足

$$(1 + |\xi|^2)^{\frac{s}{2}} = \left[(1 + |\xi|^2)^{\frac{s_2}{2}} \varepsilon \right]^{\frac{s_1 - s}{s_1 - s_2}} \left[(1 + |\xi|^2)^{\frac{s_1}{2}} \varepsilon^\kappa \right]^{\frac{s - s_2}{s_1 - s_2}},$$

其中 $s = s_2 \theta + s_1 (1 - \theta)$, 故 $\theta = \dfrac{s_1 - s}{s_1 - s_2}$, 计算知 $-\kappa = \dfrac{s_1 - s}{s - s_2}$. 注意到若 a, $b \in]0, 1[$, $a + b = 1$, 则对 x, $y > 0$ 成立 $x^a y^b \leqslant ax + by$. 故

$$(1 + |\xi|^2)^{\frac{s}{2}} \leqslant \frac{s_1 - s}{s_1 - s_2} (1 + |\xi|^2)^{\frac{s_1}{2}} \varepsilon + \frac{s - s_2}{s_1 - s_2} (1 + |\xi|^2)^{\frac{s_1}{2}} \varepsilon^{-\frac{s_1 - s}{s - s_2}}.$$

因此

$$|u|_s = \left\|(1+|\xi|^2)^{\frac{s}{2}}\widehat{u}\right\|_{L^2}$$

$$\leqslant \frac{s_1-s}{s_1-s_2}\varepsilon\left\|(1+|\xi|^2)^{\frac{s_2}{2}}\widehat{u}\right\|_{L^2} + \frac{s-s_2}{s_1-s_2}\varepsilon^{-\frac{s_1-s}{s-s_2}}\left\|(1+|\xi|^2)^{\frac{s_1}{2}}\widehat{u}\right\|_{L^2}$$

$$\leqslant \frac{s_1-s}{s_1-s_2}\varepsilon|u|_{s_2} + \frac{s-s_2}{s_1-s_2}\varepsilon^{-\frac{s_1-s}{s-s_2}}|u|_{s_1}.$$

命题证毕. □

6.3 迹算子与迹定理

最后我们给出在考虑边值问题时经常使用的迹算子. 简单而言, 给定 $\Omega \subset \mathbb{R}^n$ 为一个正则开集, 我们考虑如何定义 $u \in H^m(\Omega)$ 在边界的取值. 利用局部化与平坦化的思路, 我们可以将问题归结到 $\mathbb{R}^n$ 与 $\mathbb{R}^n_+$ 的情况.

定义 6.3.1 (迹算子) 对 $x \in \mathbb{R}^n$, 记 $x = (x', x_n)$, 其中 $x' = (x_1, \cdots, x_{n-1})$, 则对 $u \in \mathscr{D}(\mathbb{R}^n)$ 定义迹算子 γ 为

$$\gamma u(x') \stackrel{\text{def}}{=\!=} u(x', 0). \tag{6.3.1}$$

定理 6.3.1 若 $s > \dfrac{1}{2}$, 则迹算子 $\gamma : \mathscr{D}(\mathbb{R}^n) \to \mathscr{D}(\mathbb{R}^{n-1})$ 可以唯一地延拓为一个连续算子

$$\gamma : H^s(\mathbb{R}^n) \hookrightarrow H^{s-\frac{1}{2}}(\mathbb{R}^{n-1}).$$

证明 由于 $\mathscr{D}(\mathbb{R}^n)$ 在 $H^s(\mathbb{R}^n)$ 中稠密, 不妨设 $u \in \mathscr{D}(\mathbb{R}^n)$. 记 $x = (x', x_n)$, 其中 $x' = (x_1, \cdots, x_{n-1})$, 则 $u(x) = (2\pi)^{-\frac{n}{2}}\displaystyle\int_{\mathbb{R}^n} e^{ix\cdot\xi}\widehat{u}(\xi)\mathrm{d}\xi$, 由此推知

$$\gamma u(x') = (2\pi)^{-\frac{n}{2}}\int_{\mathbb{R}^n} e^{ix'\cdot\xi'}\widehat{u}(\xi)\mathrm{d}\xi$$

$$= (2\pi)^{-\frac{n-1}{2}}\int_{\mathbb{R}^{n-1}} e^{ix'\cdot\xi'}(2\pi)^{-\frac{1}{2}}\int_{\mathbb{R}}\widehat{u}(\xi)\mathrm{d}\xi_n\,\mathrm{d}\xi',$$

从而

$$\widehat{\gamma u}(\xi') = (2\pi)^{-\frac{1}{2}}\int_{\mathbb{R}}\widehat{u}(\xi)\mathrm{d}\xi_n.$$

因此

$$|\gamma u|_{s-\frac{1}{2}}^2 = (2\pi)^{-1}\int_{\mathbb{R}^{n-1}}(1+|\xi'|^2)^{s-\frac{1}{2}}\left|\int_{\mathbb{R}}\widehat{u}(\xi)\mathrm{d}\xi_n\right|^2\mathrm{d}\xi', \tag{6.3.2}$$

而

$$\left| \int_{\mathbb{R}} \widehat{u}(\xi) \mathrm{d}\xi_n \right|^2 = \left(\int_{\mathbb{R}} (1 + |\xi|^2)^{-\frac{s}{2}} (1 + |\xi|^2)^{\frac{s}{2}} \widehat{u}(\xi) \mathrm{d}\xi_n \right)^2$$

$$\leqslant \int_{\mathbb{R}} (1 + |\xi|^2)^{-s} \mathrm{d}\xi_n \int_{\mathbb{R}} (1 + |\xi|^2)^s |\widehat{u}(\xi)|^2 \mathrm{d}\xi_n. \tag{6.3.3}$$

应用变量代换 $\eta = \dfrac{\xi_n}{(1 + |\xi'|^2)^{\frac{1}{2}}}$, 由于 $s > \dfrac{1}{2}$, 我们得到

$$\int_{\mathbb{R}} (1 + |\xi|^2)^{-s} \mathrm{d}\xi_n = \int_{\mathbb{R}} (1 + |\xi'|^2 + \xi_n^2)^{-s} \mathrm{d}\xi_n$$

$$= (1 + |\xi'|^2)^{-s} \int_{\mathbb{R}} \left(1 + \frac{\xi_n^2}{(1 + |\xi'|^2)} \right)^{-s} \mathrm{d}\xi_n$$

$$= (1 + |\xi'|^2)^{-s + \frac{1}{2}} \int_{\mathbb{R}} (1 + \eta^2)^{-s} \mathrm{d}\eta$$

$$\leqslant C_s (1 + |\xi'|^2)^{-s + \frac{1}{2}},$$

其中 $C_s = \displaystyle\int_{\mathbb{R}} (1 + \eta^2)^{-s} \mathrm{d}\eta$. 将上式代入(6.3.3)式知

$$\left| \int_{\mathbb{R}} \widehat{u}(\xi) \mathrm{d}\xi_n \right|^2 \leqslant C_s (1 + |\xi'|^2)^{-s + \frac{1}{2}} \int_{\mathbb{R}} (1 + |\xi|^2)^s |\widehat{u}(\xi)|^2 \mathrm{d}\xi_n.$$

因此将上式代入(6.3.2)式得到

$$|\gamma u|_{s - \frac{1}{2}}^2 \leqslant C_s \int_{\mathbb{R}^{n-1}} \int_{\mathbb{R}} (1 + |\xi|^2)^s |\widehat{u}(\xi)|^2 \mathrm{d}\xi_n \, \mathrm{d}\xi' = C_s |u|_s^2 < \infty.$$

由此以及 $\mathscr{D}(\mathbb{R}^n)$ 在 $H^s(\mathbb{R}^n)$ 中的稠密性证毕定理. □

事实上, 我们可以把迹算子的定义作进一步推广.

定义 6.3.2 (j 阶的迹算子) 对任意的 $\varphi \in \mathscr{D}(\mathbb{R}^n)$, 定义 j 阶的迹算子 γ^j 为

$$\gamma^j \varphi \xlongequal{\text{def}} \gamma \left(\frac{\partial^j \varphi}{\partial x_n^j} \right).$$

显然成立如下推论:

推论 6.3.2 对 $s - j > \dfrac{1}{2}$, $j = 0, 1, \cdots, m$, 其中 $m \in \mathbb{N}$ 满足 $s - m \in \left] \dfrac{1}{2}, \dfrac{3}{2} \right]$. 记 $\gamma^0 = \gamma$, 定义

$$\boldsymbol{\gamma} \xlongequal{\text{def}} (\gamma^0, \gamma^1, \cdots, \gamma^m),$$

则 γ 可以唯一延拓为

$$\vec{\gamma}: H^s(\mathbb{R}^n) \hookrightarrow H^{s-\frac{1}{2}}(\mathbb{R}^{n-1}) \times \cdots \times H^{s-m-\frac{1}{2}}(\mathbb{R}^{n-1})$$

的连续映射.

下面我们考虑 γ 是否是满射, 事实上确实如此.

定理6.3.3 推论 6.3.2 定义的算子 $\vec{\gamma}$ 是满射. 即设 $s \in \mathbb{R}$, $m \in \mathbb{N}$ 满足 $s-m \in \left]\dfrac{1}{2}, \dfrac{3}{2}\right]$, 则对任意的 $(\varphi_0, \cdots, \varphi_m) \in \prod\limits_{j=0}^{m} H^{s-j-\frac{1}{2}}(\mathbb{R}^{n-1})$, 存在 $u \in H^s(\mathbb{R}^n)$, 使得对任意 $0 \leqslant j \leqslant m$ 成立 $\gamma^j u = \varphi_j$.

注 为方便起见我们引入如下记号:

$$\langle \xi \rangle \xlongequal{\text{def}} \left(1 + |\xi|^2\right)^{\frac{1}{2}}.$$

证明 我们首先构造函数 ψ_j 满足 $\psi_j^{(k)}(0) = \delta_j^k$. 其中 δ_j^k 是 Kronecker 符号. 我们记 f_j 为

$$f_j(x) \xlongequal{\text{def}} (2\pi)^{-\frac{n-1}{2}} \int_{\mathbb{R}^{n-1}} e^{ix' \cdot \xi'} \langle \xi' \rangle^{-j} \psi_j\left(\langle \xi' \rangle x_n\right) \widehat{\varphi}_j(\xi') \mathrm{d}\xi'. \tag{6.3.4}$$

令 $u \xlongequal{\text{def}} \sum\limits_{j=0}^{m} f_j$. 下面我们验证 $\gamma^j f_j = \varphi_j$, 事实上成立 $\gamma^k f_j = \delta_j^k \varphi_j$.

注意到

$$\frac{\partial^k}{\partial x_n^k} f_j(x) = (2\pi)^{-\frac{n-1}{2}} \int_{\mathbb{R}^{n-1}} e^{ix' \cdot \xi'} \langle \xi' \rangle^{-j} \langle \xi' \rangle^k \psi_j^{(k)}[\langle \xi' \rangle x_n] \widehat{\varphi}_j(\xi') \mathrm{d}\xi'.$$

故而

$$\gamma\left(\frac{\partial^k}{\partial x_n^k} f_j\right)(x') = (2\pi)^{-\frac{n-1}{2}} \int_{\mathbb{R}^{n-1}} e^{ix' \cdot \xi'} \langle \xi' \rangle^{k-j} \delta_j^k \widehat{\varphi}_j(\xi') \mathrm{d}\xi'.$$

此式不为 0 当且仅当 $j = k$, 此时成立

$$\gamma\left(\frac{\partial^j}{\partial x_n^j} f_j\right)(x') = (2\pi)^{-\frac{n-1}{2}} \int_{\mathbb{R}^{n-1}} e^{ix' \cdot \xi'} \widehat{\varphi}_j(\xi') \mathrm{d}\xi' = \varphi_j(x').$$

下面仅需证明 $u \in H^s(\mathbb{R}^n)$, 亦即对任意 j 成立 $f_j \in H^s(\mathbb{R}^n)$. 由(6.3.4)式知

$$\widehat{f}_j(\xi) = (2\pi)^{-\frac{1}{2}} \int_{\mathbb{R}} e^{-ix_n \xi_n} \psi_j\left(\langle \xi' \rangle x_n\right) \mathrm{d}x_n \cdot \langle \xi' \rangle^{-j} \widehat{\varphi}_j(\xi').$$

令 $y_n = \langle \xi' \rangle x_n$ 得

$$\widehat{f}_j(\xi) = \langle \xi' \rangle (2\pi)^{-\frac{1}{2}} \int e^{-iy_n \langle \xi' \rangle^{-1} \xi_n} \psi_j(y_n) \mathrm{d}y_n \langle \xi' \rangle^{-j} \widehat{\varphi}_j(\xi')$$

$$= \widehat{\psi}_j(\langle \xi' \rangle^{-1} \xi_n) \langle \xi' \rangle^{-j-1} \widehat{\varphi}_j(\xi').$$

因此知

$$|f_j|_s^2 = \int_{\mathbb{R}^n} \langle \xi \rangle^{2s} \big| \widehat{\psi}_j(\langle \xi' \rangle^{-1} \xi_n) \big|^2 \langle \xi' \rangle^{-2(j+1)} |\widehat{\varphi}_j(\xi')|^2 \mathrm{d}\xi,$$

注意利用变量代换可得

$$\int_{\mathbb{R}^n} \langle \xi \rangle^{2s} \big| \widehat{\psi}_j(\langle \xi' \rangle^{-1} \xi_n) \big|^2 \mathrm{d}\xi_n$$

$$= \langle \xi' \rangle^{2s} \int_{\mathbb{R}^n} \big(1 + \langle \xi' \rangle^{-2} \xi_n^2\big)^s \big| \widehat{\psi}_j(\langle \xi' \rangle^{-1} \xi_n) \big|^2 \mathrm{d}\xi_n$$

$$= \langle \xi' \rangle^{2s+1} \int (1 + \eta^2)^s \big| \widehat{\psi}_j(\eta) \big|^2 \mathrm{d}\eta.$$

故而

$$|f_j|_s^2 = C \int_{\mathbb{R}^{n-1}} \langle \xi' \rangle^{2s+1} \langle \xi' \rangle^{-2(j+1)} |\widehat{\varphi}_j(\xi')|^2 \mathrm{d}\xi' = C |\varphi_j|_{s-j-\frac{1}{2}}^2 < \infty.$$

从而由 $u = \sum\limits_{j=0}^m f_j$ 知 $u \in H^s(\mathbb{R}^n)$, 定理证毕.　　　　　□

下面我们讨论函数在区域边界上的限制. 设 $u \in \mathscr{D}(\overline{\mathbb{R}_+^n})$, 记 $\gamma^j : \mathscr{D}(\overline{\mathbb{R}_+^n}) \ni u \mapsto \partial_{x_n}^j u(x', 0) \in \mathscr{D}(\mathbb{R}^{n-1})$, 我们仍称 γ^j 为迹算子.

定理 6.3.4　设 $\left[s - \dfrac{1}{2} \right] = m \in \mathbb{N}$, 且 $s - m - \dfrac{1}{2} > 0$, 则当自然数 $j \leqslant m$ 时, 上述迹算子可以唯一地延拓为连续算子 $\gamma^j : H^s(\mathbb{R}_+^n) \to H^{s-j-\frac{1}{2}}(\mathbb{R}^{n-1})$, 且

$$(\gamma^0, \cdots, \gamma^m) : H^s(\mathbb{R}_+^n) \to \prod_{j=0}^m H^{s-j-\frac{1}{2}}(\mathbb{R}^{n-1})$$

是满射.

证明　设 $u \in H^s(\mathbb{R}_+^n)$, 由定理 5.5.4 知, 可以将 u 延拓为 $\mathbf{P}u \in H^s(\mathbb{R}^n)$, 则对任意的 $0 \leqslant j \leqslant m$ 成立 $\gamma^j \mathbf{P}u = \gamma^j u$, 从而由定理 6.3.1 知成立

$$\|\gamma^j u\|_{H^{s-j-\frac{1}{2}}(\mathbb{R}^{n-1})} = \|\gamma^j \mathbf{P}u\|_{H^{s-j-\frac{1}{2}}(\mathbb{R}^{n-1})} \leqslant C \|\mathbf{P}u\|_{H^s(\mathbb{R}^n)} \leqslant C \|u\|_{H^s(\mathbb{R}^n)}.$$

$(\gamma^0, \cdots, \gamma^m)$ 是满射亦由定理 6.3.3 保证.　　　　　□

利用局部化与平坦化技巧, 我们可以定义正则开集的迹算子如下.

定义 6.3.3 (正则开集的迹算子) 对正则开集 $\Omega \subset \mathbb{R}^n$, 设 $\boldsymbol{n}$ 为外法向, 则对任意的 $u \in C^\infty(\overline{\Omega})$ 可以定义 j 阶的迹算子为

$$\gamma^j u \overset{\text{def}}{=\!=} \left. \frac{\partial^j u}{\partial^j \boldsymbol{n}} \right|_{\partial\Omega}.$$

完全类似地成立如下的迹定理.

定理 6.3.5 (迹定理) 设正则开集 $\Omega \subset \mathbb{R}^n$, 若 $s - j - \dfrac{1}{2} > 0$, 则 γ^j 可以延拓为

$$\gamma^j : \ H^s(\Omega) \hookrightarrow H^{s-j-\frac{1}{2}}(\partial\Omega)$$

的连续满射.

注 此处 $H^s(\partial\Omega)$ 可以视为流形上的 Sobolev 空间, 亦可参见 R. A. Adams 的专著 [2].

定理 6.3.6 设 Σ 为 $\Omega \subset \mathbb{R}^n$ 中的 C^∞ 超曲面, 则迹算子 $\gamma : \mathscr{D}(\Omega) \to \mathscr{D}(\Sigma)$ 在 $s > \dfrac{1}{2}$ 时可以唯一地延拓为连续映射 $\gamma : H^s(\Omega) \to H^{s-\frac{1}{2}}(\Sigma)$.

最后我们用迹算子给出 $H_0^m(\Omega)$, $m \in \mathbb{N}$ 的一个表示.

定理 6.3.7 设 Ω 为 $\mathbb{R}^n$ 中正则开集, 则成立

$$H_0^m(\Omega) = \big\{ u \in H^m(\Omega) : \gamma^j u = 0, \ j = 0, \cdots, m-1 \big\}.$$

证明 对任意的 $u \in H_0^m(\Omega)$, 由 $\mathscr{D}(\Omega)$ 在 $H_0^m(\Omega)$ 中的稠密性知存在函数列 $\{u_\nu\}_{\nu \in \mathbb{N}} \subset \mathscr{D}(\Omega)$ 使得

$$|u - u_\nu|_m \to 0, \quad \nu \to \infty.$$

从而利用定理 6.3.5 知

$$\left\| \gamma^j u \right\|_{H^{m-j-\frac{1}{2}}(\partial\Omega)} = \left\| \gamma^j (u - u_\nu) \right\|_{H^{m-j-\frac{1}{2}}(\partial\Omega)} \leqslant C |u - u_\nu|_m \to 0, \quad \nu \to \infty,$$

即

$$\left\| \gamma^j u \right\|_{H^{m-j-\frac{1}{2}}(\partial\Omega)} = 0, \quad j = 0, \cdots, m-1.$$

反之利用局部化与平坦化技巧, 由定理 5.5.1 知 $\big\{ u \in H^m(\Omega) : \gamma^j u = 0, \ j = 0, \cdots, m-1 \big\} \subset H_0^m(\Omega)$, 从而证毕定理 (证明细节见习题 6.4.26). $\qquad\square$

6.4　习　　题

A　基础题

习题 6.4.1　利用数学归纳法补全定理 6.1.3 的证明.

习题 6.4.2　设 $\gamma \in]0,1[$, $\Omega \subset \mathbb{R}^n$ 为有界开集, 对 $f \in \mathscr{D}(\Omega)$ 回忆定义 6.1.1 给出的

$$\|f\|_{\dot{C}^\gamma} \stackrel{\text{def}}{=\!=} \sup_{\substack{x,y\in\Omega \\ x\neq y}} \frac{|f(x)-f(y)|}{|x-y|^\gamma},$$

试证明 $\|\cdot\|_{\dot{C}^\gamma}$ 是一个半范.

习题 6.4.3　证明 $C^{k,\gamma}(\Omega)$ 是一个 Banach 空间.

习题 6.4.4　(1) 设 $a \in \mathbb{R}^n$, 证明对任意 $\gamma \in]0,1[$, 函数 $h(x) = \cos(a \cdot x) \in C^\gamma(\mathbb{R}^n)$;

(2) 证明对任意 $\gamma \in]0,1[$, 函数 $f: \mathbb{R}^n \ni x \mapsto |x|^\gamma$ 满足 $\|f\|_{\dot{C}^\gamma} < \infty$;

(3) 对 $f: \mathbb{R}^n \ni x \mapsto |x|^{\frac{3}{2}}$, 证明 $\|\nabla f\|_{\dot{C}^{\frac{1}{2}}} < \infty$.

习题 6.4.5　设 $n \geqslant 2$, $u \in W^{1,n}(\mathbb{R}^n)$, 且存在紧集 $K \subset \mathbb{R}^n$ 使得 supp $u \subset K$.

(1) 设 $\varepsilon > 0$ 为充分小的正数, 对 $q_\varepsilon \stackrel{\text{def}}{=\!=} \dfrac{n(n-\varepsilon)}{\varepsilon}$ 证明 $\|u\|_{L^{q_\varepsilon}} \leqslant C|K|^{\frac{1}{q_\varepsilon}}\|\nabla u\|_{L^n}$;

[提示: 利用嵌入 $W^{1,p-\varepsilon}(\mathbb{R}^n) \hookrightarrow L^{q_\varepsilon}(\mathbb{R}^n)$.]

(2) 证明对任意 $q \in [n,\infty[$ 成立如下的不等式: $\|u\|_{L^q} \leqslant C|K|^{\frac{1}{q}}\|\nabla u\|_{L^n}$.

习题 6.4.6　设 Q 为 $\mathbb{R}^n$ 中以 $(0,\cdots,0)$ 与 $(1,\cdots,1)$ 为顶点的单位闭正方体, 而 Ω 为一个包含 Q 的有界开集, 记 $Q_\alpha = Q = \{\alpha\}$, $\Omega_\alpha = \Omega + \{\alpha\}$, 其中 $\alpha \in \mathbb{Z}^n$.

(1) 证明 $\{Q_\alpha\}_{\alpha\in\mathbb{Z}^n}$ 是 $\mathbb{R}^n$ 的一个覆盖, 且对任意不同的 α_1, $\alpha_2 \in \mathbb{Z}^n$, 成立 $|Q_{\alpha_1}\cap Q_{\alpha_2}| = 0$, 且存在从属于 $\{\Omega_\alpha\}_{\alpha\in\mathbb{Z}^n}$ 的单位分解 $\{\varphi_\alpha\}_{\alpha\in\mathbb{Z}^n}$ 使得对任意重指标 $\alpha \in \mathbb{Z}^n$, $0 \leqslant \varphi_\alpha \leqslant 1$; 同时存在某个常数 N, 使得对任意 $x \in Q_\alpha$, 成立 $\varphi_\alpha(x) \geqslant \dfrac{1}{N}$.

(2) 证明存在符合 (1) 要求的单位分解, 使得对任意 $\alpha \in \mathbb{Z}^n$, $\sup\limits_{x\in\mathbb{R}^n} |\nabla\varphi_\alpha(x)|$ 存在一致的上界 C.

(3) 证明存在符合 (1), (2) 要求的单位分解, 使得 φ_α, $\nabla\varphi_\alpha(x)$ 满足如下的几乎正交性: 对任意的 $x \in \mathbb{R}^n$, $s \in \mathbb{R}_+$, 存在常数 C_s 使得

$$\sup_{x\in\mathbb{R}^n} \sum_{\alpha\in\mathbb{Z}^n} |\nabla\varphi_\alpha(x)|^s \leqslant C; \quad \sup_{x\in\mathbb{R}^n} \sum_{\alpha\in\mathbb{Z}^n} |\varphi_\alpha(x)|^s \leqslant C.$$

习题 6.4.7　设 $n \geqslant 2$, $u \in W^{1,n}(\mathbb{R}^n)$, 证明对任意的 $q \in [n,\infty[$ 成立如下嵌入:

$$W^{1,n}(\mathbb{R}^n) \hookrightarrow L^q(\mathbb{R}^n).$$

[提示: 利用习题 6.4.5 与习题 6.4.6.]

习题 6.4.8　设 k, $m \in \mathbb{N}$, $k \leqslant m$, $p \geqslant 1$, $kp = n$, 试给出与习题 6.4.7 类似的命题.

习题 6.4.9 本题指出, 确实仅需对 $\mathscr{D}(\mathbb{R}^n)$ 证明定理 6.1.5 就够了. 设 $1 \leqslant n < p < \infty$, 令 $\gamma = 1 - \dfrac{n}{p}$, $u \in W^{1,p}(\mathbb{R}^n)$.

(1) 对任意 $R \geqslant 1$, 构造截断函数 $\xi_R(x) \in \mathscr{D}(\mathbb{R}^n)$ 使得 $0 \leqslant \xi_R \leqslant 1$, $\operatorname{supp} \xi_R \subset B(0, 2R)$, 对任意 $x \in \overline{B(0, R)}$, $\xi_R(x) = 1$, 且存在与 R 无关的常数 C 使得 $\xi_R(x) + |\nabla \xi_R(x)| \leqslant C$.

(2) 对任意的 $R \geqslant 1$, $\varepsilon > 0$, 记 $u_{\varepsilon, R} \overset{\text{def}}{=\!=} j_\varepsilon * (\xi_R u)$; 证明对任意 x, $y \in \overline{B(0, R)}$, 成立 $|u_{\varepsilon, R}(x) - u_{\varepsilon, R}(y)| \leqslant C \|u\|_{W^{1,p}} |x - y|^\gamma$, 且 $\lim\limits_{\varepsilon \to 0} \|u_{\varepsilon, R} - \xi_R u\|_{L^\infty} = 0$.

(3) 证明对 a.e. $(x, y) \in \mathbb{R}^n \times \mathbb{R}^n$ 成立 $|u(x) - u(y)| \leqslant C \|u\|_{W^{1,p}} |x - y|^\gamma$.
[提示: 先令 $\varepsilon \to 0$, 再令 $R \to \infty$.]

习题 6.4.10 验证对定理 6.1.6 中的 $u \in W^{1,p}(\mathbb{R}^n)$, u 在 $\mathbb{R}^n$ 上一致连续, 且进一步地成立如下嵌入:
$$W^{1,p}(\mathbb{R}^n) \hookrightarrow C_0(\mathbb{R}^n).$$

习题 6.4.11 验证 (6.1.14) 式中的常数 C 与 f 无关.
[提示: 注意 $\tau_h[\chi f] - \chi f$ 有紧支集且 f 有界.]

习题 6.4.12 设 $u \in H^1(\mathbb{R}^n)$, $\|\nabla u\|_{L^2} \overset{\text{def}}{=\!=} \left(\sum\limits_{j=1}^n \int_{\mathbb{R}^n} |\partial_j u(x)|^2 \mathrm{d}x \right)^{\frac{1}{2}}$. 证明

(1) 当 $n = 3$ 时, 成立 $\|u\|_{L^4} \leqslant 2^{\frac{3}{2}} \|u\|_{L^2}^{\frac{1}{4}} \|\nabla u\|_{L^2}^{\frac{3}{4}}$;

(2) 当 $n = 2$ 时, 成立 $\|u\|_{L^4} \leqslant 2^{\frac{1}{4}} \|u\|_{L^2}^{\frac{3}{2}} \|\nabla u\|_{L^2}^{\frac{1}{2}}$.

习题 6.4.13 (Nash 不等式) 证明若 $u \in L^1(\mathbb{R}^n)$ 满足 $\nabla u \in L^2(\mathbb{R}^n)$, 则 $u \in L^2(\mathbb{R}^n)$, 且成立
$$\|u\|_{L^2}^{1 + \frac{2}{n}} \leqslant C \|u\|_{L^1}^{\frac{2}{n}} \|\nabla u\|_{L^2}.$$

习题 6.4.14 (Gagliardo-Nirenberg 不等式) 我们希望证明如下的 Gagliardo-Nirenberg 不等式: 设 k, $\ell \in \mathbb{N}$ 满足 $0 \leqslant \ell \leqslant k$, 若 $u \in L^\infty(\mathbb{R}^n)$ 满足 $\nabla^k u \in L^2(\mathbb{R}^n)$, 则 $u \in L^{\frac{2k}{\ell}}(\mathbb{R}^n)$, 且成立
$$\|\nabla^\ell u\|_{L^{\frac{2k}{\ell}}} \leqslant c \|u\|_{L^\infty}^{1 - \frac{\ell}{k}} \|\nabla^k u\|_{L^2}^{\frac{\ell}{k}}.$$

我们采用如下的步骤:

(1) 对 p, $q \in \mathbb{R}$ 满足 $1 \leqslant p \leqslant q$, $r_1 = \dfrac{2q}{p+1}$, $r_2 = \dfrac{2q}{p-1}$, 证明对 $u \in \mathscr{D}(\mathbb{R}^n) \subset L^{r_2}(\mathbb{R}^n) \cap W^{2, r_1}(\mathbb{R}^n)$ 与任意的 $1 \leqslant j \leqslant n$ 成立

$$\|D_j u\|_{L^{\frac{2q}{p}}}^2 \leqslant C \|u\|_{L^{r_2}} \|D_j^2 u\|_{L^{r_1}}.$$

[提示: 注意到对 $s \geqslant 2$ 成立 $|D_j u|^s = D_j \left(u D_j u |D_j u|^{s-2} \right) - (s-1) u D_j^2 u |D_j u|^{s-2}$.]

(2) 设 ℓ, k, $m \in \mathbb{N}$, 证明若 $p \in [k, q]$, $\ell \geqslant k$, 则对充分小的 ε, 存在常数 C_ε 满足

$$\|\nabla^\ell u\|_{L^{\frac{2q}{p}}} \leqslant \varepsilon \|\nabla^{\ell - k} u\|_{L^{\frac{2q}{p-k}}} + C_\varepsilon \|\nabla^{\ell + m} u\|_{L^{\frac{2q}{p+m}}}.$$

[提示: 取合适的 $\ell' \in \mathbb{N}$, 对 $\nabla^{\ell - 1} u$ 反复应用 (1) 问的结论.]

特别地, 若取 $p+m=q$, $k=\ell$, p, $q \in \mathbb{N}_+$, 则成立

$$\|\nabla^\ell u\|_{L^{\frac{2q}{p}}} \leqslant \varepsilon \|u\|_{L^{\frac{2q}{p-\ell}}} + C_\varepsilon \|\nabla^{\ell+q-p} u\|_{L^2}. \tag{6.4.1}$$

(3) 利用(6.4.1)式证明, 若 ℓ, p, $k \in \mathbb{N}_+$, 且 $\ell \leqslant p \leqslant k-1$, 则成立

$$\|\nabla^\ell u\|_{L^{\frac{2k}{p}}} \leqslant C \|u\|_{L^{\frac{2k}{p-\ell}}}^{\frac{k-p}{k+\ell-p}} \|\nabla^{\ell+k-p} u\|_{L^2}^{\frac{\ell}{k+\ell-p}}.$$

从而取 $\ell = p$ 证毕命题. 　　　[提示: 对 $s \in \mathbb{R}$, 用 $u(sx)$ 代替 $u(x)$.]

习题 6.4.15　我们证明 Hardy 不等式的一个特殊情况: 若 $n \geqslant 3$, 则对任意的 $f \in \mathscr{D}(\mathbb{R}^n \setminus \{0\})$ 成立

$$\left(\int_{\mathbb{R}^n} \frac{|f(x)|^2}{|x|^2} \mathrm{d}x \right)^{\frac{1}{2}} \leqslant \frac{2}{n-2} \|\nabla f\|_{L^2}.$$

(1) 记算子 $\mathbf{R}$ 为 $\mathbf{R} \overset{\text{def}}{=\!=} \sum_{j=1}^n x_j \partial_j$, 证明

$$\int_{\mathbb{R}^n} \frac{|f(x)|^2}{|x|^2} \mathrm{d}x = \frac{1}{2} \int_{\mathbb{R}^n} \frac{2f(x)\mathbf{R}f(x)}{|x|^2} \mathrm{d}x + \frac{n}{2} \int_{\mathbb{R}^n} \frac{|f(x)|^2}{|x|^2} \mathrm{d}x;$$

(2) 在 (1) 的基础上证明命题.

习题 6.4.16　设 $f \in \mathscr{D}(\mathbb{R}^2)$ 是径向函数, 即 $f(x) = f(r)$, 其中 $r = (x_1^2 + x_2^2)^{\frac{1}{2}}$, 试用一维的 Sobolev 不等式证明

$$\|f\|_{L^4} \leqslant C \left(\|\partial_r u\|_{L^2}^{\frac{1}{4}} + \|\tfrac{u}{r}\|_{L^2}^{\frac{1}{4}} \right) \left\| \tfrac{u}{r} \right\|_{L^2}^{\frac{1}{4}} \|u\|_{L^2}^{\frac{1}{2}}.$$

习题 6.4.17　设 $n \geqslant 2$, $u \in W^{1,n}(\mathbb{R}^n)$, 习题 6.4.5 证明了对任意 $q \in [n, \infty[$, 成立如下嵌入: $W^{1,n}(\mathbb{R}^n) \hookrightarrow L^q(\mathbb{R}^n)$.

我们指出, 对有界正则开集 Ω, 若 $n \geqslant 2$, $u \in W^{1,n}(\Omega)$, 则对任意 $q \in [1, \infty[$, 嵌入映射 $W^{1,n}(\Omega) \hookrightarrow L^q(\Omega)$ 是紧嵌入. 我们采用如下步骤:

(1) 证明嵌入映射 $W^{1,n}(\Omega) \hookrightarrow L^1(\Omega)$ 是紧嵌入;

[提示: 取 $1 \leqslant p_1 < n$ 并利用紧嵌入定理.]

(2) 设 $\{u_\nu\}_{\nu \in \mathbb{N}}$ 为 $W^{1,n}(\Omega)$ 的有界序列, 证明存在 $u \in W^{1,n}(\Omega)$ 使得存在 $\{u_\nu\}_{\nu \in \mathbb{N}}$ 的子列 (不妨仍然记为 $\{u_\nu\}_{\nu \in \mathbb{N}}$) 满足

$$\lim_{m \to \infty} \|u_\nu - u\|_{L^1(\Omega)} = 0, \quad \|u\|_{W^{1,n}(\Omega)} \leqslant \liminf_{\nu \to \infty} \|u_\nu\|_{W^{1,n}(\Omega)};$$

[提示: 利用 $W^{1,n}(\Omega)$ 自反性.]

(3) 证明 $\lim\limits_{\nu \to \infty} \|u_\nu - u\|_{L^q(\Omega)} = 0$. 从而完成定理证明.

[提示: 取 $q_0 > q$, 对 q_0 利用习题 6.4.5 的结论知 $\{u_\nu\}_{n \in \mathbb{N}}$ 为 $L^{q_0}(\Omega)$ 的有界序列.]

习题 6.4.18　给定 $k \in \mathbb{N}$, 试辨析 $W^{k,\infty}(\mathbb{R}^n)$, $\mathscr{B}^k(\mathbb{R}^n)$, $C^k(\mathbb{R}^n)$ 与 $\mathscr{B}^k(\mathbb{R}^n)$ 的区别, 若存在包含关系, 请指出包含关系并且判断是不是真包含.

习题 6.4.19 (1) 证明例 6.2.2 定义的函数 u 满足 $u \in L^2(\mathbb{R}^2)$, 但 $u \notin L^\infty(\mathbb{R}^2)$, 并且谈谈 α 取值 $\left]0, \frac{1}{2}\right[$ 的理由; [提示: 参考习题 5.6.17.]

(2) 在 $\mathbb{R}^n$ 中举例说明例 6.2.3 的包含关系都是真包含关系 (举例需要验证).

[提示: $(1 + x^2)^{-\frac{n}{4}}$, $(1 + x^2)^{-\frac{n}{2}}$.]

习题 6.4.20 (1) 设 $K \subset \mathbb{R}^n$ 是一个紧集, $0 < \alpha < \lambda < 1$, $\{u_\nu\}_{\nu \in \mathbb{N}}$ 是 $C^\lambda(K)$ 中的有界序列; 证明 $\{u_\nu\}_{\nu \in \mathbb{N}}$ 在 $C^\alpha(K)$ 中预紧, 其中 $C^\lambda(K) \overset{\text{def}}{=\!=} \{f \in C^\lambda(\mathbb{R}^n) : \operatorname{supp} f \subset K\}$.

(2) 设 Ω 是 $\mathbb{R}^n$ 中的有界正则开集, $p > n$, $0 < \lambda < 1 - \dfrac{n}{p}$, 证明 $W^{1,p}(\Omega) \hookrightarrow\hookrightarrow C^\lambda(\Omega)$.

习题 6.4.21 本题讨论定理 6.2.2 证明中的一些细节.

(1) 证明 (6.2.2) 式;

(2) 对任意的 $s \in \mathbb{R}$, K 为 $\mathbb{R}^n$ 中的紧集, 证明存在常数 C_K 使得对任意的 $x \in K$ 成立 $(1 + |x|^2)^{\frac{s}{2}} \geqslant C_K$;

(3) 仔细阐述如何在定理 6.2.2 中利用 Cantor 对角线法寻找 $\{\widehat{u}_\nu\}_{\nu \in \mathbb{N}}$ 在任意紧集上一致收敛的子列.

习题 6.4.22 我们指出定理 6.2.2 的一个推广: 设 $t < s$, $\varphi \in \mathscr{S}(\mathbb{R}^n)$, 则映射 $T_\varphi : u \to \varphi u$ 是 $H^s(\mathbb{R}^n) \to H^t(\mathbb{R}^n)$ 的紧算子. 证明分成以下的步骤:

(1) 设序列 $\{u_\nu\}_{\nu \in \mathbb{N}} \subset H^s(\mathbb{R}^n)$ 且 $\sup\limits_{\nu \in \mathbb{N}} |u_\nu|_s \leqslant 1$, 证明存在该序列的子列, 不妨仍记作 $\{u_\nu\}_{\nu \in \mathbb{N}}$, 在 $H^s(\mathbb{R}^n)$ 中的弱收敛到某个 $u \in H^s(\mathbb{R}^n)$. 令 $v_\nu \overset{\text{def}}{=\!=} u_\nu - u$, 证明存在常数 C 使得 $\sup\limits_{\nu \in \mathbb{N}} |\varphi v_\nu|_s \leqslant C$.

[提示: 注意 $H^s(\mathbb{R}^n)$ 为 Hilbert 空间并考虑定理 5.3.6.]

(2) 以下我们证明 $\{\varphi v_\nu\}_{\nu \in \mathbb{N}}$ 在 $H^t(\mathbb{R}^n)$ 中收敛到 0. 对任意 $\varepsilon > 0$, 首先证明存在 $R \in \mathbb{R}_+$ 使得

$$\int_{\mathbb{R}^n} (1 + |\xi|^2)^t |\mathscr{F}[\varphi v_\nu](\xi)|^2 \mathrm{d}\xi \leqslant \int_{|\xi| \leqslant R} (1 + |\xi|^2)^t |\mathscr{F}[\varphi v_\nu](\xi)|^2 \mathrm{d}\xi + \frac{\varepsilon}{2}.$$

(3) 定义 $\psi_\xi(\eta) = \dfrac{1}{(2\pi)^{\frac{n}{2}}} \mathscr{F}^{-1}[(1 + |\eta|^2)^{-s} \widehat{\varphi}(\xi - \eta)]$, 证明 $\mathscr{F}[\varphi v_\nu](\xi) = (\psi_\xi, v_\nu)_s$, 从而证明对任意的 $\xi \in \mathbb{R}^n$, $\lim\limits_{\nu \to \infty} \mathscr{F}[\varphi v_\nu](\xi) = 0$.

(4) 证明存在 $M \in \mathbb{R}_+$ 使得 $\sup\limits_{\substack{|\xi| \leqslant R \\ \nu \in \mathbb{N}}} |\mathscr{F}[\varphi v_\nu](\xi)| \leqslant M < \infty$, 从而利用 Lebesgue 控制收敛定理知

$$\lim_{n \to \infty} \int_{|\xi| \leqslant R} (1 + |\xi|^2)^t |\mathscr{F}[\varphi v_\nu](\xi)|^2 \mathrm{d}\xi = 0,$$

命题证毕. [提示: 可取 $M = C \sup\limits_{\nu \in \mathbb{N}} |v_\nu|_s \left((1 + R^2)^{|s| + \frac{n}{2}} + \displaystyle\int_{\mathbb{R}^n} \dfrac{\mathrm{d}\eta}{(1 + |\eta|^2)^{\frac{n}{2} + 1}} \right)$.]

(5) 利用本命题的结论证明定理 6.2.2.

习题 6.4.23 (Aubin-Lions 引理) 设 E_1, E, E_2 为 Banach 空间, 且满足 $E_1 \hookrightarrow\hookrightarrow E \hookrightarrow E_2$. 证明对任意 $\varepsilon > 0$ 存在常数 $C_\varepsilon > 0$, 使得对任意 $u \in E_1$ 成立

$$\|u\|_E \leqslant \varepsilon \|u\|_{E_1} + C_\varepsilon \|u\|_{E_2}.$$

[提示: 利用反证法并且采用定理 1.4.2 的思路. 或者可以先假定 E_1 是自反的.]

习题 6.4.24　(1) 设 $p > 1$, 求证对任意 $\varepsilon > 0$ 存在常数 C_ε, 使得对任意 $u \in W^{1,p}(]0,1[)$ 都成立 $\|u\|_{L^\infty(]0,1[)} \leqslant \varepsilon \|u'\|_{L^p(]0,1[)} + C_\varepsilon \|u\|_{L^1(]0,1[)}$;

[提示: 利用习题 6.4.23.]

(2) 证明当 $p = 1$ 时 (1) 不成立.　　　[提示: 反证法, 设 u 单调递增且 $u(0) = 0$.]

习题 6.4.25　构造 $\mathscr{D}(\mathbb{R}^n)$ 函数 ψ_j 使得 $\psi_j^{(k)}(0) = \delta_j^k$, 其中 δ_j^k 是 Kronecker 符号.

[提示: 寻找合适的多项式, 截断并且磨光.]

习题 6.4.26　请给出定理 6.3.7 后半部分的详细证明. 即设 $\Omega \subset \mathbb{R}^n$ 为正则开集, 利用局部化与平坦化技巧证明 $\{u \in H^m(\Omega) : \gamma^j u = 0,\ j = 0, \cdots, m-1\} \subset H_0^m(\Omega)$.

习题 6.4.27　(1) 设 $u_1 \in H^1(\mathbb{R}_+^n)$, $u_2 \in H^1(\mathbb{R}_-^n)$, 且在边界 $x_n = 0$ 上成立 $\gamma u_1 = \gamma u_2$. 定义

$$
u = \left\{
\begin{array}{ll}
u_1, & \text{若 } x \in \overline{\mathbb{R}_+^n}, \\
u_2, & \text{若 } x \in \mathbb{R}_-^n.
\end{array}
\right.
$$

证明 $u \in H^1(\mathbb{R}^n)$.

(2) 设 $m \in \mathbb{N}$, $\boldsymbol{\gamma} \stackrel{\text{def}}{=\!=} (\gamma, \gamma^1, \cdots, \gamma^{m-1})$. 若 $u_1 \in H^m(\mathbb{R}_+^n)$, $u_2 \in H^m(\mathbb{R}_-^n)$, 且在边界 $x_n = 0$ 上成立 $\boldsymbol{\gamma} u_1 = \boldsymbol{\gamma} u_2$. 定义

$$
u = \left\{
\begin{array}{ll}
u_1, & \text{若 } x \in \overline{\mathbb{R}_+^n}, \\
u_2, & \text{若 } x \in \mathbb{R}_-^n.
\end{array}
\right.
$$

证明 $u \in H^m(\mathbb{R}^n)$.

(3) 试把以上结论推广到正则开集上.

B　拓展题

习题 6.4.28 研究含时的 Aubin-Lions 引理.

习题 6.4.28 (Aubin-Lions 引理)　我们的目的是证明如下的 Aubin-Lions 引理: 设 E_1, E, E_2 为**自反** Banach 空间, 且满足 $E_1 \hookrightarrow\hookrightarrow E \hookrightarrow E_2$. 对 p, $q \in\ ]1, \infty[$, 若 $\{u_\nu(t,x)\}_{\nu \in \mathbb{N}}$ 为 $L^p(0,T;E_1)$ 中的有界序列, 即存在 $C > 0$ 使得对任意的 $\nu \in \mathbb{N}$ 成立

$$
\int_0^T \left(\|u_\nu(t,x)\|_{E_1} \right)^p \mathrm{d}t \leqslant C,
$$

且 $\left\{ \dfrac{\mathrm{d}u_\nu}{\mathrm{d}t} \right\}_{\nu \in \mathbb{N}}$ 是 $L^q(0,T;E_2)$ 中的有界序列, 则 $\{u_\nu\}_{\nu \in \mathbb{N}}$ 存在 $L^p(0,T;E)$ 中的收敛子列.

(1) 指出我们仅需证明存在 $\{u_\nu\}_{\nu \in \mathbb{N}}$ 子列 $\{u_{\nu_j}\}_{j \in \mathbb{N}}$ 在 $L^p(0,T;E_2)$ 中收敛即可;

[提示: 利用习题 6.4.23.]

(2) 证明一定存在 $\{u_\nu\}$ 在 $L^p(0,T;E_1)$ 中的弱收敛子列, 故我们不妨设存在 $\{u_\nu\}$ 子列 $\{u_{\nu_j}\}_{j \in \mathbb{N}}$ 在 $L^p(0,T;E_1)$ 中弱收敛到 0;

(3) 给定 $t \in]0, T[$, $\varepsilon > 0$ 使得 $]t - \varepsilon, t[\subset [0, T]$, 证明对任意 u_ν 都存在与之无关的常数 C 使得

$$\frac{1}{\varepsilon} \int_{t-\varepsilon}^{t} |s - t + \varepsilon| \left\| \frac{\mathrm{d}u_\nu}{\mathrm{d}s} \right\|_{E_2} \mathrm{d}s \leqslant C \varepsilon^{\frac{1}{q'}};$$

(4) 对给定的 $\varepsilon_0 > 0$, 证明可以取适当的 ε 充分小, 使得下式对任意的 u_ν 成立:

$$\|u_\nu(t)\|_{E_2} \leqslant \frac{\varepsilon_0}{2} + \frac{1}{\varepsilon} \left\| \int_{t-\varepsilon}^{t} u_\nu(s) \mathrm{d}s \right\|_{E_2};$$

[提示: 注意到由分部积分, 成立 $u_\nu(t) = \dfrac{1}{\varepsilon} \displaystyle\int_{t-\varepsilon}^{t} u_\nu(s)\mathrm{d}s + \dfrac{1}{\varepsilon} \displaystyle\int_{t-\varepsilon}^{t} (s - t + \varepsilon) \dfrac{\mathrm{d}u_\nu}{\mathrm{d}s}\mathrm{d}s.$]

(5) 利用 (4) 与 Lebesgue 控制收敛定理证明对任意的 $t \in]0, T[$, (1) 中的子列 $\{u_{\nu_j}\}_{j \in \mathbb{N}}$ 在 $L^p(0, T; E_2)$ 中收敛到 0, 从而命题证毕.

[提示: 证明此时对 $]0, T[$ 中的区间 I, $\left\| \displaystyle\int_I u_{\nu_j}(t) \right\|_{E_2}$ 趋于 0.]

注　事实上, 去掉题设中的自反性命题仍然成立 (见 J. Simon [42]). 有兴趣的读者可以思考一下.

习题 6.4.29 与习题 6.4.30 处理实数阶 Sobolev 空间 $W^{s,p}(\mathbb{R}^n)$ 的嵌入问题 (定义参见习题 5.6.32), 我们希望把嵌入定理推广到实数阶的情况, 从而得出更加强的结论.

习题 6.4.29　利用习题 3.6.23 把 $f \in W^{s,p}(\mathbb{R}^n)$ 写成 $f = (2\pi)^{-\frac{n}{2}} G_s * f_s$, $f_s = \mathscr{F}^{-1}[(1 + |\xi|^2)^{\frac{s}{2}}]\hat{f} \in L^p(\mathbb{R}^n)$ 的形式, 证明如下嵌入定理.

(1) 设 $0 < s < \dfrac{n}{p}$, $p \in]1, \infty[$, 若 $\dfrac{1}{p} - \dfrac{1}{q} = \dfrac{s}{n}$, 则成立 $W^{s,p}(\mathbb{R}^n) \hookrightarrow L^q(\mathbb{R}^n)$;

[提示: 利用习题 0.4.17 (Hardy-Littlewood-Sobolev 不等式).]

(2) 设 $0 < s = \dfrac{n}{p}$, $p \in]1, \infty[$, 若 $q \in \left]\dfrac{n}{s}, \infty\right[$, 则成立 $W^{s,p}(\mathbb{R}^n) \hookrightarrow L^q(\mathbb{R}^n)$.

习题 6.4.30　(1) 若 $p \in]1, \infty[$, $\dfrac{1}{p} - \dfrac{s}{n} < 0$, 且 $\gamma = s - \dfrac{n}{p} \in]0, 1[$, 证明存在常数 C 使得对任意 $u \in W^{s,p}(\mathbb{R}^n)$ 以及 a.e. $(x, y) \in \mathbb{R}^n \times \mathbb{R}^n$ 成立 $|u(x) - u(y)| \leqslant C\|u\|_{W^{s,p}}|x - y|^\gamma$;

[提示: 利用定理 6.1.5.]

(2) 在 (1) 问的条件下证明 u 几乎处处等于一个有界连续函数, 即 $W^{s,p}(\mathbb{R}^n) \hookrightarrow C_b(\mathbb{R}^n)$;

[提示: 利用定理 6.1.6.]

(3) 若 p, s, n 满足 $\dfrac{1}{p} - \dfrac{s-k}{n} < 0$, 且 $k + \gamma = s - \dfrac{n}{p}$, 其中 $\gamma \in]0, 1[$, $k \in \mathbb{N}$, 证明 $W^{s,p}(\mathbb{R}^n) \hookrightarrow C^{k,\gamma}(\mathbb{R}^n)$.　　　[提示: 利用定理 6.1.8.]

习题 6.4.31 至习题 6.4.36 处理齐次 Sobolev 空间 (定义参见习题 5.6.35) 的嵌入问题, 我们希望把嵌入定理推广到齐次 Sobolev 空间的情况, 从而得出更加强的结论.

习题 6.4.31 至习题 6.4.32 处理到 Lebesgue 空间的嵌入.

习题 6.4.31　设 $s \in \left]0, \dfrac{n}{2}\right[$, 我们利用如下的方法来证明 $\dot{H}^s(\mathbb{R}^n) \hookrightarrow L^{\frac{2n}{n-2s}}(\mathbb{R}^n)$.

(1) 设 v 是 $\mathbb{R}^n$ 上的函数, 记 $v_\lambda \stackrel{\text{def}}{=\!=} v(\lambda x)$, 通过计算证明

$$\|v_\lambda\|_{L^p} = \lambda^{-\frac{n}{p}} \|v\|_{L^p}, \quad \|v_\lambda\|_{\dot{H}^s} = \lambda^{-\frac{n}{2}+s} \|v\|_{\dot{H}^s}.$$

并且证明若不等式 $\|v\|_{L^p} \leqslant C\|v\|_{\dot{H}^s}$ 对任意的 $\mathscr{D}(\mathbb{R}^n)$ 函数 v 成立, 则必成立 $p = \dfrac{2n}{n-2s}$, 从而指标 $p = \dfrac{2n}{n-2s}$ 可以通过尺度变换得到.

[提示: 若 $p \neq \dfrac{2n}{n-2s}$, 则 C 不可能与函数 v 选取无关.]

(2) 指出我们仅需对 $\varphi \in \mathscr{S}_0(\mathbb{R}^n)$ 证明命题, 即证明稠密性如何将命题推广到整个 $\dot{H}^s(\mathbb{R}^n)$ 中.

(3) 对 $\varphi \in \mathscr{S}_0(\mathbb{R}^n)$ 证明命题.

[提示: 设 $\widehat{\varphi_s} \stackrel{\text{def}}{=} |\xi|^s \widehat{\varphi}$, 从而由习题3.6.25与命题3.1.5知 $\varphi = \dfrac{C_{n,s}}{|\cdot|^{n-s}} * \varphi_s$, 并且利用

Hardy-Littlewood-Sobolev 不等式 (习题0.4.17).]

习题 6.4.32　利用习题6.4.31, 我们证明如下推论:

(1) 设 $s \in \left]0, \dfrac{n}{2}\right[$, $2 \leqslant p \leqslant \dfrac{2n}{n-2s}$, 则 $H^s(\mathbb{R}^n) \hookrightarrow L^p(\mathbb{R}^n)$;

[提示: 利用 $H^s(\mathbb{R}^n) \hookrightarrow L^2(\mathbb{R}^n)$.]

(2) 设 $p \in]1,2[$, 则 Lebesgue 空间 $L^p(\mathbb{R}^n) \hookrightarrow \dot{H}^s(\mathbb{R}^n)$, 其中 $s = n\left(\dfrac{1}{2} - \dfrac{1}{p}\right)$.

[提示: 利用对偶空间.]

习题6.4.33处理到 Hölder 空间的嵌入.

习题 6.4.33　我们希望证明如下命题: 设 $s > \dfrac{n}{2}$ 且 $s - \dfrac{n}{2}$ 不为整数, 则 $\dot{H}^s(\mathbb{R}^n)$ 嵌入

Hölder 空间 $C^{s-\frac{n}{2}}(\mathbb{R}^n)$, 且记 $k = \left[s - \dfrac{n}{2}\right]$, $\gamma = s - \dfrac{n}{2} - \left[s - \dfrac{n}{2}\right]$, 成立如下的不等式:

$$\sup_{|\alpha|=k} \sup_{x \neq y} \frac{|\partial^\alpha u(x) - \partial^\alpha u(y)|}{|x-y|^\gamma} \leqslant C_{n,s}\|u\|_{\dot{H}^s}.$$

(1) 设 $u \in \dot{H}^s(\mathbb{R}^n)$, 我们先证明 $s - \dfrac{n}{2}$ 的整数部分 $\left[s - \dfrac{n}{2}\right] = 0$ 的情况; 由于 $s > \dfrac{n}{2}$, 把 $\widehat{u}$ 分解为 $\widehat{u} = \chi_{B(0,1)}\widehat{u} + \chi_{B(0,1)^c}\widehat{u}$, 证明 $\chi_{B(0,1)}\widehat{u} \in L^1(\mathbb{R}^n)$, $\chi_{B(0,1)^c}\widehat{u} \in L^1(\mathbb{R}^n)$, 从而由 $\widehat{u} \in L^1(\mathbb{R}^n)$ 知 $u \in L^\infty(\mathbb{R}^n)$.

(2) 设 $\theta \in \mathscr{S}(\mathbb{R}^n)$ 满足 $\widehat{\theta} \in \mathscr{D}(\mathbb{R}^n)$, $0 \leqslant \widehat{\theta} \leqslant 1$, 且对任意的 $|\xi| \leqslant 1$ 成立 $\widehat{\theta}(\xi) = 1$; 取 A 为一待定常数, 对 $u \in L^1_{\text{loc}}(\mathbb{R}^n) \cap \dot{H}^s(\mathbb{R}^n)$ 作如下分解:

$$u = u_{l,A} + u_{h,A}, \quad u_{l,A} \stackrel{\text{def}}{=} \mathscr{F}^{-1}\big[\widehat{\theta}(A^{-1}\cdot)\widehat{u}\big] = CA^n\theta(A\cdot) * u.$$

证明

$$|u(x) - u(y)| \leqslant \|\nabla u_{l,A}\|_{L^\infty}|x-y| + 2\|u_{h,A}\|_{L^\infty} \leqslant C_s\big(|x-y|A^{1-\rho} + A^\rho\big)\|u\|_{\dot{H}^s}.$$

取 $A = |x-y|^{-1}$, 我们证明了 $\left[s - \dfrac{n}{2}\right] = 0$ 的情况.

[提示: 分高低频分别估计, 由 $u_{l,A}$ 的光滑性知可对 $u_{l,A}$ 用有限增量定理.]

(3) 在 (1), (2) 的基础上证明 $\left[s - \dfrac{n}{2}\right] \in \mathbb{N}_+$ 的情况, 从而完成定理的证明.

习题6.4.34至习题6.4.36处理 $\dot{H}^{\frac{n}{2}}(\mathbb{R}^n)$ 的极限情形.

习题 6.4.34　我们指出 $\dot{H}^{\frac{n}{2}}(\mathbb{R}^n) \not\subset L^\infty(\mathbb{R}^n)$. 现对 $n = 2$ 举一例. 设 φ 为光滑函数, 满足 $\operatorname{supp} \varphi \subset B(0,1)$, 而对任意 $x \in B\left(0, \dfrac{1}{2}\right)$, $\varphi(x) = 1$. 设 $u(x) = \varphi(x) \log(-\log|x|)$. 证明对 $x \in B\left(0, \dfrac{1}{4}\right)$ 时成立

$$|\partial_j u(x)| \leqslant \frac{C}{|x||\log|x||},$$

并且指出 $u \in \dot{H}^1(\mathbb{R}^2)$.

习题 6.4.35 (BMO 空间)　习题 6.4.34 已经指出 $\dot{H}^{\frac{n}{2}}(\mathbb{R}^n)$ 无法嵌入 $L^\infty(\mathbb{R}^n)$, 并且给出了在 $n = 2$ 时的一个反例. 这启发我们定义如下更广泛的空间:

局部可积函数 $f \in L^1_{\mathrm{loc}}(\mathbb{R}^n)$ 属于 BMO 空间若满足

$$\|f\|_{\mathrm{BMO}} \stackrel{\mathrm{def}}{=} \sup_{B(x_0,r) \in \mathbb{R}^n} \fint_{B(x_0,r)} |f - f_{B(x_0,r)}| \mathrm{d}x < \infty,$$

其中 $f_B \stackrel{\mathrm{def}}{=} \fint_B f \mathrm{d}x$.

注　BMO 是 "Bounded Mean Oscillations" 的缩写.

(1) 证明 $\|\cdot\|_{\mathrm{BMO}}$ 不是范数, 它是半范吗?　　　[提示: 考虑 f 为常数的情况.]

(2) 证明 $L^\infty(\mathbb{R}^n)$ 包含于 $\mathrm{BMO}(\mathbb{R}^n)$.

习题 6.4.36　我们希望证明, 空间 $L^1_{\mathrm{loc}}(\mathbb{R}^n) \cap \dot{H}^{\frac{n}{2}}(\mathbb{R}^n)$ 连续嵌入 BMO 空间, 进一步地, 对任意的 $u \in L^1_{\mathrm{loc}}(\mathbb{R}^n) \cap \dot{H}^{\frac{n}{2}}(\mathbb{R}^n)$, 存在常数 C 使得

$$\|u\|_{\mathrm{BMO}} \leqslant C\|u\|_{\dot{H}^{\frac{n}{2}}}.$$

(1) 我们沿用习题 6.4.33(2) 问对 u 的分解; 证明对任意的球 B 成立

$$\int_B |u - u_B| \frac{\mathrm{d}x}{|B|} \leqslant \|u_{l,A} - (u_{l,A})_B\|_{L^2(B,\frac{\mathrm{d}x}{|B|})} + \frac{2}{|B|^{\frac{1}{2}}} \|u_{h,A}\|_{L^2};$$

(2) 设 R 为球 B 的半径, 证明 $\|u_{l,A} - (u_{l,A})_B\|_{L^2(B,\frac{\mathrm{d}x}{|B|})} \leqslant CRA\|u\|_{\dot{H}^{\frac{n}{2}}}$;

(3) 结合 (1), (2) 问完成定理的证明.

C 思考题

思考题 6.4.37　为什么我们不考察 $\dfrac{1}{p} - \dfrac{k}{n} < 0$ 时的紧嵌入定理?

[提示: 考虑习题 6.4.20.]

思考题 6.4.38　思考: 紧嵌入定理是否可以对无界区域操作? 需要增加哪些条件?

思考题 6.4.39　思考: 迹算子与迹定理在解决微分方程的初边值问题上有什么作用?

[提示: 考虑第 5 章的 Dirichlet 问题.]

思考题 6.4.40　嵌入定理和迹定理能不能推广到一般的流形上面去?

思考题 6.4.41　对正则开集 $\Omega \subset \mathbb{R}^n$ 与 Sobolev 空间 $W^{m,p}(\Omega)$, 是否存在类似的迹定理? 关于 Sobolev 空间的进一步内容可以参阅 R. A. Adams 的专著 [2].

第 7 章 Littlewood-Paley 理论

历史上, Littlewood-Paley(下面简记为 L-P) 理论首先出现在一维 Fourier 级数的背景下 (见 J. E. Littlewood 和 R. Paley [30-32]), 以求在 L^p 空间中刻画 Fourier 变换的某种正交性. 但随着实变方法的发展, 整个理论逐渐独立于原先的复变方法, 并扩展到 $\mathbb{R}^n$ 上.

本章我们首先介绍频率空间 $\mathbb{R}^n$ 中的二进环形分解, 并利用这种分解来研究 Sobolev 空间与 Hölder 空间, 给出它们的 Littlewood-Paley 刻画.

7.1 二进环形分解与 Bernstein 引理

7.1.1 二进环形分解

我们先给出一些通用记号, 在接下来的两章中, 我们将不加说明地使用它们.

定义 7.1.1 (环形分解 $\{\mathscr{C}_j\}$) 设单位球 $B = B(0,1)$, 取 $\kappa > 1$, 定义环形 $\mathscr{C}_0$ 为

$$\mathscr{C}_0 \stackrel{\text{def}}{=\!\!=} \left\{ \xi \in \mathbb{R}^n : \kappa^{-1} \leqslant |\xi| \leqslant 2\kappa \right\}. \tag{7.1.1}$$

同样对 $j \in \mathbb{N}_+$, 定义 $\mathscr{C}_j$ 为

$$\mathscr{C}_j \stackrel{\text{def}}{=\!\!=} \left\{ \xi \in \mathbb{R}^n : 2^j \kappa^{-1} \leqslant |\xi| \leqslant 2^{j+1}\kappa \right\}. \tag{7.1.2}$$

显然

$$\mathbb{R}^n = B \cup \left(\bigcup_{j=0}^{\infty} \mathscr{C}_j \right).$$

选择恰当的 κ, 如取 $\kappa = \dfrac{4}{3}$, 可使

$$\mathscr{C}_{j-1} \cap \mathscr{C}_j \neq \varnothing, \quad B \cap \mathscr{C}_0 \neq \varnothing; \tag{7.1.3}$$

但

$$\mathscr{C}_j \cap \mathscr{C}_k = \varnothing, \text{ 若 } |j-k| \geqslant 2; \quad B \cap \mathscr{C}_j = \varnothing, \text{ 若 } j \geqslant 1. \tag{7.1.4}$$

命题 7.1.1 存在函数 $\chi, \varphi \in C^\infty(\mathbb{R}^n)$, 其满足 $0 \leqslant \chi, \varphi \leqslant 1$, 使得对任意 $\xi \in \mathbb{R}^n, j \geqslant 0$ 成立

(1) supp $\chi \subset B(0,1)$, supp $\varphi \subset \mathscr{C}_0$;

(2) $\chi(\xi) + \sum\limits_{\ell=0}^{j-1} \varphi(2^{-\ell}\xi) = \chi(2^{-j}\xi)$;

(3) $\chi(\xi) + \sum\limits_{\ell=0}^{\infty} \varphi(2^{-\ell}\xi) = 1$;

(4)(几乎正交性) $\dfrac{1}{2} \leqslant \chi^2(\xi) + \sum\limits_{j=0}^{\infty} \varphi^2(2^{-j}\xi) \leqslant 1$.

注 事实上, 亦成立如下的几乎正交性: 对任意的 $\xi \in \mathbb{R}^n \setminus \{0\}$, $\dfrac{1}{2} \leqslant$ $\sum\limits_{j\in\mathbb{Z}} \varphi^2(2^{-j}\xi) \leqslant 1$, 参见习题 7.4.24.

证明 取非增函数 $g(\tau) \in \mathscr{D}([0,\infty[)$ 使得 $0 \leqslant g(\tau) \leqslant 1$, 且

$$g(\tau) = \begin{cases} 1, & \text{若 } 0 \leqslant \tau \leqslant \kappa^{-1}, \\ 0, & \text{若 } \tau > 1. \end{cases}$$

我们定义 $\chi(\xi)$ 与 $\varphi(\xi)$ 如下:

$$\chi(\xi) \overset{\text{def}}{=\!=} g(|\xi|), \quad \varphi(\xi) \overset{\text{def}}{=\!=} \chi(2^{-1}\xi) - \chi(\xi). \tag{7.1.5}$$

注意到当 $|\xi| \leqslant \kappa^{-1}$ 时, $\chi(\xi) = 1$; 当 $|\xi| > 1$ 时, $\chi(\xi) = 0$. 而若 $|\xi| \leqslant 2\kappa^{-1}$, 则 $\chi(2^{-1}\xi) = 1$; 若 $|\xi| > 2$, 则 $\chi(2^{-1}\xi) = 0$, 故

$$\varphi(\xi) = \begin{cases} 0, & \text{若 } |\xi| \leqslant \kappa^{-1}, \\ 0, & \text{若 } |\xi| \geqslant 2. \end{cases}$$

因此 supp $\varphi \subset \mathscr{C}_0$, $\varphi(\xi) \geqslant 0$, 这样的构造满足 (1).

注意到对给定的 $\xi \in \mathbb{R}^n$, supp $\varphi(2^{-j}\xi) \subset \mathscr{C}_j$, 从而 $\sum\limits_{j=0}^{\infty} \varphi(2^{-j}\xi)$ 至多有两项不为 0. 又由 φ 的定义知, 对任意的 $j \in \mathbb{N}_+$ 成立

$$\chi(\xi) + \sum\limits_{\ell=0}^{j-1} \varphi(2^{-\ell}\xi) = \chi(2^{-j}\xi), \tag{7.1.6}$$

即是 (2).

下面我们证明 $\sum\limits_{j=0}^{\infty} \varphi(2^{-j}\xi) + \chi(\xi) = 1$. 事实上对任意的 $\xi \in \mathbb{R}^n$, 必存在 j 使得 $|\xi| \leqslant 2^j\kappa^{-1}$, 而由 (2) 知当 $|\xi| \leqslant 2^j\kappa^{-1}$ 时成立

$$\sum\limits_{\ell=0}^{\infty} \varphi(2^{-\ell}\xi) + \chi(\xi) = \sum\limits_{\ell=0}^{j} \varphi(2^{-\ell}\xi) + \chi(\xi) = \chi(2^{-(j+1)}\xi) = 1, \tag{7.1.7}$$

由此得 (3).

最后证明 (4). 注意到 $0 \leqslant \chi$, $\varphi_j \leqslant 1$, 故

$$\chi^2(\xi) + \sum_{j=0}^{\infty} \varphi^2(2^{-j}\xi) \leqslant \chi(\xi) + \sum_{j=0}^{\infty} \varphi(2^{-j}\xi) = 1.$$

而另一方面, 对给定的 ξ, $\chi(\xi) + \sum\limits_{j=0}^{\infty} \varphi(2^{-j}\xi)$ 中至多仅有两项不为 0, 故由 Cauchy 不等式知

$$\chi^2(\xi) + \sum_{j=0}^{\infty} \varphi^2(2^{-j}\xi) \geqslant \frac{1}{2}\left(\chi(\xi) + \sum_{j=0}^{\infty} \varphi(2^{-j}\xi)\right)^2 = \frac{1}{2}.$$

从而 (4) 证毕. □

注 显然如上分解并不唯一.

下面我们定义 (非齐次) 二进算子.

定义 7.1.2 (二进算子) 对任意 $u \in \mathscr{S}'(\mathbb{R}^n)$, 我们定义 $\Delta_j u$ 为

$$\Delta_j u \overset{\text{def}}{=\!=} \varphi(2^{-j}D)u, \quad j \in \mathbb{N}. \tag{7.1.8}$$

亦即

$$\mathscr{F}[\Delta_j u](\xi) = \varphi(2^{-j}\xi)\widehat{u}(\xi).$$

定义 $\Delta_{-1} u$ 为

$$\Delta_{-1} u \overset{\text{def}}{=\!=} \chi(D)u. \tag{7.1.9}$$

亦即

$$\mathscr{F}[\Delta_{-1} u](\xi) = \chi(\xi)\widehat{u}(\xi).$$

注 为方便起见, 定义 $\Delta_j u = 0$ 若 $j \leqslant -2$, 从而对任意 $j \in \mathbb{Z}$, 二进算子 Δ_j 有定义.

注意到若 $u \in \mathscr{S}'(\mathbb{R}^n)$, 对 $j \in \mathbb{N}$, $\chi(\xi)\widehat{u}(\xi)$, $\varphi(2^{-j}\xi)\widehat{u}(\xi) \in \mathscr{E}'(\mathbb{R}^n)$, 由 Paley-Wiener-Schwartz 定理知对任意 $j \in \mathbb{Z}$, $\Delta_j u$ 是整函数.

定义 7.1.3 (二进环形分解 (Littlewood-Paley 分解)) 对任意的 $u \in \mathscr{S}'$ $(\mathbb{R}^n)$, 称下述的分解为 u 的二进环形分解或 Littlewood-Paley 分解 (简记为 L-P 分解):

$$u = \Delta_{-1} u + \sum_{j=0}^{\infty} \Delta_j u. \tag{7.1.10}$$

7.1.2 Bernstein 引理

为利用二进分解来刻画包括 Sobolev 空间与 Hölder 空间在内的一系列函数空间, 我们先介绍重要的 Bernstein 引理.

定理 7.1.2 (Bernstein 引理) 设 $r_2 > r_1$, 则存在常数 C, 使得对任意正整数 k, 实数 a, b 满足 $b \geqslant a \geqslant 1$, 以及任意 $u \in L^a(\mathbb{R}^n)$ 成立:

(1) 若 supp $\widehat{u} \in B(0, r_1\lambda)$, 则

$$\max_{|\alpha|=k} \|D_x^\alpha u\|_{L^b} \leqslant C^k \lambda^{|\alpha|+n(\frac{1}{a}-\frac{1}{b})} \|u\|_{L^a}. \tag{7.1.11}$$

(2) 若 supp $\widehat{u} \in \mathscr{C}(0, r_1\lambda, r_2\lambda)$, 其中 $\mathscr{C}(0, r_1\lambda, r_2\lambda)$ 是以 0 为中心, $r_1\lambda$ 为内径, 以 $r_2\lambda$ 为外径的环, 则

$$C^{-k}\lambda^k \|u\|_{L^a} \leqslant \max_{|\alpha|=k} \|D_x^\alpha u\|_{L^a} \leqslant C^k \lambda^k \|u\|_{L^a}. \tag{7.1.12}$$

注 $a = 2$ 时由 Parseval 等式 知上述引理成立.

证明 (1) 取 $\theta \in \mathscr{D}(\mathbb{R}^n)$, 满足当 $\xi \in B(0, r_1)$ 时成立 $\theta(\xi) = 1$, 故而当 $\xi \in B(0, \lambda r_1)$ 时成立 $\theta(\lambda^{-1}\xi) = 1$. 由于 supp $\widehat{u} \in B(0, \lambda r_1)$ 知 $\widehat{u}(\xi) = \theta(\lambda^{-1}\xi)\widehat{u}(\xi)$, 从而

$$u(x) = (2\pi)^{-\frac{n}{2}} \lambda^n \int_{\mathbb{R}^n} \mathscr{F}^{-1}[\theta]\big(\lambda(x-y)\big)u(y)\mathrm{d}y.$$

因为 $\mathscr{F}^{-1}\left[f\left(\dfrac{\xi}{\lambda}\right)\right] = \lambda^n \mathscr{F}^{-1}[f](\lambda x)$.

由 Paley-Wiener-Schwartz 定理知 $\mathscr{F}^{-1}[\theta]$ 是一个整函数, 故而

$$D^\alpha u(x) = (2\pi)^{-\frac{n}{2}} \lambda^{n+|\alpha|} \int_{\mathbb{R}^n} D^\alpha \big(\mathscr{F}^{-1}[\theta](\lambda(x-y))\big)u(y)\mathrm{d}y.$$

由于 $b \geqslant a$ 知存在 $c \in [1, \infty[$, 使得 $\dfrac{1}{b} = \dfrac{1}{c} + \dfrac{1}{a} - 1$, 因此应用 Young 不等式得到

$$\begin{aligned}
\|D^\alpha u\|_{L^b} &\leqslant \lambda^{n+|\alpha|} C \big\|\mathscr{F}^{-1}[\theta]^{(\alpha)}(\lambda \cdot)\big\|_{L^c} \|u\|_{L^a} \\
&= \lambda^{n+|\alpha|-\frac{n}{c}} C \big\|\mathscr{F}^{-1}[\theta]^{(\alpha)}\big\|_{L^c} \|u\|_{L^a}. \tag{7.1.13}
\end{aligned}$$

注意到 $c \in [1, \infty[$, 故存在适当的 $\delta \in [0, 1]$, 使得

$$\begin{aligned}
\|\mathscr{F}^{-1}[\theta]^{(\alpha)}\|_{L^c} &\leqslant C \|\mathscr{F}^{-1}[\theta]^{(\alpha)}\|_{L^1}^{\delta} \|\mathscr{F}^{-1}[\theta]^{(\alpha)}\|_{L^\infty}^{1-\delta} \\
&\leqslant C\big(\|\mathscr{F}^{-1}[\theta]^{(\alpha)}\|_{L^1} + \|\mathscr{F}^{-1}[\theta]^{(\alpha)}\|_{L^\infty}\big). \\
&\leqslant C\big\|(1+|x|^2)^n D_x^\alpha \mathscr{F}^{-1}[\theta]\big\|_{L^\infty} \\
&\leqslant C\big\|(\mathrm{Id}-\Delta)^n (\xi^\alpha \theta)\big\|_{L^1} \leqslant C^k.
\end{aligned}$$

结合(7.1.13)式证毕(7.1.11)式.

(2) 右端不等式是显然的, 我们在(7.1.11)式中取 $b = a$ 即可.

下面处理不等式(7.1.12)的左端. 记 $\mathbb{S}^n$ 为 n 维的单位球面, 我们知道存在 $\theta_j \in C^\infty(\mathbb{S}^{n-1}), 1 \leqslant j \leqslant n$, 使得在 $\operatorname{supp} \theta_j$ 中成立 $\xi_j \neq 0$, 且对任意的 $\xi \in \mathbb{S}^{n-1}$ 成立 $\sum\limits_{j=1}^{n} \theta_j(\xi) = 1$. 我们可以延拓 θ_j 到 $\mathbb{R}^n \setminus \{0\}$ 上, 使之成为 $\mathbb{R}^n$ 中的零阶齐次函数, 记为 θ_j, 亦即

$$\theta_j(\xi) = \theta_j\left(\frac{\xi}{|\xi|}\right).$$

从而对任意的 $\xi \in \mathbb{R}^n \setminus \{0\}$, 成立 $\sum\limits_{j=1}^{n} \theta_j(\xi) = 1$.

取 $\phi \in \mathscr{D}(\mathbb{R}^n \setminus \{0\})$, 使得当 $\xi \in \mathscr{C}(0, r_1, r_2)$ 时成立 $\phi(\xi) = 1$. 故而当 $\xi \in \mathscr{C}(0, r_1\lambda, r_2\lambda)$ 时成立 $\phi(\lambda^{-1}\xi) = 1$, 且

$$\widehat{u}(\xi) = \sum_{j=1}^{n} \theta_j(\xi)\widehat{u}(\xi)\phi\left(\frac{\xi}{\lambda}\right) = \sum_{j=1}^{n} \phi\left(\frac{\xi}{\lambda}\right)\frac{\theta_j(\xi)}{\xi_j^k}\mathscr{F}[D_j^k u](\xi).$$

我们记 $\psi_{j,k}(\xi) \overset{\text{def}}{=\!=} \phi(\xi)\dfrac{\theta_j(\xi)}{\xi_j^k}$, $\operatorname{supp} \psi_{j,k} \subset \mathscr{D}(\mathbb{R}^n \setminus \{0\})$, 因此

$$\widehat{u}(\xi) = \sum_{j=1}^{n} \lambda^{-k}\psi_{j,k}\left(\frac{\xi}{\lambda}\right)\mathscr{F}[D_j^k u](\xi).$$

即

$$\lambda^k u(x) = (2\pi)^{-\frac{n}{2}} \sum_{j=1}^{n} \lambda^n \mathscr{F}^{-1}[\psi](\lambda \cdot) * D_j^k u(x).$$

利用 Young 不等式, 得到

$$\lambda^k \|u\|_{L^a} \leqslant C \sum_{j=1}^{n} \left\|\lambda^n \mathscr{F}^{-1}[\psi](\lambda\cdot)\right\|_{L^1}\left\|D_j^k u\right\|_{L^a} \leqslant C \sup_{|\alpha|=k}\left\|D^\alpha u\right\|_{L^a},$$

(7.1.12)式证毕. □

7.2　Sobolev 空间的 L-P 刻画

在本节中, 我们把 L-P 分解应用到 Sobolev 空间 $H^s(\mathbb{R}^n)$ 的刻画上.

定理 7.2.1　设 $s \in \mathbb{R}$, 对任意的 $u \in H^s(\mathbb{R}^n)$, 存在 $\{c_j\}_{j \geqslant -1} \in \ell^2$ 满足 $\sum\limits_{j \geqslant -1}^{\infty} c_j^2 = 1$, 使得对任意的 $j \in \mathbb{Z}$, 成立

$$|\Delta_j u|_0 \leqslant C c_j |u|_s 2^{-js},$$

其中 $\{c_j\}_{j \geqslant -1}$ 为依赖于 u 的数列, 而 C 为仅仅依赖于 κ 的常数.

证明　注意到 $0 \leqslant \chi, \varphi \leqslant 1$, 则由命题 7.1.1 知

$$\begin{aligned}
|u|_s^2 &= \int_{\mathbb{R}^n} \langle \xi \rangle^{2s} |\widehat{u}(\xi)|^2 \mathrm{d}\xi \\
&\geqslant \int_{\mathbb{R}^n} \left(\chi^2(\xi) + \sum_{j=0}^{\infty} \varphi^2(2^{-j}\xi) \right) \langle \xi \rangle^{2s} |\widehat{u}(\xi)|^2 \mathrm{d}\xi \\
&= \sum_{j=0}^{\infty} \int_{\mathbb{R}^n} \langle \xi \rangle^{2s} \big| \varphi(2^{-j}\xi) \widehat{u}(\xi) \big|^2 \mathrm{d}\xi + \int_{\mathbb{R}^n} \chi^2(\xi) \langle \xi \rangle^{2s} |\widehat{u}(\xi)|^2 \mathrm{d}\xi \\
&= \sum_{j=0}^{\infty} \int_{\mathscr{C}_j} \langle \xi \rangle^{2s} \big| \mathscr{F}[\Delta_j u](\xi) \big|^2 \mathrm{d}\xi + \int_B \langle \xi \rangle^{2s} \big| \mathscr{F}[\Delta_{-1} u](\xi) \big|^2 \mathrm{d}\xi.
\end{aligned}$$

当 $j \in \mathbb{N}$ 时, 注意到 $\mathscr{C}_j = 2^j \mathscr{C}_0$, 故对任意 $\xi \in \mathscr{C}_j$, 成立 $\kappa^{-1} 2^j \leqslant |\xi| \leqslant \kappa 2^{j+1}$, 从而

$$\kappa^{-2} 2^{2j} \leqslant \langle \xi \rangle^2 \leqslant \kappa^2 2^{2(j+1)}.$$

当 $j = -1$ 时, 注意到 χ 是紧支集的, 故存在仅仅与 s 相关的常数 C, 满足

$$C|u|_s^2 \geqslant \left(|\Delta_{-1} u|_0^2 + \sum_{j=0}^{\infty} 2^{2js} |\Delta_j u|_0^2 \right) \geqslant C^{-1} |u|_s^2,$$

特别地, 我们得到

$$2^{js} |\Delta_j u|_0 \leqslant C c_j |u|_s, \quad \sum_{j \geqslant -1} c_j^2 < \infty.$$

由此定理证毕.　　　　　　　　　　　　　　　　　　　　　　　　　　□

注　在正文 (不包括习题) 中我们不涉及齐次 Sobolev 空间 $\dot{H}^s(\mathbb{R}^n)$ 的 L-P 分解, 为方便起见, 下面简记 $\mathscr{C}_{-1} = B = B(0, 1)$. 但是注意在齐次分解中, $\mathscr{C}_{-1}$ 有另外的意义, 参见相关习题. 同时我们总是记 $\{c_j\}_{j \geqslant -1} \in \ell^2$ 为 ℓ^2 中某一通用元素, 使得 $\sum\limits_{j \geqslant -1}^{\infty} c_j^2 = 1$.

由于一个 $\mathscr{S}'(\mathbb{R}^n)$ 分布的 L-P 分解不是唯一的, 下面的定理说明 Sobolev 范数的选取不依赖 L-P 分解中函数 χ 与 φ 的选取.

定理 7.2.2　设 $s \in \mathbb{R}$, 若 $L^2(\mathbb{R}^n)$ 中函数列 $\{u_j\}_{j \geqslant -1}$ 具有如下性质:

(1) supp $\widehat{u}_j \subset C_j$, 其中 C_{-1} 是 $\mathbb{R}^n$ 中以原点为圆心的球, 对 $j \in \mathbb{N}$, C_j 为半径等价于 2^j 的任一环形, 且满足 $\mathbb{R}^n = \bigcup\limits_{j=-1}^{\infty} C_j$ 及如下有限相交性:

$$\text{存在 } N_0 \in \mathbb{N}, \text{ 使得 } C_j \cap C_k = \varnothing \text{ 若 } |j - k| > N_0.$$

(2) 存在 M 使得 $|u_j|_0 \leqslant C c_j 2^{-js} M$.

则 $u \overset{\text{def}}{=\!=} \sum\limits_{j=-1}^{\infty} u_j \in H^s(\mathbb{R}^n)$, 且 $|u|_s \leqslant CM$, 其中常数 C 与 u, M 无关.

证明　注意到 $\mathbb{R}^n = \bigcup\limits_{j=-1}^{\infty} C_j$, 故而由环形分解的有限相交性知成立

$$|u|_s^2 = \int_{\mathbb{R}^n} \langle \xi \rangle^{2s} |\widehat{u}(\xi)|^2 \mathrm{d}\xi \leqslant \sum_{\ell \geqslant -1} \int_{C_\ell} \langle \xi \rangle^{2s} |\widehat{u}(\xi)|^2 \mathrm{d}\xi$$

$$= \sum_{\ell \geqslant -1} \int_{C_\ell} \langle \xi \rangle^{2s} \left| \sum_{j \geqslant -1} \widehat{u}_j(\xi) \right|^2 \mathrm{d}\xi$$

$$= \sum_{\ell \geqslant -1} \int_{C_\ell} \langle \xi \rangle^{2s} \left| \sum_{|j-\ell| \leqslant N_0} \widehat{u}_j(\xi) \right|^2 \mathrm{d}\xi.$$

由 Cauchy 不等式以及在环 C_j 中 $\langle \xi \rangle^{2s} \sim 2^{2js}$ 知

$$|u|_s^2 \leqslant C \sum_{\ell \geqslant -1} \int_{C_\ell} \langle \xi \rangle^{2s} \sum_{|j-\ell| \leqslant N_0} |\widehat{u}_j(\xi)|^2 \mathrm{d}\xi = C \sum_{\ell \geqslant -1} \sum_{|j-\ell| \leqslant N_0} \int_{C_j} \langle \xi \rangle^{2s} |\widehat{u}_j(\xi)|^2 \mathrm{d}\xi$$

$$\leqslant C \sum_{j \geqslant -1} \int_{\mathbb{R}^n} 2^{2js} |\widehat{u}_j(\xi)|^2 \mathrm{d}\xi \leqslant C \sum_{j \geqslant -1} c_j^2 M^2 \leqslant CM^2.$$

因此 $u \in H^s(\mathbb{R}^n)$, 且 $|u|_s \leqslant CM$, 定理证毕.　　　　　　　　　　　□

注　对 $u \in \mathscr{S}'(\mathbb{R}^n)$, 上述定理表明 $u \in H^s(\mathbb{R}^n)$, $s \in \mathbb{R}$ 当且仅当 $u = \sum\limits_{j=-1}^{\infty} u_j$ 满足定理 7.2.2 中条件, 故 $u \in H^s(\mathbb{R}^n)$ 中范数 $|u|_s^2 \sim \sum\limits_{j=-1}^{\infty} 2^{js} |u_j|_0^2$.

事实上, 对 $s > 0$, 我们可以放宽条件如下:

定理 7.2.3 设 $s > 0$, $u \in \mathscr{S}'(\mathbb{R}^n)$, 则如下论断等价:

(1) $u \in H^s(\mathbb{R}^n)$;

(2) 存在分解 $u = \sum\limits_{j \geqslant -1} w_j$, 其中 w_j 满足 supp $\widehat{w}_j \subset B(0, 2^{j+1}\kappa)(\kappa > 1)$, $|w_j|_0$
$\leqslant Cc_j 2^{-js}$;

(3) 存在分解 $u = \sum\limits_{j \geqslant -1} w_j$, 以及自然数 $m > s$, 使得 $w_j \in C^m(\mathbb{R}^n)$, 且对任意
的重指标 α 满足 $|\alpha| \leqslant m$, 成立 $|D^\alpha w_j|_0 \leqslant C_{j,\alpha} 2^{-js+j|\alpha|}$, $\sum\limits_{j=-1}^{\infty} C_{j,\alpha}^2 < \infty$.

证明 (1) $\Rightarrow$ (2): 由于 $\mathscr{C}_j \subset B(0, 2^{j+1}\kappa)$, 由定理 7.2.2 知这是显然的.

(2) $\Rightarrow$ (3): 取 $\theta \in \mathscr{D}(B(0, 4\kappa))$, 使得 $\theta(\xi) = 1$, $|\xi| \leqslant 2\kappa$, 从而在 $B(0, \kappa 2^{j+1})$ 中成立 $\theta(2^{-j}\xi) = 1$, $\widehat{w}_j(\xi) = \theta(2^{-j}\xi)\widehat{w}_j(\xi)$. 故而

$$w_j(x) = (2\pi)^{-\frac{n}{2}} 2^{jn} \mathscr{F}^{-1}[\theta](2^j \cdot) * w_j.$$

由卷积的性质知

$$D^\alpha w_j(x) = (2\pi)^{-\frac{n}{2}} 2^{j(n+|\alpha|)} (D^\alpha \mathscr{F}^{-1}[\theta])(2^j \cdot) * w_j.$$

应用 Young 不等式以及 (2) 给出的条件, 知

$$|D^\alpha w_j|_0 \leqslant C 2^{j|\alpha|} \|2^{jn} D^\alpha \mathscr{F}^{-1}[\theta](2^j \cdot)\|_{L^1} \|w_j\|_{L^2}$$
$$= C 2^{j|\alpha|} \|D^\alpha \mathscr{F}^{-1}[\theta]\|_{L^1} \|w_j\|_{L^2} \leqslant Cc_j 2^{-j(s-|\alpha|)}.$$

(3) $\Rightarrow$ (1): 我们首先应用 Cauchy 不等式知, 任给 $N \in \mathbb{N}$, 若诸 $b_j > 0$, $1 \leqslant j \leqslant N$, 则成立

$$\left(\sum_{j \leqslant N} a_j\right)^2 \leqslant \left(\sum_{j \leqslant N} b_j^{-1}\right)\left(\sum_{j \leqslant N} b_j a_j^2\right).$$

特别地, 取 b_j 为

$$b_j = 2^{2js}(1 + 2^{-2jm}\langle\xi\rangle^{2m}).$$

注意到对任意的 $\xi \in \mathbb{R}^n$, 存在 j_0 使得 $2^{j_0} \leqslant \langle\xi\rangle \leqslant 2^{j_0+1}$, 当 $j \leqslant j_0$ 时成立

$$b_j^{-1} = 2^{-2js}(1 + 2^{-2jm}\langle\xi\rangle^{2m})^{-1} \leqslant 2^{-2js}(2^{-2jm}\langle\xi\rangle^{2m})^{-1} = 2^{2j(m-s)}\langle\xi\rangle^{-2m};$$

当 $j \geqslant j_0$ 时, 由于 $(1 + 2^{-2jm}\langle\xi\rangle^{2m})^{-1} \leqslant 1$, 故

$$b_j^{-1} = 2^{-2js}(1 + 2^{-2jm}\langle\xi\rangle^{2m})^{-1} \leqslant 2^{-2js}.$$

从而由 $s < m$ 知成立

$$
\begin{aligned}
\sum_{j \leqslant N} b_j^{-1} &= \sum_{j \leqslant j_0} b_j^{-1} + \sum_{j \geqslant j_0} b_j^{-1} \leqslant \sum_{j \leqslant j_0} 2^{2j(m-s)} \langle \xi \rangle^{-2m} + \sum_{j \geqslant j_0} 2^{-2js} \\
&\leqslant C \langle \xi \rangle^{-2m} 2^{2j_0(m-s)} + C 2^{-2j_0 s} \quad (2^{j_0} \sim \langle \xi \rangle) \\
&\leqslant C \langle \xi \rangle^{-2s}.
\end{aligned}
$$

故而对任意 ξ 成立

$$
\begin{aligned}
\left(\sum_{j \leqslant N} \widehat{w}_j(\xi) \right)^2 &\leqslant \left(\sum_{j \leqslant N} b_j^{-1} \right) \left(\sum_{j \leqslant N} b_j |\widehat{w}_j(\xi)|^2 \right) \\
&\leqslant C \langle \xi \rangle^{-2s} \left(\sum_{j \leqslant N} 2^{2js} \left(1 + 2^{-2jm} \langle \xi \rangle^{2m} \right) |\widehat{w}_j(\xi)|^2 \right).
\end{aligned}
$$

由此推得

$$
\begin{aligned}
&\int_{\mathbb{R}^n} \langle \xi \rangle^{2s} \left(\sum_{j \leqslant N} \widehat{w}_j(\xi) \right)^2 \mathrm{d}\xi \\
&\leqslant \sum_{j \leqslant N} 2^{2js} \int_{\mathbb{R}^n} \left(1 + 2^{-2jm} \langle \xi \rangle^{2m} \right) |\widehat{w}_j(\xi)|^2 \mathrm{d}\xi \\
&\leqslant \sum_{j \geqslant -1} 2^{2j(s-m)} \int_{\mathbb{R}^n} \left(|\mathscr{F}[w_j](\xi)|^2 + \sum_{|\alpha|=m} |\mathscr{F}[D^\alpha w_j](\xi)|^2 \right) \mathrm{d}\xi \\
&\quad + 2^{2js} \sum_{j \geqslant -1} \int_{\mathbb{R}^n} |\widehat{w}_j(\xi)|^2 \mathrm{d}\xi. \tag{7.2.1}
\end{aligned}
$$

由条件 (3) 知当 $\alpha = 0$ 时成立 $|w_j|_0 \leqslant C_{j,0} 2^{-js}$; 当 $|\alpha| = m$ 时成立 $|D^\alpha w_j|_0 \leqslant C_{j,m} 2^{-j(s-m)}$, 亦即存在 M_1, $M_2 < \infty$, 使得

$$
\sum_{j \geqslant -1} 2^{2js} |w_j|_0^2 \leqslant M_1, \quad \sum_{j \geqslant -1} 2^{2j(s-m)} |D^\alpha w_j|_0^2 \leqslant M_2.
$$

将上式代入 (7.2.1)知

$$
\int_{\mathbb{R}^n} \langle \xi \rangle^{2s} \left(\sum_{j \leqslant N} \widehat{w}_j(\xi) \right)^2 \mathrm{d}\xi \leqslant M_1 + M_2.
$$

令 $N \to \infty$, 由 Fatou 引理知

$$
\int_{\mathbb{R}^n} \langle \xi \rangle^{2s} \left(\sum_{j=-1}^{\infty} \widehat{w}_j(\xi) \right)^2 \mathrm{d}\xi \leqslant M_1 + M_2.
$$

从而 $u = \sum\limits_{j \geqslant -1} w_j \in H^s(\mathbb{R}^n)$ 且 $|u|_s \leqslant C(M_1 + M_2)$. $\qquad\qquad$ □

注 (1) 此处条件 $s > 0$ 是必要的.

(2) 下面记

$$h \stackrel{\text{def}}{=\!=} (2\pi)^{-\frac{n}{2}} \mathscr{F}^{-1}[\varphi], \quad \widetilde{h} \stackrel{\text{def}}{=\!=} (2\pi)^{-\frac{n}{2}} \mathscr{F}^{-1}[\chi],$$

则若 $u \in L^1(\mathbb{R}^n)$, 成立

$$\Delta_{-1}u = \chi(D)u = \mathscr{F}^{-1}[\chi(\xi)\widehat{u}(\xi)] = \int_{\mathbb{R}^n} \widetilde{h}(y)u(x-y)\mathrm{d}y;$$

若 $j \geqslant 0$, $\Delta_j u = \varphi(2^{-j}D)u = 2^{jn} \int_{\mathbb{R}^n} h(2^j y)u(x-y)\mathrm{d}y$; 若 $j \leqslant -2$, $\Delta_j u = 0$;

部分和 $S_j u \stackrel{\text{def}}{=\!=} \sum\limits_{\ell \leqslant j-1} \Delta_\ell u = \chi(2^{-jn}D)u = 2^{jn} \int_{\mathbb{R}^n} \widetilde{h}(2^j y)u(x-y)\mathrm{d}y.$

最后, 作为本节的结束, 我们考虑下面的定理作为 L-P 刻画的一个应用, 其为 Sobolev 嵌入定理的一个推广.

定理 7.2.4 设 $n > k \geqslant 1$, $s > \dfrac{k}{2}$, 则 $H^s(\mathbb{R}^n) \hookrightarrow L^\infty(\mathbb{R}^k, H^{s-\frac{k}{2}}(\mathbb{R}^{n-k}))$, 且 存在常数 C, 使得对任意的 $u \in H^s(\mathbb{R}^n)$ 成立

$$\|u\|_{L^\infty\left(\mathbb{R}^k, H^{s-\frac{k}{2}}(\mathbb{R}^{n-k})\right)} \leqslant \frac{C}{s - \dfrac{k}{2}} |u|_s. \tag{7.2.2}$$

注 此处 $\|u\|_{L^\infty\left(\mathbb{R}^k, H^{s-\frac{k}{2}}(\mathbb{R}^{n-k})\right)} = \operatorname*{esssup}\limits_{x' \in \mathbb{R}^k} \big|u(x', \cdot)\big|_{H^{s-\frac{k}{2}}(\mathbb{R}^{n-k})}.$

证明 我们取 $\breve{\varphi} \in \mathscr{D}(\mathbb{R}^n \setminus \{0\})$, 使得对任意 $\xi \in \operatorname{supp} \varphi$ 成立 $\breve{\varphi}(\xi) = 1$, 因此

$$\Delta_j u = (2\pi)^{-\frac{n}{2}} \int e^{-ix\cdot\xi} \varphi(2^{-j}\xi)\breve{\varphi}(2^{-j}\xi)\widehat{u}(\xi)\mathrm{d}\xi.$$

记 $\breve{\Delta}_j u \stackrel{\text{def}}{=\!=} \breve{\varphi}(2^{-j}D)u$, 从而当 $j \geqslant 0$ 时成立

$$\Delta_j u(x) = (2\pi)^{-\frac{n}{2}} \int e^{-ix\cdot\xi} \varphi(2^{-j}\xi)\mathscr{F}\big[\breve{\Delta}_j u\big]\mathrm{d}\xi = 2^{jn} \int_{\mathbb{R}^n} h\big(2^j(x-y)\big)\breve{\Delta}_j u(y)\mathrm{d}y.$$

应用 Hölder 不等式得到

$$|\Delta_j u(x)|^2 \leqslant 2^{2jn} \int_{\mathbb{R}^n} \big|h\big(2^j(x-y)\big)\big|\mathrm{d}y \int_{\mathbb{R}^n} \big|h\big(2^j(x-y)\big)\big|\,|\breve{\Delta}_j u(y)|^2\mathrm{d}y,$$

由于 $h \in \mathscr{S}(\mathbb{R}^n)$ 知 $\|h\|_{L^1} < \infty$, 故

$$\left|\Delta_j u(x)\right|^2 \leqslant C2^{jn} \int_{\mathbb{R}^n} \left|h\big(2^j(x-y)\big)\right|\left|\breve{\Delta}_j u(y)\right|^2 \mathrm{d}y.$$

记 $x = (x', x'')$, 其中 $x' \in \mathbb{R}^k$, $x'' \in \mathbb{R}^{n-k}$, 我们对上式积分并应用 Fubini 定理得到

$$\int_{\mathbb{R}^{n-k}} \left|\Delta_j u(x', x'')\right|^2 \mathrm{d}x''$$

$$\leqslant C2^{jn} \int_{\mathbb{R}^{n-k}} \int_{\mathbb{R}^n} \left|h\big(2^j(x'-y'), 2^j(x''-y'')\big)\right|\left|\breve{\Delta}_j u(y)\right|^2 \mathrm{d}y\,\mathrm{d}x''$$

$$\leqslant 2^{jk} \int_{\mathbb{R}^n} \int_{\mathbb{R}^{n-k}} \left|h\big(2^j(x'-y)', z''\big)\right| \mathrm{d}z'' \left|\breve{\Delta}_j u(y)\right|^2 \mathrm{d}y,$$

其中 $z'' = 2^j(x'' - y'')$. 而且 $h \in \mathscr{S}(\mathbb{R}^n)$ 保证了

$$\sup_{x' \in \mathbb{R}^k} \int |h(x', x'')| \mathrm{d}x'' < M.$$

因此

$$\int_{\mathbb{R}^{n-k}} \left|\Delta_j u(x', x'')\right|^2 \mathrm{d}x'' \leqslant 2^{jk} M \int_{\mathbb{R}^n} |\breve{\Delta}_j u(y)|^2 \mathrm{d}y.$$

此即

$$\left\|\Delta_j u(x', \cdot)\right\|_{L^2(\mathbb{R}^{n-k})} \leqslant C2^{j\frac{k}{2}} \left|\breve{\Delta}_j u\right|_0.$$

注意到 $\mathrm{supp}\,\mathscr{F}[\breve{\Delta}_j u] \subset 2^j \mathscr{C}$, 此处 $\mathscr{C}$ 是一个环, 易知若 $\mathrm{supp}\,\mathscr{F}[\breve{\Delta}_j u] \cap \mathrm{supp}\,\widehat{\Delta_{j'} u} \neq \varnothing$, 则存在 N_0, 使得 $|j - j'| \leqslant N_0$. 故而

$$\left\|\Delta_j u(x', \cdot)\right\|_{L^2(\mathbb{R}^{n-k})} \leqslant C2^{j\frac{k}{2}} \sum_{|j-j'| \leqslant N_0} \left|\Delta_{j'} u\right|_0.$$

应用定理 7.2.2 知

$$\left\|\Delta_j u(x', \cdot)\right\|_{L^2(\mathbb{R}^{n-k})} \leqslant C2^{j(\frac{k}{2}-s)} \sum_{|j-j'| \leqslant N_0} c_{j'} |u|_s 2^{-(j'-j)s}.$$

注意到

$$\sum_{|j'-j| \leqslant N_0} c_{j'} |u|_s 2^{-(j'-j)s} = \left[(c_{j'}) * \big(2^{j's}\big|_{|j'| \leqslant N_0}\big)\right](j).$$

而 $(c_{j'}) \in \ell^2$, $\big(2^{j's}\big|_{|j'| \leqslant N_0}\big) \in \ell^1$, 故 $\left[(c_{j'}) * \big(2^{j's}\big|_{|j'| \leqslant N_0}\big)\right](j) \in \ell^2$.

从而

$$\left\|\Delta_j u(x', \cdot)\right\|_{L^2(\mathbb{R}^{n-k})} \leqslant C c_j 2^{-j(s-\frac{k}{2})}|u|_s.$$

另一方面

$$\operatorname{supp} \mathscr{F}_{x''}\left[\Delta_j u(x', x'')(\xi'')\right] \subset 2^j B(0, 2\kappa),$$

这样由 $s > \dfrac{k}{2}$ 以及定理 7.2.2 知(7.2.2)式成立, 从而命题证毕. $\square$

7.3 Hölder 空间及其 L-P 刻画

在第 6 章讲授 Sobolev 嵌入定理时, 我们已经引入了 Hölder 空间 (定义 6.1.1), 本节我们主要介绍 Hölder 空间的 L-P 刻画.

定理 7.3.1 (Hölder 空间的 L-P 刻画)   设 $\rho > 0$, 且 $\rho \notin \mathbb{N}$, $u \in C^\rho(\mathbb{R}^n)$, $u = \sum\limits_{j \geqslant -1} \Delta_j u$ 为 u 的 L-P 分解, 则成立

$$\|\Delta_j u\|_{L^\infty} \leqslant C 2^{-j\rho}\|u\|_\rho.$$

证明   注意到

$$\widehat{\Delta_{-1} u} = \chi(\xi)\hat{u}(\xi), \ \Delta_{-1} u = (2\pi)^{-\frac{n}{2}} \mathscr{F}^{-1}[\chi] * u = \widetilde{h} * u, \quad \widetilde{h} \in \mathscr{S}(\mathbb{R}^n) \subset L^1(\mathbb{R}^n).$$

则由 Young 不等式知

$$\|\Delta_{-1} u\|_{L^\infty} \leqslant \|\widetilde{h}\|_{L^1}\|u\|_{L^\infty} \leqslant C\|u\|_\rho.$$

而对 $j \geqslant 0$ 时, 回忆 $h \overset{\text{def}}{=\!=} (2\pi)^{-\frac{n}{2}} \mathscr{F}^{-1}[\varphi]$, 则

$$\Delta_j u = 2^{jn} \int_{\mathbb{R}^n} h\left(2^j(x-y)\right) u(y)\mathrm{d}y = \int_{\mathbb{R}^n} h(y) u(x - 2^{-j} y)\mathrm{d}y.$$

考虑到 $\operatorname{supp} \varphi$ 的性质, 我们知道对任意重指标 α 成立

$$\int_{\mathbb{R}^n} y^\alpha h(y)\mathrm{d}y = (2\pi)^{\frac{n}{2}} D^\alpha \varphi(0) = 0.$$

于是对 $u(x - 2^{-j} y)$ 用 Taylor 展开求取 Lagrange 余项, 知

$$|\Delta_j u| = \left| \int_{\mathbb{R}^n} h(y) \left(u(x - 2^{-j}y) - \sum_{|\alpha| \leqslant [\rho]} \frac{1}{\alpha!} \partial^\alpha u(x)(-2^{-j}y)^\alpha \right) \mathrm{d}y \right|$$

$$= \left| \int_{\mathbb{R}^n} h(y)[\rho] \sum_{|\alpha|=[\rho]} \frac{1}{\alpha!} \int_0^1 \left[\partial^\alpha u\big(s(x - 2^{-j}y) + (1-s)x\big) - \partial^\alpha u(x) \right] \right.$$

$$\left. \cdot (-2^{-j}y)^\alpha \mathrm{d}s\, \mathrm{d}y \right|$$

$$\leqslant \int_{\mathbb{R}^n} |h(y)|[\rho] \sum_{|\alpha|=[\rho]} \frac{1}{\alpha!} \int_0^1 \left| \frac{\partial^\alpha u\big(s(x - 2^{-j}y) + (1-s)x\big) - \partial^\alpha u(x)}{|2^{-j}ys|^{\rho-[\rho]}} \right|$$

$$\cdot |2^{-j}y|^{[\rho]} |2^{-j}ys|^{\rho-[\rho]} \mathrm{d}s\, \mathrm{d}y$$

$$\leqslant C \int_{\mathbb{R}^n} |h(y)| \int_0^1 \|D^{[\rho]}u\|_{\rho-[\rho]} (2^{-j}y)^\rho s^{\rho-[\rho]} \mathrm{d}s\, \mathrm{d}y.$$

由于 $h \in \mathscr{S}(\mathbb{R}^n)$, 故 $y^\rho h(y) \in \mathscr{S}(\mathbb{R}^n) \in L^1(\mathbb{R}^n)$, 从而成立

$$\|\Delta_j u\|_{L^\infty} \leqslant C 2^{-j\rho} \|u\|_\rho.$$

定理证毕. □

与 Sobolev 空间的情况类似, 我们有

定理 7.3.2 (Hölder 空间的 L-P 刻画)　设 $\rho > 0$, $\rho \notin \mathbb{N}$, 则下面的诸论断是等价的:

(1) $u \in C^\rho(\mathbb{R}^n)$;

(2) 设 $u = \sum\limits_{j \geqslant -1} u_j$, 其中 u_j 满足 $\mathrm{supp}\, \widehat{u}_j \subset \mathscr{C}_j$ 且成立 $\|u_j\|_{L^\infty} \leqslant C 2^{-j\rho} \|u\|_\rho$;

(3) 设 u 存在分解 $u = \sum\limits_{j \geqslant -1} w_j$, 其中 $\mathrm{supp}\, \widehat{w}_j \subset B(0, 2^{j+1}\kappa)$, $\|w_j\|_{L^\infty} \leqslant C 2^{-j\rho} M$;

(4) 存在 $m > \rho$, 以及 u 的分解 $u = \sum\limits_{j \geqslant -1} w_j$, 使得对任意的 $|\alpha| \leqslant m$ 成立 $\|D^\alpha w_j\|_{L^\infty} \leqslant C 2^{-j(\rho-|\alpha|)} M$.

注　事实上, $C^\rho(\mathbb{R}^n)$, $H^s(\mathbb{R}^n)$ 都是 Besov 空间 $B_{p,r}^s(\mathbb{R}^n)$ 的特例, 故而成立完全相似的定理, 感兴趣的读者可参考 H. Bahouri, J. Y. Chemin 等的著作 [5].

我们可用 L-P 分解定义 Besov 空间 $B_{p,r}^s(\mathbb{R}^n)$ 如下: 当 $s \in \mathbb{R}$, $p, r \in [1, \infty]$ 时,

$$B_{p,r}^s(\mathbb{R}^n) \stackrel{\text{def}}{=\!=} \left\{ u \in \mathscr{S}'(\mathbb{R}^n) : \left(\sum_{j \geqslant -1} 2^{jsr} \|\Delta_j u\|_{L^p}^r \right)^{\frac{1}{r}} < \infty \right\}. \tag{7.3.1}$$

当 $r = \infty$ 时,

$$B_{p,\infty}^s(\mathbb{R}^n) \stackrel{\text{def}}{=\!=} \Big\{ u \in \mathscr{S}'(\mathbb{R}^n): \ \sup_{j \geqslant -1} 2^{js} \|u_j\|_{L^p} < \infty \Big\}. \tag{7.3.2}$$

当 $p = r = 2$ 时, $B_{p,r}^s(\mathbb{R}^n) = H^s(\mathbb{R}^n)$. 而若 $p = r = \infty$, 且 $s > 0$, $s \notin \mathbb{N}$, 则 $B_{p,r}^s(\mathbb{R}^n) = C^s(\mathbb{R}^n)$.

证明 (1) $\Rightarrow$ (2): 即定理 7.3.1 的证明.

(2) $\Rightarrow$ (3): 显然.

(3) $\Rightarrow$ (4): 取 $\theta \in \mathscr{D}(B(0,4\kappa))$, 使得当 $|\xi| \leqslant 2\kappa$ 时 $\theta(\xi) = 1$, 从而 $\widehat{w}_j(\xi) = \theta(2^{-j}\xi)\widehat{w}_j(\xi)$. 亦即

$$w_j(x) = (2\pi)^{-\frac{n}{2}} 2^{jn} \mathscr{F}^{-1}[\theta](2^j \cdot) * w_j,$$

且

$$D^\alpha w_j(x) = (2\pi)^{-\frac{n}{2}} 2^{j(n+|\alpha|)} \big(D^\alpha \mathscr{F}^{-1}[\theta]\big)(2^j \cdot) * w_j.$$

应用 Young 不等式以及 (3) 给出的条件, 我们得到

$$\|D^\alpha w_j\|_{L^\infty} \leqslant C 2^{j|\alpha|} \big\| 2^{jn} D^\alpha \mathscr{F}^{-1}[\theta](2^j \cdot) \big\|_{L^1} \|w_j\|_{L^\infty}$$

$$= C 2^{j|\alpha|} \|D^\alpha \mathscr{F}^{-1}[\theta]\|_{L^1} \|w_j\|_{L^\infty}$$

$$\leqslant C C_\alpha 2^{-j(\rho-|\alpha|)} M.$$

(4) $\Rightarrow$ (1): 对任意 $\alpha \in \mathbb{N}^n$, $|\alpha| \leqslant [\rho]$, 由条件知

$$\|D^\alpha u\|_{L^\infty} \leqslant \sum_{j \geqslant -1} \|D^\alpha w_j\|_{L^\infty} \leqslant C \sum_{j \geqslant -1} 2^{-j(\rho-|\alpha|)} M \leqslant \frac{C}{\rho - |\alpha|} M < \infty.$$

而当 $|\alpha| = [\rho]$ 时, 不妨设 $|x - y| \in]0,1[$, 取 j_0 使得 $2^{j_0} \leqslant |x-y|^{-1} \leqslant 2^{j_0+1}$, 则利用中值定理知

$$\big|D^\alpha u(x) - D^\alpha u(y)\big| \leqslant \sum_{j=-1}^{j_0} \big|D^\alpha w_j(x) - D^\alpha w_j(y)\big| + 2 \sum_{j \geqslant j_0} \|D^\alpha w_j\|_{L^\infty}$$

$$\leqslant \sum_{j=-1}^{j_0} \|D^\alpha \nabla w_j\|_{L^\infty} |x - y| + 2 \sum_{j \geqslant j_0} \|D^\alpha w_j\|_{L^\infty}$$

$$\leqslant C \Big(\sum_{j_0 \geqslant j \geqslant -1} 2^{-j(\rho-[\rho]-1)} M |x - y| + 2 \sum_{j \geqslant j_0} M 2^{-j(\rho-[\rho])} \Big)$$

$$\leqslant C \frac{2^{j_0(1+[\rho]-\rho)}}{1 + [\rho] - \rho} |x - y| + 2 \frac{C}{\rho - [\rho]} M 2^{-j_0(\rho-[\rho])}.$$

因此

$$\left|D^\alpha u(x) - D^\alpha u(y)\right| \leqslant CM\left(\frac{1}{1+[\rho]-\rho} + \frac{1}{\rho-[\rho]}\right)|x-y|^{\rho-[\rho]}.$$

由此证得 (1). □

我们已经对 $\rho \in \mathbb{R}_+ \setminus \mathbb{N}$ 定义了 Hölder 函数空间并且得到了相应的 L-P 刻画. 特别地, 两个范数 $\|u\|_\rho$, $\sup\limits_{j\geqslant -1}(2^{j\rho}\|u_j\|_{L^\infty})$ 是等价的. 下面我们将 Hölder 函数空间的定义延拓到 $\rho \in \mathbb{R}$ 上.

定义 7.3.1(Hölder 空间)　设 $\rho \in \mathbb{R}$, $u \in \mathscr{S}'(\mathbb{R}^n)$ 有 L-P 分解 $u = \sum\limits_{j=-1}^{\infty} \Delta_j u$, 则我们称 $u \in C^\rho(\mathbb{R}^n)$, 若

$$\|u\|_\rho \overset{\text{def}}{=\!=} \sup_{j\geqslant -1}(2^{j\rho}\|\Delta_j u\|_{L^\infty}) < \infty. \tag{7.3.3}$$

特别地, $\rho \in \mathbb{N}$ 时, 该函数空间记为 $C_*^\rho(\mathbb{R}^n)$, 称为 Zygmund 类.

注　若 $u \in L^\infty(\mathbb{R}^n)$, 则 $\|\Delta_j u\|_{L^\infty} \leqslant \|u\|_{L^\infty}$, 故由定义 7.3.1 知 $u \in C_*^0(\mathbb{R}^n)$. 由此知 $L^\infty(\mathbb{R}^n) \hookrightarrow C_*^0(\mathbb{R}^n)$.

下面的不等式体现了 C_*^0 与 L^∞ 范数之间的关系.

定理 7.3.3　存在常数 C 使得对任意的 $\varepsilon > 0$, 以及 $u \in C^\varepsilon$, 成立

$$\|u\|_{L^\infty} \leqslant \frac{C}{\varepsilon}\|u\|_0 \log\left(e + \frac{\|u\|_\varepsilon}{\|u\|_0}\right). \tag{7.3.4}$$

证明　对任意的正整数 N, 我们利用 u 的 L-P 分解得到

$$\|u\|_{L^\infty} \leqslant \sum_{-1\leqslant j\leqslant N} \|\Delta_j u\|_{L^\infty} + \sum_{N\leqslant j} \|\Delta_j u\|_{L^\infty}.$$

由定义 7.3.1 知, 若 $u \in C^\varepsilon$, 则 $u \in C_*^0$, 故而

$$\|\Delta_j u\|_{L^\infty} \leqslant \|u\|_0, \quad \text{且} \quad \|\Delta_j u\|_{L^\infty} \leqslant C2^{-j\varepsilon}\|u\|_\varepsilon.$$

从而我们得到

$$\|u\|_{L^\infty} \leqslant \sum_{-1\leqslant j\leqslant N} \|\Delta_j u\|_{L^\infty} + \sum_{N\leqslant j} \|\Delta_j u\|_{L^\infty}$$

$$\leqslant \sum_{-1\leqslant j\leqslant N} \|u\|_0 + C\sum_{N\leqslant j} 2^{-j\varepsilon}\|u\|_\varepsilon$$

$$\leqslant (N+1)\|u\|_0 + C2^{-N\varepsilon}\frac{\|u\|_\varepsilon}{\varepsilon}. \tag{7.3.5}$$

在(7.3.5)中取

$$N = \left[\frac{1}{\varepsilon}\log_2\left(e + \frac{\|u\|_\varepsilon}{\|u\|_0}\right)\right] + 1,$$

我们得到(7.3.4)式, 命题证毕. □

下面我们给出 $C_*^1(\mathbb{R}^n)$ 中函数的刻画.

定理 7.3.4 $C_*^1(\mathbb{R}^n)$ 为所有满足如下条件的有界函数 u 组成: 存在常数 C, 使得成立

$$\big|u(x+y) + u(x-y) - 2u(x)\big| \leqslant C|y|.$$

证明 类似定理 7.3.3 的证明, 对任意的正整数 N, 我们应用 Taylor 公式得到

$$\big|u(x+y) + u(x-y) - 2u(x)\big|$$

$$\leqslant \sum_{j=-1}^{N}\big\|\Delta_j u(x+y) + \Delta_j u(x-y) - 2\Delta_j u(x)\big\|_{L^\infty} + 4\sum_{j=N+1}^{\infty}\|\Delta_j u\|_{L^\infty}$$

$$\leqslant C\sum_{j=-1}^{N}\|\nabla^2\Delta_j u\|_{L^\infty}|y|^2 + 4\sum_{j=N+1}^{\infty}\|\Delta_j u\|_{L^\infty}.$$

由定义 7.3.1 以及 Bernstein 引理, 我们得到

$$\sum_{j=-1}^{N}\|\nabla^2\Delta_j u\|_{L^\infty}|y|^2 + 4\sum_{j=N+1}^{\infty}\|\Delta_j u\|_{L^\infty}$$

$$\leqslant C\sum_{j=-1}^{N}2^j\|u\|_1|y|^2 + C\sum_{j=N+1}^{\infty}2^{-j}\|u\|_1.$$

从而成立

$$\big|u(x+y) + u(x-y) - 2u(x)\big| \leqslant C2^N\|u\|_1|y|^2 + C2^{-N}\|u\|_1.$$

不妨设 $|y| < 1$, 在上式中取 $N = [-\log_2|y|] + 1$, 我们得到

$$\big|u(x+y) + u(x-y) - 2u(x)\big| \leqslant C\frac{1}{|y|}\|u\|_1|y|^2 + C|y|\|u\|_1 \leqslant C\|u\|_1|y|.$$

反之若 $u \in L^\infty(\mathbb{R}^n)$, 且 $\big|u(x+y) + u(x-y) - 2u(x)\big| \leqslant C|y|$, 利用 φ 的对称性以及 $\displaystyle\int_{\mathbb{R}^n} h(y)\mathrm{d}y = 0$ 知

$$
\begin{aligned}
\Delta_j u(x) &= 2^{jn} \int_{\mathbb{R}^n} h(2^j y) u(x-y) \mathrm{d}y \\
&= 2^{jn-1} \int_{\mathbb{R}^n} h(2^j y)\big(u(x-y) + u(x+y)\big)\mathrm{d}y \\
&\leqslant 2^{jn-1} \int_{\mathbb{R}^n} h(2^j y)\big[u(x-y) + u(x+y) - 2u(x)\big]\mathrm{d}y \\
&\leqslant C 2^{j(n-1)} \int_{\mathbb{R}^n} |2^j y| h(2^j y) \frac{|u(x-y) + u(x+y) - 2u(x)|}{|y|}\mathrm{d}y.
\end{aligned}
$$

由此知对 $j \geqslant 0$ 时,

$$
\|\Delta_j u\|_{L^\infty} \leqslant 2^{-j} \sup_{y \in \mathbb{R}^n} \frac{|u(x-y) + u(x+y) - 2u(x)|}{|y|},
$$

而当 $j = -1$ 时, $\|\Delta_{-1} u\|_{L^\infty} \leqslant \|u\|_{L^\infty}$, 从而 $u \in C_*^1(\mathbb{R}^n)$. 由此命题证毕. □

事实上, 若 $u \in \mathrm{Lip}(\mathbb{R}^n)$, 则存在常数 M 使得成立

$$
|u(x) - u(y)| \leqslant M|x - y|.
$$

类似地, 我们证明如下的定理.

定理 7.3.5 存在常数 C 使得对任意 $u \in C_*^1(\mathbb{R}^n)$ 以及 x, $y \in \mathbb{R}^n$ 满足 $|x - y| < 1$, 成立

$$
|u(x) - u(y)| \leqslant C\|u\|_1 |x - y|\big(1 - \log|x - y|\big). \tag{7.3.6}
$$

证明 对任意的自然数 N, 我们应用中值定理和 Bernstein 引理得到

$$
\begin{aligned}
|u(x) - u(y)| &\leqslant \sum_{j=-1}^{N} \|\Delta_j u(x) - \Delta_j u(y)\|_{L^\infty} + 2\sum_{j=N}^{\infty} \|\Delta_j u\|_{L^\infty} \\
&\leqslant \sum_{j=-1}^{N} \|\nabla \Delta_j u(x)\|_{L^\infty} |x - y| + 2\sum_{j=N}^{\infty} \|\Delta_j u\|_{L^\infty} \\
&\leqslant C \sum_{j=-1}^{N} \|u\|_1 |x - y| + 2\sum_{j=N}^{\infty} 2^{-j} \|u\|_1 \\
&\leqslant C(N + 2)|x - y| + 2^{-N} \|u\|_1.
\end{aligned}
$$

在上式中取 $N = \left[-\log_2 |x-y| \right] + 1$ 即证得(7.3.6)式. 　　　　　　　　　□

　　注　我们注意到, 上述几个定理的证明方式是非常类似的. 首先利用 **L-P 刻画**对二进算子分频, 对低频部分采用中值定理, 其次取最佳常数 N.

　　最后我们应用 L-P 分解来证明推广的 Sobolev 嵌入定理.

　　定理 7.3.6 (Sobolev 嵌入定理)　　设 $s \in \mathbb{R}$, 则成立

$$H^s(\mathbb{R}^n) \hookrightarrow C^{s-\frac{n}{2}}(\mathbb{R}^n).$$

　　证明　注意到 Sobolev 空间存在如下刻画:

$$u \in H^s(\mathbb{R}^n) \;\Rightarrow\; u = \sum_{j \geqslant -1} \Delta_j u, \quad \|\Delta_j u\|_{L^2} \leqslant Cc_j 2^{-js} |u|_s.$$

由 Bernstein 引理知

$$\|\Delta_j u\|_{L^\infty} \leqslant C 2^{nj(\frac{1}{2}-\frac{1}{\infty})} \|\Delta_j u\|_{L^2} \leqslant C 2^{-j(s-\frac{n}{2})} |u|_s$$

(注意到 $c_j \leqslant 1$), 因此由定理 7.3.2 知 $u \in C^{s-\frac{n}{2}}(\mathbb{R}^n)$, 由此定理证毕. 　　　　　□

7.4　习　　　题

A 基础题

　　习题 7.4.1　　(1) 证明在定义 7.1.1 中取 $\kappa = \dfrac{4}{3}$ 可以保证(7.1.3)式与(7.1.4)式成立;

(2) 计算所有使得(7.1.3)式与(7.1.4)式成立的数 κ 的取值范围;

(3) 验证(7.1.6)式与(7.1.7)式.

　　习题 7.4.2 (低频截断算子 (部分和))　　对任意 $j \in \mathbb{Z}$, $u \in \mathscr{S}'(\mathbb{R}^n)$, 定义非齐次低频截断算子 S_j 为

$$S_j u \stackrel{\text{def}}{=\!=} \sum_{j' \leqslant j-1} \Delta_{j'} u.$$

证明当 $j < 0$ 时 $S_j = 0$, 而当 $j \in \mathbb{N}$ 时成立 $S_j u = \chi(2^{-j}D)u$.

　　习题 7.4.3　　设 $h = (2\pi)^{-\frac{n}{2}} \mathscr{F}^{-1}[\varphi]$, $\widetilde{h} = (2\pi)^{-\frac{n}{2}} \mathscr{F}^{-1}[\chi]$, 证明当 $u \in \mathscr{S}(\mathbb{R}^n)$ 时, 对 $j = -1$ 成立

$$\Delta_{-1} u = \int_{\mathbb{R}^n} \widetilde{h}(y) u(x-y) \mathrm{d}y;$$

对 $j \in \mathbb{N}$ 成立

$$\Delta_j u = 2^{jn} \int_{\mathbb{R}^n} h(2^j y) u(x-y) \mathrm{d}y.$$

　　习题 7.4.4　　证明算子 S_j, Δ_j 是 $L^p(\mathbb{R}^n)$ 上的连续映射, 且算子范数与 j, p 无关.

习题 7.4.5　证明对 $f \in L^1_{\mathrm{loc}}(\mathbb{R}^n)$, 算子 S_j, Δ_j 存在如下逐点的一致估计: $|S_j f(x)| + |\Delta_j f(x)| \leqslant CM[f](x)$, 其中 $M[f]$ 为极大函数, 参见定义 A.3.

习题 7.4.6　对 $u \in \mathscr{S}'(\mathbb{R}^n)$ 证明(7.1.10)式给出的 Littlewood-Paley 分解良好定义, 且成立 $u = \lim\limits_{j \to \infty} S_j u \, (\mathscr{S}'(\mathbb{R}^n))$.

习题 7.4.7　我们希望证明: 设 $1 \leqslant p < \infty$, 则对 $u \in L^p(\mathbb{R}^n)$ 成立 $u = \lim\limits_{j \to \infty} S_j u \, (L^p(\mathbb{R}^n))$.

(1) 证明仅需考虑 $u \in \mathscr{S}(\mathbb{R}^n)$ 的情况;

(2) 设 $u \in \mathscr{S}(\mathbb{R}^n)$, 先证明 $p = 2$ 的情况, 再证明 $p \in \,]1, \infty[$ 的情况;

(3) 证明 $p = 1$ 的情况.　　[提示: 利用 Bernstein 引理.]

习题 7.4.8　我们希望证明如下的收敛性命题: 设 $\{u_j\}_{j \in \mathbb{N}}$ 为一族有界函数, 满足 supp $\mathscr{F}[u_j] \subset 2^j \mathscr{C}$, 其中 $\mathscr{C}$ 是某个给定的环. 若存在整数 N 满足 $\{2^{-jN}\|u_j\|_{L^\infty}\}_{j \in \mathbb{N}}$ 是一致有界的, 则 $\sum\limits_{j \in \mathbb{N}} u_j$ 在 $\mathscr{S}'(\mathbb{R}^n)$ 中收敛.

(1) 取 $\phi \in \mathscr{D}(\mathbb{R}^n \setminus \{0\})$ 使得 ϕ 在 $\mathscr{C}$ 的一个邻域附近取值为 1, 证明若 u 满足 supp $\mathscr{F}(u) \subset \mathscr{C}$, 则存在数组 $\{A_\alpha\}_{\alpha \in \mathbb{N}^n}$ 满足 $u = \sum\limits_{|\alpha|=k} g_\alpha * \partial^\alpha u$, 其中 $g_\alpha \stackrel{\mathrm{def}}{=\!=} A_\alpha \mathscr{F}^{-1}[(-i\xi)^\alpha |\xi|^{-2k} \phi(\xi)]$;

(2) 证明对任意的整数 j, k 成立 $u_j = 2^{-jk} \sum\limits_{|\alpha|=k} 2^{jn} g_\alpha(2^j \cdot) * \partial^\alpha u_j$;

(3) 对任意的 $\varphi \in \mathscr{S}(\mathbb{R}^n)$ 证明 $|\langle u_j, \varphi \rangle| \leqslant C 2^{-jk} \sum\limits_{|\alpha|=k} 2^{jN} \|\partial^\alpha \varphi\|_{L^1}$.

习题 7.4.9　设 supp $\mathscr{F}[u] \subset \mathscr{C}(0, r_1\lambda, r_2\lambda)$, 证明对给定的 $1 \leqslant j \leqslant n$, 如下的不等式未必成立: $\lambda^m \|u\|_{L^2} \leqslant C \|D^m_{x_j} u\|_{L^2}$. 对一般的 $p \in [1, \infty]$, 类似的结论是否能推广到 $L^p(\mathbb{R}^n)$ 上?

习题 7.4.10　在定理 7.1.2 的条件下证明存在常数 C, 使得当 $|\alpha| = k$ 时成立

$$\|(\mathrm{Id} - \Delta)^n (\xi^\alpha \theta)\|_{L^1} \leqslant C^k.$$

习题 7.4.11　在定理 7.2.1 的条件下, 试证明下述条件等价:

(1) $2^{js}|\Delta_j u|_0 \leqslant Cc_j |u|_s$, $\sum\limits_{j \geqslant -1} c_j^2 < \infty$; 　(2) $\sum\limits_{j=-1}^{\infty} \left(2^{js} |\Delta_j u|_0\right)^2 \leqslant \sum\limits_{j=-1}^{\infty} C^2 c_j^2 |u|_s^2 = C^2 |u|_s^2.$

从而完成了定理 7.2.1 的证明.

习题 7.4.12 (一般的环形分解)　取 $\widetilde{B} = B(0, r)$, $\{\widetilde{\mathscr{C}}_j\}_{j \in \mathbb{N}}$ 是一族二进圆环, 即存在常数 $0 < a < b$ 使得 $\widetilde{\mathscr{C}}_j$ 的内径与外径分别为 $2^j a$ 与 $2^j b$. 设 $a < r$, $2a < b$,

(1) 证明这族球与圆环满足 $\mathbb{R}^n = \widetilde{B} \cup \left(\bigcup\limits_{j=0}^{\infty} \widetilde{\mathscr{C}}_j \right)$, 且成立如下一致有限的相交性, 即存在 $N \in \mathbb{N}$ 使得对任意的 $j \in \mathbb{N}$, 成立

$$\mathrm{Card}\{k \in \mathbb{N} : \widetilde{\mathscr{C}}_j \cap \widetilde{\mathscr{C}}_k \neq \varnothing\} \leqslant N, \quad \mathrm{Card}\{k \in \mathbb{N} : \widetilde{B} \cap \widetilde{\mathscr{C}}_k \neq \varnothing\} \leqslant N;$$

(2) 给定 $N \geqslant 2$, 试讨论 a, b, r 满足的比例关系;

(3) 试对这样的环形分解建立类似命题 7.1.1 的结论;

(4) 试对这样的环形分解以及 $u \in \mathscr{S}'(\mathbb{R}^n)$ 建立 L-P 分解.

习题 7.4.13　在习题 7.4.12 的铺垫下, 试对一般的环形分解证明定理 7.2.1 与定理 7.2.2.

习题 7.4.14　指出定理 7.2.3 条件中 $s > 0$ 不可去掉.

习题 7.4.15　在定理 7.2.4 的条件下证明

$$\operatorname{supp} \mathscr{F}_{x''}\big[\Delta_j u(x', x'')(\xi'')\big] \subset 2^j B(0, 2\kappa).$$

[提示: 注意 $\operatorname{supp} \mathscr{F}\big[\Delta_j u(x', x'')(\xi', \xi'')\big] \subset 2^j C(0, \kappa^{-1}, 2\kappa)$ 把环投影到低维空间的球.]

习题 7.4.16　证明对任意 $u \in H^s(\mathbb{R}^n)$ 成立

$$\lim_{j \to \infty} |S_j u - u|_s = 0.$$

习题 7.4.17　我们用下面的方法来证明 $\mathscr{D}(\mathbb{R}^n)$ 在 $H^s(\mathbb{R}^n)$ 中的稠密性: 取正函数 θ 使得 $\operatorname{supp} \theta \subset B(0, 2)$, 且对任意 $x \in B(0, 1)$ 满足 $\theta(x) = 1$. 对 $R > 0$, 记 $\theta_R \overset{\text{def}}{=} \theta(\cdot/R)$.

(1) 取 $k = \max(0, [s] + 2)$, 利用定理 7.1.2 证明对充分大的 N 成立

$$2^{js}\big\|\Delta_j(\theta_R S_N u - S_N u)\big\|_{L^2} \leqslant C_s 2^{-j}\big\|D^k(\theta_R S_N u - S_N u)\big\|_{L^2};$$

(2) 利用 (1) 证明: 给定 $N \in \mathbb{N}$, 对任意的 $\varepsilon > 0$ 存在充分大的 $R \in \mathbb{R}_+$ 使得 $|\theta_R S_N u - S_N u|_s < \dfrac{\varepsilon}{2}$ 成立, 并且证明 $\theta_R S_N u \in \mathscr{D}(\mathbb{R}^n)$, 从而证明 $\mathscr{D}(\mathbb{R}^n)$ 在 $H^s(\mathbb{R}^n)$ 中稠密.

[提示: 注意到 $\lim\limits_{j \to \infty} |S_j u - u|_s = 0$.]

习题 7.4.18　设 $m \in \mathbb{R}$ 且 f 是 S^m 乘子, 即 $f \in C^\infty(\mathbb{R}^n)$ 且对任意重指标 α, 存在常数 C_α 使得对任意 $\xi \in \mathbb{R}^n$ 满足 $|\partial^\alpha f(\xi)| \leqslant C_\alpha (1 + |\xi|)^{m - |\alpha|}$. 证明

(1) 对任意 $s \in \mathbb{R}$, 算子 $f(D)$ 是 $H^s(\mathbb{R}^n) \to H^{s-m}(\mathbb{R}^n)$ 的连续映射;

(2) 对任意 $\rho \in \mathbb{R}$, 算子 $f(D)$ 是 $C^\rho(\mathbb{R}^n) \to C^{\rho-m}(\mathbb{R}^n)$ 的连续映射.

习题 7.4.19　证明 (7.3.1) 式与 (7.3.2) 式定义了一个范数.

习题 7.4.20　设 $u \in \mathscr{S}(\mathbb{R}^n)$, 对 (7.3.1) 式与 (7.3.2) 式定义的 Besov 空间证明

(1) 设 $s_1 < s_2$, $\theta \in]0, 1[$, $(p, r) \in [1, \infty]^2$, 则成立 $\|u\|_{B^{\theta s_1 + (1-\theta) s_2}_{p, r}} \leqslant \|u\|^\theta_{B^{s_1}_{p, r}} \|u\|^{1-\theta}_{B^{s_2}_{p, r}}$.

(2) 设 $1 \leqslant p_1 \leqslant p_2 \leqslant \infty$ 且 $1 \leqslant r_1 \leqslant r_2 \leqslant \infty$, 则对任意的实数 $s \in \mathbb{R}$, 成立 $\|u\|_{B^{s - n(1/p_1 - 1/p_2)}_{p_2, r_2}} \leqslant \|u\|_{B^s_{p_1, r_1}}$.　　[提示: 利用 Bernstein 引理.]

习题 7.4.21　设 $f \in \mathscr{S}(\mathbb{R}^n)$, 试用 Littlewood-Paley 理论证明如下的不等式:

(1) (Nash(习题 6.4.13)) $\|f\|^{1 + \frac{2}{n}}_{L^2} \leqslant C \|f\|^{\frac{2}{n}}_{L^1} \|\nabla f\|_{L^2}$;

(2) 当 $n = 2$ 时, $\|f\|_{L^\infty} \leqslant \|f\|^{\frac{1}{2}}_{L^4} \|\nabla f\|^{\frac{1}{2}}_{L^4}$;

(3) 当 $n = 3$ 时, $\|f\|_{L^\infty} \leqslant \|\nabla f\|^{\frac{1}{2}}_{L^2} \|\nabla f\|^{\frac{1}{2}}_{L^6}$.

B 拓展题

习题 7.4.22 (套筒望远镜级数法 (telescopic series))　我们希望证明如下复合函数的 Sobolev 估计: 设 F 是满足 $F(0) = 0$ 的 $C^\infty(\mathbb{R})$ 函数, 则对 $s > 0$, $u \in \mathscr{S}(\mathbb{R}^n) \subset L^\infty(\mathbb{R}^n) \cap H^s(\mathbb{R}^n)$, 成立 $F(u) \in L^\infty(\mathbb{R}^n) \cap H^s(\mathbb{R}^n)$ 且满足如下的估计:

$$|F(u)|_s \leqslant C(s, F', \|u\|_{L^\infty}) |u|_s.$$

我们采用如下的 "套筒望远镜方法": 写下等式

$$F(u) = F(S_0 u) + F(S_1 u) - F(S_0 u) + \cdots + F(S_{j+1} u) - F(S_j u) + \cdots,$$

并且定义

$$f_j \overset{\text{def}}{=\!=} F(S_{j+1} u) - F(S_j u) = m_j \Delta_j u, \quad \text{其中 } m_j = \int_0^1 F'(S_j u + t \Delta_j u) \mathrm{d}t.$$

(1) 证明收敛性, 即 $\sum\limits_{j=-1}^{\infty} f_j = F(u)\ (L^2(\mathbb{R}^n))$;

下面我们希望证明 m_j 的估计: 对任意的 $k \in \mathbb{N}$ 成立

$$\sum_{|\alpha|=k} \|\partial^\alpha m_j\|_{L^\infty} \leqslant C_k 2^{jk}.$$

(2) 对给定的 $\alpha \in \mathbb{N}^n$, 把 m_j 视为二元函数 $g(S_j u, \Delta_j u)$, 计算 $\partial^\alpha m_j$.

[提示: $\sum\limits_{p_1, p_2, \nu} C^\nu_{p_1, p_2} \left(\prod\limits_{1 \leqslant |\beta| \leqslant |\alpha|} (\partial^\beta S_j u)^{\nu_{\beta_1}} (\partial^\beta \Delta_j u)^{\nu_{\beta_2}} \right) \partial_1^{p_1} \partial_2^{p_2} g(S_j u, \Delta_j u)$, 其中 $C^\nu_{p_1, p_2}$ 为
常数, 求和遍历满足如下条件的 p_1, p_2 与 ν: $1 \leqslant p_1 + p_2 \leqslant |\alpha|$, 对 $i = 1, 2$, $\sum\limits_{1 \leqslant |\beta| \leqslant |\alpha|} \nu_{\beta_i} = p_i$,
且 $\sum\limits_{1 \leqslant |\beta| \leqslant |\alpha|} \beta(\nu_{\beta_1} + \nu_{\beta_2}) = \alpha.$]

(3) 证明 m_j 的估计, 从而对 $f_j = m_j \Delta_j u$ 使用定理 7.2.3 以证明命题.

习题 7.4.23 (Fatou 性质)　我们证明 Sobolev 空间满足如下的 Fatou 性质: 若 $\{u_\nu\}_{\nu \in \mathbb{N}}$
为 $H^s(\mathbb{R}^n)$ 中的有界序列, 则存在子列 $\{u_{\nu_k}\}_{k \in \mathbb{N}}$ 使得

$$\lim_{k \to \infty} u_{\nu_k} = u\ (\mathscr{S}'(\mathbb{R}^n)), \quad |u|_s \leqslant C \liminf_{k \to \infty} |u_{\nu_k}|_s.$$

(1) 证明对每个 $j \geqslant -1$, $\{\Delta_j u_\nu\}_{\nu \in \mathbb{N}}$ 都是 $L^2(\mathbb{R}^n) \cap L^\infty(\mathbb{R}^n)$ 的有界序列, 从而存在
$\{u_\nu\}_{\nu \in \mathbb{N}}$ 子列 $\{u_{\nu_k}\}_{k \in \mathbb{N}}$ 以及光滑函数序列 $\{\tilde{u}_j\}_{j \geqslant -1}$, 满足 $\text{supp}\ \mathscr{F}[u_{-1}] \subset B$, 而对 $j \in \mathbb{N}$ 成
立 $\text{supp}\ \mathscr{F}[u_j] \subset C_j$, 且任意 $\varphi \in \mathscr{S}(\mathbb{R}^n)$ 成立 $\lim\limits_{k \to \infty} \langle \Delta_j u_{\nu_k}, \varphi \rangle = \langle \tilde{u}_j, \varphi \rangle$;

[提示: 利用 Bernstein 引理和 Cantor 对角线法.]

(2) 证明 $\|\tilde{u}_j\|_{L^2} \leqslant \liminf\limits_{k \to \infty} |\Delta_j u_{\nu_k}|_0$;

(3) 证明 $\left(2^{js} \|\tilde{u}_j\|_{L^2} \right)_{j \geqslant -1} \in \ell^2$, 进而证明 $\sum\limits_{j \geqslant -1} \tilde{u}_j$ 在 $H^s(\mathbb{R}^n)$ 中收敛;

[提示: $\left(2^{js} \|\Delta_j u_{\nu_k}\|_{L^2} \right)_{j \geqslant -1}$ 在 ℓ^2 中一致有界, 对 ℓ^2 利用完备性和 Fatou 引理.]

(4) 当 $N \to \infty$ 时, 证明 $(\text{Id} - S_N) u_{\nu_k}$ 在 $H^s(\mathbb{R}^n)$ 中一致地收敛到 0, 进而完成定理的
证明.

习题 7.4.24 到习题 7.4.27 研究齐次二进算子的性质.

习题 7.4.24 (齐次二进分解)　设 $\varphi \in \mathscr{D}(\mathscr{C}_0)$ 在命题 7.1.1 中定义, 对 $j \in \mathbb{Z}$, 定义 $\mathscr{C}_j$ 为

$$\mathscr{C}_j \overset{\text{def}}{=\!=} \{\xi \in \mathbb{R}^n : 2^j \kappa^{-1} \leqslant |\xi| \leqslant \kappa 2^{j+1}\}.$$

试证明

(1) 对任意的 $j \in \mathbb{Z}$, supp $\varphi(2^{-j}\xi) \in \mathscr{C}_j$;

(2) 若 $|j - j'| \geqslant 2$, 则 $\mathscr{C}_j \cap \mathscr{C}_{j'} = \varnothing$, 从而 supp $\varphi(2^{-j}\cdot) \cap$ supp $\varphi(2^{-j'}\cdot) = \varnothing$;

(3) 对任意的 $\xi \in \mathbb{R}^n \setminus \{0\}$, 成立 $\sum\limits_{j \in \mathbb{Z}} \varphi(2^{-j}\xi) = 1$;

(4) (**几乎正交性**): 对任意的 $\xi \in \mathbb{R}^n \setminus \{0\}$, $\dfrac{1}{2} \leqslant \sum\limits_{j \in \mathbb{Z}} \varphi^2(2^{-j}\xi) \leqslant 1$.

习题7.4.25(齐次二进算子)　对 $u \in \mathscr{S}(\mathbb{R}^n)$, $j \in \mathbb{Z}$, 定义算子 $\dot{\Delta}_j u \overset{\text{def}}{=\!=} \varphi(2^{-j}D)u$, $\dot{S}_j u \overset{\text{def}}{=\!=} \chi(2^{-j}D)u$.

(1) 试用 $h = \mathscr{F}^{-1}[\varphi]$, $\tilde{h} = \mathscr{F}^{-1}[\chi]$, 来表示 $\dot{\Delta}_j u$ 与 $\dot{S}_j u$, 并证明对 $p \in [1, \infty[$, 齐次二进算子 $\dot{S}_j$, $\dot{\Delta}_j$ 是 $L^p(\mathbb{R}^n)$ 上的连续映射, 且算子范数与 j, p 无关;

(2) 证明在 $\mathscr{S}_0(\mathbb{R}^n)$ 上成立 $\text{Id} = \sum\limits_{j \in \mathbb{Z}} \dot{\Delta}_j$, 其中 $\mathscr{S}_0(\mathbb{R}^n)$ 是 Fourier 变换在 0 附近取 0 值的 Schwartz 函数组成的空间;

(3) 要把 (2) 中的形式分解推广到 $\mathscr{S}'(\mathbb{R}^n)$ 上去, 需要加上什么条件?

习题 7.4.26　我们证明习题 7.4.7 的齐次情况: 设 $1 < p < \infty$, 证明对 $u \in L^p(\mathbb{R}^n)$ 成立 $u = \lim\limits_{j \to \infty} S_j u$ $(L^p(\mathbb{R}^n))$; 而对 $p = 1$, 若 $\int_{\mathbb{R}^n} u \, \mathrm{d}x = 0$, 证明成立类似的命题.

习题 7.4.27　我们证明习题 7.4.8 的齐次情况: 定义空间 $\mathscr{S}'_h(\mathbb{R}^n) \subset \mathscr{S}'(\mathbb{R}^n)$ 为

$$\mathscr{S}'_h(\mathbb{R}^n) \overset{\text{def}}{=\!=} \{u \in \mathscr{S}'(\mathbb{R}^n) : \forall \, \theta \in \mathscr{D}(\mathbb{R}^n), \text{ 成立 } \lim\limits_{\lambda \to \infty} \|\theta(\lambda D)u\|_{L^\infty} = 0\},$$

设 $\{u_j\}_{j \in \mathbb{Z}}$ 为一族有界函数, 满足 supp $\mathscr{F}[u_j] \subset 2^j \mathscr{C}$, 其中 $\mathscr{C}$ 是某个给定的环. 设存在整数 N 满足 $\{2^{-jN}\|u_j\|_{L^\infty}\}_{j \in \mathbb{N}}$ 是一致有界的, 且 $\sum\limits_{j < 0} u_j$ 在 $L^\infty(\mathbb{R}^n)$ 中收敛. 证明 $\sum\limits_{j \in \mathbb{Z}} u_j$ 在 $\mathscr{S}'(\mathbb{R}^n)$ 中收敛到某个 u, 且 $u \in \mathscr{S}'_h(\mathbb{R}^n)$.

习题 7.4.28　设 $\mathscr{C}$ 是一个圆环, 我们证明存在常数 c_1, c_2 使得对任意 $p \in [1, \infty]$, t, $\lambda > 0$ 成立

$$\text{supp } \hat{u} \subset \lambda\mathscr{C} \ \Rightarrow \ \|e^{t\Delta}u\|_{L^p} \leqslant c_1 e^{-c_2 t\lambda^2} \|u\|_{L^p}.$$

(1) 当 $\lambda = 1$ 时, 设 $\varphi \in \mathscr{D}(\mathbb{R}^n \setminus \{0\})$, 记 $g(t, x) \overset{\text{def}}{=\!=} \int_{\mathbb{R}^n} e^{ix \cdot \xi} \varphi(\xi) e^{-t|\xi|^2} \mathrm{d}\xi$, 证明 $e^{t\Delta}u = (2\pi)^{-\frac{n}{2}} g(t, \cdot) * u$;

(2) 证明

$$g(t, x) = (1 + |x|^2)^{-n} \int_{\mathbb{R}^n} e^{ix \cdot \xi} (\text{Id} - \Delta_\xi)^n (\varphi(\xi) e^{-t|\xi|^2}) \mathrm{d}\xi;$$

(3) 证明

$$(\text{Id} - \Delta_\xi)^n (\varphi(\xi) e^{-t|\xi|^2}) \leqslant c_1 (1 + t)^{2n} e^{-2c_2 t},$$

从而证明 $g(t, x) \leqslant c_1 (1 + |x|^2)^{-n} e^{-c_2 t}$, 由此得到 $\lambda = 1$ 时的结论;

(4) 对 $\lambda > 0$ 证明命题.

习题 7.4.29　设 $\mathscr{C}$ 是一个圆环, λ, $\mu > 0$, 设 u_0 满足 supp $\hat{u_0} \subset \lambda C$, $f(t, x)$ 满足对任意的 $t \in [0, T]$, supp $f(t) \subset \lambda\mathscr{C}$.

(1) 设 u 是方程组

$$\begin{cases} \partial_t u + \mu \Delta u = 0, \\ u\big|_{t=0} = u_0. \end{cases}$$

的解, 证明存在仅依赖于圆环 $\mathscr{C}$ 的常数 C 使得对任意的 $a,\ b,\ p,\ q \in [1,\infty]$, $a \leqslant b$, $p \leqslant q$, 成立 $\|u\|_{L_t^q(L_x^b)} \leqslant C(\mu\lambda^2)^{-\frac{1}{q}} \lambda^{n(\frac{1}{a}-\frac{1}{b})} \|u_0\|_{L^a}$;

(2) 设 v 是方程组

$$\begin{cases} \partial_t v + \mu \Delta v = f, \\ v\big|_{t=0} = 0. \end{cases}$$

的解, 证明存在仅依赖于圆环 $\mathscr{C}$ 的常数 C 使得对任意的 $a,\ b,\ p,\ q \in [1,\infty]$, $a \leqslant b$, $p \leqslant q$, 成立 $\|v\|_{L_t^q(L_x^b)} \leqslant C(\mu\lambda^2)^{(-1+\frac{1}{p}-\frac{1}{q})} \lambda^{n(\frac{1}{a}-\frac{1}{b})} \|f\|_{L_t^p(L_x^a)}$.

[提示: $v(t) = \displaystyle\int_0^t e^{\mu(t-\tau)\Delta} f(\tau)\mathrm{d}\tau$.]

C　思考题

思考题 7.4.30　思考, L-P 分解中的环形最重要的性质是什么, 对于比习题 7.4.12 更加一般的环形分解可以得到什么结论吗?

事实上, 我们可以考虑如下的 Littlewood-Paley 平方函数 (Littlewood-Paley square function):

$$\mathbf{S}[f] = \left(\sum_{j=-1}^{\infty} |\Delta_j f|^2 \right)^{\frac{1}{2}}.$$

它刻画了函数 f 内在的正交性质.

我们希望读者查阅有关 Khinchine 不等式与 Mikhlin 乘子 (如 L. Grafakos [20] §6.2.3) 的相关知识, 并且在承认这些事实的前提下尝试证明如下的 $L^p(\mathbb{R}^n)$ 的 L-P 刻画 (可参见 L. Grafakos [20] §6.1.1): 设 $p \in]1, \infty[$, $f \in L^p(\mathbb{R}^n)$, 则存在常数 C 使得 $C^{-1}\|f\|_{L^p} \leqslant \|\mathbf{S}[f]\|_{L^p} \leqslant C\|f\|_{L^p}$.

进一步地, 可以猜测习题 5.6.32 定义的 Sobolev 空间 $W^{s,p}(\mathbb{R}^n)$ 会存在怎样的 L-P 刻画.

思考题 7.4.31　试谈谈齐次分解与非齐次分解的特点和区别, 我们应该如何处理齐次分解在原点附近造成的奇性?

思考题 7.4.32　齐次分解与齐次 Sobolev 空间 $\dot{H}^s(\mathbb{R}^n)$ 有什么联系吗? 我们是否可以用齐次的分解来刻画 $\dot{H}^s(\mathbb{R}^n)$? 可以进一步推广吗?

思考题 7.4.33　我们注意到, 由于 $\mathscr{D}(\mathbb{R}^n)$ 函数的 Fourier 变换一定不是紧支集的 (习题 3.6.26), 从而对 L-P 分解的 $\Delta_j u$, 简单地作用一个截断函数 θ 会破坏频率空间上的二进分解, 即 $\theta\Delta_j u \neq \Delta_j(\theta u)$. 这对一些稠密性估计造成了困难, 思考有没有什么比较好的解决办法.

思考题 7.4.34　若 $f \in C^\infty(\mathbb{R})$, $u \in L^\infty(\mathbb{R}^n) \cap H^s(\mathbb{R}^n)(s > 0)$, 显然习题 7.4.22 指出 $f \circ u$ 良好定义且 $f \circ u \in H^s(\mathbb{R}^n)$. 请问对 $u \circ f$ 是否也有类似的结论成立?

第 8 章　Bony 仿积分解

我们知道两个广义函数未必可以定义其在广义函数意义下的乘积, 而即使两个广义函数的乘积良好定义, 估计它们乘积的范数也是相当困难的. 一个思路是从通常的乘积 uv 中分出一个由 v 的正则性主导的部分, 记为 T_uv, 以及由 u 的正则性主导的部分 T_vu, 并希望余项 $uv - T_uv - T_vu$ 有较高的正则性. 依照这样的指导思想, J.M. Bony 在 20 世纪 80 年代初引入了仿积的定义, 并将其成功地应用于研究双曲型方程的奇性传播 ([9]). 今天 Bony 仿积估计已经广泛应用于非线性偏微分方程的诸多领域.

8.1　部分和估计

设 $u \in \mathscr{S}'(\mathbb{R}^n)$, $j \in \mathbb{N}$, 部分和 S_ju 满足

$$S_ju = \sum_{j' \leqslant j-1} \Delta_{j'}u = \chi(2^{-j}D)u,$$

因此

$$S_ju(x) = 2^{jn}\int_{\mathbb{R}^n} \widetilde{h}\big(2^j(x-y)\big)u(y)\mathrm{d}y, \tag{8.1.1}$$

其中 $\widetilde{h} \stackrel{\text{def}}{=\!=} (2\pi)^{-\frac{n}{2}}\mathscr{F}^{-1}[\chi]$.

下面研究部分和 S_ju 的一些命题.

命题 8.1.1　(1) 设 $u \in L^\infty(\mathbb{R}^n)$, 则

$$\|S_ju\|_{L^\infty} \leqslant C\|u\|_{L^\infty}.$$

(2) 设 $u \in C^t(\mathbb{R}^n)$, 则对任意 $s > t$ 成立

$$\|S_ju\|_s \leqslant \frac{C}{s-t}2^{j(s-t)}\|u\|_t. \tag{8.1.2}$$

(3) 设 $u \in H^t(\mathbb{R}^n)$, 则对任意 $s > t$ 成立

$$|S_ju|_s \leqslant \frac{C}{s-t}2^{j(s-t)}|u|_t.$$

(4) 对任意的 $j \in \mathbb{N}$, S_ju 是整函数.

证明　(1) 对(8.1.1)式利用 Young 不等式, 我们得到

$$\|S_j u\|_{L^\infty} \leqslant \|2^{jn}\mathscr{F}^{-1}[\chi](2^j x)\|_{L^1}\|u\|_{L^\infty} = \|\mathscr{F}^{-1}[\chi]\|_{L^1}\|u\|_{L^\infty} \leqslant C\|u\|_{L^\infty}.$$

(2) 由环形分解的取法知, 环形 $\mathscr{C}_j$ 与 $\mathscr{C}_\ell$ 相交不空当且仅当 $|j-\ell| \leqslant 1$, 从而由范数的三角不等式与 $C^t(\mathbb{R}^n)$ 的 L-P 刻画知

$$\|S_j u\|_s \leqslant \sum_{\ell=-1}^{j-1} \|\Delta_\ell u\|_s \leqslant \sum_{\ell=-1}^{j-1} \max_{|j'-\ell|\leqslant 1} 2^{j's}\|\Delta_{j'}(\Delta_\ell u)\|_{L^\infty}$$

$$\leqslant \sum_{\ell=-1}^{j-1} 2^{\ell s}\|\Delta_\ell u\|_{L^\infty} \leqslant C \sum_{\ell=-1}^{j-1} 2^{\ell s} 2^{-\ell t}\|u\|_t.$$

注意到 $s > t$, 从而知

$$\|S_j u\|_s \leqslant \frac{2^{j(s-t)}}{2^{s-t}-1}\|u\|_t \leqslant \frac{C}{s-t}2^{j(s-t)}\|u\|_t,$$

由此导出(8.1.2)式.

(3) 类似 (2) 的证明, 我们发现

$$|S_j u|_s \leqslant \sum_{\ell=-1}^{j-1} |\Delta_\ell u|_s \leqslant C \sum_{\ell=-1}^{j-1} \left(\sum_{|j'-\ell|\leqslant 1} 2^{2j's}|\Delta_{j'}(\Delta_\ell u)|_0^2 \right)^{\frac{1}{2}}$$

$$\leqslant C \sum_{\ell=-1}^{j-1} 2^{\ell s} c_\ell 2^{-\ell t}|u|_t \leqslant \frac{C}{s-t}2^{j(s-t)}|u|_t.$$

从而命题证毕.

(4) 我们注意到部分和 $S_j u$ 的 Fourier 变换 $\widehat{S_j u}$ 有紧支集, 从而利用 Paley-Wiener-Schwartz 定理证毕命题.　　□

对部分和的余项, 我们有如下的估计.

命题 8.1.2　(1) 设 $\rho > 0$, 若 $u \in C^\rho(\mathbb{R}^n)$, 则成立

$$\|u - S_j u\|_{L^\infty} \leqslant \frac{C}{\rho}2^{-j\rho}\|u\|_\rho.$$

(2) 设 $s > 0$, 若 $u \in H^s(\mathbb{R}^n)$, 则成立

$$|u - S_j u|_0 \leqslant \frac{C}{s}2^{-js}|u|_s.$$

证明 (1) 注意到 $u - S_j u = \sum\limits_{j' \geqslant j} \Delta_{j'} u$, 则由 C^ρ 函数的 L-P 刻画知

$$\|u - S_j u\|_{L^\infty} \leqslant \sum_{j' \geqslant j} \|\Delta_{j'} u\|_{L^\infty} \leqslant \sum_{j' \geqslant j} C 2^{-j'\rho} \|u\|_\rho$$

$$\leqslant C \frac{2^{-j\rho}}{1 - 2^{-\rho}} \|u\|_\rho \leqslant \frac{C}{\rho} 2^{-j\rho} \|u\|_\rho.$$

(2) 类似 (1) 的证明, 我们得到

$$|u - S_j u|_0 \leqslant \sum_{j' \geqslant j} |\Delta_{j'} u|_0 \leqslant C \sum_{j' \geqslant j} c_{j'} 2^{-j's} |u|_s$$

$$\leqslant C \frac{2^{-js}}{1 - 2^{-s}} |u|_s \leqslant \frac{C}{s} 2^{-js} |u|_s,$$

命题证毕. □

8.2 广义函数的形式乘法及仿积分解

设 $u, v \in \mathscr{S}'(\mathbb{R}^n)$, $u = \sum\limits_{j=-1}^{\infty} \Delta_j u$, $v = \sum\limits_{j'=-1}^{\infty} \Delta_{j'} v$ 为 u, v 的 L-P 分解. 形式上它们的乘积可以作如下分解:

$$uv = \left(\sum_{j=-1}^{\infty} \Delta_j u \right) \left(\sum_{j'=-1}^{\infty} \Delta_{j'} v \right)$$

$$= \sum_{j' \leqslant j-2} \Delta_j u \Delta_{j'} v + \sum_{j \leqslant j'-2} \Delta_j u \Delta_{j'} v + \sum_{|j-j'| \leqslant 1} \Delta_j u \Delta_{j'} v$$

$$= \sum_{j=-1}^{\infty} \left(\sum_{j' \leqslant j-2} \Delta_{j'} v \right) \Delta_j u + \sum_{j'=-1}^{\infty} \left(\sum_{j \leqslant j'-2} \Delta_j u \right) \Delta_{j'} v$$

$$+ \sum_{j=-1}^{\infty} \Delta_j u \sum_{j'=j-1}^{j+1} \Delta_{j'} v,$$

回忆 L-P 分解中的环形满足: 若 $|j - j'| \geqslant 2$, 则成立 $\mathscr{C}_j \cap \mathscr{C}_{j'} = \varnothing$. 我们记 $\widetilde{\Delta}_j v$ 为

$$\widetilde{\Delta}_j v \overset{\text{def}}{=\!=} \sum_{j'=j-1}^{j+1} \Delta_{j'} v,$$

从而 uv 成立如下形式分解:

$$uv = \sum_{j=1}^{\infty} S_{j-1}v\Delta_j u + \sum_{j=1}^{\infty} S_{j-1}u\Delta_j v + \sum_{j=-1}^{\infty} \Delta_j u\widetilde{\Delta}_j v.$$

我们下面引进 Bony 仿积分解 (paraproduct decomposition) 的概念.

定义 8.2.1 (Bony 仿积分解) 设 $u,v \in \mathscr{S}'(\mathbb{R}^n)$, 我们称

$$T_u v \overset{\text{def}}{=\!=} \sum_{j=1}^{\infty} S_{j-1}u\Delta_j v \tag{8.2.1}$$

为 v 关于 u 的仿积, 称

$$R(u,v) \overset{\text{def}}{=\!=} \sum_{j=-1}^{\infty} \Delta_j u\widetilde{\Delta}_j v \tag{8.2.2}$$

为余项. 因此

$$uv = T_v u + T_u v + R(u,v)$$

称为乘积 uv 的 Bony 仿积分解.

在本章的剩余部分, 我们在定义 7.1.1 中取 $\kappa = \dfrac{4}{3}$.

注意到 $\mathscr{F}[S_{j-1}u\Delta_j v] = (2\pi)^{-\frac{n}{2}}\mathscr{F}[S_{j-1}u] * \mathscr{F}[\Delta_j v]$, 而

$$\text{supp }\mathscr{F}[S_{j-1}u] \subset B\left(0, \frac{4}{3}2^{j-1}\right), \quad \text{supp }\mathscr{F}[\Delta_j v] \subset \mathscr{C}\left(0, \frac{3}{4}2^j, \frac{8}{3}2^j\right),$$

因此

$$\begin{aligned}
\text{supp }\mathscr{F}[S_{j-1}u\Delta_j v] &\subset \text{supp }\mathscr{F}[S_{j-1}u] + \text{supp }\mathscr{F}[\Delta_j v] \\
&\subset 2^{j-1}B\left(0, \frac{4}{3}\right) + 2^j\mathscr{C}\left(0, \frac{3}{4}, \frac{8}{3}\right) \\
&\subset 2^j\left(B\left(0, \frac{2}{3}\right) + \mathscr{C}\left(0, \frac{3}{4}, \frac{8}{3}\right)\right) \\
&\subset \mathscr{C}\left(0, \frac{1}{12}2^j, \frac{10}{3}2^j\right),
\end{aligned} \tag{8.2.3}$$

亦即 v 关于 u 的仿积分解 (8.2.1) 式中每一项的 Fourier 变换支集在一个以 $\dfrac{1}{12}2^j$ 为内径, $\dfrac{10}{3}2^j$ 为外径的环中.

而余项 $R(u,v)$ 中每一项的 Fourier 变换的支集在一个以 2^j 为半径的球中,实际上

$$\mathscr{F}[\Delta_j u \widetilde{\Delta}_j v] = (2\pi)^{-\frac{n}{2}} \mathscr{F}[\Delta_j u] * \mathscr{F}[\widetilde{\Delta}_j v],$$

故而

$$\operatorname{supp} \mathscr{F}[\Delta_j u \widetilde{\Delta}_j v] \subset \operatorname{supp} \mathscr{F}[\Delta_j u] + \operatorname{supp} \mathscr{F}[\widetilde{\Delta}_j v] \subset 2^j B(0,8). \qquad (8.2.4)$$

8.2.1 $T_u v$ 的估计

命题 8.2.1 若 $u \in L^\infty(\mathbb{R}^n)$, 则成立如下估计:

(1) 设 $\rho \in \mathbb{R}$, $v \in C^\rho(\mathbb{R}^n)$, 则 $\|T_u v\|_\rho \leqslant C\|u\|_{L^\infty}\|v\|_\rho$.

(2) 设 $s \in \mathbb{R}$, $v \in H^s(\mathbb{R}^n)$, 则 $|T_u v|_s \leqslant C\|u\|_{L^\infty}|v|_s$.

证明 (1) 注意到

$$\|S_{j-1} u \Delta_j v\|_{L^\infty} \leqslant \|S_{j-1} u\|_{L^\infty}\|\Delta_j v\|_{L^\infty}.$$

而 $\|S_{j-1} u\|_{L^\infty} \leqslant C\|u\|_{L^\infty}$, 由 $C^\rho(\mathbb{R}^n)$ 的 L-P 刻画知

$$v \in C^\rho \Leftrightarrow v = \sum_{j=-1}^\infty \Delta_j v, \quad \|\Delta_j v\|_{L^\infty} \leqslant C 2^{-j\rho}\|v\|_\rho.$$

因此

$$\|S_{j-1} u \Delta_j v\|_{L^\infty} \leqslant C\|u\|_{L^\infty}\|v\|_\rho 2^{-j\rho}.$$

由此式、(8.2.3) 式及定理 7.3.2 证毕 (1).

(2) 首先由 $H^s(\mathbb{R}^n)$ 的 L-P 刻画知

$$v \in H^s \Leftrightarrow v = \sum_{j=-1}^\infty \Delta_j v, \quad |\Delta_j v|_0 \leqslant C c_j 2^{-js}|v|_s, \quad \sum_{j=-1}^\infty c_j^2 = 1.$$

故由 Young 不等式知

$$|S_{j-1} u \Delta_j v|_0 \leqslant \|S_{j-1} u\|_{L^\infty}|\Delta_j v|_0 \leqslant C\|u\|_{L^\infty} c_j 2^{-js}|v|_s.$$

由此式、(8.2.3) 式及定理 7.2.2 证毕 (2). $\qquad \square$

命题 8.2.2 设 $t < 0$, $u \in C^t(\mathbb{R}^n)$, 则成立如下估计:

(1) 若 $v \in C^\rho(\mathbb{R}^n)$, 则 $\|T_u v\|_{\rho+t} \leqslant \dfrac{C}{-t}\|u\|_t\|v\|_\rho$.

(2) 若 $v \in H^s(\mathbb{R}^n)$, 则 $|T_u v|_{s+t} \leqslant \dfrac{C}{-t}\|u\|_t|v|_s$.

证明　若 $t < 0$, 类似(8.1.2)式的证明, 我们得到

$$\|S_j u\|_{L^\infty} \leqslant \frac{C}{-t} 2^{-jt} \|u\|_t.$$

故而应用 $C^\rho(\mathbb{R}^n)$ 中函数的 L-P 刻画, 我们推知

$$\|S_{j-1} u \Delta_j v\|_{L^\infty} \leqslant \|S_{j-1} u\|_{L^\infty} \|\Delta_j v\|_{L^\infty} \leqslant \frac{C}{-t} \|u\|_t \|v\|_\rho 2^{-j(t+\rho)}.$$

由此及(8.2.3)式证毕 (1).

类似地, 若 $v \in H^s(\mathbb{R}^n)$, 我们应用其 L-P 刻画知道

$$|S_{j-1} u \Delta_j v|_0 \leqslant \|S_{j-1} u\|_{L^\infty} |\Delta_j v|_0 \leqslant \frac{C}{-t} \|u\|_t c_j |v|_s 2^{-j(t+s)}.$$

由此及(8.2.3)式证毕 (2).　　　　　　　　　　　　　　　　　□

8.2.2　余项 $R(u, v)$ 的估计

命题 8.2.3　(1) 设 s, $t \in \mathbb{R}$ 满足 $s + t > 0$, 则成立

$$|R(u, v)|_{s+t} \leqslant C \|u\|_t |v|_s.$$

(2) 设 ρ, $t \in \mathbb{R}$ 满足 $\rho + t > 0$, 则成立

$$\|R(u, v)\|_{\rho+t} \leqslant C \|u\|_t \|v\|_\rho.$$

证明　由于 $u \in C^t(\mathbb{R}^n)$, $v \in H^s(\mathbb{R}^n)$, 应用其 L-P 刻画, 我们得到

$$\|\Delta_j u \widetilde{\Delta}_j v\|_{L^2} \leqslant \|\Delta_j u\|_{L^\infty} \|\widetilde{\Delta}_j v\|_{L^2} \leqslant 2^{-jt} \|u\|_t \sum_{j'=j-1}^{j+1} C c_{j'} 2^{-j's} |v|_s$$

$$\leqslant C c_j 2^{-j(t+s)} \|u\|_t |v|_s,$$

由上式、(8.2.4)式及定理7.2.2证毕 (1).

类似地, 应用 Hölder 空间的 L-P 刻画, 我们得到

$$\|\Delta_j u \widetilde{\Delta}_j v\|_{L^\infty} \leqslant \|\Delta_j u\|_{L^\infty} \|\widetilde{\Delta}_j v\|_{L^\infty} \leqslant 2^{-jt} \|u\|_t \sum_{j'=j-1}^{j+1} C 2^{-j'\rho} \|v\|_\rho$$

$$\leqslant C 2^{-j(t+\rho)} \|u\|_t \|v\|_\rho,$$

由上式、(8.2.4)式及定理7.3.2证毕 (2).　　　　　　　　　　□

注 事实上, 成立如下更加精细的估计:

$$|R(u,v)|_{s+t} \leqslant \frac{C}{s+t}\|u\|_t|v|_s, \quad \|R(u,v)\|_{\rho+t} \leqslant \frac{C}{\rho+t}\|u\|_t\|v\|_\rho.$$

命题 8.2.4 设 s, $t \in \mathbb{R}$ 满足 $s+t > 0$, 则对 $u \in H^s(\mathbb{R}^n)$, $v \in H^t(\mathbb{R}^n)$ 成立

$$|R(u,v)|_{s+t-\frac{n}{2}} \leqslant c|u|_s|v|_t.$$

证明 由(8.2.4)式知, 存在正整数 N_0 使得当 $j' \leqslant j - N_0$ 时, 成立

$$\operatorname{supp} \varphi(2^{-j}\cdot) \cap \operatorname{supp} \mathscr{F}[\Delta_{j'}u\widetilde{\Delta}_{j'}v] = \varnothing.$$

因此应用 Bernstein 引理以及 Sobolev 空间的 L-P 刻画, 我们得到

$$\begin{aligned}
\|\Delta_j R(u,v)\|_{L^2} &\leqslant C2^{j\frac{n}{2}}\left\|\Delta_j\left(\sum_{j'\geqslant j-N_0}\Delta_{j'}u\widetilde{\Delta}_{j'}v\right)\right\|_{L^1}\\
&\leqslant C2^{j\frac{n}{2}}\left\|\sum_{j'\geqslant j-N_0}\Delta_{j'}u\widetilde{\Delta}_{j'}v\right\|_{L^1}\\
&\leqslant C2^{j\frac{n}{2}}\sum_{j'\geqslant j-N_0}\|\Delta_{j'}u\|_{L^2}\|\widetilde{\Delta}_{j'}v\|_{L^2}\\
&\leqslant C2^{j\frac{n}{2}}\sum_{j'\geqslant j-N_0}c_{j'}2^{-j'(s+t)}|u|_s|v|_t\\
&\leqslant C2^{-j(s+t-\frac{n}{2})}\sum_{j'\geqslant j-N_0}c_{j'}2^{(j-j')(s+t)}|u|_s|v|_t.
\end{aligned}$$

注意到

$$\sum_{j'\geqslant j-N_0}c_{j'}2^{(j-j')(s+t)} = (c_j)_{\mathbb{Z}} * \left(2^{j(s+t)}\Big|_{j\leqslant N_0}\right),$$

由 $s+t > 0$ 知 $2^{j(s+t)}|_{j\leqslant N_0} \in \ell^1(\mathbb{Z})$, 记

$$\widetilde{c_j} \overset{\text{def}}{=\!=} \sum_{j'\geqslant j-N_0}c_{j'}2^{(j-j')(s+t)} \in \ell^2(\mathbb{Z}),$$

且

$$\|\widetilde{c_j}\|_{\ell^2} \leqslant \|c_{j'}\|_{\ell^2}\left\|\left(2^{j(s+t)}\right)\big|_{j\leqslant N_0}\right\|_{\ell^1} \leqslant \frac{2^{N_0(s+t)}}{2^{(s+t)}-1} \leqslant \frac{C2^{N_0(s+t)}}{s+t}.$$

故

$$\|\Delta_j R(u,v)\|_{L^2} \leqslant C\widetilde{c_j}|u|_s|v|_t 2^{-j(s+t-\frac{n}{2})} \leqslant C\frac{c_j}{s+t}|u|_s|v|_t 2^{-j(s+t-\frac{n}{2})}.$$

由此及定理 7.2.1 证毕命题.　　　　　　　　　　　　　　　　　　　　　　　　□

命题 8.2.5　设 s, $t \in \mathbb{R}$ 满足 $s+t=0$, 若 $u \in H^s(\mathbb{R}^n)$, $v \in H^t(\mathbb{R}^n)$, 则对任意的 $\varepsilon > 0$ 成立

$$|R(u,v)|_{-\frac{n}{2}-\varepsilon} \leqslant \frac{C}{\varepsilon}|u|_s|v|_t.$$

证明　类似命题 8.2.4 的证明, 成立

$$\|\Delta_j R(u,v)\|_{L^2} \leqslant C2^{j\frac{n}{2}}\sum_{j'\geqslant j-N_0} c_{j'}^2 |u|_s|v|_t \leqslant C2^{j\frac{n}{2}}|u|_s|v|_t$$

$$\leqslant C2^{j\frac{n}{2}}\frac{2^{j\varepsilon}}{\varepsilon}(\varepsilon 2^{-j\varepsilon})|u|_s|v|_t \quad ((\varepsilon 2^{-j\varepsilon})_{j\geqslant -1}\in \ell^2)$$

$$\leqslant \frac{C}{\varepsilon}2^{-j(-\frac{n}{2}-\varepsilon)}c_j|u|_s|v|_t.$$

由此及定理 7.2.1 证毕命题.　　　　　　　　　　　　　　　　　　　　　　　　□

8.3　仿积估计的应用

8.3.1　乘积估计

本节我们将应用仿积分解研究函数的乘积估计.

定理 8.3.1 (Moser 型不等式)　(1) 设 $s > 0$, u, $v \in (L^\infty \cap H^s)(\mathbb{R}^n)$, 则成立

$$|uv|_s \leqslant C(\|u\|_{L^\infty}|v|_s + \|v\|_{L^\infty}|u|_s).$$

(2) 设 $\rho > 0$, u, $v \in (L^\infty \cap C^\rho)(\mathbb{R}^n)$, 则成立

$$\|uv\|_\rho \leqslant C(\|u\|_{L^\infty}\|v\|_\rho + \|v\|_{L^\infty}\|u\|_\rho).$$

证明　由命题 8.2.1、命题 8.2.3 知

$$|T_u v|_s \leqslant C\|u\|_{L^\infty}|v|_s, \quad |T_v u|_s \leqslant \|v\|_{L^\infty}|u|_s,$$

$$|R(u,v)|_s \leqslant C\|u\|_0|v|_s \leqslant C\|u\|_{L^\infty}|v|_s.$$

由此证毕 (1). (2) 可完全类似地证明.　　　　　　　　　　　　　　　　　　　□

注 由 Sobolev 不等式知, 若 $s > \dfrac{n}{2}$, 成立

$$H^s(\mathbb{R}^n) \hookrightarrow C^{s-\frac{n}{2}}(\mathbb{R}^n) \hookrightarrow L^\infty(\mathbb{R}^n).$$

故由定理 8.3.1 知, 若 $u, v \in H^s(\mathbb{R}^n)$, 则 $uv \in H^s(\mathbb{R}^n)$. 因此当 $s > \dfrac{n}{2}$ 时, $H^s(\mathbb{R}^n)$ 关于乘积运算形成一个代数.

同样, 当 $\rho > 0$ 时, $C^\rho(\mathbb{R}^n)$ 也关于乘积运算形成一个代数.

命题 8.3.2 设 $f \in C^\infty(\mathbb{R}^n)$, 且当 $|\xi| \geqslant R$ 时是 m 阶齐次函数, 即

$$f(\lambda\xi) = \lambda^m f(\xi), \quad \lambda \geqslant 1, \ |\xi| \geqslant R.$$

则对任意实数 $\rho, s \in \mathbb{R}$, $f(D)$ 是 $H^s(\mathbb{R}^n)$ 到 $H^{s-m}(\mathbb{R}^n)$ 的有界线性算子, 也是 $C^\rho(\mathbb{R}^n)$ 到 $C^{\rho-m}(\mathbb{R}^n)$ 的有界线性算子.

证明 我们取正整数 N_0, 使得 $2^{N_0-1} \geqslant R$, 我们分解 $f(D)$ 如下:

$$f(D) = \chi(2^{-N_0}D)f(D) + \big(1 - \chi(2^{-N_0}D)\big)f(D).$$

$\chi(2^{-N_0}D)f(D)$ 将 $H^s(\mathbb{R}^n)$ 映射到任意的 Sobolev 函数空间中, 事实上, 对任意 $t \in \mathbb{R}$ 成立

$$
\begin{aligned}
\big|\chi(2^{-N_0}D)f(D)u\big|_t^2 &= \int_{\mathbb{R}^n} \langle\xi\rangle^{2t} \Big|\mathscr{F}\big[\chi(2^{-N_0}D)f(D)u\big](\xi)\Big|^2 \mathrm{d}\xi \\
&= \int_{|\xi|\leqslant\frac{4}{3}2^{N_0}} \langle\xi\rangle^{2t} \big|\chi(2^{-N_0}\xi)f(\xi)\widehat{u}(\xi)\big|^2 \mathrm{d}\xi \\
&\leqslant C\max\{1, 2^{2N_0(t-s)}\} \int_{|\xi|\leqslant\frac{4}{3}2^{N_0}} \langle\xi\rangle^{2s}|\widehat{u}(\xi)|^2 \mathrm{d}\xi \\
&\leqslant C|u|_s^2.
\end{aligned}
$$

故为方便起见, 不妨设 $f(D) = \big(1 - \chi(2^{-N_0}D)\big)f(D)$, 对任意的 $j \geqslant 0$,

$$f(D)\Delta_{j+N_0}u = 2^{(j+N_0)m}\mathscr{F}^{-1}\big[\varphi(2^{-(j+N_0)}\xi)f(2^{-j-N_0}\xi)\widehat{u}(\xi)\big].$$

令 $\theta(\xi) \overset{\mathrm{def}}{=\!=} \varphi(2^{-N_0}\xi)f(2^{-N_0}\xi)$, 则

$$f(D)\Delta_{j+N_0}u = 2^{(j+N_0)m}\theta(2^{-j}D)u = 2^{(j+N_0)m}\sum_{|j'-j|\leqslant 1}\theta(2^{-j}D)\Delta_{j'}u,$$

故

$$
\begin{aligned}
\|f(D)\Delta_{j+N_0}u\|_{L^2} &\leqslant C2^{(j+N_0)m}\|\mathscr{F}^{-1}[\theta]\|_{L^1}\sum_{|j'-j|\leqslant 1}\|\Delta_{j'}u\|_{L^2} \\
&\leqslant Cc_j2^{-j(s-m)}|u|_s.
\end{aligned}
$$

由此及定理 7.2.2 知 $|f(D)u|_{s-m} \leqslant C|u|_s$.

类似可证 $\|f(D)u\|_{\rho-m} \leqslant C\|u\|_\rho$. $\qquad\qquad\qquad\qquad\qquad\qquad\qquad$ □

8.3.2 交换子估计

我们首先引入两个算子交换子的定义.

定义 8.3.1 (交换子) 设 A, B 为两个算子, 我们称

$$[A, B]u \overset{\text{def}}{=\!=} ABu - BAu$$

是 A, B 的交换子.

命题 8.3.3 设 $f(\xi)$ 满足命题 8.3.2 的条件, 则

(1) 若函数 a 满足 $\nabla a \in L^\infty(\mathbb{R}^n)$, 则成立

$$\big\|[T_a, f(D)]u\big\|_{s-m+1} \leqslant C\|\nabla a\|_{L^\infty}\|u\|_s, \tag{8.3.1}$$

$$\big|[T_a, f(D)]u\big|_{s-m+1} \leqslant C\|\nabla a\|_{L^\infty}|u|_s. \tag{8.3.2}$$

(2) 若 $\rho \in]0, 1[$, $a \in C^\rho(\mathbb{R}^n)$, 则成立

$$\big\|[T_a, f(D)]u\big\|_{s+\rho-m} \leqslant \frac{C}{1-\rho}\|\nabla a\|_{\rho-1}\|u\|_s, \tag{8.3.3}$$

$$\big|[T_a, f(D)]u\big|_{s+\rho-m} \leqslant \frac{C}{1-\rho}\|\nabla a\|_{\rho-1}|u|_s. \tag{8.3.4}$$

证明 类似命题 8.3.2 的证明, 我们可设

$$f(D) = g(D) \overset{\text{def}}{=\!=} \big(1 - \chi(2^{-N_0}D)\big)f(D).$$

从而

$$[T_a, f(D)]u = \sum_{j \geqslant -1} S_{j-1}a\Delta_j g(D)u - g(D)\sum_{j \geqslant -1} S_{j-1}a\Delta_j u.$$

我们已知 $\operatorname{supp} \mathscr{F}[S_{j-1}u\Delta_j v] \subset 2^j \mathscr{C}\left(0, \dfrac{1}{12}, \dfrac{10}{3}\right)$.

取 $\widetilde{\varphi} \in \mathscr{D}(\mathbb{R}^n \setminus \{0\})$, 使得当 $\xi \in \mathscr{C}\left(0, \dfrac{1}{12}, \dfrac{10}{3}\right)$ 时成立 $\widetilde{\varphi}(\xi) = 1$. 故利用 $f(\xi)$ 齐次性质知

$$\begin{aligned}
&[T_a, f(D)]u \\
&= \sum_{j \geqslant -1} S_{j-1}a\widetilde{\varphi}(2^{-j}D)\Delta_j g(D)u - g(D)\sum_j \widetilde{\varphi}(2^{-j}D)S_{j-1}a\Delta_j u \\
&= \sum_{j \geqslant -1} 2^{jm}\Big[S_{j-1}a\widetilde{\varphi}(2^{-j}D)g(2^{-j}D)\Delta_j u - g(2^{-j}D)\widetilde{\varphi}(2^{-j}D)S_{j-1}a\Delta_j u\Big].
\end{aligned}$$

注意到 $g\widetilde{\varphi} \in \mathscr{D}(\mathbb{R}^n)$, 记 $(2\pi)^{-\frac{n}{2}}\mathscr{F}^{-1}[g\widetilde{\varphi}] = \widetilde{g} \in \mathscr{S}(\mathbb{R}^n)$. 故而

$$g(2^{-j}D)\widetilde{\varphi}(2^{-j}D)u = 2^{jn}\widetilde{g}(2^j\cdot) * u.$$

而且

$$[T_a, f(D)]u = \sum_{j \geqslant -1} w_j,$$

其中

$$w_j \stackrel{\text{def}}{=\!=} 2^{jm}2^{jn}\left[\int_{\mathbb{R}^n} \widetilde{g}(2^j(x-y))(S_{j-1}a(x) - S_{j-1}a(y))\Delta_j u(y)\mathrm{d}y\right].$$

应用中值定理知

$$\|w_j\|_{L^\infty} \leqslant 2^{jm}2^{jn}\int_{\mathbb{R}^n} |\widetilde{g}(2^j(x-y))(x-y)|\|\nabla S_{j-1}a\|_{L^\infty}|\Delta_j u(y)|\mathrm{d}y$$

$$\leqslant 2^{j(m-1)}2^{jn}\int_{\mathbb{R}^n} |\widetilde{g}(2^j(x-y))2^j(x-y)|\|\nabla S_{j-1}a\|_{L^\infty}|\Delta_j u(y)|\mathrm{d}y$$

$$\leqslant 2^{j(m-1)}2^{jn}\int_{\mathbb{R}^n} |(x\widetilde{g})(2^j(x-y))|\mathrm{d}y\|\nabla S_{j-1}a\|_{L^\infty}\|\Delta_j u\|_{L^\infty}$$

$$\leqslant 2^{j(m-1)}\|x\widetilde{g}\|_{L^1}\|\nabla S_{j-1}a\|_{L^\infty}\|\Delta_j u\|_{L^\infty}.$$

由于 $u \in C^s(\mathbb{R}^n)$ 知

$$\|w_j\|_{L^\infty} \leqslant C\|\nabla a\|_{L^\infty}\|u\|_s 2^{-j(s-m+1)}.$$

注意到 $\operatorname{supp}\widehat{w_j} \in 2^j\mathscr{C}$, 应用定理 7.3.2 知

$$[T_a, f(D)]u = \sum_{j \geqslant -1} w_j \in C^{s+m-1}(\mathbb{R}^n),$$

而且 (8.3.1) 式成立.

若 $\rho \in]0,1[$, $a \in C^\rho(\mathbb{R}^n)$, 则成立

$$\|S_{j-1}(\nabla a)\|_{L^\infty} \leqslant \sum_{\ell \leqslant j-2} \|\Delta_\ell \nabla a\|_{L^\infty} \leqslant \sum_{\ell \leqslant j-2} C\|\nabla a\|_{\rho-1}2^{-\ell(\rho-1)}$$

$$\leqslant \frac{C\|\nabla a\|_{\rho-1}}{-1+2^{1-\rho}}2^{j(1-\rho)} \leqslant \frac{C}{1-\rho}\|\nabla a\|_{\rho-1}2^{j(1-\rho)}. \tag{8.3.5}$$

从而类似 (8.3.1) 式可证 (8.3.3) 式成立.

当 $u \in H^s(\mathbb{R}^n)$ 时,

$$
\begin{aligned}
\|w_j\|_{L^2} &\leqslant 2^{jm}2^{jn}\|\nabla S_{j-1}a\|_{L^\infty} \left\| \int_{\mathbb{R}^n} |\widetilde{g}(2^j(x-y))(x-y)||\Delta_j u(y)|\mathrm{d}y \right\|_{L^2} \\
&\leqslant 2^{j(m-1)}2^{jn}\|\nabla S_{j-1}a\|_{L^\infty}\|x\widetilde{g}(2^j\cdot)*\Delta_j u\|_{L^2} \\
&\leqslant 2^{j(m-1)}\|x\widetilde{g}\|_{L^1}\|\nabla S_{j-1}a\|_{L^\infty}\|\Delta_j u\|_{L^2}.
\end{aligned}
$$

故

$$
\|w_j\|_{L^2} \leqslant Cc_j\|\nabla a\|_{L^\infty}|u|_s 2^{-j(s-m+1)}.
$$

从而由 $\operatorname{supp} w_j \in 2^j\mathscr{C}$, 应用定理 7.2.3 知

$$
[T_a, f(D)]u = \sum_{j\geqslant -1} w_j \in H^{s+m-1}(\mathbb{R}^n),
$$

且成立 (8.3.2) 式.

类似应用 (8.3.5) 式可证 (8.3.4) 式, 从而命题证毕.　　　　　　　　　　□

8.4　习　　题

A　基础题

习题 8.4.1　(1) 设 $\rho \in \mathbb{R}$, $u \in C^\rho(\mathbb{R}^n)$; 对 $t < \rho$, $j \in \mathbb{N}$, 试估计 $\|u - S_j u\|_t$;
(2) 设 $s \in \mathbb{R}$, $u \in H^s(\mathbb{R}^n)$; 对 $t < s$, $j \in \mathbb{N}$, 试估计 $|u - S_j u|_t$.

习题 8.4.2　证明 $T_u v = \sum\limits_{j\geqslant 1} S_{j-1}u\Delta_j((\mathrm{Id} - \chi(D))v)$.

习题 8.4.3 (一般的环形分解的 (非齐次) 仿积)　设一般的环形分解由习题 7.4.12 给出, 且设函数 $a(x)$, $u(x)$ 对应于该环形分解的 L-P 分解分别为 $\{a_j\}_{j\geqslant -1}$, $\{u_j\}_{j\geqslant -1}$, 又设 $\widetilde{N} \overset{\text{def}}{=\!=} \min\{k \in \mathbb{N}: \widetilde{B}\cap\widetilde{\mathscr{C}}_{k-1} = \varnothing,$ 且 $\widetilde{\mathscr{C}}_{j+k}\cap\widetilde{\mathscr{C}}_j = \varnothing, \forall j \in \mathbb{N}\}$. 取自然数 $m > \widetilde{N}$, 定义由 a 关于 u 的仿积为

$$
T_a^m u \overset{\text{def}}{=\!=} \sum_{j=m-1}^{\infty} \sum_{j'=-1}^{j-m} a_{j'}u_j = \sum_{j\in\mathbb{Z}} S'_{j-m+1}au_j,
$$

其中 $S'_j a \overset{\text{def}}{=\!=} \sum\limits_{\ell=-1}^{j-1} a_j$ 为该环形分解意义下的部分和, 也称 T_a^m 为仿乘法算子.

试指出, 定义 8.2.1 中的仿积是本命题定义的仿乘法算子的特殊情况, 而本章的估计对以上的仿乘法算子亦成立.

习题 8.4.4 (仿乘法算子正则性估计)　若对于任意的实数 ρ 与 s, 算子 T 是 $C^\rho(\mathbb{R}^n) \to C^{\rho+t}(\mathbb{R}^n)$ 和 $H^s(\mathbb{R}^n) \to H^{s+t}(\mathbb{R}^n)$ 有界的, 则证明称算子 T 是 t 正则的.

注　这个定义允许 $t < 0$, 此时算子 T 事实上起着降低正则性的作用.

在此基础上试证明如下的命题, 其中一般的环形分解与仿乘法算子参见习题 8.4.3.

(1) 若 $a \in L^\infty(\mathbb{R}^n)$, 则对任意的实数 ρ 与 s, 仿乘法算子 T_a^m 是 $C^\rho(\mathbb{R}^n)$ 有界的, 也是 $H^s(\mathbb{R}^n)$ 有界的, 且算子范数满足 $\|T_a^m\|_{\mathscr{L}} \leqslant C\|a\|_{L^\infty}$, 其中常数 C 与 ρ 和 s 有关;

[提示: 模仿命题 8.2.1 的证明.]

(2) 若 $t < 0$ 且 $a \in C^t(\mathbb{R}^n)$, 则对任意的实数 ρ 与 s, 仿乘法算子 T_a^m 是 t 正则的, 且算子范数满足 $\|T_a^m\|_{\mathscr{L}} \leqslant C\|a\|_t$;   [提示: 模仿命题 8.2.2 的证明.]

(3) 若 $t < \dfrac{n}{2}$ 且 $a \in H^t(\mathbb{R}^n)$, 则对任意的实数 ρ 与 s, 仿乘法算子 T_a^m 是 C^ρ 和 $t - \dfrac{n}{2}$ 正则的, 且算子范数满足 $\|T_a^m\|_{\mathscr{L}} \leqslant C|a|_t$;   [提示: 利用定理 7.3.6.]

(4) 若 $t > \dfrac{n}{2}$ 且 $a \in H^t(\mathbb{R}^n)$, 则仿乘法算子 T_a^m 是 C^ρ 和 H^s 有界的, 且仿乘法算子范数满足 $\|T_a^m\|_{\mathscr{L}} \leqslant C|a|_t$.   [提示: 利用 Sobolev 不等式.]

习题 8.4.5 (仿乘法算子的误差正则性估计)   本命题研究自然数 m 的选取对仿乘法算子 T_a^m 的影响, 设自然数 $m > k \geqslant \widetilde{N}$, 其中 $\widetilde{N}$ 的意义继承习题 8.4.4. 定义仿积 $T_a^m u$ 与 $T_a^k u$ 之差为

$$\delta_a u \stackrel{\text{def}}{=\!=} \sum_{j \geqslant -1} \left(\sum_{\ell = j-m+1}^{j-k} a_\ell \right) u_j \stackrel{\text{def}}{=\!=} \sum_{j \geqslant -1} g_j.$$

试证明:

(1) 若 $a \in C^\rho(\mathbb{R}^n)$, 则对 $u \in C^s(\mathbb{R}^n)$ 或 $H^s(\mathbb{R}^n)$, 算子 $\delta_a u$ 是 ρ 正则的, 并且给出对应的估计式;   [提示: 注意 g_j 支集在一族二进环 $\{\mathscr{C}_j'\}_{j \geqslant -1}$ 中, 利用 L-P 刻画.]

(2) 若 $a \in H^s(\mathbb{R}^n)$, 则算子 $\delta_a u$ 是 $s - \dfrac{n}{2}$ 正则的, 并且给出对应的估计式.

[提示: 利用定理 7.3.6 与 (1).]

注   由此可知, 环形分解选取 $\{\widetilde{\chi}, \widetilde{\varphi}, m\}$ 对仿积定义的影响是非实质性的.

习题 8.4.6   设 $u, v \in \mathscr{S}(\mathbb{R}^n)$, 试证明:

(1) 仿积算子 $T_u v$ 与余项 $R(u, v)$ 都是有意义的, 且成立 $uv = T_u v + T_v u + R(u, v)$;

(2) 试刻画此时余项算子的积分形式.

习题 8.4.7   设 $t < \dfrac{n}{2}$, $u \in H^t(\mathbb{R}^n)$, 试叙述并证明与命题 8.2.2 类似的命题.

习题 8.4.8   证明若 $s + t > \dfrac{n}{2}$, $u \in H^s(\mathbb{R}^n)$, $v \in C^t(\mathbb{R}^n)$, 则成立以下估计

$$\|R(u, v)\|_{s+t-\frac{n}{2}} \leqslant c|u|_s \|v\|_t.$$

问: 这里要求 $s + t > \dfrac{n}{2}$ 是否过于严苛, 能否像命题 8.2.4 一样取 $s + t > 0$?

习题 8.4.9   试补完命题 8.3.3 省略的证明过程.

习题 8.4.10   取 $u \in C^\rho(\mathbb{R}^n)$, $\rho > 0$.

(1) 设 F 是一个三次多项式, 证明 $F(u) = T_{F'(u)} u + R(u)$, 且 $R(u) \in C^{2\rho}(\mathbb{R}^n)$;

(2) 若 $u \in H^s(\mathbb{R}^n)$, $s > \dfrac{n}{2}$, 而 F 是一个多项式, 证明 $F(u) = T_{F'(u)} u + R(u)$, 且 $R(u) \in C^{2s-\frac{n}{2}}(\mathbb{R}^n)$.

习题 8.4.11　设 $\theta \in C^1(\mathbb{R}^n)$ 且 $(1+|\cdot|)\widehat{\theta} \in L^1(\mathbb{R}^n)$，我们证明对任意满足 $\nabla a \in L^p(\mathbb{R}^n)$ 的 Lipschitz 函数 a，以及 $b \in L^q(\mathbb{R}^n)$，存在常数 C 使得对任意的 $\lambda > 0$ 成立

$$\big\|[\theta(\lambda^{-1}D), a]b\big\|_{L^r} \leqslant C\lambda^{-1}\|\nabla a\|_{L^p}\|b\|_{L^q},$$

其中 $\dfrac{1}{p} + \dfrac{1}{q} = \dfrac{1}{r}$.

(1) 设 $k = (2\pi)^{-\frac{n}{2}}\mathscr{F}^{-1}[\theta]$，证明成立

$$\big([\theta(\lambda^{-1}D), a]b\big)(x) = \lambda^n \int_{\mathbb{R}^n} k\big(\lambda(x-y)\big)\big(a(y) - a(x)\big)b(y)\mathrm{d}y;$$

(2) 令 $k_1(x) \stackrel{\mathrm{def}}{=\!=} |x||k(x)|$，证明成立

$$\big\|[\theta(\lambda^{-1}D), a]b\big\|_{L^r} \leqslant C\lambda^{-1}\int_0^1\int_{\mathbb{R}^n} \lambda^n k_1(\lambda z)\big\|\nabla a(\cdot - \tau z)\big\|_{L^p}\|b(\cdot - z)\|_{L^q}\mathrm{d}\tau\mathrm{d}z;$$

[提示: 在 (1) 问中对 $a(y) - a(x)$ 利用 Taylor 公式.]

(3) 结合 (1), (2) 完成命题的证明.

习题 8.4.12 到习题 8.4.15 研究带有正则化算子的交换子估计.

习题 8.4.12　设 $a \in C^\rho(\mathbb{R}^n)$, $\rho > 1$, $u \in H^s(\mathbb{R}^n)$, $\mathscr{J}_\varepsilon$ 为定义 1.2.5 的正则化算子.

(1) 验证 $[T_a, \mathscr{J}_\varepsilon]u = \sum\limits_{j \geqslant -1}\Big[S_{j-1}a\,\mathscr{J}_\varepsilon[\Delta_j u] - \mathscr{J}_\varepsilon[S_{j-1}a\Delta_j u]\Big]$;

(2) 设 $f_j \stackrel{\mathrm{def}}{=\!=} S_{j-1}a\,\mathscr{J}_\varepsilon\Delta_j u - \mathscr{J}_\varepsilon\big(S_{j-1}a\Delta_j u\big)$，证明

$$f_j = \varepsilon\int \varepsilon^{-n}\alpha\Big(\frac{x-y}{\varepsilon}\Big)\cdot\frac{x-y}{\varepsilon}\int_0^1 \nabla S_{j-1}a\big(y + t(x-y)\big)\mathrm{d}t\Delta_j u(y)\mathrm{d}y; \tag{8.4.1}$$

(3) 在 (2) 的基础上证明 $|f_j|_0 \leqslant C\varepsilon\|a\|_\rho|\Delta_j u|_0$;

(4) 在 (1), (3) 的基础上证明 $[T_a, \mathscr{J}_\varepsilon]u \in H^s(\mathbb{R}^n)$，且成立估计式 $\big|[T_a, \mathscr{J}_\varepsilon]u\big|_s \leqslant C\varepsilon\|a\|_\rho|u|_s$.

习题 8.4.13　在习题 8.4.12 的条件下,

(1) 对 $1 \leqslant j \leqslant n$, 求 (8.4.1) 式的微分 $\partial_j f$;

(2) 证明估计式 $\big|\partial_j[T_a, \mathscr{J}_\varepsilon]u\big|_s \leqslant C\|a\|_\rho|u|_s$，从而证明 $[T_a, \mathscr{J}_\varepsilon]u \in H^{s+1}(\mathbb{R}^n)$，且成立估计式 $\big|[T_a, \mathscr{J}_\varepsilon]u\big|_{s+1} \leqslant C\|a\|_\rho|u|_s$;

(3) 证明在 $H^{s+1}(\mathbb{R}^n)$ 中成立 $\lim\limits_{\varepsilon \to 0}\big|[T_a, \mathscr{J}_\varepsilon]u\big|_{s+1} = 0$.

[提示: 利用 $\mathscr{D}(\mathbb{R}^n)$ 在 $H^s(\mathbb{R}^n)$ 中稠密性, 把 $\big|[T_a, \mathscr{J}_\varepsilon]u\big|_{s+1}$ 拆成三项.]

习题 8.4.14　设 $a \in C^\rho(\mathbb{R}^n)$, $\rho > 2$, $u \in H^s(\mathbb{R}^n)$, $\mathscr{J}_\varepsilon$ 为定义 1.2.5 的正则化算子.

(1) 判断 $\big[[T_a, \mathscr{J}_\varepsilon], \mathscr{J}_\varepsilon\big]u$ 在什么函数空间里面;

(2) 对 $t = s$, $s+1$, $s+2$ 写出 $\big|[[T_a, \mathscr{J}_\varepsilon], \mathscr{J}_\varepsilon]u\big|_t$ 的估计式.

习题 8.4.15　设 $a \in H^t(\mathbb{R}^n)$, $t > \dfrac{n}{2} + 1$, $u \in H^s(\mathbb{R}^n)$, $\mathscr{J}_\varepsilon$ 为正则化算子, 证明

(1) $[T_a, \mathscr{J}_\varepsilon]u \in H^{s+1}(\mathbb{R}^n)$，且成立估计式

$$\big|[T_a, \mathscr{J}_\varepsilon]u\big|_s \leqslant C\varepsilon\rho|u|_s, \quad \big|[T_a, \mathscr{J}_\varepsilon]u\big|_{s+1} \leqslant C|u|_s;$$

(2) 证明在 $H^{s+1}(\mathbb{R}^n)$ 中成立 $\lim\limits_{\varepsilon\to 0}\big|[T_a,\mathscr{J}_\varepsilon]u\big|_s=0$.

B 拓展题

习题 8.4.16 (仿积的复合)　我们希望证明如下的关于仿乘法算子的复合问题: 设 $\rho>0$, $a\in C^\rho(\mathbb{R}^n)$, $b\in C^\rho(\mathbb{R}^n)$, 则算子 $T_a\circ T_b-T_{ab}$ 是 ρ 正则的, 且成立

$$\big\|T_a\circ T_b-T_{ab}\big\|_{\mathscr{L}}\leqslant C\|a\|_\rho\|b\|_\rho.$$

我们采用如下的思路: 设 $u\in H^s(\mathbb{R}^n)$ 或 $C^s(\mathbb{R}^n)$, 记 $v=T_b u$, $v_q=\sum\limits_{p_2\leqslant q-2}\Delta_{p_2}b\Delta_q u$. 则知 $v=\sum\limits_{q=-1}^{\infty}v_q$, 且存在二进环体 $\{\mathscr{C}_q\}_{j\in\mathbb{N}}$ 使得 $\operatorname{supp}v_q\subset\mathscr{C}_q$. 由习题 7.4.12, 可取恰当的球 $\widetilde{B}$ 与函数 $\widetilde{\chi}$, $\widetilde{\varphi}$, 使得 $\{\widetilde{B},\mathscr{C}_q,\widetilde{\chi},\widetilde{\varphi}\}$ 形成二进分解, 且 v 关于该环形分解的 L-P 分解为 $\{v_q\}_{j\geqslant-1}$. 设函数 a 对应该环形分解的 L-P 分解为 $\{a_q\}_{j\geqslant-1}$. 对自然数 $m\geqslant\widetilde{N}(\widetilde{N}$ 的意义继承习题 8.4.4) 定义 $T_a^m v=\sum\limits_{q=-1}^{\infty}S_{q-m+1}a v_q$.

(1) 选取充分大的 m_2, 试把 $T_a\circ T_b u$ 写成 $T_a^{m_2}v$ 加上余项的形式, 并在新的环形分解下展开 $T_a^{m_2}v$, 同时指出各项中哪些是 ρ 正则的.

[提示: $\sum\limits_{q=-1}^{\infty}\sum\limits_{p_1\leqslant q-m_2}a_{p_1}\sum\limits_{p_2\leqslant q-2}b_{p_2}u_q+T_a(R_1 u)+R_2(T_b u)$.]

(2) 以下所有的二进分解皆在题设给出的新分解下进行; 选取合适的 m_1, 通过 $T_{ab}^{m_2}u$ 把 $T_{ab}u$ 亦展开成与 (1) 问类似的求和加余项的形式, 并且指出余项的估计.

[提示: $\sum\limits_{q=-1}^{\infty}\Big(\sum\limits_{p_1,p_2}\widetilde{\chi}(2^{-q+m_1}D)a_{p_1}b_{p_2}\Big)u_q+R_3 u$.]

(3) 证明可以选取合适的 m_1, m_2, 使得 $T_a\circ T_b u-T_{ab}u=Hu+Ru$, 其中余项 R 是 ρ 正则的, 且

$$Hu=\sum_q\sum_{\substack{p_1>q-m_2\\ \text{或}p_2>q-m_2}}(\widetilde{\chi}(2^{-q+m_1}D)a_{p_1}b_{p_2})u_q.$$

事实上我们希望验证, 取适当的 $m_2\gg m_1$ 可以使得当 $p_1\leqslant q-m_2$, $p_2\leqslant q-m_2$, $\xi\in\operatorname{supp}\mathscr{F}[a_{p_1}b_{p_2}]$ 时成立 $\widetilde{\chi}(2^{-q+m_1}\xi)=1$.

显然, 我们仅需证明算子 H 是 ρ 正则的, 事实上由对称性, 仅需估计算子

$$H'u=\sum_{q=-1}^{\infty}\sum_{\substack{p_1>q-m_2\\ p_1\geqslant p_2}}h_{p_1,p_2,q},\tag{8.4.2}$$

其中 $h_{p_1,p_2,q}=(\widetilde{\chi}(2^{-q+m_1}D)a_{p_1}b_{p_2})u_q$. 注意到我们可以选取 $m_3>m_2$, 使得当 $p_1\geqslant q$, $p_2\leqslant p_1-m_3$, 或者 $p_2\geqslant q$, $p_1\leqslant p_2-m_3$ 时, 对 $\xi\in\operatorname{supp}\mathscr{F}[a_{p_1}b_{p_2}]$ 成立 $\widetilde{\chi}(2^{-q+m_1}\xi)=0$. 从而 (8.4.2) 式中的和式又可以分成 $p_1<q$ 与 $p_2>p_1-m_3$ 两部分.

(4) 利用以上的分析, 证明 $H'u = \sum\limits_{q=-1}^{\infty} \sum\limits_{\nu=0}^{m_2} f_{\nu q} u_q + \sum\limits_{\mu=0}^{m_3} g_{\mu q} u_q$, 其中

$$f_{\nu q} = \sum_{p_2 \leqslant q-\nu} \widetilde{\chi}(2^{-q+m_1} D) a_{q-\nu} b_{p_2}, \quad g_{\mu q} = \sum_{p_1 \geqslant q} \widetilde{\chi}(2^{-q+m_1} D) a_{p_1} b_{p_1 - \mu}.$$

(5) 给出 $f_{\nu q}$ 与 $g_{\mu q}$ 的 $L^{\infty}(\mathbb{R}^n)$ 估计, 进而整理并证明命题.

习题 8.4.17 (仿积的伴随算子)　设 $a \in \mathscr{S}'(\mathbb{R}^n)$ 且 $T_a u$ 为由 a 对 u 所作的仿积, T_a 的伴随算子 T_a^{T} 由下式定义: 对任意的 $u, v \in \mathscr{D}(\mathbb{R}^n)$, 成立

$$(T_a u, v) = (u, T_a^{\mathrm{T}} v).$$

对定义 8.2.1 中的仿积, 证明 $(u, T_a^{\mathrm{T}} v)$ 有意义并计算表达式, 进而指出为什么我们可以讨论共轭算子 T_a^{T} 在 H^s 类空间上的有界性, 但不能讨论其在 C^{ρ} 类空间上的有界性.

习题 8.4.18　设 $\rho, s \in \mathbb{R}$, $a \in \mathscr{S}'(\mathbb{R}^n)$, $u \in H^s(\mathbb{R}^n)$, 我们希望证明 $\|T_{\bar{a}} u - T_a^{\mathrm{T}} u\|_{s+\rho} \leqslant C\|a\|_{\rho}|u|_s$.

我们按照如下的思路: 由习题 8.4.17, 不妨设 $u \in \mathscr{D}(\mathbb{R}^n)$.

(1) 对任意的 $v \in \mathscr{D}(\mathbb{R}^n)$, 取充分大的正整数 N_0, 利用习题 8.4.6 证明, 存在 ρ 正则的算子 R, R' 使得

$$I \stackrel{\mathrm{def}}{=\!=\!=} \left| (T_a^{\mathrm{T}} u, v) - (T_{\bar{a}} u, v) - (u, Rv) + (R'u, v) \right|$$

$$\leqslant \sum_{p=-1}^{\infty} \left(\sum_{q < p+N_0} \sum_{r \geqslant p+N_0} + \sum_{q \geqslant p+N_0}^{\infty} \sum_{r < p+N_0} \right) \left| \int_{\mathbb{R}^n} \Delta_p \bar{a} \Delta_q u \Delta_r \bar{v} \mathrm{d}x \right|; \tag{8.4.3}$$

(2) 证明存在正整数 N_0, N_1, 使得 (8.4.3) 式中的 I 成立如下进一步估计:

$$I \leqslant \sum_{p=-1}^{\infty} \sum_{\nu=N_0-N_1}^{N_0+N_1} \sum_{\mu=N_0-N_1}^{N_0+N_1} \int_{\mathbb{R}^n} \left| \Delta_p a \Delta_q u \Delta_r v \right| \mathrm{d}x;$$

(3) 证明成立 $\left| (T_a^{\mathrm{T}} u, v) - (T_a u, v) \right| \leqslant \|C\|_{\rho} |u|_s |v|_{-s-\rho}$, 从而命题证毕.

习题 8.4.19 到习题 8.4.21 研究用积分表示导出的仿积.

习题 8.4.19 (仿积的积分表示)　(1) 设 $u, v \in \mathscr{S}'(\mathbb{R}^n)$, 证明存在函数 $\sigma \in C^{\infty}(\mathbb{R}^n \times \mathbb{R}^n \setminus \{0\})$, 使得

$$\mathscr{F}[T_u v](\xi) = \frac{1}{(2\pi)^{\frac{n}{2}}} \int \sigma(\xi - \eta, \eta) \widehat{u}(\xi - \eta) \widehat{v}(\eta) \mathrm{d}\eta,$$

且 σ 满足下面的性质: 存在充分小的 $\varepsilon_2 > \varepsilon_1 > 0$ 与 $R > 0$, 使得

(1) 当 $|\theta| > \varepsilon_2 |\eta|$ 时, $\sigma(\theta, \eta) = 0$;

(2) 当 $|\eta| \leqslant R$ 时, $\sigma(\theta, \eta) = 0$;

(3) 当 $|\eta| \geqslant 2R$, 且 $|\theta| \leqslant \varepsilon_1 |\eta|$ 时, $\sigma(\theta, \eta) = 1$.

这种 $\sigma(\theta, \eta)$ 称为仿截断因子.

(2) 对本章中所取的二进分解, $\kappa = \dfrac{4}{3}$, 计算习题 8.4.19 中 ε_2, ε_1, R 的取值.

注　事实上, 更加一般的**仿截断因子**定义如下: 设 $\psi(\theta, \eta) \in C^\infty(\mathbb{R}^n \times \mathbb{R}^n \setminus \{0\})$ 为非负的零阶齐次函数, 且对充分小的 $\varepsilon_2 > \varepsilon_1 > 0$ 成立

$$\psi(\theta, \eta) = \begin{cases} 1, & \text{若 } |\theta| \leqslant \varepsilon_1 |\eta|, \\ 0, & \text{若 } |\theta| \geqslant \varepsilon_2 |\eta|. \end{cases}$$

又设 $s(\eta) \in C^\infty(\mathbb{R}^n)$ 且存在常数 $R > 0$ 满足

$$s(\eta) = \begin{cases} 0, & \text{若 } |\eta| \leqslant R, \\ 1, & \text{若 } |\eta| \geqslant 2R. \end{cases}$$

定义仿截断因子 $\sigma(\theta, \eta) \overset{\text{def}}{=\!=} \psi(\theta, \eta) s(\eta)$, 则易见 $\sigma(\theta, \eta) \in C^\infty(\mathbb{R}^n \times \mathbb{R}^n)$, 且本题所求的 $\sigma(\theta, \eta)$ 是此处定义的仿截断因子的特殊情况.

相应地对应仿截断因子 σ 的 u 对 v 所作的 (积分形式的) 仿积 $T'_u v$ 为

$$\mathscr{F}[T'_u v](\xi) \overset{\text{def}}{=\!=} \frac{1}{(2\pi)^{\frac{n}{2}}} \int \sigma(\xi - \eta, \eta) \widehat{u}(\xi - \eta) \widehat{v}(\eta) \mathrm{d}\eta.$$

习题 8.4.20 (两种仿积定义的误差估计)　本命题研究仿乘法算子 T_a^m 与由仿截断因子定义的仿积 $T'_a u$ (定义参见习题 8.4.19) 的误差, 我们的目的是证明如下的命题: 设 $\rho \in \mathbb{R}$, $a \in C^\rho(\mathbb{R}^n)$, 则算子 $T'_a - T_a^m$ 是 ρ 正则的, 且算子范数 $\|T'_a - T_a^m\|_{\mathscr{L}} \leqslant C\|a\|_\rho$.

(1) 试估计 $\widehat{a}_\ell(\xi - \eta)$ 与 $\widehat{u}_j(\eta)$ 的支集并且证明存在恰当的正整数 $N_2 > N_1$, 使得在 $\operatorname{supp} \widehat{a}_\ell(\xi - \eta) \widehat{u}_j(\eta)$ 上, 仿截断因子 σ 满足

$$\psi(\theta, \eta) = \begin{cases} 1, & \text{若 } \ell \leqslant j - N_2, \\ 0, & \text{若 } \ell \geqslant j - N_1 \text{ 且 } \ell \neq -1. \end{cases}$$

[提示: $\operatorname{supp} \widehat{u}_j \subset \{a2^j \leqslant |\eta| \leqslant b2^{j+1}\}$, $\operatorname{supp} \widehat{a}_\ell(\xi - \eta) \subset \{a2^\ell \leqslant |\xi - \eta| \leqslant b2^{\ell+1}\}$.]

(2) 利用 (1) 与 $a(x)$, $u(x)$ 的环形分解, 证明 $\mathscr{F}[T'_a u]$ 存在如下的表示:

$$\mathscr{F}[T'_a u](\xi) = \frac{1}{(2\pi)^{\frac{n}{2}}} \sum_{j \in \mathbb{Z}} \sum_{\ell \leqslant j - N_1} \int \widehat{a}_\ell(\xi - \eta) \widehat{u}_j(\eta) \mathrm{d}\eta + \mathscr{F}[R_1 u](\xi) + \mathscr{F}[R_2 u](\xi),$$

其中

$$R_1 u = \frac{1}{(2\pi)^n} \sum_j \sum_{N_2 < \ell < j - N_1} \int e^{ix \cdot (\theta + \eta)} \sigma(\theta, \eta) \widehat{a}_\ell(\theta) \widehat{u}_j(\eta) \mathrm{d}\theta \, \mathrm{d}\eta,$$

$$R_2 u = \frac{1}{(2\pi)^n} \int e^{ix \cdot (\theta + \eta)} \sigma(\theta, \eta) \widehat{a_{-1}}(\theta) \mathscr{F}[S'_{N_1} u](\eta) \mathrm{d}\theta \, \mathrm{d}\eta,$$

从而利用习题 8.4.5, 不妨设题设中的 $m = N_2$, 从而 $T'_a u = T_a^m u + R_1 u + R_2 u$, 下仅需证明 R_1 与 R_2 是 ρ 正则的.

(3) 利用 L-P 刻画, 试证明 R_1 是 ρ 正则的. 事实上, 我们证明存在 $r(s,t) \in \mathscr{S}(\mathbb{R}^n \times \mathbb{R}^n)$, 使得 $\mathscr{F}[r]$ 是紧支的, 且成立

$$R_1 u = \frac{1}{(2\pi)^n} \sum_{j \in \mathbb{Z}} f_j, \quad f_j \stackrel{\text{def}}{=\!=} \sum_{j-N_2 < \ell < j-N_1} \iint r(s,t) a_\ell(x - 2^{-\ell}s) u_j(x - 2^{-j}t) \mathrm{d}s\,\mathrm{d}t.$$

(4) 试证明 R_2 可以视为如下的拟微分算子:

$$R_2 u(x) = \frac{1}{(2\pi)^{\frac{n}{2}}} \int e^{ix \cdot \eta} p(x, \eta) \widehat{u}(\eta) \mathrm{d}\eta,$$

其中 $p(x, \eta)$ 满足

$$p(x, \eta) = \frac{1}{(2\pi)^{\frac{n}{2}}} \int e^{ix \cdot \theta} \sigma(\theta, \eta) \widehat{a_{-1}} \mathrm{d}\theta\, \chi(2^{-N_1}\eta),$$

且对任意重指标 α, $\beta \in \mathbb{N}^n$ 及任意紧集 $K \subset \mathbb{R}^n$, 存在常数 $C_{\alpha,\beta,K}$ 使得 $|\partial_x^\alpha \partial_\eta^\beta p(x, \eta)| \leqslant C_{\alpha,\beta,K}$.

(5) 对 $u \in H^s(\mathbb{R}^n)$, 试证明 R_2 是 ∞ 正则的.　　[提示: 直接估计 $R_2 u$ 的各阶导数.]

(6) 对 $u \in C^s(\mathbb{R}^n)$, 试证明 R_2 是 ∞ 正则的.

[提示: 把象征 $p(x, \eta)$ 关于 η 作 L-P 分解并利用定理 7.3.2.]

(7) 证明命题的如下推论: 设 $s \in \mathbb{R}$, $a \in H^s(\mathbb{R}^n)$, 则算子 $T_a' - T_a^N$ 是 $s - \dfrac{n}{2}$ 正则的, 且算子范数 $\|T_a' - T_a^N\|_{\mathscr{L}} \leqslant C|a|_s$.　　[提示: 利用定理 7.3.6.]

注　由此可见, 当 $a \in C^\rho$, $\rho > 0$ 或 $a \in H^s$, $s > \dfrac{n}{2}$ 时, 不同的环形分解定义的仿积以及利用仿截断因子定义的仿积产生的误差比定义 8.2.1 的仿积具有更高的光滑性, 故不同定义对导致的误差对仿积及余项造成的影响是非实质性的, 这样就保证了定义 8.2.1 与习题 8.4.19、习题 8.4.3 定义之间的相容性. 从而在 8.3 节的应用时, 仿积定义的选取并不改变命题的结论. 相关内容可以参考陈恕行等的工作 ([50]).

习题 8.4.21 (Leibniz 公式)　本题证明如下仿积形式的 Leibniz 公式:

(1) 设 a, $u \in \mathscr{S}'(\mathbb{R}^n)$, 证明对任意的 $1 \leqslant j \leqslant n$ 成立下述公式:

$$D_j(T_a u) = T_{D_j a} u + T_a D_j u,$$

若等式两端皆在 $\mathscr{S}'(\mathbb{R}^n)$ 中有意义;　　[提示: 把仿积写成积分形式或会更简单.]

(2) 证明下述更一般的公式: 设 $\alpha \in \mathbb{N}$ 为重指标, 则成立

$$D^\alpha(T_a u) = \sum_{\alpha_1 + \alpha_2 = \alpha} C_\alpha^{\alpha_1} T_{D^{\alpha_1} a} D^{\alpha_2} u;$$

(3) 设 a, u 落在某个 Sobolev 空间或 Hölder 空间中, 指出什么时候 (2) 的等式有意义, 写出相应的命题.

习题 8.4.22　设 $u \in H^s(\mathbb{R}^n)$, $\mathscr{J}_\varepsilon$ 为正则化算子, 证明当 $\rho > 1$, $a \in C^\rho(\mathbb{R}^n)$ 时, 积分形式的仿积算子 T_a' 满足 $\big|[T_a', \mathscr{J}_\varepsilon]u\big|_{s+1} \leqslant C\rho|u|_s$; 而当 $s > \dfrac{n}{2} + 1$, $a \in H^s(\mathbb{R}^n)$ 时, 算子 T_a' 满足 $\big|[T_a', \mathscr{J}_\varepsilon]u\big|_{s+1} \leqslant C\rho|u|_s$.　　[提示: 利用习题 8.4.20.]

习题 8.4.23　对积分形式的仿积算子 T'_a 叙述并证明形如习题 8.4.16 与形如习题 8.4.18 的关于复合与伴随算子的命题.　　　[提示: 利用习题 8.4.20.]

C 思考题

思考题 8.4.24　思考: L-P 理论和仿积可以在 $\mathbb{R}^n$ 之外的度量空间定义吗? $\mathbb{T}^n$ 可以吗, 正则开集 $\Omega \subset \mathbb{R}^n$ 呢?

思考题 8.4.25　思考: Sobolev 空间与 Hölder 空间中的元素都是常义函数, 其乘积是有意义的. 为何还有引入仿积的必要? 仿积理论的优越性体现在哪里?

思考题 8.4.26　考虑习题 5.6.32 定义的 Sobolev 空间 $W^{s,p}(\mathbb{R}^n)$ 与由 (7.3.1) 式与 (7.3.2) 式定义的 Besov 空间 $B^s_{p,r}(\mathbb{R}^n)$, 能否把仿积应用到这些空间上?

事实上有余力的读者可以参阅 J. Y. Chemin [5] §2 关于 Besov 空间 $B^s_{p,r}(\mathbb{R}^n)$ 与仿积的内容, 亦可参阅 L. Grafakos [21] §1.3, §2.2 关于仿积在 Sobolev 空间 $W^{s,p}(\mathbb{R}^n)$ 与其他函数空间的应用.

思考题 8.4.27　我们已经知道, 当 $u \in H^s(\mathbb{R}^n)$ $\left(s > \dfrac{n}{2}\right)$, 或 $u \in C^\rho(\mathbb{R}^n)$ $(\rho > 0)$ 时, 可以定义 u^2. 乃至对多项式 P 可以定义 $P(u)$, 且在相差一个充分光滑的余项的前提下 $P(u) = T_{P'(u)}u$ (习题 8.4.10). 请问对更加一般的 $C^\infty(\mathbb{R}^n)$ 函数 F, 是否可以定义 $F(u)$? 其与 $T_{F'(u)}u$ 的误差有多大?

事实上, 我们希望读者在习题 7.4.20 的基础上参阅 J. M. Bony 的工作 ([9] 或 [5] §2.92).

他证明若 $F : \mathbb{R} \to \mathbb{C}$ 是一个满足 $F(0) = 0$ 的 $C^\infty(\mathbb{R}^n)$ 函数, 则对 $u \in H^s(\mathbb{R}^n)$, $s > \dfrac{n}{2}$ 成立

$$F(u) = T_{F'(u)}u + R(u), \quad 且 \quad R(u) \in H^{2s-\frac{n}{2}}(\mathbb{R}^n) \subsetneq H^s(\mathbb{R}^n).$$

第 9 章 Lorentz 函数空间

本章我们首先介绍由 G. H. Hardy 与 J. E. Littlewood (见 [22]) 引入的非增重排函数 $f^*(t)$, 并且利用它来研究由 G. G. Lorentz 在 [33] 与 [34] 中引进的函数空间 $L^{p,q}(X,\mu)$.

本章所涉及的测度空间 (X,μ), 若无特殊说明, μ 皆为非负测度; 特别地, $|\cdot|$ 表示 Lebesgue 测度.

9.1 非增重排函数 $f^*(t)$

给定测度空间 (X,μ) 上的可测函数 f, 在第 0 章我们定义了分布函数 d_f, 拟构造另一函数 f^*, 使得其为 $[0,\infty[$ 的非增函数, 且对任意 $\alpha \geqslant 0$ 满足 $d_f(\alpha) = d_{f^*}(\alpha)$.

9.1.1 非增重排函数的定义与举例计算

定义 9.1.1 (非增重排函数 $f^*(t)$)   设 f 为 (X,μ) 上的复值可测函数, 称 $[0,\infty[$ 上的非增函数 $f^*(t)$ 为 f 的非增重排, 若

$$f^*(t) \stackrel{\text{def}}{=\!\!=} \inf\{s > 0:\ d_f(s) \leqslant t\}. \tag{9.1.1}$$

如下我们总认为 $\inf \varnothing = \infty$, 从而, 若 t 满足对任意 $\alpha \geqslant 0$ 成立 $d_f(\alpha) > t$, 则 $f^*(t) = \infty$.

例 9.1.1 (简单函数的 $f^*(t)$)   设 $f(x) = \sum\limits_{j=1}^{N} a_j \chi_{E_j}(x)$, 其中诸 E_j 为 (X,μ) 中不交可测集族, 且满足 $a_1 > \cdots > a_N$. 由例 0.3.1 我们知道

$$d_f(\alpha) = \sum_{j=0}^{N} B_j \chi_{[a_{j+1},a_j[}, \quad B_j = \sum_{k=1}^{j} \mu(E_k), \tag{9.1.2}$$

其中 $a_{N+1} = 0$, $B_0 = 0$, 且 $a_0 = \infty$.

若 $0 \leqslant t < B_1$, 则 $f^*(t) = \inf\{s > 0: d_f(s) \leqslant t\} = a_1$;

若 $B_1 \leqslant t < B_2$, 则 $f^*(t) = \inf\{s > 0:\ d_f(s) \leqslant t\} = a_2$, 这是因为 $\{s > 0: d_f(s) \leqslant t\} = [a_2, \infty[$.

更一般地, 若 $B_j \leqslant t < B_{j+1}$, 则 $f^*(t) = \inf\{s > 0 : d_f(s) \leqslant t\} = a_{j+1}$.
因此

$$f^*(t) = \sum_{j=0}^{N-1} a_{j+1}\chi_{[B_j, B_{j+1}[}(t).$$

作图如图9.1所示.

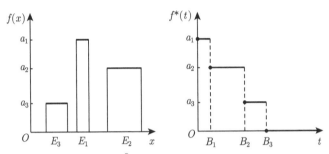

图 9.1 简单函数 $f(x) = \sum\limits_{j=1}^{3} a_j\chi_{E_j}$ 及对应的非增重排函数 f^* 的图像

命题 9.1.1 设 $f(x)$ 为 (X, μ) 上的复值函数, 则成立
(1) $f^*(t)$ 是非增函数;
(2) 对简单函数成立 $d_{f^*} = d_f$.

证明 (1) 设 $t_2 > t_1$, 则

$$\{s > 0 : d_f(s) \leqslant t_1\} \subset \{s > 0 : d_f(s) \leqslant t_2\},$$

由此及定义9.1.1知 $f^*(t_1) \geqslant f^*(t_2)$, 亦即 (1) 成立.

(2) 由例9.1.1知
当 $\alpha \geqslant a_1$ 时成立 $\left|\{t > 0 : f^*(t) > \alpha\}\right| = 0$, 故 $d_{f^*}(\alpha) = 0$;
当 $a_1 > \alpha \geqslant a_2$ 时, 成立

$$\left|\{t > 0 : f^*(t) > \alpha\}\right| = \left|[0, B_1[\right| = B_1.$$

类似地, 当 $a_j > \alpha \geqslant a_{j+1}$ 时, 则成立

$$\left|\{t > 0 : f^*(t) > \alpha\}\right| = \left|[0, B_j[\right| = B_j.$$

故

$$d_{f^*}(\alpha) = \sum_{j=0}^{N} B_j\chi_{[a_{j+1}, a_j[}, \quad \text{其中} \quad a_0 = \infty, \ a_{N+1} = 0.$$

由此及(9.1.2)证毕 (2). $\qquad\qquad\square$

例 9.1.2　在 $(\mathbb{R}^n, |\cdot|)$ 中考虑函数 $f(x) = (1 + |x|^p)^{-1}$, 其中 $p \in]0, \infty[$. 则易知

$$\{x \in \mathbb{R}^n : f(x) > \alpha\} = \begin{cases} \left\{x \in \mathbb{R}^n : |x| < \left(\dfrac{1}{\alpha} - 1\right)^{\frac{1}{p}}\right\}, & \text{若 } \alpha \in [0, 1[, \\ \varnothing, & \text{若 } \alpha \in [1, \infty[. \end{cases}$$

故 $d_f(\alpha) = V_n \left(\dfrac{1}{\alpha} - 1\right)^{\frac{n}{p}} \chi_{[0,1[}(\alpha)$, 其中 V_n 是 n 维单位球体积.

对任意的 $t \geqslant 0$, 由 $V_n(s^{-1} - 1)^{\frac{n}{p}} \chi_{[0,1[}(s) \leqslant t$ 知 $s \geqslant \left(1 + \left(\dfrac{t}{V_n}\right)^{\frac{p}{n}}\right)^{-1}$, 从而

由定义 9.1.1 知 $f^*(t) = \left(1 + \left(\dfrac{t}{V_n}\right)^{\frac{p}{n}}\right)^{-1}$.

注　事实上, 如果 d_f 严格递减, 则 $f^*(t)$ 是 d_f 的反函数.

例 9.1.3　在 $(\mathbb{R}^n, |\cdot|)$ 中考虑函数 $g(x) = 1 - e^{-|x|^2}$, 则当 $\alpha \geqslant 1$ 时 $\{x \in \mathbb{R}^n : 1 - e^{-|x|^2} > \alpha\} = \varnothing$; 而当 $\alpha < 1$ 时, 由 $1 - e^{-|x|^2} > \alpha$ 知 $|x| > \left(-\log(1 - \alpha)\right)^{\frac{1}{2}}$. 故

$$d_g(s)(x) = \left|\{x \in \mathbb{R}^n : g(x) > s\}\right| = \begin{cases} 0, & \text{若 } s \in [1, \infty[, \\ +\infty, & \text{若 } s \in [0, 1[. \end{cases}$$

故当 $t < +\infty$ 时成立

$$g^*(t) = \inf\{s > 0 : d_g(s) \leqslant t\} = \inf\{s \geqslant 1\} = 1.$$

注　此例说明虽然分布函数和非增重排函数保存了原函数的部分定性性质, 但很多重要的定量性质丢失了.

9.1.2　非增重排函数 $f^*(t)$ 的性质

命题 9.1.2　设 (X, μ) 为测度空间, f, g, f_n 为可测函数, $k \in \mathbb{C}$, 且 t, s, t_1, $t_2 \in [0, \infty[$, 则

(1) 对任意 $\alpha > 0$ 成立 $f^*\left(d_f(\alpha)\right) \leqslant \alpha$;

(2) 对任意 t 成立 $d_f\left(f^*(t)\right) \leqslant t$;

(3) $f^*(t) > s$ 当且仅当 $t < d_f(s)$;

(4) 若 $|g| \leqslant |f|$ a.e. $[\mu]$, 则 $g^* \leqslant f^*$, 特别地 $|f|^* = f^*$;

(5) $(kf)^* = |k| f^*$;

(6) $(f + g)^*(t_1 + t_2) \leqslant f^*(t_1) + g^*(t_2)$;

(7) $(fg)^*(t_1 + t_2) \leqslant f^*(t_1) g^*(t_2)$;

(8) 若 $|f_\nu| \uparrow |f|$ a.e. $[\mu]$, 则 $f_\nu^* \uparrow f^*$;

(9) 若 $|f| \leqslant \liminf\limits_{\nu \to \infty} |f_\nu|$ a.e. $[\mu]$, 则 $f^*(t) \leqslant \liminf\limits_{\nu \to \infty} f_\nu^*(t)$;

(10) $f^*(t)$ 在 $[0, \infty[$ 是右连续的;

(11) 若存在 $c > 0$ 使得 $\mu\{x \in X : |f(x)| \geqslant f^*(t) - c\} < +\infty$, 则 $\mu\{x \in X : |f(x)| \geqslant f^*(t)\} \geqslant t$;

(12) $d_f(\alpha) = d_{f^*}(\alpha)$;

(13) 对任意 $p \in]0, \infty[$ 成立 $\left(|f|^p\right)^*(t) = (f^*)^p(t)$;

(14) $\displaystyle\int_X |f(x)|^p \mathrm{d}x = \int_0^\infty (f^*(t))^p \mathrm{d}t$;

(15) $\|f\|_{L^\infty} = f^*(0)$;

(16) 对任意 $q \in]0, \infty[$ 成立 $\sup\limits_{t>0} t^q f^*(t) = \sup\limits_{\alpha > 0} \alpha\left(d_f(\alpha)\right)^q$.

证明 (1) 注意到 $\alpha \in \{s > 0 : d_f(s) \leqslant d_f(\alpha)\} \overset{\mathrm{def}}{=\joinrel=} A$, 故由定义 9.1.1 知

$$f^*\left(d_f(\alpha)\right) = \inf A \leqslant \alpha, \quad \forall\, \alpha > 0.$$

(2) 由定义 9.1.1, 取 $s_\nu \in \{s > 0 : d_f(s_\nu) \leqslant t\}$ 使得 $s_\nu \downarrow f^*(t)$, 因此应用 d_f 的右连续性 (命题 0.3.3(6)) 知

$$d_f\left(f^*(t)\right) = \lim_{\nu \to \infty} d_f(s_\nu) \leqslant t.$$

(3) 一方面, 易知

$$\alpha < f^*(t) = \inf\{s > 0 : d_f(s) \leqslant t\} \;\Rightarrow\; \alpha \notin \{s > 0 : d_f(s) \leqslant t\},$$

故 $d_f(\alpha) > t$.

反之, 若对某一 $t < d_f(s)$ 成立 $f^*(t) \leqslant s$, 则由 (2) 得

$$d_f(s) \leqslant d_f\left(f^*(t)\right) \leqslant t.$$

与 $t < d_f(s)$ 矛盾.

(4) 由于 $|g| \leqslant |f|$ a.e. $[\mu]$, 故由命题 0.3.3 (2) 知 $d_g(s) \leqslant d_f(s)$, 故而

$$\{s > 0 : d_g(s) \leqslant t\} \supset \{s > 0 : d_f(s) \leqslant t\},$$

从而

$$g^*(t) = \inf\{s > 0 : d_g(s) \leqslant t\} \leqslant \inf\{s > 0 : d_f(s) \leqslant t\} = f^*(t).$$

(5) 由命题 0.3.3 (3) 知

$$(kf)^*(t) = \inf\left\{s > 0: \ d_{kf}(s) \leqslant t\right\} = \inf\left\{|k|\frac{s}{|k|} > 0: \ d_f\left(\frac{s}{|k|}\right) \leqslant t\right\}$$

$$= |k|f^*(t).$$

(6) 和 (7)　记

$$A \stackrel{\text{def}}{=\!=} \left\{s_1 > 0: \ d_f(s_1) \leqslant t_1\right\}, \quad B \stackrel{\text{def}}{=\!=} \left\{s_2 > 0: \ d_g(s_2) \leqslant t_2\right\},$$

$$P \stackrel{\text{def}}{=\!=} \left\{s > 0: \ d_{fg}(s) \leqslant t_1 + t_2\right\}, \quad S \stackrel{\text{def}}{=\!=} \left\{s > 0: \ d_{f+g}(s) \leqslant t_1 + t_2\right\}.$$

我们断言 $S \supset A + B$, $A \cdot B \subset P$.

事实上, 若 $s_1 \in A$, $s_2 \in B$, 由命题 0.3.3 (4) 知

$$d_{f+g}(s_1 + s_2) \leqslant d_f(s_1) + d_g(s_2) \leqslant t_1 + t_2,$$

故 $s_1 + s_2 \in S$, 由此得到 $S \supset A + B$. 类似地, 由

$$d_{fg}(s_1 s_2) = d_f(s_1) + d_g(s_2) \leqslant t_1 + t_2$$

知 $A \cdot B \subset P$, 断言证毕.

故对任意的 $s_1 \in A$, $s_2 \in B$, 成立

$$(f+g)^*(t_1+t_2) = \inf S \leqslant s_1 + s_2, \quad (fg)^*(t_1+t_2) = \inf P \leqslant s_1 s_2.$$

从而

$$(f+g)^*(t_1+t_2) \leqslant \inf_{s_1 \in A} s_1 + \inf_{s_2 \in B} s_2 = f^*(t_1) + g^*(t_2).$$

类似知

$$(fg)^*(t_1+t_2) \leqslant \inf_{s_1 \in A} s_1 \inf_{s_2 \in B} s_2 = f^*(t_1)g^*(t_2).$$

(8) 不妨设 f_ν, f 非负.

若 $f_\nu \uparrow f$, 即 $f_\nu \leqslant f_{\nu+1} \leqslant \cdots \leqslant f$, 由 (4) 知

$$f_\nu^*(t) \leqslant f_{\nu+1}^*(t) \leqslant \cdots \leqslant f^*(t).$$

故存在 $h(t) = \lim\limits_{\nu \to \infty} f_\nu^*(t)$ 且 $h(t) \leqslant f^*(t)$.

下面证明 $f^*(t) \leqslant h(t)$. 由于对任意的 ν 成立 $f_\nu^*(t) \leqslant h(t)$, 故由 (2) 知 $d_{f_\nu}(h(t)) \leqslant d_{f_\nu}(f_\nu^*(t)) \leqslant t$, 而由命题 0.3.3(8) 知, 若 $f_\nu \uparrow f$, 则 $d_{f_\nu}(\alpha) \to d_f(\alpha)$, 故而

$$d_{f_\nu}(h(t)) \uparrow d_f(h(t)).$$

$d_f(h(t)) \leqslant t$, 由此推知 $f^*(t) \leqslant h(t)$.

故 $f^*(t) = h(t)$.

(9) 不妨设 f_ν, f 非负, 定义 $F_\nu = \inf\limits_{m \geqslant \nu} f_m$, 则知

$$h(x) \stackrel{\mathrm{def}}{=\!=} \liminf_{\nu \to \infty} f_\nu(x) = \sup_{\nu \geqslant 1} F_\nu(x).$$

而 $F_\nu(x) \uparrow h(x)$, 则由 (8) 知

$$\lim_{\nu \to \infty} F_\nu^*(t) = h^*(t). \tag{9.1.3}$$

由 $f(x) \leqslant \lim\limits_{\nu \to \infty} F_\nu(x)$ 推知 $f^*(t) \leqslant h^*(t)$.

而另一方面, 由于当 $m \geqslant \nu$ 时 $F_\nu \leqslant f_m$, 故 $F_\nu^*(t) \leqslant f_m^*(t)$, 从而

$$F_\nu^*(t) \leqslant \inf_{m \geqslant \nu} f_m^*(t).$$

令 $\nu \to \infty$ 知

$$\lim_{\nu \to \infty} F_\nu^*(t) \leqslant \lim_{\nu \to \infty} \inf_{m \geqslant \nu} f_m^*(t).$$

由此及 (9.1.3) 式推知

$$f^*(t) \leqslant h^*(t) \leqslant \liminf_{\nu \to \infty} f_\nu^*(t).$$

(10) 若

$$f^*(t_0) = 0 = \inf\{s > 0 : d_f(s) \leqslant t_0\},$$

则对任意的 $t > t_0$, 利用单调性知 $f^*(t) \leqslant 0$, 从而对任意 $t > t_0$ 成立 $f^*(t) = 0$, 自然在 t_0 处右连续.

而若 $f^*(t_0) > \alpha > 0$, 由 (3) 知

$$d_f\big(f^*(t_0) - \alpha\big) > t_0.$$

取 $t_\nu \downarrow 0$, 故而存在 ν_0 使得对任意 $\nu > \nu_0$ 成立

$$d_f\big(f^*(t_0) - \alpha\big) > t_0 + t_\nu.$$

注意到 f^* 为非增函数, 因此, 对任意的 $\alpha < f^*(t)$ 满足

$$f^*(t_0) - \alpha < f^*(t_0 + t_\nu) \leqslant f^*(t_0).$$

令 $\alpha \to 0$ 知 f^* 右连续.

(11) 记

$$A_j \overset{\text{def}}{=\!=} \left\{ x \in X : \ |f(x)| \geqslant f^*(t) - \frac{c}{j} \right\}, \quad A \overset{\text{def}}{=\!=} \{ x \in X : \ |f(x)| \geqslant f^*(t) \},$$

易知 $\{A_j\}_{j \in \mathbb{N}}$ 为递减列, 且 $\mu(A_1) < \infty$, 故 $A = \bigcap\limits_{j=1}^{\infty} A_j$. 若 $\mu(A_j) = d_f \left(f^*(t) - \dfrac{c}{j} \right)$ $\leqslant t$, 则由 (3) 知 $f^*(t) - \dfrac{c}{j} > f^*(t)$, 矛盾. 故对任意 $n \in \mathbb{N}$ 成立 $\mu(A_j) > t$. 从而

$$t \leqslant \mu(A) = \mu \left(\bigcap_{j=1}^{\infty} A_j \right).$$

(12) 由命题 9.1.1(2) 知, 当 f 为简单函数时成立 $d_f(\alpha) = d_{f^*}(\alpha)$.

对一般的可测函数 f, 不妨令其非负, 则存在非负简单函数 f_ν 使得 $f_\nu \uparrow f$, 故由 (8) 得到

$$d_{f_\nu} \uparrow d_f, \quad f_\nu^*(t) \uparrow f^*(t).$$

从而知

$$d_f(\alpha) = d_{f^*}(\alpha).$$

(13) 注意到对任意 $\alpha \geqslant 0$ 成立

$$d_{|f|^p}(\alpha) = \mu\{ x \in X : \ |f(x)|^p > \alpha \} = \mu\{ x \in X : \ |f| > \alpha^{\frac{1}{p}} \} = d_f(\alpha^{\frac{1}{p}})$$
$$= d_{f^*}(\alpha^{\frac{1}{p}}) = d_{(f^*)^p}(\alpha).$$

从而由定义 9.1.1 知

$$\bigl(|f|^p \bigr)^*(t) = (f^*)^p(t).$$

(14) 由于

$$\int_X |f(x)|^p \mathrm{d}x = p \int_0^\infty \lambda^{p-1} d_f(\lambda) \mathrm{d}\lambda,$$
$$\int_0^\infty (f^*(t))^p \mathrm{d}t = p \int_0^\infty \lambda^{p-1} d_{f^*}(\lambda) \mathrm{d}\lambda,$$

以及 (12) 知 (14) 成立.

(15) 仅需注意到

$$\|f\|_{L^\infty} = \inf \bigl\{ B \geqslant 0 : \ \mu\{ |f(x)| > B \} = 0 \bigr\}$$
$$= \inf \bigl\{ B \geqslant 0 : \ d_f(B) = 0 \bigr\} = f^*(0).$$

(16) 一方面, 对给定 $\alpha > 0$, 取 $0 < \varepsilon < d_f(\alpha)$, 则由 (3) 知

$$f^*\big(d_f(\alpha) - \varepsilon\big) > \alpha \;\Leftrightarrow\; d_f(\alpha) - \varepsilon < d_f(\alpha),$$

故而成立

$$\sup_{t>0} t^q f^*(t) \geqslant \big(d_f(\alpha) - \varepsilon\big)^q f^*\big(d_f(\alpha) - \varepsilon\big) \geqslant \alpha\big(d_f(\alpha) - \varepsilon\big)^q.$$

在上式中令 $\varepsilon \to 0$ 即得

$$\sup_{t>0} t^q f^*(t) \geqslant \alpha\big(d_f(\alpha)\big)^q. \tag{9.1.4}$$

另一方面, 设 $t > 0$ 取 ε 满足 $0 < \varepsilon < f^*(t)$, 则由 (3) 知 $d_f\big(f^*(t) - \varepsilon\big) > t$, 故而成立

$$\sup_{\alpha>0} \alpha\big(d_f(\alpha)\big)^q \geqslant \big(f^*(t) - \varepsilon\big)\Big(d_f\big(f^*(t) - \varepsilon\big)\Big)^q \geqslant t^q\big(f^*(t) - \varepsilon\big).$$

在上式中令 $\varepsilon \to 0$ 得到

$$\sup_{\alpha>0} \alpha\big(d_f(\alpha)\big)^q \geqslant t^q f^*(t).$$

由此及(9.1.4)式证毕 (16).

至此命题证毕. $\qquad\qquad\qquad\qquad\qquad\qquad\qquad\qquad\qquad\qquad\qquad\qquad\qquad$ $\square$

9.2　Lorentz 空间的定义

定义 9.2.1 (Lorentz 空间 $L^{p,q}(X, \mu)$)　给定测度空间 (X, μ) 上可测函数 f, 对 $p, q \in \,]0, \infty]$, 我们定义

$$\|f\|_{L^{p,q}(X)} \overset{\text{def}}{=\!=} \begin{cases} \left(\displaystyle\int_0^\infty \Big(t^{\frac{1}{p}} f^*(t)\Big)^q \dfrac{\mathrm{d}t}{t}\right)^{\frac{1}{q}}, & \text{若 } q < \infty, \\[3mm] \displaystyle\sup_{t>0} t^{\frac{1}{p}} f^*(t), & \text{若 } q = \infty. \end{cases} \tag{9.2.1}$$

并定义 Lorentz 空间 $L^{p,q}(X, \mu)$ 为

$$L^{p,q}(X, \mu) \overset{\text{def}}{=\!=} \big\{ f \text{ 可测} : \|f\|_{L^{p,q}(X)} < \infty \big\}. \tag{9.2.2}$$

注　(1) 若 $p < \infty$, $q = \infty$, 由命题 9.1.2 (16) 知

$$\|f\|_{L^{p,\infty}(X)} = \sup_{t>0} t^{\frac{1}{p}} f^*(t) = \sup_{\alpha>0} \alpha\big(d_f(\alpha)\big)^{\frac{1}{p}},$$

则当 $q = \infty$ 时, Lorentz 空间即是弱 L^p 空间.

(2) 若 $p = q = \infty$, 利用命题 9.1.2 (1), (10), (15) 知

$$\|f\|_{L^{\infty,\infty}(X)} = \sup_{t>0} t^{\frac{1}{\infty}} f^*(t) = \sup_{t>0} f^*(t) = f^*(0) = \|f\|_{L^\infty(X)},$$

则 Lorentz 空间 $L^{\infty,\infty}(X,\mu)$ 即为 $L^\infty(X,\mu)$.

(3) 若 $p = q$, 利用命题 9.1.2(14) 知

$$\|f\|_{L^{p,p}(X)}^p = \int_0^\infty |f^*(t)|^p \mathrm{d}t = \|f\|_{L^p(X)}^p.$$

则 $L^{p,p}(X,\mu) = L^p(X,\mu)$.

注 当 $X = \Omega$ 为 $\mathbb{R}^n$ 中的开集, $\mu = |\cdot|$ 为 Lebesgue 测度时, $L^{p,q}(X,\mu)$ 记作 $L^{p,q}(\Omega)$; 特别地, 当 $\Omega = \mathbb{R}^n$ 时, 我们得到 $L^{p,q}(\mathbb{R}^n)$, 其范数简记为 $\|\cdot\|_{L^{p,q}}$.

命题 9.2.1 对任意 $p,\, r \in]0,\infty[$, $q \in]0,\infty]$ 以及 (X,μ) 上可测函数 g, 成立

$$\left\| |g|^r \right\|_{L^{p,q}(X)} = \|g\|_{L^{pr,qr}(X)}^r.$$

证明 利用命题 9.1.2 (13), 知

$$\left\| |g|^r \right\|_{L^{p,q}(X)} = \left(\int_0^\infty \left(t^{\frac{1}{p}} (|g|^r)^* \right)^q \frac{\mathrm{d}t}{t} \right)^{\frac{1}{q}} = \left(\int_0^\infty \left(t^{\frac{1}{p}} (g^*)^r \right)^q \frac{\mathrm{d}t}{t} \right)^{\frac{1}{q}}$$

$$= \left(\int_0^\infty \left(t^{\frac{1}{pr}} g^* \right)^{qr} \frac{\mathrm{d}t}{t} \right)^{\frac{r}{qr}} = \|g\|_{L^{pr,qr}(X)}^r.$$

命题证毕. $\qquad\qquad\qquad\qquad\qquad\qquad\qquad\qquad\qquad\qquad\qquad\qquad\qquad\qquad$ □

下面我们引入尺度 (scale) 变换的概念并且计算 Lorentz 空间范数的尺度变换性质.

定义 9.2.2 (尺度变换) 设 $\varepsilon > 0$, 我们定义尺度变换为 $\mathbf{s}_\varepsilon[f]$:

$$\mathbf{s}_\varepsilon[f](x) \stackrel{\text{def}}{=\!=} f(\varepsilon x).$$

下面我们计算一些相关范数和函数在尺度变换作用下的情况.

例 9.2.1 对任意 $f \in L^p(\mathbb{R}^n)$ 成立

$$\|\mathbf{s}_\varepsilon[f]\|_{L^p} = \left(\int_{\mathbb{R}^n} |f(\varepsilon x)^p| \mathrm{d}x \right)^{\frac{1}{p}} = \varepsilon^{-\frac{n}{p}} \|f\|_{L^p}.$$

例 9.2.2 设 p, $q \in]0, \infty[$, $f \in L^{p,q}(\mathbb{R}^n)$, $\mathbf{s}_\varepsilon[f]$ 的分布函数满足

$$d_{\mathbf{s}_\varepsilon[f]}(\alpha) = \big|\{x \in \mathbb{R}^n : |\mathbf{s}_\varepsilon[f](x)| > \alpha\}\big| = \int_{\mathbb{R}^n} \chi_{\{|f(\varepsilon x)| > \alpha\}} \mathrm{d}x$$

$$= \varepsilon^{-n} \int_{\mathbb{R}^n} \chi_{\{|f| > \alpha\}}(x) \mathrm{d}x = \varepsilon^{-n} d_f(\alpha).$$

故而 $\mathbf{s}_\varepsilon[f]$ 的非增重排函数满足

$$(\mathbf{s}_\varepsilon[f])^*(t) = \inf \big\{s > 0 : d_{\mathbf{s}_\varepsilon[f]}(s) \leqslant t\big\}$$

$$= \inf \big\{s > 0 : d_f(s) \leqslant \varepsilon^n t\big\} = f^*(\varepsilon^n t).$$

因此 $\mathbf{s}_\varepsilon[f]$ 的 Lorentz 空间范数满足

$$\|\mathbf{s}_\varepsilon[f]\|_{L^{p,q}} = \left(\int_0^\infty \big(t^{\frac{1}{p}} (\mathbf{s}_\varepsilon[f])^* \big)^q \frac{\mathrm{d}t}{t} \right)^{\frac{1}{q}}$$

$$= \left(\int_0^\infty \big(t^{\frac{1}{p}} f^*(\varepsilon^n t) \big)^q \frac{\mathrm{d}t}{t} \right)^{\frac{1}{q}} \quad (\diamondsuit \ \tau = \varepsilon^n t)$$

$$= \varepsilon^{-\frac{n}{p}} \|f\|_{L^{p,q}}.$$

例 9.2.3 (简单函数的 Lorentz 范数) 设 $f(x) = \sum_{j=1}^N a_j \chi_{E_j}(x)$, 其中诸 E_j 为 (X, μ) 中不交可测集族, 且满足 $a_1 > \cdots > a_N$, 我们已知

$$d_f(\alpha) = \sum_{j=0}^N B_j \chi_{[a_{j+1}, a_j]}, \quad \text{其中} \quad B_j = \sum_{k=1}^j \mu(E_k),$$

$$f^*(t) = \sum_{j=0}^{N-1} a_{j+1} \chi_{[B_j, B_{j+1}[}.$$

故若 p, $q < \infty$, 成立

$$\|f\|_{L^{p,q}(X)}^q = \int_0^\infty (t^{\frac{1}{p}} f^*(t))^q \frac{\mathrm{d}t}{t} = \int_0^\infty t^{\frac{q}{p}-1} \left(\sum_{j=0}^{N-1} a_{j+1}^q \chi_{[B_j, B_{j+1}[} \right) \mathrm{d}t$$

$$= \sum_{j=1}^N a_j^q \int_{B_{j-1}}^{B_j} t^{\frac{q}{p}-1} \mathrm{d}t = \frac{p}{q} \sum_{j=1}^N a_j^q (B_j^{\frac{q}{p}} - B_{j-1}^{\frac{q}{p}}).$$

而当 $q = \infty$ 时成立

$$\|f\|_{L^{p,\infty}(X)} = \sup_{t>0}\left\{t^{\frac{1}{p}}f^*(t)\right\} = \max_{1\leqslant j\leqslant N}\sup\left\{t^{\frac{1}{p}}a_j\chi_{[B_{j-1},B_j[}(t)\right\}$$

$$= \max_{1\leqslant j\leqslant N}a_jB_j^{\frac{1}{p}}.$$

上述 $\|f\|_{L^{p,q}(X)}$ 的表达式对 $p = \infty$ 仍成立, 故而知

推论 9.2.2　若 $p = \infty$, $q \in]0,\infty[$, 则 $L^{\infty,q}$ 范数有限的非负简单函数只有零函数, 从而 $L^{\infty,q}(X,\mu) = \{0\}$.

如下定理指出了 Lorentz 空间的另一种刻画.

定理 9.2.3　设 (X,μ) 为测度空间, $p \in]0,\infty[$, $q \in]0,\infty]$, 则若 $f \in L^{p,q}(X,\mu)$, 则成立

$$\|f\|_{L^{p,q}(X)} = p^{\frac{1}{q}}\left(\int_0^\infty \left(sd_f^{\frac{1}{p}}(s)\right)^q\frac{\mathrm{d}s}{s}\right)^{\frac{1}{q}}, \quad 若\ q < \infty;$$

$$\|f\|_{L^{p,\infty}(X)} = \sup_{s>0}(sd_f^{\frac{1}{p}}(s)), \quad 若\ q = \infty.$$

证明　当 $q = \infty$ 时, 由命题9.1.2 (16)知 $\sup_{s>0}sd_f^{\frac{1}{p}}(s) = \sup_{t>0}t^{\frac{1}{p}}f^*(t)$, 从而成立

$$\sup_{s>0}\left\{sd_f^{\frac{1}{p}}(s)\right\} = \sup_{t>0}t^{\frac{1}{p}}f^*(t) = \|f\|_{L^{p,\infty}(X)}.$$

当 $q < \infty$ 时, 若 f 是简单函数, 即 $f = \sum_{j=1}^{N}a_j\chi_{E_j}$, 则成立

$$p\int_0^\infty s^q d_f^{\frac{q}{p}}(s)\frac{\mathrm{d}s}{s} = p\int_0^\infty s^{q-1}\sum_{j=0}^{N}B_j^{\frac{q}{p}}\chi_{[a_{j+1},a_j[}(s)\mathrm{d}s$$

$$= p\sum_{j=0}^{N}B_j^{\frac{q}{p}}\int_{a_{j+1}}^{a_j}s^{q-1}\mathrm{d}s = \frac{p}{q}\sum_{j=0}^{N}B_j^{\frac{q}{p}}(a_j^q - a_{j+1}^q)$$

$$= \frac{p}{q}\sum_{j=1}^{N}a_j^q(B_j^{\frac{q}{p}} - B_{j-1}^{\frac{q}{p}}) = \|f\|_{L^{p,q}(X)}^q,$$

其中 $a_{N+1} = 0$, $B_0 = 0$, 且 $a_0 = \infty$, 参见例 0.3.1.

对一般的可测函数 $f \in L^{p,q}(X,\mu)$, 我们取非负简单函数族 $\{f_\nu\}_{\nu\in\mathbb{N}}$ 使得 $f_\nu \uparrow |f|$, 故由命题0.3.3 (8)与命题9.1.2 (8)知 $d_{f_\nu} \uparrow d_f, f_\nu^* \uparrow f^*$. 从而应用 Lebesgue 控制收敛定理知

$$p^{\frac{1}{q}}\left(\int_0^\infty \left(sd_f^{\frac{1}{p}}(s)\right)^q \frac{\mathrm{d}s}{s}\right)^{\frac{1}{q}} = \lim_{\nu\to\infty} p^{\frac{1}{q}}\left(\int_0^\infty \left(sd_{f_\nu}^{\frac{1}{p}}(s)\right)^q \frac{\mathrm{d}s}{s}\right)^{\frac{1}{q}}$$

$$= \lim_{\nu\to\infty}\left(\int_0^\infty \left(t^{\frac{1}{p}}f_\nu{}^*(t)\right)^q \frac{\mathrm{d}t}{t}\right)^{\frac{1}{q}}$$

$$= \left(\int_0^\infty (t^{\frac{1}{p}}f^*(t))^q \frac{\mathrm{d}t}{t}\right)^{\frac{1}{q}} = \|f\|_{L^{p,q}(X)}.$$

综上定理证毕. $\qquad\qquad\qquad\qquad\qquad\qquad\qquad\qquad\qquad\qquad\square$

9.3 Lorentz 空间的性质

9.3.1 Lorentz 空间的拟范数与完备性

我们已知 $L^{p,\infty}(X,\mu) \supset L^{p,p}(X,\mu) = L^p(X,\mu)$ (命题 0.3.4), 如下证明对任意固定的 p, $L^{p,q}(X,\mu)$ 随着 q 的增加而变大.

定理 9.3.1 (Calderón) 设 (X,μ) 为测度空间, 则对 p, q, $r \in]0,\infty]$, $q < r$, 存在常数 $C_{p,q,r}$ 使得

$$\|f\|_{L^{p,r}(X)} \leqslant C_{p,q,r}\|f\|_{L^{p,q}(X)}.$$

亦即 $L^{p,q}(X,\mu)$ 是 $L^{p,r}(X,\mu)$ 的子空间.

证明 我们可设 $p < \infty$, 当 $r = \infty$ 时, 由 $f^*(t)$ 的单调性知成立

$$t^{\frac{1}{p}}f^*(t) = \left(\frac{q}{p}\right)^{\frac{1}{q}}\left(\int_0^t \left(s^{\frac{1}{p}}f^*(t)\right)^q \frac{\mathrm{d}s}{s}\right)^{\frac{1}{q}} \leqslant \left(\frac{q}{p}\right)^{\frac{1}{q}}\left(\int_0^t \left(s^{\frac{1}{p}}f^*(s)\right)^q \frac{\mathrm{d}s}{s}\right)^{\frac{1}{q}}$$

$$\leqslant \left(\frac{q}{p}\right)^{\frac{1}{q}}\left(\int_0^\infty \left(s^{\frac{1}{p}}f^*(s)\right)^q \frac{\mathrm{d}s}{s}\right)^{\frac{1}{q}} = \left(\frac{q}{p}\right)^{\frac{1}{q}}\|f\|_{L^{p,q}(X)}.$$

故而

$$\|f\|_{L^{p,\infty}(X)} = \sup_{t>0}\left\{t^{\frac{1}{p}}f^*(t)\right\} \leqslant \left(\frac{q}{p}\right)^{\frac{1}{q}}\|f\|_{L^{p,q}(X)}. \qquad (9.3.1)$$

而对 $0 < q < r < \infty$, 利用(9.3.1)式知成立

$$\|f\|_{L^{p,r}(X)} = \left(\int_0^\infty \left(t^{\frac{1}{p}}f^*(t)\right)^r \frac{\mathrm{d}t}{t}\right)^{\frac{1}{r}}$$

$$= \left(\sup_t t^{\frac{1}{p}}f^*(t)\right)^{\frac{r-q}{r}}\left(\int_0^\infty \left(t^{\frac{1}{p}}f^*(t)\right)^q \frac{\mathrm{d}t}{t}\right)^{\frac{1}{q}\cdot\frac{q}{r}}$$

$$\leqslant \|f\|_{L^{p,\infty}(X)}^{\frac{r-q}{r}}\|f\|_{L^{p,q}(X)}^{\frac{q}{r}} \leqslant \left(\frac{q}{p}\right)^{\frac{r-q}{qr}}\|f\|_{L^{p,q}(X)}.$$

由此及(9.3.1)式证毕定理.　　　　　　　　　　　　　　　　　　　　　　□

定理 0.1.2 的注指出

$$\|f + g\|_{L^p} \leqslant \max\{1, 2^{\frac{1-p}{p}}\}(\|f\|_{L^p} + \|g\|_{L^p}).$$

其证明应用了(0.1.1)式. 我们下面指出 $L^{p,q}(X, \mu)$ 也成立类似的命题.

定理 9.3.2　设 (X, μ) 为测度空间, $p, q \in]0, \infty[$, $f, g \in L^{p,q}(X, \mu)$, 则成立

$$\|f + g\|_{L^{p,q}(X)} \leqslant C_{p,q}(\|f\|_{L^{p,q}(X)} + \|g\|_{L^{p,q}(X)}), \tag{9.3.2}$$

其中 $C_{p,q} = 2^{\frac{1}{p}} \max\{1, 2^{\frac{1}{q}-1}\}$.

证明

$$\|f + g\|_{L^{p,q}(X)} = \left(\int_0^\infty \left[t^{\frac{1}{p}} (f+g)^*(t) \right]^q \frac{\mathrm{d}t}{t} \right)^{\frac{1}{q}}.$$

由**命题 9.1.2(6)** 知

$$\|f + g\|_{L^{p,q}(X)} \leqslant \left(\int_0^\infty \left[t^{\frac{1}{p}} \left(f^*\left(\frac{t}{2}\right) + g^*\left(\frac{t}{2}\right) \right) \right]^q \frac{\mathrm{d}t}{t} \right)^{\frac{1}{q}}.$$

故当 $q \in]0, 1[$ 时成立

$$\|f + g\|_{L^{p,q}(X)} \leqslant \left(\int_0^\infty t^{\frac{q}{p}} \left[\left(f^*\left(\frac{t}{2}\right) \right)^q + \left(g^*\left(\frac{t}{2}\right) \right)^q \right] \frac{\mathrm{d}t}{t} \right)^{\frac{1}{q}}$$

$$\leqslant 2^{\frac{1}{q}-1} \left[\left(\int_0^\infty \left[t^{\frac{1}{p}} f^*\left(\frac{t}{2}\right) \right]^q \frac{\mathrm{d}t}{t} \right)^{\frac{1}{q}} + \left(\int_0^\infty \left[t^{\frac{1}{p}} g^*\left(\frac{t}{2}\right) \right]^q \frac{\mathrm{d}t}{t} \right)^{\frac{1}{q}} \right]$$

$$\leqslant 2^{\frac{1}{p}+\frac{1}{q}-1} \left(\|f\|_{L^{p,q}(X)} + \|g\|_{L^{p,q}(X)} \right).$$

而当 $q \in [1, \infty[$ 时成立

$$\|f + g\|_{L^{p,q}(X)} \leqslant \left(\int_0^\infty t^{\frac{q}{p}} \left[\left(f^*\left(\frac{t}{2}\right) \right)^q + \left(g^*\left(\frac{t}{2}\right) \right)^q \right] \frac{\mathrm{d}t}{t} \right)^{\frac{1}{q}}$$

$$\leqslant \left[\left(\int_0^\infty \left[t^{\frac{1}{p}} f^*\left(\frac{t}{2}\right) \right]^q \frac{\mathrm{d}t}{t} \right)^{\frac{1}{q}} + \left(\int_0^\infty \left[t^{\frac{1}{p}} g^*\left(\frac{t}{2}\right) \right]^q \frac{\mathrm{d}t}{t} \right)^{\frac{1}{q}} \right]$$

$$\leqslant 2^{\frac{1}{p}} \left(\|f\|_{L^{p,q}(X)} + \|g\|_{L^{p,q}(X)} \right).$$

由此 (9.3.2) 式证毕.　　　　　　　　　　　　　　　　　　　　　　　　□

推论 9.3.3　注意到若 $\|f\|_{L^{p,q}(X)} = 0$, 则 $f^*(t) = 0$ a.e., 又由于 $f^*(t)$ 为非增函数, 故 $f^*(t) = 0$ 对任意 $t > 0$ 成立. 由于 $d_f(f^*(t)) \leqslant t$, 故对任意 $t > 0$ 成立 $d_f(0) \leqslant t$, 从而 $d_f(0) = 0$, 亦即 $f = 0$ a.e. $[\mu]$.

因此 $\|\cdot\|_{L^{p,q}(X)}$ 是一个拟范数.

定理 9.3.4 设 (X, μ) 为一个测度空间, p, $q \in]0, \infty]$, 则 $L^{p,q}(X, \mu)$ 是一个拟 Banach 空间.

证明 我们仅考虑 $p < \infty$ 的情形. 设 $\{f_\nu\}_{\nu \in \mathbb{N}}$ 为 $L^{p,q}(X, \mu)$ 中的 Cauchy 列, 当 $q = \infty$ 时, 易知其依测度收敛, 从而存在子列 $\{f_{\nu_j}\}_{j \in \mathbb{N}}$ a.e. $[\mu]$ 收敛 (见习题 0.4.19、习题 0.4.20).

而对 $q < \infty$, 由于 $L^{p,q}(X, \mu) \hookrightarrow L^{p,\infty}(X, \mu)$ (定理 9.3.1), 同样知存在几乎处处收敛子列 $\{f_{\nu_j}\}_{j \in \mathbb{N}}$, 不妨令其收敛到 f, 即

$$存在可测函数\ f,\ \lim_{j \to \infty} |f_{\nu_j} - f| = 0 \text{ a.e. } [\mu].$$

从而由命题 9.1.2 (9) 知对任意 j 成立

$$(f_{\nu_j} - f)^*(t) \leqslant \liminf_{k \to \infty} (f_{\nu_j} - f_{\nu_k})^*,$$

故

$$\left[t^{\frac{1}{p}} (f_{\nu_j} - f)^*(t) \right]^q \leqslant \liminf_{k \to \infty} \left[t^{\frac{1}{p}} (f_{\nu_j} - f_{\nu_k})^*(t) \right]^q.$$

应用 Fatou 引理知

$$\int_0^\infty \left[t^{\frac{1}{p}} (f_{\nu_j} - f)^*(t) \right]^q \frac{\mathrm{d}t}{t} \leqslant \int_0^\infty \liminf_{k \to \infty} \left[t^{\frac{1}{p}} (f_{\nu_j} - f_{\nu_k})^*(t) \right]^q \frac{\mathrm{d}t}{t}$$
$$\leqslant \liminf_{k \to \infty} \int_0^\infty \left[t^{\frac{1}{p}} (f_{\nu_j} - f_{\nu_k})^*(t) \right]^q \frac{\mathrm{d}t}{t}.$$

而由 $\{f_\nu\}_{\nu \in \mathbb{N}}$ 为 $L^{p,q}(X, \mu)$ 中的 Cauchy 列知当 $j \to \infty$ 时上式右端趋于零, 故而

$$\lim_{j \to \infty} \|f_{\nu_j} - f\|_{L^{p,q}(X)} = 0,$$

即 $L^{p,q}(X, \mu)$ 中的 Cauchy 列有收敛子列, 由此证明了完备性, 即 $L^{p,q}(X, \mu)$ 是一个拟 Banach 空间. $\qquad\square$

注 事实上, 当 $p > 1$, $q \geqslant 1$ 时, 可以证明 $L^{p,q}(X, \mu)$ 为 Banach 空间 (习题 9.4.21、习题 9.4.24), 证明可以追溯到 A. Kolmogorov [26] 获得的一般原理.

一个很自然的问题是简单函数是否在 $L^{p,q}(X, \mu)$ 中稠密, 事实上除 $q = \infty$ 外是成立的.

定理 9.3.5 设 (X, μ) 为测度空间, $p \in]0, \infty]$, $q \in]0, \infty[$, 则简单函数在 $L^{p,q}(X, \mu)$ 中稠密.

证明　给定 $f \in L^{p,q}(X,\mu)$ 不妨设 $f \geqslant 0$, 我们构造一族简单函数 $f_j \geqslant 0$ 以及集合 $E_j \subset X$, $\mu(E_j) < \dfrac{1}{j}$, 满足当 $f(x) \leqslant \dfrac{1}{j}$ 时, $f_j(x) = 0$; 而当 $x \notin E_j$ 且 $|f(x)| > \dfrac{1}{j}$ 时, $f(x) - \dfrac{1}{j} \leqslant f_j(x) \leqslant f(x)$.

我们指出满足此条件的简单函数列 $\{f_j\}$ 是存在的, 因为

$$f \in L^{p,q}(X,\mu) \ \Rightarrow \ \text{存在 } A_j, \ \text{使得 } \mu(\{f(x) > A_j\}) < \frac{1}{j}.$$

记 $E_j \stackrel{\text{def}}{=\!=} \{f(x) > A_j\}$, 取

$$f_j(x) = \sum_{k=0}^{j} \frac{k}{j} \chi_{\{\frac{k}{j} \leqslant f(x) < \frac{k+1}{j}\}}$$

即可.

从而

$$d_{f-f_j}\left(\frac{1}{j}\right) = \mu\left(\left\{x, \ |f(x) - f_j(x)| > \frac{1}{j}\right\}\right) \leqslant \frac{1}{j}.$$

故当 $t \geqslant \dfrac{1}{j}$ 时成立 $(f - f_j)^*(t) \leqslant \dfrac{1}{j}$. 从而知对任意 $t > 0$ 成立 $f_j^*(t) \leqslant f^*(t)$, 且当 $j \to \infty$ 时成立 $(f - f_j)^*(t) \to 0$.

由于 $(f - f_j)^*(t) \leqslant f^*(t)$, 应用 Lebesgue 控制收敛定理知 $\lim\limits_{j \to \infty} \|f_j - f\|_{L^{p,q}(X)} = 0$, 由此定理证毕. □

9.3.2 $L^{p,q}(X,\mu)$ 的对偶空间

Riesz 表示定理刻画了 L^p 空间 $(1 \leqslant p < \infty)$ 的对偶空间, 一个自然的问题是: 给定测度空间 (X,μ), Lorentz 空间 $L^{p,q}(X,\mu)$ 的对偶空间是什么? 对一般的测度空间处理该问题会遇到一些技术上的困难, 此处我们仅考虑 (X,μ) 是非原子的 σ-有限测度空间的情况.

定义 9.3.1 (原子 (atom))　给定测度空间 (X,μ), 可测集 $A \subset X$ 称为原子若 $\mu(A) > 0$, 且对任意可测集 $B \subset A$, 要么 $\mu(B) = 0$, 要么 $\mu(B) = \mu(A)$.

称测度空间 (X,μ) 是非原子的, 若对任意可测集 $A \subset X$, $\mu(A) > 0$, 存在可测集 $B \subset A$, 使得 $\mu(B) > 0$, 且 $\mu(A \setminus B) > 0$. 亦即对任意 $0 < \gamma < \mu(A)$, 存在可测集 $B \subset A$, $\mu(B) = \gamma$.

例 9.3.1　(1)$(\mathbb{R}^n, |\cdot|)$ 是非原子的 σ-有限测度空间;

(2) 设 μ 为计数测度, 则 $(\mathbb{Z}, \mu)$, $(\mathbb{N}, \mu)$ 是原子的测度空间.

我们首先指出, 非原子测度空间上的非增重排函数存在如下的刻画.

命题 9.3.6 设 (X, μ) 为一个非原子的测度空间, 则成立

(1) 设 φ 是 $[0, \infty[$ 上的连续, 单调不增函数, 且当 $t \geqslant \mu(X)$ 时成立 $\varphi(t) = 0$, 则存在 X 上的可测函数 f 满足 $f^*(t) = \varphi(t)$.

(2) 设 $A \subset X$ 且 $0 < \mu(A) < \infty$, 则对给定的可测函数 g, 存在 X 的可测子集 $\widetilde{A}$, 满足 $\mu(\widetilde{A}) = \mu(A)$, 且成立

$$\int_{\widetilde{A}} |g| \mathrm{d}\mu = \int_0^{\mu(A)} g^*(s)\mathrm{d}s.$$

(3) 若 X 是 σ-有限的, $f \in L^\infty(X, \mu)$, $g \in L^1(X, \mu)$, 则成立

$$\sup_{h: d_h \leqslant d_f} \left| \int_X hg\,\mathrm{d}\mu \right| \geqslant \int_0^\infty f^*(s)g^*(s)\mathrm{d}s,$$

其中 h 的取值范围为 X 上所有满足 $d_h \leqslant d_f$ 的可测函数.

证明 (1) 不失一般性, 我们取 $\varphi(0) = 1$. 对 $\nu \in \mathbb{N}$, $1 \leqslant j \leqslant 2^\nu$ 取区间 $[a_{2^\nu, j}, a_{2^\nu, j-1}] \stackrel{\text{def}}{=\!=} \left\{ t \geqslant 0 : \dfrac{j-1}{2^\nu} \leqslant \varphi(t) \leqslant \dfrac{j}{2^\nu} \right\}$, 且定义

$$\varphi_\nu \stackrel{\text{def}}{=\!=} \sum_{j=1}^{2^\nu} \frac{j-1}{2^\nu} \chi_{[a_{2^\nu, j}, a_{2^\nu, j-1}[}.$$

显然诸 φ_ν 都是右连续的, 且 $\varphi_\nu \uparrow \varphi$. 取 X 的可测子集 $A_{2,1}$ 使得 $\mu(A_{2,1}) = a_{2,1} - a_{2,2} = a_{2,1}$, 则 $f_1 \stackrel{\text{def}}{=\!=} \dfrac{1}{2}\chi_{A_{2,1}}$ 为满足 $f_1^* = \varphi_2$ 的可测函数. 设我们已经取定了

$$f_\nu \stackrel{\text{def}}{=\!=} \sum_{j=1}^{2^\nu} \frac{j-1}{2^\nu} \chi_{A_{2^\nu, j-1}}$$

满足 $f_\nu^* = \varphi_\nu$. 把集合 $A_{2^\nu, j-1}$ 划分为 $A_{2^{\nu+1}, 2(j-1)}$ 以及 $A_{2^{\nu+1}, 2j-1}$, 使得 $\mu(A_{2^\nu, j-1}) = a_{2^{\nu+1}, 2j-1} - a_{2^{\nu+1}, 2j}$, $\mu(A_{2^\nu, j-2}) = a_{2^{\nu+1}, 2j-2} - a_{2^{\nu+1}, 2j-1}$. 定义

$$f_{\nu+1} \stackrel{\text{def}}{=\!=} \sum_{j=1}^{\nu+1} \frac{j-1}{2^{\nu+1}} \chi_{A_{2^{n+1}, j-1}},$$

从而知 $f_{\nu+1} \geqslant f_\nu$ 及 $f_{\nu+1}^* = \varphi_{\nu+1}$. 定义 $f \stackrel{\text{def}}{=\!=} \lim_{\nu \in \mathbb{N}} f_\nu$. 则由命题 9.1.2(8) 知 $f^* = \lim_{\nu \in \mathbb{N}} f_\nu^* = \lim_{\nu \in \mathbb{N}} \varphi_\nu = \varphi$.

(2) 令 $T = \mu(A)$, 取 $A_1 = \{x \in X : |g(x)| > g^*(T)\}$, $A_2 = \{x \in X : |g(x)| \geqslant g^*(T)\}$. 由命题 9.1.2 (2), (11) 知 $\mu(A_1) \leqslant T \leqslant \mu(A_2)$. 由于 (X, μ) 为非原子的测度空间, 从而存在可测集 $\widetilde{A}$ 满足 $A_1 \subset \widetilde{A} \subseteq A_2$ 及 $\mu(\widetilde{A}) = T$. 取 $g_1 = g\chi_{\widetilde{A}}$, 我们断言对 $t \leqslant T$ 成立 $g^*(t) = g_1^*(t)$.

注意到 $g^*(t) = \inf\{s > 0 : d_g(s) \leqslant t\}$, 我们仅需证明对满足 $d_g(s) \leqslant t$ 的 s 成立 $d_{g_1}(s) = d_g(s)$. 事实上, 由命题 9.1.2 (3) 知

$$d_g(s) \leqslant t \Rightarrow g^*(t) \leqslant s \Rightarrow s \geqslant g^*(T).$$

由此知, 若 $x \in X$ 满足 $|g(x)| > s$, 则 $x \in A_1 \subset \widetilde{A}$. 从而若 $d_g(s) \leqslant t$, 则成立 $d_g(s) = d_{g_1}(s)$, 由此知对 $t \leqslant T$ 成立 $g^*(t) = g_1^*(t)$, 断言证毕. 故而成立

$$\int_{\widetilde{A}} g(x)\mathrm{d}\mu = \int_0^{\mu(\widetilde{A})} g_1^*(t)\mathrm{d}t = \int_0^{\mu(A)} g^*(t)\mathrm{d}t.$$

(3) 不失一般性, 我们可以设 $f, g \geqslant 0$.

首先考虑 f 是简单函数的情况, 设 $f = \sum\limits_{i=1}^N a_i \chi_{A_i}$, 其中诸 A_i 是 X 上有限测度的可测集, $\infty > a_1 > \cdots > a_N > 0$, 则可以把 f 改写为

$$f = \sum_{i=1}^N f_i, \quad f_i = (a_i - a_{i+1})\chi_{B_i}, \ B_i = \bigcup_{k=1}^i A_k.$$

显然成立 $f^* = \sum\limits_{i=1}^N f_i^*$. 则类似 (2), 可取可测集 $\widetilde{B}_1 \subset \widetilde{B}_2 \subset \cdots \subset \widetilde{B}_N$ 满足 $\mu(B_i) = \mu(\widetilde{B}_i)$, 且

$$\int_0^\infty g^*(t)(\chi_{B_i})^*(t)\mathrm{d}t = \int_X g\chi_{\widetilde{B}_i}\mathrm{d}\mu.$$

从而

$$\int_0^\infty g^*(t)f^*(t)\mathrm{d}t = \sum_{i=1}^N (a_i - a_{i+1})\int_0^\infty g^*(t)(\chi_{B_i})^*(t)$$

$$= \int_X g \sum_{i=1}^N (a_i - a_{i+1})\chi_{\widetilde{B}_i}\mathrm{d}\mu,$$

且函数 $h \stackrel{\text{def}}{=\!=} \sum\limits_{i=1}^N (a_i - a_{i+1})\chi_{\widetilde{B}_i} = \sum\limits_{i=1}^N a_i \chi_{\widetilde{B}_i \setminus \widetilde{B}_{i-1}}$ 与 f 有着相同的分布函数. 故对简单函数 f 命题成立.

对一般的可测函数 f, 注意到 X 是 σ-有限的, 从而存在一列非负简单函数 $\{f_\nu\}_{\nu\in\mathbb{N}}$ 满足 $f_\nu\uparrow f$. 则由命题 9.1.2 (8) 知 $f_\nu^*\uparrow f^*$, 且存在一列非负简单函数 h_ν, 满足对任意 $\nu\in\mathbb{N}$ 成立 $d_{h_\nu}=d_{f_\nu}\leqslant d_f$ 以及

$$\int_X h_\nu g\,\mathrm{d}\mu=\int_0^\infty g^*(t)f_\nu^*(t)\mathrm{d}t,$$

由 Lebesgue 单调收敛定理知当 $\nu\to\infty$ 时成立 $\displaystyle\int_0^\infty g^*(t)f_\nu^*(t)\mathrm{d}t\uparrow\int_0^\infty g^*(t)\cdot f^*(t)\mathrm{d}t$, 从而知

$$\sup_{h:d_h\leqslant d_f}\left|\int_X hg\,\mathrm{d}\mu\right|\geqslant\limsup_{\nu\to\infty}\left|\int_X h_\nu g\,\mathrm{d}\mu\right|=\int_0^\infty f^*(s)g^*(s)\mathrm{d}s.$$

命题证毕. $\square$

定理 9.3.7 ($L^{p,q}(X,\mu)$ 的对偶空间) 若 (X,μ) 是非原子的 σ-有限测度空间, 对 $p\in[1,\infty]$, 记 p' 满足 $\dfrac{1}{p}+\dfrac{1}{p'}=1$, 则成立

(1) 若 $p\in\,]0,1[,\ q\in\,]0,\infty]$, 则 $(L^{p,q}(X,\mu))^*=\{0\}$;

(2) 若 $p\in\,]1,\infty[,\ q\in\,]1,\infty[$, 则 $(L^{p,q}(X,\mu))^*=L^{p',q'}(X,\mu)$;

(3) 若 $p\in\,]1,\infty[,\ q\in\,]0,1]$, 则 $(L^{p,q}(X,\mu))^*=L^{p',\infty}(X,\mu)$;

(4) 若 $p=1,\ q\in\,]0,1]$, 则 $(L^{p,q}(X,\mu))^*=L^\infty(X,\mu)$;

(5) 若 $p=1,\ q\in\,]1,\infty[$, 则 $(L^{p,q}(X,\mu))^*=\{0\}$;

(6) 若 $p\in[1,\infty],\ q=\infty$, 则 $(L^{p,q}(X,\mu))^*\neq\{0\}$.

证明 由于 (X,μ) 是 σ-有限的测度空间, 故存在一列递增紧集 $K_1\subset K_2\subset\cdots\subset X$, 使得对任意 $N\in\mathbb{N}_+$ 成立 $\mu(K_N)<\infty$, 且 $X=\displaystyle\bigcup_{N=1}^\infty K_N$. 设 μ 定义在 σ-代数 $\mathscr{A}$ 上且定义 $\mathscr{A}_N\overset{\text{def}}{=}\{A\cap K_N:A\in\mathscr{A}\}$. 给定 $T\in(L^{p,q}(X,\mu))^*$, 对 $N\in\mathbb{N}_+$, $E\in\mathscr{A}_N$, 记

$$\sigma_N(E)\overset{\text{def}}{=}T[\chi_{E\cap K_N}]. \tag{9.3.3}$$

易知 σ_N 是定义在 $\mathscr{A}_N$ 上的测度, 且由例 9.2.3 知成立

$$|\sigma_N(E)|\leqslant|T[\chi_{E\cap K_N}]|\leqslant\|T\|\left(\frac{p}{q}\right)^{\frac{1}{p}}\mu(E\cap K_N)^{\frac{1}{p}},\quad\text{若 }q<\infty;$$

$$|\sigma_N(E)|\leqslant|T[\chi_{E\cap K_N}]|\leqslant\|T\|\mu(E\cap K_N)^{\frac{1}{p}},\qquad\text{若 }q=\infty.$$

由此知 σ_N 关于 μ 绝对连续. 应用 Radon-Nikodym 定理知, 存在唯一 (相差一个 μ-零测集) 的 $g_N \in L^1(K_N, \mu)$ 为 σ_N 关于 μ 的 Radon-Nikodym 导数, 即对任意 $f \in L^1(K_N, \mathscr{A}_N, \sigma_N)$ 成立 $\int_{K_N} f \, \mathrm{d}\sigma_N = \int_{K_N} g_N \, \mathrm{d}\mu$.

注意到在每个 $\mathscr{A}_N$ 上 $\sigma_N = \sigma_{N+1}$, 从而知 $g_N = g_{N+1}$ a.e. K_N, 故而存在 X 上良定义的可测函数 g, 满足在每个 K_N 上 $g = g_N$.

从而成立

$$\sigma_N(E) = \int_{E \cap K_N} g \, \mathrm{d}\mu = T[\chi_{E \cap K_N}].$$

故若 $f = \sum_{j=1}^{N} a_j \chi_{E_j}$ 为简单函数时, 易知 $T[f] = \int_X fg \, \mathrm{d}\mu$, 而由简单函数的稠密性 (定理 9.3.5) 知, 若 $q < \infty$, 对任意的 $f \in L^{p,q}(X, \mu)$ 成立

$$T[f] = \int_X fg \, \mathrm{d}\mu. \tag{9.3.4}$$

接下来我们分类讨论:

(1) 当 $p \in {]0,1[}$, $q \in {]0,\infty]}$ 时, 我们证明 $(L^{p,q}(X,\mu))^* = \{0\}$.

取 $a_1 > a_2 > \cdots > a_N > 0$, 考虑简单函数 $f = \sum_{i=1}^{N} a_i \chi_{E_i}$, 又把 E_i 分为 M 部分, 记为 E_{ij}, 满足 $\mu(E_{ij}) = \dfrac{1}{M}\mu(E_i)$, 并记

$$f_j(x) \stackrel{\mathrm{def}}{=\!=} \sum_{i=1}^{N} a_i \chi_{E_{ij}}, \quad f(x) = \sum_{j=1}^{M} f_j(x).$$

从而知

$$\|f\|_{L^{p,q}(X)} = \frac{p}{q} \sum_{i=1}^{N} a_i^q (B_i^{\frac{q}{p}} - B_{i-1}^{\frac{q}{p}}),$$

其中 $B_i = \sum_{k=1}^{i} \mu(E_k)$, 又记 $B_i^j \stackrel{\mathrm{def}}{=\!=} \sum_{k=1}^{i} \mu(E_{kj}) = \dfrac{1}{M} B_i$, 则易知

$$\|f_j\|_{L^{p,q}(X)} = \frac{1}{M^{\frac{1}{p}}} \|f\|_{L^{p,q}(X)}.$$

故而成立

$$|T[f]| \leqslant \sum_{j=1}^{M} |T(f_j)| \leqslant \sum_{j=1}^{M} \|T\| \|f_j\|_{L^{p,q}(X)} = \|T\| M^{\frac{p-1}{p}} \|f\|_{L^{p,q}(X)}.$$

注意到 $p \in]0, 1[$, 且 M 与 $|T[f]|$ 无关, 令 $M \to \infty$ 知 $T[f] = 0$. 再应用定理 9.3.5 知 $T = 0$, 即

$$(L^{p,q}(X, \mu))^* = \{0\}.$$

而当 $q = \infty$ 时, 形如 $\sum\limits_{j=1}^{\infty} a_j \chi_{E_j}$ 的 "简单" 函数在 $L^{p,\infty}(X, \mu)$ 中稠密, 证明方法是类似的.

(2) 当 $p \in]1, \infty[$, $q \in]1, \infty[$ 时, 我们证明 $(L^{p,q}(X, \mu))^* = L^{p',q'}(X, \mu)$.

一方面, 由命题 9.1.2(7) 知

$$\left| \int_X fh \, \mathrm{d}\mu \right| = \int_0^\infty (fh)^*(t) \mathrm{d}t \leqslant \int_0^\infty f^*\left(\frac{t}{2}\right) h^*\left(\frac{t}{2}\right) \mathrm{d}t.$$

由此得到

$$
\begin{aligned}
\left| \int_X fg \, \mathrm{d}\mu \right| &\leqslant 2 \int_0^\infty f^* h^* \mathrm{d}t = 2 \int_0^\infty t^{\frac{1}{p}} f^* t^{\frac{1}{p'}} h^* \frac{\mathrm{d}t}{t} \\
&\leqslant 2 \left(\int_0^\infty (t^{\frac{1}{p}} f^*)^q \frac{\mathrm{d}t}{t} \right)^{\frac{1}{q}} \left(\int_0^\infty (t^{\frac{1}{p'}} h^*)^{q'} \frac{\mathrm{d}t}{t} \right)^{\frac{1}{q'}} \\
&= 2 \|f\|_{L^{p,q}(X)} \|h\|_{L^{p',q'}(X)}.
\end{aligned}
$$

从而知 $L^{p',q'}(X, \mu) \subset (L^{p,q}(X, \mu))^*$.

另一方面, 给定 $T \in (L^{p,q}(X, \mu))^*$, 存在 $g \in L^1(X, \mu)$ 使得对任意的 $f \in L^{p,q}(X, \mu)$ 成立

$$T[f] = \int_X f(x) g(x) \mathrm{d}\mu(x).$$

我们证明 $g \in L^{p',q'}(X, \mu)$. 令

$$g_{NM} \overset{\mathrm{def}}{=\!=} g \chi_{K_N} \chi_{\{|g| \leqslant M\}}.$$

从而由命题 9.1.2 (4), (8) 知当 N, $M \to \infty$ 时成立 $g_{NM}^* \leqslant g^*$, $g_{NM}^* \uparrow g^*$. 由命题 9.3.6 (1) 知可取适当的函数 f 满足

$$f^*(t) = \int_{\frac{t}{2}}^\infty s^{\frac{q'}{p'}-1} (g_{NM}^*)^{q'-1} \frac{\mathrm{d}s}{s},$$

由推论 0.2.6 知 $\|f\|_{L^{p,q}(X)} \leqslant C\|g_{NM}\|_{L^{p',q'}(X)}^{\frac{q'}{q}} < \infty$. 故由命题 9.3.6(3) 知

$$
\begin{aligned}
\int_0^\infty f^* g_{NM}^* \, \mathrm{d}t &\leqslant \sup_{h,\ d_h \leqslant d_f} \left| \int_X h g_{NM} \mathrm{d}\mu \right| = \sup_{h,\ d_h \leqslant d_f} \left| \int_{K_N} h \chi_{\{|g| \leqslant M\}} g \, \mathrm{d}\mu \right| \\
&= \sup_{h,\ d_h \leqslant d_f} \left| T\big[h \chi_{K_N} \chi_{\{|g| \leqslant M\}} \big] \right| \\
&\leqslant \sup_{h,\ d_h \leqslant d_f} \|T\|_{\mathscr{L}} \big\| h \chi_{K_N} \chi_{\{|g| \leqslant M\}} \big\|_{L^{p,q}(X)} \\
&\leqslant \sup_{h,\ d_h \leqslant d_f} \|T\|_{\mathscr{L}} \|h\|_{L^{p,q}(X)} \leqslant \|T\|_{\mathscr{L}} \|f\|_{L^{p,q}(X)} \\
&\leqslant C \|T\|_{\mathscr{L}} \|g_{NM}\|_{L^{p',q'}(X)}^{\frac{q'}{q}}.
\end{aligned}
$$

另一方面, 易知

$$
\begin{aligned}
\int_0^\infty f^* g_{NM}^* \, \mathrm{d}t &\geqslant \int_0^\infty \int_{\frac{t}{2}}^t s^{\frac{q'}{p'}-1} (g_{NM}^*)^{q'-1}(s) \frac{\mathrm{d}s}{s} g_{NM}^*(t) \mathrm{d}t \\
&\geqslant \int_0^\infty (g_{NM}^*)^{q'}(t) \int_{\frac{t}{2}}^t s^{\frac{q'}{p'}-1} \frac{\mathrm{d}s}{s} \mathrm{d}t \\
&\geqslant C \|g_{NM}\|_{L^{p',q'}(X)}^{q'}.
\end{aligned}
$$

利用上两式知 $\|g_{NM}\|_{L^{p,q}(X)} \leqslant C(p,q)\|T\|_{\mathscr{L}}$, 令 $N,\ M \to \infty$, 我们得到 $g \in L^{p',q'}(X,\mu)$.

综上知 $(L^{p,q}(X,\mu))^* = L^{p',q'}(X,\mu)$.

(3) 当 $p \in]1,\infty[$, $q \in]0,1[$ 时, 我们证明 $(L^{p,q}(X,\mu))^* = L^{p',\infty}(X,\mu)$.

一方面, 成立

$$
\begin{aligned}
\left| \int_X f h \, \mathrm{d}\mu \right| &\leqslant 2 \int_0^\infty f^* h^* \mathrm{d}t = 2 \int_0^\infty t^{\frac{1}{p}} f^* t^{\frac{1}{p'}} h^* \frac{\mathrm{d}t}{t} \leqslant 2 \|f\|_{L^{p,1}(X)} \|h\|_{L^{p',\infty}(X)} \\
&\leqslant 2 \|f\|_{L^{p,q}(X)} \|h\|_{L^{p',\infty}(X)}.
\end{aligned}
$$

从而知 $L^{p',\infty}(X,\mu) \subset (L^{p,q}(X,\mu))^*$.

另一方面, 给定 $T \in (L^{p,q}(X,\mu))^*$, 存在 $g \in L^1(X,\mu)$ 使得对任意的 $f \in L^{p,q}(X,\mu)$ 成立

$$
T[f] = \int_X f(x) g(x) \mathrm{d}\mu(x).
$$

我们证明 $g \in L^{p',\infty}(X,\mu)$. 任给定 $\alpha > 0$, 取 $f = \dfrac{\overline{g}}{|g|}\chi_{K_N \cap \{|g|>\alpha\}}$, 利用 $\left|\displaystyle\int_X fg\,\mathrm{d}\mu\right|$ $\leqslant \|T\|_{\mathscr{L}}\|f\|_{L^{p,q}(X)}$ 知

$$\alpha\mu\big(K_N \cap \{|g|>\alpha\}\big) \leqslant \left(\frac{p}{q}\right)^{\frac{1}{q}}\|T\|_{\mathscr{L}}\mu\big(K_N \cap \{|g|>\alpha\}\big)^{\frac{1}{p}},$$

令 $N \to \infty$, 我们得到

$$\sup_{\alpha>0}\big(\alpha\mu(\{|g|>\alpha\})^{p'}\big) \leqslant \left(\frac{p}{q}\right)^{\frac{1}{q}}\|T\|_{\mathscr{L}},$$

亦即 $g \in L^{p',\infty}(X,\mu)$.

综上知 $(L^{p,q}(X,\mu))^* = L^{p',\infty}(X,\mu)$.

(4), (5) 的证明见习题 9.4.19 与习题 9.4.20, (6) 的证明参见 Cwikel [12-14], 此处从略. □

注　若 X 是原子的, 定理的某些论断不再正确. 如当 $p \in\,]0,1[$ 时, $\ell^p(\mathbb{Z})$ 的对偶空间包含 $\ell^\infty(\mathbb{Z})$, 从而不再是 $\{0\}$.

9.4　习　　题

A 基础题

习题 9.4.1　在命题 9.1.2 的条件下, 以下各论断是否能取到严格的不等号? 试举例说明.

(1) 对任意 $\alpha > 0$, $f^*\big(d_f(\alpha)\big) \leqslant \alpha$;

(2) 对任意 $t > 0$, $d_f\big(f^*(t)\big) \leqslant t$;

(3) 若 $|f| = \liminf\limits_{\nu\to\infty}|f_\nu|$ a.e. $[\mu]$, 则 $f^*(t) \leqslant \liminf\limits_{\nu\to\infty}f_\nu^*(t)$.

习题 9.4.2　设 g 是测度空间 (X,μ) 上的局部可积函数, $A \subset X$ 是可测集, 证明

$$\int_A g\,\mathrm{d}\mu \leqslant \int_0^{\mu(A)} g^*(t)\mathrm{d}t.$$

习题 9.4.3 (Hardy-Littlewood)　设 f, g 是 σ-有限测度空间 (X,μ) 上的可测函数, 证明

$$\int_X |f(x)g(x)|\mathrm{d}\mu(x) \leqslant \int_0^\infty f^*(t)g^*(t)\mathrm{d}t.$$

同时试指出等号取得的条件.　　[提示: 对简单函数, 请与离散情况下的排序不等式比较.]

习题 9.4.4　设 σ-有限测度空间 (X,μ) 满足对任意 $x > 0$, 成立可测集 $E \subset X$ 使得 $\mu(E) = x$.

(1) 证明对可测函数 f, g 及任意 $x > 0$, 成立 $\int_0^x (f+g)^*(t)\mathrm{d}t \leqslant \int_0^x f^*(t) + g^*(t)\mathrm{d}t$;

(2) 证明对可测函数 f, g 及任意 $x > 0$, 成立 $\int_0^x (fg)^*(t)\mathrm{d}t \leqslant \int_0^x f^*(t)g^*(t)\mathrm{d}t$.

习题 9.4.5 设 (X, μ) 为测度空间, q_0, q_1 满足 $0 < q_0 < q_1 \leqslant \infty$, 证明若 $f \in L^{q_0, \infty}(X, \mu) \cap L^{q_1, \infty}(X, \mu)$, 则对任意 $s \in]0, \infty]$, $q \in]q_0, q_1[$ 成立 $f \in L^{q, s}(X, \mu)$.

习题 9.4.6 设 p, q, α, $\beta \in]0, \infty[$, 且设 $0 < q_1 < q_2 < \infty$.

(1) 证明函数 $f_{\alpha, \beta}(t) \overset{\text{def}}{=\!=} t^{-\alpha}(-\log t)^{-\beta}\chi_{[0, \exp(-\frac{\beta}{\alpha})[}(t) \in L^{p, q}(\mathbb{R})$ 当且仅当 $p < \dfrac{1}{\alpha}$ 或 $p = \dfrac{1}{\alpha}$, $q > \dfrac{1}{\beta}$;

(2) 证明函数 $f(t) = t^{-\frac{1}{p}}(-\log t)^{-\frac{1}{q_1}}\chi_{[0, \exp(-\frac{p}{q_1})[}(t) \in L^{p, q_2}(\mathbb{R})$, 但 $f(t) \notin L^{p, q_1}(\mathbb{R})$;

(3) 试讨论 $g_{\alpha, \beta}(t) \overset{\text{def}}{=\!=} (1+t)^{-\alpha}(\log(2+t))^{-\beta}\chi_{[0, \infty[} \in L^{p, q}(\mathbb{R})$ 的充要条件.

习题 9.4.7 设 $\Phi(t)$ 是 $[0, \infty[$ 上光滑严格递减函数, 对 $x \in \mathbb{R}^n$ 取 $F(x) = \Phi(|x|)$, 试计算 $F^*(t)$.

习题 9.4.8 (函数 $f^{**}(t)$) 设 $0 < p$, $q < \infty$, 取定 $r = r(p, q)$ 使得 $r \leqslant \min\{1, q\}$, $r < p$. 设 (X, μ) 是测度空间, 对 $t < \mu(X)$ 定义

$$f^{**}(t) \overset{\text{def}}{=\!=} \sup_{\mu(E) \geqslant t} \left(\frac{1}{\mu(E)} \int_E |f|^r \mathrm{d}\mu \right)^{\frac{1}{r}},$$

若 $\mu(X, \mu) < \infty$, 对 $t \geqslant \mu(X, \mu)$ 定义

$$f^{**}(t) \overset{\text{def}}{=\!=} \left(\frac{1}{t} \int_X |f|^r \mathrm{d}\mu \right)^{\frac{1}{r}}.$$

证明对任意的 $t \geqslant 0$ 成立

$$\left((f+g)^{**}(t) \right)^r \leqslant \left(f^{**}(t) \right)^r + \left(g^{**}(t) \right)^r.$$

习题 9.4.9 试证明当 $r = 1$, $p \in]1, \infty]$, $q \in [1, \infty]$ 时, 函数 $f^{**}(t)$ 存在如下的等价表述:

$$f^{**}(t) = \frac{1}{t} \int_0^t f^*(s)\mathrm{d}s.$$

进一步地, 此时成立如下的等式:

$$tf^{**}(t) = tf^*(t) + \int_{f^*(t)}^{\infty} d_f(s)\mathrm{d}s.$$

习题 9.4.10 利用习题 9.4.7 的公式, 举例说明当 p, q_1, $q_2 \in]0, \infty[$, $q_1 < q_2$ 时, 成立 $L^{p, q_1}(\mathbb{R}^n) \subsetneq L^{p, q_2}(\mathbb{R}^n)$. [提示: 习题 9.4.6 的例子.]

习题 9.4.11　我们希望把习题 9.4.10 的命题推广到一般的非原子测度空间上去. 设 (X, μ) 是非原子的测度空间.

(1) 设 φ 是 $[0, \infty[$ 上的非负不增连续函数, 且当 $t \geqslant \mu(X)$ 时 $\varphi(t) = 0$. 证明存在 X 上的可测函数 f 使得对任意 $t > 0$ 成立 $f^*(t) = \varphi(t)$;

[提示: 用简单函数逼近.]

(2) 举例说明当 p, q_1, $q_2 \in]0, \infty[$, $q_1 < q_2$ 时, 成立 $L^{p,q_1}(X, \mu) \subsetneq L^{p,q_2}(X, \mu)$.

[提示: 令 (1) 的 $\varphi(t) = g_{\frac{1}{p}, \frac{1}{q_1}}(t)$, 其中 $g_{\alpha, \beta}$ 的定义见习题 9.4.6(3).]

习题 9.4.12 (Fatou 性质)　试证明 Lorentz 空间具有 Fatou 性质, 即设 $\{f_\nu\}_{\nu \in \mathbb{N}}$ 是测度空间 (X, μ) 的正可测函数, 且设 p, $q \in]0, \infty]$, 则成立

$$\big\| \liminf_{\nu \to \infty} f_\nu \big\|_{L^{p,q}(X)} \leqslant \liminf_{\nu \to \infty} \|f_\nu\|_{L^{p,q}(X)}.$$

习题 9.4.13　设 p, $q \in]0, \infty]$, 且设 $\{g_\nu\}_{\nu \in \mathbb{N}}$ 是测度空间 (X, μ) 的可测函数, 满足当 $\nu \to \infty$ 时成立 $g_\nu \to g \; (L^{p,q}(X, \mu))$, 证明

$$\lim_{\nu \to \infty} \|g_\nu\|_{L^{p,q}(X)} = \|g\|_{L^{p,q}(X)}.$$

习题 9.4.14　设 p, $q \in]0, \infty]$, $f \in L^{p,q}(X, \mu)$, 证明 f 存在表示

$$f = \sum_{j=-\infty}^{+\infty} c_j f_j,$$

其中 $\mu(\text{supp } f_j) \leqslant 2^j$, $\|f_j\|_{L^\infty(X)} \leqslant 2^{-\frac{j}{p}}$, 且存在序列 $\{c_j\}_{j \in \mathbb{Z}} \in \ell^q(\mathbb{Z})$ 满足

$$2^{-\frac{1}{p}} (\log 2)^{\frac{1}{q}} \|\{c_j\}\|_{\ell^q} \leqslant \|f\|_{L^{p,q}(X)} \leqslant 2^{\frac{1}{p}} (\log 2)^{\frac{1}{q}} \|\{c_j\}\|_{\ell^q}.$$

[提示: 取 $c_j = 2^{\frac{j}{p}} f^*(2^j)$, $A_j = \{x, \; f^*(2^{j+1}) < |f(x)| \leqslant f^*(2^j)\}$ 并令 $f_j = c_j^{-1} f \chi_{A_j}$.]

习题 9.4.15 (Hölder 不等式)　设 $f \in L^{p_1, q_1}(X, \mu)$, $g \in L^{p_2, q_2}(X, \mu)$, 满足

$$\frac{1}{p_1} + \frac{1}{p_2} = 1, \quad \frac{1}{q_1} + \frac{1}{q_2} \geqslant 1,$$

则 $fg \in L^1(X, \mu)$, 且成立 $\|fg\|_{L^1(X)} \leqslant \|f\|_{L^{p_1, q_1}(X)} \|g\|_{L^{p_2, q_2}(X)}$.　　[提示: 利用习题 9.4.3.]

习题 9.4.16　试猜测 Young 不等式在 Lorentz 空间上的推广, 无需证明.

习题 9.4.17　本题验证定义 9.3.1 中非原子测度空间的两种定义等价. 设 (X, μ) 为测度空间, $A \subset X$ 为可测集, $\mu(A) > 0$.

(a) 存在可测集 $B \subset A$, 使得 $\mu(B) > 0$, 且 $\mu(A \setminus B) > 0$.

(b) 对任意 $0 < \gamma < \mu(A)$, 存在可测集 $B \subset A$, $\mu(B) = \gamma$.

证明 (a) 与 (b) 是等价的.

习题 9.4.18　设 (X, μ) 为 σ-有限的, 非原子的测度空间, $f \in L^\infty(X, \mu)$, $g \in L^1(X, \mu)$, 在命题 9.3.6 (3) 的基础上证明

$$\sup_{h: d_h = d_f} \left| \int_X hg \, \mathrm{d}\mu \right| \geqslant \int_0^\infty f^*(s) g^*(s) \mathrm{d}s.$$

其中 h 的取值范围为 X 上所有满足 $d_h = d_f$ 的可测函数. 从而由习题 9.4.3 可知成立

$$\sup_{h:d_h=d_f}\left|\int_X hg\,\mathrm{d}\mu\right| = \int_0^\infty f^*(s)g^*(s)\mathrm{d}s.$$

习题 9.4.19 与习题 9.4.20 证明定理 9.3.7(4) 与 (5), 其中 (X,μ) 是非原子的 σ-有限测度空间, $p=1$. K_N, g 由定理 9.3.7 的证明给出.

习题 9.4.19　本题证明定理 9.3.7(4), 即当 $p=1$, $q\in]0,1]$ 时 $(L^{p,q}(X,\mu))^* = L^\infty(X,\mu)$.

(1) 证明任意的 $h\in L^\infty(X,\mu)$ 给出了 $L^{1,q}(X,\mu)$ 上的有界线性泛函;

(2) 证明如下的引理: 设 $\mu(X)<\infty$ 且 $f\in L^1(X,\mu)$, 若闭集 $S\subset\mathbb{C}$ 满足对任意的可测集 $E\subset X$ 都成立 $f_E\overset{\mathrm{def}}{=}\fint_E f\mathrm{d}\mu\in S$, 则对 a.e. $x\in X$, $f(x)\in S$;

(3) 用 (2) 的引理证明 $(L^{p,q}(X,\mu))^* \subset L^\infty(X,\mu)$, 从而命题证毕.

习题 9.4.20　本题证明定理 9.3.7(5), 即当 $p=1$, $q\in]1,\infty[$ 时 $(L^{p,q}(X,\mu))^* = \{0\}$.

对 $T\in(L^{1,q}(X,\mu))^*$, 我们仅需证明 $g=0$ a.e. X.

(1) 反设存在 $\mu(E)>0$ 的可测集 $E\subset X$, 使得 $|g|$ 在 E 上有非零下界 ε, 证明对任意的 K_N 与非负函数 h 都成立 $\|h\chi_{\{h\leqslant M\}}\|_{L^1(E\cap K_N)} \leqslant \|T\|_{\mathscr{L}}\|h\chi_{\{h\leqslant M\}}\|_{L^{1,q}(E\cap K_N)}$, 其中 $M>0$;
[提示: 取 $f=\overline{g}|g|^{-2}\chi_{E\cap K_N}h\chi_{\{h\leqslant M\}}$.]

(2) 令 $M\to\infty$ 并利用习题 9.4.11(2) 得出矛盾, 从而命题证毕.

B 拓展题

习题 9.4.21 与习题 9.4.23 研究 $L^{p,\infty}(X,\mu)$ 的赋范问题.

习题 9.4.21　本题给出 $L^{p,\infty}(X,\mu)$ 在 $p>1$ 时的等价范数.

设 (X,μ) 是 σ-有限的测度空间, 对 $p\in]0,\infty[$, 取 $0<r<p$ 且定义

$$|||f|||_{L^{p,\infty}(X)} \overset{\mathrm{def}}{=\!=} \sup_{0<\mu(E)<\infty} \mu(E)^{-\frac{1}{r}+\frac{1}{p}}\left(\int_E |f|^r\mathrm{d}\mu\right)^{\frac{1}{r}}.$$

(1) 证明对任意 $f\in L^{p,\infty}(X,\mu)$ 成立 $|||f|||_{L^{p,\infty}(X)} \leqslant \left(\dfrac{p}{p-r}\right)^{\frac{1}{r}}\|f\|_{L^{p,\infty}(X)}$, 且指出 X 并不用 σ-有限;　[提示: 利用习题 0.4.14(1).]

(2) 证明对任意 $f\in L^{p,\infty}(X,\mu)$ 成立 $\|f\|_{L^{p,\infty}(X)} \leqslant |||f|||_{L^{p,\infty}(X)}$;

(3) 若 X 不是 σ-有限的测度空间, 试举例说明此时 (2) 未必成立;

(4) 证明 $L^{p,\infty}(X,\mu)$ 是可度量化的, 且当 $p>1$ 时存在与 $L^{p,\infty}(X,\mu)$ 等价的范数.

习题 9.4.22　在习题 9.4.21 中取 $r=1$, 证明此时 $|||f|||_{L^{p,\infty}(X)}$ 存在如下的等价刻画:

$$|||f|||_{p,\infty(X)} = \sup_{x>0} x^{\frac{1}{p}}f^{**}(x),$$

其中 f^{**} 的定义参见习题 9.4.8.

习题 9.4.23　本题指出 $L^{1,\infty}(\mathbb{R}^n)$ 是不可赋范化的.

设 σ 是一个 N 元置换, 考虑如下 $N!$ 个 $\mathbb{R}$ 上的函数

$$f_\sigma = \sum_{j=1}^N \frac{N}{\sigma(j)}\chi_{[\frac{j-1}{N},\frac{j}{N}[}.$$

(1) 证明对每个置换 σ, $\|f_\sigma\|_{L^{1,\infty}(X)} = 1$;

(2) 证明 $\left\| \sum\limits_{\sigma \in S_N} f_\sigma \right\|_{L^{1,\infty}(X)} = N! \left(1 + \dfrac{1}{2} + \cdots + \dfrac{1}{N} \right)$;

(3) 证明不存在与 $\|\cdot\|_{L^{1,\infty}(X)}$ 等价的范数;

(4) 尝试把命题推广到二维的情况, 进而可以类似推广到 $\mathbb{R}^n$ 上.

习题 9.4.24 至习题 9.4.27 旨在给出 Lorentz 空间的另外一种刻画.

习题 9.4.24(范数 $\||\cdot\||_{L^{p,q}(X)}$)　设依赖于 r 的 $f^{**}(t)$ 由习题 9.4.8 给出, 定义 $\||\cdot\||_{L^{p,q}(X)}$ 为

$$\||f\||_{L^{p,q}(X)} = \left(\int_0^\infty (t^{\frac{1}{p}} f^{**}(t))^q \frac{\mathrm{d}t}{t} \right)^{\frac{1}{q}}.$$

证明:

(1) 映射 $f \mapsto \||f\||_{L^{p,q}(X)}^r$ 是次可加的;

(2) 当 $p > 1$, $q \geqslant 1$ 时, 取 $r = 1$, 此时 $\||\cdot\||_{L^{p,q}(X)}$ 是一个范数.

在习题 9.4.25 与习题 9.4.26 中, 我们设依赖于 r 的 $f^{**}(t)$ 由习题 9.4.8 给出. 当 $p > 1$, $q \geqslant 1$ 时, 取 $r = 1$, 范数 $\||\cdot\||_{L^{p,q}(X)}$ 由习题 9.4.24 给出.

习题 9.4.25　证明

$$f^{**}(x) \leqslant \left(\frac{q}{p} \right)^{\frac{1}{q}} \frac{\||f\||_{L^{p,q}(X)}}{x^{\frac{1}{p}}}.$$

习题 9.4.26　试证明: 当 $p \in]1, \infty[$ 时, 对任意的 $f \in L^p(X, \mu)$ 成立如下不等式:

$$\|f\|_{L^p(X)} \leqslant \||f\||_{L^{p,p}(X)} \leqslant p' \|f\|_{L^p(X)}.$$

[提示: 第一个不等式应用 $f^*(x) \leqslant f^{**}(x)$, 第二个不等式应用 Hardy 不等式 (推论 0.2.6), 取 $b = \dfrac{p}{p-1}$.]

习题 9.4.27　证明对任意 (X, μ) 中的可测函数 f 成立

$$\|f\|_{L^{p,q}(X, \mu)} \leqslant \||f\||_{L^{p,q}(X)} \leqslant \left(\frac{p}{p-r} \right)^{\frac{1}{r}} \|f\|_{L^{p,q}(X)},$$

(该不等式不需要限制条件 $r = 1$). 进而证明当 $p, q \in]1, \infty[$ 时, $L^{p,q}(X, \mu)$ 是可度量化的, 也是可赋范的.

[提示: 类似习题 9.4.26, 先证明 $f^*(t) \leqslant f^{**}(t) \leqslant \left(\dfrac{1}{t} \int_0^t (f^*(s))^r \mathrm{d}s \right)^{\frac{1}{r}}$.]

C　思考题

思考题 9.4.28　若 (X, μ) 是测度空间, 不要求其是非原子的与 σ-有限的, 则定理 9.3.7 的论断还有哪些是正确的?

思考题 9.4.29　你认为卷积与乘积最核心的性质是什么? 尝试定义一般的乘积算子与卷积算子, 使得 $L^p(X, \mu)$ 中的 Young 不等式与 Hölder 不等式仍然成立, 你的定义可以把这两个不等式推广到 Lorentz 空间中吗?　　[提示: 参考附录 E.]

思考题 9.4.30　你认为 Lorentz 空间与之前学习的 Sobolev 空间, Hölder 空间有什么联系? 在 $(\mathbb{R}^n, |\cdot|)$ 上是否存在 Lorentz 空间与 Sobolev 空间之间的嵌入定理?

第三部分　附　录

以下的内容是对正文内容的补充, 亦可供学有余力的读者作一些拓展. 为此各章节后面也附上了一些练习, 以供读者思考. 事实上, 限于篇幅, 补充内容的命题证明相对简略, 部分练习补充了证明中忽略的部分.

附录 A　线性算子的插值理论

本节适合作为第 0 章的补充章节, 供有兴趣的读者参考阅读.

在引入了 $L^{p,\infty}$ 空间之后, 我们在一些命题的证明中自然而然地应用一些插值的思想. 本节简要地介绍两个重要的插值定理及其应用. 其中 Riesz-Thorin 插值定理亦用于命题 3.5.7.

A.1　(拟) 线性算子的实插值: Marcinkiewicz 插值定理

定义 A.1 (线性算子, 次线性算子, 拟线性算子)　设 (X,μ), (Y,ν) 为测度空间, T 为定义在 (X,μ) 上的复值可测函数而取值于 (Y,ν) 上的复值可测函数, 则

(1) 称 T 为线性算子, 若对任意可测函数 f, g, 以及 $\lambda \in \mathbb{C}$, 成立

$$T[f+g] = T[f] + T[g], \quad T[\lambda f] = \lambda T[f].$$

(2) 称 T 为次线性 (sublinear) 算子, 若对任意可测函数 f, g, 以及 $\lambda \in \mathbb{C}$, 成立

$$|T[f+g]| \leqslant |T[f]| + |T[g]|, \quad |T[\lambda f]| = |\lambda||T[f]|.$$

(3) 称 T 为拟线性 (quasi-linear) 算子, 若存在 $\kappa > 0$, 使得对任意可测函数 f, g, 以及 $\lambda \in \mathbb{C}$, 成立

$$|T(f+g)| \leqslant \kappa(|T[f]| + |T[g]|), \quad |T[\lambda f]| = |\lambda||T[f]|.$$

定义 A.2 (强 (p,q) 型算子, 弱 (p,q) 型算子)　设 (X,μ), (Y,ν) 为测度空间, 线性算子 T 定义在 X 上的简单函数而取值 Y 中的复可测函数. 由简单函数的稠密性知, T 把 (X,μ) 上的可测函数映射为 (Y,ν) 上的可测函数.

T 称为强 (p,q) 型的, 若 T 为 $L^p(X,\mu) \to L^q(Y,\nu)$ 上的有界算子.

T 称为弱 (p,q) 型的, 若 T 为 $L^p(X,\mu) \to L^{q,\infty}(Y,\nu)$ 上的有界算子.

定理 A.1 (Marcinkiewicz 插值定理)　设 (X,μ), (Y,ν) 为测度空间, p_0, p, $p_1 \in\ ]0,\infty]$ 且 $p_0 < p < p_1$, T 是定义在 $L^{p_0}(X,\mu) + L^{p_1}(X,\mu)$ 上而取值于 Y 中可测函数的次线性算子. 若存在常数 A_0 与 A_1 使得

$$\|T[f]\|_{L^{p_0,\infty}(Y)} \leqslant A_0\|f\|_{L^{p_0}(X)}, \quad \forall\, f \in L^{p_0}(X,\mu), \tag{A.1}$$

$$\|T[f]\|_{L^{p_1,\infty}(Y)} \leqslant A_1\|f\|_{L^{p_1}(X)}, \quad \forall\, f \in L^{p_1}(X,\mu), \tag{A.2}$$

则对任意 $f \in L^p(X, \mu)$ 成立

$$\big\| T[f] \big\|_{L^p(Y)} \leqslant A \| f \|_{L^p(X)}, \qquad\qquad (\text{A.3})$$

其中

$$A \overset{\text{def}}{=\!=} 2 \left(\frac{p}{p - p_0} + \frac{p}{p_1 - p} \right)^{\frac{1}{p}} A_0^{\frac{\frac{1}{p} - \frac{1}{p_1}}{\frac{1}{p_0} - \frac{1}{p_1}}} A_1^{\frac{\frac{1}{p_0} - \frac{1}{p}}{\frac{1}{p_0} - \frac{1}{p_1}}}.$$

证明   (1) 若 $p_1 < \infty$, 固定 $f \in L^p(X, \mu)$ 以及 $\alpha > 0$, 对任意 $\delta > 0$, 我们令

$$f_0^\alpha(x) = \begin{cases} f(x), & \text{若 } |f(x)| > \delta\alpha, \\ 0, & \text{其他}, \end{cases} \qquad f_1^\alpha(x) = \begin{cases} f(x), & \text{若 } |f(x)| \leqslant \delta\alpha, \\ 0, & \text{其他}. \end{cases}$$

从而 $f = f_0^\alpha + f_1^\alpha$, 由于 T 是次线性的, 则成立

$$\big| T[f](y) \big| \leqslant \big| T[f_0^\alpha + f_1^\alpha](y) \big| \leqslant \big| T f_0^\alpha(y) \big| + \big| T f_1^\alpha(y) \big|.$$

故而对任意 $\alpha \geqslant 0$, 成立

$$\left\{ y \in Y : \ \big| T[f](y) \big| > \alpha \right\} \subset \left\{ \big| T[f_0^\alpha](y) \big| > \frac{\alpha}{2} \right\} \cup \left\{ \big| T[f_1^\alpha](y) \big| > \frac{\alpha}{2} \right\},$$

从而知 $d_{T[f]}(\alpha) \leqslant d_{T[f_0^\alpha]}\left(\dfrac{\alpha}{2} \right) + d_{T[f_1^\alpha]}\left(\dfrac{\alpha}{2} \right)$. 由此及 (A.1) 式与 (A.2) 式推知

$$d_{T[f]}(\alpha) \leqslant \frac{A_0^{p_0}}{\left(\dfrac{\alpha}{2} \right)^{p_0}} \| f_0^\alpha \|_{L^{p_0}}^{p_0} + \frac{A_1^{p_1}}{\left(\dfrac{\alpha}{2} \right)^{p_1}} \| f_1^\alpha \|_{L^{p_1}}^{p_1}.$$

因此

$$\big\| T[f] \big\|_{L^p(X)}^p = p \int_0^\infty \alpha^{p-1} d_{T[f]}(\alpha) \mathrm{d}\alpha$$

$$\leqslant p \int_0^\infty \alpha^{p-1} \left[\frac{A_0^{p_0}}{\left(\dfrac{\alpha}{2} \right)^{p_0}} \int_{|f(x)| > \delta\alpha} |f(x)|^{p_0} \mathrm{d}\mu(x) \right.$$

$$\left. + \frac{A_1^{p_1}}{\left(\dfrac{\alpha}{2} \right)^{p_1}} \int_{|f(x)| \leqslant \delta\alpha} |f(x)|^{p_1} \mathrm{d}\mu(x) \right] \mathrm{d}\alpha \overset{\text{def}}{=\!=} I_1 + I_2.$$

利用 Fubini 定理知

$$I_1 = (2A_0)^{p_0} p \int_X |f(x)|^{p_0} \int_0^{\frac{|f(x)|}{\delta}} \alpha^{p-1-p_0} \mathrm{d}\alpha \, \mathrm{d}\mu(x),$$

$$I_2 = (2A_1)^{p_1} p \int_X |f(x)|^{p_1} \int_{\frac{|f(x)|}{\delta}}^{\infty} \alpha^{p-1-p_1} \mathrm{d}\alpha \, \mathrm{d}\mu(x),$$

从而

$$\|T[f]\|_{L^p(X)}^p \leqslant \frac{p(2A_0)^{p_0}}{p-p_0} \int_X |f(x)|^{p_0} \left|\frac{f(x)}{\delta}\right|^{p-p_0} \mathrm{d}\mu(x)$$

$$+ \frac{p(2A_1)^{p_1}}{p_1-p} \int_X |f(x)|^{p_1} \left|\frac{f(x)}{\delta}\right|^{p-p_1} \mathrm{d}\mu(x)$$

$$\leqslant \left(\frac{p}{p-p_0} + \frac{p}{p-p_1}\right) \|f\|_{L^p(X)}^p \left((2A_0)^{p_0}\delta^{p_0-p} + (2A_1)^{p_1}\delta^{p_1-p}\right).$$

$$\tag{A.4}$$

下面在(A.4)中取 δ 满足 $(2A_0)^{p_0}\delta^{p_0-p} = (2A_1)^{p_1}\delta^{p_1-p}$, 亦即

$$\delta = \frac{(2A_0)^{\frac{p_0}{p_1-p_0}}}{(2A_1)^{\frac{p_1}{p_1-p_0}}}.$$

从而导出(A.3)式.

(2) 若 $p_1 = \infty$, 由于 $\|f_1^{\alpha}\|_{L^{\infty}(X)} \leqslant \delta\alpha$, 故由(A.2)式推知

$$\|T[f_1^{\alpha}]\|_{L^{\infty}(X)} \leqslant A_1\|f_1^{\alpha}\|_{L^{\infty}(X)} \leqslant A_1\delta\alpha.$$

故取 $\delta = \dfrac{1}{2A_1}$, 知 $d_{T[f_1^{\alpha}]}\left(\dfrac{\alpha}{2}\right) = 0$, 因此由(A.1)式推知

$$d_{T[f]}(\alpha) \leqslant d_{T[f_0^{\alpha}]}\left(\frac{\alpha}{2}\right) \leqslant \frac{A_0^{p_0}}{\left(\frac{\alpha}{2}\right)^{p_0}} \|f_0^{\alpha}\|_{L^{p_0}(X)}^{p_0}.$$

从而

$$\|T[f]\|_{L^p(X)}^p = p \int_0^{\infty} \alpha^{p-1} d_{T[f]}(\alpha) \mathrm{d}\alpha \leqslant p(2A_0)^{p_0} \int_0^{\infty} \alpha^{p-p_0-1} \|f_0^{\alpha}\|_{L^{p_0}(X)}^{p_0} \mathrm{d}\alpha$$

$$= p(2A_0)^{p_0} \int_0^{\infty} \alpha^{p-p_0-1} \int_{|f(x)|>\frac{\alpha}{2A_1}} |f(x)|^{p_0} \mathrm{d}\mu(x) \mathrm{d}\alpha$$

$$= p(2A_0)^{p_0} \int_X |f(x)|^{p_0} \int_0^{2A_1|f(x)|} \alpha^{p-p_0-1} \mathrm{d}\alpha \, \mathrm{d}\mu(x)$$

$$= \frac{p}{p-p_0} (2A_0)^{p_0} \int_X |f(x)|^{p_0} (2A_1)^{p-p_0} |f(x)|^{p-p_0} \mathrm{d}\mu(x)$$

$$= \frac{p}{p-p_0} (2A_0)^{p_0} (2A_1)^{p-p_0} \|f\|_{L^p(X)}^p.$$

定理证毕.   □

注   若 T 为线性算子, 则定理 A.1 中的条件可以改为对 (X,μ) 上的简单函数成立, 从而对简单函数 (A.3) 式成立, 再由稠密性知, T 可以延拓为 $L^p(X,\mu)$ 上的线性算子且满足 (A.3) 式.

注   对拟线性算子亦成立类似的插值定理.

应用: 极大函数的 L^p 有界性

定义 A.3 (Hardy-Littlewood 极大函数)   在度量空间 (X,d) 上定义 Borel 测度 μ, 给定 $f: X \to \mathbb{R}$ 且 $f \in L^1_{\mathrm{loc}}(X,\mu)$, 定义极大函数 $M[f]$ 为

$$M[f](x) \stackrel{\text{def}}{=\!=} \sup_{r>0} \frac{1}{\mu\big(B(x,r)\big)} \int_{B(x,r)} |f(y)| \mathrm{d}\mu(y), \tag{A.5}$$

显然, 若 $f \in L^\infty(X,\mu)$, 则 $\big\|M[f]\big\|_{L^\infty(X)} \leqslant \|f\|_{L^\infty(X)}$.

定义 A.4 (双球条件)   称测度度量空间 (X,d,μ) 满足双球条件, 若存在常数 C, 使得对任意的 $x \in X$, $r > 0$, 成立

$$\mu\big(B(x,2r)\big) \leqslant C\mu\big(B(x,r)\big).$$

定理 A.2 (Vitalli 覆盖定理)   设测度度量空间 (X,d,μ) 满足双球条件, 则存在 $c > 0$, 使得对给定的任意一族球 $\{B_j\}_{1 \leqslant j \leqslant N}$, 都存在子集 $\{B_{j_k}\}_{1 \leqslant k \leqslant N'}$ 满足

$$B_{j_k} \cap B_{j_m} = \varnothing, \quad \text{若 } j_k \neq j_m, \quad \text{且成立 } \mu\bigg(\bigcup_{k=1}^{N'} B_{j_k} \bigg) \geqslant c\mu\bigg(\bigcup_{j=1}^{N} B_j \bigg).$$

定理 A.3   假设测度度量空间 (X,d,μ) 满足双球条件, 且 X 为局部紧的可分空间, 则存在常数 C 使得对任意的 $p \in]1,\infty]$ 以及 $f \in L^p(X,\mu)$ 成立

$$\big\|M[f]\big\|_{L^p(X)} \leqslant C\frac{p}{p-1}\|f\|_{L^p(X)}.$$

证明   事实上, 由定理 A.1 知我们仅需证明对任意 $f \in L^1(X,\mu)$ 成立

$$\big\|M[f]\big\|_{L^{1,\infty}(X)} \leqslant C\|f\|_{L^1(X)}. \tag{A.6}$$

而对任意 $f \in L^1(X,\mu)$ 以及 $\lambda > 0$, 任取 $x \in E_\lambda \stackrel{\text{def}}{=\!=} \big\{x \in X : M[f](x) > \lambda\big\}$, 由定义 A.3 知存在球 $B(x,r_x)$ 满足

$$\int_{B(x,r_x)} |f(y)| \mathrm{d}\mu(y) \geqslant \lambda\mu(B(x,r_x)).$$

取 E_λ 中的任意紧集 K, 注意到 $\{B(x,r_x)\}_{x\in E_\lambda}$ 是 K 的开覆盖, 由 Heine-Borel 定理存在 K 的有限覆盖 $\{B_j\}_{1\leqslant j\leqslant N}$, 故由定理 A.2 知存在不交的子集 $\{B_{j_k}\}_{1\leqslant k\leqslant p}$ 满足定理 A.2 的条件, 从而

$$|K| \leqslant \sum_{j=1}^{N} \mu(B_j) \leqslant \frac{1}{c}\sum_{k=1}^{p}\mu(B_{j_k}) \leqslant \frac{1}{\lambda c}\sum_{k=1}^{p}\int_{B_{j_k}}|f(y)|\mathrm{d}\mu(y)$$
$$\leqslant \frac{1}{\lambda c}\int_K |f(y)|\mathrm{d}\mu(y).$$

由于 X 局部紧与可分性保证内正则性成立, 故而 $d_{M[f]}(\lambda) = \mu(E_\lambda) \leqslant \dfrac{1}{\lambda c}\|f\|_{L^1(X)}$, 因此 (A.6) 式成立, 从而定理证毕. $\qquad\square$

A.2 复插值方法: Riesz-Thorin 插值定理

我们回顾复变函数的相关定义.

设 $\zeta = (\zeta_1, \cdots, \zeta_n)$ 是 $\mathbb{C}^n$ 中的一个变元, 其中 $\zeta_j = \xi_j + i\eta_j$ $(1\leqslant j\leqslant n), \xi_j,$ $\eta_j \in \mathbb{R}$. 又设

$$\frac{\partial}{\partial\zeta_j} = \frac{1}{2}\left(\frac{\partial}{\partial\xi_j} - i\frac{\partial}{\partial\eta_j}\right), \quad \frac{\partial}{\partial\overline{\zeta_j}} = \frac{1}{2}\left(\frac{\partial}{\partial\xi_j} + i\frac{\partial}{\partial\eta_j}\right);$$

$$\frac{\partial}{\partial\zeta} = \left(\frac{\partial}{\partial\zeta_1}, \cdots, \frac{\partial}{\partial\zeta_n}\right), \quad \frac{\partial}{\partial\overline{\zeta}} = \left(\frac{\partial}{\partial\overline{\zeta_1}}, \cdots, \frac{\partial}{\partial\overline{\zeta_n}}\right).$$

从而对重指标 $\alpha \in \mathbb{N}^n$, 则记

$$\frac{\partial^\alpha}{\partial\zeta^\alpha} \overset{\mathrm{def}}{=\!=} \frac{\partial^{\alpha_1}}{\partial\zeta^{\alpha_1}}\cdots\frac{\partial^{\alpha_n}}{\partial\zeta^{\alpha_n}}.$$

定义 A.5 (全纯函数 (解析函数), 整函数) 设 $U \subset\subset \mathbb{C}^n$ 为开子集, 函数 $f: U \to \mathbb{C}$, 对 $\zeta^0 \in U$, 若存在 γ 使得对任意 ζ 满足 $|\zeta - \zeta^0| < \gamma$ 都成立

$$f(\zeta) = \sum_{\alpha\in\mathbb{N}^n} a_\alpha(\zeta - \zeta^0)^\alpha, \tag{A.7}$$

则称 f 在点 ζ^0 全纯或解析 (事实上 $a_\alpha = \dfrac{1}{\alpha!}\partial^\alpha f(\zeta^0)$). 若 f 在 U 中的每一点全纯, 则称 f 在 U 内全纯.

特别地, $\mathbb{C}^n$ 上的全纯函数称为整函数.

我们知道, 当 $n = 1$ 时, 函数 f 在 U 内全纯当且仅当 $f \in C^1(U)$, 且满足 Cauchy-Riemann 方程, 即 $\zeta = x + iy$, $f = f_1 + if_2$, 其中 f_1, f_2 为实函数, 则

$$\frac{\partial}{\partial \bar{\zeta}} f = \frac{1}{2} \left(\frac{\partial}{\partial x} + i \frac{\partial}{\partial y} \right) (f_1 + if_2) = 0.$$

一般地, f 在 U 内全纯的等价定义如下: $f \in C^1(U)$ 且满足如下的 Cauchy-Riemann 方程:

$$\frac{\partial}{\partial \bar{\zeta}} f(\zeta) = 0.$$

(A.7)式中的系数 a_α 可以用如下的 Cauchy 积分公式给出: 设 $\zeta^0 \in U$, n 维圆盘 $D(r_1, \cdots, r_n) \overset{\text{def}}{=\!=} \{\zeta \in \mathbb{C}^n : |\zeta_j - \zeta_j^0| \leqslant r_j, \ 1 \leqslant j \leqslant n\}$ 含于 U, 则

$$\frac{1}{\alpha!} \partial^\alpha f(\zeta^0) = \frac{1}{(2\pi i)^n} \int_{|\zeta_1 - \zeta_1^0| = r_1} \cdots \int_{|\zeta_n - \zeta_n^0| = r_n} \frac{f(\zeta) \mathrm{d}\zeta}{(\zeta_1 - \zeta_1^0)^{\alpha_1 + 1} \cdots (\zeta_n - \zeta_n^0)^{\alpha_n + 1}}.$$

定理 A.4 (Hadamard 三线定理)　设 $F(z)$ 在条形区域 $S = \{z \in \mathbb{C} : 0 < \mathrm{Re} z < 1\}$ 上解析, 且在 $\overline{S}$ 上有界连续, 且当 $\mathrm{Re} z = 0$ 时满足 $|F(z)| \leqslant M_0$, $\mathrm{Re} z = 1$ 时成立 $|F(z)| \leqslant M_1$, 则当 $\mathrm{Re} z = \theta$, $\theta \in \ ]0,1[$ 时, 成立

$$|F(z)| \leqslant M_0^{1-\theta} M_1^\theta.$$

证明　取 $\varphi(z) = F(z) M_0^{z-1} M_1^{-z}$, 则 φ 在 S 上解析并连续到边界, 且当 $\mathrm{Re} z = 0$ 时, $|\varphi(z)| = |F(z)| M_0^{-1} \leqslant 1$; 当 $\mathrm{Re} z = 1$ 时, $|\varphi(z)| = |F(z)| M_1^{-1} \leqslant 1$.
　　下分两种情况讨论.

（1）当 $z \to \infty$ 时 $|\varphi(z)| \to 0$. 则当 $|z|$ 充分大时 $|\varphi(z)| \leqslant 1$. 不妨设 $|\mathrm{Im} z| \geqslant R$ 时 $|\varphi(z)| \leqslant 1$. 对区域 $[0,1] \times [-R, R]$ 使用最大模原理, 从而知

$$|\varphi(z)| \leqslant 1, \quad \forall z \in \overline{S}.$$

（2）当 $z \to \infty$ 时, $|\varphi(z)| \to 0$ 不成立. 令 $\varphi_j(z) = \varphi(z) e^{\frac{z^2}{j} - \frac{1}{j}}$ $(z = x + iy)$, 从而对给定的 $z \in S$, $\lim\limits_{j \to \infty} \varphi_j(z) = \varphi(z)$. 而

$$|\varphi_j(z)| = |\varphi(z)| e^{\frac{\mathrm{Re}(z^2) - 1}{j}} = |\varphi(z)| e^{\frac{x^2 - y^2 - 1}{j}} \leqslant |\varphi(z)| e^{\frac{-y^2}{j}}.$$

由于 $\varphi(z)$ 有界, 故当 $|y| \to \infty$ 时, $|\varphi_j(z)| \to 0$, 这样由 (1) 立知对任意的 $j \in \mathbb{N}$ 都成立 $|\varphi_j(z)| \leqslant 1$. 从而 $|\varphi(z)| \leqslant 1$.

综上所述, 对任意的 $z \in \overline{S}$ 成立 $|\varphi(z)| \leqslant 1$, 从而当 $\mathrm{Re}\, z = \theta$ 时成立

$$|F(z)| \leqslant M_0^{1-\theta} M_1^\theta,$$

从而定理证毕. $\qquad\qquad\qquad\qquad\qquad\qquad\qquad\qquad\qquad\qquad\qquad\qquad\square$

我们将用 Hadamard 三线定理证明如下的复插值定理.

定理 A.5 (Riesz-Thorin 插值定理) 设 T 定义于 $\mathbb{R}^n$ 上的简单函数而取值于 $\mathbb{R}^n$ 上的可测函数, 且设 T 是一个 $L^{p_0}(\mathbb{R}^n) \to L^{q_0}(\mathbb{R}^n)$, $L^{p_1}(\mathbb{R}^n) \to L^{q_1}(\mathbb{R}^n)$ 的线性映射. 假设 $p_0, p_1, q_0, q_1 \in [1,\infty]$, 且对简单函数 f 成立

$$\big\|T[f]\big\|_{L^{q_0}} \leqslant M_0 \|f\|_{L^{p_0}}, \quad \big\|T[f]\big\|_{L^{q_1}} \leqslant M_1 \|f\|_{L^{p_1}}, \tag{A.8}$$

则对任意 $\theta \in \,]0,1[$ 以及任意简单函数 f, 若 (p,q) 满足 $\dfrac{1}{q} = \dfrac{1-\theta}{q_0} + \dfrac{\theta}{q_1}$, $\dfrac{1}{p} = \dfrac{1-\theta}{p_0} + \dfrac{\theta}{p_1}$, 则成立

$$\big\|T[f]\big\|_{L^q} \leqslant M_0^{1-\theta} M_1^\theta \|f\|_{L^p}. \tag{A.9}$$

而且当 $p \in [1,\infty[$ 时, 利用简单函数在 $L^p(\mathbb{R}^n)$ 中的稠密性, 上述的线性映射 T 可以唯一延拓为 $L^p(\mathbb{R}^n) \to L^q(\mathbb{R}^n)$ 上的有界线性算子.

注 事实上, 若设 (X, μ), (Y, ν) 是测度空间, T 是定义于 X 上的简单函数而取值于 Y 上的可测函数的线性映射, 类似的命题也成立.

证明 利用可测函数可以用简单函数逼近以及(0.1.2)式知

$$\big\|T[f]\big\|_{L^q} = \sup_{\substack{g \text{为简单函数} \\ \|g\|_{L^{q'}} \leqslant 1}} \int_{\mathbb{R}^n} T[f](y) g(y) \mathrm{d}y. \tag{A.10}$$

我们可以设 $f(x) = \displaystyle\sum_{k=1}^{M} a_k e^{i\alpha_k} \chi_{A_k}(x)$, 其中 $\{A_k\}_{1 \leqslant k \leqslant M}$ 为 $\mathbb{R}^n$ 中不交的集合, 且 $|A_k| < \infty$. 相应地, 令 $g(y) = \displaystyle\sum_{j=1}^{N} b_j e^{i\beta_j} \chi_{B_j}(y)$, 其中 $\{B_j\}_{1 \leqslant j \leqslant N}$ 为 $\mathbb{R}^n$ 中不交的集合, 且 $|B_j| < \infty$. 故成立

$$\int_{\mathbb{R}^n} T[f](y) g(y) \,\mathrm{d}y = \sum_{k=1}^{M} \sum_{j=1}^{N} a_k e^{i\alpha_k} b_j e^{i\beta_j} \int_{\mathbb{R}^n} T[\chi_{A_k}](y) \chi_{B_j}(y) \,\mathrm{d}y.$$

令

$$P(z) \overset{\text{def}}{=\!=} \frac{p}{p_0}(1-z) + \frac{p}{p_1} z, \quad Q(z) \overset{\text{def}}{=\!=} \frac{q'}{q_0'}(1-z) + \frac{q'}{q_1'} z,$$

则由 $\dfrac{1}{q} = \dfrac{1-\theta}{q_0} + \dfrac{\theta}{q_1}$, $\dfrac{1}{p} = \dfrac{1-\theta}{p_0} + \dfrac{\theta}{p_1}$ 知对 $\theta \in]0,1[$ 成立 $P(\theta) = 1$, $Q(\theta) = 1$. 记

$$F(z) \stackrel{\text{def}}{=\!=} \sum_{k=1}^{M} \sum_{j=1}^{N} a_k^{P(z)} e^{i\alpha_k} b_j^{Q(z)} e^{i\beta_j} \int_{\mathbb{R}^n} T[\chi_{A_k}](y) \chi_{B_j}(y)\, \mathrm{d}y,$$

易知 F 在 $0 < \mathrm{Re}z < 1$ 上全纯. 又令

$$f_z(x) \stackrel{\text{def}}{=\!=} \sum_{k=1}^{M} a_k^{P(z)} e^{i\alpha_k} \chi_{A_k}(x), \quad g_z(y) \stackrel{\text{def}}{=\!=} \sum_{j=1}^{N} b_j^{Q(z)} e^{i\beta_j} \chi_{B_j}(y).$$

从而当 $\mathrm{Re}z = 0$ 时成立

$$\|f_z\|_{L^{p_0}}^{p_0} = \sum_{k=1}^{M} |a_k|^{p_0 \mathrm{Re}(P(z))} |A_k| = \sum |a_k|^p |A_k| = \|f\|_{L^p}^p.$$

亦即

$$\|f_z\|_{L^{p_0}} = \|f\|_{L^p}^{\frac{p}{p_0}} \quad (\mathrm{Re}z = 0),$$

此式在 $p_0 = \infty$ 时也成立. 完全类似地, 得到

$$\|f_z\|_{L^{p_1}} = \|f\|_{L^p}^{\frac{p}{p_1}} \quad (\mathrm{Re}z = 1)$$

以及

$$\|g_z\|_{L^{q_0'}} = \|g\|_{L^{q'}}^{\frac{q'}{q_0'}} \ (\mathrm{Re}z = 0), \quad \|g_z\|_{L^{q_1'}} = \|g\|_{L^{q'}}^{\frac{q'}{q_1'}} \ (\mathrm{Re}z = 1),$$

且以上诸式对 p_1, q_1' 或 q_0' 取 ∞ 时也成立.

注意到 $F(z) = \displaystyle\int_{\mathbb{R}^n} T[f_z](y) g_z(y) \mathrm{d}y$. 我们推出

当 $\mathrm{Re}z = 0$ 时, $\quad |F(z)| \leqslant \big\|T[f_z]\big\|_{L^{q_0}} \|g\|_{L^{q_0'}}$;

当 $\mathrm{Re}z = 1$ 时, $\quad |F(z)| \leqslant \big\|T[f_z]\big\|_{L^{q_1}} \|g\|_{L^{q_1'}}$.

故而我们由(A.8)式得到

当 $\mathrm{Re}z = 0$ 时, $\quad |F(z)| \leqslant M_0 \|f_z\|_{L^{p_0}} \|g\|_{L^{q'}}^{\frac{q'}{q_0'}} = M_0 \|f\|_{L^p}^{\frac{p}{p_0}} \|g\|_{L^{q'}}^{\frac{q'}{q_0'}}$,

当 $\mathrm{Re}z = 1$ 时, $\quad |F(z)| \leqslant M_1 \|f_z\|_{L^{p_1}} \|g\|_{L^{q'}}^{\frac{q'}{q_1'}} = M_1 \|f\|_{L^p}^{\frac{p}{p_1}} \|g\|_{L^{q'}}^{\frac{q'}{q_1'}}$.

应用 Hadamard 三线定理知, 当 $\mathrm{Re}z = \theta$ 时, 成立

$$|F(z)| \leqslant \left(M_0 \|f\|_{L^p}^{\frac{p}{p_0}} \|g\|_{L^{q'}}^{\frac{q'}{q_0'}} \right)^{1-\theta} \left(M_1 \|f\|_{L^p}^{\frac{p}{p_1}} \|g\|_{L^{q'}}^{\frac{q'}{q_1'}} \right)^{\theta} = M_0^{1-\theta} M_1^{\theta} \|f\|_{L^p} \|g\|_{L^{q'}}.$$

注意到 $P(\theta) = Q(\theta) = 1$, 故成立

$$|F(\theta)| = \left| \int_{\mathbb{R}^n} T[f](y)g(y)\,\mathrm{d}y \right|,$$

由此和 (A.10) 式得出 (A.9) 式. □

应用: Young 不等式的另一个证明

作为 Riesz-Thorin 插值定理的一个应用, 我们再次证明 Young 不等式 (定理 0.2.1).

定理 0.2.1 的证明 II　令

$$T_f[g](x) = \int_{\mathbb{R}^n} f(y)g(x-y)\mathrm{d}y = f*g(x).$$

先考虑 $f \in L^1(\mathbb{R}^n)$ 的情况, 易知 $\|f*g\|_{L^1} \leqslant \|f\|_{L^1}\|g\|_{L^1}$, $\|f*g\|_{L^\infty} \leqslant \|f\|_{L^1}\|g\|_{L^\infty}$. 从而可知

$$T_f: \quad (L^1 \to L^1, \ L^\infty \to L^\infty).$$

对任意的 $\theta \in]0,1[$, $p = q = \dfrac{1}{\theta}$, 应用 Riesz-Thorin 插值定理知 $\|f*g\|_{L^p} \leqslant \|f\|_{L^1}\|g\|_{L^p}$.

而当 $f \in L^p(\mathbb{R}^n)$ 时, 由以上的证明知成立

$$\|f*g\|_{L^p} \leqslant \|f\|_{L^p}\|g\|_{L^1}, \quad \|f*g\|_{L^\infty} \leqslant \|f\|_{L^p}\|g\|_{L^{p'}}, \tag{A.11}$$

其中 $\dfrac{1}{p} + \dfrac{1}{p'} = 1$. 从而成立

$$T_f: \quad (L^1 \to L^p, \ L^{p'} \to L^\infty).$$

故对任意的 $\theta \in]0,1[$, 取 $\dfrac{1}{r} = \dfrac{1-\theta}{p'} + \dfrac{\theta}{1}$, $\dfrac{1}{q} = \dfrac{1-\theta}{\infty} + \dfrac{\theta}{p} = \dfrac{\theta}{p}$, 即 $\dfrac{1}{r} = 1 - \dfrac{1}{p} + \dfrac{1}{q}$. 再次利用 Riesz-Thorin 插值定理知

$$\|f*g\|_{L^q} \leqslant \|f\|_{L^p}\|g\|_{L^r}.$$

从而定理证毕. □

A.3   习题

习题 A.1   对拟线性算子 T 证明定理 A.1 (Marcinkiewicz 插值定理).

习题 A.2   证明定理 A.2 (Vitalli 覆盖定理).

习题 A.3   不利用 Marcinkiewicz 插值定理, 仅利用分布函数的性质证明: 若已知极大算子 M 满足 $\|M[f]\|_{L^{1,\infty}(X)} \leqslant C\|f\|_{L^1(X)}$, 则对任意 $p > 1$ 成立

$$\|M[f]\|_{L^p(X)} \leqslant C\frac{p}{p-1}\|f\|_{L^p(X)}.$$

习题 A.4   事实上, 成立如下的更加一般的 Marcinkiewicz 插值定理: 设 (X,μ), (Y,ν) 为测度空间, $0 < p_0 < p < p_1 \leqslant \infty$, $0 < q_0 < q < q_1 \leqslant \infty$, 且存在 $\theta \in \,]0,1[$ 使得

$$\frac{1}{p} = \frac{\theta}{p_0} + \frac{1-\theta}{p_1}, \quad \frac{1}{q} = \frac{\theta}{q_0} + \frac{1-\theta}{q_1};$$

同时对 $i = 0, 1$ 成立 $p_i \leqslant q_i$. T 是定义在 $L^{p_0}(X,\mu) + L^{p_1}(X,\mu)$ 上而取值于 Y 中可测函数的次线性算子. 若存在常数 A_0 与 A_1 使得

$$\|T[f]\|_{L^{q_0,\infty}(Y)} \leqslant A_0\|f\|_{L^{p_0}(X)}, \quad \forall\, f \in L^{p_0}(X),$$

$$\|T[f]\|_{L^{q_1,\infty}(Y)} \leqslant A_1\|f\|_{L^{p_1}(X)}, \quad \forall\, f \in L^{p_1}(X),$$

则对任意 $f \in L^p(X,\mu)$ 成立 $\|T[f]\|_{L^q(Y)} \leqslant A\|f\|_{L^p(X)}$, 其中 A 由 A_0, A_1 及 p, $q, p_i, q_i, i = 0, 1$ 控制.

请读者思考: 此时定理 A.1 的证明还可以原样照搬吗? 是否需要调整对 f 的拆分? 最终得到的 A 的取值是多少? 当 $p = q, p_i = q_i, i = 0, 1$ 时, 得到的常数估计与定理 A.1 的估计有什么关系? 有兴趣的读者请尝试证明定理.

习题 A.5   设 $1 < p < r \leqslant \infty$ 且 T 是定义在 $L^{p_0}(\mathbb{R}^n) + L^{p_1}(\mathbb{R}^n)$ 而取值于 $\mathbb{R}^n$ 上可测函数的线性算子. 假设 T 是弱 $(1,1)$ 型的, 其算子范数为 A_0; 也是强 (r,r) 型的, 算子范数为 A_1. 取 $0 < p_0 < p_1 \leqslant \infty$. 证明 T 是强 (p,p) 型的, 且算子范数不超过

$$8(p-1)^{-\frac{1}{p}} A_0^{\frac{\frac{1}{p}-\frac{1}{r}}{1-\frac{1}{r}}} A_1^{\frac{1-\frac{1}{p}}{1-\frac{1}{r}}}.$$

[提示: 首先对 $L^1(\mathbb{R}^n)$ 与 $L^r(\mathbb{R}^n)$ 应用 Marcinkiewicz 插值定理, 再对 $L^{\frac{p+1}{2}}(\mathbb{R}^n)$ 与 $L^r(\mathbb{R}^n)$ 应用 Riesz-Thorin 插值定理.]

习题 A.6   设 p_0, $p_1 \in [1,\infty]$ 且 $\theta \in \,]0,1[$. 线性算子 T 是 $L^{p_0}(\mathbb{R}^n) \to L^2(\mathbb{R}^n)$ 的紧算子, 也是强 $(p_1,2)$ 型算子. 若 p 满足 $\frac{1}{p} = \frac{1-\theta}{p_0} + \frac{\theta}{p_1}$, 利用 Riesz-Thorin 插值定理证明 T 是 $L^p(\mathbb{R}^n) \to L^2(\mathbb{R}^n)$ 的紧线性算子.

[提示: 利用 $L^2(\mathbb{R}^n)$ 是 Hilbert 空间, 指出存在一致有界的有限维算子 $\{S_\nu\}_{\nu \in \mathbb{N}}$ 使得 $\lim\limits_{\nu \to \infty} \|S_\nu T - T\|_{\mathscr{L}(L^{p_0},L^2)} = 0$.]

附录 B　赋予可数多半范的拓扑线性空间的基本性质

本节适合作为第 1 章的补充章节, 供有兴趣的读者参考阅读.

我们已经注意到, 对如 $C^\infty(\mathbb{R}^n)$, $\mathscr{S}(\mathbb{R}^n)$ 等函数空间, 其上的拓扑都是由一族可数的半范来给定的. 而对函数空间 $\mathscr{D}(\mathbb{R}^n)$, 若限制在某个紧集 $K \subset \mathbb{R}^n$ 中, 其上的拓扑也由一族可数的半范给定. 下面我们对这种赋予可数多半范的拓扑线性空间及其性质做进一步的介绍.

我们先回顾拓扑线性空间和半范的定义.

定义 B.1 (拓扑线性空间)　设 X 为 $\mathbb{C}$ 或 $\mathbb{R}$ 上的线性空间. 拓扑 τ 称与线性空间 X 相容若在这个拓扑的意义下,

(1) 加法 " $+$ ": $X \times X \ni (x, y) \to x + y \in X$ 是连续的.

(2) 数乘 " $\cdot$ ": $\mathbb{C}(\mathbb{R}) \times X \ni (\alpha, y) \to \alpha \cdot y \in X$ 是连续的.

赋予了相容拓扑的线性空间 (X, τ) 称为拓扑线性空间, 在不引起歧义的情况下, 我们常简记 (X, τ) 为 X.

注　以下为了与数域区别, 线性空间中的零元记为 " θ ". 但出于习惯起见, 具体的空间 $\mathscr{D}(\mathbb{R}^n)$, $\mathscr{S}(\mathbb{R}^n)$ 与 $C^\infty(\mathbb{R}^n)$ 的零元仍然记为 " 0 ".

定义 B.2 (半范)　设 X 是域 $\mathbb{C}$ (或 $\mathbb{R}$) 上的线性空间, q 被称为 X 的一个半范若 q 是 X 上的非负泛函, 且满足下面的条件:

(1) 对任意的 $x, y \in X$ 成立三角不等式, 即 $q(x + y) \leqslant q(x) + q(y)$;

(2) 对任意的 $x \in X$, $\lambda \in \mathbb{C}(\mathbb{R})$ 成立 $q(\lambda x) = |\lambda| q(x)$.

B.1　赋予可数多半范的拓扑线性空间

定义 B.3 (赋予可数多半范的拓扑线性空间)　设 X 是复向量空间, 令 $\{q_j\}_{j \in \mathbb{N}}$ 是一列半范. 对赋予了一族可数多的半范的空间 X, 其上的收敛性如下定义.

设 $\{x_\nu\}_{\nu \in \mathbb{N}}$ 是 X 中的序列, 当 $\nu \to \infty$ 时, 称 $\{x_\nu\}_{\nu \in \mathbb{N}} \to \theta$ (X), 若对每一个 j, 都成立 $\lim\limits_{\nu \to \infty} q_j(x_\nu) = 0$.

记 X^* 是 X 上所有连续线性泛函组成的空间. 若 f 为 X 上的线性泛函, $f \in X^*$ 当且仅当对任意的序列 $\{x_\nu\}_{\nu \in \mathbb{N}} \subset X$, 当 $\nu \to \infty$ 时, $\{x_\nu\}_{\nu \in \mathbb{N}} \to \theta$ (X), 都满足 $\lim\limits_{\nu \to \infty} f(x_\nu) = 0$.

注　X 上的收敛序列 $\{x_\nu\}_{\nu \in \mathbb{N}}$ 存在唯一的极限当且仅当对任意 $x \in X$, $x \neq \theta$ 都存在一个半范 q_j, $j \in \mathbb{N}$ 满足 $q_j(x) \neq 0$.

注　我们指出, 在这个定义下存在唯一的拓扑使得 X 成为一个局部凸的拓扑向量空间, 且若 X 上的收敛序列 $\{x_\nu\}_{\nu \in \mathbb{N}}$ 存在唯一的极限, 则 X 是 Hausdorff 空间, 是可度量化的. 进一步地, 我们指出若 X 是完备的, 则 X 是 Fréchet 空间.

定义 B.4 (递增半范)　称 X 上的一族半范 $\{q_j\}_{j\in\mathbb{N}}$ 是递增的, 若对任意 $x \in X$, $k \in \mathbb{N}$ 都成立 $q_k(x) \leqslant q_{k+1}(x)$.

命题 B.1 (收敛性与连续性关系)　设 X 是一个复向量空间, 其上赋予了一族递增的半范序列 $\{q_j\}_{j\in\mathbb{N}}$, 则 X 上的线性泛函 f 是连续的当且仅当存在常数 $C > 0$ 与 $k \in \mathbb{N}$ 使得 $|f(x)| \leqslant Cq_k(x)$ 对任意的 $x \in X$ 成立.

证明　若 f 满足 $|f(x)| \leqslant Cq_j(x)$ 对任意的 $x \in M$ 成立, 显然 f 是连续的.

下面我们证明另一个方向. 反设断言不真, 则对 $f \in X^*$, 以及任意 $C > 0$, $j \in \mathbb{N}$, 都存在相应的 $x \in X$ 使得 $|f(x)| \geqslant Cq_j(x)$. 则知存在 X 中的序列 $\{x_k\}_{k\in\mathbb{N}}$, 使得对任意的 $k \in \mathbb{N}$ 成立

$$|f(x_k)| > kq_k(x_k).$$

于是, 对任意的 $k \in \mathbb{N}$, 取 $\eta_k \stackrel{\text{def}}{=\!=} \dfrac{x_k}{|f(x_k)|}$, 从而 $\eta_k \in X$, 且

$$|f(\eta_k)| = 1, \quad q_k(\eta_k) < \frac{1}{k}.$$

从而由半范的单调性知 $q_j(\eta_k) < \dfrac{1}{k}$ 对任意的 $j \leqslant k$ 成立. 因此对给定的 $j \in \mathbb{N}$, $\lim\limits_{k\to\infty} q_j(\eta_k) = 0$, 亦即 $\lim\limits_{k\to\infty} \eta_k = \theta\ (X)$.

而由 $f \in X^*$, 知 $\lim\limits_{k\to\infty} f(\eta_k) = 0$, 与 $|f(\eta_k)| = 1$ 矛盾, 从而命题证毕.　□

注　该命题推广了定理 1.4.2 和定理 1.4.3.

定义 B.5 (完备性与 Cauchy 列)　设 X 是一个复向量空间, 赋予了一族递增的半范序列 $\{q_j\}_{j\in\mathbb{N}}$, 则称 X 中的序列 $\{x_\nu\}_{\nu\in\mathbb{N}}$ 是 Cauchy 列若对任意的 $\varepsilon > 0$, $j \in \mathbb{N}$, 存在指标 $N(\varepsilon, j)$ 使得对任意 m, $k > N(\varepsilon, j)$ 都成立 $q_j(x_m - x_k) < \varepsilon$.

称空间 X 是完备的, 若 X 中的每个 Cauchy 列都在 X 中收敛 (即收敛到 X 中的某个元素).

命题 B.2　设 X 是复向量空间, 赋予了一族递增的半范序列 $\{q_j\}_{j\in\mathbb{N}}$, 且在这族半范诱导的拓扑下 X 是完备的. 设 $\{x_\nu\}_{\nu\in\mathbb{N}}$ 是 X 中的序列且对任意的 $j \in \mathbb{N}$ 满足 $\sum\limits_{\nu=1}^{\infty} q_j(x_\nu) < \infty$. 则序列 $\sum\limits_{\nu=1}^{\infty} x_\nu$ 是收敛的, 并且对任意的 $j \in \mathbb{N}$ 成立

$$q_j\left(\sum_{\nu=1}^{\infty} x_\nu\right) \leqslant \sum_{\nu=1}^{\infty} q_j(x_\nu). \tag{B.1}$$

而若 $f \in X^*$, 则存在常数 $C < \infty$ 与 $j \in \mathbb{N}$ 满足

$$\left|f\left(\sum_{\nu=1}^{\infty} x_\nu\right)\right| \leqslant C\sum_{\nu=1}^{\infty} q_j(x_\nu). \tag{B.2}$$

证明 记 $\eta_r = \sum\limits_{\nu=1}^{r} x_\nu$, 给定任意的 $\varepsilon > 0$ 与 $j \in \mathbb{N}$, 且取 $N \in \mathbb{N}$ 使得 $\sum\limits_{\nu=N+1}^{\infty} q_j(x_\nu) < \varepsilon$. 则由半范的定义知对任意的 $m > k > N$ 成立

$$q_j(\eta_m - \eta_k) = q_j\left(\sum_{\nu=k+1}^{m} x_\nu\right) \leqslant \sum_{\nu=k+1}^{m} q_j(x_\nu) < \varepsilon.$$

从而 $\{\eta_r\}_{r\in\mathbb{N}}$ 是 X 中的 Cauchy 列, 由 X 的完备性知 $\{\eta_r\}_{r\in\mathbb{N}}$ 收敛, 从而 $\sum\limits_{\nu=1}^{\infty} x_\nu = \lim\limits_{r\to\infty} \eta_r$. 而对给定的 $j \in \mathbb{N}$, 令 $q_j(\eta_r) \leqslant \sum\limits_{\nu=1}^{r} q_j(x_\nu)$ 中的 r 趋于 ∞ 得到(B.1)式.

由命题 B.1 立即得到(B.2)式. □

定理 B.3 (Banach-Steinhaus 定理 (一致有界原理)) 设 X 是复向量空间, 赋予了一族递增的半范序列 $\{q_j\}_{j\in\mathbb{N}}$, 且在这族半范诱导的拓扑下 X 是完备的. 设 $\{f_\tau\}_{\tau\in T} \subset X^*$ 是 X 上的一族连续线性泛函, T 是任意的指标集. 若对任意的 $x \in X$, $\{f_\tau(x)\}_{\tau\in T}$ 是一个有界集, 即存在函数 ρ 满足对任意 $x \in X$, $\tau \in T$ 使得 $|f_\tau(x)| \leqslant \rho(x) < \infty$, 则存在常数 C 与 $k \in \mathbb{N}$, 使得对任意 $x \in X$, $\tau \in T$ 成立 $|f_\tau(x)| < Cq_k(x)$.

注 当 $\{f_\tau\}_{\tau\in T}$ 为两个拓扑线性空间的连续线性映射族时, 类似的定理亦成立, 其证明依赖 Baire 纲定理, 可参见文献 [40].

证明 假设断言不真, 则存在序列 $\{\tau_m\}_{m\in\mathbb{N}} \subset T$ 与 $\{x_m\}_{m\in\mathbb{N}} \subset X$ (为简便起见, 记 $v_m = f_{\tau_m}$), 满足对任意 $x \in X$, $m \in \mathbb{N}$ 成立

$$|v_m(x)| \leqslant \rho(x) < \infty. \tag{B.3}$$

但是

$$v_m \in X^*, \quad |v_m(x_m)| \geqslant mq_m(x_m).$$

从而对任意的 $m \in \mathbb{N}$, 成立

$$x_m \in X, \quad v_m \in X^*, \quad q_m\left(\frac{x_m}{|v_m(x_m)|}\right) < \frac{1}{m}. \tag{B.4}$$

由命题 B.1 知对 $v_m \in X^*$, 存在 $C_m > 0$ 与 $k_m \in \mathbb{N}$ 满足

$$对任意 x \in X, \quad |v_m(x)| \leqslant C_m q_{k_m}(x), \tag{B.5}$$

且不失一般性可令 $1 \leqslant C_1 \leqslant C_2 \leqslant \cdots$.

该定理剩余的证明依赖于下面的引理.

引理 B.4　在(B.3)—(B.5)的条件下, 存在递增的正整数序列 $\{\alpha_s\}_{s\in\mathbb{N}}$ 满足对任意的 $s\in\mathbb{N}$, $\alpha_{s+1}>k_{\alpha_s}$, 且诱导如下的序列 $\{\eta_{\alpha_s}\}_{s\in\mathbb{N}}\subset X$:

$$
\begin{aligned}
\eta_{\alpha_1} &\stackrel{\text{def}}{=\!=} \frac{\alpha_1}{2}\frac{x_{\alpha_1}}{|v_{\alpha_1}(x_{\alpha_1})|},\\
\eta_{\alpha_s} &\stackrel{\text{def}}{=\!=} \frac{1}{2^s}\frac{\alpha_s}{C_{\alpha_{s-1}}}\frac{x_{\alpha_s}}{|v_{\alpha_s}(x_{\alpha_s})|},\quad s\geqslant 2,
\end{aligned}
\tag{B.6}
$$

满足对任意的 $s\in\mathbb{N}$,

$$
\big|v_{\alpha_s}(\eta_{\alpha_1}+\cdots+\eta_{\alpha_s})\big| > s+1.
\tag{B.7}
$$

证明　由(B.6)知, 不论数列 $\{\alpha_s\}_{s\in\mathbb{N}}$ 如何选取, 都成立

$$
|v_{\alpha_1}(\eta_{\alpha_1})| = \frac{\alpha_1}{2},\quad |v_{\alpha_s}(\eta_{\alpha_s})| = \frac{1}{2^s}\frac{\alpha_s}{C_{\alpha_{s-1}}},\quad \forall\, s\geqslant 2.
$$

取 $\alpha_1=5$, 则由题设知 $|v_{\alpha_1}(\eta_{\alpha_1})|>1+1$, 而由(B.3)知对任意 $m\in\mathbb{N}$ 成立 $|v_m(\eta_{\alpha_1})|\leqslant\rho(\eta_{\alpha_1})$. 取充分大的 $\alpha_2>k_{\alpha_1}$ 使得

$$
\frac{1}{2^2}\frac{\alpha_2}{C_{\alpha_1}} > 3+\rho(\eta_{\alpha_1}),\quad \alpha_2>\alpha_1.
$$

从而 $|v_{\alpha_2}(\eta_{\alpha_2})|>3+\rho(\eta_{\alpha_1})$, 且 $|v_{\alpha_2}(\eta_{\alpha_1}+\eta_{\alpha_2})|>2+1$.

下面设 $\alpha_1,\cdots,\alpha_s$ 已经取好且满足引理条件, 则取充分大的 $\alpha_{s+1}>k_{\alpha_s}$ 使得

$$
\frac{1}{2^s}\frac{\alpha_{s+1}}{C_{\alpha_s}} > s+2+\rho(\eta_{\alpha_1}+\cdots+\eta_{\alpha_s}),\quad \alpha_{s+1}>\alpha_s.
$$

由此知 $|v_{\alpha_{s+1}}(\eta_{\alpha_{s+1}})|>s+2+\rho(\eta_{\alpha_1}+\cdots+\eta_{\alpha_s})$, 且由 (B.3) 式知 $\big|v_{\alpha_{s+1}}(\eta_{\alpha_1}+\cdots+\eta_{\alpha_s})\big|<\rho(\eta_{\alpha_1}+\cdots+\eta_{\alpha_s})$, 故成立

$$
\big|v_{\alpha_{s+1}}(\eta_{\alpha_1}+\cdots+\eta_{\alpha_s}+\eta_{\alpha_{s+1}})\big| > (s+1)+1.
$$

从而由数学归纳法构造了满足要求的序列, 引理证毕.　　　　$\square$

下面回到定理 B.3 的证明, 由 (B.4) 式与 (B.6) 式得

$$
q_{\alpha_1}(\eta_{\alpha_1}) \leqslant \frac{1}{2},\quad q_{\alpha_s}(\eta_{\alpha_s}) \leqslant \frac{1}{2^s}\frac{1}{C_{\alpha_{s-1}}},\quad s\geqslant 2.
\tag{B.8}
$$

由半范 $\{q_j\}_{j\in\mathbb{N}}$ 递增知 $\sum\limits_{s=1}^{\infty}\eta_{\alpha_s}$ 收敛, 由 X 的完备性, 可设 $\sum\limits_{s=1}^{\infty}\eta_{\alpha_s}=\eta\in X$. 由命题 B.2 以及(B.5)式、(B.8)式知对任意的 $s\in\mathbb{N}$, 成立

$$\left|v_{\alpha_s}\left(\sum_{\nu=1}^{\infty}\eta_{\alpha_{s+\nu}}\right)\right| \leqslant C_{\alpha_s}q_{\alpha_s}\left(\sum_{\nu=1}^{\infty}\eta_{\alpha_{s+\nu}}\right) \leqslant C_{\alpha_s}\sum_{\nu=1}^{\infty}q_{\alpha_s}(\eta_{\alpha_{s+\nu}})$$

$$\leqslant C_{\alpha_s}\sum_{\nu=1}^{\infty}\frac{1}{2^{s+\nu}}\frac{1}{C_{\alpha_{s+\nu-1}}} \leqslant \sum_{\nu=1}^{\infty}\frac{1}{2^{s+\nu}} \leqslant 1.$$

则由(B.7)式知对任意的 $n\in\mathbb{N}$,

$$|v_{\alpha_s}(\eta)| \geqslant \left|v_{\alpha_s}(\eta_{\alpha_1}+\cdots+\eta_{\alpha_s})\right| - \left|v_{\alpha_s}\left(\sum_{\nu=1}^{\infty}\eta_{\alpha_{s+\nu}}\right)\right| > n.$$

这与(B.3)的有界性矛盾, 定理证毕. $\qquad\square$

利用 Banach-Steinhaus 定理容易得到下面的推论.

推论 B.5 设 X 是一个复向量空间, 赋予了一族递增的半范序列 $\{q_j\}_{j\in\mathbb{N}}$, 且在这族半范诱导的拓扑下 X 是完备的. 设 $\{f_\nu\}_{\nu\in\mathbb{N}}\subset X^*$ 是 X 上的一族连续线性泛函, 且对任意的 $x\in X$ 存在点态极限 $f(x)\overset{\text{def}}{=}\lim\limits_{\nu\to\infty}f_\nu(x)$, 则 $f\in X^*$, 且存在常数 C 与 $k\in\mathbb{N}$, 使得对任意 $x\in X$ 都成立

$$|f(x)|\leqslant Cq_k(x), \quad |f_\nu(x)|\leqslant Cq_k(x), \quad \forall\,\nu\in\mathbb{N}.$$

B.2 回顾基本函数空间

下面我们从赋予可数多半范的拓扑线性空间的角度来回顾第 1 章介绍的基本函数空间 $C^\infty(\mathbb{R}^n)$, $\mathscr{D}(\mathbb{R}^n)$, $\mathscr{S}(\mathbb{R}^n)$ 以及其上的连续线性泛函 (广义函数).

对函数空间 $\mathscr{D}(\mathbb{R}^n)$, 由于它是由极限拓扑诱导的 (见 [6] §1.6), 我们先定义用于诱导其拓扑的函数空间 $\mathscr{D}(K)$, 其中 $K\subset\mathbb{R}^n$ 为紧集.

定义 B.6 ($\mathscr{D}^m(K)$, $\mathscr{D}(K)$, $\mathscr{D}'(K)$ **及其拓扑**) 设 K 是 $\mathbb{R}^n$ 中的紧集, 则对 $m\in\mathbb{N}$, $\mathscr{D}^m(K)$, 或记作 $C_c^m(K)$ 是所有支集在 K 中的 m 阶连续可微函数组成的空间, 赋予如下范数:

$$|||\varphi|||_m \overset{\text{def}}{=} \sum_{|\alpha|\leqslant m}\sup_{x\in\mathbb{R}^n}|\partial^\alpha\varphi(x)|, \quad \forall\,\varphi\in\mathscr{D}^m(K). \tag{B.9}$$

$\mathscr{D}(K)$, 或记作 $C_c^\infty(K)$ 是所有支集在 K 中的光滑函数组成的空间, 赋予如下的一族半范 $\{q_K^s\}_{s\in\mathbb{N}}$:

$$q_K^s(\varphi) = |||\varphi|||_s, \quad \forall\,s\in\mathbb{N}, \varphi\in\mathscr{D}(K).$$

显然这是一族递增的半范, 在这个意义下收敛序列的极限是唯一的, 且 $\mathscr{D}^m(K)$, $\mathscr{D}(K)$ 是完备的.

$\mathscr{D}'(K)$ 是 $\mathscr{D}(K)$ 上的连续线性泛函组成的空间.

从而定义 1.2.4 可以改写为以下的形式.

定义 B.7 ($\mathscr{D}(\Omega)$ 的拓扑)　对 $\{\varphi_\nu\}_{\nu \in \mathbb{N}} \subset \mathscr{D}(\Omega)$, 我们称 $\varphi_\nu \to 0$ ($\mathscr{D}(\Omega)$) 若
(1) 存在紧集 $K \subset \Omega$ 使得任意的 ν, supp $\varphi_\nu \subset K$;
(2) $\{\varphi_\nu\}_{\nu \in \mathbb{N}}$ 在一族递增半范 $\{q_K^s\}_{s \in \mathbb{N}}$ 下收敛到 0.

对函数空间 $C^\infty(\mathbb{R}^n)$, 定义 1.2.2 可以改写为

定义 B.8 ($C^\infty(\Omega)$ 的拓扑)　对于开集 $\Omega \subset \mathbb{R}^n$, 取一列紧集 $\{K_j\}_{j \in \mathbb{N}}$ 满足

$$K_1 \subset\subset K_2 \subset\subset \cdots, \quad \bigcup_{j=1}^{\infty} K_j = \Omega.$$

则对 $\{\varphi_\nu\}_{\nu \in \mathbb{N}} \subset C^\infty(\Omega)$, 我们称 $\varphi_\nu \to 0$ ($C^\infty(\Omega)$) 若 $\{\varphi_\nu\}_{\nu \in \mathbb{N}}$ 在一族递增半范 $\{q_{K_s}^s\}_{s \in \mathbb{N}}$ 下收敛到 0.

对 Schwartz 函数空间 $\mathscr{S}(\mathbb{R}^n)$, 类似地有

定义 B.9 ($\mathscr{S}(\mathbb{R}^n)$ 的拓扑)　对 $\mathscr{S}(\mathbb{R}^n)$, 在其上赋予如下的半范 $\{q_k\}_{k \in \mathbb{N}}$:

$$q_k(\varphi) \overset{\text{def}}{=\!=} \sum_{|\alpha| \leqslant k} \sup_{x \in \mathbb{R}^n} \left((1 + |x^2|)^k |\partial^\alpha \varphi(x)| \right), \quad \forall\, k \in \mathbb{N}, \; \varphi \in \mathscr{S}(\mathbb{R}^n).$$

对于 $\{\varphi_\nu\}_{\nu \in \mathbb{N}} \subset \mathscr{S}(\mathbb{R}^n)$, 我们称 $\varphi_\nu \to 0$ ($\mathscr{S}(\mathbb{R}^n)$) 如果 $\{\varphi_\nu\}_{\nu \in \mathbb{N}}$ 在递增半范 $\{q_k\}_{k \in \mathbb{N}}$ 的意义下收敛到 0.

综上所述, 函数空间 $C^\infty(\mathbb{R}^n)$ 与 $\mathscr{S}(\mathbb{R}^n)$ 上赋予了一族可数多的递增半范, 使得收敛序列的极限是唯一的. 而给定一族紧集 K_j 使得 $\bigcup\limits_{j=1}^{\infty} K_j = \mathbb{R}^n$, 则 $\mathscr{D}(\mathbb{R}^n)$ 上的拓扑由 $\left\{ \mathscr{D}(K_j) \right\}_{j \in \mathbb{N}}$ 的极限拓扑诱导. 进一步地, 容易验证这些函数空间是完备的 (习题 1.9.4、习题 1.9.8). 从而可以对这些函数空间应用命题 B.1 与 Banach-Steinhaus 定理 (定理 B.3). 命题 B.1 具体到这些函数空间上是定理 1.4.2、定理 1.4.3 与习题 1.9.14.

推论 B.6　对广义函数列 $\{T_\nu\}_{\nu \in \mathbb{N}} \subset \mathscr{D}'(\mathbb{R}^n)$ (相应地 $\mathscr{E}'(\mathbb{R}^n)$, $\mathscr{S}'(\mathbb{R}^n)$), 若对任意 $\varphi \in (\mathscr{D}(\mathbb{R}^n))$ (相应地 $C^\infty(\mathbb{R}^n)$, $\mathscr{S}(\mathbb{R}^n)$) 都有极限 $\lim\limits_{\nu \to \infty} \langle T_\nu, \varphi \rangle$ 存在, 逐点地定义线性泛函 T 为

$$\langle T, \varphi \rangle \overset{\text{def}}{=\!=} \lim_{\nu \to \infty} \langle T_\nu, \varphi \rangle, \quad \forall\, \varphi \in \mathscr{D}(\mathbb{R}^n) \text{ (相应地 } \mathscr{E}'(\mathbb{R}^n), \; \mathscr{S}'(\mathbb{R}^n)),$$

则 $T \in \mathscr{D}'(\mathbb{R}^n)$ (相应地 $\mathscr{E}'(\mathbb{R}^n)$, $\mathscr{S}'(\mathbb{R}^n)$).

B.3 习题

习题 B.1 证明定义 B.3 下的注: X 上的收敛序列 $\{x_\nu\}_{\nu\in\mathbb{N}}$ 存在唯一的极限当且仅当对任意的 $x \in X$, $x \neq 0$, 存在一个半范 q_j, $j \in \mathbb{N}$ 满足 $q_j(x) \neq 0$.

习题 B.2 设 X 是一个复向量空间, 赋予了一族递增的半范序列 $\{q_j\}_{j\in\mathbb{N}}$, 而 $\{a_j\}_{j\in\mathbb{N}}$ 是递增正整数列且 $\lim\limits_{k\to\infty} a_j = \infty$, 则对 X 中的序列 $\{x_\nu\}_{\nu\in\mathbb{N}}$, 证明

$$\lim_{\nu\to\infty} x_\nu = 0\ (X_{\{q_j\}}) \ \Leftrightarrow\ \lim_{\nu\to\infty} x_\nu = 0\ (X_{\{q_{a_j}\}}),$$

其中 $X_{\{q_j\}}$ 与 $X_{\{q_{a_j}\}}$ 是指由相应的半范 $\{q_j\}_{j\in\mathbb{N}}$ 与 $\{q_{a_j}\}_{j\in\mathbb{N}}$ 诱导的拓扑线性空间.

习题 B.3 设 X 是一个赋予了一族递增的半范序列 $\{q_j\}_{j\in\mathbb{N}}$ 的复向量空间, 诱导的拓扑使得 X 成为一个完备空间. 设 $\{x_j\}_{j\in\mathbb{N}}$ 是 X 中的序列, 且对任意 $j \in \mathbb{N}$ 成立 $q_j(x_j) \leqslant \dfrac{1}{2^j}$. 证明 $\sum\limits_{s=1}^{\infty} x_s$ 在 X 中收敛.

习题 B.4 证明定义 B.7—定义 B.9 与第 1 章的相关定义给出相同的拓扑.

习题 B.5 设 X 是一个复向量空间, 赋予了一族递增的半范序列 $\{q_j\}_{j\in\mathbb{N}}$ 使得 X 上的收敛序列存在唯一的极限. 证明可以通过这族半范定义一个度量 d, 使得 (X,d) 成为一个拓扑线性空间.

[提示: 定义函数 $\mathrm{d}: X \times X \ni (x,y) \mapsto \sum_{j=1}^{\infty} \dfrac{1}{2^j} \dfrac{q_j(x-y)}{1+q_j(x-y)} \in [0,1[$, 证明 d 是一个度量, 并且证明其与加法、乘法的相容性.]

附录 C 空间 $\mathscr{D}'^m(\mathbb{R}^n)$ 与 $\mathscr{S}_k'^m(\mathbb{R}^n)$

本节适合作为第 1 章与第 2 章的补充章节, 供有兴趣的读者参考阅读.

C.1 空间 $C_c^m(\mathbb{R}^n)(\mathscr{D}^m(\mathbb{R}^n))$ 与 $\mathscr{D}'^m(\mathbb{R}^n)$

回忆定义 1.2.1 与定义 B.6, 我们给出如下定义.

定义 C.1(空间 $\mathscr{D}^m(\mathbb{R}^n)$ 及拓扑) 设 $m \in \mathbb{N}$, 空间 $\mathscr{D}^m(\mathbb{R}^n)$ (或记为 $C_c^m(\mathbb{R}^n)$) 为所有在 $\mathbb{R}^n$ 上紧支且有直到 m 阶连续导数的函数组成的空间. 其上的拓扑定义如下: 设函数列 $\{\varphi_\nu\}_{\nu\in\mathbb{N}} \subset \mathscr{D}^m(\mathbb{R}^n)$, 我们称 $\varphi_\nu \to 0\ (C_c^m(\mathbb{R}^n))$, 若

(1) 存在紧集 $K \subset \mathbb{R}^n$ 使得任意 ν, $\mathrm{supp}\,\varphi_\nu \subset K$;

(2) 对任意指标 $\alpha \in \mathbb{N}^n, |\alpha| \leqslant m, \sup\limits_{x\in K} |\partial^\alpha \varphi_\nu| \to 0,\ \nu \to \infty$.

注 当 $m = \infty$ 时, 我们得到熟悉的空间 $\mathscr{D}(\mathbb{R}^n)$.

我们有如下显然的命题.

命题 C.1 设 $m \leqslant k \leqslant \infty$, 且设函数列 $\{\varphi_\nu\}_{\nu\in\mathbb{N}} \subset \mathscr{D}^k(\mathbb{R}^n)$, 且 $\varphi_\nu \to 0\ (C_c^k(\mathbb{R}^n))$, 则亦成立 $\lim\limits_{\nu\to\infty} \varphi_\nu = 0\ (\mathscr{D}^m(\mathbb{R}^n))$.

利用正则化算子, 可以得到

命题 C.2 对 $m \in \mathbb{N}$, 设 $f \in \mathscr{D}^m(\mathbb{R}^n)$, 则存在函数列 $\{\varphi_\nu\}_{\nu \in \mathbb{N}} \subset \mathscr{D}(\mathbb{R}^n)$, 且 $\varphi_\nu \to 0$ $(C^m_c(\mathbb{R}^n))$, 即 $\mathscr{D}(\mathbb{R}^n)$ 在 $\mathscr{D}^m(\mathbb{R}^n)$ 中稠密.

定义 C.2 (空间 $\mathscr{D}'^m(\mathbb{R}^n)$) 空间 $\mathscr{D}'^m(\mathbb{R}^n)$ 是 $C^m_c(\mathbb{R}^n)$ 上所有连续线性泛函组成的空间, 亦即对于任意 $F \in \mathscr{D}'^m(\mathbb{R}^n)$, $F : C^m_c(\mathbb{R}^n) \to \mathbb{C}$ 是 $C^m_c(\mathbb{R}^n)$ 上的线性泛函, 且满足下面的连续性条件:

$$若 \{\varphi_\nu\}_{\nu \in \mathbb{N}} \subset C^m_c(\mathbb{R}^n), \ \varphi_\nu \to 0 \ (\mathscr{D}^m(\mathbb{R}^n)) \ \Rightarrow \ \lim_{\nu \to 0} F(\varphi_\nu) = 0.$$

注 利用命题 B.1 可知, 若 T 是 $C^m_c(\mathbb{R}^n)$ 上的线性泛函, 则 $T \in \mathscr{D}'^m(\mathbb{R}^n)$ 当且仅当对任意的紧集 $K \subset \mathbb{R}^n$, 存在常数 $C(K)$ 使得对任意 $\varphi \in C^m_c(K)$ 成立

$$\langle T, \varphi \rangle \leqslant C(K) |||\varphi|||_m,$$

其中 $|||\varphi|||_m$ 由 (B.9) 式定义.

在定理 1.4.2 的注中, 我们给出了广义函数的阶的定义, 事实上成立如下定理.

定理 C.3 空间 $\mathscr{D}'^m(\mathbb{R}^n)$ 是 $\mathscr{D}'(\mathbb{R}^n)$ 的子空间, 并且包括了所有阶不超过 m 的广义函数.

证明 在命题 C.1 中取 $k = \infty$ 知 $\mathscr{D}(\mathbb{R}^n) \hookrightarrow \mathscr{D}^m(\mathbb{R}^n)$, 从而易知 $\mathscr{D}'^m(\mathbb{R}^n) \hookrightarrow \mathscr{D}'(\mathbb{R}^n)$.

下面设所有阶数不超过 m 的广义函数组成的空间为 H, 我们证明 $\mathscr{D}'^m(\mathbb{R}^n) = H$. 一方面, 若 $T \in \mathscr{D}'^m(\mathbb{R}^n)$, 则对任意 $\varphi \in \mathscr{D}(\mathbb{R}^n)$, 取紧集 K 满足 supp $\varphi \subset K \subset \Omega$, 从而 $\varphi \in \mathscr{D}(K)$, 故成立

$$\langle T, \varphi \rangle \leqslant C(K) |||\varphi|||_m, \tag{C.1}$$

从而由阶的定义知 $T \in H$, 故 $\mathscr{D}'^m(\mathbb{R}^n) \subset H$.

另一方面, 设 $T \in H$, 即对任意紧集 $K \subset \Omega$ 与 $\varphi \in \mathscr{D}(K)$, 成立 (C.1) 式, 利用命题 C.2 以及 Hahn-Banach 定理, T 可以唯一地延拓为 $\mathscr{D}^m(\mathbb{R}^n)$ 上的线性泛函, 使得 $T \in \mathscr{D}'^m(\mathbb{R}^n)$. 事实上, 设 $\varphi \in \mathscr{D}^m(\mathbb{R}^n)$, 则存在 $\mathscr{D}(\mathbb{R}^n)$ 中的函数序列 $\{\varphi_\nu\}_{\nu \in \mathbb{N}}$, 满足 $\lim_{\nu \to \infty} \varphi_\nu = \varphi$ $(\mathscr{D}^m(\mathbb{R}^n))$. 从而由 (C.1) 式知 $\langle T, \varphi_\nu \rangle$ 是 $\mathbb{C}$ 上的 Cauchy 列. 令

$$\langle T, \varphi \rangle \stackrel{\text{def}}{=\!=} \lim_{\nu \to \infty} \langle T, \varphi_\nu \rangle. \tag{C.2}$$

不难证明, 这个定义不依赖于函数序列的选取, 从而是良定义的. 因此 T 是 $\mathscr{D}^m(\mathbb{R}^n)$ 上的连续线性泛函. 从而知 $\mathscr{D}'^m(\mathbb{R}^n) = H$. 命题证毕. $\qquad\square$

由此立即推知如下的推论.

推论 C.4 对 $m \in \mathbb{N}$, 则 $\mathscr{D}'^m(\mathbb{R}^n)$ 的收敛序列也是 $\mathscr{D}'(\mathbb{R}^n)$ 的收敛序列.

推论 C.5 $\mathbb{R}^n$ 中的 0 阶分布, 即 $\mathscr{D}'^0(\mathbb{R}^n) = (C_c(\mathbb{R}^n))^*$.

注   对开集 $\Omega \subset \mathbb{R}^n$ 可以得到类似的定义与命题.

C.2   空间 $\mathscr{S}_k^m(\mathbb{R}^n)$ 与 $\mathscr{S}_k'^m(\mathbb{R}^n)$

我们尝试在 Schwartz 分布中建立类似 $\mathscr{D}'^m(\mathbb{R}^n)$ 的子空间.

定义 C.3 (空间 $\mathscr{S}_k^m(\mathbb{R}^n)$)   设 m, $k \in \mathbb{N}$, 空间 $\mathscr{S}_k^m(\mathbb{R}^n)$ 是 $C^m(\mathbb{R}^n)$ 上所有满足下列条件的函数 f 组成的空间: 对任意重指标 α, $|\alpha| \leqslant m$,

$$\lim_{|x| \to \infty} \sup_{x \in \mathbb{R}^n} \left| (1 + |x|^2)^k \partial^\alpha f(x) \right| = 0.$$

并且赋予如下范数 q_k^m:

$$q_k^m(f) \overset{\text{def}}{=\!=} \sum_{|\alpha| \leqslant m} \sup_{x \in \mathbb{R}^n} \left| (1 + |x|^2)^k \partial^\alpha f(x) \right|, \quad \forall\, f \in \mathscr{S}_k^m(\mathbb{R}^n).$$

注   对 k, m, q, $r \in \mathbb{N}$, $k \leqslant q$, $m \leqslant r$, 则在各自拓扑的意义下成立如下的嵌入关系:

$$\mathscr{D}(\mathbb{R}^n) \hookrightarrow \mathscr{S}(\mathbb{R}^n) \hookrightarrow \mathscr{S}_q^r(\mathbb{R}^n) \hookrightarrow \mathscr{S}_k^m(\mathbb{R}^n).$$

而且 $\mathscr{D}(\mathbb{R}^n)$ 在 $\mathscr{S}_k^m(\mathbb{R}^n)$ 稠密, 从而 $\mathscr{S}_q^r(\mathbb{R}^n)$ 也在 $\mathscr{S}_k^m(\mathbb{R}^n)$ 中稠密.

定义 C.4 (空间 $\mathscr{S}_k'^m(\mathbb{R}^n)$)   空间 $\mathscr{S}_k'^m(\mathbb{R}^n)$ 是空间 $\mathscr{S}_k^m(\mathbb{R}^n)$ 上的连续线性泛函, 亦即对于任意 $F \in \mathscr{S}_k'^m(\mathbb{R}^n)$, $F : \mathscr{S}_k^m(\mathbb{R}^n) \to \mathbb{C}$ 是 $\mathscr{S}_k^m(\mathbb{R}^n)$ 上的线性泛函, 且满足下面的连续性条件:

$$\text{若 } \{\varphi_\nu\}_{\nu \in \mathbb{N}} \subset \mathscr{S}_k^m(\mathbb{R}^n),\ \varphi_\nu \to 0\ (\mathscr{S}_k^m(\mathbb{R}^n)) \ \Rightarrow\ \lim_{\nu \to 0} F(\varphi_\nu) = 0.$$

注   对 k, m, q, $r \in \mathbb{N}$, $k \leqslant q$, $m \leqslant r$, 则在各自拓扑的意义下成立如下的嵌入关系:

$$\mathscr{S}_k'^m(\mathbb{R}^n) \subset \mathscr{S}_q'^r(\mathbb{R}^n) \subset \mathscr{S}'(\mathbb{R}^n) \subset \mathscr{D}'(\mathbb{R}^n).$$

命题 C.6   设 $f \in L^1_{\text{loc}}(\mathbb{R}^n)$ 且存在 $k \in \mathbb{N}$ 使得函数 $g(x) = \dfrac{f(x)}{(1 + |x|^2)^k}$ 是 $\mathbb{R}^n$ 上的可积函数, 则对任意的 $\varphi \in \mathscr{S}_k^0(\mathbb{R}^n)$, 函数 $f\varphi$ 是 $L^1(\mathbb{R}^n)$ 函数, 且

$$\langle T_f, \varphi \rangle \overset{\text{def}}{=\!=} \int_{\mathbb{R}^n} f(x)\varphi(x)\mathrm{d}x$$

定义了泛函 $T_f \in \mathscr{S}_k'^0(\mathbb{R}^n)$.

证明 设 $\varphi \in \mathscr{S}_k^0(\mathbb{R}^n)$, 从而 $f(x)\varphi(x) = g(x)(1 + |x|^2)^k\varphi(x)$. 由定义 C.3 知存在常数 $C < \infty$ 使得

$$\sup_{x \in \mathbb{R}^n} \left|(1 + |x|^2)^k\varphi(x)\right| \leqslant C,$$

故由 $g \in L^1(\mathbb{R}^n)$ 知 $f\varphi \in L^1(\mathbb{R}^n)$.

而设 $\mathscr{S}_k^0(\mathbb{R}^n)$ 中的函数序列 $\{\varphi_\nu\}_{\nu \in \mathbb{N}}$ 满足 $\lim\limits_{\nu \to \infty} \varphi_\nu = \varphi\ (\mathscr{S}_k^0(\mathbb{R}^n))$, 则

$$\lim_{\nu \to \infty} \sup_{x \in \mathbb{R}^n} \left|(1 + |x|^2)^k\varphi_\nu(x)\right|,$$

从而线性泛函 T_f 满足

$$\lim_{\nu \to \infty} \langle T_f, \varphi_\nu \rangle = \lim_{\nu \to \infty} \int_{\mathbb{R}^n} f(x)\varphi_\nu(x)\mathrm{d}x = 0.$$

亦即 $T_f \in \mathscr{S}_k'^0(\mathbb{R}^n)$.   □

C.3 习题

习题 C.1 证明命题 C.2.

习题 C.2 证明 $\mathscr{D}'^m(\mathbb{R}^n) \hookrightarrow \mathscr{D}'(\mathbb{R}^n)$, 亦即任意 $T \in \mathscr{D}'^m(\mathbb{R}^n)$ 是 $\mathscr{D}(\mathbb{R}^n)$ 上的连续线性泛函.

习题 C.3 证明(C.2)式的定义不依赖于函数序列 $\{\varphi_\nu\}_{\nu \in \mathbb{N}} \subset \mathscr{D}(\mathbb{R}^n)$ 的取值.

习题 C.4 谈谈是否可以对 $\mathscr{E}'(\mathbb{R}^n)$ 来定义类似的 $\mathscr{E}'^m(\mathbb{R}^n)$, 这样有没有意义?

[提示: $\mathscr{E}'(\mathbb{R}^n)$ 中的元素都是有限阶的.]

习题 C.5 本题证明定义 C.3 与定义 C.4 下的注. 下设 $k, m, q, r \in \mathbb{N}$, $k \leqslant q$, $m \leqslant r$, 试证明如下命题:

(1) $\mathscr{D}^m(\mathbb{R}^n)$ 在 $\mathscr{S}_k^m(\mathbb{R}^n)$ 稠密;

(2) $\mathscr{D}(\mathbb{R}^n)$ 在 $\mathscr{S}_k^m(\mathbb{R}^n)$ 稠密;

(3) 成立如下嵌入关系: $\mathscr{S}_q^r(\mathbb{R}^n) \hookrightarrow \mathscr{S}_k^m(\mathbb{R}^n)$;

(4) 在各自拓扑的意义下成立如下嵌入: $\mathscr{D}(\mathbb{R}^n) \hookrightarrow \mathscr{S}(\mathbb{R}^n) \hookrightarrow \mathscr{S}_k^m(\mathbb{R}^n)$;

(5) 在各自拓扑的意义下成立如下嵌入: $\mathscr{S}_k'^m(\mathbb{R}^n) \subset \mathscr{S}_q'^r \subset \mathscr{S}'(\mathbb{R}^n) \subset \mathscr{D}'(\mathbb{R}^n)$.

习题 C.6 对 $f \in \mathscr{S}(\mathbb{R}^n)$, 记 $q_k(f) = q_k^k(f)$, 证明 $T \in \mathscr{S}'(\mathbb{R}^n)$ 当且仅当存在 $k \in \mathbb{N}$ 使得 $f \in \mathscr{S}_k'^k(\mathbb{R}^n)$.   [提示: 注意到此时 q_k 即定义 B.9 给出的半范, 它实际上是范数.]

附录 D 空间 $\mathscr{D}_{L^p}(\mathbb{R}^n)$ 与 $\mathscr{S}'(\mathbb{R}^n)$ 的结构

本节适合作为第 1 章的补充章节, 供有兴趣的读者在学习完第 5 章以及附录 B 以后参考阅读.

本节的目的是研究缓增广义函数 $\mathscr{S}'(\mathbb{R}^n)$ 的结构, 即给出定理 1.8.4 的证明, 为此首先需要介绍下面的广义函数空间.

D.1 空间 $\mathscr{D}_{L^p}(\mathbb{R}^n)$ 及其对偶

按照 L. Schwartz ([41] §6) 的观点, 我们给出下面的定义.

定义 D.1 ($\mathscr{D}_{L^p}(\mathbb{R}^n)$ 空间) 设 $p \in [1, \infty]$. 我们记 $\mathscr{D}_{L^p}(\mathbb{R}^n)$ 为满足下列条件的所有函数 $\varphi \in C^\infty(\mathbb{R}^n)$ 组成的空间: 对任意的重指标 $\alpha \in \mathbb{N}^n$, $\partial^\alpha \varphi \in L^p(\mathbb{R}^n)$.

空间 $\mathscr{D}_{L^p}(\mathbb{R}^n)$ 上的拓扑由下面一族可列多的递增半范给定

$$\|\varphi\|_{m,p} = \left(\sum_{|\alpha| \leqslant m} \|\partial^\alpha \varphi\|_{L^p}^p \right)^{\frac{1}{p}}, \quad m \in \mathbb{N}.$$

我们指出, $\mathscr{D}_{L^p}(\mathbb{R}^n)$ 是一个 Fréchet 空间. 对 $p \in [1, \infty[$ 成立以下的连续嵌入:

$$\mathscr{D}(\mathbb{R}^n) \subset \mathscr{D}_{L^p}(\mathbb{R}^n) \subset \mathscr{D}'(\mathbb{R}^n).$$

事实上, $\mathscr{D}(\mathbb{R}^n)$ 在 $\mathscr{D}_{L^p}(\mathbb{R}^n)$ 中稠密, 但是 $\mathscr{D}(\mathbb{R}^n)$ 在 $\mathscr{D}_{L^\infty}(\mathbb{R}^n)$ 中不稠密.

注 (1) 我们指出, 若 $\varphi \in \mathscr{D}_{L^p}(\mathbb{R}^n)$ $(p \in [1, \infty])$, 则 φ 在 $\mathbb{R}^n$ 中有界; 而若 $p \in [1, \infty[$, 则 φ 在无穷远处趋于 0.

(2) 若 $1 \leqslant p \leqslant q \leqslant \infty$, 则 $\mathscr{D}_{L^p}(\mathbb{R}^n) \subset \mathscr{D}_{L^q}(\mathbb{R}^n)$ 是连续的嵌入.

注 对 $p \in [1, \infty]$, 空间 $\mathscr{D}_{L^p}(\mathbb{R}^n)$ 与 Sobolev 空间有联系. 事实上由 Sobolev 嵌入定理知当 m 充分大时 $W^{m,p}(\mathbb{R}^n)$ 是连续函数空间的子空间, 从而易知

$$\mathscr{D}_{L^p}(\mathbb{R}^n) = \bigcap_{m=0}^{\infty} W^{m,p}(\mathbb{R}^n),$$

且对任意的 $m \in \mathbb{N}$, 嵌入 $\mathscr{D}_{L^p}(\mathbb{R}^n) \to W^{m,p}(\mathbb{R}^n)$ 是连续的. 特别地, 对 $p = 2$, $\mathscr{D}_{L^2}(\mathbb{R}^n)$ 即定义 6.2.1 所给出的 $\mathscr{B}(\mathbb{R}^n)$.

下面研究空间 $\mathscr{D}_{L^p}(\mathbb{R}^n)$ 的对偶, 它是 $\mathscr{D}'(\mathbb{R}^n)$ 的子空间.

定义 D.2 ($\mathscr{D}'_{L^p}(\mathbb{R}^n)$ 空间) 对 $p \in [1, \infty]$, 记 $\mathscr{D}'_{L^p}(\mathbb{R}^n)$ 是 $\mathscr{D}_{L^{p'}}(\mathbb{R}^n)$ 的对偶, 其中 $\dfrac{1}{p} + \dfrac{1}{p'} = 1$.

对 $p \in]1, \infty[$, 由 $L^p(\mathbb{R}^n)$ 的自反性得到空间 $\mathscr{D}'_{L^p}(\mathbb{R}^n)$ 是自反的, 同时还可以证明 $\mathscr{D}'_{L^1}(\mathbb{R}^n)$ 的对偶是 $\mathscr{D}_{L^\infty}(\mathbb{R}^n)$ (见 [41] §6.8).

下面的定理给出 $\mathscr{D}'_{L^p}(\mathbb{R}^n)$ 的结构. 我们将看到, 其证明与定理 5.2.6 的证明是类似的.

定理 D.1 (空间 $\mathscr{D}'_{L^p}(\mathbb{R}^n)$ 的结构) 广义函数 $T \in \mathscr{D}'_{L^p}(\mathbb{R}^n)$ 当且仅当存在整数 $m = m(T) > 0$ 使得

$$T = \sum_{|\alpha| \leqslant m} \partial^\alpha f_\alpha, \tag{D.1}$$

其中 $f_\alpha \in L^p(\mathbb{R}^n)$.

证明　首先考察 $p \in]1, \infty]$ 的情形. 一方面, 若 $T \in \mathscr{D}'(\mathbb{R}^n)$ 具有形式(D.1), 易知 T 确定了 $\mathscr{D}_{L^{p'}}(\mathbb{R}^n)$ 上的一个连续线性泛函, 从而 $T \in \mathscr{D}'_{L^p}(\mathbb{R}^n)$.

另一方面, 设 $T \in \mathscr{D}'_{L^p}(\mathbb{R}^n)$. 则由命题 B.1 知存在常数 C 以及 $m \in \mathbb{N}$ 使得对任意的 $\varphi \in \mathscr{D}_{L^{p'}}(\mathbb{R}^n)$, 成立

$$|\langle T, \varphi \rangle| \leqslant C \sup_{|\alpha| \leqslant m} \|\partial^\alpha \varphi\|_{L^{p'}}.$$

设 α 为满足 $|\alpha| \leqslant m$ 的 n 元重指标, 记 N 是所有这些 α 的个数, 定义映射

$$\mathscr{I} : \mathscr{D}_{L^{p'}}(\mathbb{R}^n) \ni \varphi \mapsto (\partial^\alpha \varphi)_{|\alpha| \leqslant m} \in (L^{p'}(\mathbb{R}^n))^N.$$

显然 $\mathscr{I}$ 是一个一一映射, 从而可以把 $\mathscr{I}(\mathscr{D}_{L^{p'}}(\mathbb{R}^n))$ 视为 $(L^{p'}(\mathbb{R}^n))^N$ 的一个真子空间. 在 $\mathscr{I}(\mathscr{D}_{L^{p'}}(\mathbb{R}^n))$ 上定义线性泛函 $F : \mathscr{I}(\mathscr{D}_{L^{p'}}(\mathbb{R}^n)) \to \mathbb{C}$ 如下:

$$F\big[(\partial^\alpha \varphi)_{|\alpha| \leqslant m}\big] = \langle T, \varphi \rangle, \quad \varphi \in \mathscr{D}_{L^{p'}}(\mathbb{R}^n).$$

从而知 F 是 $\mathscr{I}(\mathscr{D}_{L^{p'}}(\mathbb{R}^n))$ 上的连续线性泛函, 由 Hahn-Banach 定理, 可以把 F 扩张为 $(L^{p'}(\mathbb{R}^n))^N$ 上的连续线性泛函, 再由 Riesz 表示定理, 存在一列函数 $g_\alpha \in L^p(\mathbb{R}^n), |\alpha| \leqslant m$, 使得对任意的 $\varphi \in \mathscr{D}_{L^{p'}}(\mathbb{R}^n)$,

$$\langle T, \varphi \rangle = F\big((\partial^\alpha \varphi)_{|\alpha| \leqslant m}\big) = \sum_{|\alpha| \leqslant m} \int_{\mathbb{R}^n} g_\alpha \frac{\partial^\alpha \varphi}{\partial x^\alpha} \mathrm{d}x.$$

从而知 $T = \sum_{|\alpha \leqslant m|} \partial^\alpha f_\alpha$, 其中 $f_\alpha = (-1)^\alpha g_\alpha$, 由此命题证毕.

对 $p = 1$ 的情况仅需稍稍修改上述证明即可, 留作习题.　　　　　□

D.2　$\mathscr{S}'(\mathbb{R}^n)$ 的结构

我们已经知道, 一个在无穷远处缓增的连续函数的导数是一个缓增广义函数. 下面我们证明, 反过来, 每个缓增广义函数都是一个在无穷远处缓增的连续函数的导数. 为此, 我们先证明如下的引理.

引理 D.2　若 T 是一个缓增广义函数, 则存在数 $k > 0$ 使得 $(1 + |x|^2)^{-\frac{k}{2}} T \in \mathscr{D}'_{L^\infty}(\mathbb{R}^n)$.

证明　设 $T \in \mathscr{S}'(\mathbb{R}^n)$, 则由命题 B.1 知存在常数 C 以及 $m, k \in \mathbb{N}$ 使得对任意的 $\varphi \in \mathscr{S}(\mathbb{R}^n)$, 成立

$$|\langle T, \varphi \rangle| \leqslant C \sup_{|\alpha| \leqslant m} \big|(1 + |x|^2)^{\frac{k}{2}} \partial^\alpha \varphi\big|.$$

从而存在 $\mathscr{S}(\mathbb{R}^n)$ 在 0 处的一个邻域

$$V(k,m,\varepsilon) \stackrel{\text{def}}{=\!=} \Big\{ \varphi \in \mathscr{S}(\mathbb{R}^n) : \sup_{|\alpha| \leqslant m} \big|(1+|x|^2)^{\frac{k}{2}} \partial^\alpha \varphi\big| \leqslant \varepsilon \Big\},$$

使得对任意的 $\varphi \in V(k,m,\varepsilon)$, 满足 $|\langle T, \varphi \rangle| \leqslant 1$.

我们断言存在 $\mathscr{D}_{L^1}(\mathbb{R}^n)$ 在 0 处的一个邻域 U, 使得对任意的 $\psi \in \mathscr{S}(\mathbb{R}^n) \cap U$, $\varphi = (1+|x|^2)^{-\frac{m}{2}}\psi \in V(k,m,\varepsilon)$. 事实上, 取

$$U(m+n,\eta) = \Big\{ \psi \in \mathscr{D}_{L^1}(\mathbb{R}^n) : \sup_{|\alpha| \leqslant m+n} \int \Big|\frac{\partial^\alpha \varphi}{\partial x^\alpha}(x)\Big| \mathrm{d}x \leqslant \eta \Big\},$$

其中的 η 将在之后确定. 注意到对任意 $\beta \in \mathbb{N}^n$, 存在对应的常数 $C_{\beta,k}$ 使得

$$\big|\partial^\beta (1+|x|^2)^{-\frac{k}{2}}\big| \leqslant C_{\beta,k}(1+|x|^2)^{-\frac{k}{2}}.$$

则对 $\alpha \in \mathbb{N}^n$, $|\alpha| \leqslant m$, 利用 Leibniz 公式知

$$|\partial^\alpha \varphi| = \big|\partial^\alpha\big((1+|x|^2)^{-\frac{m}{2}}\psi\big)\big| \leqslant C_{\alpha,k}(1+|x|^2)^{-\frac{k}{2}} \sum_{\beta \leqslant \alpha} |\partial^\beta \psi|.$$

另一方面, 注意到

$$\partial^\beta \psi(x) = \int_{-\infty}^{x_1} \cdots \int_{-\infty}^{x_n} \frac{\partial^n}{\partial t_1 \cdots \partial t_n} \Big(\frac{\partial^\beta \psi}{\partial t^\beta}(t) \Big) \mathrm{d}t_1 \cdots \mathrm{d}t_n,$$

由于 $|\beta|+n \leqslant m+n$, 故 $\displaystyle\sup_{x\in\mathbb{R}^n} |\partial^\beta \psi(x)| \leqslant \Big\| \frac{\partial^n}{\partial t_1 \cdots \partial t_n}\Big[\frac{\partial^\beta \psi}{\partial t^\beta}(t)\Big] \Big\|_{L^1} \leqslant \eta$. 由此知

$$(1+|x|^2)^{\frac{k}{2}}|\partial^\alpha \varphi| \leqslant C'_{\alpha,k}\eta.$$

取 η 使得 $C'_{\alpha,k}\eta \leqslant \varepsilon$, 由此断言证毕.

从而对任意 $\psi \in \mathscr{S}(\mathbb{R}^n) \cap U$ 满足

$$\big|\big\langle (1+|x|^2)^{-\frac{k}{2}}T, \psi \big\rangle\big| = \big|\big\langle T, (1+|x|^2)^{-\frac{k}{2}}\psi \big\rangle\big| \leqslant 1,$$

由于 $\mathscr{S}(\mathbb{R}^n)$ 在 $\mathscr{D}_{L^1}(\mathbb{R}^n)$ 中稠密, 从而 $(1+|x|^2)^{-\frac{k}{2}}T$ 是 $\mathscr{D}_{L^1}(\mathbb{R}^n)$ 上的连续线性泛函, 命题证毕. $\qquad\square$

定理 D.3 ($\mathscr{S}'(\mathbb{R}^n)$ 的结构)　广义函数 $T \in \mathscr{S}'(\mathbb{R}^n)$ 当且仅当它可以表示为如下的有限和

$$T = \sum_{|\alpha| \leqslant m} \partial^\alpha f_\alpha, \tag{D.2}$$

其中 f_α 是在无穷远处缓增的连续函数, 即 $f \in C(\mathbb{R}^n)$, 且存在多项式 $P(x)$ 使得 $|f(x)| \leqslant P(x)$.

证明 由引理 D.2 知, 存在正整数 k 使得 $(1+|x|^2)^{-\frac{k}{2}}T \in \mathscr{D}'_{L^\infty}(\mathbb{R}^n)$, 而由定理 D.1 知存在 $m > 0$ 使得

$$(1+|x|^2)^{-\frac{k}{2}}T = \sum_{|\alpha| \leqslant m} \partial^\alpha f_\alpha, \quad f_\alpha \in L^\infty(\mathbb{R}^n).$$

设 $g_\alpha(x) = \displaystyle\int_0^{x_1} \cdots \int_0^{x_n} f_\alpha(t)\mathrm{d}t_1 \cdots \mathrm{d}t_n$, 从而

$$|g_\alpha(x)| \leqslant |x_1| \cdots |x_n| \sup_{x \in \mathbb{R}^n} |f_\alpha(x)|,$$

从而 $g_\alpha(x)$ 是在无穷远处缓增的连续函数. 作适当的代换知存在 $m' \in \mathbb{N}$ 使得

$$T = \sum_{|\beta| \leqslant m'} (1+|x|^2)^{\frac{k}{2}} \partial^\beta g_\beta,$$

再经过适当的变换, 可知每一项 $(1+|x|^2)^{\frac{k}{2}} \partial^\beta g_\beta$ 可以写成有限和 $\sum \partial^\alpha((1+|x|^2)^{\frac{k_\alpha}{2}} g_{\alpha'})$ 的形式, 其中 $g_{\alpha'}$ 是一个有界连续函数, 从而定理证毕. $\qquad\square$

注意到 (D.2) 中出现的 f_α 是在无穷远处缓增的连续函数, 故存在对应的 ℓ_α, 使得

$$f_\alpha = (1+|x|^2)^{\frac{\ell_\alpha}{2}} g_\alpha,$$

其中 g_α 是 $\mathbb{R}^n$ 中的有界连续函数.

另一方面, (D.2) 式也可以化为单一的导数, 从而得到下面的推论.

推论 D.4 (定理 1.8.4) 广义函数 $T \in \mathscr{S}'(\mathbb{R}^n)$ 当且仅当存在有界连续函数 f 以及整数 k 使得

$$T = \partial^\alpha\big((1+|x|^2)^k f(x)\big). \tag{D.3}$$

D.3 习题

习题 D.1 证明定义 D.1 下的注:

(1) 若 $\varphi \in \mathscr{D}_{L^p}(\mathbb{R}^n)$ $(p \in [1,\infty])$, 则 φ 在 $\mathbb{R}^n$ 中有界; 而若 $p \in [1,\infty[$, 则 φ 在无穷远处趋于 0.

(2) 若 $1 \leqslant p \leqslant q \leqslant \infty$, 则 $\mathscr{D}_{L^p}(\mathbb{R}^n) \subset \mathscr{D}_{L^q}(\mathbb{R}^n)$ 是连续的嵌入.

习题 D.2 证明 $\mathscr{D}(\mathbb{R}^n)$ 在 $\mathscr{D}_{L^\infty}(\mathbb{R}^n)$ 中的闭包是 $\mathscr{D}_{L^\infty}(\mathbb{R}^n)$ 在无穷远处收敛于 0 的函数组成的子空间.

习题 D.3 证明对任意的 $m \in \mathbb{N}$, 嵌入 $\mathscr{D}_{L^p}(\mathbb{R}^n) \subset W^{m,p}(\mathbb{R}^n)$ 是连续的.

习题 D.4 证明定理 D.1 中 $p = 1$ 的情况.

习题 D.5 设 f, g 都至少可以取到 m 阶的连续导数, 试证明对给定的 $|\alpha| \leqslant m$, $f\partial^\alpha g$ 可以写成 $\partial^\beta fg$ 的有限和的形式, 且诸指标 β 满足 $|\beta| \leqslant m$.

[提示: 参考定理 2.1.3 的证明.]

习题 D.6 证明 (D.2) 式可以化为单一的导数 (即定理 1.8.4).

附录 E　Lorentz 函数空间的卷积与乘积

本节适合作为第 9 章的补充章节, 供有兴趣的读者参考阅读.

我们试图在一般的 Lorentz 函数空间 $L^{p,q}(X,\mu)$ 上建立形如 Young 不等式与 Hölder 不等式的卷积与乘积不等式. 为避免技术上的困难, 本节所取的 (X,μ), $(\overline{X},\overline{\mu})$, (Y,ν) 都是 σ-有限的非原子测度空间.

E.1　卷积算子

我们首先利用分布函数 d_f 与非增重排 f^* 来对卷积进行估计.

定义 E.1 (函数 f^{**})　对 $t > 0$ 与可测函数 f, 定义

$$f^{**}(t) = \frac{1}{t}\int_0^t f^*(t).$$

易见 f^{**} 是单调、非增的. 事实上由习题 9.4.8 与习题 9.4.9 知, f^{**} 满足三角不等式 $(f+\widetilde{f})^{**}(t) \leqslant f^{**}(t) + \widetilde{f}^{**}(t)$, 且成立如下的等式:

$$tf^{**}(t) = tf^*(t) + \int_{f^*(t)}^{\infty} d_f(s)\mathrm{d}s. \tag{E.1}$$

我们稍稍推广卷积的概念.

定义 E.2 (卷积算子)　设 (X,μ), $(\overline{X},\overline{\mu})$, (Y,ν) 是测度空间, 双线性算子 $T : (X,\mu) \times (\overline{X},\overline{\mu}) \ni (f,g) \mapsto T(f,g) \in (Y,\nu)$ 被称作卷积算子, 若 T 满足

(1) $\big\|T(f,g)\big\|_{L^1(Y)} \leqslant \|f\|_{L^1(X)}\|g\|_{L^1(\overline{X})}$;

(2) $\big\|T(f,g)\big\|_{L^\infty(Y)} \leqslant \|f\|_{L^1(X)}\|g\|_{L^\infty(\overline{X})}$;

(3) $\big\|T(f,g)\big\|_{L^\infty(Y)} \leqslant \|f\|_{L^\infty(X)}\|g\|_{L^1(\overline{X})}$.

其中 f, g, $T(f,g)$ 都是复可测函数.

注　为叙述方便, 以下我们用 h 来表示函数 f 与 g 的卷积 $T(f,g)$, 其中 f, g, h 分别是测度空间 (X,μ), $(\overline{X},\overline{\mu})$, (Y,ν) 上的可测函数.

引理 E.1　设可测函数 f 支集在 $E \subset X$ 上, 且 $\mu(E) = x$, 若 $\|f\|_{L^\infty(X)} < \alpha$, 则对任意 $t > 0$ 成立

$$h^{**}(t) \leqslant \alpha x g^{**}(x); \tag{E.2}$$

$$h^{**}(t) \leqslant \alpha x g^{**}(t). \tag{E.3}$$

证明　取 $u > 0$, 对 $z \in \overline{X}$ 定义

$$g_u(z) = \begin{cases} g(z), & \text{若 } |g(z)| \leqslant u, \\ u\,\mathrm{sgn}g(x), & \text{其他}. \end{cases}$$

令 g^u 满足方程 $g = g_u + g^u$, 从而

$$h = f * g = f * g_u + f * g^u \xlongequal{\text{def}} h_1 + h_2.$$

由 h_1 与 h_2 的定义, 我们得到

$$\|h_2\|_{L^\infty(Y)} \leqslant \|f\|_{L^\infty(X)}\|g^u\|_{L^1(\overline{X})} \leqslant \alpha \int_u^\infty d_g(y)\mathrm{d}y;$$

$$\|h_1\|_{L^\infty(Y)} \leqslant \|f\|_{L^1(X)}\|g_u\|_{L^\infty(\overline{X})} \leqslant \alpha x u;$$

$$\|h_2\|_{L^1(Y)} \leqslant \|f\|_{L^1(X)}\|g^u\|_{L^1(\overline{X})} \leqslant \alpha x \int_u^\infty d_g(y)\mathrm{d}y.$$

故取 $u = g^*(x)$ 知

$$h^{**}(t) = \frac{1}{t}\int_0^t h^*(y)\mathrm{d}y \leqslant \|h\|_{L^\infty(Y)} \leqslant \|h_1\|_{L^\infty(Y)} + \|h_2\|_{L^\infty(Y)}$$

$$\leqslant \alpha x g^*(x) + \alpha \int_{g^*(x)}^\infty d_g(y)\mathrm{d}y$$

$$= \alpha\left(x g^*(x) + \int_{g^*(x)}^\infty d_g(y)\mathrm{d}y\right) = \alpha x g^{**}(x),$$

从而(E.2)式证毕.

而欲证(E.3)式, 类似地取 $u = g^*(t)$, 由命题9.1.2 (14) 知

$$t h^{**}(t) = \int_0^t h^*(y)\mathrm{d}y \leqslant \int_0^t h_1^*(y)\mathrm{d}y + \int_0^t h_2^*(y)\mathrm{d}y$$

$$\leqslant t\|h_1\|_{L^\infty(Y)} + \int_0^\infty h_2^*(y)\mathrm{d}y = t\|h_1\|_{L^\infty(Y)} + \|h_2\|_{L^1(Y)}$$

$$\leqslant t\alpha x g^*(t) + \alpha x \int_{g^*(t)}^\infty d_g(y)\mathrm{d}y$$

$$= \alpha x\left(t g^*(t) + \int_{g^*(t)}^\infty d_g(y)\mathrm{d}y\right) = \alpha x t g^{**}(t),$$

对上式两边除以 t 知(E.3)式证毕. □

以下的命题刻画了卷积的基本性质.

命题 E.2　对任意 $t > 0$ 成立

$$h^{**}(t) \leqslant t f^{**}(t) g^{**}(t) + \int_t^\infty f^*(u) g^*(u)\mathrm{d}u. \tag{E.4}$$

证明　固定 $t > 0$, 选取如下的一族正序列 $\{y_j\}_{j\in\mathbb{Z}}$, 使得 $y_0 = f^*(t)$, 对任意 $j \in \mathbb{Z}$ 成立 $y_j \leqslant y_{j+1}$, 且

$$\lim_{j\to\infty} y_j = \infty, \quad \lim_{j\to-\infty} y_j = 0.$$

取函数列 $\{f_j\}_{j\in\mathbb{Z}}$ 满足

$$f_j(x) = \begin{cases} 0, & \text{若 } |f(x)| \leqslant y_{j-1}, \\ f(x) - y_{j-1}\operatorname{sgn}f(x), & \text{若 } y_{j-1} < |f(x)| \leqslant y_j, \\ (y_j - y_{j-1})\operatorname{sgn}f(x), & \text{若 } y_j < |f(z)|. \end{cases}$$

易见对给定的 x, $\sum\limits_{j\in\mathbb{Z}} f_j(x) = f(x)$, 且该序列是绝对收敛的.

注意到 f_j 支集在 $E_j \stackrel{\text{def}}{=\!=} \{x : |f(x)| > y_{j-1}\}$ 上, $\mu(E_j) = d_f(y_{j-1})$, 且成立 $|f_j(x)| \leqslant y_j - y_{j-1}$. 由绝对收敛性得到

$$h = f * g = \sum_{j\in\mathbb{Z}} f_j * g = \left(\sum_{j\leqslant 0} f_j\right) * g + \left(\sum_{j=1}^{\infty} f_j\right) * g \stackrel{\text{def}}{=\!=} h_1 + h_2.$$

从而知 $h^{**}(t) \leqslant h_1^{**}(t) + h_2^{**}(t)$. 对 $h_2^{**}(t)$ 利用(E.3)式得

$$h_2^{**}(t) \leqslant \sum_{j=1}^{\infty}(y_j - y_{j-1})d_f(y_{j-1})g^{**}(t) = g^{**}(t)\left(\sum_{j=1}^{\infty}(y_j - y_{j-1})d_f(y_{j-1})\right).$$

注意到 $\sum\limits_{j=1}^{\infty}(y_j - y_{j-1})d_f(y_{j-1})$ 恰为积分 $\displaystyle\int_{f^*(t)}^{\infty} d_f(y)\mathrm{d}y$ 的 Riemann 和, 则取恰当的序列 $\{y_j\}_{j\in\mathbb{Z}}$ 可使两者的值任意接近, 从而成立

$$h_2^{**}(t) \leqslant g^{**}(t)\int_{f^*(t)}^{\infty} d_f(y)\mathrm{d}y.$$

完全类似地, 利用(E.2)式, 知成立

$$h_1^{**}(t) \leqslant \int_0^{f^*(t)} d_f(y)g^{**}(d_f(y))\mathrm{d}y.$$

利用 f^* 的单调性, 我们对积分作变量代换 $y = f^*(u)$, 注意到对单调函数, d_f 与 f^* 互为反函数, 从而

$$h_1^{**}(t) \leqslant \int_0^{f^*(t)} d_f(y) g^{**}(d_f(y)) \mathrm{d}y = -\int_t^\infty u g^{**}(u) \mathrm{d}f^*(u)$$

$$= -u g^{**}(u) f^*(u) \Big|_t^\infty + \int_t^\infty f^*(u) g^*(u) \mathrm{d}u$$

$$\leqslant t g^{**}(t) f^*(t) + \int_t^\infty f^*(u) g^*(u) \mathrm{d}u.$$

故利用(E.1)式, 我们得到

$$h^{**}(t) \leqslant h_1^{**}(t) + h_2^{**}(t) \leqslant t f^{**}(t) g^{**}(t) + \int_t^\infty f^*(u) g^*(u) \mathrm{d}u. \qquad \Box$$

注   事实上(E.4)式是 T 成为卷积算子的充要条件.
推论 E.3   在命题 E.2的条件下, 成立

$$h^{**}(t) \leqslant \int_t^\infty f^{**}(u) g^{**}(u) \mathrm{d}u.$$

证明   由命题 E.2知

$$h^{**}(t) \leqslant t f^{**}(t) g^{**}(t) + \int_t^\infty f^*(u) g^*(u) \mathrm{d}u,$$

若积分 $\displaystyle\int_t^\infty f^{**}(u) g^{**}(u) \mathrm{d}u$ 等于 ∞, 命题是显然的, 不然易知

$$\lim_{u \to \infty} u f^{**}(u) g^{**}(u) = 0.$$

注意到对任意 $u > 0$ 成立 $f^{**}(u) \geqslant f^*(u)$ 以及 $\dfrac{\mathrm{d}}{\mathrm{d}u} f^{**}(u) = \dfrac{1}{u}[f^*(u) - f^{**}(u)]$, 我们得到

$$h^{**}(t) \leqslant t f^{**}(t) g^{**}(t) + \int_t^\infty f^{**}(u) g^*(u) \mathrm{d}u$$

$$\leqslant t f^{**}(t) g^{**}(t) + u f^{**}(u) g^{**}(u) \Big|_t^\infty + \int_t^\infty \big[f^{**}(u) - f^*(u) \big] g^{**}(u) \mathrm{d}u$$

$$= \int_t^\infty \big[f^{**}(u) - f^*(u) \big] g^{**}(u) \mathrm{d}u \leqslant \int_t^\infty f^{**}(u) g^{**}(u) \mathrm{d}u.$$

从而推论证毕. $\Box$

推论 E.4　(E.4)式指出

$$\|h\|_{L^{\infty}(Y)} \leqslant \int_0^{\infty} f^*(u)g^*(u)\mathrm{d}u.$$

证明　留作习题.　　　　　　　　　　　　　　　　　　　　　　　　□

E.2　Lorentz 函数空间的卷积不等式

我们希望在 Lorentz 空间 $L^{p,q}(X,\mu)$, $p \in]1,\infty[$, $q \in [1,\infty]$ 上建立卷积不等式. 由习题 9.4.21 至习题 9.4.27 的结论知, 我们可以采用以下的定义作为 Lorentz 空间 $L^{p,q}(X,\mu)$ 的等价范数: 当 $p \in]1,\infty[$, $q \in [1,\infty[$ 时, 定义

$$\|f\|_{L^{p,q}(X)} = \left(\int_0^{\infty} \left(x^{\frac{1}{p}} f^{**}(x)\right)^q \frac{\mathrm{d}x}{x} \right)^{\frac{1}{q}};$$

对 $p \in]1,\infty]$, $q = \infty$, 定义

$$\|f\|_{L^{p,\infty}(X)} = \sup_{x>0} x^{\frac{1}{p}} f^{**}(x).$$

习题 9.4.25 与定理 9.3.1 给出了如下的 Lorentz 空间的不等式:

$$f^{**}(x) \leqslant \left(\frac{q}{p}\right)^{\frac{1}{q}} \frac{\|f\|_{L^{p,q}(X)}}{x^{\frac{1}{p}}}, \quad \|f\|_{L^{p,r}(X)} \leqslant \left(\frac{p}{q}\right)^{\frac{r-q}{qr}} \|f\|_{L^{p,q}(X)}. \tag{E.5}$$

由此可以导出本节最核心的定理.

定理 E.5 (R. O'Neil)　设 $f \in L^{p_1,q_1}(X,\mu)$, $g \in L^{p_2,q_2}(\overline{X},\overline{\mu})$, p_1, $p_2 \in]1,\infty[$, 且 $\dfrac{1}{p_1} + \dfrac{1}{p_2} > 1$. 若 (r,s) 满足

$$\frac{1}{p_1} + \frac{1}{p_2} = 1 + \frac{1}{r}, \quad \frac{1}{q_1} + \frac{1}{q_2} \geqslant \frac{1}{s}, \ s \geqslant 1,$$

则 $h \overset{\text{def}}{=} T(f,g) \in L^{r,s}(Y,\nu)$, 且存在仅依赖于指标 (p_1,p_2) 的常数 C, 使得下述不等式成立:

$$\|h\|_{L^{r,s}(Y)} \leqslant C_{p_1,p_2} \|f\|_{L^{p_1,q_1}(X)} \|g\|_{L^{p_2,q_2}(\overline{X})}.$$

证明　不妨设 q_1, q_2, s 皆不为 ∞, 由推论 E.3 知

$$\|h\|_{L^{r,s}(Y)}^s = \int_0^{\infty} \left(x^{\frac{1}{r}} h^{**}(x)\right)^s \frac{\mathrm{d}x}{x} \leqslant \int_0^{\infty} \left(x^{\frac{1}{r}} \int_x^{\infty} f^{**}(t)g^{**}(t)\mathrm{d}t\right)^s \frac{\mathrm{d}x}{x}.$$

作变量代换 $x = \dfrac{1}{y}$, $t = \dfrac{1}{u}$ 知

$$\|h\|_{L^{r,s}(Y)}^s \leqslant \int_0^\infty \left[\frac{1}{y^{\frac{1}{r}}} \int_0^y f^{**}\left(\frac{1}{u}\right) g^{**}\left(\frac{1}{u}\right) \frac{\mathrm{d}u}{u^2}\right]^s \frac{\mathrm{d}y}{y}.$$

应用 Hardy 不等式 (推论0.2.6) 知

$$\int_0^\infty \left[\frac{1}{y^{\frac{1}{r}}} \int_0^y f^{**}\left(\frac{1}{u}\right) g^{**}\left(\frac{1}{u}\right) \frac{\mathrm{d}u}{u^2}\right]^s \frac{\mathrm{d}y}{y} \leqslant r^s \int_0^\infty \left(y^{\frac{1}{r'}} \frac{f^{**}\left(\frac{1}{y}\right) g^{**}\left(\frac{1}{y}\right)}{y^2}\right)^s \frac{\mathrm{d}y}{y}.$$

由于 $y = \dfrac{1}{x}$, 我们得到

$$\|h\|_{L^{r,s}(Y)}^s \leqslant r^s \int_0^\infty \left(x^{1+\frac{1}{r}} f^{**}(x) g^{**}(x)\right)^s \frac{\mathrm{d}x}{x}.$$

由题设知 $\dfrac{s}{q_1} + \dfrac{s}{q_2} \geqslant 1$, 故存在 m_1, m_2 使得 $\dfrac{1}{m_1} + \dfrac{1}{m_2} = 1$, $q_1 \leqslant sm_1$, $q_2 \leqslant sm_2$, 应用 Hölder 不等式知

$$\|h\|_{L^{r,s}(Y)}^s \leqslant r^s \left(\int_0^\infty \left(x^{\frac{1}{p_1}} f^{**}(x)\right)^{sm_1} \frac{\mathrm{d}x}{x}\right)^{\frac{1}{m_1}} \left(\int_0^\infty \left(x^{\frac{1}{p_2}} g^{**}(x)\right)^{sm_2} \frac{\mathrm{d}x}{x}\right)^{\frac{1}{m_2}}$$

$$= r^s \|f\|_{L^{p_1,sm_1}(X)}^s \|g\|_{L^{p_2,sm_2}(\overline{X})}^s.$$

应用(E.5)式我们得到

$$\|h\|_{L^{r,s}(Y)} \leqslant r\|f\|_{L^{p_1,sm_1}(X)} \|g\|_{L^{p_2,sm_2}(\overline{X})} \leqslant C_{p_1,p_2} \|f\|_{L^{p_1,q_1}(X)} \|g\|_{L^{p_2,q_2}(\overline{X})}.$$

从而定理证毕. □

注　当 q_1, q_2, s 有一个或多个是 ∞ 时, 类似的不等式仍然成立, 证明留给读者.

定理E.6　设 $f \in L^{p_1,1}(X,\mu)$, $g \in L^{p_2,\infty}(\overline{X},\overline{\mu})$, p_1, $p_2 \in]1,\infty[$, 且 $\dfrac{1}{p_1} + \dfrac{1}{p_2} = 1$, 则 $h \in L^\infty(Y,\nu)$, 且存在仅依赖指标 (p_1,p_2) 的常数 C, 使得下述不等式成立:

$$\|h\|_{L^\infty(X)} \leqslant C_{p_1,p_2} \|f\|_{L^{p_1,1}(X)} \|g\|_{L^{p_2,\infty}(\overline{X})}.$$

证明　由推论E.4与定义9.2.1知

$$\|h\|_{L^\infty(Y)} \leqslant \int_0^\infty f^*(u) g^*(u) \mathrm{d}u,$$

$$\|f\|_{L^{p,1}(X)} = \int_0^\infty t^{\frac{1}{p}} f^*(t) \frac{\mathrm{d}t}{t}, \quad \|g\|_{L^{p,\infty}(\overline{X})} = \sup_{t>0} t^{\frac{1}{p}} g^*(t).$$

由上述两式与 Hölder 不等式知定理成立. □

E.3　乘积算子与不等式

事实上, 我们可以类似地定义乘积算子并且用函数 d_f, f^*, f^{**} 来刻画其性质.

定义 E.3 (乘积算子)　设 (X, μ), $(\overline{X}, \overline{\mu})$, (Y, ν) 是测度空间, 双线性算子 $P : (X, \mu) \times (\overline{X}, \overline{\mu}) \ni (f, g) \mapsto P(f, g) \in (Y, \nu)$ 被称作乘积算子, 若 P 满足

(1) $\|P(f, g)\|_{L^\infty(Y)} \leqslant \|f\|_{L^\infty(X)} \|g\|_{L^\infty(\overline{X})}$;

(2) $\|P(f, g)\|_{L^1(Y)} \leqslant \|f\|_{L^1(X)} \|g\|_{L^\infty(\overline{X})}$;

(3) $\|P(f, g)\|_{L^1(Y)} \leqslant \|f\|_{L^\infty(X)} \|g\|_{L^1(\overline{X})}$.

其中 f, g, $P(f, g)$ 都是复可测函数.

事实上, 成立

定理 E.7　一个双线性算子 P 是乘积算子当且仅当对任意 $x > 0$ 成立

$$x(P(f, g))^{**}(x) \leqslant \int_0^x f^*(t) g^*(t) \mathrm{d}t. \tag{E.6}$$

注　对 f, g 都是 (X, μ) 上的可测函数, 且 $P(f, g) = fg$ 的特殊情况可以由习题 9.4.4(2) 立即证明.

同样我们可以类似定理 E.5 得到如下的结论.

定理 E.8 (Lorentz 空间的乘积不等式)　设 P 是定义 E.3 指出的乘积算子, $f \in L^{p_1, q_1}(X, \mu)$, $g \in L^{p_2, q_2}(\overline{X}, \overline{\mu})$, 满足 $p_1, p_2 \in]1, \infty[$, $\dfrac{1}{p_1} + \dfrac{1}{p_2} < 1$. 若 (r, s) 满足

$$\frac{1}{p_1} + \frac{1}{p_2} = \frac{1}{r}, \quad \frac{1}{q_1} + \frac{1}{q_2} \geqslant \frac{1}{s}, \ s \geqslant 1,$$

则 $P(f, g) \in L^{r, s}(Y, \nu)$, 且下述不等式成立:

$$\|P(f, g)\|_{L^{r,s}(X)} \leqslant r' \|f\|_{L^{p_1, q_1}(X)} \|g\|_{L^{p_2, q_2}(X)}.$$

临界情况则是习题 9.4.15 指出的 Lorentz 空间的 Hölder 不等式.

定理 E.9 (Hölder 不等式)　设 P 是定义 E.3 指出的乘积算子, $f \in L^{p_1, q_1}(X, \mu)$, $g \in L^{p_2, q_2}(\overline{X}, \overline{\mu})$, 满足

$$\frac{1}{p_1} + \frac{1}{p_2} = 1, \quad \frac{1}{q_1} + \frac{1}{q_2} \geqslant 1,$$

则 $P(f, g) \in L^1(Y, \nu)$, 且下述不等式成立:

$$\|P(f, g)\|_{L^1(Y)} \leqslant \|f\|_{L^{p_1, q_1}(X)} \|g\|_{L^{p_2, q_2}(\overline{X})}.$$

E.4   习题

习题 E.1   若推论 E.3 的积分 $\displaystyle\int_t^\infty f^{**}(u)g^{**}(u)\mathrm{d}u < \infty$, 证明

$$\lim_{u\to\infty} uf^{**}(u)g^{**}(u) = 0.$$

习题 E.2   (1) 证明推论 E.4.

(2) 证明(E.4)式是 $h \overset{\text{def}}{=\!=} T(f,g)$ 成为卷积算子的充要条件.

习题 E.3   在定理 E.5 的条件下, 若 q_1, q_2, s 有一个或多个是 ∞, 试推导此时的卷积不等式.

习题 E.4   设 $f \in L^{p_1,q_1}(X,\mu)$, $g \in L^{p_2,q_2}(X,\mu)$, 满足 $\dfrac{1}{p_1} + \dfrac{1}{p_2} = 1$, $\dfrac{1}{q_1} + \dfrac{1}{q_2} \geqslant 1$, 证明 $f * g \in L^\infty(X,\mu)$, 且存在仅依赖指标 (p_1,p_2) 的常数 C, 使得下述不等式成立:

$$\|f * g\|_{L^\infty(X)} \leqslant C_{p_1,p_2}\|f\|_{L^{p_1,q_1}(X)}\|g\|_{L^{p_2,q_2}(X)}.$$

[提示: 仅需证明 $\dfrac{1}{q_1} + \dfrac{1}{q_2} = 1$ 的临界情况.]

习题 E.5 (Hardy-Littlewood-Sobolev 不等式)   回顾例 0.3.2, 试利用本节的卷积不等式证明 Hardy-Littlewood-Sobolev 不等式 (习题 0.4.17).

设 $\alpha \in\,]0,n[$, p, $r \in\,]1,\infty[$ 满足 $\dfrac{1}{p} + \dfrac{\alpha}{n} = 1 + \dfrac{1}{r}$, 则对任意 $f \in L^p(\mathbb{R}^n)$ 存在常数 C 使得

$$\left\| |\cdot|^{-\alpha} * f \right\|_{L^r} \leqslant C\|f\|_{L^p}.$$

习题 E.6   设可测函数 f 满足 $\|f\|_{L^\infty(X)} < \alpha$, 则对任意 $t > 0$ 成立 $(fg)^{**}(t) \leqslant \alpha g^{**}(t)$.

习题 E.7   试利用定理 E.7 与 Hardy 不等式, 证明定理 E.8.

参 考 文 献

[1] Abels H. Pseudodifferential and Singular Integral Operators: An Introduction with Applications. Graduate Lectures. Berlin: De Gruyter, 2012.

[2] Adams R A, Fournier J J F. Sobolev Spaces. 2nd ed. Pure and Applied Mathematics (Amsterdam), vol. 140. Amsterdam: Elsevier/Academic Press, 2003.

[3] Ahlfors L V. Complex Analysis. 3rd ed. International Series in Pure and Applied Mathematics: An Introduction to the Theory of Analytic Functions of One Complex Variable. New York: McGraw-Hill Book Co., 1978. (中译本: 阿尔福斯 L V. 复分析 (原书第 3 版). 赵志勇, 译. 北京: 机械工业出版社, 2005.)①

[4] Alinhac S, Gérard P. Pseudo-differential Operators and the Nash-Moser Theorem. Graduate Studies in Mathematics, vol. 82. American Mathematical Society, Providence, RI, 2007. Translated from the 1991 French original by Stephen S. Wilson. (中译本: 阿里纳克 S, 热拉尔 P. 拟微分算子和 Nash-Moser 定理. 姚一隽, 译, 麻小南, 校. 北京: 高等教育出版社, 2009.)

[5] Bahouri H, Chemin J Y, Danchin R. Fourier Analysis and Nonlinear Partial Differential Equations. Grundlehren der mathematischen Wissenschaften, vol. 343. Heidelberg: Springer, 2011.

[6] Barros-Neto J. An Introduction to the Theory of Distributions. Pure and Applied Mathematics, vol. 14. New York: Marcel Dekker, Inc., 1973. (中译本: 巴罗斯-尼托 J. 广义函数引论. 欧阳光中, 译. 上海: 上海科学技术出版社, 1981.)

[7] Beckner W. Inequalities in Fourier analysis. Ann. Math., 1975, 102(1): 159-182.

[8] Bergh J, Lofistrom J. Interpolation Spaces: An Introduction. New York: Springer Science & Business Media, 2012.

[9] Bony J M. Calcul symbolique et propagation des singularités pour les équations aux dérivées partielles non linéaires. Ann. Sci. École Norm. Sup., 1981, 14 (2): 209-246.

[10] Brezis H. Functional Analysis, Sobolev Spaces and Partial Differential Equations. New York: Springer, 2011.

[11] Constantin P, Foias C. Navier-Stokes Equations. Chicago Lectures in Mathematics. Chicago: University of Chicago Press, 1988.

[12] Cwikel M. The dual of weak Lp. Ann. Inst. Fourier (Grenoble), 1975, 25(2): xi, 81-126.

---

① 现已出版最新中译本: 阿尔福斯 L V. 复分析 (原书第 3 版 • 典藏版). 赵志勇, 薛运华, 杨旭, 译. 北京: 机械工业出版社, 2022.

[13] Cwikel M, Fefferman C. Maximal seminorms on weak L^1. Studia Math., 1980/1981, 69(2): 149-154.

[14] Cwikel M, Fefferman C. The canonical seminorm on weak L^1. Studia Math., 1984, 78(3): 275-278.

[15] Dunford N, Schwartz J T. Linear Operators. I. General Theory, Pure and Applied Mathematics, Vol. 7. New York: Interscience Publishers, Inc., London: Interscience Publishers Ltd., 1958, With the assistance of W. G. Bade and R. G. Bartle.

[16] Ehrenpreis L. Solution of some problems of division. I. Division by a polynomial of derivation. Amer. J. Math., 1954, 76: 883-903.

[17] Fefferman C L. The uncertainty principle. Bull. Amer. Math. Soc. (N.S.), 1983, 9 (2): 129-206.

[18] Folland G B, Sitaram A.The uncertainty principle: A mathematical survey. J. Fourier Anal. Appl., 1997, 3(3): 207-238.

[19] Fourier J. Théorie Analytique de la Chaleur. Paris: Éditions Jacques Gabay, 1988.

[20] Grafakos L. Classical Fourier Analysis. 3rd ed. Graduate Texts in Mathematics, vol. 249. New York: Springer, 2014.

[21] Grafakos L. Modern Fourier Analysis. 3rd ed. Graduate Texts in Mathematics, vol. 250. New York: Springer, 2014.

[22] Hardy G H, Littlewood J E. A maximal theorem with function-theoretic applications. Acta Math., 1930, 54: 81-116.

[23] Hewitt E, Ross K A. Abstract Harmonic Analysis. Vol. I. 2nd ed. Grundlehren der Mathematischen Wissenschaften, vol. 115. Berlin-New York: Springer-Verlag, 1979.

[24] Hörmander L. On the division of distributions by polynomials. Ark. Mat., 1958, 3: 555-568.

[25] Hörmander L. The Analysis of Linear Partial Differential Operators: Distribution Theory and Fourier Analysis. I. 2nd ed. Berlin: Springer-Verlag, 1990.

[26] Kolmogoroff A. Zur normierbarkeit eines allgemeinen topologischen linearen raumes. Studia Math., 1934, 5: 29-33.

[27] Lang S. Real Analysis. 2nd ed. Addison-Wesley Publishing Company. Reading, MA: Advanced Book Program, 1983.

[28] Lebesgue H L. Intégrale, longueur, aire. Annali Mat. Pura Appl., 1902, 7(1): 231-359.

[29] Lebesgue H L. Oeuvres Scientifiques (en cinq volumes). Vol. I. Université de Genève, Institut de Mathématiques, Genève, 1972, Sous la rédaction de François Châtelet et Gustave Choquet.

[30] Littlewood J E, Paley R E A C. Theorems on Fourier series and power series. J. London Math. Soc., 1931, 6(3): 230-233.

[31] Littlewood J E, Paley R E A C. Theorems on Fourier series and power series (II). Proc. London Math. Soc., 1937, 42(1): 52-89.

[32] Littlewood J E, Paley R E A C. Theorems on Fourier series and power series (III). Proc. London Math. Soc., 1938, 43(2): 105-126.

[33] Lorentz G G. Some new functional spaces. Ann. of Math., 1950, 51(2): 37-55.

[34] Lorentz G G. On the theory of spaces Λ. Pacific J. Math., 1951, 1:411-429.

[35] Malgrange B. Existence et approximation des solutions des équations aux dérivées partielles et des équations de convolution. Ann. Inst. Fourier (Grenoble), 1956, 6: 271-355.

[36] Martinez A. An Introduction to Semiclassical and Microlocal Analysis. New York: Springer-Verlag, 2002.

[37] O'Neil R. Convolution operators and $L(p; q)$ spaces. Duke Math. J., 1963, 30: 129-142.

[38] Riesz F. Untersuchungen über systeme integrierbarer funktionen. Math. Ann., 1910, 69: 449-497.

[39] Rudin W. Real and Complex Analysis. 3rd ed. New York: McGraw-Hill Book Co., 1987. (中译本: Walter Rudin. 实分析与复分析 (原书第 3 版). 戴牧民, 等译. 北京: 机械工业出版社, 2006.)

[40] Rudin W. Functional Analysis. 2nd ed. International Series in Pure and Applied Mathematics. New York: McGraw-Hill, Inc., 1991. (中译本: Walter Rudin. 泛函分析. 2 版. 刘培德, 译. 北京: 机械工业出版社, 2004.)[1]

[41] Schwartz L. Théorie des Distributions. I, II. 2nd ed. Paris: Hermann, 1957. (中译本: 施瓦兹 L. 广义函数论. 姚家燕, 译. 北京: 高等教育出版社, 2010.)

[42] Simon J. Compact sets in the space L^p $(0; T; B)$. Ann. Mat. Pura Appl., 1987, 146(4): 65-96.

[43] Szmydt Z. Fourier Transformation and Linear Differential Equations, revised ed. D. Reidel Publishing Co., Dordrecht-Boston, Mass.; PWN—Polish Scientific Publishers, Warsaw, 1977, Translated from the Polish by Marcin E. Kuczma.

[44] Werner D. Funktionalanalysis. extended ed. Berlin: Springer-Verlag, 2000.

[45] Trèves F. Basic Linear Partial Differential Equations. Pure and Applied Mathematics, Vol. 62. New York-London: Academic Press, 1975. (中译本: 特勒弗斯 F. 基本线性偏微分方程. 陆柱家, 译. 上海: 上海科学技术出版社, 1982.)

[46] Yosida K. Functional Analysis. 6th ed. Grundlehren der Mathematischen Wissenschaften, vol. 123. Berlin-New York: Springer-Verlag, 1980. (中译本: 吉田耕作. 泛函分析. 6 版. 吴元恺, 等译; 徐胜芝, 校. 北京: 高等教育出版社, 2022.)

[47] Zorich V A. Mathematical Analysis. I. Berlin: Springer-Verlag, 2004. Translated from the 2002 fourth Russian edition by Roger Cooke. (中译本: 卓里奇 B A. 数学分析 (第一卷). 4 版. 蒋铎, 等译; 周美珂, 校.[2]北京: 高等教育出版社, 2006.)

---

① 现已出版最新中译本: Walter Rudin. 泛函分析 (原书第 2 版 • 典藏版). 刘培德译. 北京: 机械工业出版社, 2020.

② 现已出版第七版中译本: 卓里奇 B A. 数学分析 (第一卷). 7 版. 李植译. 北京: 高等教育出版社, 2019. 第二卷同.

[48] Zorich V A. Mathematical Analysis. II. Berlin: Springer-Verlag, 2004. Translated from the 2002 fourth Russian edition by Roger Cooke. (中译本: 卓里奇 B A. 数学分析 (第二卷). 4 版. 蒋铎, 等译; 周美珂, 校. 北京: 高等教育出版社, 2006.)

[49] 陈恕行. 现代偏微分方程导论. 2 版. 北京: 科学出版社, 2018.

[50] 陈恕行, 仇庆久, 李成章. 仿微分算子引论. 北京: 科学出版社, 1990.

[51] 齐民友. 线性偏微分算子引论 (上册). 北京: 科学出版社, 1986.

名 词 索 引

"现代数学基础丛书"已出版书目

(按出版时间排序)